Ernest Saint-Charles Cosson
Ernest Germain

FLORE

DESCRIPTIVE ET ANALYTIQUE

DES

ENVIRONS DE PARIS

PARTIE I

Elibron Classics
www.elibron.com

Elibron Classics series.

ISBN 0-543-99852-5 (paperback)
ISBN 0-543-99851-7 (hardcover)

This Elibron Classics Replica Edition is an unabridged facsimile of the edition published in 1845 by Fortin, Masson et Cie, Paris.

FLORE

DESCRIPTIVE ET ANALYTIQUE

DES

ENVIRONS DE PARIS

OU

DESCRIPTION DES PLANTES

QUI CROISSENT SPONTANÉMENT DANS CETTE RÉGION,

ET DE CELLES QUI Y SONT GÉNÉRALEMENT CULTIVÉES,

ACCOMPAGNÉE

DE TABLEAUX ANALYTIQUES DES FAMILLES, DES GENRES ET DES ESPÈCES,

ET D'UNE CARTE DES ENVIRONS DE PARIS;

OUVRAGE

FAISANT SUITE A LA PARTIE BOTANIQUE DU COURS D'HISTOIRE NATURELLE

DE MM. A. DE JUSSIEU, MILNE-EDWARDS ET BEUDANT,

PAR

E. COSSON ET E. GERMAIN.

PREMIÈRE PARTIE.

PARIS.

FORTIN, MASSON ET CIE, LIBRAIRES,

PLACE DE L'ÉCOLE-DE-MÉDECINE, 1;

Même maison, chez L. Michelsen, à Leipzig.

1845.

COSSON ET GERMAIN.

OUVRAGES SUR LES PLANTES DES ENVIRONS DE PARIS.

FLORE descriptive et analytique des environs de Paris, ou Description des plantes qui croissent spontanément dans cette région et de celles qui y sont généralement cultivées, accompagnée de tableaux analytiques des familles, des genres et des espèces 1 fort vol. grand in-18, en deux parties, texte compacte, avec une carte. . . . . 13 fr.

Cet ouvrage, entièrement basé sur des recherches nouvelles, réunit la description complète des familles, des genres et des espèces des environs de Paris, et des tableaux dichotomiques destinés à en faciliter la détermination.

ATLAS de la Flore des environs de Paris, ou Illustrations de toutes les espèces des genres difficiles et de la plupart des espèces litigieuses de cette région, avec des notes descriptives et un texte explicatif en regard de chaque planche. 1 magnifique volume grand in-18 cartonné, contenant au moins 40 planches gravées en taille douce. . . . . 9 fr.

Les planches, toutes dessinées d'après nature par M. le docteur E. Germain, sous les yeux de son collaborateur, sont gravées avec le plus grand soin par les artistes les plus distingués et comprennent plus de 500 figures — Ces planches, bien que rentrant dans le format portatif de la *Flore*, donnent chacune plusieurs espèces accompagnées de l'analyse grossie des caractères spécifiques. Pour les espèces nouvelles et pour les plantes qui n'ont point encore été illustrées, les auteurs ont généralement donné des échantillons complets; ils ont également figuré l'ensemble des espèces pour un grand nombre de genres d'une étude difficile. Plusieurs planches sont entièrement consacrées à des détails d'analyse destinés à faciliter l'étude des genres dans les familles les plus importantes.

SYNOPSIS analytique de la Flore des environs de Paris, ou Description abrégée des familles et des genres, accompagnée de tableaux dichotomiques destinés à faire parvenir aisément au nom des espèces. 1 vol. grand in-18 d'environ 300 pages, texte compacte. . . . . 3 fr. 50 c.

Cet ouvrage, très portatif, est spécialement destiné aux herborisations.

INTRODUCTION à une Flore descriptive et analytique des environs de Paris, suivie d'un *Catalogue raisonné* des plantes vasculaires de cette région (en collaboration avec M. Weddell). 1 vol. grand in-18. . . . . 2 fr.

Liste méthodique des espèces des environs de Paris, destinée à servir de point de départ à de nouvelles explorations; revue critique où sont relevées les erreurs les plus accréditées des Flores parisiennes publiées jusqu'à ce jour. Les notes données dans cet ouvrage n'ont pas été reproduites dans la *Flore*.

SUPPLÉMENT au Catalogue raisonné des plantes vasculaires des environs de Paris, précédé d'une réponse au livre de M. Mérat, intitulé : Revue de la Flore parisienne, accompagné d'une lettre au sujet de la Revue de la Flore parisienne, et d'une réponse à un article de M. Mérat, par M. A. Boreau. Paris, 1843, 1 vol. grand in-18 . . . . 75 c.

⁂ Cet ouvrage est donné gratuitement aux acquéreurs de la *Flore* et de l'*Atlas*.

OBSERVATIONS sur quelques plantes critiques des environs de Paris. Paris, 1840, 1 vol. grand in-8, deux planches. . 2 fr.

Pour paraître prochainement :

NOUVEAU *VADE-MECUM* du Botaniste, ou Appendice à la Flore des environs de Paris, comprenant : *Dictionnaire des mots techniques* employés dans la Flore ; *Promenades botaniques aux environs de Paris*, ou Indication des espèces qui se rencontrent aux localités les plus intéressantes ; *Propriétés médicales et usages des plantes* qui croissent spontanément aux environs de Paris et de celles qui y sont généralement cultivées ; *Conseils sur la manière de recueillir, de préparer, de conserver et de classer les plantes ; Histoire de la botanique des environs de Paris ; etc.*

On trouve à la même librairie.

JUSSIEU (A. DE). Cours élémentaire de botanique. Paris, 1 fort vol. grand in-18, imprimé avec luxe, 736 figures intercalées dans le texte. Ouvrage adopté par le Conseil royal de l'instruction publique pour l'enseignement de l'histoire naturelle dans les établissements de l'Université . . . . 6 fr.

⁂ Cet ouvrage fait partie du cours élémentaire d'histoire naturelle, par MM. DE JUSSIEU, MILNE-EDWARDS et BEUDANT.

LE MAOUT (E.). Leçons élémentaires de botanique fondées sur l'analyse de 50 plantes vulgaires et formant un Traité complet d'organographie et de physiologie végétale. Paris, 1844. Un magnifique volume in-8, avec l'Atlas des 50 plantes vulgaires et plus de 500 figures dessinées par J. Decaisne et gravées par les meilleurs artistes. Prix, avec l'Atlas noir. . . . 15 fr.
— — colorié. . . 25 fr.

FLORE

DESCRIPTIVE ET ANALYTIQUE

DES

ENVIRONS DE PARIS.

Imprimerie de BOURGOGNE et MARTINET, rue Jacob, 30.

FLORE

DESCRIPTIVE ET ANALYTIQUE

DES

ENVIRONS DE PARIS

OU

DESCRIPTION DES PLANTES

QUI CROISSENT SPONTANÉMENT DANS CETTE RÉGION,
ET DE CELLES QUI Y SONT GÉNÉRALEMENT CULTIVÉES,

ACCOMPAGNÉE

DE TABLEAUX ANALYTIQUES DES FAMILLES, DES GENRES ET DES ESPÈCES
ET D'UNE CARTE DES ENVIRONS DE PARIS,

OUVRAGE
FAISANT SUITE A LA PARTIE BOTANIQUE DU COURS D'HISTOIRE NATURELLE
DE MM. A. DE JUSSIEU, MILNE-EDWARDS ET BEUDANT,

PAR

E. COSSON ET E. GERMAIN.

PREMIÈRE PARTIE.

PARIS.
FORTIN, MASSON ET Cie, LIBRAIRES,
PLACE DE L'ECOLE-DE-MÉDECINE, 1;
Même maison, chez L. Michelsen, à Leipzig.
1845.

A MESSIEURS

ADRIEN DE JUSSIEU,

ADOLPHE BRONGNIART,

ACHILLE RICHARD,

MEMBRES DE L'INSTITUT,

Dont les savantes leçons nous ont guidés dans l'exécution de cet ouvrage, et dont la bienveillance a toujours été pour nous le plus puissant encouragement,

Hommage de notre profonde reconnaissance.

E. COSSON. E. GERMAIN.

OBSERVATIONS PRÉLIMINAIRES.

Nous croyons pouvoir soumettre avec confiance au jugement du public ce livre que MM. Adr. de Jussieu, Ad. Brongniart et Ach. Richard ont pris sous leur patronage, et que M. Adr. de Jussieu a bien voulu en outre accepter comme faisant suite à son Traité de botanique.

Entièrement dévoués à notre œuvre, nous avons consacré plusieurs années aux études laborieuses et aux recherches assidues que nécessitait l'exécution complète de la tâche que nous nous étions imposée. Ajoutons que nous ne nous sommes point partagé le travail, mais que chaque délimitation de groupe ou d'espèce, chaque description, ont été le résultat d'un travail simultané dans lequel chaque phrase, chaque mot, étaient pesés et discutés; cette manière de travailler nous a permis de conserver à l'ouvrage une homogénéité aussi complète que s'il eût été l'œuvre d'un seul auteur, tout en lui assurant les avantages attachés à la collaboration.

Nous avons voulu que cette Flore fût au niveau de la science, tant au point de vue de l'organographie qu'à celui de l'exactitude de la statistique et de la détermination des espèces, et qu'elle fût en même temps d'une intelligence facile même pour les lecteurs les moins versés dans l'étude de la Botanique. — Nos descriptions, rédigées sans exception d'après nature, sur de nombreux échantillons, et généralement sur la plante vivante, renferment un ensemble d'observations originales que nous avons complété par la comparaison de nos phrases descriptives avec celles des meilleurs auteurs.

Presque jusqu'à ces derniers temps, il a existé en botanique deux langages, celui des traités d'organographie qui a toujours participé aux progrès de la science, et celui des ouvrages descriptifs conservé d'abord par respect pour les anciennes traditions, et maintenu plus tard, alors que l'on était déjà convaincu de son insuffisance et de son imperfection, en raison de cette idée séduisante, mais inexacte, qu'il est plus facile de faire saisir au lecteur l'apparence que la réalité. Il résulte de ces anciennes tendances, qui sont, encore aujourd'hui, loin d'être reniées par tous, que, dans la plupart des flores locales, un langage irrégulier se trouve souvent associé à des observations superficielles. — Frappés d'une discordance dont le moindre inconvénient était de retarder pour longtemps les progrès de l'élève, arrêté à chaque pas par le choix qu'il avait à faire entre l'idée exprimée par une description conventionnelle et l'idée exacte qu'il avait puisée dans l'observation directe, nous nous sommes efforcés d'employer toujours un langage rigoureux en harmonie avec les connaissances acquises. — On voulait autrefois peindre ce qui a l'air d'être, nous avons pour but aujourd'hui de décrire ce qui est.

Nous nous contenterons de donner ici un aperçu rapide de notre manière de décrire et de la nomenclature que nous avons suivie régulièrement dans la description de chaque organe (1).

---

(1) Un dictionnaire de Botanique qui donnera l'explication raisonnée de tous les termes employés dans la Flore fera partie de notre *Vade-mecum du Botaniste*.

Dans les plantes vivaces, nous avons appelé souche la partie souterraine de la plante, distinguant avec soin les rhizômes ou tiges souterraines des véritables racines. La souche nous a fourni deux types principaux, la souche cespiteuse et la souche traçante ou à rhizômes traçants; nous avons évité les expressions impropres de racine rampante, traçante, stolonifère, etc. Les bulbes, les tubercules et les renflements des fibres radicales ont été rigoureusement distingués. —La racine étant le plus ordinairement pivotante chez les plantes dicotylédonées annuelles ou bisannuelles, elle n'a été décrite qu'alors qu'elle n'appartient pas au type pivotant, ou qu'elle offre quelques particularités de structure. La racine chez les plantes monocotylédonées annuelles ou bisannuelles appartenant toujours au type fibreux, nous n'avons pas cru nécessaire de la décrire, à moins qu'elle ne présentât quelques modifications dignes d'être mentionnées.

Nous avons appelé tige la partie aérienne de l'axe de la plante, que cette tige représente tout le système ascendant ou seulement un rameau d'une tige souterraine. — Nous n'avons pas cru devoir admettre les mots de chaume, de hampe ou de scape, etc., qui ne représentent pas des types suffisamment tranchés. — Pour la description des inflorescences, nous avons régulièrement distingué les modes défini et indéfini; pour les inflorescences mixtes, nous avons eu recours à la combinaison des termes admis pour les modes précédents; ainsi nous disons cymes disposées en panicule, grappes scorpioïdes disposées en corymbe, capitules disposés en cyme, etc.

La description de la forme des feuilles ne doit s'entendre que de celle du limbe, que la feuille soit pétiolée ou sessile. Nous avons, autant que possible, distingué les feuilles composées des feuilles découpées, indiquant pour ces dernières la profondeur de la découpure et le nombre des axes par une nomenclature régulière. — Nous avons décrit avec soin les soudures que peuvent présenter les stipules entre elles et avec le pétiole, n'admettant pas les termes inexacts qui autrefois étaient destinés à exprimer ces diverses modifications.

Lorsqu'il existe un calicule, nous avons indiqué s'il résulte d'un système de bractées ou de stipules calicinales. — Nous avons fait en sorte de distinguer toujours les involucres des calices, bien que quelquefois cette distinction soit un peu arbitraire dans certains genres de la classe des Amentacées par exemple. — Pour exprimer que le calice se compose de pièces libres ou soudées entre elles, nous avons admis les mots dialysépale et gamosépale, ces expressions donnant des idées plus exactes que les mots polysépale et monosépale, polyphylle et monophylle. — Pour faciliter la description des enveloppes florales dans les plantes monocotylédonées, nous avons admis le mot de périanthe alors même que ces enveloppes constituent deux verticilles distincts. — Dans les calices gamosépales, nous appelons tube la portion dans laquelle les sépales sont soudés entre eux, et limbe la portion dans laquelle les sépales restent libres; nous disons que le limbe présente des divisions ou des dents, décrivant alors l'ensemble des sépales comme constituant une seule unité.

Les termes dont nous nous sommes servis pour la description de la corolle sont entièrement analogues à ceux que nous avons adoptés pour le calice. — Lorsque la corolle est indépendante du calice, son insertion est dite hypogynique; son insertion est dite périgynique, alors qu'elle est soudée dans une plus ou moins grande étendue avec le calice, que le calice soit ou non soudé avec l'ovaire. — La préfloraison a toujours été décrite pour le calice et pour la corolle; nous avons distingué les préfloraisons valvaire, valvaire-indupliquée, imbriquée, imbriquée-contournée, contournée, tordue, etc.

Les verticilles de la fleur, alors qu'ils se composent chacun d'un même nombre d'éléments, alternant toujours entre eux de telle sorte que les pièces de la corolle sont alternes avec les pièces du calice, et les étamines avec les pièces de la corolle, nous nous sommes dispensés d'exposer ce type normal à l'occasion de chacune des familles qui le présentent; comme il résulte en outre de cette alternance des verticilles entre eux que les étamines sont opposées aux pièces du calice, nous avons cru, dans les plantes apétales, pouvoir souvent nous dispenser d'insister sur cette disposition. Il est également évident que s'il y a deux verticilles d'étamines, les étamines du verticille extérieur alternent avec les pétales, et que celles du rang intérieur leur sont opposées. Alors que les étamines sont toutes opposées aux pétales et en même nombre qu'eux, nous avons, autant que possible, donné l'explication de cette disposition.

Dans les fleurs apétales ou dialypétales, lorsque les étamines sont indépendantes du calice, leur insertion est dite hypogynique, qu'elles soient entièrement indépendantes des pétales, ou qu'elles soient soudées avec eux à leur base; dans les fleurs gamopétales les étamines étant en général soudées avec la corolle, nous n'avons mentionné leur insertion que lorsqu'elles en sont indépendantes. — Les anthères sont ordinairement bilobées et introrses. Lorsqu'elles sont extrorses, nous avons eu soin d'indiquer si cette disposition est primitive, ou si elle n'est due qu'à un renversement de l'anthère sur le filet lors de l'émission du pollen. La déhiscence la plus commune pour les anthères est la déhiscence par deux fentes longitudinales; aussi n'avons-nous mentionné cette déhiscence qu'alors qu'elle est caractéristique relativement à des groupes voisins; nous avons décrit avec soin le mode de déhiscence toutes les fois qu'il s'éloigne du type commun.

Nous nous sommes toujours servis des expressions ovaire libre et ovaire soudé avec le calice, pour indiquer si l'ovaire ne contracte aucune adhérence avec le calice, ou s'il se soude avec lui en comprenant dans la soudure la partie inférieure des verticilles intermédiaires, dans ce dernier cas, nous avons toujours indiqué dans quelle étendue a lieu la soudure. Nous avons complètement renoncé aux expressions impropres d'ovaire supère et d'ovaire infère, qui, outre l'idée inexacte qu'elles représentaient, avaient l'inconvénient de prêter à la confusion en raison de la nomenclature de ce que, sous ce point de vue, on était convenu d'appeler la fleur; ainsi l'expression d'ovaire supère correspondait à fleur infère, et ovaire infère à fleur supère; ces synonymes étaient même souvent adoptés alternativement par un même auteur. — Nous considérons l'ovaire comme une unité, qu'il soit composé d'un ou de plusieurs carpelles, et que les carpelles soient libres ou soudés entre eux, indiquant autant que possible le nombre des carpelles qui entrent dans sa composition. Dans la plupart des ouvrages descriptifs, on dit que l'ovaire est solitaire lorsqu'il est constitué par un seul carpelle ou par plusieurs carpelles soudés, et qu'il y a plusieurs ovaires lorsque l'ovaire est constitué par plusieurs carpelles libres; cette nomenclature, outre les idées inexactes qu'elle a l'inconvénient de donner, devient presque impossible dans un grand nombre de cas, en raison des avortements et des soudures qui établissent la transition entre les ovaires composés d'un seul carpelle et ceux composés de plusieurs carpelles, et entre les ovaires composés de plusieurs carpelles libres et ceux composés de plusieurs carpelles soudés. — Ayant toujours eu soin de signaler les ovaires composés de carpelles libres ou presque libres et ceux qui sont composés d'un seul carpelle, nous avons cru pouvoir, dans les ovaires composés de plusieurs carpelles soudés, ne mentionner qu'implicitement la soudure des carpelles par l'indication de leur pluralité et du nombre des loges. Les notions sur la constitution de l'ovaire composé de plusieurs carpelles soudés se trouvent complétées par la description de la placentation; ainsi dans un ovaire uniloculaire, le placenta étant central et libre, ou les placentas étant franchement pariétaux, il est évident que l'ovaire est composé de plusieurs feuilles carpellaires ouvertes et soudées par leurs bords; il est également évident que dans un ovaire pluriloculaire, les placentas occupant l'angle interne des loges, l'ovaire est composé de feuilles carpellaires pliées et fermées, soudées entre elles par leurs faces latérales. — Dans l'ovaire composé de plusieurs carpelles, nous avons indiqué si les styles sont libres ou soudés entre eux; dans ce dernier cas, nous nous sommes servis du mot style indivis, qu'il ne faut pas confondre avec les mots style ou style simple que nous avons réservés pour désigner un style libre.

Nous avons indiqué avec soin la direction des ovules relativement à la loge qui les renferme, toutes les fois que cette direction a de l'importance, c'est-à-dire surtout alors qu'ils sont en nombre défini; nous avons employé pour la décrire les mots dressé, ascendant, horizontal, suspendu et pendant; nous avons renoncé aux mots de péritrope ou de campulitrope qu'on appliquait aux ovules insérés vers le milieu de leur longueur et courbés de telle sorte que leurs deux extrémités regardent le même point de la loge.

La forme absolue de l'ovule a été pour nous l'objet d'un travail spécial; nous avons fait en sorte d'en décrire régulièrement toutes les modifications, en adoptant le langage si exact et si précis proposé par M. A. Brongniart, et indiqué par M. A. de Jussieu dans son Traité de Botanique. — Alors que le micropyle occupe l'extrémité de l'ovule diamétralement opposée au hile, l'*ovule* est dit *droit* (ovule orthotrope ou atrope) (1). — Alors que, par suite d'une courbure de l'ovule, le micropyle se trouve rapproché du hile, l'*ovule* est dit *courbé* ou *plié*, selon que sa courbure est plus ou moins complète (ovule camptotrope, ovule campulitrope, ovule amphitrope de quelques auteurs). Nous avons distingué l'ovule courbé de l'ovule plié, quoiqu'ils se rapprochent par leur forme, parce qu'ils correspondent à des graines de structure différente, un ovule courbé donnant ordinairement lieu à une graine à périsperme central, et un ovule plié à une graine à périsperme nul ou entourant l'embryon. — Alors que le micropyle est dirigé vers le hile, et que par conséquent l'ovule présente un raphé complet, en d'autres termes, lorsque la chalaze occupe le point diamétralement opposé au hile, l'*ovule* est dit *réfléchi* (ovule anatrope). — Alors que le micropyle est éloigné du hile, sans cependant regarder le point qui lui est diamétralement opposé, et que par conséquent il existe un raphé incomplet, nous disons que l'*ovule* est *semi-réfléchi* (ovule semi-anatrope).

(1) Les mots placés entre parenthèses appartiennent à la nomenclature à laquelle nous avons renoncé.

Pour définir la direction des graines, par rapport à la loge qui les renferme, nous avons employé les mêmes mots que pour la direction des ovules.

Nous avons toujours décrit la forme de l'embryon et sa position relativement au périsperme. — Quant aux rapports de l'embryon relativement aux téguments de la graine, nous les avons déterminés, en indiquant la position de la radicule relativement au hile, par les expressions suivantes : radicule dirigée vers le point diamétralement opposé au hile (embryon antitrope); radicule rapprochée du hile (embryon amphitrope), c'est-à-dire radicule rapprochée du hile par suite d'une courbure de l'embryon; radicule dirigée vers le hile (embryon homotrope ou orthotrope); radicule plus ou moins éloignée du hile (embryon hétérotrope).

Le micropyle correspondant toujours à la radicule, il est évident que, combinant les notions fournies par les rapports de l'embryon relativement aux téguments de la graine, et les notions fournies par la direction de la graine relativement à la loge du fruit, on peut remonter à la forme absolue de l'ovule, et que réciproquement, connaissant la forme de l'ovule, on peut prévoir les rapports de l'embryon relativement aux téguments de la graine. — Quant à la position de la radicule par rapport au péricarpe, elle est implicitement exprimée par ces mêmes notions; aussi avons-nous cru devoir renoncer aux expressions devenues inutiles de radicule supère, infère, ventrale ou centripète, dorsale ou centrifuge. — Ainsi par exemple, la phrase : graine suspendue, embryon à radicule dirigée vers le hile, donne à entendre, d'une part que la radicule est dirigée vers le sommet du péricarpe, et d'autre part que la graine résulte d'un ovule réfléchi.

Nous pensons qu'on nous saura gré d'avoir tâché de donner régulièrement une nomenclature simple et explicite pour l'ovule et l'embryon, au lieu de la nomenclature si compliquée admise jusqu'à présent (1); car on voit sans peine quelle confusion inextricable devait resulter d'une même désinence pour les mots destinés à exprimer des faits aussi différents que la direction de l'ovule, la forme de l'ovule, et les rapports de l'embryon relativement aux téguments de la graine. Cette confusion était rendue presque inévitable, le même mot se trouvant quelquefois dans cette nomenclature employé dans des sens différents; ainsi le mot campulitrope s'appliquait tantôt à la direction, tantôt à la forme de l'ovule, et le mot amphitrope s'appliquait d'une part à la forme de l'ovule, et d'autre part aux rapports de l'embryon; il y a plus, le mot orthotrope, qui était employé à la fois dans la nomenclature de l'ovule et dans celle de l'embryon, était pris dans ces deux cas dans des sens contradictoires, ainsi un ovule orthotrope correspondait à un embryon antitrope, et un embryon orthotrope à un ovule anatrope.

Nous avons décrit sous le nom d'arille l'enveloppe plus ou moins complète, ou l'appendice charnu ou membraneux entier ou lobé, que présentent certaines graines en dehors de leur tégument extérieur, nous bornant à décrire la forme de ces enveloppes ou de ces appendices, sans insister sur leur origine qui n'est pas encore suffisamment connue dans la majorité des cas.

De même que nous l'avons fait pour l'ovaire, nous avons considéré le fruit comme une unité, qu'il soit composé d'un seul carpelle ou de plusieurs carpelles libres ou soudés entre eux. — Nous avons décrit toutes les variétés de structure, de forme et de consistance que présente le fruit, n'admettant pour caractériser les types les plus fréquents qu'un petit nombre de mots, et rejetant tous les noms créés à l'occasion de chacun des types exceptionnels, ces noms, malgré leur nombre, étant insuffisants pour signaler toutes les modifications qui peu-

(1) Cette complication de l'ancienne nomenclature est due à l'adoption simultanée de la nomenclature de M. Richard pour les rapports de l'embryon, et de celle qui a été créée postérieurement par M. de Mirbel pour la forme absolue de l'ovule dans son beau travail sur les développements de l'ovule végétal.

vent se rencontrer. — Nous n'avons pas signalé l'indéhiscence des fruits bacciformes ou drupacés, ce caractère étant commun à tous les fruits charnus. — Dans les fruits secs déhiscents, composés de plusieurs carpelles, nous avons employé régulièrement, dans un sens rigoureux, pour caractériser le mode de déhiscence, les expressions déhiscence septicide, septifrage et loculicide; dans les fruits à déhiscence loculicide, nous avons généralement négligé de dire que la cloison ou le placenta est fixé à la partie moyenne de chaque valve, cette disposition résultant nécessairement de la constitution d'une valve d'un fruit à déhiscence loculicide qui se compose, comme on le sait, des moitiés réunies de deux feuilles carpellaires voisines. — Enfin nous avons évité de confondre avec les graines, sous le nom de semences, les fruits secs monospermes indéhiscents.

Nous avons emprunté les bases de la classification de notre Flore à la méthode de A. L. de Jussieu, et leur ordre relatif à la série établie par P. De Candolle, en y apportant quelques modifications nécessitées soit par des études récentes, soit par l'obligation que nous nous sommes imposée de ne décrire, pour les familles ainsi que pour les genres, que les types représentés en Europe. Grâce à ce parti pris de ne renfermer dans nos descriptions que l'ensemble des caractères essentiels présentés par les plantes européennes, nous avons pu, ayant à notre disposition presque tous les éléments d'étude, décrire plus complètement et plus exactement chacun des groupes que si nous eussions eu la prétention d'y faire rentrer l'ensemble de tous les végétaux connus. Malgré la longueur du travail spécial auquel nous avons dû nous livrer pour créer ces descriptions, alors qu'il nous eût été si facile d'en emprunter de toutes faites aux traités généraux, nous n'avons pas hésité à l'entreprendre en raison des avantages pratiques qui devaient en résulter. — C'est dans le même but que nous avons cru devoir, pour les familles et les genres, restreindre la description des organes de la végétation aux caractères fournis par les plantes du pays, ces caractères étant ordinairement trop variables pour pouvoir constituer des différences de famille à famille et de genre à genre si l'on comprenait dans cette description toutes les plantes de l'Europe. L'énumération de ces caractères tirés des organes de la végétation forme des alinéas distincts imprimés en caractères plus petits.

Nous avons adopté les familles et les genres de création nouvelle, toutes les fois qu'ils étaient fondés sur des caractères essentiels et de valeur égale à ceux des groupes de même ordre déjà généralement admis.

Nous ne considérons comme espèces que les plantes qui présentent des caractères invariables, et nous groupons autour de ces types bien caractérisés les espèces secondaires ou variétés, qui deviennent aussi faciles à reconnaître quand on les rattache à l'espèce de laquelle elles dérivent, qu'elles sont embarrassantes quand on les considère comme présentant une valeur égale à celle des espèces-mères sans indiquer le lien qui les y rattache. Une synonymie exacte et détaillée permet d'ailleurs de conserver ces variétés sous des noms d'espèces aux botanistes qui n'adopteraient pas notre manière de voir.

Pour les familles et pour les genres, les caractères essentiels tirés des organes de la reproduction sont mentionnés les premiers. — Pour les espèces, nous avons énuméré d'abord les caractères tirés des organes de la végétation qui peignent l'apparence extérieure de la plante, terminant la description par les détails d'organisation qui ne peuvent être appréciés que par une étude plus attentive.

En présence de la quantité considérable de faits que nous avions à énumérer, nous nous sommes efforcés de nous rapprocher de la concision latine, l'ordre et la clarté étant, selon nous, dans un ouvrage descriptif les premières qualités du style. — Dans toutes nos descriptions, les mêmes organes sont décrits dans le même ordre, et les mêmes expressions sont employées pour désigner les mêmes choses, de telle sorte que, les idées s'opposant aux idées, et autant que possible les mots aux mots, le lecteur puisse, au premier coup d'œil, saisir les analogies et les différences. Enfin, au moyen de l'impression en lettres italiques (1), nous avons mis en relief des phrases complètes, qui comprennent des ensembles de caractères suffisants pour isoler chaque famille dans chaque groupe, chaque genre dans chaque famille et chaque espèce dans chaque genre. — Des tableaux dichotomiques complètement originaux facilitent encore la détermination des genres et des espèces (2).

Il va sans dire que l'on ne saurait jamais se dispenser d'étudier tous les caractères énumérés dans les descriptions, la certitude d'une détermination ne devenant complète que par l'examen de chacun des organes, et la connaissance approfondie de la structure des plantes étant d'ailleurs le but réel que doit se proposer le naturaliste. En effet, la Botanique, loin d'être, comme on l'a répété si souvent, une science de mots, consiste essentiellement dans l'appréciation exacte des faits, les noms étant seulement destinés à conserver dans la mémoire les notions acquises.

Nous avons placé en tête de l'ouvrage un tableau qui permet d'arriver facilement au nom des familles, en même temps qu'il donne une idée exacte de la classification que nous avons adoptée.

La description de chaque famille est accompagnée, lorsqu'il y a lieu, d'un tableau des tribus destiné à faciliter les recherches.

La description de chaque espèce est divisée en trois paragraphes : — le premier paragraphe, consacré à la synonymie, donne l'énumération des divers noms qu'a reçus la plante dans

(1) Cet artifice destiné à appeler l'attention sur les phrases les plus importantes n'est pas une invention moderne; les anciens typographes remplaçaient, dans ce cas, les lettres italiques par des lettres imprimées en rouge. — Nous nous rappelons à ce sujet l'épigraphe suivante d'un Elzevir qui présente cette particularité *Succum rubra dabit littera, nigra nihil.*

(2) L'*Atlas de la Flore des environs de Paris*, dont les dessins sont rigoureusement exacts, et comparatifs comme nos descriptions, doit être consulté pour la détermination des espèces d'une étude difficile.

les ouvrages les plus connus, et l'indication d'une planche. Nous avons complété cette synonymie par la citation des noms vulgaires, lorsque la plante en a reçu; mais nous n'avons pas cru devoir donner la traduction des noms latins, ces noms traduits n'ayant jamais été admis par les botanistes, et n'étant employés par personne. Une table complète des synonymes des genres et des espèces, qui termine l'ouvrage, permet de trouver chaque espèce sous la plupart des noms qu'elle a reçus. — Le deuxième paragraphe est constitué par la description de l'espèce; cette description est toujours suffisante pour distinguer une plante de toutes les autres plantes du même genre, mais elle n'est complète que si l'on y ajoute la somme des caractères énumérés dans les diverses divisions qui y conduisent; les sections de genre surtout doivent être lues avec attention, les caractères qui y sont présentés n'étant ordinairement pas reproduits à l'occasion des espèces. La description est terminée par le signe qui indique la durée de la plante, et par l'indication des mois de l'année pendant lesquels elle doit être étudiée; si la fleur et le fruit se développent à deux époques très différentes, nous avons soin de mentionner séparément ces deux époques. — Le troisième paragraphe renferme, outre l'indication de l'habitat ou station générale de la plante, l'énumération des localités où elle se rencontre, toutes les fois qu'en raison de sa rareté ces renseignements ont été jugés nécessaires. Nous avons, autant que possible, groupé les localités par régions, afin de donner une idée de la distribution de la plante et de son abondance relative dans les diverses parties de la circonscription de notre Flore. Nous avons toujours cité avec soin, à l'occasion de chaque localité, le nom du botaniste à qui l'on est redevable de son indication; le point de certitude indique les localités que nous avons constatées nous-mêmes. Nous avons ajouté pour certaines plantes rares quelques localités appartenant à des régions voisines des limites de notre Flore, en isolant ces indications par le signe (—). — Nous avons rarement cité des localités pour les variétés, parce qu'en général on les rencontre mêlées avec les types, et que d'ailleurs, à part quelques exceptions, elles se développent rarement plusieurs années de suite au même endroit.

Les plantes naturalisées dans plusieurs localités, et celles qui sont cultivées en grand, sont décrites aussi complètement que les espèces spontanées; mais nous leur avons accordé une place plus restreinte en les imprimant en caractères plus petits. — Quant aux plantes cultivées dans les jardins, et surtout celles qui sont susceptibles de se développer quelquefois sans culture dans le voisinage des habitations, nous les avons décrites seulement en note, mais suffisamment pour les faire reconnaître. — Grâce à ces dispositions typographiques, les plantes cultivées n'obtiennent qu'une importance convenable, et les espèces spontanées appellent toute l'attention du lecteur.

La Flore des environs de Paris comprend une région circonscrite dans un cercle de 94 kilomètres de rayon (23 lieues et 1/2) dont Paris est le centre. — Une carte spéciale, qui accompagne le livre, indique les limites que nous avons adoptées, la position de la plupart des localités citées dans l'ouvrage, et celle des bois et des marais, ainsi que l'indication détaillée des cours d'eau qui dispense, en signalant les vallées, de représenter les collines.

La vaste région botanique que nous avons comprise sous le titre d'environs de Paris était encore très incomplètement explorée, lorsque nous avons entrepris d'en écrire la Flore; aussi avons-nous fait en sorte de rendre nos herborisations plus productives en parcourant de préférence les pays les moins fréquemment visités par les botanistes qui nous ont précédés, et en poursuivant nos explorations dans chaque direction pendant plusieurs jours consécutifs. Ce système d'herborisation nous a conduits à la découverte d'un grand nombre de plantes nouvelles pour la Flore, en même temps qu'il nous a mis à même de constater l'étendue dans laquelle la plupart des espèces se trouvent répandues et l'abondance d'un grand nombre d'entre elles jusqu'alors considérées comme rares. — Il nous eût néanmoins été presque impossible d'acquérir la connaissance complète de la statistique botanique des diverses localités de notre Flore, si nous n'eussions été si admirablement secondés par le zèle des botanistes de

Paris et des environs (1). Telle a été l'activité déployée par tous dans ces dernières années, que les indications de localités données dans la Flore (2) sont au moins deux fois plus nombreuses qu'elles ne l'étaient dans notre Catalogue raisonné (3), qui lui-même en renfermait déjà un si grand nombre. — Nous devons beaucoup également à la correspondance de la plupart des botanistes de la France et des pays voisins; les renseignements qu'ils nous ont communiqués nous ont mis à même d'éclaircir un grand nombre de questions douteuses, tant d'espèces que de synonymie. — Nous espérons qu'ils nous continueront leur bienveillance, et que leur aide ne nous fera pas défaut dans nos travaux sur la Flore de la France.

Nous ne saurions trop louer le bon goût et le désintéressement de M. Masson, notre éditeur, à qui la librairie scientifique est redevable de tant de progrès; aucun sacrifice ne l'a arrêté pour associer dans cette publication le plus grand luxe à la forme sévère qui convient à un livre classique. — Nous devons également des remercîments à nos imprimeurs, MM. Bourgogne et Martinet, dont le bel établissement, par les ressources de tout genre qu'il nous a présentées, nous a permis d'arriver dans ce livre à une correction remarquable, malgré les nombreuses combinaisons typographiques qui en compliquaient l'exécution (4). — Un botaniste zélé, M. Guillon, nous a donné une grande preuve de dévouement, en nous aidant, pendant toute la durée de l'impression, dans le travail si difficile de la correction des épreuves; nous sommes heureux de pouvoir lui payer ici un juste tribut d'éloges.

(1) Nous avons fait avec soin le dépouillement de la plupart des herbiers spéciaux des environs de Paris; celui de Thuillier, qui fait actuellement partie des collections de M. B. Delessert, a été pour nous l'objet d'une étude attentive.

(2) Pour signaler brièvement dans quelle direction se trouvent les localités les moins connues, nous ajoutons *près* telle ville, bien que la localité indiquée soit quelquefois distante de 4-12 kilomètres de la ville citée.

(3) Catalogue raisonné de la Flore des environs de Paris (en collaboration avec M. Weddell.)

(4) Nous croyons devoir nommer M. Michel, notre metteur en pages, qui par son zèle et son intelligence a contribué pour beaucoup à la belle exécution typographique de l'ouvrage.

Ayant eu à créer pour cette Flore un plan entièrement nouveau, nous avons dû nécessairement commettre beaucoup d'erreurs; aussi recevrons-nous toujours avec empressement et reconnaissance les avis et les rectifications que les botanistes voudront bien nous communiquer. — Il n'est que trop vrai, du reste, que les œuvres des hommes, même les moins imparfaites, examinées scrupuleusement, perdent toujours de leur prestige, différant surtout en cela des productions de la nature dans lesquelles on découvre d'autant plus de perfection qu'on cherche davantage à les approfondir.

LISTE DES BOTANISTES

QUI ONT FOURNI POUR LA FLORE LES RENSEIGNEMENTS LES PLUS UTILES
OU QUI L'ONT ENRICHIE DU RÉSULTAT DE LEURS RECHERCHES.

MM. A. DE JUSSIEU.	MM. CTE JAUBERT.
A. BRONGNIART.	GAY.
A. RICHARD.	WEDDELL (1).
J. DECAISNE.	MAIRE.

Botanistes de Paris qui ont fourni le plus grand nombre d'indications de localités.

MM. Brice, — C. de Chambine, — Chaubard, — Delavaux, — De Lens, — Dubouché, — Vte de Forestier, — Dr Gogot, — Guillon, — Irat, — Dr A. Jamain, — Kralik, — Dr Léveillé, — Mandon, — J. Parseval, — Sagot, — de Schœnefeld, — Spach, — Dr C. Tulasne, — Vigineix.

---

(1) La Flore des environs de Paris avait dû dans le principe être exécutée en collaboration avec M Weddell qui s'était adjoint à nous pour la publication du *Catalogue raisonné des plantes des environs de Paris ;* nous nous étions depuis peu partagé le travail, alors que M. Weddell reçut la proposition de s'adjoindre à une expédition scientifique dont la mission était de parcourir pendant plusieurs années les contrées les moins connues du Nouveau-Monde. En présence d'une perspective si brillante, M. Weddell n'hésita pas à abandonner la Flore des environs de Paris dont le travail nous fut dès lors exclusivement réservé.— Nous avions d'abord l'intention de mettre en œuvre les matériaux laissés par M. Weddell; mais nous avons bientôt reconnu qu'un travail de vérification, d'additions, de suppressions et de corrections demandait plus de temps qu'un travail entièrement neuf, et nous avons dû renoncer à nous servir de la partie de manuscrit qu'il nous avait remise à son départ; ce manuscrit comprenait spécialement les familles des Caryophyllées, des Papilionacées, des Graminées, et la sous-famille des Liguliflores (Chicoracées); nous n'avons rien emprunté à ces divers travaux. Quant aux quelques genres pour l'étude desquels les notes de M. Weddell ont pu nous être utiles (Fumaria, Salix Juncus, Chara), nous avons toujours eu soin de les signaler.

Botanistes des environs de Paris qui ont fourni le plus grand nombre d'indications de localités.

MM. Bernard (env. de Malesherbes) (1), — de Boucheman (env. de Versailles, etc.), — Boudier (env. de Montmorency), — Bouteille (env. de Magny), — Bouteiller (env. de Provins), — Brou (env. d'Anet et de Dreux), — Crépin (env. de Charly), — Daënen (env. de Dreux et d'Anet, etc), — Daudin (env. de Pouilly, et autres localités du départ. de l'Oise), — Delacourt (env. de Beauvais et autres localités du départ. de l'Oise), — Des Étangs (vallée de Mennecy et env. de Provins), — Dr Devilliers (env. de Nemours), — Frion (env. de Chaumont), — Garnier (Le Châtelet près Melun, et autres localités du départ. de Seine-et-Marne), — Graves (départ. de l'Oise), — Hennecart (env. de Tournan et forêt d'Armainvilliers), — Leré (env. de Compiègne), — Morelle (env. de Senlis), — Pillot (env. de Compiègne), — Questier (env. de Villers-Cotterets, de Thury-en-Valois, etc.), — G. Thuret (Rentilly et diverses autres localités de la Brie). — Woods (exploration de diverses localités, entre autres Étampes et Pithiviers, pendant son séjour aux environs de Paris).

Botanistes de la France ou des pays voisins dont la correspondance nous a été le plus utile.

Albers (Berlin) (2), — Aunier (Lyon), — Bastard (Châlonnes, départ. de la Loire infér.), — Béchet (Cournon, département du Puy-de-Dôme), — Boreau (Angers, plantes du centre de la France, et de l'Anjou), — de Brébisson et Godey (Falaise), — Buchinger (Strasbourg, plantes de France et d'Allemagne), — Daënen (Dreux, plantes du Valais), — Debooz (actuellement à Rennes, plantes des env. de Lyon), — Delastre (départ. de la Vienne), — Des Étangs (Troyes), — Desvaux (Nantes), — Duboc (Havre), — Durand Duquesnay (Lisieux), — Duval (Grasse), — Fleurot (Dijon), — Vte de Forestier (Paris, plantes de la Corse et du midi de la France), — Garnier (actuellement à Gap), — Grenier (Besançon), — Dr Guépin (Angers), — Jordan (Lyon, plantes d'un grand nombre de localités de la France et de la Corse), — Jullien (Orléans), — Kunth (Berlin), — de Lambertye et de Mellet (Chaltrait), — Lloyd (Thouaré près Nantes, plantes de l'ouest de la France), — Maire, (Paris, plantes d'un grand nombre de localités de la France), — Maille (Paris), — Monin (Blois), — Moquin-Tandon (Toulouse), — Requien (Avignon, plantes du midi de la France, et de la Corse), — Saubiner et de Belly (Reims), — de Schœnefeld (Paris, plantes des environs de Berlin), — F. Schultz (Bitche), — Soyer-Willemet (Nancy).

(1) Dans cette série les noms des pays renfermés entre parenthèses après le nom de chaque botaniste sont ceux des localités qui ont été spécialement explorées par lui.

(2) Dans cette série le nom de ville renfermé entre parenthèses après le nom de chaque botaniste indique le lieu qu'il habite actuellement.

LISTE DE LA PLUPART DES AUTEURS CITÉS

DANS LA FLORE DESCRIPTIVE ET ANALYTIQUE DES ENVIRONS DE PARIS.

ADANSON, Familles des plantes, 2 vol. in-8, 1763.

AITON, Hortus Kewensis, ed. I, 3 vol. in-8, 1789; ed. II, 5 vol. in-8, 1810-1813.

ALLIONI, Rariorum Pedemontii stirpium specimen, 1 vol. in-4, 1755.
— Stirpium Nicæensis agri enumeratio, 1 vol. in-8, 1757.
— Flora Pedemontana, 3 vol. in-fol., 1785.
— Auctuarium ad Floram Pedemontanam, 1 vol. in-4, 1789.

Annales des sciences naturelles, 1e, 2e et 3e série, partie botanique.

Annales du Muséum d'histoire naturelle, 20 vol. in-4, 1800-1813.

Archives du Muséum d'histoire naturelle, 3 vol. in-4, 1839 en voie de publication.

ARDUINI, Animadversionum botanicarum specimen, in-4, 1759.

BALBIS, Miscellanea botanica, in-4, 1804.

BARRELIER, Plantæ per Galliam Hispaniam et Italiam observatæ, 1 vol. in-fol., 1714.

BASTARD, Essai sur la Flore du département de Maine-et-Loire, in-12, 1809.
— Supplément à l'essai sur la Flore du département de Maine-et-Loire, in-12, 1812.

C. BAUHIN, Pinax theatri botanici, 1 vol. in-4, 1671.

J. BAUHIN, Historia plantarum universalis, auctoribus J. Bauhino, J. H. Cherlero, D. Chabræo, 3 vol. in-fol., 1650.

BELLARDI, Appendix ad Floram Pedemontanam (publié dans les Mémoires de l'Académie de Turin) 1790-1791.
— Stirpes novæ vel minus notæ Pedemontii descriptæ et iconibus illustratæ (publié dans les Mémoires de l'Académie de Turin) vol. 7, p. 444.

G. BENTHAM, Catalogue des plantes indigènes des Pyrénées, in-8, 1826.
— Labiatarum genera et species, 1 vol. in-8, 1832-1836.

A. BERNARDI, Stirpium rariorum minusque cognitarum in Sicilia provenientium descriptiones, in 4, 1813-1816.

BERTOLONI, Amœnitates Italicæ, 1 vol. in-4, 1819.

BESSER, Primitiæ Floræ Galliciæ, 2 vol. in-12, 1809.
— Enumeratio plantarum in Volhynia collectarum, in-8, 1822.

BLACKWELL, Herbarium Blackwellianum, in-fol. 1737-1773

BLUFF ET FINGERUTH, Compendium Floræ Germanicæ, 4 vol. in-18, 1825

BONNINGHAUSEN, Prodromus Floræ Monasteriensis, in-8, 1824.

BOREAU, Flore du centre de la France, 2 vol. in-8, 1840.

A. BRONGNIART, Enumération des genres de plantes cultivées au Muséum d'histoire naturelle de Paris, grand in-18, 1843.

R. BROWN, Prodromus floræ Novæ Hollandiæ et insulæ Van Diemen, vol. 1, in-8, 1810.
— Hortus Kewensis, *voyez* Aiton hortus Kewensis.

BULLIARD, Herbier de France, ou Collection complète des plantes indigènes de ce royaume, in-fol., 600 pl. qui comprennent les plantes vénéneuses et les Champignons, 1780 et années suivantes.

CASSINI, Articles insérés dans le bulletin de la Société philomatique.
— Articles insérés dans le Dictionnaire des sciences naturelles.

CHEVALLIER, Flore générale des environs de Paris, 3 vol. in-8, 1826-1827.

CLAIRVILLE, Manuel d'herborisation en Suisse, 1 vol. in-8, 1811.

CLUSIUS (L'Écluse), Rariorum plantarum historia, 1 vol. in-fol., 1601

COSSON ET GERMAIN, Observations sur quelques plantes critiques des environs de Paris, 1 broch. grand in-8, 1840.
— Introduction à une Flore analytique et descriptive des environs de Paris, suivie d'un Catalogue raisonné des plantes vasculaires de cette region, 1 broch. grand in-18, 1842. (En collaboration avec M. Weddell.)
— Supplément au Catalogue raisonné des plantes des environs de Paris, 1 broch. grand in-18, 1843.
— Observations sur les genres Filago et Logfia, suivies de la description d'un Marrubium observé aux environs de Paris (publié dans les Annales des sciences naturelles, novembre 1843).
— Atlas de la Flore des environs de Paris, ou Illustrations de toutes les espèces des genres difficiles et de la plupart des plantes litigieuses de cette région, 1 vol. grand in-18, 1845.
— Synopsis analytique de la Flore des environs de Paris, 1 vol. grand in-18, 1845.

T COULTER, Mémoire sur les Dipsacées, 1 vol. in-4, 1823.

CRANTZ, Stirpium Austriacarum fasc. 1-6, in-4, 1769.

CURTIS, Botanical magasin, 70 vol. in-8, 1793, en voie de publication.
— Flora Londinensis, 2 vol. in-fol. 1777.

DECAISNE, Mémoire sur le développement du pollen, de l'ovule, et sur la structure des tiges du Guy (vol. 13 des Mémoires de l'Académie de Bruxelles, in-4, 1840).
— Famille des Asclepiadées, publiée dans le Prodromus de De Candolle, vol. 8.

ALPH. DE CANDOLLE, Monographie des Campanulacées, 1 vol. in-4, 1830.

P. DE CANDOLLE, Plantarum historia succulentarum, fasc. 28 in-4, 1799-1803.
— Icones plantarum Galliæ rariorum nempe incertarum aut nondum delineatarum, fasc. 1 in-4 cum tab. 50, 1808.
— Catalogus plantarum horti et agri Monspeliensis, 1 vol. in-8, 1813.
— Regni vegetabilis systema naturale, 2 vol. in-8, 1818-1821.
— Prodromus systematis naturalis regni vegetabilis, vol. 1-7 in 8, 1824-1838; continué par M. Alph. de Candolle, vol. 8 et 9, 1844-1845, en voie de publication.

P. DE CANDOLLE ET LAMARCK, Flore Française, 5 vol. in-8, 1805-1815.

DELARBRE, Flore de l'Auvergne, 2e édition, 2 vol. in-8, 1800.

DESFONTAINES, Flora Atlantica, 2 vol. in-4, 1798-1799.
— Tableau de l'École de botanique du Jardin du roi, 1 vol. in 8, 1815.

DESPORTES, Notes inédites sur les plantes des environs du Mans, citées par De Candolle dans la Flore Française.

DESVAUX, Journal de botanique.

— Flore de l'Anjou, 1 vol. in-8, 1827.

Dictionnaire des sciences naturelles, 60 vol. in 8, 1816-1830.

Dictionnaire classique d'histoire naturelle, 16 vol. in-8, 1822-1830.

DIETRICH, Synopsis plantarum, in-8, vol. 1-3, 1839-1843, en voie de publication.

DILLENIUS, Hortus Elthamensis, 2 vol. in-fol, 1732.

DUBY, Botanicon Gallicum, 2 vol. in-8, 1828-1830.

EHRHART, Beitraege zur Naturkunde, in-8, 1787-1792.

S. ENDLICHER, Genera plantarum secundum ordines naturales disposita, 1 vol. in-4, 1836-1840.

— Enchiridion botanicum exhibens classes et ordines plantarum, 1 vol. in 8, 1841.

English Botany, *voyez* Smith.

Flora Danica, Icones plantarum spontè nascentium in regnis Daniæ et Norwegiæ, in-fol. vol. 1-3 auctore G.C. OEder; vol. 4 et 5 auct. O F Muller, vol. 6 et 7 auct. Vahl; vol. 8 auct. Hornemann; 1766-1840.

Flora der Vetterau, 4 vol. in-8, 1799-1802, auct. Gaertner, B. Meyer et J. Scherbius.

Flora oder allgemeine botanische zeitung, in-8, 1800, en voie de publication.

FRIES, Novitiæ Floræ Suecicæ, 2e édition, 1 vol. in-8, 1828.

FUCHSIUS (Fuchs Leonhard), De historiâ stirpium commentarii insignes, 1 vol. in-fol., 1542.

GAERTNER, De fructibus et seminibus plantarum, 2 vol. in-4, 1788-1791.

GAUDIN, Agrostographia Helvetica, 2 vol. in-8, 1811.

— Flora Helvetica, 7 vol. in-8, 1828-1833.

J. GAY, Erysimorum quorumdam novorum diagnoses simulque Erysimi muralis descriptio, br. in-8, 1842.

— Histoire et monographie du genre Carex (publié dans les vol. 10 p. 279 et 11 p. 177 de la 2e série des Annales des sciences naturelles).

GERMAIN, *voyez* Cosson et Germain.

GMELIN, Flora Badensis-Alsatica, 3 vol. in-8, 1805-1808.

J. FRED-GMELIN, Systema naturæ, 10 vol. in-8, partie botanique vol. 6 et 7, 1791

GODRON, Flore de Lorraine, 3 vol. grand in-18, 1843.

GOODENOUGH, In transactions of the Linnean society.

GOUAN, Hortus regius Monspeliensis sistens plantas tum indigenas tum exoticas, 1 vol. in-8, 1762.

— Illustrationes et observationes botanicæ, seu rariorum plantarum indigenarum Pyrenaicarum, etc., adumbrationes, 1 vol. in-fol. 1773.

GRISEBACH, Genera et species Gentianearum, 1 vol. in-8, 1839.

GUÉPIN, Flore du département de Maine-et-Loire, 1 vol. in-12, 1re édition 1830, 2e édition 1838, 3e édition 1845.

GUETTARD, Observations sur les plantes, notamment sur celles des environs d'Étampes, 2 vol in-8, 1747.

HALLER, Historia stirpium indigenarum Helvetiæ, 3 vol. in-fol., 1768.

HOFFMANN, Deutschlands flora, 4 vol. in-12, 1791-1804.

— Genera Umbelliferarum, in-8, 1816.

HOPPE, Botanishe Taschenbuch, in-12, 1791.

HORNEMANN, Hortus regius botanicus Hafniensis, in-8, 1815.

HOST, Icones et descriptiones Graminum Austriacorum, 4 vol. in-fol., 1801-1814.
— Flora Austriaca, 2 vol. in-8, 1827-1831.

HUDSON, Flora Anglica, in-8, 1778.

Illustrations de la Flore parisienne, *voyez* Cosson et Germain, Atlas.

JACQUIN, Floræ Austriacæ icones, 5 vol. in-fol., 1773-1778.
— Collectanea ad Botanicam spectantia, 5 vol. in-4, 1786-1796.
— Miscellanea Austriaca ad Botanicam spectantia, 2 vol in-4, 1778-1781.
— Observationes botanicæ, in-fol., 1764-1771.

A. L. DE JUSSIEU, Genera plantarum secundum ordines naturales disposita, 1 vol. in-8, 1789.

ADR. DE JUSSIEU, Cours élémentaire d'histoire naturelle par MM. Milne-Edwards, Adr. de Jussieu et Beudant (partie botanique), 1 vol. grand in-18.

KOCH, Synopsis Floræ Germanicæ et Helveticæ, 1 vol. in-8, 1837, 2e édition 1844
— Generum tribuumque plantarum Umbelliferarum nova dispositio in. nov. act. acad. nat. cur. vol. 12 part. 1. p. 55-156.
— De salicibus Europæis commentatio, broch. in-8, 1828.
— Deutschlands flora, *voyez* Mertens et Koch.

KOCH ET ZIZ, Catalogus plantarum quas in ditione floræ Palatinatus legerunt, 1814.

KOELER, Descriptio Graminum in Germaniâ et Galliâ sponte nascentium, etc., in-8, 1802.

KUNTH, Agrostographia synoptica, sive Enumeratio Graminearum, 2 vol. in-8, 1833-1835.
— Nova genera et species plantarum, 7 vol. in-fol., 1815-1825 (faisant partie du voyage de Humboldt et de Bonpland).
— Flora Berolinensis, sive Enumeratio plantarum circà Berolinum sponte crescentium, 2 vol. in-12, 1838.
— Enumeratio plantarum omnium hucusque cognitarum, secundum familias naturales disposita, 4 vol. in-8, 1833-1843.

DE LAMARCK, Flore Française, ou description succincte de toutes les plantes qui croissent naturellement en France, 3 vol. in-8, 1re édition, 1778, 2e édition 1793 (an III de la république).
— Encyclopédie botanique, partie botanique et illustrations des genres, in-4.

DE LAMARCK ET DE CANDOLLE, Flore Française, 3e édition, 5 vol. in-8, 1804.
— Synopsis plantarum in Florâ Gallicâ descriptarum, 1 vol. in-8, 1806.

A. B. LAMBERT, A description of the genus Pinus, 3 vol. grand in-fol. 1828-1837.

PICOT DE LAPEYROUSE, Flore des Pyrénées, 4 decad. in-fol, 1795-1802.
— Histoire abregée des plantes des Pyrénées, 1 vol. in-8, 1813.

LEDEBOUR, Flora Rossica, sive enumeratio plantarum totius imperii Rossici, fasc. 1-5, grand in-8, 1841, en voie de publication.

LEERS, Flora Herbornensis, 1 vol. in-8, 1789.

LEHMAN, Plantæ è familiâ Asperifoliarum nuciferæ, 2 vol. in-4, 1818.

LEJEUNE, Flore des environs de Spa, in-8, 1811-1813.
— Compendium Floræ Belgicæ, 1 vol. in-12.

LEYSSER, Flora Halensis, 1 vol. in-8, 1re édition 1761, 2e édit. 1783.

L'HÉRITIER, Sertum Anglicum, in-fol. 1788.

LIGHTFOOT, Flora Scotica, 2 vol. in-8, 1777.

LINDLEY, A synopsis of the British Flora, 1 vol. grand in-18, 2e édit. 1835, 3e édit. 1841.

LINK, Enumeratio plantarum horti Berolinensis, 2 vol. in-8, 1821-1822.

Linnæa, Ein journal für die Botanik, in-8, 1826, en voie de publication.

LINNÉ, Mantissa plantarum, 1 vol. in-8.

— Species plantarum, 3e édit., 2 vol. in-8, 1764.

— Flora Suecica, 1 vol. in-8, 1re édit. 1745, 2e édit. 1755.

— Genera plantarum, eorumque characteres naturales, 1 vol. in-8, 1re édit. 1737, 6e édit. 1764.

— Systema naturæ, édit. 12, 3 vol. in-8, 1766-1768 (vegetabilia, vol. 2).

LINNÉ fils, Supplementum plantarum, in-8, 1781.

LLOYD, Flore de la Loire inférieure, 1 vol. in-12, 1844.

LOBEL, Plantarum seu stirpium historia, 1 vol. in-fol. 1576.

LOISELEUR DESLONCHAMPS, Flora Gallica, seu enumeratio plantarum in Galliâ sponte nascentium, 2 part. in-12, 1806-1807.

— Notice sur les plantes à ajouter à la Flore de France, 1 vol. in-8, 1810.

— Flora Gallica, 2e édit., 2 vol. in-8, 1828

LOUDON, Arboretum et fruticetum Britannicum, 8 vol. in-8, 1838.

MARSCHALL DE BIEBERSTEIN, Flora Taurico-Caucasica, 1 vol. in-8, 1808.

MARTIUS. Hortus botanicus academiæ Monacensis, in-4, 1825.

Mémoires du Muséum d'histoire naturelle, 20 vol. in-4, 1815-1832.

MÉRAT, Nouvelle Flore des environs de Paris, édit 1re 1 vol. in-8, 1812; édit. 2e 2 vol. in-18, 1821; édit. 3e 1831-1834; édit. 4e, 1836.

— Revue de la Flore Parisienne, 1 vol. in-8, 1843.

MERTENS ET KOCH, Roehlings Deutschlands Flora, 4 vol in-8, 1823-1833, en voie de publication.

MEYER, Chloris Hannoverana, 1 vol in-4, 1836.

MICHAUX, Flora Boreali-Americana, 2 vol. in-8 ou in-4, 1803.

MILLER, Gardeners dictionary, 1 vol. in-fol., 1731.

MOENCH, Methodus plantas horti botanici describendi, in-8, 1794.

MOQUIN-TANDON, Chenopodearum monographica enumeratio, 1 vol. in-8, 1840.

— Éléments de tératologie végetale, 1 vol. in-8, 1841.

R. MORISON, Plantarum historiæ universalis Oxoniensis, 2 vol. in-fol. 1715.

MURRAY, Prodromus designationis stirpium Gottingensium, in-8, 1770.

— Caroli a Linné Systema vegetabilium, editio decima quarta, in-8, 1784.

NEES AB ESENBECK, BLUFF ET SCHAUER, Compendium Floræ Germaniæ, 2 vol in-18, 1836-1838.

FR. LUD. NEES AB ESENBECK (Nees jun), Genera plantarum Floræ Germanicæ iconibus et descriptionibus illustrata, opus post auctoris mortem à F. Spenner et post ejus obitum ab Aloysio Putterlick et Steph. Endlicher continuatum, in-8, 1833-1845, en voie de publication.

NESTLER, Monographia de Potentillâ, in-4, 1816.

Nouvelles annales du Muséum d'histoire naturelle, 4 vol. in-4, 1832 1835

NUTTAL, The genera of North American plants, 2 vol. in-8, 1818.

PALLAS, Flora Rossica, 2 vol in-fol

PALISOT DE BEAUVOIS, Essai d'une nouvelle agrostographie 1 vol in-8 ou in-4, 1812.

PERSOON, Synopsis plantarum seu Enchiridion botanicum, 2 vol. in-18, 1805-1807.

POIRET, Encyclopédie méthodique, suite de la partie botanique, 4 vol. in-4, 1804-1808.

POITEAU ET TURPIN, Flora Parisiensis, in-fol., 1808, inachevé.

POLLICH, Historia plantarum in Palatinatu nascentium, 3 vol. in-8, 1776-1777.

PRESL, Flora Sicula, vol. 1, in-8, 1826.

REICHARD, Flora Mœno-Francofurtana, 2 vol. in-8, 1830-1832.

REICHENBACH, Flora Germanica excursoria, 2 vol. in-18, 1830-1832.

— Iconographia botanica, seu plantæ criticæ, in-4, centuriæ, 1-10, 1823-1832.

— Icones floræ Germanicæ et Helveticæ, in-4, 1834, en voie de publication.

— Flora Germanica exsiccata.

RETZIUS, Observationes botanicæ, fasc. 6, in-fol., 1779-1791.

A. RICHARD, Nouveaux eléments de Botanique, in-8, 6e édit., 1838.

— Eléments d'histoire naturelle médicale, 3 vol. in-8, 1838.

L. C RICHARD, De Orchideis Europæis adnotationes, in-4, 1817.

— Mémoires sur les Conifères et les Cycadées, 1 vol. in-fol., 1826 (édité par M. A. Richard).

ROEMER ET SCHULTES, Systema vegetabilium, 6 vol. in-8.

ROTH, Tentamen Floræ Germanicæ, 3 vol. in-8, 1788-1801.

St-AMANS, Flore Agénoise, 1 vol. in-8, 1818

AUG. DE St-HILAIRE, Notice sur 70 espèces de plantes phanérogames, trouvees dans le departement du Loiret, broch. in-8, 1812.

— Observations sur la nouvelle Flore des environs de Paris, broch. in-8, 1812.

SALISBURY, in Transactions of the Linnæan society, vol. 8.

SAVI, Botanicum Etruscum, 2 vol. in-8, 1808-1815.

— Observationes in varias Trifoliorum species, in-8, 1810.

SCHKUHR, Botanisches handbuch, 3 vol. in-8.

— Histoire des Carex, traduction par Delavigne, grand in-8, 1802.

SCHLECHTENDAL, Flora Berolinensis, 2 vol in-8, 1823-1824.

SCHLEICHER, Catalogus plantarum in Helvetiâ cis et transalpinâ sponte nascentium, 3e edit. 1 broch. in-8, 1815.

— Centuriæ exsiccatæ.

SCHMIDT, Flora Bohemica, in-fol., 1793-1794.

SCHRADER, Flora Germanica, in-8, 1806.

— Journal fur die Botanick, in-8.

— Monographia generis Verbasci, in-4, 1813-1823.

SCHRANK, Flora Baierschensis, 2 vol. in-8, 1789.

SCHREBER, Spicilegium Floræ Lipsiæ, in-8, 1771.

— Plantarum verticillatarum unilabiatarum genera et species, in-4, 1774.

SCHULTES, *voyez* Rœmer et Schultes.

C. SCHULTZ, Prodromus floræ Stargardiensis, in-8, 1806, supp. 1819.

F. G. SCHULTZ, Flore de France et d'Allemagne (centuries de plantes sèches avec catalogue annoté).

SCOPOLI, Flora Carniolica, 2 vol. in-8, 1772.

SERINGE, Famille des Caryophyllées et des Cucurbitacées, ainsi que plusieurs autres monographies publiées dans le Prodromus de De Candolle.

SIBTHORP, Fl. Oxoniensis, 1 vol. in-8, 1794.

SIBTHORP ET SMITH, Floræ Græcæ prodromus, 2 vol. in-8, 1806-1816.
— Flora Græca, ed. Smith, in-fol.

J. SMITH, English Botany, 20 vol. in-8, 1790-1814.
— flora Britannica. 3 vol in-8, 1800-1804.

SOYER-WILLEMET, Observations sur quelques plantes de France, suivies du Catalogue des plantes vasculaires des environs de Nancy, 1 vol. in-8, 1828.

E. SPACH, Histoire naturelle des végétaux phanérogames, 11 vol. in-8, 1834, en voie de publication (faisant partie des suites à Buffon).

SPENNER, Flora Friburgensis, 2 vol. in-18, 1827.

SPRENGEL, Systema vegetabilium, 4 vol. in-8, 1825-1827
— Plantarum Umbelliferarum, denue disponendarum, prodromus, in-4, 1813.

STURM ET CORDA, Deutschlands Flora in Abbildungen nach der Natur mit Beschreibungen, in-12

SUTTON, in Transactions of the Linnæan society, vol. 4e

SWARTZ, Synopsis Filicum, in-8, 1806.

TENORE, Prodromus Floræ Neapolitanæ, in-8, 1811-1813.
— Sylloge plantarum vascularium Floræ Neapolitanæ, 1 vol. in-8, 1831
— Flora Napolitana, 5 vol. in-fol., 1811-1836.

THUILLIER, Flore des environs de Paris; 1re édit. 1 vol. in-12, 1790; 2e édit. 1 vol. in-8, 1799.

G. THURET, Notes sur l'anthère du Chara et les animalcules qu'elle renferme (publiées dans les Annales des sciences naturelles, 2e sér. vol. 14, p. 65)

PITTON DE TOURNEFORT, Institutiones rei herbariæ; 3 vol in-4, 1717-1719.
— Histoire des plantes qui naissent aux environs de Paris, 1 vol. in-12 1698; 2e édition revue et corrigée par Bernard de Jussieu, 2 vol. in-12, 1725.

Transactions of the Linnæan society, in-4.

TRINIUS, Fundamenta agrostographiæ, 1 vol. in-8. 1820.

M. VAHL, Enumeratio plantarum, 2 vol. in-8, 1805-1806.

VAILLANT, Botanicon Parisiense, 1 vol. in-fol. 1726.

VAUCHER, Monographie des Orobanches, in-4, 1827.

VENTENAT, Choix de plantes, 10 fasc. in-fol., 1803-1808.
— Tableau du règne végétal, 4 vol. in-8, an VII.

VILLARS, Histoire des plantes du Dauphiné, 3 vol. in-8, 1786-1788.

VIVIANI, Floræ Italicæ fragmenta, 1 fasc. in-4, 1808

WAHLENBERG, Flora Carpathorum, 1 vol. in-8, 1814.
— Flora Suecica, 1 vol. in-8, 1824-1826.
— Flora Upsaliensis, 1 vol in-8, 1820.

WALDSTEIN ET KITAIBEL, Descriptiones et icones plantarum rariorum Hungariæ, 3 vol in-fol., 1802-1812

WALLROTH, Annus botanicus, 1 vol. in-12, 1815
— Orobanches generis διασκευή, in-8, 1825.

F. WALLROTH, Schedulæ criticæ de plantis floræ Halensis, 1 vol. in-8, 1822.

WEDDELL, *voyez* Cosson et Germain : Introduction.
WEIGEL, Observationes botanicæ, in-4, 1772.
WEIHE ET NEES AB ESENBECK, Rubi Germanici, in-fol. 1822-1827.
WIBEL, Primitiæ floræ Werthemensis, 1 vol. in-8, 1799.
WIGGERS, Primitiæ Floræ Holsaticæ, 1 vol. in-8, 1780.
WILLDENOW, Enumeratio plantarum horti Berolinensis, in-8, 1809.
— Floræ Berolinensis prodromus, 1 vol. in-8, 1787
— Linnæi Species plantarum, 5 vol. in-8, 1797-1818.
— Phytographia seu descriptio plantarum rariorum, in-fol. 1794.
WIMMER, Flora von Schlesien, 1 vol. in-12, 1841.
WITHERING, An arrangement of British plants, 3e édit., 4 vol. in-8, 1796.

C'est dans les magnifiques collections botaniques de M. B. Delessert, ouvertes aux botanistes, avec un si noble désintéressement, que nous avons puisé la plupart des renseignements bibliographiques consignés dans notre ouvrage.— Nous devons à M. Lasègue, conservateur de ces riches archives, les plus grands remercîments pour l'extrême obligeance avec laquelle il nous a toujours aidés dans nos recherches.

EXPLICATION DES SIGNES ET DES ABRÉVIATIONS.

① Annuelle plante ne fleurissant qu'une fois, germant au printemps et mourant avant l'hiver de la même année.

② Bisannuelle : plante ne fleurissant qu'une fois, mais germant dans l'année qui precede l'année où elle fleurit et où elle meurt.

♃ Vivace : plante à souche herbacée ou ligneuse continuant à vivre pendant un nombre d'années indéterminé, produisant chaque année une tige herbacee qui se détruit avant l'hiver après avoir porte des fleurs et des fruits.

♄ Ligneuse : plante à tige ligneuse continuant à vivre pendant un nombre d'années indéterminé et portant chaque année des fleurs et des fruits.

— Ce signe, dans une phrase synonymique, suivant immédiatement le nom d'une espèce, indique que cette espèce a reçu de nous le nom sous lequel elle est décrite, qu'elle soit nouvelle, ou que nous soyons les premiers qui la rapportions au genre auquel elle appartient, ou encore que le nom de l'espèce ait dû être change d'après les règles de synonymie généralement adoptées. Ce même signe, placé entre deux citations d'ouvrages, indique que le nom de famille, de genre ou d'espèce admis dans le second ouvrage est le même que celui de la première citation.

! Signe de certitude : — dans une phrase synonymique, après le nom d'un auteur, indique que nous avons vu des échantillons authentiques de la plante ; — après l'indication d'une localité, signifie que nous avons trouvé la plante nous-mêmes ; lorsqu'un nom propre entre parenthèses et imprimé en lettres italiques suit ce signe, cela signifie que nous avons observé la plante étant accompagnés par le botaniste cité ou que nous avons vérifié à la localité l'exactitude de son indication.

? Signe de doute ; — dans une phrase synonymique, après le nom d'un auteur, indique qu'il y a lieu de douter que la plante décrite ou figurée par cet auteur soit la même que la nôtre ; — avant l'indication de l'habitat ou station générale d'une plante (— ? —) indique que nous doutons de l'existence de cette plante dans le rayon de la Flore ; — avant l'indication d'une localité spéciale, signifie que la plante n'y a pas été récemment observée, ou que nous n'avons eu aucun moyen de vérification pour les renseignements qui nous ont été donnés.

† Précédant un nom de famille ou de genre indique que cette famille ou ce genre ne comprend dans l'ouvrage que des espèces cultivées ou naturalisées ; les descriptions qui suivent ce signe sont imprimées en petit texte ; — précédant un nom d'espèce indique que l'espèce est cultivée en grand, ou qu'elle est naturalisée, soit en abondance dans un certain nombre de localités, soit çà et là dans toute la région ; plus rarement ce signe est employé pour caractériser des espèces indiquées vaguement mais dont l'existence dans la région est probable parce qu'elles se rencontrent dans des localités très voisines des limites de notre Flore.

Séparant des indications de localités, indique qu'elles sont toutes données sous la responsabilité du botaniste dont le nom suit immédiatement la série.

C.C.C. Très vulgaire, partout et très abondant.

C.C. Très commun, répandu dans toute la région.

C. Commun dans toute la région.

A.C. Assez commun, fréquent dans un certain nombre de localités, ou se rencontrant çà et là dans toute la région.

A.R. Assez rare.

R. Rare.

R.R. Très rare.

R.R.R. Très rare et peu abondant à la localité indiquée.

Un numéro d'ordre, en chiffres romains, imprimé en capitales normandes (exemple : **XV**), suivi d'un nom imprimé en mêmes caractères, indique que ce nom désigne une famille.

Un numéro d'ordre, en chiffres romains (exemple : XIV ou xiv), accompagné d'un nom imprimé en capitales, indique que ce nom désigne un genre.

Un numéro d'ordre, en chiffres arabes (exemple 14) suivi d'un nom imprimé en capitales, indique que ce nom désigne une espèce. — Dans les analyses dichotomiques les noms des espèces sont imprimés en lettres italiques.

Dans les phrases synonymiques les nombres imprimés en chiffres romains indiquent le volume, les nombres imprimés en chiffres arabes indiquent la page; exemple : IV. 150, (vol. 4, page 150).

4-8, 5-10, etc. . . de 4 à 8, de 5 à 10, etc.

Mono, bi, tri, quadri, pluri, poly, multi,... un, deux, trois, quatre, plusieurs, beaucoup ou un grand nombre (exemple : monophylle, bifide, pluri-ovulé, polysperme, multi-ovulé) — ou une fois, deux fois, trois fois, plusieurs fois, etc. (exemple : bipinnatifide, tripinnatiséqué).

4-fide, 5-dente, etc.. quadrifide, tridente.

1-3-sperme, etc. . . contenant 1 à 3 graines, etc.

addit. plur. spec. additis pluribus speciebus (en y ajoutant plusieurs espèces.)

ap. . . . . apud (chez, dans).

auct. . . . . auctorum (des auteurs, d'après les auteurs).

ed. . . . . edition.

emend. . . . . emendatus (corrigé, modifié).

ex. . . . . (de, d'après).

excl. plur. spec. . . exclusis pluribus speciebus (en excluant plusieurs espèces.)

excl. syn. . . . . . . exclusis synonymis (les synonymes etant exclus)

f., fig. . . . . figure

Fl. . . . . Flore.

Fl. . . . . Fleur (Exemple. *Fl.* mars-mai, est en fleur du mois de mars au mois de mai).

Fr. . . . . fruit.

Fruct. . . . . fructification (n'est employe que pour les cryptogames).

herb. . . . . herbier

ic. illustr. . . . . . icones, illustrationes (planches, illustrations).

in. . . . . dans.

loc. cit. . . . . . . loco citato (dans l'ouvrage cite, à l'endroit cite).

n. . . . . numéro.

non, nec . . . . . . non, non pas, ni.

ord. . . . . ordinairement.

part. . . . . partim, ex parte (en partie).

q.q. . . . . quelque.

sec. . . . . secundum (selon, d'après).

sect. . . . . section.

sub. . . . . presque, diminutif qui s'associe aux adjectifs en les précédant (exemple subglobuleux).

t., tab. . . . . . . tabula (planche).

vulg . . . . . . vulgairement.

var., var. . . . . . varie, variété

α. β. γ. . . . . . . numeros d'ordre des variétes; α est le type de l'espèce. Lorsque la série des varietes commence par β, la variete α est comprise dans la description même de l'espèce.

s.v. . . . . sous-varie, sous-variété, — se rattache à la variete qui précède immédiatement; — precédé de plusieurs numeros d'ordre de varietés (exemple : α. β. γ s.v.) indique que les varietes énumerées avant le signe s.v. présentent chacune cette même sous variété.

TABLEAU SYNOPTIQUE DES FAMILLES. (*)

EMBRANCHEMENT I. VÉGÉTAUX DICOTYLÉDONÉS.

Plantes à organes reproducteurs constitués par des étamines et des ovules. Graines composées d'enveloppes qui renferment l'embryon. Embryon à parties distinctes, à 2 cotylédons opposés, très rarement à plusieurs cotylédons verticillés. Enveloppes de la fleur à parties ord. en nombre quinaire, constituées par un calice et une corolle, ou réduites au calice, très rarement nulles. Tige herbacée ou ligneuse, séparable en deux zones, l'une extérieure corticale, l'autre intérieure ligneuse, s'accroissant par des couches concentriques, à solidité augmentant de la circonférence vers le centre ; la zone ligneuse constituée par des faisceaux fibro-vasculaires qui forment un cylindre creux autour d'une colonne centrale de tissu cellulaire (moelle). Feuilles entières ou divisées, quelquefois composées de plusieurs folioles, à nervures ord. très ramifiées.

DIVISION I. DIALYPÉTALES.

Enveloppes florales constituées par un calice et une corolle. Corolle à pétales libres entre eux (**).

CLASSE I. DIALYPÉTALES HYPOGYNES.

Pétales et étamines indépendants du calice, insérés sur le réceptacle ou sur un disque libre ou soudé avec la base de l'ovaire. Ovaire libre.

† Placentation axile.

I. RENONCULACÉES. (2).—Étamines en nombre indéfini, libres. Fruit composé de carpelles libres ou presque libres. Périsperme épais, corné (***).

(*) Les chiffres placés entre parenthèses après les noms des familles et des tribus indiquent les pages correspondantes du livre.

(**) A cette division se rapportent, par leur corolle dialypétale ou presque dialypétale, les genres suivants qui appartiennent à des familles de la division des Gamopétales : *Oxycoccus* (famille des Vacciniées), *Phyteuma* et *Jasione* (Campanulacées). Quelques genres de la famille des *Cucurbitacées* présentent également une corolle dialypétale.

(***) La famille des *Renonculacées*, bien que très naturelle, présente de nombreuses exceptions ; les genres *Clematis*, *Thalictrum*, *Anemone* et *Caltha* ne présentent qu'une seule enveloppe florale. — Dans le genre *Delphinium* la corolle est souvent gamopétale.—Dans le genre *Myosurus* les étamines sont réduites au nombre de 5-10. — Dans plusieurs genres les carpelles sont soudés entre eux à la base, dans quelques espèces du genre *Nigella* ils sont même soudés dans presque toute leur longueur.

TRIBU I. CLEMATIDEÆ (3). — 1. Clematis.

TRIBU II. RANUNCULEÆ. (4). — 2. Thalictrum. 3. Anemone. 4. Adonis. 5. Myosurus. 6. Ranunculus. 7. Ficaria.

TRIBU III. HELLEBOREÆ (16). — 8. Caltha. 9. Helleborus. 10. Eranthis. 11. Nigella. 12. Aquilegia. 13. Delphinium. 14. Aconitum.

TRIBU IV. PÆONIEÆ. (20). — 15. Actæa.

II. **BERBÉRIDÉES.** (21). — Pétales disposés sur deux rangs. Étamines opposées aux pétales. Anthères à lobes s'ouvrant chacun par une valvule. Baie ord. à 2 graines. Arbrisseau épineux.

1. Berberis.

III. **CARYOPHYLLÉES.** (21). — Calice à 5 plus rarement 4 sépales. Étamines en nombre égal à celui des pétales ou en nombre double. Ovules insérés sur un placenta central libre, ou insérés à l'angle interne des loges. Styles 2-5, filiformes. Fruit capsulaire, uniloculaire, rarement à 2-5 loges incomplètes. Embryon annulaire ou semi-annulaire (*) entourant un périsperme farineux épais. Feuilles opposées.

TRIBU I. SILENEÆ (23). — 1. Gypsophila. 2. Dianthus. 3. Saponaria. 4. Cucubalus. 5. Silene. 6. Melandrium. 7. Lychnis.

TRIBU II. ALSINEÆ. (30). — 8. Polycarpon. 9. Lepigonum. 10. Spergula. 11. Sagina. 12. Alsine. 13. Holosteum. 14. Arenaria. 15. Stellaria. 16. Cerastium.

IV. **LINÉES.** (40). — Étamines 4-5 fertiles, un peu soudées à la base, offrant entre elles les rudiments d'un autre rang d'étamines. Ovules insérés à l'angle interne des loges. Styles 5, plus rarement 3-4. Fruit capsulaire, à 5 plus rarement 3-4 loges bispermes subdivisées chacune par une fausse cloison en deux loges secondaires monospermes, à déhiscence septicide. Périsperme nul. Embryon droit.

1. Linum. 2. Radiola.

V. **ÉLATINÉES.** (43). — Étamines 3-4 ou 6-8, libres. Ovules insérés à l'angle interne des loges. Styles 3-4, courts, à stigmates capités. Fruit capsulaire, polysperme, à 3-4 loges, à déhiscence septicide. Périsperme nul. Embryon plus ou moins arqué. Feuilles opposées ou verticillées.

1. Elatine.

VI. **OXALIDÉES.** (44). — Étamines 10, soudées à la base. Ovules insérés à l'angle interne des loges. Styles 5. Fruit capsulaire, à 5 loges, à déhiscence loculicide. Graines renfermées dans une enveloppe succulente. Périsperme épais. Feuilles trifoliolées.

1. Oxalis.

VII. **BALSAMINÉES.** (45). — Fleurs irrégulières. Calice à 5 sépales, l'inférieur prolongé en éperon. Étamines 5; anthères cohérentes par leurs

---

(*) Dans plusieurs genres la forme ou la position de l'embryon est exceptionnelle. — Dans les genres *Dianthus* et *Polycarpon* l'embryon est droit ou presque droit et est appliqué sur la face dorsale du périsperme. — Dans le genre *Spergula* l'embryon est en spirale. — Dans le genre *Holosteum* l'embryon est plié, à radicule reposant sur le dos de l'un des cotylédons, et est entouré latéralement par le périsperme.

bords. Ovules insérés à l'angle interne des loges. Fruit capsulaire, polysperme, se partageant avec élasticité en 5 valves qui portent les cloisons à leur partie moyenne. Périsperme nul.

1. Impatiens.

VIII. GÉRANIACÉES. (46). — Étamines 5-10, à filets plus ou moins soudés à la base. Ovaire à 5 carpelles verticillés à la base d'un prolongement de l'axe, prolongés chacun en un long appendice linéaire soudé avec ce prolongement de l'axe. Styles 5, soudés avec le prolongement de l'axe, à stigmates filiformes libres. Fruit sec, à carpelles monospermes. Périsperme nul. Embryon plié, à cotylédons condupliqués-flexueux.

1. Geranium. 2. Erodium.

IX. MALVACÉES. (51). — Calice à 5 rarement 3-4 sépales soudés inférieurement, à préfloraison valvaire, muni à la base d'un calicule. Corolle à 5 pétales soudés entre eux par les onglets, à préfloraison contournée. Étamines en nombre indéfini, à filets soudés en un tube qui recouvre l'ovaire. Anthères unilobées. Ovaire constitué par un grand nombre de carpelles uni-ovulés disposés circulairement autour d'un prolongement de l'axe. Styles soudés en colonne avec le prolongement de l'axe, libres au sommet. Embryon plié.

1. Malva. 2. Althæa.

X. TILIACÉES. (54). — Calice à 5 sépales, à préfloraison valvaire. Étamines en nombre indéfini. Ovules insérés à l'angle interne des loges. Style indivis; stigmate ord. à 5 lobes. Fruit ligneux, indéhiscent, uniloculaire et 1-2-sperme par avortement. Périsperme charnu. Arbres.

1. Tilia.

XI. POLYGALÉES. (55). — Fleurs irrégulières. Calice à 5 sépales, les 2 intérieurs très amples pétaloïdes. Corolle à 3 pétales soudés dans une grande longueur. Anthères disposées en deux faisceaux, unilobées, s'ouvrant par un pore terminal. Ovules insérés sur la cloison. Fruit capsulaire, à 2 loges monospermes.

1. Polygala.

XII. ACÉRINÉES. (57).— Étamines ord. 8, insérées sur un disque hypogyne annulaire très épais. Ovules insérés à l'angle interne des loges. Styles indivis; stigmates 2. Fruit se partageant en deux coques monospermes indéhiscentes prolongées chacune en une aile membraneuse. Périsperme nul. Embryon plié, à cotylédons enroulés. Arbres.

1. Acer.

XIII. HIPPOCASTANÉES. (59). — Calice tubuleux-campanulé, 5-fide. Étamines 7-8, à filets libres. Ovaire libre, à 3 loges bi-ovulées. Ovules insérés à l'angle interne des loges, le supérieur suspendu, l'inférieur dressé. Fruit capsulaire, à loges ord. monospermes par avortement, à déhiscence loculicide. Périsperme nul. Embryon plié. Arbres. Feuilles opposées, composées-digitées.

1. Æsculus.

XIV. CÉLASTRINÉES. (59). — Étamines 4-5, insérées au bord d'un disque hypogyne annulaire épais. Ovules insérés à l'angle interne des loges. Style indivis, très court ; stigmate 3-5-lobé ou presque entier. Fruit capsulaire, à 3-5 loges bispermes ou monospermes, à déhiscence loculicide. Graines munies d'une arille charnue colorée. Embryon droit. Arbrisseaux ou arbres.

1. Evonymus.

XV. AMPÉLIDÉES. (60). — Étamines 4-5, opposées aux pétales. Ovules insérés à la base de la cloison. Stigmate sessile ou subsessile, indivis. Baie à 2 loges bispermes ou monospermes par avortement. Périsperme charnu-corné, épais. Arbrisseaux sarmenteux grimpants.

1. Vitis.

XVI. MONOTROPÉES. (61). — Étamines 8-10, libres. Anthères unilobées. Graines à testa très lâche débordant largement l'amande en forme d'aile. Plante décolorée blanchâtre dans toutes ses parties, à feuilles réduites à des écailles.

1. Monotropa.

†† Placentation pariétale (*).

XVII. HYPÉRICINÉES. (62). — Calice à préfloraison imbriquée. Corolle à préfloraison contournée. Étamines en nombre indéfini, à filets ord. réunis à la base en 3-5 faisceaux. Ovules insérés à l'angle interne des loges ou sur des placentas pariétaux. Styles 3-5. Fruit capsulaire, polysperme, à 3-5 loges, plus rarement à une seule loge, à déhiscence septicide, rarement indéhiscent-bacciforme. Périsperme nul. Embryon droit. Feuilles opposées.

1. Androsæmum. 2. Hypericum. 3. Elodes.

XVIII. RORIDULÉES. (66). — Fleurs régulières. Etamines 5 ou 10, libres ; anthères bilobées, extrorses. Ovules insérés à l'angle interne des loges ou sur des placentas pariétaux. Fruit à 3-5 loges, ou à une seule loge. Graines à testa très lâche débordant largement l'amande en forme d'aile. Périsperme charnu. Embryon droit.

1. Drosera. 2. Parnassia. 3. Pyrola.

XIX. RÉSÉDACÉES. (69). — Fleurs irrégulières. Calice à 4-7 sépales. Pétales supérieurs palmatipartits. Étamines 10-30. Fruit uniloculaire. Périsperme nul. Embryon plié.

1. Reseda. 2. Astrocarpus.

XX. NYMPHÉACÉES. (71). — Calice à 4-5 sépales. Pétales disposés sur deux ou plusieurs rangs. Étamines en nombre indéfini. Ovules insérés sur les pa-

(*) Les familles des *Hypéricinées*, des *Roridulées* et des *Résédacées* établissent la transition entre les familles à placentation axile, et les familles à placentation pariétale. — Dans les *Hypéricinées* le genre *Hypericum* présente la placentation axile, et le genre *Elodes* la placentation pariétale. — Dans les *Roridulées* le genre *Pyrola* présente la placentation axile, et les genres *Drosera* et *Parnassia* la placentation pariétale. — Dans les *Résédacées* le genre *Astrocarpus* présente la placentation axile, et le genre *Reseda* la placentation pariétale.

rois des cloisons. Fruit à loges nombreuses contenant une pulpe abondante. Périsperme double. Plantes aquatiques.

1. Nymphæa. 2. Nuphar.

XXI. PAPAVÉRACÉES. (72). — Calice à 2 sépales. Corolle à 4 pétales. Etamines en nombre indéfini. Périsperme charnu-huileux. Embryon droit, à radicule dirigée vers le hile.

1. Papaver. 2. Chelidonium. 3. Glaucium.

XXII. FUMARIACÉES. (75). —Fleurs irrégulières. Calice à 2 sépales. Corolle à 4 pétales. Etamines 6, à filets soudés presque jusqu'au sommet en deux faisceaux. Périsperme charnu, très épais. Embryon indistinct avant la germination.

1. Corydalis. 2. Fumaria.

XXIII. CRUCIFÈRES. (78). — Calice à 4 sépales. Corolle à 4 pétales. Etamines 6, les 4 intérieures plus longues opposées par paires aux sépales intérieurs. Stigmate bilobé ou indivis. Fruit : silique ou silicule. Périsperme nul. Embryon plié, rarement enroulé en spirale.

DIVISION I. SILIQUOSÆ. (81).

TRIBU I. *Radicule commissurale.* (81). — 1. Cheiranthus. 2. Barbarea. 3. Arabis. 4. Dentaria. 5. Cardamine. 6. Nasturtium. 7. Turritis

TRIBU II. *Radicule dorsale.* (87). — 8 Hesperis. 9. Erysimum. 10. Sisymbrium. 11. Braya

TRIBU III. *Radicule incluse* (91). — 12. Diplotaxis. 13. Eruca. 14. Erucastrum. 15. Brassica 16. Sinapis. 17. Raphanus.

DIVISION II. SILICULOSÆ (96).

TRIBU I. *Silicule déhiscente.* (96). — *Sous-tribu I.* — 18. Alyssum 19. Draba. 20. Cochlearia. 21. Camelina. — *Sous-tribu II* — 22 Teesdalia. 23. Thlaspi. 24. Iberis. 25. Hutchinsia. 26. Capsella. 27. Lepidium.

TRIBU II. *Silicule indéhiscente* (103). — 28. Biscutella. 29. Senebiera. 30. Isatis. 31. Neslia. 32. Calepina. 33. Bunias.

XXIV. CISTINÉES. (107). — Calice à 5 sépales, les 2 extérieurs quelquefois nuls, les 3 intérieurs à préfloraison contournée. Corolle à 5 sépales, à préfloraison contournée en sens inverse des sépales. Étamines en nombre indéfini. Style filiforme. Fruit uniloculaire, ou à 3-10 loges incomplètes. Périsperme mince, farineux. Sous-arbrisseaux, plus rarement plantes herbacées.

1. Helianthemum.

XXV. VIOLARIÉES. (109). — Fleurs irrégulières. Pétale inférieur prolongé en éperon. Etamines 5. Style indivis ; stigmate indivis ou subtrilobé. Fruit uniloculaire, à 3 valves portant les placentas à leur partie moyenne. Périsperme charnu, épais.

1. Viola.

Classe II. DIALYPÉTALES PÉRIGYNES.

Pétales et étamines insérés sur le calice. Ovaire libre ou soudé avec le calice. (*)

† Ovaire libre.

XXVI. TÉRÉBINTHACÉES. (113). — Fleurs régulières. Etamines 3-5 ou 6-10. Fruit indéhiscent, monosperme, sec ou plus ou moins drupacé. Arbres ou arbrisseaux. Stipules nulles.

1. Rhus.

XXVII. RHAMNÉES. (114).—Etamines 4-5, opposées aux pétales. Styles 2-4, soudés à la base, ou soudés en un style indivis. Fruit bacciforme, à 2-4 noyaux monospermes. Arbrisseaux ou arbres peu élevés.

1. Rhamnus.

XXVIII. PAPILIONACÉES. (115). — Fleurs irrégulières. Corolle papillonacée. Etamines 10, à filets soudés en tube. Ovaire à un seul carpelle. Fruit : Légume. Feuilles composées, rarement réduites à une seule foliole ou au rachis, munies de stipules.

Tribu I. Loteæ. (117).—*Sous-tribu I. Genisteæ.*— 1 Sarothamnus. 2. Spartium. 3. Cytisus. 4. Genista. 5. Ulex. 6 Ononis. 7. Anthyllis. — *Sous-tribu II. Trifolieæ.*— 8. Lotus 9. Tetragonolobus. 10. Trigonella. 11. Robinia. 12. Colutea. 13. Astragalus. 14. Melilotus. 15. Medicago. 16. Trifolium. 17. Phaseolus.

Tribu II. Vicieæ. (138). — 18. Vicia. 19. Faba. 20. Pisum. 21. Lathyrus. 22. Orobus.

Tribu III. Hedysareæ. (148). - 23. Coronilla. 24. Ornithopus. 25. Hippocrepis. 26 Onobrychis.

XXIX. LYTHRARIÉES. (150). — Calice à 8-12 divisions ou plus. Etamines 6-12. Ovules insérés à l'angle interne des loges. Style filiforme ou presque nul. Fruit capsulaire, biloculaire, rarement pluriloculaire, polysperme. Périsperme nul.

1 Lythrum. 2. Peplis.

XXX. PORTULACÉES. (152). — Calice à 2 sépales. Ovules insérés sur un placenta central libre. Style filiforme, 3-5-fide. Fruit capsulaire, uniloculaire, polysperme ou 3-sperme. Embryon annulaire périphérique.

1. Portulaca. 2. Montia.

XXXI. PARONYCHIÉES. (153). — Corolle à pétales souvent filiformes rudimentaires. Étamines 5, rarement 4. Ovule suspendu au sommet d'un funicule qui part de la base de la loge. Fruit capsulaire, uniloculaire, monosperme, indéhiscent. Embryon annulaire périphérique.

1. Corrigiola. 2. Herniaria. 3. Illecebrum. 4. Scleranthus.

(*) Les familles des *Caryophyllées*, des *Acérinées* et des *Célastrinées*, que nous rapportons à la classe des Dialypetales hypogynes, sont considérées par quelques auteurs comme pouvant rentrer dans la classe des Dialypétales périgynes.

XXXII. CRASSULACÉES. (156). — Corolle à 5 plus rarement 3-20 pétales. Ovaire à carpelles en nombre égal à celui des pétales, libres entre eux, munis chacun à leur base d'une écaille glanduliforme ou lamelliforme. Fruit à carpelles polyspermes. Périsperme nul.

1. Tillæa. 2. Bulliarda. 3. Crassula. 4. Sedum. 5. Sempervivum.

XXXIII. AMYGDALÉES. (162). — Étamines 15-30. Ovaire constitué par un seul carpelle bi-ovulé. Fruit : drupe. Arbres ou arbrisseaux. Stipules caduques.

1. Cerasus. 2. Prunus 3. Amygdalus.

XXXIV. ROSACÉES. (167). — Fleurs régulières. Étamines en nombre indéfini. Ovaire constitué par des carpelles distincts. Stipules plus ou moins soudées au pétiole.

Tribu I. Spirææ (168.) — 1 Spiræa.

Tribu II. Potentilleæ. (169). — 2. Rubus 3. Geum. 4. Fragaria. 5. Comarum. 6. Potentilla.

Tribu III. Roseæ. (168) — 7. Rosa.

Tribu IV. Agrimonieæ. (182). — 8. Agrimonia.

† † Ovaire soudé avec le calice.

XXXV. POMACÉES. (182). — Fleurs régulières. Étamines 15-30. Ovules insérés à l'angle interne des loges. Styles 5 ou 1-4 par avortement. Fruit charnu ou pulpeux à 5 loges ou à 1-4 loges par avortement. Arbres ou arbrisseaux. Stipules libres.

Tribu I. *Fruit à noyaux.* (183). — 1. Mespilus. 2 Cratægus

Tribu II. *Fruit à pepins* (184). — 3. Amelanchier. 4 Cydonia. 5. Pyrus. 6. Malus. 7. Sorbus.

XXXVI. ONAGRARIÉES. (188). — Calice à préfloraison valvaire. Étamines 8, rarement 4. Ovules insérés à l'angle interne des loges. Style filiforme ; stigmates 4, étalés ou rapprochés. Fruit capsulaire, polysperme, à 4 valves portant les cloisons à leur partie moyenne. Graines souvent munies d'une aigrette.

1. Epilobium. 2. OEnothera. 3. Isnardia.

XXXVII. CIRCÉACÉES. (192). — Corolle à 2 pétales. Étamines 2. Style filiforme ; stigmate bilobé. Fruit sec, indéhiscent, biloculaire, à loges monospermes.

1. Circæa.

XXXVIII. HALORAGÉES. (193). — Étamines 4-8. Ovaire à 2-4 loges uniovulées. Ovules insérés au côté interne des loges. Style filiforme ou nul. Fruit sec, 4-loculaire, ou uniloculaire par avortement, à loges monospermes. Périsperme mince ou nul. Plantes submergées ou nageantes.

Tribu I Myriophylleæ. (193). — 1. Myriophyllum.

Tribu II. Trapeæ. (194). — 2. Trapa.

XXXIX. OMBELLIFÈRES. (195). — Étamines 5. Ovules suspendus. Styles 2. Fruit sec, composé de deux carpelles monospermes indéhiscents. Périsperme corné, très épais. Fleurs ord. disposées en ombelles.

DIVISION I. ORTHOSPERMÆ (200).

TRIBU I. UMBELLIFERÆ IMPERFECTÆ (200). — *Sous-tribu I. Hydrocotyleæ.* — 1. Hydrocotyle. — *Sous-tribu II. Saniculeæ.* — 2. Sanicula. 3. Eryngium.

TRIBU II. CICUTEÆ. (202). — *Sous-tribu I. Ammineæ.* — 4. Buplevrum. 5. Trinia. 6. Sison. 7. Cicuta. 8. Falcaria. 9. Ammi. 10. Ægopodium. 11. Carum. 12. Petroselinum. 13. Apium. 14. Helosciadium. 15. Sium. 16. Pimpinella. 17. Conopodium. — *Sous-tribu II. Selineæ.* — 18. Æthusa. 19. OEnanthe. 20. Libanotis. 21. Seseli. 22. Fœniculum. 23. Cnidium. 24. Silaus.

TRIBU III. SELINEÆ. (215). — *Sous-tribu I. Angeliceæ.* — 25. Selinum. 26. Angelica. — *Sous-tribu II. Peucedaneæ.* — 27. Peucedanum. 28. Anethum. 29. Pastinaca. 30. Heracleum. 31. Tordylium.

TRIBU IV. LASERPITIEÆ. (220). — *Sous-tribu I. Thapsieæ.* — 32. Laserpitium. — *Sous-tribu II. Dauci neæ.* — 33. Daucus. 34. Orlaya.

DIVISION II. CAMPYLOSPERMÆ. (222).
35. Turgenia. 36. Caucalis. 37. Torilis. 38. Anthriscus. 39. Chærophyllum. 40. Scandix. 41. Conium. 42. Coriandrum.

XL. HÉDÉRACÉES. (227). — Étamines 4-5. Ovaire à 2-5 loges uni-ovulées. Style indivis. Fruit bacciforme ou drupacé, à 2-5 loges. Périsperme charnu. Arbrisseaux.

1. Hedera. 2. Cornus.

XLI. LORANTHACÉES. (229). — Fleurs dioïques. Étamines 4, à anthères soudées dans toute leur étendue à la face interne des divisions du calice. Fruit bacciforme-mucilagineux, uniloculaire, monosperme. Graine dépourvue d'enveloppes propres. Embryon solitaire, ou 2-3 embryons convergents par leur extrémité cotylédonaire. Arbrisseau parasite.

1. Viscum.

XLII. GROSSULARIÉES. (230). — Étamines 5, plus rarement 4. Ovaire à 2 plus rarement 3-4 placentas pariétaux. Fruit bacciforme, uniloculaire, polysperme. Graines à tégument intérieur mucilagineux. Arbrisseaux.

1. Ribes.

XLIII. SAXIFRAGÉES. (232). — Étamines 10, plus rarement 8. Ovaire à 2 carpelles. Ovules insérés aux deux côtés de la cloison ou aux placentas réfléchis qui revêtent la face interne des valves. Styles 2. Fruit capsulaire, à loges polyspermes. Périsperme charnu.

1. Saxifraga. 2. Chrysosplenium.

DIVISION II. GAMOPÉTALES.

Enveloppes florales constituées par un calice et une corolle. Corolle à pétales soudés entre eux (*).

(*) A cette division se rapportent par leur corolle gamopétale ou presque gamopétale les genres suivants qui appartiennent à des familles de la division des Dialypétales : *Delphinium* (famille des Renonculacées), *Polygala* (Polygalées), *Fumaria* et *Corydalis* (Fumariacées), une partie du genre *Trifolium* et quelques autres genres de la famille des Légumineuses, *Portulaca* et *Montia* (Portulacées).

Classe I. GAMOPÉTALES HYPOGYNES.

Corolle et étamines indépendantes du calice. Corolle insérée sur le réceptacle. Étamines insérées sur la corolle, très rarement indépendantes de la corolle. Ovaire libre.

XLIV. ÉRICINÉES. (235). — Étamines 8-10, non insérées sur la corolle. Anthères à lobes s'ouvrant chacun par un pore terminal. Sous-arbrisseaux. Feuilles persistantes.

1. Erica. 2. Calluna.

XLV. PRIMULACÉES. (238). — Fleurs régulières. Étamines 5, rarement 4-7, opposées aux lobes de la corolle. Ovaire uniloculaire, à placenta central libre.

Tribu I. (239). — 1. Primula. 2. Hottonia. 3. Lysimachia. 4. Samolus.
Tribu II. (242). — 5. Centunculus. 6. Anagallis.

XLVI. PLUMBAGINÉES. (243). — Étamines 5, opposées aux pétales ou aux lobes de la corolle. Stigmates 5. Fruit uniloculaire, monosperme.

1. Armeria.

XLVII. PLANTAGINÉES. (244). — Fleurs régulières. Calice 4-partit. Corolle scarieuse. Étamines 4, alternant avec les lobes de la corolle. Style indivis.

1. Littorella. 2. Plantago.

XLVIII. ILICINÉES. (247). — Fleurs régulières. Étamines 4, plus rarement 5-6, alternant avec les lobes de la corolle. Ovules suspendus. Stigmate subsessile, ord. 4-lobé. Fruit charnu-bacciforme, ord. à 4 noyaux. Arbrisseau. Feuilles persistantes, dentées-épineuses.

1. Ilex.

XLIX. OLÉINÉES. (248). — Fleurs régulières. Corolle à 4 lobes. Étamines 2. Ovaire à 2 loges ord. bi-ovulées. Ovules suspendus. Périsperme épais. Arbrisseaux ou arbres.

1. Ligustrum. 2. Fraxinus. 3. Syringa.

L. APOCYNÉES. (250). — Fleurs régulières. Corolle à préfloraison contournée. Anthères conniventes au-dessus du stigmate. Pollen pulvérulent. Fruit composé de deux carpelles polyspermes, déhiscents par la suture ventrale.

1. Vinca.

LI. ASCLÉPIADÉES. (251). — Fleurs régulières. Pollen réuni en masses solitaires dans chacun des lobes de l'anthère. Fruit composé de 2 carpelles capsulaires polyspermes, déhiscents par la suture ventrale. Graines munies d'une aigrette soyeuse.

1. Vincetoxicum. 2. Asclepias.

LII. GENTIANÉES. (253). — Fleurs régulières ou presque régulières. Corolle marcescente-persistante. Étamines 5, plus rarement 4-12, alternes avec les divisions de la corolle. Style indivis ou bifide; stigmates 2. Capsule uniloculaire ou plus ou moins complètement biloculaire, s'ouvrant en deux valves. Graines nombreuses. Périsperme épais. Feuilles ord. opposées.

TRIBU I. MENYANTHEÆ. (254). — 1 Menyanthes. 2. Villarsia.

TRIBU II. ERYTHRÆÆ. (255). — 3 Chlora. 4 Gentiana. 5. Cicendia. 6 Erythræa.

LIII. CONVOLVULACÉES. (259). — Fleurs régulières. Étamines 5. Ovaire à 2-4 loges complètes ou incomplètes, uni-bi-ovulées. Style filiforme. Cotylédons foliacés, chiffonnés. Tiges ord. volubiles.

1. Convolvulus 2. Calystegia

LIV. CUSCUTÉES. (260). — Fleurs régulières. Étamines 4-5. Fruit à déhiscence circulaire. Embryon dépourvu de cotylédons, enroulé en spirale autour d'un périsperme charnu-succulent. Plantes parasites, dépourvues de feuilles, à tige volubile.

1. Cuscuta.

LV. BORRAGINÉES. (262). — Corolle régulière, rarement irrégulière. Étamines 5. Style indivis quelquefois bifide au sommet. Fruit composé de 4 carpelles distincts, secs, monospermes, indéhiscents. Feuilles alternes. Fleurs ord. disposées en grappes scorpioïdes.

TRIBU I. ANCHUSEÆ. (263). — 1. Borrago 2. Anchusa 3. Lycopsis. 4. Symphytum. 5 Myosotis. 6. Lithospermum. 7. Pulmonaria. 8. Echium.

TRIBU II. CYNOGLOSSEÆ. (269) 9. Echinospermum 10. Cynoglossum. 11. Asperugo. 12. Heliotropium.

LVI. SOLANÉES. (272). — Fleurs régulières ou presque régulières. Corolle à 5 lobes, rarement plus. Étamines en nombre égal à celui des lobes de la corolle et alternes avec eux. Style indivis. Fruit polysperme, à deux loges quelquefois subdivisées chacune en deux loges secondaires; placentas soudés à la cloison. Périsperme épais. Embryon courbé, annulaire ou en spirale. Feuilles alternes.

TRIBU I. SOLANEÆ VERÆ (273) — 1. Solanum 2 Physalis 3 Atropa 4 Lycium

TRIBU II NICOTIANEÆ. (276). — 5 Nicotiana. 6 Datura. 7 Hyoscyamus

LVII. VERBASCÉES. (278). — Fleurs un peu irrégulières. Étamines 5; à filets inégaux. Anthères unilobées, ou bilobées à lobes confluents en un seul. Style indivis. Fruit capsulaire, à 2 loges polyspermes; placentas soudés à la cloison. Périsperme épais. Embryon droit.

1 Verbascum.

LVIII. SCROPHULARINÉES. (281). — Fleurs ord. irrégulières. Étamines au nombre de 4 par l'avortement de l'étamine supérieure, ord. inégales par paires, quelquefois réduites au nombre de 2. Ovules insérés à la partie moyenne de la cloison. Fruit capsulaire, biloculaire, à loges polyspermes rarement 1-2-spermes. Périsperme charnu ou corné. Embryon droit.

1. Veronica 2. Limosella. 3 Scrophularia 4 Gratiola. 5 Digitalis. 6 Antirrhinum. 7 Linaria. 8. Pedicularis. 9 Rhinanthus. 10 Melampyrum, 11 Euphrasia

LIX. LENTIBULARIÉES. (303). — **Fleurs irrégulières. Corolle bilabiée ou en gueule, à lèvre inférieure prolongée en éperon. Étamines 2. Ovaire à placenta central libre globuleux. Fruit polysperme, uniloculaire. Périsperme nul.**

1 Pinguicula. 2 Utricularia.

LX. OROBANCHÉES. (306). — **Fleurs irrégulières. Étamines 4, inégales par paires. Ovaire à 4 placentas pariétaux. Fruit capsulaire, uniloculaire, polysperme. Plantes jamais vertes, parasites. Feuilles réduites à des écailles.**

1. Phelipæa 2. Orobanche.

LXI. LABIÉES. (310). — **Fleurs irrégulières. Corolle bilabiée, plus rarement unilabiée. Étamines au nombre de 4 par l'absence de l'étamine supérieure, plus rarement réduites au nombre de 2. Style indivis, naissant entre les carpelles. Fruit composé de 4 carpelles secs, libres, monospermes. Périsperme nul. Tiges tétragones. Feuilles opposées.**

Tribu I. Ocymoideæ (313). — 1 Lavandula.

Tribu II. Menthoideæ. (314). — 2. Mentha. 3. Lycopus

Tribu III. Salvieæ. (317) — 4. Salvia.

Tribu IV. Thymoideæ (319). — *Sous-tribu I. Thymoideæ veræ.* — 5. Origanum. 6. Thymus. 7. Hyssopus. — *Sous-tribu II. Melissineæ.* — 8 Calamintha. 9. Clinopodium. 10 Melissa. 11 Satureia.

Tribu V. Lamioideæ (324). — *Sous-tribu I. Nepeteæ.* — 12. Nepeta. 13 Glechoma. — *Sous-tribu II Stachydeæ.* — 14. Melittis 15 Lamium 16. Galeobdolon 17. Galeopsis. 18 Stachys. 19. Betonica 20 Marrubium. 21 Ballota 22. Leonurus — *Sous-tribu III. Scutellarineæ.* — 23. Brunella. 24 Scutellaria

Tribu VI. Ajugoideæ (337). — 25 Ajuga. 26. Teucrium

LXII. VERBÉNACÉES. (341). — **Fleurs irrégulières. Étamines au nombre de 4 par l'absence de l'étamine supérieure, ou réduites au nombre de 2. Style indivis, terminal. Fruit composé de 4 carpelles soudés. Périsperme nul. Tiges tétragones. Feuilles opposées.**

1. Verbena.

LXIII. GLOBULARIÉES. (342). — **Fleurs irrégulières. Étamines au nombre de 4 par l'absence de l'étamine supérieure. Style filiforme. Fruit sec, uniloculaire, monosperme, indéhiscent. Fleurs en tête, sessiles sur un réceptacle commun chargé de paillettes.**

1. Globularia.

Classe II. GAMOPÉTALES PÉRIGYNES.

Corolle insérée sur le calice. Étamines insérées sur le calice avec la corolle ou insérées sur la corolle. Ovaire soudé avec le calice (*).

LXIV. VACCINIÉES. (343). — **Étamines 8-10, indépendantes de la corolle. Anthères à lobes prolongés chacun en un tube ouvert au sommet. Style fili-**

(*) Dans le genre *Samolus*, de la famille des Primulacées qui appartient à la classe des Gamopétales hypogynes, l'ovaire est soudé avec le calice.

forme. Fruit bacciforme à 4-5 loges polyspermes. Périsperme charnu. Sous-arbrisseaux.

1. Vaccinium. 2. Oxycoccus.

LXV. CAMPANULACÉES. (345). — Fleurs régulières. Étamines 5, indépendantes de la corolle. Styles 2-3, rarement 5. Fruit capsulaire, à 2-3 plus rarement 5 loges polyspermes, s'ouvrant latéralement par des fissures arrondies, plus rarement s'ouvrant au sommet. Périsperme charnu.

1. Campanula. 2. Specularia. 3. Phyteuma. 4. Jasione.

LXVI. LOBÉLIACÉES. (351). — Fleurs irrégulières. Corolle bilabiée ou unilabiée. Étamines 5, indépendantes de la corolle. Style filiforme; stigmates 2-3. Fruit capsulaire, à 2-3 loges polyspermes, s'ouvrant au sommet à déhiscence loculicide.

1. Lobelia.

LXVII. CUCURBITACÉES. (352). — Fleurs dioïques ou monoïques. Anthères à lobes linéaires flexueux ou repliés sur eux-mêmes et soudés dans toute leur longueur avec le connectif. Ovaire à 3-5 loges multi-ovulées ou pauci-ovulées; loges subdivisées chacune en deux loges secondaires par une fausse cloison. Ovules insérés sur les parois des loges. Stigmates 3-5, subsessiles, bilobés. Fruit charnu ou succulent. Périsperme nul. Plantes munies de vrilles.

1. Bryonia. 2. Cucumis. 3. Cucurbita.

LXVIII. CAPRIFOLIACÉES. (354). — Étamines 5, rarement 4. Ovaire à 3-5 loges. Styles 3-5, plus rarement style indivis. Fruit bacciforme ou drupacé, à loges monospermes ou oligospermes, quelquefois uniloculaire par la destruction des cloisons. Perisperme charnu ou corné. Arbrisseaux ou plantes herbacées. Feuilles opposées.

Tribu I. Sambucinæ. (355). — 1. Adoxa. 2. Sambucus. 3. Viburnum.

Tribu II. Caprifoliæ. (357). — 4. Lonicera.

LXIX. RUBIACÉES. (358). — Étamines 4-5. Styles 2, libres ou soudés. Fruit didyme, composé de deux carpelles monospermes indéhiscents, plus rarement réduit à un seul carpelle par avortement. Périsperme corné. Feuilles verticillées.

1. Sherardia 2. Asperula. 3 Galium. 4 Rubia.

LXX. VALÉRIANÉES. (366). — Étamines 1-3; anthères libres. Ovaire à 3 loges dont deux dépourvues d'ovules. Fruit sec, monosperme, indéhiscent. Périsperme nul. Plantes herbacées. Feuilles opposées. Fleurs disposées en cymes ou en glomérules.

1. Centranthus 2. Valeriana. 3. Valerianella.

LXXI. DIPSACÉES. (370). — Fleurs munies chacune d'un involucelle gamophylle (fleurs à calice double *auct.*), sessiles sur un réceptacle commun entouré d'un involucre de plusieurs folioles. Étamines 4; anthères libres. Fruit sec, uniloculaire, monosperme, indéhiscent. Périsperme charnu. Feuilles opposées.

1 Scabiosa. 2. Knautia. 3. Dipsacus

LXXII. **COMPOSÉES.** (374). — **Fleurs sessiles sur un réceptacle commun entouré d'un involucre de plusieurs folioles. Étamines 4-5 ; anthères soudées en un tube qui engaîne le style. Ovule dressé. Fruit sec, uniloculaire, monosperme, indéhiscent. Périsperme nul.**

SOUS-FAMILLE I. TUBULIFLORES.

DIVISION I. CYNAROCEPHALÆ (381).

TRIBU I. (381). — 1. Onopordum. 2. Carlina. 3. Cynara. 4 Cirsium. 5. Carduus. 6. Silybum. 7. Carduncellus.

TRIBU II. (389). — 8. Lappa. 9. Serratula. 10. Centaurea. 11. Kentrophyllum. 12. Echinops.

DIVISION II. CORYMBIFERÆ. (394).

TRIBU I. (394). — 13. Bidens. 14. Helianthus. 15. Achillea. 16. Ormenis 17. Anthemis.

TRIBU II. (399). — *Sous-tribu I.* — 18. Pyrethrum. 19. Chrysanthemum. 20. Bellis. 21. Artemisia 22. Tanacetum. — *Sous-tribu II.* — 23. Calendula 24. Micropus.

TRIBU III. (406). — *Sous-tribu I* — 25. Filago. 26. Logfia. 27. Gnaphalium 28. Antennaria. 29 Pulicaria. 30. Inula. — *Sous-tribu II.* — 31. Solidago. 32. Erigeron. 33. Aster. 34. Linosyris. 35 Doronicum. 36. Cineraria. 37. Senecio. 38. Eupatorium. 39. Tussilago. 40. Petasites.

SOUS-FAMILLE II. LIGULIFLORES. (424).

TRIBU I. (425). — 41. Lapsana. 42. Arnoseris. 43. Cichorium.

TRIBU II. (426). — 44. Hypochæris 45 Thrincia. 46. Leontodon. 47. Picris. 48. Helminthia. 49. Tragopogon. 50. Scorzonera. 51. Podospermum.

TRIBU III. (432). — 52. Taraxacum. 53. Chondrilla. 54. Phœnixopus. 55. Lactuca. 56. Sonchus. 57. Barkhausia. 58. Crepis. 59. Hieracium

LXXIII. **AMBROSIACÉES.** (444). — **Fleurs unisexuelles; les mâles sessiles sur un réceptacle commun et entourées d'un involucre, à anthères libres ; les femelles renfermées deux à deux dans des enveloppes capsulaires biloculaires hérissées d'épines. Fruit sec, uniloculaire, monosperme, indéhiscent. Périsperme nul.**

1. Xanthium.

DIVISION III. APÉTALES.

Enveloppes florales réduites au calice ou nulles. Ovules contenus dans un ovaire fermé, recevant l'influence du pollen par l'intermédiaire d'un stigmate (*).

CLASSE I. APÉTALES NON AMENTACÉS.

Fleurs pourvues d'un calice, très rarement dépourvues de calice, herma-

(*) A cette division se rapportent par leurs fleurs apétales les genres suivants qui appartiennent à des familles de la division des Dialypétales : une partie du genre *Sagina* et de quelques autres genres de la famille des Caryophyllées, *Peplis* (Portulacées), *Isnardia* (Onagrariées), *Chrysosplenium* (Saxifragées). On peut encore regarder comme apétales la plupart des genres des Paronychiées si l'on considère leurs pétales filiformes comme un rang d'étamines stériles. — La fleur mâle est apétale dans le genre *Viscum* (Loranthacées.)

phrodites ou unisexuelles, les mâles n'étant jamais disposées en chatons. — Plantes herbacées, plus rarement arbres ou arbrisseaux.

LXXIV. AMARANTHACÉES. (446). — Calice à 3-5 sépales plus ou moins scarieux. Étamines hypogynes, libres, ou à filets soudés en cupule à la base. Ovaire non soudé avec le calice. Fruit à péricarpe membraneux, uniloculaire, monosperme, indéhiscent ou s'ouvrant par un opercule. Périsperme farineux, épais. Embryon annulaire, entourant le périsperme. Stipules nulles.

1. Amaranthus. 2. Albersia. 3 Polycnemum.

LXXV. CHÉNOPODÉES. (449).—Calice à 3-5 sépales herbacés, souvent charnus ou indurés après la floraison. Étamines 1-5, hypogynes ou insérées sur le calice par l'intermédiaire d'un disque. Filets libres. Fruit uniloculaire, monosperme, indéhiscent; péricarpe mince membraneux, plus rarement coriace. Périsperme farineux ord. épais. Embryon annulaire-périphérique, plus rarement semi-annulaire. Stipules nulles.

1. Chenopodium. 2 Blitum. 3. Atriplex. 4. Beta. 5 Spinacia

LXXVI. POLYGONÉES. (458). — Calice à 3-6 sépales. Étamines 4-10, insérées à la base du calice, plus rarement insérées sur un disque hypogyne. Ovaire libre, rarement soudé à la base avec le calice. Ovule dressé ou porté par un funicule qui part du fond de la loge. Fruit uniloculaire, monosperme, indéhiscent, à péricarpe crustacé. Radicule dirigée vers le point diamétralement opposé au hile. Stipules soudées deux à deux en gaînes qui entourent la tige.

1. Rumex 2 Polygonum. 3. Fagopyrum.

LXXVII. MORÉES. (168). — Fleurs monoïques. Étamines 3-4, insérées au fond du calice. Ovaire non soudé avec le calice. Ovule suspendu. Fruit uniloculaire, monosperme, indéhiscent, renfermé dans le calice devenu charnu-succulent. Périsperme charnu. Embryon plié. Arbres ou arbrisseaux. Stipules libres, caduques.

1. Morus. 2 Ficus.

LXXVIII. CANNABINÉES. (470). — Fleurs dioïques. Étamines 5, insérées au fond du calice. Ovaire non soudé avec le calice. Ovule suspendu. Fruit sec, uniloculaire, monosperme, à péricarpe crustacé. Périsperme nul. Embryon plié ou enroulé en spirale. Plantes herbacées. Stipules persistantes ou caduques.

1. Cannabis. 2. Humulus.

LXXIX. ULMACÉES. (472). — Fleurs hermaphrodites. Étamines 4-8, insérées à la base du calice. Ovaire non soudé avec le calice, à 2 loges uniovulées. Ovule suspendu. Fruit sec, comprimé, largement membraneux dans toute sa circonférence, uniloculaire et monosperme par avortement, indéhiscent. Périsperme nul. Embryon droit. Radicule dirigée vers le hile. Arbres. Stipules libres, caduques.

1. Ulmus.

LXXX. URTICÉES. (473). — Fleurs polygames, monoïques ou dioïques. Étamines 4, insérées au centre de la fleur ou hypogynes. Ovaire non soudé avec le calice. Ovule dressé. Fruit uniloculaire, monosperme, indéhiscent, à péricarpe crustacé. Périsperme charnu. Radicule dirigée vers le point diamétralement opposé au hile. Plantes herbacées. Stipules libres.

1. Urtica. 2. Parietaria

LXXXI. SANGUISORBÉES. (475). — Étamines 4 *ou moins*, *ou en nombre* indéfini, insérées sur un disque annulaire qui rétrécit la gorge du calice. Fruit constitué par 1-2 rarement 3-4 carpelles distincts, monospermes, indéhiscents, renfermés dans le tube induré du calice. Stipules soudées au pétiole.

1 Alchemilla. 2 Sanguisorba. 3 Poterium.

LXXXII. DAPHNOIDÉES. (477). — Étamines 8-10, insérées à la gorge du calice. Ovaire non soudé avec le calice. Fruit sec indéhiscent, ou drupacé, uniloculaire, monosperme. Périsperme nul ou presque nul. Embryon droit. Stipules nulles.

1. Passerina. 2. Daphne

LXXXIII. HIPPURIDÉES. (479). — Étamine 1, insérée au sommet du tube du calice. Ovaire soudé avec le calice. Fruit uniloculaire, monosperme, indéhiscent. Plante aquatique. Feuilles verticillées.

1 Hippuris.

LXXXIV. SANTALACÉES. (480). — Étamines 4-5, plus rarement 3, insérées à la base des lobes du calice. Ovaire soudé avec le tube du calice, 2-4 ovulé. Ovules suspendus à l'extrémité d'un placenta filiforme libre qui part du fond de la loge. Fruit uniloculaire, monosperme, indéhiscent. Périsperme charnu. Embryon droit. Feuilles alternes. Stipules nulles.

1 Thesium.

LXXXV. ARISTOLOCHIÉES. (481). — Étamines 12 ou 6, insérées sur le disque qui revêt le sommet de l'ovaire. Ovaire soudé avec le tube du calice. Fruit à 6 loges polyspermes, déhiscent. Stipules nulles.

1. Asarum. 2. Aristolochia.

LXXXVI. EUPHORBIACÉES. (483). — Fleurs monoïques ou dioïques, quelquefois dépourvues d'enveloppe florale et alors réunies dans un involucre caliciforme de manière à simuler une fleur hermaphrodite. Styles 3, plus rarement 2, entiers ou bifides. Fruit à 3, plus rarement 2 coques monospermes ou bispermes qui se détachent ord. avec élasticité d'un axe central persistant. *Graines* ord. munies d'une arille charnue. Périsperme charnu. Embryon droit. Plantes à suc souvent laiteux. Stipules nulles (dans nos espèces).

1. Euphorbia. 2. Mercurialis. 3 Buxus.

LXXXVII. CALLITRICHINÉES. (491). — Involucre composé de deux bractées opposées. Calice nul. Étamines 1-2, hypogynes, alternes avec les bractées. Ovaire libre. Styles 2, subulés. Fruit composé de 4 coques monospermes indéhiscentes qui se séparent à la maturité. Plantes aquatiques, submergées ou nageantes.

1 Callitriche

LXXXVIII. CÉRATOPHYLLÉES. (492).—Fleurs monoïques : Involucre multipartit. Calice nul. Étamines 10-25. Anthères sessiles. Fruit uniloculaire, monosperme, indéhiscent. Embryon à 4 cotylédons verticillés, à plumule polyphylle. Plantes submergées. Feuilles verticillées, découpées bi-trichotomes.

1. Ceratophyllum.

Classe II. APÉTALES AMENTACÉS.

Fleurs monoïques ou dioïques; les mâles dépourvues de calice, munies d'involucres ou d'écailles, disposées en épis qui tombent en se désarticulant après la floraison (chatons); les femelles pourvues ou non de calice, disposées ou non en chatons. — Arbres ou arbrisseaux.

LXXXIX. JUGLANDÉES. (494). — Fleurs monoïques. Fleurs femelles solitaires dans des involucres. Calice à tube soudé d'une part avec l'ovaire et d'autre part avec l'involucre. Ovaire uni-ovulé. Ovule dressé, droit. Involucre renfermant complètement le fruit. Fruit (noix) à deux valves ligneuses. Cotylédons bilobés, à lobes présentant des anfractuosités. Feuilles composées-imparipinnées.

1. Juglans.

XC. CUPULIFÈRES. (495). — Fleurs monoïques. Fleurs femelles solitaires, ou réunies 2-3 rarement plus dans des involucres. Calice à tube soudé avec l'ovaire. Ovaire à 2-3 plus rarement 4-6 loges uni-ovulées ou bi-ovulées. Ovules suspendus, réfléchis. Involucre fructifère (cupule) très accru, renfermant complètement plusieurs fruits et s'ouvrant en 4 valves, ou renfermant incomplètement un seul fruit. Fruit indéhiscent, uniloculaire par avortement, ord. monosperme.

1 Fagus. 2. Castanea. 3. Quercus. 4. Corylus. 5. Carpinus.

XCI. SALICINÉES. (500). — Fleurs dioïques, les mâles et les femelles solitaires à l'aisselle d'écailles, disposées en chatons. Disque réduit à 1-2 glandes qui occupent la base des organes sexuels, ou entourant la base de l'ovaire. Fleur femelle : Calice nul. Fruit capsulaire, polysperme, à déhiscence loculicide, s'ouvrant en deux valves. Graines entourées de longs poils soyeux.

1. Salix. 2 Populus.

XCII. BÉTULINÉES. (508). — Fleurs monoïques, les mâles et les femelles disposées par 2-3 à l'aisselle d'écailles, disposées en chatons. Fleurs mâles : Écaille peltée, munie de 2-5 écailles plus petites et recouvrant 3 fleurs. Fleurs femelles : Calice nul. Ovaire à 2 loges uni-ovulées. Fruit indéhiscent, uniloculaire et monosperme par avortement, plus rarement biloculaire et bisperme.

1. Betula. 2. Alnus.

XCIII. MYRICÉES. (510). — Fleurs dioïques, solitaires à la base d'écailles, disposées en chatons. Fleur mâle : Écaille donnant insertion aux étamines à sa base. Fleur femelle : Écaille munie à la base de deux petites écailles adhérentes à la base de l'ovaire et accrescentes. Calice nul. Ovaire uniloculaire, uni-ovulé; ovule dressé. — Sous-arbrisseau contenant un suc résineux.

1. Myrica.

XCIV. PLATANÉES. (511). — Fleurs monoïques, disposées en chatons globuleux. Chatons mâles : Étamines en nombre indéfini, très rapprochées, entremêlées d'écailles subclaviformes. Chatons femelles : Involucres et calices nuls. Ovaires uniloculaires, uni-ovulés ou bi-ovulés; ovules suspendus; style simple. Fruits uniloculaires, monospermes, indéhiscents.

1. Platanus.

Division IV. GYMNOSPERMES.

Enveloppes florales nulles. Ovules non contenus dans un ovaire fermé, recevant directement l'influence du pollen.

Classe. — CONIFÈRES.

Fleurs monoïques, plus rarement dioïques, disposées en chatons, plus rarement les fleurs femelles solitaires ou disposées par 2 ou 3. Étamines constituées chacune par un connectif élargi en une écaille qui porte en dessous une anthère à 2-8 lobes ou plus. Fleurs femelles constituées chacune par une écaille qui porte 1-2 ou plusieurs ovules. Ovules perforés au sommet. Chaton fructifère ord. composé d'écailles imbriquées autour de l'axe (cône, strobile, galbule). — Arbres ou arbrisseaux, à bois constitué par des cellules ponctuées allongées, contenant un suc résineux. Feuilles persistant pendant l'hiver, souvent aciculées.

XCV. ABIÉTINÉES. (513). — Connectifs portant chacun deux lobes d'anthère. Ovules suspendus.

1 Pinus. 2. Larix. 3 Abies. 4. Picea.

XCVI. CUPRESSINÉES (515). — Connectifs portant chacun 3-8 lobes d'anthère. Ovules dressés. Cône ord. subglobuleux, ligneux ou charnu.

1 Juniperus. 2. Taxus.

Embranchement II. VÉGÉTAUX MONOCOTYLÉDONÉS.

Plantes à organes reproducteurs constitués par des étamines et des ovules. Graines composées d'enveloppes qui renferment l'embryon. Embryon à parties distinctes, à un seul cotylédon. Enveloppe de la fleur (périanthe) à parties ord. en nombre ternaire, quelquefois nulle. Tige herbacée, rarement ligneuse (*), non séparable en deux zones distinctes de bois et d'écorce, composée de faisceaux qui sont constitués par des fibres ligneuses et des vaisseaux et sont épars dans la masse du tissu cellulaire, à solidité diminuant de la circonférence vers le centre. Feuilles ord. entières et à nervures parallèles simples.

(*) Le *Ruscus aculeatus* est la seule plante ligneuse de cet embranchement qui appartienne à la Flore.

DIVISION I.

Périanthe pétaloïde, ou à divisions extérieures seules herbacées.

CLASSE I.

Ovaire non soudé avec le périanthe.

XCVII. **ALISMACÉES.** (519). — **Périanthe à 6 divisions, les 3 extérieures herbacées. Fruit composé de carpelles distincts en nombre indéfini, plus rarement défini 6-12, monospermes plus rarement bispermes. Périsperme nul. Embryon plié.**

1. Alisma. 2. Damasonium. 3. Sagittaria.

XCVIII. **BUTOMÉES.** (522). — **Périanthe à 6 divisions, les 3 extérieures herbacées ou un peu colorées. Ovules insérés sur des placentas qui tapissent toute la face intérieure de chaque carpelle. Fruit composé de 6 carpelles polyspermes libres ou plus ou moins soudés entre eux par la suture ventrale. Périsperme nul. Embryon droit.**

1. Butomus.

XCIX. **COLCHICACÉES.** (523). — **Périanthe pétaloïde. Anthères extrorses. Ovules insérés à l'angle interne des carpelles. Styles 3. Fruit capsulaire, composé de 3 carpelles soudés par la suture ventrale dans une étendue variable et s'ouvrant chacun par cette même suture. Graines nombreuses dans chaque carpelle. Périsperme charnu.**

1. Colchicum.

C. **LILIACÉES.** (524). — **Périanthe pétaloïde. Anthères introrses. Ovules insérés à l'angle interne des loges. Style indivis. Fruit capsulaire, à 3 loges, à déhiscence loculicide. Périsperme charnu.**

TRIBU I. TULIPEÆ. (524). — 1. Tulipa.

TRIBU II. ASPHODELEÆ. (526). — *Sous-tribu I. Hyacintheæ.* — 2. Ornithogalum. 3. Gagea. 4. Scilla. 5. Agraphis. 6. Allium. 7. Muscari — *Sous-tribu II. Phalangieæ.* — 8. Phalangium.

CI. **ASPARAGINÉES.** (536). — **Périanthe pétaloïde. Fruit bacciforme-charnu. Périsperme charnu ou corné.**

1. Asparagus. 2. Convallaria. 3. Polygonatum. 4. Maianthemum. 5. Paris. 6. Ruscus.

CLASSE II.

Ovaire soudé avec le tube du périanthe.

CII. **DIOSCORÉES.** (540). — **Fleurs dioïques. Périanthe régulier. Étamines 6. Fruit bacciforme-succulent. Périsperme épais. Feuilles à nervures ramifiées.**

1. Tamus.

CIII. **IRIDÉES.** (540). — **Fleurs hermaphrodites, renfermées pendant la préfloraison dans des bractées en forme de spathe. Périanthe à 6 divisions pé-**

taloïdes. Étamines 3. Anthères extrorses. Fruit capsulaire, à 3 loges polyspermes. Périsperme épais.

1. Iris.

CIV. AMARYLLIDÉES. (543). — Fleurs hermaphrodites, renfermées pendant la préfloraison dans des bractées en forme de spathe. Périanthe ord. régulier. Étamines 6. Fruit capsulaire, à 3 loges polyspermes. Périsperme charnu.

1. Narcissus. 2. Galanthus.

CV. ORCHIDÉES. (545). — Fleurs irrégulières, à 6 divisions pétaloïdes, la division inférieure ord. très différente des autres par sa forme et sa grandeur. Étamine solitaire par l'avortement de deux étamines latérales, à filet soudé en colonne avec le style, à anthère placée au-dessus du stigmate. Fruit capsulaire, à une seule loge, très polysperme, s'ouvrant en 3 valves cohérentes par le sommet et par la base. Graines à testa très lâche, réticulé, débordant largement l'amande. Périsperme nul.

TRIBU I. MALAXIDEÆ (547). — 1. Liparis. 2. Malaxis.

TRIBU II. OPHRYDEÆ (549). — 3. Orchis. 4. Anacamptis. 5. Gymnadenia. 6. Platanthera. 7. Loroglossum. 8. Aceras. 9. Herminium. 10. Ophrys.

TRIBU III. NEOTTIEÆ. (559). — 11. Spiranthes. 12. Neottia. 13. Epipactis. 14. Cephalanthera. 15. Limodorum.

CVI. HYDROCHARIDÉES. (564). — Fleurs dioïques, renfermées dans des spathes avant la floraison. Périanthe à divisions extérieures herbacées. Fruit indéhiscent, charnu. Périsperme nul. Plantes submergées-nageantes.

1. Hydrocharis.

DIVISION II.

Périanthe herbacé ou scarieux, remplacé par des soies ou des bractées, ou nul.

CLASSE I.

Graines dépourvues de périsperme. Plantes aquatiques.

CVII. JUNCAGINÉES. (566). — Périanthe à 6 divisions herbacées. Ovaire non soudé avec le périanthe. Fruit composé de 3-6 carpelles 1-2-spermes qui se séparent entre eux à la maturité et s'ouvrent par l'angle interne. Embryon droit.

1. Triglochin.

CVIII. POTAMÉES. (567). — Périanthe à 4 divisions herbacées, nul, ou remplacé par une spathe membraneuse. Ovaire non soudé avec le périanthe, composé de 4 carpelles, rarement plus ou moins, libres entre eux. Fruit à carpelles monospermes indéhiscents. Embryon plié ou enroulé. Plantes vivant dans l'eau, à feuilles toutes submergées ou les supérieures seules nageantes.

1. Potamogeton. 2. Zannichellia.

CIX. NAYADÉES. (574). — Fleurs monoïques ou dioïques. Périanthe remplacé par une spathe membraneuse-celluleuse. Étamine 1. Anthère à 1 ou 4 lobes. Ovaire libre, uniloculaire. Styles 2-3. Fruit uniloculaire, monosperme, indéhiscent. Plantes submergées, à feuilles sinuées-dentées.

1. Naias. 2. Caulinia.

CX. LEMNACÉES. (575). — Fleurs monoïques, deux fleurs mâles réduites chacune à une etamine, et une fleur femelle réduite à l'ovaire naissant dans une même spathe membraneuse celluleuse. Périanthe nul. Ovaire libre. Fruit uniloculaire, membraneux transparent, contenant 1-7 graines. Plantes flottant librement, dépourvues de feuilles. Tige articulée, à articles aplanis en forme de feuilles et simulant des feuilles qui sortiraient l'une de l'autre.

1. Lemna.

Classe II.

Graines pourvues d'un périsperme. Plantes terrestres ou aquatiques.

CXI. AROIDÉES. (578). — Fleurs unisexuelles monoïques, dépourvues de périanthe, sessiles autour d'un axe charnu simple (spadice) qui est entouré d'une spathe monophylle. Ovaires libres. Fruits bacciformes-succulents. Feuilles sagittées ou cordées, à nervures ramifiées.

1. Arum.

CXII. TYPHACÉES. (579). — Fleurs unisexuelles monoïques, les mâles et les femelles groupées séparément en épis compactes cylindriques ou en têtes globuleuses. Fleurs mâles dépourvues de périanthe, réduites à des étamines insérées autour de l'axe, entremêlées de soies ou d'écailles membraneuses disposées sans ordre. Fleurs femelles à périanthe remplacé par des soies ou par 3 écailles hypogynes. Ovaire libre. Feuilles linéaires.

1. Typha. 2. Sparganium.

CXIII. JONCÉES. (581). — Fleurs hermaphrodites. Périanthe scarieux, à 6 divisions. Ovaire libre. Fruit capsulaire, à 3 valves, 3-loculaire à loges polyspermes, ou uniloculaire trisperme. Feuilles ord. engaînantes, quelquefois réduites à leur gaine.

1. Juncus 2. Luzula.

CXIV. CYPÉRACÉES. (588). — Fleurs solitaires chacune à l'aisselle d'une bractée scarieuse. Périanthe nul. Anthères insérées sur le filet par leur base, à lobes soudés entre eux dans toute leur longueur. Fruit (akène) sec, monosperme, indéhiscent. Périsperme farineux ou farineux-corné, très épais. Embryon placé en dehors du périsperme à l'extrémité voisine du hile. Feuilles engaînantes, à gaîne non fendue.

Tribu I. Caricéæ. (589). — 1. Carex.

Tribu II. Scirpeæ. (606). — 2. Rhynchospora. 3. Heleocharis. 4. Scirpus. 5 Cladium. 6. Eriophorum.

Tribu III. Cypereæ. (614). — 7. Cyperus. 8. Schœnus.

CXV. GRAMINÉES. (615). — Fleurs entourées chacune de deux bractées, solitaires, ou alternes disposées deux ou plusieurs sur un pédoncule commun, constituant un épi uniflore ou pluriflore (épillet) ord. muni à la base de deux bractées stériles. Périanthe nul ou remplacé par 2-3 petites écailles membraneuses ou charnues. Anthères insérées sur le filet par leur dos, à lobes linéaires libres et un peu divergents aux deux extrémités. Fruit (caryopse) sec, monosperme, indéhiscent. Périsperme farineux, très épais. Embryon placé latéralement en dehors du périsperme. Feuilles engaînantes, à gaine fendue.

Tribu I. Paniceæ. (620). — *Sous-tribu I. Andropogoneæ.* — 1. Andropogon — *Sous-tribu II. Paniceæ veræ.* — 2. Digitaria 3. Panicum. 4. Setaria 5 Tragus.

Tribu II. Phalarideæ (624). — 6. Phalaris 7. Anthoxanthum 8. Alopecurus 9. Crypsis. 10. Phleum. 11. Mibora. 12. Cynodon.

Tribu III. Agrostideæ. (628). — *Sous tribu I. Agrostideæ veræ.* — 13. Agrostis. 14. Calamagrostis 15. Ammophila. 16. Arrhenatherum. 17. Holcus. 18. Melica — *Sous-tribu II. Stipeæ.* — 19. Stipa. — *Sous-tribu III. Milieæ.* — 20. Milium.

Tribu IV. Aveneæ. (634) — *Sous-tribu I. Seslerieæ.* — 21 Sesleria — *Sous-tribu II. Aveneæ veræ.* — 22. Kœleria. 23. Danthonia. 24. Corynephorus. 25. Avena. 26. Aira. 27. Airopsis.

Tribu V. Festuceæ. (640). — 28. Phragmites. 29. Eragrostis. 30. Poa. 31. Catabrosa. 32. Glyceria. 33. Molinia 34. Briza. 35. Cynosurus. 36. Dactylis. 37. Festuca. 38. Bromus.

Tribu VI. Triticeæ. (655). — *Sous-tribu I. Triticeæ veræ.* — 39. Lolium. 40. Gaudinia. 41. Triticum. 42. Secale. 43. Hordeum — *Sous-tribu II. Nardeæ.* — 44. Nardus.

Tribu VII. Olyreæ. (661). — 45. Zea.

Embranchement III. VÉGÉTAUX ACOTYLÉDONÉS.

Plantes à organes reproducteurs n'étant pas constitués par des étamines et des ovules; se reproduisant par des spores ou embryons homogènes non composés de parties distinctes, dépourvus d'enveloppes propres, ord. formés d'un seul utricule à membrane unique ou double. Plantes constituées seulement par du tissu cellulaire, plus rarement par du tissu cellulaire et des vaisseaux, à axe et organes appendiculaires distincts ou non distincts.

Division I. ACROGÈNES.

Plantes à axe et à organes appendiculaires ord. distincts, croissant par leur extrémité seule, ord. constituées par du tissu cellulaire et des vaisseaux. Spores naissant par groupes dans des utricules qui se résorbent plus tard, plus rarement solitaires.

Classe I. FILICINÉES.

Plantes présentant toujours une tige ou un rhizôme, pourvues ou dépourvues de feuilles. Sporanges dépourvus de coiffe tubuleuse, portés sur les feuilles, sur les tiges ou sur les rhizômes. Anthéridies de structure variée, souvent d'existence problématique.

CXVI. FOUGÈRES. (664). — Feuilles naissant sur un rhizôme, ord. enroulées en crosse pendant la préfoliaison, pinnatifides ou pinnatiséquées, plus rarement indivises. Sporanges naissant à la face inférieure des feuilles, quelquefois disposés à leur sommet en panicules ou en épis. Spores très nombreuses dans chaque sporange.

Tribu I. Polypodieæ (665) — 1. Ceterach. 2. Polypodium. 3 Pteris. 4. Blechnum. 5. Scolopendrium. 6. Asplenium. 7. Cystopteris. 8. Nephrodium

Tribu II. Osmundeæ. (673). — 9. Osmunda.

Tribu III. Ophioglosseæ. (674). — 10. Botrychium. 11. Ophioglossum.

CXVII. MARSILÉACÉES. (675). — Feuilles naissant sur un rhizôme ord. submergé. Feuilles alternes, enroulées en crosse pendant la préfoliaison, linéaires-subulées réduites au rachis, ou à 4 segments obovales verticillés. Sporanges de deux sortes, les fertiles renfermant une seule spore, renfermés dans des involucres capsulaires sessiles ou pédicellés sur le rhizôme.

1. Pilularia.

CXVIII. ÉQUISÉTACÉES. (676). — Tiges articulées, simples, ou à rameaux verticillés, chaque articulation donnant naissance à une gaîne membraneuse dentée. Sporanges disposés en cercle à la face inférieure d'écailles peltées verticillées en forme de cône au sommet de la tige ou des rameaux. Spores très nombreuses dans chaque sporange, munies de 4 appendices filiformes.

1. Equisetum

CXIX. CHARACÉES. (678). — Plantes submergées. Tiges dépourvues de feuilles, articulées, à articles composés chacun d'une cellule cylindrique tubuleuse solitaire ou entourée d'un rang de cellules semblables plus étroites ; rameaux disposés par verticilles, portant les organes de la fructification le long de leur face interne ou à leur sommet, ou dans l'angle de leurs divisions. Organes de la fructification de deux sortes (sporanges et anthéridies). Anthéridies globuleuses, d'un beau rouge.

1. Chara. 2. Nitella.

CXX. LYCOPODIACÉES. (684). — Feuilles petites, entières, subulées ou lancéolées, uninerviées, très nombreuses, rapprochées-imbriquées. Sporanges naissant à l'aisselle des feuilles ou de feuilles bractéales.

1. Lycopodium.

Classe II. MUSCINÉES (*).

Organes mâles : anthéridies. — Organes femelles. capsules (sporanges) renfermées dans une coiffe tubuleuse, insérées à l'aisselle des feuilles lorsqu'il y a une tige et des feuilles distinctes.

CXXI. MOUSSES.

CXXII. HÉPATIQUES.

(*) Les familles des *Mousses* et des *Hépatiques*, ainsi que les classes des *Lichenées*, des *Champignons* et des *Algues* qui constituent le groupe des *végétaux cryptogames cellulaires* (D.C) ne sont pas traitées dans cet ouvrage, et seront pour nous, en tout ou en partie, l'objet d'un travail ultérieur. — La fin du tableau, relative à ce groupe, imprimée en caractères plus petits et sans descriptions de familles est empruntée presque complètement au travail publié par M. A. Brongniart dans son Énumération des genres de plantes cultivés au Muséum d'histoire naturelle de Paris.

Division II. AMPHIGÈNES.

Plantes ne présentant point d'axe et d'organes appendiculaires distincts, à croissance périphérique, se reproduisant par des spores ou embryons nus.

Classe I. LICHENÉES.

Fronde de formes très diverses, vivant dans l'air, fixée par des fibrilles celluleuses (sans thallus développé dans les corps sous jacents). Fructifications occupant des parties limitées de la surface de la fronde, formées de thèques mêlées à des paraphyses.

CXXIII. LICHENS.

Classe II. CHAMPIGNONS (**).

Thallus filamenteux (*mycelium*), développé sous la terre ou dans les êtres organisés morts ou vivants, produisant au dehors les organes reproducteurs.

Sous-classe I. SCLÉROMYCÉES.

Mycelium produisant des excroissances fongueuses qui contiennent un ou plusieurs peridium durs qui renferment des thèques.

CXXIV. HYPOXYLÉES.

Sous-classe II. HYMÉNOMYCÉES.

Mycelium produisant des excroissances fongueuses (champignons) dont une partie de la surface (hymenium) est formée par les utricules producteurs des spores (basides ou theques).

CXXV. PEZIZÉES.

CXXVI. AGARICINÉES.

Sous-classe III. GASTÉROMYCÉES.

Mycelium produisant des excroissances fongueuses (champignons) dont la partie exterieure constitue une enveloppe (peridium) qui contient dans son interieur les utricules producteurs des spores (sporanges ou basides).

CXXVII. CLATHRACÉES.

CXXVIII. LYCOPERDACÉES.

CXXIX. TUBERACÉES.

Sous-classe IV. HYPHOMYCÉES.

Mycelium produisant directement sur une partie de ses rameaux les spores ou les vesicules qui les renferment.

CXXX. URÉDINÉES.

CXXXI. MUCOREES.

CXXXII. MUCÉDINEES.

Classe III. ALGUES.

Fronde celluleuse vivant dans l'eau douce ou dans l'eau salee, rarement dans l'air très humide, fixee par des crampons ou des radicelles.

(**) M. le docteur Leveillé, à qui l'on doit tant de travaux importants sur la classe des *Champignons*, divise cette classe en *Champignons basidiosporés*, *thécasporés*, *stromatospores*, *cystosporés*, *trichospores* et *arthrosporés*

Sous-classe. — ZOOSPORÉES.

Spores vertes, développées dans les utricules du tissu même de la plante, jouissant de mouvements spontanés immédiatement après leur sortie de ces cellules.

CXXXIII. ULVACÉES.

CXXXIV. CONFERVACÉES.

CXXXV. NOSTOCHINÉES.

CXXXVI. OSCILLATORIÉES.

Classe. IV.

Etres intermédiaires entre les plantes et les animaux?

CXXXVII. DIATOMÉES.

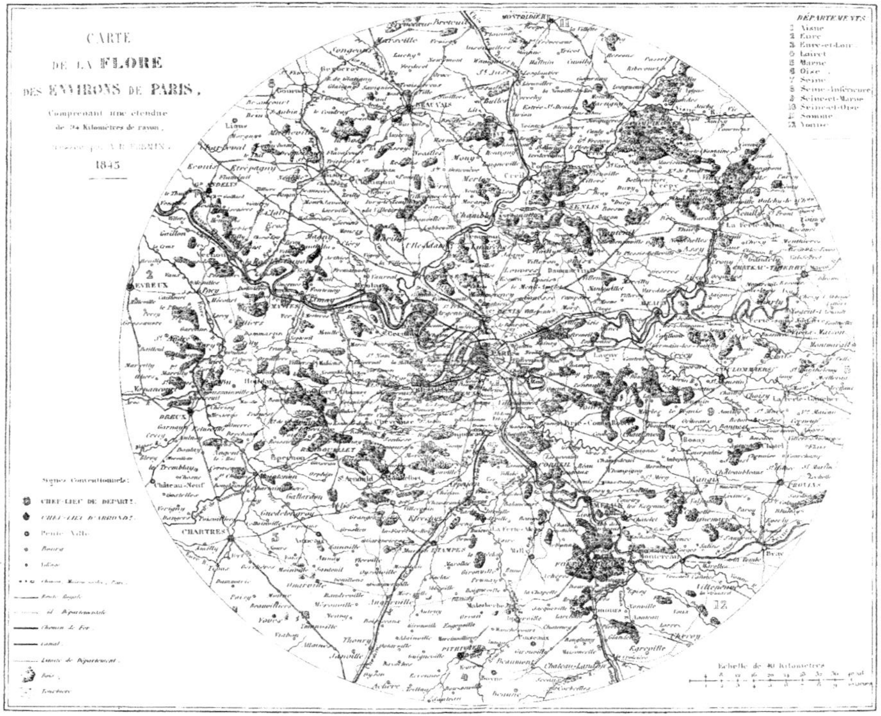
CARTE
DE LA FLORE
DES ENVIRONS DE PARIS,
Comprenant une étendue
de 24 Kilomètres de rayon,
1845
Signes Conventionnels:
CHEF-LIEU DE DÉPARTT.
CHEF-LIEU D'ARROND.T
Petite Ville
Chemin de Fer.
Canal.
Limite de Département.
DÉPARTEMENTS
Aisne
2 Eure
3 Eure-et-Loir
Loiret
5 Marne
Oise
7 Seine
8 Seine-Inférieure
Seine-et-Marne
10 Seine-et-Oise
Somme
Yonne
Echelle de 40 Kilomètres

FLORE

DES

ENVIRONS DE PARIS.

EMBRANCHEMENT I. VÉGÉTAUX DICOTYLÉDONÉS.

Plantes à organes reproducteurs distincts, constitués par des étamines et des ovules. — Graines composées d'enveloppes qui renferment l'embryon. — *Embryon* à parties distinctes, *à 2 cotylédons opposés*, rarement à plusieurs cotylédons verticillés. — Enveloppes de la fleur à parties ord. en nombre quinaire, constituées par un calice et une corolle, ou réduites au calice, très rarement nulles. — Tige herbacée ou ligneuse (1), séparable en deux zones, l'une extérieure corticale, l'autre intérieure ligneuse; la zone ligneuse composée de faisceaux qui sont constitués par des fibres ligneuses et des vaisseaux, formant un cylindre creux rempli par du tissu cellulaire (moelle); la moelle émettant des prolongements lamelleux verticaux (rayons médullaires) qui séparent les divers faisceaux; la tige s'accroissant annuellement chez les végétaux ligneux entre les deux zones par l'addition d'une couche dont la partie intérieure se rattache à la zone ligneuse et la partie extérieure à la zone corticale. — Feuilles pourvues de stomates, (dépourvues de stomates dans les plantes submergées) opposées, verticillées ou alternes, rarement réduites à des écailles ou nulles, entières ou plus ou moins profondément divisées, quelquefois composées de plusieurs folioles, a nervures ord. très ramifiées.

---

(1) Tous les végétaux ligneux de notre Flore rentrent dans l'embranchement des *Dicotylédonés*, excepté le *Ruscus aculeatus* L. qui appartient à l'embranchement des *Monocotylédones*.

DIVISION I. DIALYPÉTALES.

Enveloppes florales constituées par un calice et une corolle. Corolle à pétales libres entre eux.

CLASSE I. DIALYPÉTALES HYPOGYNES.

Pétales et étamines indépendants du calice, insérés sur le réceptacle ou sur un disque libre ou soudé avec la base de l'ovaire. Ovaire libre.

I. RENONCULACÉES.

(RANUNCULACEÆ. Juss. gen. 231.)

Fleurs hermaphrodites, regulières ou irrégulières, à préfloraison imbriquée très rarement valvaire. — Calice à 5 plus rarement 3-15 sépales, libres, pétaloïdes caducs, ou herbacés persistants. — Corolle à 5-15 pétales hypogynes, ord. libres, caducs, réguliers ou irréguliers, plus rarement nulle. — *Étamines en nombre indéfini*, rarement 5-10 (*Myosurus*), hypogynes, *libres*. Anthères bilobées, extrorses, très rarement introrses. — Ovaire libre, composé de carpelles en nombre indéfini ou en nombre défini 2-10, très rarement réduit à un seul carpelle; carpelles libres ou soudés inférieurement, uni-ovulés ou pluri-ovulés. Ovules réfléchis, dressés ou ascendants, plus rarement suspendus. Styles libres, souvent très courts, ord. persistants. Stigmates entiers. — *Fruit composé de carpelles* secs monospermes indéhiscents libres, ou de carpelles secs polyspermes *libres ou soudés inférieurement* s'ouvrant par la suture placentaire ventrale (follicules), très rarement composé d'un seul carpelle bacciforme-indéhiscent polysperme. — Graines ascendantes ou pendantes, à raphé souvent très saillant. Embryon droit, très petit, placé dans un *périsperme épais corné*. Radicule dirigée vers le hile.

Plantes herbacées, très rarement sous-frutescentes ou ligneuses, contenant un suc plus ou moins âcre. Feuilles alternes, très rarement opposées ou ternées, entières ou plus ou moins divisées, petiolées; petiole ord. dilaté en gaîne à la base, plus rarement muni de stipules adnées. Fleurs solitaires terminales ou latérales, ou disposées en cymes plus ou moins irrégulières, en grappes ou en panicules.

TRIBU I. CLEMATIDEÆ. — Carpelles en nombre indéfini, monospermes, indéhiscents. *Préfloraison valvaire.* Corolle nulle. Anthères extrorses. — *Feuilles opposées.*

TRIBU II. RANUNCULEÆ. — *Carpelles* ord. en nombre indéfini, *monospermes*, *indéhiscents. Préfloraison imbriquée.* Corolle composée de pétales réguliers, rarement nulle. Anthères extrorses. — Feuilles alternes ou toutes radicales, les caulinaires rarement ternées.

TRIBU III. HELLEBOREÆ. — *Carpelles* 3-10, très rarement solitaires, *polyspermes*, *déhiscents* (follicules). Préfloraison imbriquée. *Corolle composée de pétales* nectarifères ord. *irréguliers*, plus rarement nulle. *Anthères extrorses.* — Feuilles alternes ou toutes radicales.

TRIBU IV. PÆONIEÆ. — *Carpelles* 2-5 ou solitaires, *polyspermes*, déhiscents (follicules) ou bacciformes indéhiscents. Préfloraison imbriquée. *Corolle composée de pétales plans. Anthères introrses.* — Feuilles alternes ou toutes radicales.

1 { Carpelles nombreux rarement 4-10, monospermes, indéhiscents. . . . . 2.
Carpelles 1-12, polyspermes, déhiscents, très rarement bacciformes indéhiscents. . . . . 8.

2 { Fleurs munies d'un calice et d'une corolle. . . . . 3.
Fleurs ne présentant qu'une seule enveloppe florale . . . . 6.

3 { Étamines 5-10; pétales à onglet tubuleux plus long que le limbe; réceptacle filiforme. . . . . MYOSURUS. (v.)
Étamines en nombre indéfini; pétales à onglet très court, réceptacle jamais filiforme. . . . . 4.

4 { Pétales dépourvus de fossette nectarifère; fleurs ord. rouges ou rougeâtres . . . . ADONIS. (iv.)
Pétales munis à la base d'une fossette nectarifère nue ou cachée par une écaille; fleurs jaunes ou blanches . . . . 5.

5 { Calice à 5 sépales, fleurs jaunes ou blanches. . . . RANUNCULUS. (vi.)
Calice à 3 sépales; fleurs jaunes . . . . FICARIA. (vii.)

6 { Feuilles opposées, à pétioles ord. tortiles; préfloraison valvaire. . . . . CLEMATIS (i.)
Feuilles caulinaires alternes ou ternées, à pétioles jamais tortiles; préfloraison imbriquée. . . . . 7.

7 { Fleurs munies d'un involucre foliacé; sépales 5-15, dépassant longuement les étamines . . . . ANEMONE. (iii.)
Fleurs dépourvues d'involucre; sépales ord. 4, plus courts que les étamines. . . . . THALICTRUM. (ii.)

8 { Carpelle solitaire, bacciforme indéhiscent; anthères introrses. . . . . ACTÆA. (xv.)
Carpelles 2-12 très rarement solitaires, secs déhiscents; anthères extrorses. 9.

9 { Fleur munie d'un ou plusieurs éperons très saillants. . . . . 10.
Fleur dépourvue d'éperon. 11.

10 { Fleur à 5 éperons. . . . . AQUILEGIA. (xii.)
Fleur à un seul éperon . . . . DELPHINIUM. (xiii.)

11 { Calice à sépales très inégaux, le supérieur en forme de casque. . . . . ACONITUM. (xiv.)
Calice à sépales égaux ou presque égaux. . . . . 12.

12 { Pétales nuls, feuilles crénelées ou dentées. . . . . . CALTHA. (viii.)
Pétales nectarifères plus courts que le calice; feuilles palmatiséquées ou pinnatiséquées . . . . 13.

13 { Carpelles stipités; fleurs jaunes. . . . . ERANTHIS. (x.)
Carpelles sessiles; fleurs jamais jaunes. . . . . 14.

14 { Sépales caducs; pétales à limbe bifide non tubuleux; feuilles bi-tripinnatiséquées à segments linéaires très étroits. . . . . NIGELLA. (xi.)
Sépales persistants; pétales tubuleux; feuilles palmatiséquées à segments lancéolés . . . . HELLEBORUS. (ix.)

TRIBU I. CLEMATIDEÆ. — Carpelles en nombre indéfini, monospermes, indéhiscents. Préfloraison valvaire. Corolle nulle. Anthères extrorses. — Feuilles opposées.

I. CLEMATIS. (L. gen. n. 696.)

Calice à 4-5 sépales colorés pétaloïdes. Corolle nulle. Carpelles terminés par le style persistant accru après la floraison ord. plumeux. Graine suspendue.

Plantes vivaces, à tiges ligneuses sarmenteuses plus rarement herbacées. *Feuilles opposées* Fleurs blanches, disposées en panicules.

1. C. VITALBA. (L. sp. 766.) — Engl. bot t 612. — C. sepium. Lam. fl. Fr. III 306. (vulg. *Clematite commune, Viorne.*)

Tiges ligneuses, sarmenteuses grimpantes, de longueur très variable. Feuilles pinnatiséquées, à pétiole tortile, à segments ovales-lancéolés, subcordés, incisés-dentés ou entiers. Fleurs disposées en panicules axillaires. *Sépales également tomenteux sur toute la face extérieure.* ♄. Juin-août.

C. — Haies, buissons, taillis. Souvent planté dans les bosquets.

On rencontre quelquefois dans le voisinage des jardins le *C. Flammula* L. qui est assez fréquemment cultivé ; cette espèce se distingue du *C. Vitalba* par ses sépales tomenteux seulement à la marge. — Le *C. erecta* L., qui a été observé dans quelques localités où il a été naturalisé, diffère des deux espèces précédentes par ses tiges herbacées dressées. — Le *C. Viticella* L. à fleurs violettes, à styles glabres courts, est souvent planté dans les bosquets.

TRIBU II. RANUNCULEÆ. — Carpelles ord. en nombre indéfini, monospermes, indéhiscents. — Préfloraison imbriquée. Corolle composée de pétales réguliers, rarement nulle. Anthères extrorses. — Feuilles alternes ou toutes radicales, les caulinaires rarement ternées.

II. THALICTRUM. (L. gen. n. 697.)

Calice à 4 plus rarement 5 sépales colorés, caducs, dépassés par les étamines. *Corolle nulle.* Carpelles 4-10, insérés sur un réceptacle étroit aplani, terminés par le style court persistant. Graine suspendue.

Plantes vivaces, glabres, à tiges herbacées souvent fistuleuses. Feuilles alternes, bi-tripinnatiséquées, à pétiole ord. élargi à la base et muni de stipules adnées. *Fleurs* jaunâtres, *disposées en une panicule terminale*, souvent polygames par avortement, *dépourvues d'involucre.*

1 { Fleurs et fruits groupés en bouquets compactes au sommet des rameaux. . . . . . *T. flavum.*
{ Fleurs et fruits distants même au sommet des rameaux . . . . 2.

2 { Fleurs penchées sur leurs pédicelles ; étamines pendantes. . *T. minus.*
{ Fleurs et étamines dressées. . . . . *T. lucidum.*

1 T. MINUS (L. sp. 769.) — Fl. Dan. t. 732 — T. majus. Jacq. Austr. V. t. 420.

Souche oblique ou horizontale, courte, émettant quelquefois des rhizomes ou des rejets horizontaux. Tiges de 2-12 décimètr., dressées, striées, plus ou moins glauques. Feuilles à segments obovales-cunéiformes ou orbiculaires-subréniformes, 3-lobés ou plus rarement 5-lobés, plus ou moins glauques en dessous. Pétioles munis à leur base de stipules adnées, courtes, arrondies, étalées. Panicule pyramidale, à rameaux étalés. *Fleurs* d'un blanc jaunâtre, *distantes même au sommet des rameaux, penchées sur leurs pédicelles. Étamines pendantes.* Anthères mucronées à mucron courbe lors de l'épanouissement de la fleur. ♃. Juin-août.

A.R. — Collines herbeuses, lieux secs des terrains calcaires ou sablonneux. — Bois de Boulogne ! Garenne de Sèvres ! Saint-Cloud ! Fontainebleau ! Malesherbes !, etc.

var. *α. collinum.* — Feuilles à segments ord. obovales-cunéiformes, petits, très glauques en dessous.

var. *β. umbrosum.* — Feuilles à segments obovales très larges ou suborbiculaires, à peine glauques en dessous.

2. T. LUCIDUM (L. sp. 770.) — Pluck. alm. t. 65 f. 5. *malè.* — Lois. fl. Gall. 326. —Duby! bot. Gall. 4. – T. medium. Jacq. hort. Vindob. III. t. 96. *optimè.*—Koch, synops. fl. Germ. ed. 1. 5. (1).

Souche oblique, courte. Tiges de 5-12 décimètr., dressées, sillonnées, non glauques. Feuilles à segments oblongs-cunéiformes subtrilobés, les latéraux souvent entiers, d'un vert pâle à la face inférieure. Pétioles munis à leur base de stipules adnées ord. appliquées contre la tige. Panicule pyramidale, à rameaux dressés. *Fleurs* jaunâtres, *distantes même au sommet des rameaux*, *dressées. Étamines dressées.* Anthères mutiques ou brièvement mucronées à mucron droit. ♃. Juin-juillet.

R.R.R. — Marais tourbeux du bois de Meudon!

3. T. FLAVUM. (L. sp. 770.) — Fl. Dan. t. 939. — T. nigricans. Jacq. Austr. V. t. 421.

Souche à rhizomes horizontaux allongés. Tiges de 6-15 décimètr., dressées, sillonnées, non glauques. Feuilles à segments obovales ou oblongs-cunéiformes, entiers ou 2-3-lobés à lobes aigus ou obtus, d'un vert pâle à la face inférieure; les supérieures à segments étroits, linéaires. Pétioles munis à leur base de stipules adnées. Panicule pyramidale, ord. compacte à rameaux nombreux. *Fleurs* jaunâtres, *rapprochées en bouquets compactes au sommet des rameaux, dressées. Étamines dressées.* Anthères mutiques ou très obscurément mucronées à mucron droit. ♃. Juin-juillet.

C. — Prairies tourbeuses ou marécageuses, bords des eaux, endroits humides ombragés.

III. ANEMONE. (L. gen. n. 694.)

Calice à 5-15 sépales colorés, pétaloïdes, caducs, plus longs que les étamines. *Corolle nulle.* Carpelles nombreux, groupés sur un réceptacle hémisphérique, terminés par le style persistant quelquefois longuement accru plumeux. Graine suspendue.

Plantes vivaces, plus ou moins velues, rarement glabres, à tiges herbacées 1-2-flores. *Feuilles* radicales palmatiséquées à 3-5 segments, quelquefois pinnatiséquées à segments divisés en lobes linéaires, rarement trilobées à lobes entiers; les *caulinaires ternées* et *formant un involucre* éloigné plus rarement rapproché des fleurs. Fleurs terminales, blanches, rosées ou violettes, rarement jaunes.

1 { Feuilles de l'involucre divisées en segments linéaires; carpelles à style longuement accru plumeux. . . . . *A. Pulsatilla.*
Feuilles de l'involucre jamais divisées en segments linéaires; carpelles à style court jamais plumeux . . . . 2.

2 { Feuilles de l'involucre subsessiles; fleurs jaunes. . . . *A. ranunculoides.*
Feuilles de l'involucre pétiolées; fleurs blanches ou rosées . . . . 3.

3 { Fleurs glabres; carpelles pubescents. . . . . *A. nemorosa.*
Fleurs velues en dehors; carpelles tomenteux . . . . *A. sylvestris.*

1. A. PULSATILLA. (L. sp. 759.) Fl. Dan. t. 153. — Engl. bot. t. 51. (vulg. *Pulsatille*)

Souche oblique, épaisse, ligneuse, plus ou moins rameuse. Plante couverte de longs poils soyeux. Tiges de 1-4 décimètr., uniflores. *Feuilles radicales, bipinnatiséquées, à segments divisés en lobes linéaires* aigus. Involucre composé de feuilles sessiles, divisées en segments linéaires. Fleur dressée ou légèrement penchée, très grande, d'un bleu violet passant quelquefois au rose. Sépales couverts de poils soyeux à la face externe, oblongs ou oblongs-lancéolés,

(1) *Voir* Observations sur q.q. plantes critiques, p. 60, *et* Catalogue raisonné, p. 17.

dressés inférieurement, étalés-courbés en dehors supérieurement. *Carpelles* velus-soyeux, étalés, à *styles longuement accrus plumeux*. ♃. Avril-juin.

A.C. — Pelouses découvertes, bois sablonneux, coteaux calcaires. — Bois de Boulogne! Saint-Maur! Lardy! Très abondant dans la forêt de Fontainebleau! Malesherbes! La Roche-Guyon! Vernon! Les Andelys! Dreux!, etc.

Les *A. pratensis* L. et *montana* Hopp., plantes très voisines de l'*A. Pulsatilla*, pourront peut-être être observées dans les limites de notre Flore. — L'*A. pratensis* est caractérisé par sa fleur pendante d'un violet presque noir à sépales connivents roulés en dehors seulement au sommet. — L'*A. montana* se distinguerait à ses sépales étalés en étoile à la fin de la floraison.

L'*A. vernalis* L., plante alpine déjà observée en plaine aux environs de Bitche par M. F. Schultz, existe d'après M. Hussenot (*chard. Nanc.* 16.) entre La Ferté-sous-Jouarre et Château-Thierry, sur les roches d'un bois qui avoisine la grand'route, où elle aurait été observée par M. Husson le 7 avril 1834.

2. A. SYLVESTRIS. (L. sp. 761.) — Schkuhr, handb. II. t. 150. — Bot. mag. t. 54.

Souche plus ou moins oblique, grêle, courte, tronquée. Plante velue-pubescente. Tige de 2-5 décimètr., uniflore. Feuilles radicales palmatiséquées, à 5 segments cunéiformes, bi-trifides, inégalement incisés-dentés. *Involucre composé de feuilles pétiolées* de même forme que les radicales, à pétiole égalant la moitié de la longueur du limbe. Fleur dressée, très grande, blanchâtre. Sépales pubescents-soyeux à la face externe, oblongs-suborbiculaires. *Carpelles* très petits, très nombreux, *velus-tomenteux*, étroitement imbriqués, disposés *en* un *capitule oblong blanchâtre*, à styles très courts glabres brunâtres. ♃. Mai-juin.

R.R. — Endroits découverts des bois sablonneux montueux. — Aulmont près Senlis (*Graves*). Forêt de Fontainebleau! Bourron (*Devilliers*). Forêt de Compiègne bois de la Prevôté (*Lere*) et à St-Sauveur (*Pillot*). — Mt-St-Siméon près Noyon (*Questier*).

3. A. NEMOROSA. (L. sp. 762.) — Engl. bot. t. 355. — A. trifolia. Thuill. flor. Par. 270. — Fuchs. hist. 161 ic. (vulg. *Sylvie*).

Souche horizontale, grêle, rameuse, à rhizomes très allongés. Plante pubescente. Tige de 1-3 décimètr., ord. uniflore. Feuilles radicales quelquefois nulles par avortement, palmatiséquées, à 3-5 segments pétiolulés, oblongs-cunéiformes, incisés-dentés. *Involucre composé de feuilles pétiolées* de même forme que les radicales, à pétiole égalant la moitié de la longueur du limbe. Fleur un peu penchée sur le pédoncule, blanche, ou rosée en dehors. *Sépales glabres*, oblongs-suborbiculaires. Carpelles pubescents, étalés, à styles glabres égalant environ la moitié de leur longueur. ♃. Mars-avril.

C.C.C. — Bois, lieux ombragés, etc.

4. A. RANUNCULOIDES. (L. sp. 762.) — Engl. bot. t. 1484. — Fuchs. hist. 162 ic.

Souche horizontale, grêle, rameuse, à rhizomes très allongés. Plante pubescente. Tige de 1-3 décimètr., 1-2-flore. Feuilles radicales, souvent nulles par avortement, palmatiséquées, à 3-5 segments pétiolulés, oblongs-cunéiformes, incisés-dentés. Involucre composé de feuilles subsessiles de même forme que les radicales. *Fleurs* dressées, *d'un beau jaune*. Sépales pubescents en dehors, oblongs-suborbiculaires. Carpelles pubescents, étalés, à styles glabres égalant environ la moitié de leur longueur. ♃. Mars-avril.

R.R. — Endroits humides des bois montueux. — Creil; Morfontaine (*Graves*). Abondant dans la vallée de Vieux-Moulin près Compiègne (*Leré*). Abondant à Charly (*Crépin*). Naturalisé dans les bois de Trianon et de Satory près Versailles! — ? Meudon (*Thuillier*, *fl.*).

L'A. Hepatica L. (vulg. *Hépatique*) est cultivé fréquemment dans les jardins; cette plante indiquée dans la forêt de Villers-Cotterets (*Mérat*, *fl.*) n'y a pas été retrouvée, elle se distingue aux caractères suivants : involucre composé de trois feuilles entières, très rapproché de la fleur, simulant un calice; feuilles radicales à trois lobes entiers arrondis. — On cultive quelquefois dans les parterres les *A. coronaria* et *hortensis* L. à fleurs doubles ou simples d'un beau rouge ou de couleurs très variées.

IV. ADONIS. (L. gen. n. 698.)

Calice à 5 sépales plus ou moins colorés, caducs. Corolle à 3-15 *pétales* plus longs que le calice, *dépourvus de fossette nectarifère*. Carpelles nombreux, disposés en épi sur un réceptacle cylindrique, terminés en bec par le style persistant court. Graine suspendue.

Plantes annuelles, glabres ou plus ou moins velues inférieurement, à tiges ord. rameuses pluriflores. *Feuilles* éparses, *multiséquées*, à segments linéaires très étroits. Fleurs solitaires à l'extrémité des rameaux, d'un rouge plus ou moins foncé, plus rarement d'un jaune pâle, à anthères brunâtres.

1 { Carpelles à bord supérieur dépourvu de dent, à bec continuant presque la direction du bord supérieur; pétales obovales, concaves connivents. *A. autumnalis*.
Carpelles à bord supérieur présentant une dent saillante, à bec plus ou moins oblique par rapport au bord supérieur; pétales oblongs, plans étalés. . . . . 2.

2 { Carpelles à bord supérieur présentant une dent éloignée du bec, à bec concolore. *A. æstivalis*.
Carpelles à bord supérieur présentant une dent très rapprochée du bec, à bec noirâtre sphacélé. . . . . *A. flammea*.

1. A. AUTUMNALIS (L. sp. 771.) — Engl. bot. t. 308. — Illustr. fl. Par. t. 3. f. 1-2. (vulg. *Goutte-de-sang*.)

Tige de 2-5 décimètr., rameuse, glabre. Sépales d'un pourpre noirâtre, glabres, étalés. Pétales 6-8, d'un pourpre foncé, également développés, obovales, concaves, connivents. *Carpelles à bord supérieur dépourvu de dent*, *à bec* ord. concolore *continuant presque la direction du bord supérieur*. ①. Juin-août.

A.R. — Moissons maigres, champs arides. — Charenton! (*Weddell*) Marly; Les Loges près Versailles! Marcoussis (*Vigineix*) Château-Fraye (*Adr. de Jussieu*). Magny! (*Bouteille*). Étrépagny près Gisors! La Roche-Guyon! Malesherbes! (*Bernard*). Nemours (*Cte Jaubert*). Pithiviers! (*Woods*). Provins (*Des Étangs*)., etc.— Assez souvent cultivé comme plante d'ornement.

2. A. ÆSTIVALIS. (L. sp. 772.) — Illustr. fl. Par. t. 3. f. 3-4. — A. miniata. Jacq. Austr. IV. t. 354.

Tige de 2-5 décimètr., simple ou rameuse, presque glabre. Sépales jaunâtres, glabres, appliqués sur les pétales. Pétales 5-10, d'un rouge clair, souvent tachés de noir à la base, presque également développés, oblongs, plans étalés. *Carpelles à insertion aussi longue que le plus grand diamètre du fruit, à bord supérieur présentant un dent éloignée du bec, à bec concolore* oblique-ascendant par rapport au bord supérieur. ①. Mai-juillet.

C. — Champs, moissons.

s.v. — *citrina*. — Fleurs d'un jaune citrin. — *R.R.*

3. A. FLAMMEA. (Jacq. Austr. IV. t. 355) — Illustr. fl. Par. t. 3. f. 5-6.

Tige de 2-5 décimètr., ord. rameuse, pubescente-hérissée inférieurement. Sépales d'un jaune verdâtre, pubescents, appliqués sur les pétales. Pétales 3-6 rarement plus, d'un rouge assez vif, souvent tachés de noir à la base, ord. très inégalement développés, oblongs, plans étalés. *Carpelles à bord supérieur présentant une dent très rapprochée du bec, à bec noirâtre sphacélé* presque perpendiculaire au bord supérieur. ①. Juin-août.

A.R — Champs arides, moissons maigres — St-Maur (*De Lens*). Les Loges près Versailles! Mennecy (*Mandon*). Etrechy! Étampes! (*Woods*). Le Châtelet près Melun (*Garnier*). Malesherbes! Pithiviers! Provins (*Des Étangs*)., etc.

V. MYOSURUS. (L. gen. n. 394.)

Calice à 5 *sépales* colorés caducs, *prolongés en éperon au-dessous de leur insertion*. Corolle à 5 *pétales* plus courts que les sépales, *à onglet tubuleux plus long que le limbe*. *Étamines* 5-10. Carpelles très nombreux, étroitement imbriqués sur un réceptacle très long filiforme, terminés par le style persistant court. Graine suspendue.

Plante annuelle, glabre, à *pédoncules radicaux uniflores*. Feuilles toutes radicales, linéaires très étroites, entières. Fleurs d'un jaune verdâtre.

1. **M. MINIMUS.** (L. sp. 407.) — Fl. Dan. t. 406. (vulg. *Queue-de-souris*.)

Pédoncules radicaux de 3-10 centimètr., dressés, renflés supérieurement à la maturité. Feuilles nombreuses, dressées. Sépales à éperons appliqués sur le pédoncule. Carpelles tétragones-comprimés. ①. Avril-juin.

A. C — Champs argileux ou sablonneux humides, surtout dans les endroits inondés l'hiver. — Bondy! Montmorency! Versailles! St-Léger! Mennecy! Melun!, etc.

VI. RANUNCULUS. (Hall. Helv. II. 68.)

Calice à 5 sépales colorés ou presque herbacés, caducs. Corolle à 5 *pétales* rarement plus ou moins, brièvement onguiculés, *munis* à la face interne au-dessus de l'onglet *d'une fossette nectarifère* nue ou couverte par une écaille. Carpelles nombreux, disposés en capitules globuleux rarement oblongs, prolongés en mucron ou en bec par le style persistant. *Graine dressée*.

Plantes vivaces herbacées, rarement annuelles, pubescentes ou velues plus rarement glabres, à tiges ord. rameuses pluriflores quelquefois dichotomes. Feuilles entières, dentées ou diversement divisées, ord. la plupart radicales pétiolées; les caulinaires alternes pétiolées ou subsessiles. Fleurs jaunes ou blanches, terminales ou latérales solitaires à l'extrémité de pédoncules axillaires ou portées sur des pédicelles opposés aux feuilles, occupant quelquefois l'angle de bifurcation des rameaux.

1. { Fleurs blanches; carpelles ridés transversalement. . . . . 2.
{ Fleurs jaunes; carpelles lisses ou tuberculeux, très rarement ridés. . . . 7.

2. { Feuilles toutes réniformes à 3-5 lobes obtus entiers. . . . *R. hederaceus*.
{ Feuilles au moins les inférieures multiséquées à lanières capillaires. . . . 3.

3. { Feuilles toutes à lanières très allongées rapprochées presque parallèles. . . . . *R. fluitans*.
{ Feuilles au moins les inférieures à lanières divergentes. . . . . . . 4.

4. { Feuilles toutes à lanières disposées en cercle sur un même plan. . . . . *R. circinatus*.
{ Feuilles au moins les inférieures à lanières divergentes et étalées dans toutes les directions. . . . . 5.

5. { Stipules des feuilles supérieures soudées au pétiole dans la plus grande partie de leur longueur . . . . *R. aquatilis*.
{ Stipules des feuilles supérieures soudées au pétiole seulement dans leur tiers inférieur. 6.

6. { Carpelles terminés en pointe; pétales dépassant longuement le calice. . . . . *R. Petiveri*.
{ Carpelles obtus mutiques ou à peine mucronulés; pétales très petits dépassant à peine le calice . . . . *R. tripartitus*.

7. { Feuilles entières ou dentées . . . . 8.
{ Feuilles profondément lobées ou incisées . . . . 11.

8 { Fleurs sessiles, opposées aux feuilles ou occupant l'angle de bifurcation des dichotomies de la tige; carpelles chargés de tubercules. *R. nodiflorus.*
Fleurs plus ou moins longuement pédonculées; fruits lisses ou réticulés. . 9.

9 { Carpelles irrégulièrement réticulés; plante des lieux secs. *R. gramineus.*
Carpelles lisses; plante des lieux marécageux. . . . . 10.

10 { Feuilles toutes longuement lancéolées, les inférieures atténuées à la base. . . . . *R. Lingua.*
Feuilles radicales et inférieures oblongues ou ovales, très longuement pétiolées. . . . . *R. Flammula.*

11 { Fibres radicales les unes renflées-ovoïdes, les autres filiformes . . . . *R. chærophyllos.*
Fibres radicales toutes filiformes. . . . . 12.

12 { Carpelles très nombreux, disposés en un capitule oblong-spiciforme; capitule des carpelles saillant hors de la corolle. . . . . *R. sceleratus.*
Carpelles rassemblés en un capitule globuleux ou presque globuleux; capitule des carpelles non saillant hors de la corolle. . . . . 13.

13 { Carpelles présentant des tubercules ou des pointes épineuses au moins vers le bord. . . . . 14.
Carpelles lisses ou presque lisses. . . . . 15.

14 { Carpelles 4-8, chargés de pointes épineuses . . . . . . *R. arvensis.*
Carpelles nombreux, présentant vers le bord une ou plusieurs lignes de tubercules . . . . *R. Philonotis.*

15 { Feuilles radicales réniformes-suborbiculaires crénelées ou incisées-lobées; carpelles pubescents. . . . . *R. auricomus.*
Feuilles radicales jamais réniformes-suborbiculaires, palmatipartites, palmatiséquées ou pinnatiséquées; carpelles glabres. . . . . 16.

16 { Calice réfracté; tige terminée en bulbe à la base. . . . . *R. bulbosus.*
Calice dressé ou étalé; tige jamais terminée en bulbe à la base. . . . . 17.

17 { Feuilles radicales pinnatiséquées, à segment moyen longuement pétiolulé; plante émettant souvent des rejets radicants. . . . . . . *R. repens.*
Feuilles radicales palmatipartites à lobes plus ou moins profonds; plante n'émettant jamais de rejets radicants. . . . . 18.

18 { Réceptacle glabre; pédoncule non sillonné, souche non couronnée par les nervures persistantes des feuilles détruites . . . . *R. acris.*
Réceptacle hérissé, pédoncule sillonné; souche couronnée par les nervures persistantes des feuilles détruites. . . . . *R. nemorosus.*

SECT. I BATRACHIUM. — Pétales blancs à onglet ord. jaune, à fossette nectarifère non couverte par une écaille. Carpelles ridés transversalement, dépourvus de rebord. — Plantes aquatiques ord. submergées ou nageantes.

1. R. HEDERACEUS. (L. sp. 781.) — Fl. Dan. t. 321. — Illustr. fl. Par. t. 1. f. 1-2.

Tiges de 1-4 décimètr., couchées-radicantes. *Feuilles toutes conformes*, longuement pétiolées, *réniformes à* 3-5 *lobes triangulaires courts* arrondis *entiers*. Pétales très petits, oblongs ou obovales, de la longueur du calice ou le dépassant à peine. Carpelles glabres, blanchâtres, obtus mutiques ou à peine mucronulés. ♃. Mai-août.

R R.—Fontaines et ruisseaux des terrains sablonneux ou tourbeux. — Vallée de Dampierre (*de Boucheman*). Assez abondant aux environs de St-Leger, surtout dans les fossés de la route de l'étang des Planets! Environs de Pontchartrain (*Vigneux*). Montfort-l'Amaury (*de Boucheman*) Ermenonville; Meru, Thury-en-Valois (*Graves*). Goincourt près Beauvais (*Mandon*). — Trouvé en dehors des limites de la Flore à Senonches (*Daenen*)

Le *R. Lenormandi* Schultz! (— Illustr. fl Par. t. 1. f 3-4.) se rapproche du *R hederaceus* par ses feuilles toutes conformes réniformes 3-5-lobées; mais il s'en distingue par les lobes des feuilles profonds cunéiformes ou triangulaires-obovales sublobés atteignant souvent ou dépassant le milieu du limbe, et par ses carpelles ord. verdâtres terminés en pointe par le style persistant. — Cette espèce, récemment décrite par M. Schultz, a été observée dans des régions peu éloignées des limites de notre Flore.

2. R. TRIPARTITUS. (D C. syst. I. 234.) — Illustr fl Par. t. 1. f. 7-8. — D.C. ic. Gall. rar. 1. 15. t 49.

Tiges de longueur très variable, ord. nageantes. *Feuilles inférieures multiséquées à laciniures capillaires divergentes et étalées dans toutes les directions*, les supérieures subréniformes profondément 3-5-partites à lobes triangulaires-obovales dentés ou incisés. *Stipules des feuilles supérieures soudées au pétiole seulement dans leur tiers inférieur.* Pétales très petits, oblongs, dépassant à peine le calice. *Carpelles* glabres à la maturité, *obtus-mutiques ou à peine mucronulés.* ♃. Mai-juillet.

R.R.R.—Mares tourbeuses, fossés, eaux tranquilles.— Fontainebleau : mares de Franchart (*Kralik*).

3. R. PETIVERI. (Koch, synops. fl. Germ. ed. 2. 13.) — Illustr. fl. Par. t. 1. f. 5-6 — R. tripartitus. *β.* obtusiflorus. D.C. prodr. I. 26.— R. ololeucos. Lloyd, fl. Loir. infér. 3

Tiges de longueur très variable, ord. nageantes. *Feuilles inférieures multiséquées à laciniures capillaires divergentes et étalées dans toutes les directions*, les supérieures subréniformes profondément 3-5-partites à lobes triangulaires-obovales dentés ou incisés. *Stipules des feuilles supérieures soudées au pétiole seulement dans leur tiers inférieur.* Pétales obovales, dépassant longuement le calice. *Carpelles* glabres à la maturité, *terminés en pointe* par le style persistant. ♃. Mai-juillet.

R. R. — Mares tourbeuses, fossés, eaux tranquilles. – Fontainebleau : mares de Bellecroix !

var. *β. capillaceus.* — Feuilles toutes multiséquées à laciniures capillaires.

4. R. AQUATILIS. (L. sp. 781. *part.*) (1).— Illustr. fl. Par. t. 2. f. 3-4-5.

Tiges de longueur très variable, nageantes, submergées ou couchées-radicantes. *Feuilles* toutes conformes multiséquées, ou de formes différentes : les *inférieures multiséquées à laciniures capillaires divergentes et étalées dans toutes les directions;* les supérieures subréniformes plus ou moins profondément 3-5-partites, à lobes triangulaires-obovales crénelés, à crénelures obtuses, quelquefois incisés. *Stipules des feuilles supérieures soudées au pétiole dans la plus grande partie de leur longueur.* Pétales obovales, dépassant ord. longuement le calice. Carpelles hérissés, rarement glabres. ♃. Avril-août.

C C. — Fossés, eaux tranquilles, rivières à courant peu rapide.

var. *α. heterophyllus* (R. heterophyllus. Willd. fl. Berol. n. 590.) — Feuilles supérieures subréniformes, plus ou moins profondément 3-5-partites, les inférieures multiséquées à laciniures capillaires. — *C.C.* — Plante nageante, plus rarement couchée-radicante hors de l'eau à laciniures des feuilles plus courtes et plus épaisses.

var. *β. capillaceus.* (R. capillaceus. Thuill fl. Par 278) — Feuilles toutes submergées, multiséquées à laciniures capillaires, allongées. — *C.C.*

s.v. — *hispidus.* — Tiges et feuilles hispides.— *A.R.* — Mares de la forêt de Senart !

(1) La variété à feuilles toutes réniformes-lobées décrite par quelques auteurs dans le *R. aquatilis*, si toutefois elle n'a été fondée sur des échantillons dont les feuilles à laciniures capillaires avaient été détruites, nous semble devoir être rapportée au *R. hederaceus* ou au *R. Lenormandi*, les feuilles découpées en laciniures capillaires étant exclusivement caractéristiques des *R. aquatilis*, *fluitans*, *Petiveri*, *tripartitus* et *circinatus* qui ont toutes les feuilles divisées en laciniures capillaires ou les supérieures seules réniformes-lobées; encore ces feuilles supérieures réniformes, qui n'existent jamais dans le *R. circinatus*, avortent-elles souvent dans le *R. aquatilis*, développé soit dans l'eau soit à l'air libre; nous avons observé à Fontainebleau la variété du *R. Petiveri* à feuilles toutes divisées en laciniures capillaires.

var. γ. *cæspitosus*. (R. cæspitosus. Thuill. fl. Par. 279.) — Feuilles toutes multiséquées à laciniures filiformes raides ord. courtes épaisses obtuses. Carpelles souvent glabres. — *A.C.* — Plante croissant dans les endroits desséchés aux bords des mares et des étangs.

β. γ. s.v. *parviflorus*. — Pétales dépassant peu le calice.

5. R. FLUITANS. (Lam. fl. Fr. III. 184.) — Illustr. fl. Par. t. 2. f. 1-2. — R. peucedanifolius. All. Ped. II. 53.

Tiges de longueur très variable, atteignant quelquefois plusieurs mètres, nageantes ou submergées. *Feuilles* toutes multiséquées, *à laciniures filiformes très allongées rapprochées presque parallèles*. Pétales 5-12, obovales, dépassant longuement le calice. Carpelles glabres. ♃. Mai-août.

C.C. — Eaux courantes, rivières.

var. β. *terrestris*. — Feuilles à laciniures épaisses courtes élargies au sommet. — *A.C.* — Bords des rivières : sables des bords de la Seine !

var. γ. *heterophyllus*. — Feuilles supérieures nageantes, 3-5-partites, à segments cunéiformes profondement incisés. — *R.R.R.* — Env. de Beauvais !

Nous avons toujours vu dans le *R. fluitans* avorter les carpelles après la floraison ; nous n'en connaissons pas le fruit mûr. — Cet avortement et les feuilles nageantes qui se développent quelquefois nous font soupçonner que cette plante pourrait n'être qu'une variété du *R. aquatilis* due à l'influence de l'eau courante. Nous devons cependant ajouter que des échantillons que nous avons cultivés dans une eau stagnante ont continué à pousser des feuilles à laciniures très allongées presque parallèles.

6. R. CIRCINATUS. (Sibthorp. Ox. 175.) — Illustr. fl. Par. t. 1. f. 9. — R. divaricatus. Schranck, Bayer. II. 104.

Tiges de longueur très variable, nageantes ou submergées. *Feuilles* toutes sessiles, *multiséquées, à laciniures* capillaires courtes raides *disposées sur un même plan en un disque orbiculaire* et ne se rapprochant pas en pinceau lorsqu'on les sort de l'eau. Pétales obovales, dépassant longuement le calice. Carpelles ord. hispides. ♃. Juin-août.

A.C. — Fossés, eaux tranquilles. — Flaques d'eau des bords de la Seine ! Mennecy ! Malesherbes ! Nemours ! Chaumont ! Gisors !, etc.

SECT. II. RANUNCULUS. — Pétales jaunes, à fossette nectarifère couverte par une écaille ord. charnue, très rarement dépourvue d'écaille. Carpelles lisses ou tuberculeux, très rarement ridés, entourés d'un rebord comprimé, rarement dépourvus de rebord. — Plantes terrestres ou aquatiques, jamais nageantes

§ 1. *Feuilles entières ou dentées.*

7. R. GRAMINEUS. (L. sp. 773.) — Engl. bot t. 2506.

Souche verticale, très courte, *à fibres* radicales *épaisses charnues, couronnée par les nervures persistantes des feuilles détruites.* Tige de 2-5 décimètr., dressée, uniflore ou pauciflore, glabre ainsi que les pédoncules. Feuilles glabres, lancéolées ou linéaires, insensiblement atténuées en pétiole, entières, à nervures parallèles égales. Calice glabre. Corolle grande, à pétales munis d'une écaille presque tubuleuse. *Carpelles irrégulièrement ridés*, à bords supérieur et inférieur légèrement carénés, à bec court. ♃. Mai-juin.

R. — Pelouses découvertes des bois sablonneux. — Abondant dans la forêt de Fontainebleau ! Malesherbes (*Maire*). Ermenonville (*Graves*).

8. R. LINGUA. (L. sp. 773.) — Engl. bot. t. 100.

Souche verticale tronquée, constituée par la partie souterraine de la tige qui donne naissance au niveau des nœuds à des verticilles de radicelles et émet des stolons obliques ou horizontaux. *Tige* de 8-15 décimètr., *dressée*, robuste, fistuleuse, pauciflore ou pluriflore, pubescente supérieurement ainsi que les pédoncules. *Feuilles* glabres en dessus, très finement pubescentes en dessous, *longuement lancéolées, sessiles*, atténuées inférieurement, entières ou obscurément denticulées, à pointe calleuse, à nervure moyenne épaisse. Calice pubescent, à poils apprimés. Corolle grande. *Carpelles lisses*, ne présentant de rebord comprimé que d'un seul côté, *à bec large très comprimé*. ♃. Juin-août.

A.R. — Endroits herbeux ombragés, bords des rivières, marais tourbeux. — St-Gratien ! Versailles ! St-Léger ! Corbeil ! Mennecy ! Melun ! Moret ! Nemours ! Pithiviers ! Senlis. Chaumont ! St-Germer !, etc.

9. R. FLAMMULA. (L. sp. 772.) — Engl. bot. t. 387.

Souche ord. rameuse, à rhizômes plus ou moins obliques. *Tige* de 2-8 décimètr., ascendante, *étalée ou couchée-radicante* à la base, fistuleuse, pluriflore ou multiflore, glabre ainsi que les pédoncules ou très finement pubescente dans sa partie supérieure. *Feuilles* glabres, entières ou dentées, à pointe calleuse, à nervure moyenne plus épaisse que les latérales ; les *radicales et* les *inférieures oblongues ou ovales, très longuement pétiolées* ; les supérieures lancéolées ou linéaires, subsessiles. Calice pubescent, à poils apprimés. Corolle assez petite. *Carpelles lisses*, ne présentant de rebord comprimé que d'un seul côté, *à bec court*. ♃. Juin-octobre.

C.C. — Endroits humides, bords des mares, fossés.

s.v. — *reptans*. (R. reptans. Thuill. fl. Par. 273.) — Tige couchée-radicante dans presque toute sa longueur.

s.v. — *serratus*. — Feuilles fortement dentées.

10. R. NODIFLORUS. (L. sp. 773.) — Vaill. act. Par. (1719). t. 4. fig. 4.

Plante annuelle. Tige de 1-3 décimètr., dressée, multiflore, régulièrement rameuse-dichotome presque dès la base, glabre. Feuilles glabres, entières ou irrégulièrement denticulées, à pointe un peu calleuse, à nervure moyenne un peu plus marquée que les latérales ; les radicales ovales ou oblongues, très longuement pétiolées ; les caulinaires étroites, lancéolées ou linéaires, subsessiles. *Fleurs* très petites, *sessiles ou subsessiles*, *latérales ou occupant l'angle des dichotomies*. Calice presque glabre. *Carpelles chargés de tubercules*, à rebord comprimé peu distinct, à bec assez long comprimé. ①. Mai-juin.

R.R. — Mares tourbeuses des rochers siliceux. — La Ferté-Aleps (*Maire*). Forêt de Fontainebleau ! Bois de Nanteau près Nemours (*Devilliers*).

§ 2. *Feuilles lobées ou incisées.*

†. *Carpelles lisses ou presque lisses. Plantes vivaces.*

11. R. CHÆROPHYLLOS. (L. sp. 780.) — Barr. ic. t. 581.

Souche verticale, très courte, donnant souvent naissance à des rejets souterrains filiformes, *à fibres radicales* capillaires *entremêlées de fibres renflées ovoïdes*, couronnée par les nervures persistantes des feuilles détruites. Tiges solitaires ou nombreuses, de 1-4 décimètr., dressées, 1-flores, plus rarement 2-3-flores, velues-pubescentes. Feuilles velues-pubescentes, toutes radicales ou la plupart radicales, longuement pétiolées, pinnatiséquées à 3 segments ord. tripartits à lobes cunéiformes incisés ou découpés en divisions étroites lancéolées ou linéaires ; les feuilles primordiales, quelquefois détruites lors de la floraison, suborbiculaires, crénelées ou tripartites. Calice très étalé.

Carpelles très nombreux, glabres, finement ponctués, à bec courbé, *disposés en un capitule oblong.* ♃. Mai-juin.

R. — Pelouses arides des terrains sablonneux. — Tour des Anglais près Clamart-sous-Meudon (*Vigineix*). Roches de Beauvais et de Balaucourt près Mennecy (*Des Étangs*). Lardy (*Maire*). Fontainebleau! Malesherbes (*Bernard*). Nemours (*Devilliers*). Dreux (*Brebisson, flor. Norm.*). Dourdan (*Maire*).

On cultive quelquefois dans les parterres, pour la beauté de ses fleurs ord. rouges ou panachées, le *R. Asiaticus* L.

12. R. AURICOMUS. (L. sp. 775.) — Engl. bot. t 624. — Fuchs. hist. 156 ic.

Souche oblique, à fibres radicales disposées en verticilles à la base des tiges et au niveau des cicatrices laissées par les tiges détruites. Tiges solitaires ou peu nombreuses, de 2-4 décimètr., dressées ou ascendantes, pluriflores, nues dans leur moitié inférieure, presque glabres. *Feuilles* glabres ou presque glabres; les *radicales* longuement pétiolées, *réniformes-suborbiculaires*, crénelées ou plus ou moins profondément incisées-lobées à lobes crénelés; les caulinaires sessiles, palmatiséquées à 5-7 segments divergents linéaires entiers ou presque entiers. Calice dressé. *Carpelles pubescents*, à bec courbé en hameçon. ♃. Avril-mai.

C. C. — Bois, buissons, lieux humides, endroits herbeux.

Les pétales avortent souvent dans les fleurs qui se développent au premier printemps

13. R ACRIS. (L. sp. 779.) — Engl. bot. t. 652. (vulg. *Clair-bassin.*)

Souche simple, oblique ou presque horizontale, donnant naissance inférieurement dans toute sa longueur aux fibres radicales. Tige de 3-7 décimètr., dressée, multiflore, plus ou moins velue à poils apprimés. *Feuilles* plus ou moins velues; les *radicales* longuement pétiolées, *palmatipartites* à 3-5 lobes cunéiformes incisés-dentés; les caulinaires moins longuement pétiolées, conformes à lobes plus étroits; les supérieures subsessiles, ord. palmatiséquées à 3-5 segments linéaires entiers ou incisés à la base. *Pédoncules non sillonnés.* Calice dressé ou un peu étalé. Carpelles glabres, lisses, à bec courbé au sommet. *Réceptacle glabre.* ♃. Mai-juillet.

C. C. — Prairies, lieux humides, lisière des bois.

var. β. *Steveni.* (R. Steveni. Andrz. ap. Bess. en. pl. Volh. n. 683. — R. lanugínosus. Thuill. flor. Par. 276, *non* L.) — Plante ord. velue-blanchâtre. Feuilles à lobes peu profondément incisés se recouvrant par leurs bords.

14. R. NEMOROSUS. (D.C. syst. I. 280.) — Rchb. ic. fl. Germ. f. 262

Souche simple, courte tronquée, verticale rarement oblique, couronnée par les nervures persistantes des feuilles détruites. Tiges de 3-7 décimètr., solitaires ou peu nombreuses, dressées, multiflores, velues à poils raides étalés ou réfléchis. *Feuilles* velues; les *radicales* ord. marbrées de blanc à la face supérieure, longuement pétiolées, *palmatipartites* à 3-5 lobes cunéiformes trilobés ou incisés à divisions dentées; les caulinaires moins longuement pétiolées, conformes; les supérieures subsessiles, ord. palmatiséquées à 3-5 segments linéaires entiers ou incisés-dentés. *Pédoncules sillonnés.* Calice dressé ou un peu étalé. *Carpelles* glabres, lisses, *à bec enroulé dans sa partie supérieure. Réceptacle hérissé* de poils raides. ♃. Mai-juin, refleurit en automne.

R. — Bois couverts, allées des forêts. — Forêt de Ste-Geneviève (*Vigineix*, *Maire*). Bois-Louis près le Châtelet! Bois de la Grande-Commune près la forêt de Villefermoy (*Garnier*). Dourdan (*Maire*). — ? Vincennes; Meudon.

15. R. REPENS (L. sp. 779.) — Engl. bot. t. 516. (vulg. *Bassinet.*)

Souche simple, courte tronquée, verticale rarement oblique. *Tiges* de 2-6 décimètr., 2-pluriflores, pubescentes ou velues, les unes ascendantes, les autres *couchées-radicantes* stoloniformes, plus rarement toutes couchées-radicantes. *Feuilles* velues ou presque glabres; les *radicales* ord. marbrées de blanc et de noir à la face supérieure, longuement pétiolées, *pinnatiséquées à* 3 segments tripartits à lobes incisés-dentés, le *segment moyen longuement pétiolulé;* les caulinaires moins longuement pétiolées, à segments plus étroits; les supérieures subsessiles, divisées en segments linéaires entiers ou incisés. Pédoncules sillonnés. *Calice étalé.* Carpelles glabres, finement ponctués, à bec courbé au sommet. Réceptacle un peu hérissé. ♃. Avril-septembre.

C. C. — Bords des fossés et des chemins humides, bois, prairies. — Souvent cultivé à fleurs doubles, sous le nom de *Bouton-d'or.*

var. β. *elatior.* (R. polyanthemos. Thuill. fl Par. 276 *non* L.) — Tiges non radicantes, dressées élancées. — *C.* — Lieux herbeux.

16. R. BULBOSUS. (L. sp. 778.) — Engl. bot. t. 515.

Souche tronquée, verticale, *portant un ou plusieurs bulbes* qui résultent de l'épaississement des bases des feuilles. Tiges solitaires ou nombreuses, de 2-6 décimètr., dressées, pluriflores, velues ou pubescentes. *Feuilles* velues ou pubescentes; les radicales longuement pétiolées, *pinnatiséquées à* 3 segments tripartits à lobes incisés-dentés, le *segment moyen longuement pétiolulé;* les caulinaires moins longuement pétiolées, à segments plus étroits; les supérieures subsessiles, divisées en segments linéaires entiers ou pinnatiséqués à lobes linéaires. Pédoncules sillonnés. *Calice réfracté.* Carpelles glabres, presque lisses, à bec courbé au sommet. Réceptacle un peu velu. ♃. Mai-août.

C.C. — Pelouses, gazons, prairies, bords des chemins.

s.v. — *parvulus.* — Plante rabougrie, très velue, à tige subuniflore.

††. *Carpelles chargés sur leurs faces de tubercules ou de pointes épineuses, ou légèrement rugueux. Plantes annuelles.*

17. PHILONOTIS. (Ehrh. Beitr. II. 145.) — R. hirsutus. Curt. Lond. II. t. 40. — Engl. bot. t 1504.

Plante annuelle. Tiges ord. nombreuses, de 1-4 décimètr., ascendantes ou étalées-diffuses, plus rarement dressées, pluriflores ord. rameuses presque dès la base, pubescentes ou velues. Feuilles velues ou pubescentes; les radicales et les inférieures assez longuement pétiolées, tripartites ou triséquées à segments incisés-dentés, à segment moyen souvent longuement pétiolulé; les supérieures subsessiles, divisées en segments linéaires entiers ou incisés. *Calice réfracté. Carpelles* nombreux, disposés en un capitule globuleux, très comprimés, *entourés d'un rebord mince verdâtre, présentant vers le rebord une ou plusieurs rangées de tubercules,* à bec large court droit ou à peine courbé. ①. Mai-août.

C. — Vignes, champs sablonneux humides, bords des mares, endroits inondés l'hiver.

s.v. — *parvulus.* — Plante rabougrie, ord. très velue, à tige subuniflore. — Champs sablonneux secs.

18. R. ARVENSIS. (L. sp. 780.) — Engl. bot. t. 135. — Fuchs. hist. 137 ic.

Plante annuelle. Tige ord. solitaire, de 2-5 décimètr., dressée, pluriflore ou multiflore, souvent rameuse presque dès la base, pubescente ou presque glabre. Feuilles glabres ou pubescentes; les radicales longuement pétiolées, tripartites ou triséquées, à segments cunéiformes-allongés irrégulièrement bi-trifides; les caulinaires triséquées à segments longuement pétiolulés décomposés en lobes linéaires étroits entiers ou incisés; les supérieures subsessiles, conformes. Fleurs assez petites, à pétales d'un jaune verdâtre, veinés. Pédoncules opposés aux feuilles. Calice dressé ou un peu étalé. *Carpelles* 4-8, disposés en un capitule globuleux, comprimés, entourés d'un rebord épais, *chargés* sur les faces latérales *de pointes épineuses* droites et de tubercules, bec linéaire presque droit plus long que la moitié du carpelle. ①. Mai-juillet.

C. — Moissons, champs cultivés.

19. R. SCELERATUS. (L. sp. 776.) — Engl. bot t. 681. — Fuchs. hist. 159 ic.

Plante annuelle. Tige ord. solitaire, de 2-7 décimètr., dressée, fistuleuse, très multiflore, souvent rameuse presque dès la base, à rameaux dressés, régulièrement dichotome supérieurement, légèrement pubescente ou glabre. Feuilles glabres ou d'apparence glabres; les radicales et les inférieures longuement pétiolées, réniformes 3-5-lobées à lobes crénelés, ou 3-5-partites à 3 à 5 lobes incisés-crénelés; les supérieures subsessiles, à segments linéaires ou linéaires-oblongs entiers ou incisés. Fleurs petites, occupant l'angle de bifurcation des dichotomies ou terminales. Calice réfracté. Corolle dépassée par le capitule des carpelles, à *pétales* atteignant à peine la longueur du calice *dépourvus d'écaille au-devant de la fossette nectarifère. Carpelles* très nombreux, très petits, *disposés en un capitule oblong-spiciforme*, un peu comprimés, entourés d'un rebord épais marqué en dehors d'une ligne déprimée, *rugueux au centre des faces latérales*, à bec très court ou presque nul. Réceptacle fructifère oblong épais. ①. Mai-août.

C.C. — Bord des eaux, fossés, étangs, lieux fangeux.

VII. FICARIA. (Dill. nov. gen. 108.)

Calice à 3 sépales presque herbacés, caducs. Corolle à 6-9 *pétales* brièvement onguiculés, *munis* à leur face interne au-dessus de l'onglet *d'une fossette nectarifère* cachée par une écaille. Carpelles nombreux, disposés en capitules globuleux, à bec presque nul. *Graine dressée.*

Plante vivace herbacée, glabre, quelquefois subacaule. Feuilles pétiolées, ovales-cordées ou réniformes, crénelées. Fleurs jaunes, solitaires à l'extrémité de pédoncules axillaires.

1. F. RANUNCULOIDES. (Mœnch, meth. 515.) — Ranunculus Ficaria. L. sp 674 — Engl. bot. t. 584. — Fuchs. hist. 867 ic.

Souche courte, à fibres radicales la plupart renflées charnues oblongues-obovales. Tiges tres courtes ou de 1-2 décimètr., couchées ou ascendantes. Feuilles épaisses, luisantes, d'un vert foncé, quelquefois tachées de noir à la face supérieure, crénelées à crénelures larges peu profondes, quelquefois obscurément 3-5 lobées, à pétiole dilaté inférieurement en une gaîne membraneuse assez ample. Pédoncules allongés. Fleurs d'un beau jaune, à pétales souvent verdâtres en dehors, à base transparente. Carpelles subglobuleux, lisses, pubescents devenant souvent presque glabres à la maturité. ♃. Avril-mai.

C.C.C. — Endroits humides ou ombragés, bois, buissons.

s.v. — *calthæfolius.* — Feuilles fortement anguleuses-crénelées.

TRIBU III. HELLEBOREÆ. — Carpelles 3-10, très rarement solitaires, polyspermes, déhiscents (follicules). Préfloraison imbriquée. Corolle composée de pétales nectarifères ord. irréguliers, plus rarement nulle. Anthères extrorses. — Feuilles alternes ou toutes radicales.

VIII. CALTHA. (L. gen. n. 703.)

Calice à 5-7 sépales pétaloïdes, caducs. *Corolle nulle.* Follicules 5-12, libres, divergents.

Plante vivace herbacée, glabre. *Feuilles suborbiculaires-réniformes*, simplement crénelées ou dentées. Fleurs jaunes, presque régulières, dépourvues d'involucre, solitaires à l'extrémité de pédoncules axillaires.

1. C. PALUSTRIS. (L sp. 784.) — Fl. Dan. t. 668. — Engl. bot. t. 506.

Souche verticale courte, à fibres épaisses. Tige de 2-5 décimètr., ascendante ou dressée, épaisse, pluriflore, rameuse supérieurement. Feuilles suborbiculaires-réniformes, glabres, épaisses, luisantes ; les radicales longuement pétiolées ; les supérieures sessiles ou subsessiles. Follicules nerviés, terminés en bec par le prolongement de la nervure dorsale. ♃. Avril-juin.

C. — Prairies humides, lieux marécageux.

IX. HELLEBORUS. (L. gen. n. 702.)

Calice à 5 *sépales* herbacés plus rarement pétaloïdes, *persistants. Corolle à* 5-10 *pétales* beaucoup plus courts que les sépales, *tubuleux*, obliquement tronqués ou irrégulièrement dentés au sommet. Follicules 2-10, ord. un peu soudés inférieurement, divergents.

Plantes vivaces herbacées, glabres. Feuilles ord. coriaces persistant l'hiver, palmatiséquées-pédalées au moins les inférieures. *Fleurs* à sépales herbacés souvent colorés aux bords plus rarement blanchâtres ou rosés, *presque régulières*, *dépourvues d'involucre*, disposées en un corymbe rameux terminal, ou peu nombreuses quelquefois subsolitaires.

Tige multiflore, feuillée inférieurement et présentant à sa base des cicatrices de feuilles, munie supérieurement de bractées ovales entières. . . . . *H. fœtidus.*
Tige 2-5-flore, nue jusqu'aux rameaux, munie supérieurement de feuilles palmatiséquées . . . . *H. viridis.*

1. H. FOETIDUS. (L. sp. 784.)—Engl. bot t 613.—Fuchs. hist. 275 ic vulg. *Pied-de-Griffon.*)

Souche épaisse, ord. verticale tronquée. Tiges persistant pendant l'hiver, de 3-7 décimètr., robustes, dressées, nues dans leur partie inférieure qui présente les cicatrices des feuilles détruites, feuillées supérieurement, multiflores se partageant en rameaux florifères. Feuilles toutes caulinaires, très coriaces, ord. d'un vert très foncé, pétiolées, à segments lancéolés étroits dentés ord. libres jusqu'à la base. *Bractées* d'un vert blanchâtre, *ovales entières*, sessiles. Fleurs penchées, disposées en corymbe rameux. Sépales concaves, dressés, verdâtres souvent bordés de pourpre. Follicules oblongs, terminés en un bec allongé par le prolongement de la nervure dorsale. Plante à odeur vireuse. ♃. Février-mai.

A. C. — Lieux pierreux, bords des chemins, endroits découverts des bois.—Bondy! St-Germain! Senart! Le Châtelet! Nemours! Pithiviers! Château-Landon! Mantes! La Roche-Guyon! Beauvais!, etc.

2. H. VIRIDIS. (L. sp. 784.) — Engl. bot. t. 200. — Fuchs. hist. 274 ic.

Souche à rhizome oblique noirâtre. Tiges annuelles, de 3-5 décimètr., dressées, pauciflores, un peu rameuses supérieurement, feuillées seulement à partir des rameaux, munies à la base de quelques écailles membraneuses qui se prolongent rarement en un limbe foliacé. *Feuilles* radicales naissant du rhizome, membraneuses, d'un beau vert, très longuement pétiolées, à segments oblongs-lancéolés dentés ou doublement dentés, les latéraux confluents à la base; les raméales et les *florales* sessiles, conformes *palmatipartites* à segments latéraux largement confluents. Fleurs 2-5 un peu penchées. Sépales à peine concaves, étalés, verdâtres. Follicules oblongs, terminés en un bec allongé par le prolongement de la nervure dorsale. ♃. Mars-avril.

R. — Lieux humides ombragés et pierreux. — Bois de Barbeau près le Châtelet (*Garnier*). Nemours (*Devilliers*). Malesherbes (*Bernard*). Cherisy près Dreux (*Jacquet*). Hameau des Tartres près Compiègne (*Leré*). Ons-en-Bray (*Graves*). Autheuil en Valois (*Questier*). — ? Meaux (*Merat*, *fl.*).

On cultive souvent dans les jardins l'*H. niger* L. (vulg. *Rose-de-Noel*) qui se distingue à sa tige 1-3-flore, dépourvue de feuilles, munie supérieurement de bractées ovales entières, et à ses fleurs très grandes à sépales d'un blanc rosé.

X. ERANTHIS. (Salisb. trans. soc. linn. VIII. 303.)

Calice à 5-8 sépales pétaloïdes, caducs. Corolle à 5-8 pétales beaucoup plus courts que les sépales, tubuleux obliquement tronqués. *Follicules* 5-8, libres, *stipités isolément sur le réceptacle,* un peu divergents.

Plante vivace herbacée, glabre. Feuilles radicales longuement pétiolées, orbiculaires, palmatiséquées, à 3 segments palmatipartits à lobes 2-3-fides. *Fleur* jaune, solitaire terminale, presque régulière, *sessile au centre d'un involucre foliacé persistant multipartit ou multiséqué* composé de deux feuilles opposées.

1. E. HYEMALIS. (Salisb. trans. soc. linn. VIII. 303.) — Helleborus hyemalis. L. sp. 783. — Jacq. fl. Austr. t. 202.

Souche épaisse, subglobuleuse, charnue, donnant naissance aux fibres radicales dans toute sa surface. Tige de 8-15 centimètr., dressée. Feuilles à lobes oblongs ou linéaires. Sépales étalés, oblongs ou oblongs-obovales. Follicules oblongs, terminés en bec par le prolongement de la nervure dorsale. Graines un peu anguleuses, finement chagrinées. ♃. Février-mars.

R.R.R. — Lieux couverts des bois humides. — Yvors canton de Betz (*Graves*). Bois de la Boische et parc de Denainvilliers près Pithiviers (*Boreau*, *fl. centr.*) — Subspontané à Malesherbes. — ? Bois de la Queue-en-Brie (*Thuill. fl.*).

L'*Isopyrum thalictroides* L. qui avait été semé dans les bois de Meudon n'y a pas été retrouvé depuis plusieurs années. Cette plante est assez abondante à Châteaudun (Eure-et-Loir), localité peu éloignée des limites de notre Flore ou elle a été observée par M. l'abbé Daenen. — Cette espèce se distingue à ses fleurs assez petites dépourvues d'involucre, à ses sépales pétaloïdes blancs caducs, à ses carpelles très comprimés sessiles, à ses feuilles palmatiséquées à 3 segments longuement pétiolulés eux-mêmes triséqués ou tripartits à lobes incisés à incisures obtuses, à sa souche à rhizomes grêles presque filiformes.

XI. NIGELLA. (L. gen. n. 685.)

Calice à 5 *sépales* pétaloïdes, *caducs*, très étalés. Corolle à 5-10 *pétales*, beaucoup plus courts que les sépales, *onguiculés, munis au-dessus de l'onglet d'une fossette nectarifère* profonde couverte par une écaille, *à limbe non tubuleux bifide. Follicules* 5-10, soudés dans leur moitié inférieure ou dans toute leur longueur, *déhiscents seulement par la partie supérieure du bord interne.*

Plantes annuelles, glabres ou presque glabres. *Feuilles bi-tripinnatiséquées*, à *segments* linéaires très étroits *presque capillaires*. Fleurs blanchâtres veinées de bleu ou bleuâtres, presque régulières, solitaires à l'extrémité des rameaux, quelquefois entourées d'un involucre foliacé persistant multiséqué composé de feuilles verticillées. Graines exhalant par le frottement une odeur aromatique.

1. N. ARVENSIS. (L. sp. 753.) — Schkuhr, handb. II. t. 146. — Fuchs. hist. 503 ic.

Tiges nombreuses ou solitaires, de 1-3 décimètr., étalées-ascendantes ou dressées, rameuses à rameaux dressés. Fleurs dépourvues d'involucre. Sépales longuement onguiculés, à limbe ovale-suborbiculaire acuminé fortement veiné. Pétales brusquement coudés au niveau de la fossette nectarifère, à limbe divisé en deux lobes suborbiculaires concaves en dehors poilus en dedans brusquement terminés par une pointe linéaire élargie au sommet. Fossette nectarifère couverte par une écaille longuement aristée ord. d'un bleu foncé. Anthères apiculées par le prolongement du connectif. *Follicules* 5, plus rarement 3-7, *soudés dans leur moitié inférieure* un peu divergents supérieurement, oblongs étroits, présentant 3 nervures sur le dos, terminés par le prolongement de la nervure dorsale en un bec qui égale presque leur longueur. Graines chagrinées. ①. Juin-août.

A.C. — Moissons, champs maigres des terrains sablonneux ou calcaires. — St-Maur ! Mennecy ! Malesherbes ! Nemours ! Etrechy ! Étampes ! Verderonne !, etc.

On rencontre quelquefois dans le voisinage des jardins, où il est fréquemment cultivé, le *N. Damascena* L. (— Fuchs. hist. 504 ic. — vulg. *Cheveux-de-Vénus*); cette espèce se distingue à ses fleurs entourées d'un involucre multiséqué, à ses anthères mutiques et à ses follicules soudés jusqu'au sommet en une capsule ovoïde-globuleuse.

XII. AQUILEGIA. (L. gen. n. 684.)

Calice à 5 sépales ovales, pétaloïdes, caducs. *Corolle à* 5 *pétales* à onglet presque nul, longuement prolongés au-dessous de leur insertion et *roulés en cornets qui se terminent* inférieurement *en éperons* plus ou moins courbés en dedans et faisant saillie au-dessous des sépales. Étamines intérieures stériles, transformées en écailles membraneuses appliquées sur l'ovaire. Follicules 5, libres ou un peu soudés à la base, connivents.

Plante vivace herbacée, plus ou moins pubescente. Feuilles la plupart radicales, deux fois triséquées, à segments cunéiformes-suborbiculaires bi-tripartits à lobes incisés. Fleurs bleues, violettes, purpurines, roses ou blanches, régulières, penchées, terminales subsolitaires ou disposées en une panicule lâche pluriflore.

1. A. VULGARIS. (L. sp. 752.) — Engl. bot. t. 297. — Flor. Dan. t. 695. (vulg. *Ancolie.*)

Souche épaisse, oblique, ord. rameuse. Tiges solitaires ou peu nombreuses, de 4-8 décimètr., dressées, pluriflores, rameuses supérieurement, légèrement pubescentes, très rarement pubescentes-visqueuses. Feuilles vertes en dessus, pubescentes blanchâtres en dessous; les radicales longuement pétiolées, à divisions de premier ordre très longuement pétiolulées, à segments bi-tripartits à lobes incisés à incisures obtuses; les caulinaires 1-3 subsessiles; les florales triséquées, à segments ord. entiers. Fleurs grandes, à sépales dressés pubescents en dehors. Pétales tronqués au sommet, à partie supérieure à l'insertion plus courte que l'éperon. *Éperons courbés en crochet.* Follicules pubescents-glanduleux, oblongs atténués en un bec grêle. ♃. Mai-juillet.

A. C. — Bois montueux, lisière des forêts. - Bondy ! Montmorency ! St-Germain ! Versailles ! Palaiseau ! Mantes ! Magny !, etc. — Cultivé fréquemment dans les jardins, où les fleurs deviennent souvent doubles par l'emboîtement de pétales supplémentaires.

XIII. DELPHINIUM. (L. gen. n. 681.)

Calice à 5 *sépales* pétaloïdes, caducs, *inégaux; le supérieur prolongé* au-dessous de son insertion *en* un *éperon* creux. Corolle à 4 pétales par l'avortement du pétale inférieur, à pétales soudés en une corolle gamopétale prolongée en un éperon reçu dans la cavité de l'éperon du sépale supérieur, ou à pétales libres les 2 supérieurs prolongés en éperons. Follicules 5, souvent 1-3 par avortement, libres.

Plantes annuelles, pubescentes. Feuilles palmatiséquées ou pinnatiséquées, à segments décomposés en lobes linéaires étroits. Fleurs très irrégulières, bleues, roses ou blanches, en grappes souvent disposées en panicules.

1. D. CONSOLIDA. (L. sp. 748.) — Engl. bot. t. 1839.

Tige de 2-6 décimètr., dressée, rameuse à rameaux divergents, pubérulente. Feuilles inférieures pétiolées; les supérieures subsessiles. Pédoncules uniflores, munis de bractéoles, ord. beaucoup plus longs que la bractée. Fleurs bleues très rarement blanches, en grappes courtes peu fournies. *Sépales* pubescents en dehors, à nervure dorsale verte; le supérieur à éperon très allongé horizontal; les *latéraux oblongs insensiblement atténués dans leur partie inférieure. Pétales soudés en une corolle gamopétale* unilabiée, à lobes latéraux suborbiculaires, à lobe supérieur oblong échancré ou bifide. Follicules souvent solitaires, glabres ou presque glabres, terminés par un bec grêle. ①. Juin-août.

C. — Moissons, champs cultivés.

On rencontre quelquefois dans le voisinage des jardins, d'où il s'échappe, le *D. Ajacis* L. (vulg. *Pied-d'Alouette*), plante du midi de la France; cette espèce se distingue du *D. Consolida* par ses rameaux dressés, par ses fleurs disposées en grappes allongées spiciformes plus denses, par ses sépales latéraux suborbiculaires brusquement contractés en onglet, par ses pédoncules la plupart plus courts que les bractées et par ses follicules pubescents. On en cultive surtout en bordure une variété à fleurs doubles en panicule très compacte.

XIV. ACONITUM. (L. gen. n. 682.)

Calice à 5 *sépales* pétaloïdes, caducs plus rarement persistants, *inégaux; le supérieur* (casque) *en forme de capuchon;* les 2 latéraux (ailes) suborbiculaires; les inférieurs oblongs. Corolle à 2-5 *pétales; les 2 supérieurs* (nectaires) renfermés dans la concavité du sépale supérieur, *filiformes* dans la plus grande partie de leur longueur, *dilatés au sommet en un cornet renversé* recourbé en éperon, les inférieurs très petits ou convertis en étamines. Follicules 3-5, libres.

Plante vivace herbacée, pubérulente ou presque glabre. Feuilles palmatiséquées, à segments cunéiformes bi-tripartits à lobes oblongs incisés. Fleurs très irrégulières, bleues, disposées en grappes terminales.

1. A. NAPELLUS. (L. sp. 751). — Engl. bot. supp. t. 2730.

Souche épaisse napiforme, donnant naissance latéralement à des rhizomes courts charnus terminés chacun par trois racines pivotantes. Tiges de 8-12 décimètr., dressées, simples ou un peu rameuses supérieurement, pubérulentes ou presque glabres. Feuilles d'un vert foncé luisantes en dessus, d'un vert pâle en dessous, palmatiséquées à 5-7 segments cunéiformes bi-tripartits à lobes oblongs incisés; les inférieures longuement pétiolées; les supérieures brièvement pétiolées. Fleurs bleues, en grappes terminales multiflores allongées spiciformes, à pédoncules dressés munis de 2 bractéoles au-dessous de la fleur.

Sépales pubescents ; le supérieur arqué, terminé en bec ; les inférieurs oblongs, plus petits que les latéraux. Pétales supérieurs à onglet arqué, à cornet dirigé horizontalement ; les inférieurs nuls. Follicules glabres, oblongs, divergents dans la jeunesse. ♃. Juillet-septembre.

R R. — Lieux ombragés des bois montueux, prairies humides. — Env. de Crépy, abondant aux marais de Fay près Chaumont, Vauciennes (*Graves*). Lieux tourbeux à Faverolles ; forêt de Villers-Cotterets (*Questier*).

TRIBU IV. PÆONIEÆ. — Carpelles 2-5 ou solitaires, polyspermes, déhiscents (follicules), ou bacciformes indéhiscents. Préfloraison imbriquée. Corolle composée de 4-5 pétales plans, ou moins rarement plus. Anthères introrses. — Feuilles alternes ou toutes radicales.

XV. ACTÆA. (L. gen. n. 644.)

Calice à 4 sépales pétaloïdes, caducs. Corolle à 4 pétales ou moins par avortement. *Carpelle solitaire, bacciforme*, indéhiscent.

Plante vivace herbacée, glabre. Feuilles 2-3-pinnatiséquées, à segments ovales-rhomboïdaux incisés-dentés. Fleurs régulières, blanches, disposées en grappes compactes longuement pédonculées opposées aux feuilles ou axillaires.

1. A. SPICATA. (L. sp. 722.) — Engl. bot. t. 918. — Fl. Dan. t. 589.

Souche oblique ou horizontale, épaisse, noirâtre. Plante de 4-8 décimètr., dressée, à tige nue inférieurement portant 1-3 feuilles supérieurement, simple plus rarement rameuse quelquefois très courte. Feuilles longuement pétiolées, à divisions de premier ordre longuement pétiolulées, à segments acuminés, d'un vert foncé en dessus d'un vert blanchâtre en dessous. Fleurs petites, disposées en 1-2 grappes compactes ovales-oblongues, la grappe principale opposée à la feuille supérieure l'autre axillaire souvent avortée. Sépales ovales, concaves. Pétales spatulés, atténués en un long onglet. Étamines à filets élargis supérieurement. Fruits oblongs-subglobuleux, noirs à la maturité. ♃. Mai-juin.

R. — Lieux frais des bois montueux, buissons ombragés. — Guiry, Banthelu et Halaincourt près Magny ! (*Bouteille*). Canneville près Chantilly ! Ermenonville ; forêt de Compiègne à St-Sauveur, St-Germer (*Graves*). Gournay (*Mandon*) — ? St-Michel près St-Leu, St-Germain (*Thuill. fl.*).

On cultive dans les jardins, pour la beauté de leurs fleurs ord. doubles, les *Pæonia officinalis* L. et *corallina* Retz (vulg. *Pivoines*) caractérisés par leurs sépales inégaux souvent foliacés, leurs pétales très grands ord. rouges, et leurs carpelles 2-3 polyspermes déhiscents tomenteux.

Le *Liriodendron tulipifera* L. (vulg. *Tulipier de Virginie*) arbre de la famille des *Magnoliacées* d'une taille ord. élevée, à feuilles subquadrilobées largement tronquées au sommet, à fleurs très grandes d'un jaune verdâtre, à pétales disposés sur deux rangs, est presque naturalisé dans le parc de Malesherbes ; on l'a planté çà et là dans quelques bois des environs de Paris et notamment dans la forêt de Meudon.

II. BERBÉRIDÉES.

(BERBERIDEÆ. Venten. tabl. III. 83.)

Fleurs hermaphrodites, régulières, à préfloraison imbriquée. — Calice à 4-6 sépales ord. disposés sur deux rangs, inégaux, libres, pétaloïdes, caducs, munis en dehors de 2 ou plusieurs bractées. — Corolle à 6-8 *pétales disposés sur deux rangs*, hypogynes, libres, caducs, ord. munis de 2 glandes à leur base, très rarement prolongés en éperon. — *Etamines* en nombre égal à celui des pétales, *opposées aux pétales* en raison de leur disposition sur deux rangs, hypogynes, libres. *Anthères* bilobées, *à lobes s'ouvrant chacun par une valvule* qui se détache de la base au sommet. — Ovaire libre, à un seul carpelle, à une seule loge bi-pluri-ovulée. Ovules ascendants, réfléchis. Stigmate subsessile, suborbiculaire. — Fruit : baie 1-polysperme, plus rarement fruit capsulaire déhiscent ou indéhiscent 1-polysperme. — Graines ascendantes. Embryon droit, placé dans un *périsperme charnu* ou corné. Radicule dirigée vers le hile.

Arbrisseaux ord. *épineux*, plus rarement plantes herbacées. Feuilles alternes ou fasciculées, simples ou composées, dentées-épineuses ou à folioles dentées-épineuses; stipules très petites, caduques. Fleurs disposées en grappes simples, plus rarement en panicules.

I. BERBERIS. (L. gen. n. 442.)

Calice à 6 sépales pétaloïdes, muni à sa base de 2-3 bractées squamiformes. Corolle à 6 pétales munis vers leur base de 2 glandes. Étamines 6, à filets aplanis, irritables. Baie oblongue, ord. à 2 graines.

Arbrisseau épineux. Feuilles simples, disposées en fascicules qui terminent des rameaux courts avortés nés à l'aisselle d'une feuille transformée en une épine palmée. Fleurs jaunes, en grappes pluriflores pendantes qui naissent du centre des fascicules de feuilles.

1 B. VULGARIS. (L. sp. 472.) — Engl. bot. t. 49. (vulg *Epine-Vinette.*)

Arbrisseau de 1-3 mètr. formant des buissons touffus, à écorce cendrée, à bois jaune. Feuilles oblongues-obovales, dentées à dents atténuées en cils épineux. Fleurs jaunes, odorantes. Baies d'un rouge vif, à suc acide, terminées par le stigmate marcescent. ♄. *Fl.* mai-juin. *Fr.* septembre-octobre.

C. — Haies, buissons.

III. CARYOPHYLLÉES.

(CARYOPHYLLEÆ. Juss. gen. 299.)

Fleurs hermaphrodites rarement unisexuelles par avortement, *régulières.* — *Calice à* 5 *plus rarement* 4 *sépales* libres ou soudés en tube inférieurement, ord. persistants, à préfloraison imbriquée. — Corolle à 5 plus rarement 4 pétales insérés sous l'ovaire ou sur un disque qui entoure la base de l'ovaire, libres, caducs ou marcescents, à préfloraison imbriquée ou imbriquée-contournée, très rarement nuls par avortement. — *Étamines* insérées avec les pétales, *en nombre égal à celui des pétales ou en nombre double*, libres entre elles, les intérieures plus courtes, à filets souvent soudés à la base avec les pétales. Anthères bilobées, introrses.— *Ovaire* libre, souvent exhaussé sur un prolongement de l'axe, *à 2-5 carpelles*, à une seule loge ord. multi-ovulée, rarement à 2-5 loges incomplètes. *Ovules* ascendants ou horizontaux, courbés très rarement pliés, *insérés sur un placenta central libre* au centre de l'ovaire *ou insérés à l'angle interne des loges.* Styles 2-5 filiformes, à face interne stigmatifère. — *Fruit* capsulaire, souvent exhaussé sur un prolongement de l'axe, polysperme très rarement oligosperme, *uniloculaire* rarement à 2-5 loges incomplètes, s'ouvrant par des valves ou des dents en nombre égal à celui des styles ou en nombre double, très rarement bacciforme-indéhiscent. Graines plus ou moins réniformes, ovoïdes ou lenticulaires, quelquefois peltées, à testa ord. chagriné ou tuberculeux. Périsperme farineux, ord. central. *Embryon annulaire ou semi-annulaire entourant le périsperme*, plus rarement plié ou droit enveloppé par le périsperme ou appliqué sur l'une de ses faces. Radicule ord. rapprochée du hile.

Plantes annuelles ou vivaces herbacées, rarement sous-frutescentes à la base Tiges ord. dichotomes, à articulations ord. renflées. *Feuilles opposées*, entières, souvent sessiles ou connées à la base, dépourvues de stipules, plus rarement munies de stipules scarieuses. Fleurs en cyme terminale dichotome quelquefois unilatérale par avortement (1), en glomerules, terminales solitaires ou en panicule.

TRIBU I. SILENEÆ. — *Calice à sépales soudés en tube au moins dans leur moitié inférieure*, libres supérieurement. Pétales roses, rarement blancs, à onglet ord. très allongé égalant le tube du calice.

TRIBU II. ALSINEÆ. — *Calice à sépales libres ou à peine soudés à la base.* Pétales blancs, rarement roses, à onglet court, très rarement nuls par avortement.

1	Calice à sépales soudés en tube au moins dans leur moitié inférieure. . . .	2.
	Calice à sépales libres ou à peine soudés à la base.	8.
2	Calice entouré d'un calicule à sa base.	DIANTHUS. (ii.)
	Calice dépourvu de calicule.	3.
3	Styles 2.	4.
	Styles 3-5.	5.
4	Pétales à onglet très court; calice campanulé.	GYPSOPHILA. (i.)
	Pétales longuement onguiculés; calice tubuleux. . . .	SAPONARIA. (iii.)
5	Styles 3.	6
	Styles 5.	7.
6	Fruit bacciforme-indéhiscent.	CUCUBALUS. (iv.)
	Capsule s'ouvrant au sommet par 6 valves.	SILENE. (v.)
7	Capsule s'ouvrant au sommet par 10 valves . . .	MELANDRIUM (vi.)
	Capsule s'ouvrant au sommet par 5 valves	LYCHNIS. (vii.)
8	Capsule à valves en nombre double des styles.	9.
	Valves de la capsule et styles en nombre égal.	12.
9	Capsule s'ouvrant par 10 plus rarement 8 dents égales ou alternativement moins profondes.	CERASTIUM. (xvi.)
	Capsule s'ouvrant par 4-6 valves égales.	10.
10	Pétales bifides ou bipartits	STELLARIA. (xv.)
	Pétales entiers ou irrégulièrement denticulés.	11.
11	Pétales irrégulièrement denticulés; embryon plié. . .	HOLOSTEUM. (xiii.)
	Pétales entiers; embryon annulaire périphérique. . . .	ARENARIA. (xiv.)
12	Feuilles dépourvues de stipules	13.
	Feuilles munies de stipules scarieuses	14.

(1) Les branches de la dichotomie peuvent avorter alternativement à droite et à gauche, et alors l'ensemble des axes reste droit et présente l'aspect d'une grappe dressée; elles peuvent avorter au contraire toutes du même côté, et alors l'ensemble des axes présente une courbure unilatérale et offre beaucoup d'analogie avec la grappe scorpioïde.

13 { Styles 4-5; capsule s'ouvrant en 4-5 valves. . . . . SAGINA. (xi.)
{ Styles 3; capsule s'ouvrant en 3 valves. . . . . ALSINE. (xii.)

14 { Embryon à peine arqué, appliqué sur la face dorsale du périsperme; feuilles obovales-oblongues. . . . . POLYCARPON. (viii.)
{ Embryon annulaire-périphérique, feuilles linéaires ou subulées. . . . . 15.

15 { Styles 5; feuilles d'apparence verticillées. . . . . . . SPERGULA. (x.)
{ Styles 3; feuilles jamais d'apparence verticillées. . . . LEPIGONUM. (ix.)

TRIBU I. SILENEÆ. — Calice à sépales soudés en tube au moins dans leur moitié inférieure, libres supérieurement. Pétales roses, rarement blancs, à onglet ord. très allongé égalant le tube du calice.

I. GYPSOPHILA. (L. gen. n. 768.)

Calice campanulé, à 5 dents, dépourvu de calicule. Corolle à 5 *pétales* cunéiformes, *à onglet très court*. Étamines 10. Styles 2. Capsule s'ouvrant au sommet par 4 valves.

Plante annuelle, presque glabre. Feuilles linéaires Fleurs en cyme feuillée, celles du sommet latérales.

1. G. MURALIS. (L sp. 583.) — Fl. Dan. t. 1268.

Tige de 5-15 centimètr., très rameuse, légèrement scabre à la base, à *rameaux* étalés *presque filiformes*. *Fleurs roses-striées*, portées sur de longs pédoncules capillaires. ①. Juillet-septembre.

A. C. — Champs arides mouillés l'hiver, bords des étangs sablonneux, mares desséchées. — Trou-Salé près Versailles ! Marcoussis ! St-Hubert ! Fontainebleau !, etc.

Le *Tunica Saxifraga* Scop. (Gypsophila Saxifraga L.), espèce méridionale cultivée en bordure dans quelques jardins, a été indiqué par Thuillier aux environs de Fontainebleau. Cette plante se distingue des *Gypsophila* par son calice muni d'un calicule, et des *Dianthus* par ses pétales brièvement onguiculés.

II. DIANTHUS. (L. gen. n. 770.)

Calice tubuleux-cylindrique, à 5 dents, *entouré à sa base d'un calicule* composé de 2-6 bractées scarieuses imbriquées. Corolle à 5 pétales longuement onguiculés. Étamines 10. Styles 2. Capsule s'ouvrant au sommet par 4 valves. *Graine comprimée-lenticulaire peltée; embryon droit, appliqué sur la face dorsale du périsperme.*

Plantes vivaces herbacées, rarement annuelles. Tiges renflées aux articulations, glabres ou pubescentes. Feuilles caulinaires linéaires, connées à la base Fleurs terminales en cymes ord. pauciflores, rapprochées en glomérules, q.q.fois solitaires.

1 { Fleurs solitaires ou en cymes pauciflores, munies de bractées squamiformes n'atteignant pas le quart de la longueur du tube du calice. . . . . . 2.
{ Fleurs rapprochées en glomérules rarement solitaires par avortement, munies de bractées atteignant au moins la moitié de la longueur du calice. . 4.

2 { Pétales profondément divisés en lanières multifides. . . *D. superbus.*
{ Pétales dentés ou brièvement incisés . . . . 3.

3 { Tiges scabres-pubérulentes; feuilles des fascicules stériles linéaires-elliptiques, longues de 1-2 centimètr . . . . *D. deltoides.*
{ Tiges glabres glauques; feuilles des fascicules stériles linéaires, longues de 6-12 centimètr.. . . . . *D. Caryophyllus.*

4 { Involucre à bractées linéaires, très aigues, herbacées, velues. . . . . *D. Armeria.*
{ Involucre à bractées ovales ou oblongues, obtuses ou longuement aristées, plus ou moins scarieuses, glabres . . . . 5.

5 { Involucre et calicule à écailles la plupart mutiques, dépassant le calice. . . . . D. prolifer.
Involucre et calicule à écailles la plupart longuement aristées, plus courtes que le calice . . . . D. Carthusianorum.

SECT. I. — Fleurs réunies en glomérules, rarement solitaires par avortement, munies en dehors des calicules d'un involucre à 2 ou plusieurs bractées qui atteignent au moins la moitié de la longueur du calice.

1. D. PROLIFER. (L. sp. 587.) — Engl. bot. t. 956.

Plante ord. annuelle. Tiges de 1-4 décimètr., dressées ou ascendantes, q.q. fois étalées, glabres. Feuilles linéaires étroites. Fleurs très petites, d'un rose pâle passant au lilas, en glomérules denses terminaux 2-10-flores. *Involucre à bractées* nombreuses très inégales, *scarieuses*, les extérieures très courtes ovales aiguës ou mucronées, *les intérieures larges oblongues obtuses, dépassant les calices.* Calicule à écailles membraneuses dépassant le calice très mince qu'elles enveloppent. ① ou ②. Juin-août.

C.C. — Lieux arides, bords des chemins des terrains sablonneux, vieux murs.

s.v. — *subuniflorus.* — Tige simple ne portant qu'un glomérule à 1-2 fleurs.

2. D. ARMERIA. (L. sp. 586.) — Fl. Dan. t. 230. (vulg. *OEillet velu.*)

Plante bisannuelle. Tiges de 3-5 décimètr., dressées, pubescentes. Feuilles lancéolées-linéaires; les inférieures subobtuses. Fleurs purpurines, en fascicules terminaux et axillaires 3-8-flores. *Involucre à 2 bractées linéaires très aigues, herbacées, très velues, égalant ou dépassant les calices.* Calicule à écailles subherbacées, de même forme que les bractées de l'involucre, atteignant environ la longueur du calice. ②. Mai-août.

C. — Bois, pâturages secs, pelouses arides.

Le *D. barbatus* L., fréquemment cultivé dans les jardins sous le nom d'*OEillet-de-poète*, se distingue du *D. Armeria* à sa souche vivace, à ses tiges glabres, à ses feuilles lancéolées-acuminées et à ses bractées subulées glabres ou légèrement scabres les extérieures courbées en dehors.

3. D. CARTHUSIANORUM. (L. sp. 586.) — Rchb. ic. crit. cent. VI. f. 732. (vulg. *OEillet des Chartreux.*)

Souche presque ligneuse, rameuse. Tiges de 2-5 décimètr., dressées ou ascendantes, glabres, lisses ou rudes à la base. Feuilles linéaires aiguës, longuement connées, les inférieures plus longues que les entrenœuds. Fleurs purpurines, rarement solitaires par avortement, en fascicules ord. 2-8-flores. *Involucre à 2 bractées oblongues longuement aristées presque scarieuses, ne dépassant pas la moitié de la longueur du calice.* Calicule à écailles nombreuses, brunâtres ou rougeâtres, oblongues-obovales tronquées brusquement aristées, atteignant toutes à peu près la moitié de la longueur du calice. ♃. Juin-août.

C. — Pelouses sèches, bois sablonneux, endroits montueux, etc.

s.v. — *uniflorus.* — Tiges simples ne portant qu'une ou deux fleurs.

SECT. II. — Fleurs en cymes pauciflores, ou solitaires terminales, munies en dehors du calicule de bractées squamiformes très courtes.

4. D. DELTOIDES. (L. sp. 588.) — Engl. bot. t. 61. — Rchb. ic. crit. cent. VI. f. 713.

Souche rameuse, cespiteuse. *Tiges* de 2-4 décimètr., couchées à la base, *scabres-pubérulentes.* Feuilles pubescentes-scabres; les caulinaires lancéolées-linéaires, celles des fascicules stériles linéaires-elliptiques courtes. Calicule à

écailles ovales-lancéolées acuminées, atteignant au moins le tiers de la longueur du tube du calice. Fleurs purpurines ponctuées de blanc ou de pourpre. *Pétales dentés.* ♃. Juin-août.

R. — Pelouses sèches arides, clairières des bois sablonneux. — Senart. Marcoussis (*Schœnefeld*). Rambouillet! Poigny! Aulmont près Senlis (*Gay*). Thury-en-Valois; Autheuil-en-Valois (*Questier*). Compiègne. Fontainebleau (*Garnier*).

5. D. CARYOPHYLLUS. (L. sp. 587.) — Engl. bot. t. 214. (vulg. *Œillet des jardins.*)

Souche cespiteuse, subligneuse. *Tiges* de 2-3 décimètr., dressées ou ascendantes, *glabres-glauques.* Feuilles linéaires, glabres-glauques; celles des fascicules stériles linéaires-très-allongées. Calicule à écailles suborbiculaires mucronées n'atteignant pas le tiers de la longueur du tube du calice. Fleurs roses, rouges ou blanches, à odeur suave. *Pétales dentés ou brièvement incisés.* ♃. Juillet-août.

R.R. — Murailles des vieux châteaux. — Château de la Ferté-Milon (*Questier*). Tour de César à Provins (*Bouteiller*). Château de la Roche-Guyon (*de Boucheman*). Murs du Château-Gaillard aux Andelys! — Cette espèce, si fréquemment cultivée, a donné naissance à de nombreuses variétés à fleurs simples ou doubles souvent panachées.

Le *D. Sinensis* L. (vulg. *Œillet-de-Chine*) cultivé dans les parterres, se reconnaît à sa racine bisannuelle, à ses bractées ciliées-scabres lancéolées-linéaires inégales atteignant q.q.fois la longueur du tube du calice.

6. D. SUPERBUS. (L. sp. 589.) — Fl. Dan. t. 578.

Souche plus ou moins rameuse. Tiges de 3-5 décimètr., dressées, glabres. Feuilles glabres, linéaires-lancéolées; celles des fascicules stériles linéaires ou linéaires-elliptiques. Calicule à écailles mucronées n'atteignant pas le tiers de la longueur du tube du calice. Fleurs d'un rose lilas, odorantes. *Pétales divisés au-delà de la partie moyenne du limbe en lanières multifides*, hérissés de poils pourpres au-dessus de l'onglet. ♃. Juin-août.

R.R. — Prairies, clairières humides des bois. — Bois d'Aulmont près Senlis (*Graves*). Forêt de Pontarme (*Morelle*). St-Sauveur entre Braye et Donnemarie (*Schœnefeld*). — Quelquefois cultivé à fleurs doubles dans les parterres.

On cultive souvent en bordures le *D. plumarius* L. (vulg. *Mignardise*). Cette espèce se reconnaît aux caractères suivants: plante gazonnante; feuilles canaliculées, très glauques; calicule à écailles suborbiculaires, à peine mucronées, n'atteignant pas le tiers de la longueur du tube du calice; pétales divisés jusqu'au tiers de la profondeur du limbe en lanières incisées, hérissés au-dessus de l'onglet, ponctués de blanc et de pourpre.

III. SAPONARIA. (L. gen. n. 769.)

Calice tubuleux, cylindrique ou anguleux, à 4-5 dents, *dépourvu de calicule.* Corolle à 5 *pétales longuement onguiculés*, munis ou non d'écailles au-dessus de l'onglet. Étamines 10. *Styles* 2. Capsule s'ouvrant au sommet par 4 valves.

Plantes vivaces ou annuelles, à tige glabre. Feuilles elliptiques ou lancéolées. Fleurs en cyme lâche ou en fascicules disposés en panicule.

{ Calice cylindrique; souche très rameuse, traçante. . . . . *S. officinalis.*
{ Calice à 5 angles presque ailés, racine simple, pivotante. . *S. Vaccaria.*

1. S. VACCARIA. (L. sp. 585.) — Gypsophila Vaccaria. Sm. fl. Græc. t. 380.

Plante annuelle. Tige de 2-6 décimètr., dressée, rameuse-dichotome au sommet, très glabre. Feuilles sessiles, ovales-lancéolées, légèrement connées à la base. Fleurs roses, en cyme lâche. Pétales dépourvus d'écailles, dépassant peu le calice. *Calice* membraneux, ventru, *à 5 angles ailés* verdâtres, à 5 dents égales. Capsule s'ouvrant dans sa moitié supérieure en 4 valves dressées. ①. Juin-juillet.

A.R. — Champs calcaires, moissons maigres. — Plaine de Grenelle (*Mandon*). Meudon (*Brice*). Bondy! Senart! Montgeron (*Maire*). Nemours! Mantes! Dreux (*Daenen*). Thury-en-Valois; Beauvais (*Questier*).

2. S. OFFICINALIS. (L. sp. 584.) Fl. Dan. t. 543. — Engl. bot. t. 1060 (vulg. *Saponaire*).

Souche rameuse, traçante. Tiges de 3-6 décimètr., dressées, ord. rameuses, glabrescentes. Feuilles subpétiolées, ovales ou oblongues-lancéolées. Fleurs roses ou d'un lilas pâle, en fascicules disposés en panicule compacte. Pétales munis à la gorge d'écailles linéaires-subulées, dépassant longuement le calice. *Calice* herbacé, *cylindrique*, ord. à 4 dents, presque bilabié. Capsule s'ouvrant au sommet en 4 dents courtes réfléchies en dehors. ♃. Juillet-septembre.

C. — Berges des rivières, bords des chemins. — Fréquemment cultivé à fleurs simples ou doubles.

IV. CUCUBALUS. (Gaertn. fruct. I. 376.)

Calice campanulé, à 5 lobes profonds, dépourvu de calicule. Corolle à 5 pétales longuement onguiculés, munis d'écailles au-dessus de l'onglet. Étamines 10. Styles 3. *Fruit bacciforme indéhiscent.*

Plante vivace, pubescente, à *tige presque grimpante*. Feuilles pétiolées, ovales-acuminées. Fleurs solitaires ou geminées, disposées en panicule lâche feuillée.

1. C. BACCIFER. (L. sp. 591.) — Mill. ic. t. 112.

Tiges de 6-12 décimètr., faibles, fragiles, pubescentes-velues, à rameaux divariqués, se soutenant sur les plantes voisines. Fleurs d'un blanc verdâtre, très ouvertes. Pétales profondément bifides. Baies noires luisantes. ♃. Juin-août.

A.R. — Haies, buissons, lieux ombragés humides. — Charenton! Vincennes! St-Maur! Mennecy! Melun! Champagne! Malesherbes! Pithiviers!

V. SILENE. (L. gen. n. 772.)

Calice tubuleux étroit ou plus ou moins renflé, à 5 dents, dépourvu de calicule. Corolle à 5 pétales longuement onguiculés, munis ou non d'écailles au-dessus de l'onglet. Étamines 10. *Styles* 3. *Capsule* triloculaire dans sa partie inférieure, *s'ouvrant* au sommet *par 6 valves.*

Plantes annuelles ou vivaces; à tiges glabres, pubescentes ou velues souvent visqueuses. Feuilles ovales, oblongues, lancéolées ou linéaires. Fleurs hermaphrodites, plus rarement polygames ou dioïques, en cyme ou en panicule, plus rarement en fausses grappes ou solitaires terminales.

1	Calice glabre ou presque glabre; pétales dépourvus d'écailles au-dessus de l'onglet; fleurs ord. polygames ou dioïques.	2.
	Calice velu ou pubescent; pétales munis d'écailles au-dessus de l'onglet; fleurs ord. hermaphrodites	3.
2	Pétales entiers; calice étroitement appliqué sur la capsule. . .	*S. Otites.*
	Pétales bipartits; calice renflé-vésiculeux	*S. inflata.*
3	Fleurs disposées en grappes simples ord. unilatérales; pétales entiers ou denticulés.	*S. Gallica.*
	Fleurs disposées en panicule ou en cyme dichotome, plus rarement terminales subsolitaires; pétales échancrés ou bifides	4.
4	Calice à dents triangulaires courtes; plante vivace à souche rameuse	*S. nutans.*
	Calice à dents longues subulées; plante annuelle à racine pivotante. . . .	5.

5 { Calice conique, ombiliqué à la base, à 30 stries. . . . . . *S. conica.*
{ Calice oblong-subclaviforme, à 10 côtes . . . . *S. noctiflora.*

1. S. GALLICA. (L. sp. 595.) — Vaill. bot. Par. t. 16. f. 12.

Plante annuelle. Tige de 2-4 décimètr., dressée ou étalée-ascendante, simple ou rameuse, pubescente visqueuse. Feuilles inférieures obovales-spatulées ; les supérieures oblongues ou linéaires. *Fleurs* d'un blanc jaunâtre très rarement rosées, *en fausses grappes terminales* souvent unilatérales. Calice presque laineux, ovoïde, à dents lancéolées-aiguës, non déchiré à la maturité de la capsule. *Pétales entiers ou denticulés*, munis d'écailles au-dessus de l'onglet. Capsule ovoïde, à peine stipitée. ①. Juin-juillet.

A.R. — Champs sablonneux, moissons maigres. — Sceaux! Meudon! Les Loges près Versailles (Mlle *E*** C****). Senart! (*Maire*). St-Léger! St-Hubert! Dreux. Aulmont près Senlis! Crillon (Oise)., etc.

2. S. NUTANS. (L. sp. 596.) — Engl. bot. t. 465.

Souche presque ligneuse, rameuse, cespiteuse. Tiges de 3-5 décimètr., dressées ou ascendantes, presque simples, pubescentes visqueuses supérieurement. Feuilles radicales spatulées ou oblongues-aiguës atténuées en pétiole ; les caulinaires lancéolées ou linéaires. *Fleurs* d'un blanc sale ou rosées un peu striées, ord. penchées, *en panicule* lâche. *Calice* pubescent, tubuleux, à dents triangulaires courtes ; le *fructifère tubuleux-subclaviforme*, fendu presque jusqu'à la base. *Pétales profondément bifides*, munis d'écailles au-dessus de l'onglet. Capsule ovoïde, stipitée à pied égalant environ le tiers de sa longueur. ♃. Mai-juillet.

C. — Bois sablonneux, endroits pierreux, coteaux arides.

Le *S. catholica* Otth., naturalisé au bois de Vincennes, se reconnaît à son calice à tube non déchiré ne dépassant pas le pied de la capsule, à sa tige visqueuse supérieurement, à ses feuilles caulinaires ovales-lancéolées, etc.

3. S. OTITES. (Sm. fl. Brit. 469.) — Cucubalus Otites. L. sp. 594. — Engl. bot. t. 85.

Souche cespiteuse, à racine pivotante. Tiges de 2-5 décimètr., dressées, pubescentes un peu visqueuses. Feuilles inférieures spatulées ; les caulinaires presque linéaires. *Fleurs* dioïques plus rarement polygames, petites, très nombreuses, d'un blanc verdâtre, *disposées en* une *panicule* étroite racémiforme. Calice glabrescent, à dents triangulaires très courtes, tubuleux-campanulé ; le fructifère profondément fendu. *Pétales linéaires, entiers, dépourvus d'écailles.* Capsule ovoïde, sessile. ♃. Juin-août.

A.C. — Lieux sablonneux arides, coteaux pierreux. — Mont-Valérien! St-Maur! La Ferté-Aleps! Étampes! Fontainebleau! Morfontaine!, etc.

4. S. INFLATA. (Sm. fl. Brit. II. 467.) — Cucubalus Behen. L. sp. 591. — Engl. bot. t. 164. (vulg. *Behen blanc.*)

Souche subcespiteuse, à racine pivotante. Tiges de 3-5 décimètr., ascendantes souvent couchées à la base, rameuses, très glabres glauques ou légèrement pubescentes dans leur partie inférieure. Feuilles glabres ou denticulées-ciliées, oblongues ou ovales-lancéolées. Fleurs hermaphrodites, polygames ou dioïques, blanches, en cyme pluriflore terminale, plus rarement subsolitaires. *Calice glabre*, ovoïde *renflé-vésiculeux, veiné*, à dents triangulaires larges, non déchiré à la maturité de la capsule. *Pétales bipartits, dépourvus d'écailles* ou présentant deux petits tubercules au-dessus de l'onglet. Capsule globuleuse, stipitée à pied épais subglobuleux égalant environ la moitié de sa longueur. ♃. Juin-septembre.

C.C. — Bords des chemins, pâturages secs, lieux incultes, moissons.

s.v. — *subuniflora.* — Tiges très pauciflores ou uniflores.

5. S. CONICA. (L. sp. 598.) — Engl. Bot. t. 922.

Plante annuelle. Tiges solitaires ou nombreuses, de 1-4 décimètr., ascendantes ou dressées, simples ou rameuses, pubescentes cendrées. Feuilles linéaires-lancéolées. Fleurs roses, en cyme dichotome ou unilatérale, plus rarement subsolitaires terminales. *Calice* pubescent, *conique*, *ombiliqué à la base*, *à* 30 *stries*, *à dents longues subulées*, le fructifère non déchiré. *Pétales* à limbe très petit, *échancrés*, munis d'écailles au-dessus de l'onglet. Capsule ovoïde-conique, sessile. ①. Juin-juillet.

C. — Champs sablonneux, moissons maigres, bords des chemins.

s.v. — *subuniflora.* — Tiges très pauciflores ou uniflores.

6. S. NOCTIFLORA. (L. sp. 599.) — Engl. bot. t. 291.

Plante annuelle. Tige de 1-4 décimètr., dressée, simple ou rameuse-dichotome, très velue-visqueuse supérieurement. Feuilles inférieures oblongues-obovales; les supérieures lancéolées. *Fleurs* d'un rose pâle en dedans jaunâtres en dehors, *en cyme pauciflore ou solitaires terminales. Calice* velu-visqueux, *oblong-subclaviforme*, à 10 côtes, *à dents très longues subulées;* le fructifère non déchiré. *Pétales* à limbe assez petit, *profondément bifides*, munis d'écailles au-dessus de l'onglet. Capsule ovoïde-conique, stipitée à pied épais. ①. Juillet-octobre.

R.R.R. — Champs des terrains argileux ou calcaires. — Abondant dans quelques champs entre Versailles et Villepreux, surtout après la moisson (*de Boucheman*).

Le *S. Armeria* L., espèce méridionale fréquemment cultivée dans les parterres, se rencontre quelquefois dans le voisinage des habitations; cette plante se distingue aux caractères suivants : tige grêle, rameuse-dichotome, très glabre, visqueuse au-dessous des nœuds supérieurs; calice tubuleux-claviforme, à dents triangulaires courtes; pétales roses, à peine émarginés, munis d'écailles au-dessus de l'onglet. — On cultive plus rarement le *S. bipartita* Desf.

VI. MELANDRIUM. (Roehling, Deutschl. fl. ed. 1. 254.)

Calice tubuleux plus ou moins renflé, à 5 dents, dépourvu de calicule. Corolle à 5 pétales longuement onguiculés, munis d'écailles au-dessus de l'onglet. Étamines 10. *Styles* 5. *Capsule* uniloculaire, *s'ouvrant au sommet par* 10 *valves*.

Plantes vivaces, à tiges velues un peu glanduleuses supérieurement. Feuilles ovales, oblongues ou lancéolées. Fleurs dioïques, disposées en cyme dichotome souvent irrégulière.

{ Fleurs blanches, capsule à dents dressées . . . . *M. dioicum.*
{ Fleurs roses ou purpurines; dents de la capsule desséchée roulées en dehors. . . . . *M. sylvestre.*

1. M. DIOICUM. — M. pratense. Roehling. *loc. cit.* — Lychnis dioica. L. sp. 626 — Engl. bot. t. 1580. — L. vespertina. Sibthorp, fl. Oxon. 146. (vulg. *Compagnon blanc.*)

Souche subcespiteuse, à racine pivotante. Tiges de 3-8 décimètr., ascendantes, rameuses supérieurement, velues, un peu glanduleuses au sommet. Feuilles pubescentes; les radicales et les inférieures atténuées en pétiole; les supérieures lancéolées. *Fleurs blanches*, un peu penchées, en cyme lâche pluriflore ou pauciflore. Calice verdâtre, à peine renflé dans les fleurs mâles, devenant ovoïde dans les fleurs femelles. Pétales bifides. *Capsule* ovoïde, sessile, *à dents dressées.* ♃. Mai-octobre.

C.C.C. — Lieux cultivés, bords des chemins, champs en friche, etc.

2. M. SYLVESTRE. (Roehling, *loc. cit.*) — Lychnis sylvestris Hoppe, cent. III. 33. — Engl. bot. t. 1579. — L. diurna Sibthorp, fl. Oxon. 145. (vulg. *Compagnon rouge.*)

Souche subcespiteuse, à racine pivotante. Tiges de 3-8 décimètr., ascendantes, rameuses supérieurement, velues, un peu glanduleuses au sommet. Feuilles pubescentes; les radicales et les inférieures atténuées en pétiole; les supérieures ovales-oblongues acuminées. *Fleurs roses ou purpurines*, un peu penchées, en cyme ord. pluriflore ou multiflore. Calice ord. rougeâtre, à peine renflé dans les fleurs mâles, devenant ovoïde dans les fleurs femelles. Pétales bifides. *Capsule* ovoïde, sessile, *à dents roulées en dehors* sur la capsule desséchée. ♃. Juin-août.

R. — Buissons ombragés, bois humides. — Luzarches (Mᵉ *Lina M****) Serans près Magny! (*Bouteille*). Chaumont! Très abondant à Beaussere près Gisors! (*Friom*). Forêt de Laneuville-en-Hez! Abondant aux environs de Beauvais! (*Mandon*). Compiègne (*Lere*). Villers-Cotterets (*Maire*). Dreux (*Daenen*). — On cultive fréquemment une variété de cette plante à fleurs doubles souvent prolifères par le développement de l'axe.

VII. LYCHNIS. (Tournef. inst. t. 175.)

Calice tubuleux, cylindrique ou plus ou moins renflé, à 5 dents ou à 5 divisions, dépourvu de calicule. Corolle à 5 pétales longuement onguiculés, munis ou non d'écailles au-dessus de l'onglet. Étamines 10. *Styles* 5. *Capsule* uniloculaire, rarement 5-loculaire à la base, *s'ouvrant au sommet par* 5 *valves* entières très rarement bifides.

Plantes annuelles ou vivaces; à tiges glabres, pubescentes ou velues quelquefois visqueuses. Feuilles oblongues, lancéolées ou linéaires. Fleurs hermaphrodites, disposées en cymes, en panicules ou terminales subsolitaires.

1 { Calice à divisions linéaires dépassant les pétales; pétales dépourvus d'écailles au-dessus de l'onglet. . . . . *L. Githago.*
Calice à divisions triangulaires longuement dépassées par les pétales; pétales munis d'écailles au-dessus de l'onglet. . . . . 2.

2 { Pétales profondément divisés en 4 lanières linéaires; capsule sessile. . . . . *L. Flos-Cuculli.*
Pétales presque entiers; capsule longuement stipitée . . . *L. Viscaria.*

1. L. FLOS-CUCULLI. (L. sp. 625.) — Engl. bot. t. 573.

Souche cespiteuse. Tiges de 3-7 décimètr., ascendantes plus rarement dressées, rameuses au sommet, rudes pubescentes à poils réfléchis. Feuilles glabres, ciliées-aranéeuses à la base; les inférieures oblongues longuement atténuées en pétiole; les supérieures oblongues-lancéolées ou linéaires. Fleurs roses-purpurines, disposées en cymes terminales ou en panicule lâche. Calice ord. coloré, glabre, à dents triangulaires aiguës; le fructifère subglobuleux-campanulé. *Pétales profondément divisés en* 4 *lanières* inégales, munis d'écailles au-dessus de l'onglet. Capsule ovoïde, sessile, uniloculaire. ♃. Mai-juillet.

C. — Prés humides, lieux marécageux. — On cultive assez fréquemment dans les jardins une variété à fleurs doubles de cette espèce.

2. L. VISCARIA. (L. sp. 625.) — Engl. bot. t. 788

Souche cespiteuse, rameuse, presque ligneuse. *Tiges* de 4-7 décimètr., dressées, simples donnant naissance supérieurement aux rameaux de l'inflorescence, glabres, *visqueuses au-dessous des articulations*. Feuilles glabres, ciliées-aranéeuses à la base, linéaires-lancéolées; les inférieures longuement atténuées en pétiole. Fleurs purpurines, en fascicules disposés en une panicule étroite. Calice ord. coloré, glabre, à dents courtes triangulaires aiguës, le fructifère tubuleux-subclaviforme. *Pétales à limbe entier* ou à peine émarginé, *munis d'écailles au-dessus de l'onglet. Capsule* ovoïde, 5-loculaire à la base, *stipitée* à pied égalant environ la moitié de sa longueur. ♃. Mai-juin.

R. — Bois sablonneux, pelouses montueuses. — Itteville (*Tollard*) Lardy (*de Boucheman*). La Ferté-Aleps (*Maire*). Fontainebleau! Chailly! Samois (*Garnier*). Champagne! Compiègne (*Leré*). — On cultive quelquefois une variété à fleurs doubles de cette plante.

Le *L. Chalcedonica* L. (vulg. *Croix-de-Jérusalem*) est fréquemment cultivé dans les parterres, on le reconnaît à ses fleurs fasciculées, à son calice tubuleux-subclaviforme, à ses pétales écarlates bilobés, à sa capsule longuement stipitée et à ses feuilles lancéolées cordées-amplexicaules. — On cultive également le *L. coronaria* Lam. (vulg. *Coquelourde*) qui s'échappe quelquefois des jardins; cette plante se distingue à ses tiges et ses feuilles tomenteuses-soyeuses blanchâtres, à ses pédoncules très allongés uniflores, à son calice ovoïde à côtes saillantes, à ses pétales échancrés roses-purpurins ou blancs et à sa capsule sessile.

3. L. GITHAGO. (Lam. encycl. III. 643.) — Agrostema Githago. L. sp. 624. — Engl. bot. t. 741. — Fuchs. hist. 127 ic. (vulg. *Nielle.*)

Plante annuelle. Tige de 3-9 décimètr., dressée, irrégulièrement rameuse-dichotome supérieurement, couverte de longs poils soyeux. Feuilles velues-soyeuses, linéaires très longues. Fleurs grandes, d'un rouge violet, veinées, portées à l'extrémité de pédoncules très longs, quelquefois solitaires au sommet de la tige. *Calice* couvert de poils soyeux, *à divisions linéaires* aiguës *dépassant les pétales*, le fructifère ovoïde-campanulé, à côtes très saillantes. *Pétales* à limbe tronqué ou légèrement émarginé, *dépourvus d'écailles*. Capsule ovoïde, sessile, uniloculaire. ①. Juin-août.

C.C. — Moissons.

TRIBU II. ALSINEÆ. — Calice à sépales libres ou à peine soudés à la base. Pétales blancs, rarement roses, à onglet court, très rarement nuls par avortement.

† VIII. POLYCARPON. (L. gen. n. 105.)

Calice à 5 sépales légèrement soudés à la base. Corolle à 5 pétales entiers ou émarginés, beaucoup plus courts que le calice. *Étamines* 5, *ou moins par avortement.* Styles 3, très courts. Capsule s'ouvrant jusqu'à la base en 3 valves. *Embryon à peine arqué, appliqué sur la face dorsale du périsperme.*

Plante annuelle. *Feuilles obovales-oblongues*, les inférieures au moins *verticillées par 4*, *munies de stipules scarieuses.* Fleurs petites, disposées en cymes dichotomes et rapprochées en glomérules à l'extrémité des rameaux.

† 1. P. TETRAPHYLLUM. (L. sp. 131.) — Engl. bot. t. 1031.

Tiges de 5-15 centimètr., grêles, rameuses-dichotomes, souvent disposées en touffe. Feuilles glabres, obovales-oblongues, les inférieures verticillées par 4; les supérieures opposées. Fleurs disposées en cymes dichotomes. Ramifications des dichotomies munies à la base de bractées scarieuses (stipules). Calice à sépales mucronés, scarieux aux bords. Pétales émarginés. Étamines 3. ①. Juillet-septembre.

Naturalisé dans les vieux murs et dans les joints des pierres de taille au parc de St-Cloud et à Malesherbes

IX. LEPIGONUM. (Wahlb. fl. Goth. 45.)

Calice à 5 sépales. Corolle à 5 pétales entiers. Étamines 10, ou moins par avortement. *Styles* 3. *Capsule s'ouvrant* jusqu'à la base *en 3 valves.*

Plantes annuelles. *Feuilles* linéaires ou subulées, *munies de stipules scarieuses*, présentant souvent à leur aisselle des fascicules de feuilles. Fleurs blanches ou purpurines, en cymes plus ou moins irrégulières ord. réduites à des grappes unilatérales.

Fleurs roses-purpurines; sépales herbacés scarieux seulement à la marge. . . . . *L. rubrum.*
Fleurs à pétales blancs plus courts que le calice, sépales scarieux à nervure dorsale verte. . . . . *L. segetale.*

1. L. SEGETALE. (Koch, Deutschl. fl. supp.) — Alsine segetalis. L. sp. 390. — Vaill. bot Par. t. 3. f. 3. — Arenaria segetalis. Lam. fl. Fr. III. 43.

Tiges solitaires ou peu nombreuses, de 5-20 centimètr., dressées, très grêles presque filiformes, très rameuses supérieurement, glabres. Feuilles subulées mucronées, ne présentant pas de fascicules de feuilles à leur aisselle. Stipules laciniées, soudées à la base deux à deux entre les feuilles. *Fleurs à pétales blancs* plus courts de moitié que le calice, portées sur des pédicelles filiformes très longs étalés ou réfractés après la floraison, disposées *en grappes* unilatérales *non feuillées. Sépales scarieux à nervure dorsale verte.* Graines non ailées. (1). Juin-juillet.

R. — Moissons des terrains sablonneux. — Montmorency! Pontchartrain (*de Boucheman*). Très abondant à St-Léger! Villededon près Corbeil (*Lamotte*). Lardy (*Vigineux*). La Ferté-Aleps! (*Pervillé*) Malesherbes!

2. L. RUBRUM. (Wahlb. fl. Goth. 43.) — Alsine rubra. Wahlb. Ups. 151. — Arenaria rubra L. sp. 606. — Engl. bot. t. 852.

Tiges ord. nombreuses, de 5-20 centimètr., étalées-diffuses redressées au sommet, rameuses, presque glabres inférieurement, pubescentes-glanduleuses dans leur partie supérieure. Feuilles un peu épaisses, linéaires-subulées mucronées, présentant ord. des fascicules de feuilles à leur aisselle. Stipules ord. entières, soudées deux à deux entre les feuilles. *Fleurs à pétales roses-purpurins* égalant environ le calice, portées sur des pédicelles courts, *disposées en grappes* unilatérales *feuillées. Sépales herbacés* pubescents-glanduleux, *scarieux seulement à la marge.* Graines non ailées. (1). Mai-août.

C.C. — Bords des chemins, rues peu fréquentées, décombres, lieux sablonneux.

X. SPERGULA. (L. gen. n. 586, *part.*)

Calice à 5 sépales. Corolle à 5 pétales entiers. Étamines 5-10. *Styles* 5. *Capsule s'ouvrant* presque jusqu'à la base *en 5 valves.*

Plantes annuelles. *Feuilles* linéaires-subulées, disposées en fascicules opposés *d'apparence verticillées*(1), *stipules scarieuses.* Fleurs blanches, en cymes irrégulières ord. réduites à des grappes unilatérales subscorpioïdes.

Feuilles présentant un sillon longitudinal à la face inférieure; graines entourées d'un rebord très étroit. . . . . *S. arvensis.*
Feuilles dépourvues de sillon à la face inférieure, graines entourées d'une aile scarieuse très large. . . . . *S. pentandra.*

1. S. ARVENSIS (L. sp. 630.) — Engl. bot. t. 1535.

Tiges solitaires ou peu nombreuses, de 1-4 décimètr., dressées ou ascendantes, glabres ou pubescentes à poils courts la plupart glanduleux. *Feuilles présentant un sillon* longitudinal *à la face inférieure*, stipules entières,

---

(1) Cette apparence est due au raccourcissement extrême des rameaux qui partent de l'aisselle des feuilles opposées qui sont munies de stipules très apparentes.

soudées deux à deux en une seule entre les feuilles. Pédicelles étalés ou réfractés après la floraison. Sépales herbacés, étroitement scarieux aux bords. Pétales plus courts que le calice. Étamines 5-10. *Graines* subglobuleuses-comprimées, chargées de papilles jaunâtres, *entourées d'un rebord* membraneux *très étroit.* ①. Mai-août.

C.C. — Champs sablonneux.

2. S. PENTANDRA. (L. sp. 630.) — Lam. ill. t. 392. f. 2.

Tiges solitaires ou peu nombreuses, de 1-2 décimètr., dressees ou ascendantes, glabres ou presque glabres. *Feuilles dépourvues de sillon à la face inférieure;* stipules entières, soudées deux à deux en une seule entre les feuilles. Pédicelles étalés ou réfractés après la floraison. Sépales herbacés, étroitement scarieux aux bords. Pétales plus courts que le calice. Étamines 5. *Graines* lenticulaires *très comprimées*, ne portant de papilles que vers le bord, *entourées d'une aile scarieuse très large* ondulée-plissée. ①. Avril-mai.

A R. — Endroits découverts des bois sablonneux. — Bois de Boulogne! Versailles! Dampierre! Abondant à Fontainebleau! Lardy. Etrechy! Houdan. Dourdan. St-Pierre près Compiègne. Gondreville (*Questier*).

XI. SAGINA. (L. gen. n. 176, *part.*)

Calice à 4-5 sépales. Corolle à 4-5 pétales entiers, quelquefois nulle par avortement. Étamines 4, 5, 10. *Styles* 4-5. *Capsule s'ouvrant* presque jusqu'à la base *en* 4-5 *valves.*

Plantes annuelles, plus rarement vivaces. *Feuilles* linéaires ou subulées, connées à la base, *dépourvues de stipules*, présentant souvent à leur aisselle des fascicules de feuilles. Fleurs à pétales blancs quelquefois nuls, latéraux, ou disposées en cymes terminales multiflores ou pauciflores.

1 { Calice à 5 sépales, pétales égalant ou dépassant le calice . . . . 2.
  { Calice à 4 sépales; pétales 1-4 fois plus courts que le calice. . . . . 3.

2 { Pétales une fois plus longs que le calice; pédicelles 1-3 fois plus longs que le calice. *S. nodosa.*
  { Pétales égalant le calice; pédicelles 10-15 fois plus longs que le calice. . . . . *S. subulata.*

3 { Feuilles non ciliées; pédicelles se recourbant en crochet au sommet après la floraison . . . . *S. procumbens.*
  { Feuilles ciliées surtout à la base, pédicelles droits ou se recourbant à peine après la floraison. . . . . *S. apetala.*

1. S. NODOSA. (E. Meyer, elench. pl. Boruss. 29.) — Spergula nodosa. L. sp. 630. — Engl. bot. t. 694.

Tiges nombreuses, de 1-2 décimètr., grêles presque filiformes, couchées à la base ou ascendantes, simples ou rameuses, ord. glabres. *Feuilles* linéaires-filiformes, à peine mucronées, la plupart munies à leur aisselle de fascicules denses de feuilles courtes qui donnent aux tiges une apparence moniliforme. *Pédicelles dressés*, 1-3 fois plus longs que le calice. *Calice à* 5 *sépales* appliqués sur la capsule. *Pétales une fois plus longs que le calice.* Styles 5. *Capsule à* 5 *valves.* ♃. Juin-août.

A.R. — Marais tourbeux, prairies spongieuses, endroits sablonneux humides. — Clairfontaine près St Léger! Pondron, Feigneux près Crepy (*Léré*). Morfontaine! Pierrefonds! Forêt de Villers-Cotterets à Faverolles (*Questier*). Dieux! St-Germer! (*Mandon*). Larchant (*Maire*). Moret! Nemours! Malesherbes!

Var. β. *viscidula.* — Plante couverte de poils courts glanduleux.

2. S. SUBULATA. (Wimm. fl. Schles. 76.) — Spergula subulata. Swartz, act. Holm. (1789). 45. — Engl. bot. t. 1082.

Tiges nombreuses, de 3-6 centimètr., grêles presque filiformes, couchées-ascendantes, simples ou rameuses, couvertes de poils courts glanduleux. Feuilles linéaires-subulées, aristées, ciliées à poils courts glanduleux; les supérieures munies à leur aisselle de fascicules de feuilles. *Pédicelles* la plupart rapprochés au sommet des tiges, presque capillaires 10-15 fois plus longs que le calice, *se recourbant en crochet* au sommet *après la floraison*, redressés à la maturité. *Calice à 5 sépales* appliqués sur la capsule. *Pétales égalant le calice*. Styles 5. *Capsule à 5 valves*. ①. Juillet-août.

R.R. — Bords des étangs sablonneux, fissures des rochers — Bords des étangs à St-Hubert (*Adr. de Jussieu*). Butte-à-l'Ane près St-Léger (*Maire*).

3. S. PROCUMBENS. (L. sp. 185.) — Eng. bot. t. 880.

Tiges nombreuses, de 3-9 centimètr., grêles filiformes, étalées-diffuses ou couchées ascendantes, radicantes dans leur partie inférieure, ord. rameuses, glabres. *Feuilles* linéaires, mucronées, *non ciliées*, la plupart munies de fascicules de feuilles à leur aisselle. *Pédicelles* capillaires ord. très longs, *se recourbant en crochet* au sommet *après la floraison*, redressés à la maturité. *Calice à 4 sépales* étalés après la floraison. *Pétales 1-2 fois plus courts que le calice*, quelquefois avortés. Styles 4. *Capsule à 4 valves*. ①. Avril-octobre.

C.C.C. — Lieux humides pierreux ou sablonneux, endroits herbeux, décombres, rues peu fréquentées.

s.v. — *erecta*. — Tiges ascendantes ou dressées ord. à peine radicantes.

4. S. APETALA. (L. mant 559.) — Engl. bot. t. 881

Tiges nombreuses, de 3-9 décimètr., très grêles filiformes, dressées ou ascendantes, rameuses, glabres ou à peine pubescentes. *Feuilles* linéaires-subulées, longuement mucronées, *ciliées* surtout à la base, la plupart dépourvues de fascicules de feuilles à leur aisselle. *Pédicelles* capillaires ord. très longs, *droits* ou se courbant à peine *après la floraison*. *Calice à 4 sépales* étalés après la floraison. *Pétales 3-4 fois plus courts que le calice*, souvent avortés. Styles 4. Capsule à 4 valves. ①. Mai-août.

A.C. — Pelouses sablonneuses, champs humides, bords des chemins.

XII. ALSINE. (Wahlb. fl. Lapp. 129.)

Calice à 5 sépales. Corolle à 5 pétales entiers. Étamines 10, ou moins. *Styles 3. Capsule s'ouvrant* jusqu'à la base *en 3 valves*.

Plantes annuelles ou vivaces. *Feuilles* linéaires-subulées ou sétacées, connées à la base, *dépourvues de stipules*, présentant souvent à leur aisselle des fascicules de feuilles. Fleurs blanches, en cymes dichotomes terminales.

{ Pétales plus courts que le calice; plante annuelle . . . *A. tenuifolia*.
{ Pétales plus longs que le calice, plante vivace, à souche très rameuse. . . . . . . *A. setacea*.

1. A. TENUIFOLIA. (Walhb. Helv. 87.) — Arenaria tenuifolia. L. sp. 607 — Engl. bot. t. 219.

Plante annuelle. Tiges de 1-2 décimètr., ascendantes ou dressées, souvent rameuses dès la base, rameuses-dichotomes au sommet, ord. glabres. Feuilles linéaires-subulées, brièvement mucronées, à 3 nervures, ord. dépourvues de fascicules de feuilles à leur aisselle. Pédicelles 3-5 fois aussi longs que le calice. *Sépales* lancéolés-subulés, *herbacés* à 3 nervures, étroitement scarieux à la marge. *Pétales plus courts que le calice.* ①. Mai-août.

C.C. — Champs arides, bords des chemins, coteaux secs, vieux murs.

var. *β. viscidula.* — Plante très grêle, couverte de poils glanduleux courts. Fleurs plus petites que dans le type.

2. A. SETACEA. (Mert et Koch, Deutschl. fl. III. 287.) — Arenaria setacea. Thuill fl. Par. 220 — Vaill. bot. Par. t. 2. f. 5.

Souche terminée en racine pivotante, *très rameuse*, presque ligneuse, donnant naissance à un très grand nombre de tiges rapprochées en une touffe compacte. Tiges de 1-2 décimètr., ascendantes, simples ou rameuses à la base, rameuses-dichotomes au sommet, très finement pubescentes. Feuilles linéaires-sétacées, raides ord. arquées, brièvement mucronées, à 3 nervures, munies la plupart de fascicules de feuilles à leur aisselle. Pédicelles 1-3 fois aussi longs que le calice. *Sépales* ovales-lancéolés, *largement membraneux blanchâtres*, à partie dorsale seule herbacée ne présentant qu'une nervure plus rarement 3 nervures. *Pétales plus longs que le calice.* ♃. Juin-août.

A.R. — Coteaux sablonneux arides. — St-Maur ! Mennecy ! (*Des Étangs*). Étampes ! (*Woods*). Etrechy ! Abondant dans la forêt de Fontainebleau ! Malesherbes ! Nemours !

XIII. HOLOSTEUM. (L. gen. n. 136.)

Calice à 5 sépales. Corolle à 5 *pétales irrégulièrement denticulés* très rarement entiers. Étamines 3-5. *Styles* 3. *Capsule s'ouvrant* d'abord par 6 dents et se partageant plus tard *en* 6 *valves.* Graine ovoïde, présentant sur l'une de ses faces une saillie correspondant à la radicule. *Embryon plié*, *entouré par le périsperme.*

Plante annuelle. Feuilles oblongues, dépourvues de stipules, ne présentant pas de fascicules de feuilles à leur aisselle. Fleurs blanches ou d'un blanc rosé, disposées en une cyme terminale pluriflore ombelliforme.

1. H. UMBELLATUM (L. sp. 130.) — Engl. bot. t. 27.

Tiges de 3-20 centimètr., dressées ou étalées, simples, glaucescentes souvent rougeâtres, pubescentes-visqueuses à la partie moyenne des entrenœuds supérieurs, ne portant que 2-3 paires de feuilles. Feuilles radicales et inférieures atténuées à la base; les supérieures oblongues. Pédicelles inégaux réfractés après la floraison, égaux et redressés à la maturité. Sépales scarieux aux bords. Pétales blancs plus rarement d'un blanc rosé, plus longs de moitié que le calice. ①. Avril-mai.

C.C. — Terrains sablonneux, champs incultes, bords des chemins, vieux murs.

XIV. ARENARIA. (L. gen. n. 774.)

Calice à 4-5 sépales. Corolle à 4-5 *pétales entiers* ou à peine émarginés. Étamines 10, ou moins. *Style* 2-3. *Capsule s'ouvrant* par 4-6 dents ou *par* 4-6 *valves* plus ou moins profondes.

Plantes annuelles ou vivaces. Feuilles ovales-aiguës ou linéaires-subulées, dépourvues de stipules, présentant quelquefois des fascicules de feuilles à leur aisselle. Fleurs blanches, en cymes régulières ou irrégulières pluriflores ou pauciflores.

1 { Graines lisses luisantes, munies d'une arille; feuilles inférieures pétiolées à pétiole égalant presque la longueur du limbe . . . . . *A. trinervia.*
{ Graines chagrinées ternes, dépourvues d'arille; feuilles sessiles. . . . . 2.

2 { Feuilles ovales-acuminées; pétales plus courts que le calice . . . . *A. serpyllifolia.*
Feuilles linéaires-subulées, pétales une fois plus longs que le calice. . . . . *A. grandiflora.*

SECT. I. MOEHRINGIA. — Calice à 4-5 sépales. Capsule à 4-6 valves. Graines lisses, luisantes, munies d'une arille.

1. A. TRINERVIA. (L. sp. 605.) — Engl. bot. t. 1483. — Mœhringia trinervia. Clairv. man. d'herb. 150.

Plante annuelle. Tiges ord. nombreuses, de 1-3 décimètr., faibles, molles, étalées, très rameuses diffuses, brièvement pubescentes. *Feuilles* d'un vert gai, *ovales-aiguës* mucronulées, à 3-5 nervures principales; *les inférieures pétiolées*, à pétiole égalant presque la longueur du limbe; les supérieures subsessiles. Fleurs longuement pédicellées, disposées en cyme feuillée. Pédicelles étalés et arqués après la floraison. Sépales acuminés, lancéolés ou ovales-lancéolés, largement scarieux, à partie dorsale herbacée présentant 3 nervures rapprochées. Pétales beaucoup plus courts que le calice. ①. Mai-juin.

C. — Endroits humides, buissons, bois couverts.

SECT. II. ARENARIA. — Calice à 5 sépales. Capsule à 6 valves. Graines chagrinées ternes, dépourvues d'arille.

2. A. SERPYLLIFOLIA. (L. sp. 606.) — Engl. bot. t. 923.

Plante annuelle. Tiges ord. nombreuses, de 5-30 centimètr., étalées ou ascendantes, rameuses diffuses, brièvement pubescentes. *Feuilles* petites, d'un vert grisâtre, sessiles, *ovales-acuminées*, à 3 nervures ou à une seule nervure par l'empâtement des latérales. Fleurs en cymes rapprochées en une panicule ord. très multiflore. Sépales lancéolés-acuminés, herbacés à 1-3 nervures, scarieux aux bords. *Pétales plus courts que le calice.* ①. Mai-août.

C C. — Endroits sablonneux arides, bords des chemins, vieux murs.

3. A. GRANDIFLORA. (L. sp. 608.) — All. Ped. n. 1713. t. 26. f. 3.

Souche terminée en racine pivotante, presque ligneuse, *très rameuse*, donnant naissance à un grand nombre de tiges rapprochées en une touffe compacte. Tiges de 10-15 centimètr., raides, couchées ou ascendantes, donnant naissance inférieurement à des rameaux stériles, quelquefois dichotomes supérieurement, brièvement pubescentes à poils glanduleux. *Feuilles* sessiles, *lancéolées à pointe subulée ou linéaires-subulées*, à une seule nervure saillante, à bords épais; les inférieures rapprochées, présentant la plupart à leur aisselle des fascicules de feuilles. Fleurs 1-3 terminales, ou en cyme dichotome pluriflore. Sépales ovales-lancéolés acuminés souvent aristés, herbacés à 1-3 nervures, un peu scarieux aux bords. *Pétales une fois plus longs que le calice.* ♃. Mai-juin.

var *β triflora.* (A. triflora. L. mant. 240.) — Tiges 2-3-flores, plus rarement pluriflores. Feuilles linéaires-subulées, ord. courbées en dehors. — *R.R.* — Coteaux arides des bois sablonneux, rochers. — Forêt de Fontainebleau : Mail de Henri IV.

La variété uniflore de cette espèce, que nous avons rencontrée dans les alpes de la Provence, n'a pas été observée dans nos environs, on la distingue de la variété *triflora* à ses feuilles plus larges lancéolées très rapprochées presque imbriquées, et à ses tiges ord. uniflores.

XV. STELLARIA. (L. gen. n. 568.)

Calice à 5 sépales. Corolle à 5 *pétales bifides ou bipartits*. Étamines 10, ou moins. *Styles* 3. *Capsule s'ouvrant par 6 valves* profondes.

Plantes annuelles ou vivaces. Feuilles ovales-aigues, lancéolées ou linéaires, sessiles ou petiolées, depourvues de stipules. Fleurs blanches, latérales ou disposées en cymes pauciflores ou multiflores.

1	Tiges présentant sur l'une de leurs faces une ligne longitudinale de poils courts	*S. media.*
	Tiges lisses ou scabres, ne présentant jamais sur l'une de leurs faces une ligne longitudinale de poils	2.
2	Pétales 1-2 fois plus longs que le calice	3.
	Pétales plus courts que le calice ou le dépassant peu.	4.
3	Bractées herbacées, feuilles vertes, scabres aux bords . . .	*S. Holostea.*
	Bractées scarieuses; feuilles ord. glauques, lisses.	*S. glauca.*
4	Bractées ciliées; feuilles raides, linéaires	*S. graminea.*
	Bractées non ciliées, feuilles molles, oblongues-lancéolées. .	*S. aquatica.*

1. S. MEDIA. (Sm fl. Brit. 473.) — Alsine media. L. sp 389. — Fl. Dan. t. 523. — vulg. *Mouron-des-oiseaux*.)

Plante annuelle. Tiges tres nombreuses, de 1-4 décimètr., étalées diffuses ou couchées radicantes, molles succulentes, *présentant sur l'une de leurs faces une ligne longitudinale de poils* courts qui alterne d'un entrenœud à l'autre. Feuilles molles, ovales brievement acuminées; les inférieures pétiolées. Fleurs en cyme feuillée pauciflore terminale. Bractées herbacées. Sépales ovales-lancéolés, pubescents. Pétales profondément bipartits, ord. plus courts que le calice. ①. Fleurit toute l'année.

C.C.C. — Lieux frais, champs humides, bords des fossés, pied des murs.

2. S. HOLOSTEA. (L. sp. 603.) — Engl. bot. t. 511.

Souche cespiteuse, rameuse à rejets traçants. Tiges de 3-6 décimètr., couchées à la base ascendantes, glabres, lisses ou légèrement scabres sur les angles. *Feuilles* coriaces, sessiles, lancéolées-linéaires très aiguës, *à bords scabres*. Fleurs en cyme pluriflore terminale. *Bractées herbacées*, à bords ciliés-scabres. Sépales lancéolés aigus, glabres. *Pétales* bifides, 1-2 *fois plus longs que le calice*. ♃. Mai-juin.

C.C. — Endroits herbeux des bois, buissons.

3. S. GLAUCA. (With. bot. arr. I. 420.) — Engl. bot t 825.

Souche cespiteuse, rameuse à rejets traçants. Tiges de 4-8 décimètr., couchées à la base ascendantes, glabres, lisses. *Feuilles* ord. glauques, coriaces, sessiles, linéaires-lancéolées, aigués, *à bords lisses*. Fleurs en cyme pluriflore terminale. *Bractées scarieuses*, non ciliées. Sépales lancéolés aigus, glabres. *Pétales* bipartits, 1-2 *fois plus longs que le calice*. ♃. Juin-juillet.

R.R. — Fossés herbeux, prés marécageux — Assez abondant aux étangs de St-Quentin près Versailles (*de Boucheman*). St-Léger! Cherisy près Dreux! (*Weddell*).

4. S. GRAMINEA. (L. sp. 604.) — Engl. bot. t. 803.

Souche cespiteuse, rameuse à rejets traçants. Tiges de 3-9 décimètr., couchées à la base ascendantes, glabres, lisses. *Feuilles* coriaces, sessiles, *linéaires-lancéolées*, ciliées-scabres à la base. Fleurs en cyme multiflore terminale. *Bractées scarieuses, ciliées*. Sépales lancéolés aigus, glabres. Pétales profondément bipartits, plus courts que le calice ou le dépassant peu. ♃. Mai-août.

C. — Pâturages, buissons, endroits herbeux des bois.

5. S. AQUATICA. (Poll. Palat. I. 422.) — S. uliginosa. Engl. bot. t. 1074. — Larbræa aquatica. St. Hil. mem. mus. II. 287.

Plante annuelle. Tiges de 1-4 décimètr., couchées à la base, ascendantes diffuses, faibles, molles, glabres. *Feuilles* glaucescentes, molles, sessiles, *oblongues-lancéolées*, ciliées à la base. Fleurs la plupart en cymes latérales ord. pauciflores disposées le long de la tige. *Bractées scarieuses, non ciliées.* Sépales lancéolés aigus, glabres. Pétales profondément bipartits, plus courts que le calice. ①. Juin-août.

A.C. — Fossés, lieux humides, bords des mares — Forêt de Marly. Bois des environs de Versailles ! Vallée de Chevreuse ! Dampierre ! St-Leger ! Magny (*Bouteille*)., etc.

Le *S. nemorum* L., indiqué dans la forêt de Compiègne (*Thuill. fl.*), n'a pas été retrouvé. Cette espèce se distingue à ses tiges pubescentes, à ses feuilles ovales-acuminées cordées, les inférieures longuement petiolées, et à ses petales une fois plus longs que le calice.

XVI. CERASTIUM. (L. gen. n. 585.)

Calice à 5 plus rarement 4 sépales. Corolle à 5 plus rarement 4 pétales bifides ou bipartits très rarement entiers. Étamines 10-8 ou réduites au nombre de 5-4 par avortement. *Styles* 5, *rarement* 4. *Capsule s'ouvrant par* 10 *plus rarement* 8 *dents* égales ou alternativement moins profondes.

Plantes annuelles, bisannuelles ou vivaces. Feuilles ovales, oblongues ou linéaires, sessiles ou les inférieures atténuées à la base, présentant quelquefois des fascicules de feuilles à leur aisselle, dépourvues de stipules. Fleurs blanches, en cymes dichotomes ou unilaterales, rarement solitaires à l'extrémité des tiges.

1 { Pétales entiers ou à peine émarginés, plante glabre glaucescente . . . . *C. erectum*
  { Pétales bifides ou bipartits, plante pubescente ou velue, souvent glanduleuse 2

2 { Pétales profondément bipartits; capsule ovoïde, dépassant peu le calice, à dents alternativement moins profondes . . . . *C. aquaticum.*
  { Pétales bifides, capsule cylindrique-tubuleuse, dépassant longuement le calice, à dents égales . . . . 3.

3 { Feuilles linéaires ou linéaires-lancéolées, pétales 1-2 fois plus longs que le calice. *C. arvense*
  { Feuilles ovales, oblongues ou obovales; pétales souvent plus courts que le calice, rarement une fois plus longs que lui. 4

4 { Pédicelles plus courts que les bractées ou les dépassant à peine. . . . . *C. glomeratum.*
  { Pédicelles dépassant longuement les bractées . . . . 5.

5 { Sépales à sommet longuement dépassé par les poils . *C. brachypetalum*
  { Sépales à sommet non dépassé par les poils 6

6 { Sépales aigus . . . . *C. varians.*
  { Sépales obtus . . . . . . *C. triviale*

SECT. I ORTHODON (Sering ap D C. prodr. I 415.) — *Calice à 5 très rarement 4 sépales. Pétales plus ou moins profondément bifides Capsule plus longue que le calice, cylindrique-tubuleuse plus ou moins arquée, s'ouvrant par* 10 *rarement* 8 *dents égales*

1. C. TRIVIALE (Link, en hort. Berol I 433.) — Illustr. fl. Par t 4. f. 1-2. — C. vulgatum. Wahlb. Suec. 289 — C. vulgatum. L. sp. 627 ?

Plante annuelle ou bisannuelle. Tiges ord. nombreuses, de 1-5 décimètr., ascendantes couchées à la base, souvent un peu radicantes, pubescentes à poils non glanduleux plus rarement entremêlés de poils glanduleux. Feuilles d'un vert sombre, ovales ou oblongues, velues-ciliées. Bractées toutes scarieuses aux bords ou les inférieures entièrement herbacées. *Pédicelles dépassant longuement les bractées. Sépales obtus*, scarieux aux bords, *à sommet non dépassé par les poils*. Pétales environ de la longueur du calice ou le dépassant un peu. ① ou ②. — Mai-septembre.

C.C.C. — Lieux arides, terrains cultivés, endroits herbeux, bords des chemins.

s.v. — *obscurum*. — Bractées inférieures herbacées.

s.v. — *pellucidum*. — Bractées toutes plus ou moins scarieuses aux bords.

2. C. VARIANS. (Coss. et Germ. obs. pl. crit. 26.) — Illustr. fl. Par. t. 5.

Plante annuelle. Tiges solitaires ou nombreuses, de 3-30 centimètr., étalées ascendantes ou dressées, pubescentes à poils ord. glanduleux. Feuilles ovales ou oblongues, pubescentes. Bractées herbacées ou plus ou moins scarieuses. *Pédicelles dépassant longuement les bractées. Sépales aigus*, scarieux aux bords, à poils ord. glanduleux, *à sommet non dépassé par les poils*. Pétales plus courts, aussi longs ou une fois plus longs que le calice. ①. Avril-mai.

var. α. *obscurum* (1). — Bractées toutes herbacées ou les supérieures étroitement scarieuses aux bords. Pédicelles fructifères ord. étalés ou réfléchis formant ord. un angle avec le calice.

s.v. — *grandiflorum*. (C. præcox. Ten. fl. Nap. I. 27. — C. campanulatum. Koch, synops. ed. 1. 122. — Viv.! ann. bot. I. 2. — C. litigiosum. De Lens! ap. Lois. fl. Gall. I. 125.) — Pétales une fois plus longs que le calice. Etamines fertiles ord. au nombre de 10. — *A.R.* — Terrains sablonneux arides, vieux murs. — Bois de Boulogne! Plaine du Point-du-Jour! Asnières! St-Mandé! St-Maur! Moret!

s.v. — *parviflorum*. (C. obscurum. Chaub.! ap. St-Am. fl. Agen. 180. — C. pumilum. Curt. fl. Lond. fasc. VI. t. 30. — C. alsinoides. Grenier, monogr. 31. — Loisel! fl. Gall. ed. 1. 271.) — Pétales plus courts que le calice ou le dépassant peu. Etamines fertiles ord. au nombre de 5-8. — *C.* — Lieux secs, bords des chemins, vieux murs.

Nous n'avons pas encore observé dans nos environs la sous-variété *abortivum* de cette variété (*C. tetrandrum*. Curt.) qui se reconnaît à son inflorescence ord. unilatérale par l'avortement d'un rameau de chaque dichotomie, à ses pédicelles plus courts ord. non réfractés après la floraison et ne formant pas d'angle avec la capsule, et à son calice souvent à 4 sépales. — Cette plante est très répandue dans les sables maritimes de l'ouest de la France.

var. β *pellucidum*. (C. pellucidum. Chaub. ap. St-Am. fl. Agen. 180. — C. semidecandrum. Smith, Brit. II. 497. — L.? sp. ed. 1. 438.) — Bractées toutes scarieuses dans leur tiers ou leur moitié supérieure, à partie scarieuse ord. denticulée ou lacérée. Pédicelles fructifères étalés ou dressés formant rarement un angle avec le calice. Pétales plus courts que le calice ou le dépassant peu. — *C.C.* — Pelouses rases, bords des chemins, terrains sablonneux arides.

s.v. — *abortivum*. — Inflorescence unilatérale par l'avortement d'un rameau de chaque dichotomie. Pédicelles plus courts, dressés. Fleurs très petites. Calice souvent à 4 sépales. Capsule plus ou moins avortée ne dépassant pas le calice. — *A.R.* — Lieux très arides. — St-Maur (*Weddell*). St-Léger! (*Daenen*). Itteville. Moret.

---

(1) Dans le tableau que nous avons donné, dans une autre publication, des variétés du *C. varians* (voir *Observat. plant. crit.* p. 27 et *Catalog. rais.* p. 37) nous avons classé les variétés d'après la longueur des pétales et le nombre des étamines fertiles, caractères sur lesquels est fondé le *C. præcox* Tenor., qui est encore considéré par q. q. auteurs comme une espèce distincte. Depuis il nous a été démontré, par une étude suivie, qu'en décrivant le *C. præcox* comme variété de premier ordre, nous accordions encore une trop grande importance à ces caractères essentiellement variables, et nous avons été amenés à donner plus de valeur aux bractées.

3. C. BRACHYPETALUM. (Desp. ap. D.C. fl. Fr. IV. 777.)—Illustr. fl. Par. t. 4. f. 6-7-8.

Plante annuelle. Tiges solitaires ou nombreuses, de 1-4 décimètr., étalées-ascendantes ou dressées, couvertes de longs poils souvent entremêlés à la partie supérieure de la plante de poils glanduleux ord. plus courts. Feuilles ovales ou oblongues, couvertes de longs poils soyeux. Bractées ord. toutes herbacées. *Pédicelles dépassant longuement les bractées. Sépales* dressés, aigus, à peine scarieux aux bords, couverts de longs poils soyeux, *à sommet longuement dépassé par les poils.* Pétales plus courts que le calice ou le dépassant à peine. Étamines à filets poilus à la base. ①. Mai-juillet.

R. — Endroits montueux incultes, lieux sablonneux arides, bords des chemins. — Bois de Satory près Versailles vers la porte du petit Montreuil! Abondant près de la tour de Poquency à Lardy (*Gay*, *Maire*). Le Châtelet près Melun (*Garnier*). Nemours (*Devilliers*). Provins (*Bouteiller*). Chaumont! Vernon!

4. C. GLOMERATUM. (Thuill. fl. Par. 225.) — Illustr. fl. Par. t. 4. f. 3-4-5. — C. viscosum. L. sp. 627, *non* herb.

Plante annuelle. Tiges solitaires ou nombreuses, de 1-4 décimètr., étalées-ascendantes ou dressées, couvertes de poils mous glanduleux ou non glanduleux. Feuilles ovales, oblongues ou obovales, velues-soyeuses. Bractées toutes herbacées. *Pédicelles plus courts* ou à peine plus longs *que les bractées. Sépales* dressés, très aigus, à peine scarieux aux bords, couverts de longs poils, *à sommet longuement dépassé par les poils.* Pétales plus courts que le calice ou le dépassant à peine. Étamines à filets glabres. ①. Avril-juin.

C.C. — Terrains sablonneux, lieux arides, bords des chemins.

5. C. ARVENSE. (L. sp. 628.) — Vaill. bot. Par. t. 30. f. 4-5. — Engl. bot. t. 93.

Plante vivace. Tiges nombreuses, de 1-4 décimètr., couchées, *radicantes inférieurement*, ascendantes dans leur partie supérieure, velues ou pubescentes, rarement glanduleuses. *Feuilles linéaires ou linéaires-lancéolées*, pubescentes, souvent munies à leur aisselle de fascicules de feuilles. Fleurs peu nombreuses. Bractées herbacées scarieuses au sommet. Pédicelles dépassant longuement les bractées. *Sépales obtus*, largement scarieux aux bords, presque glabres ou à pubescence courte. *Pétales* 1-2 *fois plus longs que le calice.* ♃. Mai-juin.

C.C. — Lieux stériles, coteaux arides, bords des chemins.

On rencontre quelquefois dans le voisinage des jardins, où il est souvent cultivé, le *C. tomentosum* L.. Cette plante voisine du *C. arvense* s'en distingue par ses tiges et ses feuilles blanches-tomenteuses, et par ses rameaux stériles allongés

SECT. II. MOENCHIA. (MOENCHIA Ehrh. beitr. II. 277.) — *Calice à 4 très rarement 5 sépales. Pétales entiers ou à peine emarginés. Capsule ord. plus courte que le calice, cylindrique, droite, s'ouvrant par 8 très rarement 10 dents*

6. C. ERECTUM. — C. glaucum Gren. monogr. 47. — Mœnchia erecta. Fl. der Wett. I. 219. — Engl. bot. t. 609. — Sagina erecta L. sp. 185.

Plante annuelle. *Tiges* solitaires ou nombreuses, de 5-10 centimètr., raides, ascendantes ou dressées, simples ou rameuses-dichotomes, *glabres glauques.* Feuilles lancéolées-linéaires, glabres glaucescentes. Fleurs terminales subsolitaires ou peu nombreuses. Bractées herbacées ou à peine scarieuses. Pédicelles dressés, très longs. Sépales aigus, largement scarieux aux bords, glabres. *Pétales entiers ou à peine émarginés*, plus courts que le calice. ①. Avril mai.

A.C. — Bords des mares, terrains sablonneux, bruyères. — Bois de Boulogne! St-Cloud! Versailles! St-Hubert! Mennecy! Lardy! Fontainebleau!, etc.

Nous avons restreint notre description à la seule variété qui se rencontre dans nos environs. — Les variétés à pétales égalant ou dépassant le calice, à parties de la fleur ord. en nombre quinaire, à bractées plus ou moins scarieuses (*Mœnchia octandra* Gay et *Cerastium manticum* L.) sont propres aux régions méridionales.

SECT. III. MALACHIUM. (MALACHIUM Fries. fl. Hall. 77.) — *Calice à 5 sépales. Pétales bipartits. Capsule dépassant peu le calice, ovoïde droite, s'ouvrant par 10 dents alternativement moins profondes.*

7. C. AQUATICUM. (L. sp. 629.) — Engl. bot. t. 538. — Malachium aquaticum. Fries *loc. cit.*

Plante vivace. Tiges nombreuses, de 4-8 décimètr., succulentes-cassantes, tombantes ou couchées-ascendantes, rameuses, pubescentes-glanduleuses surtout supérieurement. Feuilles glabres, sessiles, ovales-aiguës légèrement cordées à la base; celles des rameaux stériles ou de la base des tiges atténuées en pétiole. Fleurs nombreuses, en cyme feuillée. Pédicelles dépassant plus ou moins les feuilles florales, étalés ou réfractés après la floraison formant un angle avec le calice. Sépales obtus, herbacés, pubescents ord. glanduleux. *Pétales profondément bipartits*, plus longs que le calice. ♃. Juin-août.

C. — Endroits humides, fossés aquatiques, bords des étangs, lieux marécageux.

IV. LINÉES.

(LINEÆ. D.C. prodr. I. 423.)

Fleurs hermaphrodites, régulières. — Calice à 5 plus rarement 4 sépales libres, plus rarement soudés à la base, persistants, à préfloraison imbriquée. — Corolle à 5 plus rarement 4 pétales, hypogynes, libres, très caducs, à préfloraison contournée. — *Étamines* hypogynes, 4-5 *fertiles légèrement soudées à la base*, offrant ord. entre elles les rudiments d'un rang intérieur d'étamines opposées aux pétales. Anthères bilobées, introrses. — *Ovaire* libre, *à 5 plus rarement 3-4 carpelles*, à 5 plus rarement 3-4 loges bi-ovulées, subdivisées chacune en deux loges uni-ovulées par une fausse cloison dorsale incomplète ou complète. *Ovules insérés à l'angle interne des loges*, suspendus, réfléchis. Styles 5, plus rarement 3-4, libres ou soudés à la base. Stigmates subcapités ou linéaires. — *Fruit capsulaire, à 5 plus rarement 3-4 loges 2-spermes subdivisées chacune en deux loges secondaires 1-spermes par une fausse cloison* dorsale incomplète ou complète, *à déhiscence septicide*, se séparant en 5 plus rarement 3-4 carpelles qui se partagent eux-mêmes en deux segments monospermes. — *Graines* suspendues, comprimées, *dépourvues de périsperme*, à testa charnu-mucilagineux à sa face interne. *Embryon droit*. Radicule dirigée vers le hile.

Plantes annuelles ou vivaces herbacées quelquefois sous-frutescentes à la base. Tiges irrégulièrement rameuses ou dichotomes. Feuilles éparses, plus rarement opposées, sessiles, entières, dépourvues de stipules. Fleurs terminales ou latérales en cyme irrégulière ou en panicule, plus rarement en corymbe rameux (1).

---

(1) Dans le genre *Linum* le type normal de l'inflorescence est la cyme dichotome et par avortement la grappe scorpioïde, ainsi que chez beaucoup de *Caryophyllées*. Le *L. catharticum* et le *Radiola linoides*, dont les feuilles sont opposées, présentent le type dichotome presque dans sa pureté au moins dans la partie inférieure de l'inflorescence. Les espèces à feuilles alternes s'en éloignent au point de passer quelquefois à la panicule.

Calice à 5 sépales entiers, libres ; pétales plus longs que le calice . . . . **Linum.** (i.)
Calice à 4 divisions bi-trifides ; pétales ne dépassant pas le calice . . . . **Radiola.** (ii.)

I. LINUM (L. gen. n. 389.)

Calice à 5 *sépales libres, entiers*. Corolle à 5 pétales. Étamines 5. Styles 5, très rarement 3. Capsule subglobuleuse, à 5 très rarement 3 loges bispermes divisées chacune en deux loges monospermes par une cloison incomplète ou complète.

Plantes annuelles ou vivaces, glabres. Feuilles éparses, rarement opposées, linéaires ou linéaires-elliptiques. Fleurs roses, bleues, blanches ou jaunes.

1 { Fleurs jaunes. . . . . *L. Gallicum.*
{ Fleurs bleues, roses ou blanches . . . . 2.

2 { Feuilles opposées ; fleurs blanches . . . . *L. catharticum.*
{ Feuilles éparses ; fleurs bleues ou roses. . . . . 3.

3 { Sépales ciliés-glanduleux ; fleurs roses . . . . *L. tenuifolium*
{ Sépales à bords non ciliés, fleurs bleues. . . . . 4.

4 { Plante annuelle, à tige solitaire ; calice égalant à peu près la capsule . . . . *L. usitatissimum.*
{ Plante vivace, à tiges nombreuses ; calice au moins une fois plus court que la capsule . . . . *L. montanum.*

1. L. GALLICUM. (L. sp. 401.) — L. aureum. Waldst. et Kit. II. t. 177.

Plante annuelle. Tiges de 1-3 décimètr., dressées ou ascendantes, rameuses subdichotomes supérieurement. Feuilles alternes, linéaires-lancéolées, légèrement scabres aux bords. *Fleurs* petites, *jaunes*, en cyme irrégulière, à pédicelles souvent plus courts que le calice. Sépales ciliés-glanduleux, ovales-lancéolés acuminés, égalant ou dépassant la capsule. Pétales environ une fois plus longs que le calice. ①. Juin-août.

R.R. — Moissons, lieux incultes, clairières des bois — Rougeaux (*Puel*, *Vigineix*). Le Châtelet près Melun (*Garnier*).

2. L. CATHARTICUM. (L. sp. 401) — Engl. bot. t. 382.

Plante annuelle. Tiges de 1-3 décimètr., dressées, ascendantes ou étalées, rameuses subdichotomes supérieurement. *Feuilles opposées*, oblongues, scabres aux bords ; les inférieures obovales. *Fleurs* petites, *blanches* en cyme irrégulière, à pédicelles très longs. Sépales glanduleux aux bords, elliptiques aigus, égalant à peu près la capsule. Pétales au moins une fois plus longs que le calice. ①. Juin-août.

C. — Endroits herbeux, clairières des bois, bords des chemins humides.

3. L. TENUIFOLIUM. (L. sp. 398.) — Jacq. Austr. t. 215.

Souche presque ligneuse, subcespiteuse, à racine pivotante. Tiges de 1-4 décimètr., dressées ou ascendantes, rameuses supérieurement. Feuilles très nombreuses, éparses, rapprochées, linéaires-aigues, scabres aux bords. *Fleurs d'un rose lilas*, en corymbe rameux terminal, à pédicelles ord. assez courts. *Sépales ciliés-glanduleux*, ovales-lancéolés subulés au sommet, dépassant la capsule. Pétales au moins deux fois plus longs que le calice. ♃. Juin-août.

A C. — Pelouses arides, bois sablonneux, coteaux calcaires. — St-Germain ! Rougeaux ! La Ferté-Aleps ! Étampes ! Fontainebleau ! Malesherbes ! Pithiviers ! Magny ! Mantes ! La Roche-Guyon ! Vernon ! Verderonne !

‡ 4. L. USITATISSIMUM. (L. sp. 397.) — Engl. bot. t. 1357 (vulg. *Lin cultivé.*)

Plante annuelle. Tige de 3-7 décimètr., *solitaire*, dressée, plus ou moins rameuse. Feuilles nombreuses, éparses, lancéolées-linéaires, à bords lisses. *Fleurs bleues*, en corymbe rameux terminal à rameaux terminés en grappes subscorpioïdes pendantes avant l'épanouissement, à pédicelles assez longs. *Sépales* ovales acuminés, *à bords* membraneux *non glanduleux*, *égalant presque la capsule* sur la plante non comprimée. Pétales au moins trois fois plus longs que le calice. (1). Juin-août.

Quelquefois cultivé en grand.—Subspontané çà et là aux bords des chemins et dans les champs en friche.

On cultive assez fréquemment comme plante d'ornement, sous le nom de *Lin vivace*, une espèce sur la détermination de laquelle les auteurs sont en désaccord. Elle se distingue à sa souche vivace ; à ses tiges nombreuses dressées ou ascendantes, à ses fleurs bleues très grandes, disposées en corymbe terminal ; à ses sépales non glanduleux, un peu plus courts que la capsule, les extérieurs ovales-lancéolés.

5. L. MONTANUM. (Schleich. ap. D.C.! prodr. I. 427.) — L. perenne Koch, synops. ed. I. 128.—L. alpinum. Mérat, fl. Par. 487, *non* L. —L. Leonii. Schultz, fl. Od. bot. zeit. (1838). II. 664, *et* exsic. n. 432 !

Souche subcespiteuse, à racine pivotante, presque ligneuse. *Tiges nombreuses*, de 1-4 décimètr., couchées ou ascendantes, souvent simples. Feuilles éparses, linéaires-lancéolées, à bords lisses. *Fleurs bleues*, en grappes subscorpioïdes lâches, les grappes fructifères très allongées unilatérales par torsion à pédicelles très longs. *Sépales* à bords membraneux *non glanduleux*, *au moins une fois plus courts que la capsule* ; les extérieurs ovales-lancéolés ; les intérieurs ovales obtus. Pétales au moins trois fois plus longs que le calice. ♃. Juin-juillet.

R. — Lieux pierreux des terrains calcaires, coteaux arides. — Rochers de Beauvais près Mennecy (*Des Étangs*). Malesherbes ! (*Bernard*). Nemours (*Devilliers*) Étampes, Pithiviers ! (*Woods*).

II. RADIOLA. (Gmel. syst. I. 289.)

Calice à 4 divisions bi-trifides. Corolle à 4 pétales. Étamines 4. Styles 4. Capsule subglobuleuse, à 4 loges bispermes divisées chacune en 2 loges monospermes par une cloison incomplète.

Plante annuelle, glabre. Feuilles opposées, ovales-aigues. Fleurs très petites, à pétales blancs.

1. R. LINOIDES. (Gmel. *loc. cit.*) — Linum Radiola L. sp. 402. — Fl. Dan. t. 178 — Engl. bot. t. 893

Tige de 3-5 décimètr., dressée, filiforme très grêle, rameuse-dichotome ord. dès la base. *Feuilles opposées*, ovales-aiguës. Fleurs très petites, solitaires occupant l'angle de bifurcation des rameaux, ou rapprochées en glomérules terminaux. *Pétales égalant environ le calice.* (1). Juin-août.

A.C. — Pelouses humides, bords des étangs, allées des bois sablonneux. — Meudon ! Ville-d'Avray ! St-Germain ! Senart ! St-Léger !, etc.

V. ÉLATINÉES.

(Elatineæ. Cambess. in mém. mus. XVIII. 225.)

Fleurs hermaphrodites, régulières, à préfloraison imbriquée. — Calice à 3-4 sépales soudés inférieurement, persistants. — Corolle à 3-4 pétales hypogynes, libres, caducs. *Étamines en nombre égal à celui des pétales ou en nombre double*, hypogynes, *libres*. Anthères bilobées, introrses. — *Ovaire* libre, *à 3-4 carpelles*, à 3-4 loges multi-ovulées. *Ovules insérés à l'angle interne des loges*, réfléchis. Styles 3-4, courts. Stigmates capités. — *Fruit capsulaire*, *polysperme*, *à 3-4 loges*, surmonté par les styles persistants, *à déhiscence septicide*. — *Graines* cylindriques, plus ou moins arquées, *dépourvues de périsperme*. *Embryon* cylindrique, *plus ou moins arqué*. Radicule dirigée vers le hile.

Plantes annuelles ou vivaces, herbacées, radicantes *Feuilles opposées ou verticillées*, sessiles ou atténuées en pétiole, entières; stipules très petites, scarieuses. Fleurs axillaires.

I. ELATINE. (L. gen. n. 685.)

Calice à 3-4 divisions. Pétales 3-4. Etamines 3-8. Styles 3-4. Capsule subglobuleuse déprimée, à 3-4 lobes, à 3-4 loges polyspermes. Graines cylindriques plus ou moins arquées, striées-réticulées.

Plantes des lieux marécageux, annuelles ou vivaces, plus ou moins succulentes, glabres, radicantes couchées ou redressées. Feuilles spatulées, linéaires ou lancéolées, plus rarement ovales Fleurs très petites, axillaires solitaires, sessiles ou pédicellées, à pétales blancs ou roses

{ Feuilles opposées. . . . . *E. hexandra*
{ Feuilles verticillées . . . *E. Alsinastrum*

1. E HEXANDRA. (D.C. fl. Fr. VI. 609.) — Rchb. ic. I. 14. t 15. f 1. — E. Hydropiper. Smith, fl. Brit. III. 1396. *non* L — E. Hydropiper. β. D.C. fl. Fr n. 4386.

Tiges nombreuses plus rarement solitaires, de 3-6 centimètr., très grêles, ord. très rameuses, couchées radicantes dans toute leur longueur ou redressées dans leur partie supérieure, quelquefois nageantes. *Feuilles opposées*, oblongues-spatulées obtuses, atténuées en un court pétiole. Fleurs à pétales roses, sessiles ou pédicellées, ord. à 3 pétales, ord. à 6 étamines. Graines légèrement arquées, d'un gris noirâtre à reflet métallique. ① ? Juin-septembre.

R — Bords des étangs sablonneux ou des mares tourbeuses — Assez abondant à l'étang du Trou-Salé près Versailles! Senart (*Weddell*). St-Hubert! Fontainebleau! —? Meudon (*Thuill. herb.*).

s.v. — *pedonculata.* — Plante ord. nageante. Fleurs longuement pédicellées.

var. *β. octandra.* (E. Hydropiper. D.C. fl. Fr IV 771. — Mérat fl. Par. 484. *non* L. — E. major. A. Braun, syll. soc Ratisb I 83. — Vaill. bot. Par. t. 2. f. 2) — Tiges souvent solitaires, de 5-10 centimètr., souvent simples, ord. nageantes. Fleurs sessiles ou plus ou moins pédicellées, ord à 4 pétales, ord. à 8 étamines. — *R R* — Mares de Franchart et de Bellecroix dans la forêt de Fontainebleau (*Weddell*).

L'*E. Hydropiper* L indiqué dans nos environs n'y a jamais été rencontré à notre connaissance, cette plante est assez répandue en Allemagne; elle se distingue de la forme nageante de l'*E hexandra*, avec laquelle elle a été souvent confondue, par ses feuilles à pétiole plus long que le limbe et surtout par ses graines courbées en fer à cheval

2. E. ALSINASTRUM. (L. sp. 527) — Vaill. bot. Par. t. 1. f. 6.

Tiges de 5-20 centimètr., ord. épaisses un peu fistuleuses, radicantes dans leur partie inférieure, couchées ou redressées dans leur partie supérieure, quelquefois nageantes, simples ou rameuses, présentant à la base des cicatrices annulaires par la destruction des feuilles. *Feuilles verticillées*, sessiles; les inférieures ord. submergées, linéaires ou lancéolées-linéaires, verticillées par 6-10; les supérieures lancéolées ou ovales, verticillées par 3-5. Fleurs à pétales blancs, sessiles ou brièvement pédicellées, en verticilles plus ou moins complets, ord. à 4 pétales, ord. à 8 étamines. Graines légèrement arquées, jaunâtres. ♃. Juin-septembre.

R. — Bords des étangs sablonneux, mares tourbeuses peu profondes. — Bondy (*Mandon*). Trou-Salé près Versailles! St-Germain (*herb. Jaubert*). Monceaux près Mennecy (*Des Étangs*). Mares de la forêt de Fontainebleau!

VI. OXALIDÉES.

(OXALIDEÆ DC. prodr. I. 689.)

Fleurs hermaphrodites, *régulières*. — Calice à 5 sépales plus ou moins soudés à la base, persistants, à préfloraison imbriquée. — Corolle à 5 pétales hypogynes, libres ou légèrement soudés à la base, caducs, à préfloraison contournée. — *Étamines* 10, hypogynes, *soudées à la base*, les 5 opposées aux pétales plus courtes. Anthères bilobées, introrses, souvent d'apparence extrorses après la fécondation par leur réflexion sur le filet. — *Ovaire* libre, *à 5 carpelles*, à 5 loges bi-pluri-ovulées plus rarement uni-ovulées. *Ovules insérés à l'angle interne des loges*, pendants, réfléchis. *Styles* 5, *libres ou soudés à la base*. Stigmates 5, entiers, bifides ou laciniés. — *Fruit capsulaire* membraneux, à 5 lobes, *à 5 loges* polyspermes plus rarement monospermes, *à déhiscence loculicide*, à valves restant adhérentes à l'axe. — *Graines* pendantes, *renfermées dans une enveloppe succulente. Périsperme charnu-cartilagineux épais*. Embryon droit ou légèrement courbé, placé dans le périsperme. Radicule dirigée vers le hile.

Plantes annuelles ou vivaces herbacées, contenant un suc plus ou moins acide. *Feuilles* roulées en crosse avant leur développement, éparses ou radicales, pétiolées, composées *trifoliolées*; stipules membraneuses, libres ou soudées au pétiole, quelquefois nulles. Pédoncules axillaires pluriflores, ou radicaux uniflores.

I. OXALIS. (L. gen. n. 582.)

Calice à 5 sépales un peu soudés à la base. Pétales 5. Étamines 10, soudées à la base. Styles 5. Capsule membraneuse-herbacée, oblongue ou ovoïde, à 5 lobes profonds. Graines comprimées, striées, renfermées dans une enveloppe succulente qui devient membraneuse par la dessiccation et s'ouvre longitudinalement à la maturité.

Plantes annuelles ou vivaces, acaules ou caulescentes, glabres ou pubescentes. Feuilles trifoliolées, à folioles obcordées entières se pliant longitudinalement suivant la nervure moyenne et se réfléchissant sur le pétiole pendant la nuit ou les temps humides. Fleurs blanches ou jaunes.

{ Fleurs blanches; plante acaule . . . . *O. Acetosella.*
{ Fleurs jaunes, plante caulescente. . . . . *O. stricta.*

1. O. ACETOSELLA. (L. sp. 620.) — Engl. bot. t. 762. (vulg. *Alleluia.*)

Souche à rhizome noueux-écailleux, rameux, traçant. Plante acaule de 6-12 centimètr., mollement pubescente. Feuilles toutes radicales, munies de stipules. *Pédoncules radicaux*, uniflores, munis à leur partie moyenne de 2 bractées très petites (stipules); les florifères droits; les fructifères contournés au sommet. *Fleurs blanches*, à pétales 2-3 fois plus longs que le calice. Capsule ovoïde. Style caduc à la maturité. *Graines luisantes*, *striées longitudinalement*. ♃. Avril-mai.

A C. — Bois montueux humides. — Meudon! Marly! Bois de Satory près Versailles! Montmorency!, etc.

2. O. STRICTA. (L. sp. 624.) — Jacq. monogr. 29 t. 4. — O. corniculata. Thuill. fl. Par. 225, *non* L.

Plante annuelle. Tige de 1-4 décimètr., dressée ou ascendante, rameuse, presque glabre. Feuilles éparses, dépourvues de stipules. *Pédoncules axillaires* pluriflores rarement 1-2-flores, à pédicelles presque réunis en ombelle droits souvent étalés. *Fleurs jaunes*, à pétales environ une fois plus longs que le calice. Capsule linéaire-oblongue. Style persistant. *Graines ternes*, *striées transversalement*. ①. Juin-octobre.

C. — Lieux cultivés humides, jardins, terrains en friche.

L'*O. corniculata* L. indiqué d'après Thuillier dans nos environs (*Mérat*, *fl.*) n'y a jamais été rencontré à notre connaissance; la plante de l'herbier de Thuillier n'est autre que l'*O. stricta.* — L'*O. corniculata*, espèce assez répandue dans l'ouest de la France, se distingue à ses pédoncules plus courts que les pétioles, à ses pédicelles fructifères réfractés, et à ses feuilles pourvues de stipules.

Le *Ruta graveolens* L. (vulg. *Rue*), fréquemment cultivé dans les jardins, se rencontre quelquefois subspontané dans le voisinage des habitations. Cette espèce, qui appartient à une famille voisine des *Oxalidées*, se reconnait à son calice ord. à 4-5 divisions, à ses fleurs jaunes à 8-10 étamines insérées sur un disque hypogyne, à son fruit à 4-5 coques presque distinctes, à ses feuilles très odorantes-nauséeuses pinnatiséquées à segments ovales-oblongs parsemés de points glanduleux transparents, et à sa tige sous frutescente

---

VII. BALSAMINÉES.

(BALSAMINEÆ. A. Richard in dict. hist. nat. II. 173.)

Fleurs hermaphrodites, *irrégulières.* — *Calice à 5 sépales* très inégaux, pétaloïdes, caducs; les deux extérieurs latéraux, plus petits, à préfloraison valvaire; les trois intérieurs très grands dont deux supérieurs soudés en une seule pièce en forme de casque, *l'inférieur prolongé* à sa base *en* un *éperon* plus ou moins courbé *enveloppant les supérieurs lors de la préfloraison.* — Corolle à 4 pétales (par l'avortement du pétale supérieur) hypogynes, inégaux, petits, soudés deux à deux, caducs. — *Étamines* 5, hypogynes, recouvrant l'ovaire, à filets soudés à leur partie moyenne. *Anthères* biloées, introrses, *cohérentes par leurs bords.* — *Ovaire* libre, *à* 5 *carpelles*, à 5 loges ord. pluri-ovulées. *Ovules insérés à l'angle interne des loges*, suspendus, réfléchis. Stigmate subsessile, entier ou à 5 lobes. — *Fruit capsulaire*, *polysperme*, 5-loculaire inférieurement, uniloculaire supérieurement, *à déhiscence loculicide*, *se partageant avec élasticité en* 5 *valves* qui s'enroulent sur elles-mêmes. — *Graines* suspendues, *dépourvues de périsperme.* Embryon droit. Radicule dirigée vers le hile.

Plantes annuelles, plus ou moins renflées aux articulations, succulentes. Feuilles alternes, rarement opposées, plus ou moins pétiolées, simples, dentées ou presque entières, dépourvues de stipules, q.q fois munies de deux glandes à la base des pétioles. Pédoncules axillaires ord. pluriflores.

I. IMPATIENS. (L. gen. n. 1008, *part.*)

Calice à 5 sépales inégaux, pétaloïdes, l'inférieur prolongé en éperon. Corolle à 4 pétales plus ou moins soudés. Étamines 5, à filets courts recouvrant l'ovaire. Fruit capsulaire, oblong, à 5 valves s'enroulant avec élasticité.

Plante annuelle, glabre. Feuilles oblongues, plus ou moins profondément dentées. Fleurs jaunes, pendantes, portées sur des pédoncules plus ou moins allongés q q.fois convertis en vrilles rameuses.

1. I. NOLI-TANGERE. (L. sp. 1328.) — Engl bot. t. 937.

Tige de 4-8 décimètr., succulente à nœuds renflés, dressée, rameuse. Feuilles molles, oblongues, pétiolées, lâchement dentées. Pédoncules étalés, grêles, rameux 3-5-flores. Fleurs pendantes, jaunes ponctuées de rouge intérieurement; éperon plus long que le reste de la fleur, très élargi à la base, à extrémité étroite recourbée en crochet. Fruit glabre, allongé linéaire, anguleux, à valves s'enroulant en dehors lors de la déhiscence. ①. Juin-août.

R.R. — Endroits frais ombragés, bords des ruisseaux des bois. — St-Pierre près Compiègne ! (*Lere*) La Chapelle-aux-Pots près Beauvais (*Morelle*). Abondant dans la forêt de Villers-Cotterets à Faverolles (*Questier*). — ? Mare de Lucienne.

On cultive dans les parterres l'*I. Balsamina* L. (vulg. *Balsamine*), originaire de l'Inde, à fleurs rouges roses blanches ou panachées à éperon court arqué, disposées en une panicule dense feuillée, à fruit velu oblong, à valves s'enroulant en dedans lors de la déhiscence, à feuilles lancéolées luisantes.

On cultive partout le *Trapæolum majus* L. (vulg. *Capucine*) originaire du Pérou, appartenant à une famille voisine; cette plante est caractérisée par sa tige grimpante, ses feuilles peltées glauques, ses fleurs grandes jaunes panachées de rouge à éperon presque droit, et par son fruit ord. à 3 carpelles monospermes indéhiscents réniformes charnus-subéreux sillonnés.

VIII. GÉRANIACÉES.

(GERANIÆ L. D.C. Fl. Fr. IV. 838. — Gerania. Juss. gen. 268.)

Fleurs hermaphrodites, presque régulières, plus rarement irrégulières. — Calice à 5 sépales libres, herbacés, persistants, à préfloraison imbriquée. — Corolle à 5 pétales hypogynes, égaux ou inégaux, libres, caducs, à préfloraison imbriquée ou contournée. — *Étamines* 10, toutes fertiles ou 5 dépourvues d'anthères, hypogynes, *à filets plus ou moins soudés à la base.* Anthères bilobées, introrses, souvent d'apparence extrorses après la fécondation par leur réflexion sur le filet. — *Ovaire* libre, *à 5 carpelles* bi-ovulés, libres entre eux, *verticillés à la base d'un prolongement de l'axe* auquel ils sont soudés par leurs bords internes; *nervure dorsale prolongée au-dessus de la feuille carpellaire en un long appendice linéaire soudé* également *au prolongement de l'axe. Ovules insérés sur des placentas soudés à l'axe*, ascendants, pliés, l'inférieur avorté. *Styles* 5, *soudés au prolongement de l'axe.* Stigmates 5, filiformes. — *Fruit* sec, *à 5 carpelles monospermes* par avortement (coques), d'abord soudés à l'axe puis s'en détachant et s'ouvrant par la suture interne, à prolongement de la nervure dorsale se détachant avec élasticité de l'axe de la base au sommet ou du sommet à la base. — *Graine* dressée, remplissant la cavité de la coque, *dépourvue de périsperme. Embryon plié, à cotylédons condupliqués-flexueux* s'emboîtant mutuellement. Radicule rapprochée du hile.

Plantes annuelles ou vivaces herbacées, souvent odorantes, contenant un suc plus ou moins astringent. Tiges ord. dichotomes, plus ou moins renflées fragiles aux articulations. Feuilles opposées ou les supérieures alternes, pétiolées ou les supérieures subsessiles, palmatilobées ou palmatiséquées, plus rarement pinnatiséquées; munies de stipules ord. membraneuses. Pédoncules biflores, plus rarement uniflores ou pluriflores, occupant les angles de bifurcation de la tige ou opposés aux feuilles, souvent d'apparence axillaires par l'avortement de l'un des rameaux, à pédicelles munis à la base de deux fausses bractées (stipules).

10 étamines toutes fertiles; prolongements des coques se détachant de l'axe de la base au sommet en s'enroulant en dehors. . . . GERANIUM. (I.)
5 des étamines dépourvues d'anthère; prolongements des coques se détachant de l'axe du sommet à la base et se tordant en tire-bouchon. . . . . ERODIUM. (II.)

I. GERANIUM. (L'Hérit. Geran. t. 36-40.)

Étamines 10 *toutes fertiles*, les 5 opposées aux pétales plus courtes. Pétales 5, égaux. *Prolongements des coques* glabres à la face interne, *se détachant* de l'axe à la maturité *de la base au sommet et s'enroulant en dehors* sur eux-mêmes en entraînant ord. les coques. Coques subglobuleuses ou oblongues-subglobuleuses.

Plantes annuelles ou vivaces, velues ou pubescentes, rarement glabres. Feuilles pétiolées ou les supérieures subsessiles, palmatilobées, profondément palmatipartites ou palmatiséquées à divisions lobées ou incisées. Fleurs purpurines, roses ou lilas, souvent veinées, rarement blanches, portées sur des pédoncules biflores rarement uniflores, à pédicelles ord. inégaux réfractés après la floraison.

1 { Pétales entiers arrondis au sommet, glabres au-dessus de l'onglet. . . . 2
1 { Pétales émarginés, échancrés ou bifides, rarement entiers à sommet tronqué, plus ou moins barbus au-dessus de l'onglet. . . . . 4.

2 { Feuilles palmatiséquées à segment moyen longuement pétiolulé . . . . *G. Robertianum*
2 { Feuilles à divisions n'atteignant pas ou dépassant à peine la moitié du limbe. 3.

3 { Calice glabre, ridé transversalement. . . . . *G. lucidum.*
3 { Calice pubescent à poils étalés, non ridé . . . . . *G. rotundifolium*

4 { Feuilles divisées presque jusqu'au pétiole . . . . 5.
4 { Feuilles à divisions n'atteignant pas ou dépassant à peine la moitié du limbe 7

5 { Pétales deux fois plus longs que le calice; pédoncules tous ou la plupart uniflores . . . . *G. sanguineum*
5 { Pétales égalant environ la longueur du calice, pédoncules tous biflores . . 6.

6 { Coques glabres; pédoncules dépassant longuement les feuilles . . . . *G. columbinum*
6 { Coques velues; pédoncules plus courts que les feuilles ou les dépassant à peine. . . . . *G. dissectum*

7 { Coques ridées transversalement, glabres . . . . . . *G. molle.*
7 { Coques lisses, pubescentes à poils apprimés . . . . 8.

8 { Pétales dépassant à peine le calice . . . . *G. pusillum.*
8 { Pétales deux fois plus longs que le calice . . . . *G. Pyrenaicum.*

SECT. I — Pétales émarginés, échancrés ou bifides, plus ou moins barbus au-dessus de l'onglet.

1 G. SANGUINEUM (L. sp. 958.) — Cav. diss. t. 76. f. 1. — Illustr. fl. Par. t. 7 A.

Souche épaisse, *horizontale, rameuse.* Tiges de 3-5 décimètr., dressées, velues à longs poils étalés. *Feuilles presque palmatiséquées*, à 5-7 divisions 3-4-lobées à lobes linéaires entiers ou incisés. Pédoncules uniflores, munis de deux fausses bractées au niveau du pédicelle avorté, plus rarement biflores. Fleurs grandes, purpurines passant au violet. Sépales fortement mucronés, velus à poils longs épars. *Pétales* échancrés ou émarginés, rarement presque entiers tronqués au sommet, *deux fois plus longs que le calice.* Coques lisses, munies de longs poils seulement au sommet. Graines finement ponctuées. ♃. Mai-septembre.

A.R. — Clairières des bois secs, pâturages des terrains sablonneux. — Très abondant au bois de Boulogne! et dans la forêt de Fontainebleau! Rougeaux près Corbeil! Malesherbes! Forêts de Chantilly, de Pontarmé et d'Ermenonville (*Morelle*). Compiègne. Dreux (*Daenen*).

On cultive quelquefois dans les parterres le *G. pratense* L. à souche horizontale, à pétales très grands d'un bleu lilas, à pédicelles fructifères refractés.

2. G. COLUMBINUM (L. sp. 956) — Engl. bot. t. 259. — Illustr. fl. Par. t. 7. B.

Plante annuelle. Tiges de 2-5 décimetr., ascendantes diffuses, à rameaux ord. divariqués, légèrement pubescentes à poils réfléchis apprimés. *Feuilles presque palmatiséquées*, à 5-7 divisions ord. 3-5-fides à lobes linéaires entiers ou incisés. *Pédoncules dépassant longuement les feuilles*, à pédicelles très inégaux l'inférieur réfracté. Fleurs purpurines striées. Sépales légèrement pubescents à poils apprimés. *Pétales* échancrés ou émarginés, rarement presque entiers tronqués au sommet, *ne dépassant pas le calice. Coques* lisses, *glabres. Graines fortement ponctuées.* ①. Juin-septembre.

C. — Buissons, endroits pierreux, champs incultes, bords des chemins.

3. G. DISSECTUM. (L. sp. 956.) — Engl. bot. t. 753. — Illustr. fl. Par. t. 7. C.

Plante annuelle. Tiges de 2-5 décimètr., ord. dressées, à rameaux dressés ou divergents, velues à poils glanduleux inégaux étalés. *Feuilles presque palmatiséquées*, à 5-7 divisions 3-5-fides à lobes linéaires ord. incisés; les supérieures subsessiles. *Pédoncules plus courts que les feuilles* ou les dépassant à peine, à pédicelles presque égaux souvent non réfractés. Fleurs purpurines. Sépales longuement aristés, velus. *Pétales* échancrés, *égalant environ le calice. Coques* lisses, *velues. Graines ponctuées.* ①. Juin-septembre.

C. — Haies, buissons, bords des chemins.

4. G. PYRENAICUM. (L. mant. 97.) — Engl. bot. t. 405. — Illustr. fl. Par. t. 7. F.

Souche épaisse, pivotante. Tiges de 3-5 décimètr., dressées ou ascendantes, pubescentes à poils courts étalés. *Feuilles palmatifides*, à 5-7 divisions incisées; les supérieures sessiles. Pédoncules plus longs que les feuilles florales. Fleurs d'un rose lilas, très rarement blanches. Sépales mucronulés, pubescents à poils courts. *Pétales* bifides, *deux fois plus longs que le calice. Coques lisses*, finement pubescentes à poils apprimés. Graines lisses. ♃. Mai-août.

R. — Lieux pierreux, endroits herbeux, buissons. — Bois de Boulogne! (*Sagot*). Parc de Neuilly et îles de la Seine vis-à-vis Becon (*Vigineix*). Abondant dans un par.

à Issy! (Mlle *E*** C****). Bièvre (*Delavaux*). St-Denis (*Maire*). Env. de Versailles (*de Boucheman*). Mennecy (*Tollard*). Chamarande (*Maire*). Valvins! (*Mandon*). Liancourt-sous-Clermont!

5. G. PUSILLUM. (L. sp. 957.) — Engl. bot. t. 385. — Illustr. fl. Par. t. 7. D.

Plante annuelle. Tiges de 1-6 décimètr., dressées ou ascendantes diffuses, pubescentes à poils très courts étalés. *Feuilles palmatifides*, à 5-7 divisions incisées; les supérieures subsessiles. Pédoncules plus longs que les feuilles florales. Fleurs d'un rose violacé. Sépales mucronulés, velus à poils mous étalés. *Pétales* bifides, *dépassant à peine le calice. Coques lisses*, *pubescentes* à poils apprimés. Graines lisses. ①. Mai-septembre.

C.C. — Lieux pierreux, décombres, bords des chemins, endroits herbeux.

6. G. MOLLE. (L. sp. 955.) — Engl. bot. t. 778. — Illustr. fl. Par. t. 7. E.

Plante annuelle. Tiges de 1-4 décimètr., ascendantes ou diffuses, pubescentes à poils mous très longs étalés. *Feuilles palmatifides*, à 5-7 divisions incisées; les supérieures subsessiles. Pédoncules plus longs que les feuilles florales. Fleurs roses. Sépales mucronulés, velus à poils mous étalés. Pétales bifides, plus longs que le calice. *Coques ridées transversalement, glabres.* Graines lisses. ①. Mai-septembre.

C.C. — Endroits pierreux ou herbeux, buissons, bords des chemins.

SECT. II. — Pétales entiers arrondis au sommet, glabres au-dessus de l'onglet.

7. G. ROTUNDIFOLIUM. (L. sp. 957.) — Engl. bot. t. 157. — Illustr. fl. Par. t. 7. G.

Plante annuelle. Tiges de 2-5 décimètr., diffuses dressées ou ascendantes, pubescentes à poils inégaux étalés légèrement glanduleuses au sommet. *Feuilles pinnatilobées*, à 5-7 divisions incisées-crénelées, longuement pétiolées même les supérieures. Pédoncules plus courts que les pétioles. Fleurs roses. Sépales brièvement mucronés, pubescents à poils étalés glanduleux. Pétales entiers, plus longs que le calice. Coques lisses, velues. *Graines ponctuées.* ①. Mai-octobre.

C. — Endroits pierreux, haies, buissons, bords des chemins, vieux murs.

8. G. LUCIDUM. (L. sp. 955.) — Engl. bot. t. 75. — Illustr. fl. Par. t. 7. H.

Plante annuelle. Tiges de 2-4 décimètr., dressées ou ascendantes diffuses, très glabres. *Feuilles palmatifides*, à 5-7 divisions incisées-crénelées; les supérieures brièvement pétiolées. Pédoncules plus longs que les feuilles florales. Fleurs roses. *Calice à 5 angles* très saillants *séparés par des sinus profonds. Sépales glabres* connivents après la floraison; les 3 extérieurs ovales-acuminés, brièvement aristés, *ridés transversalement*, à bords repliés en dedans; les 2 intérieurs lancéolés, scarieux. Pétales entiers, une fois plus longs que le calice. *Coques ridées*, pubescentes-glanduleuses seulement au sommet et au bord sutural. Graines lisses. ①. Mai-août.

R. — Lieux pierreux, vieux murs, berges des rivières, buissons. — Corbeil! Mennecy (*Des Étangs*). Lardy (*Maire*). Malesherbes! Dourdan, St-Arnould-en-Yveline (*Maire*). Dreux (*Daenen*).

9. G. ROBERTIANUM. (L. sp. 955.) — Engl. bot. t. 1486. — Illustr. fl. Par. t. 7. I (vulg. *Herbe-à-Robert*, *Bec-de-grue*.)

Plante annuelle, très odorante. Tiges de 2-6 décimètr., ascendantes-diffuses ou dressées, souvent rougeâtres, velues à poils étalés, glanduleuses surtout au sommet. *Feuilles palmatiséquées*, *à 3-5 segments pétiolulés* pinnatipartits à lobes incisés; les supérieures brièvement pétiolées. Pédoncules plus longs que les feuilles, à pédicelles presque égaux souvent dressés. Fleurs purpurines striées. Sépales connivents après la floraison, assez longuement aristés, velus à longs poils étalés. Pétales entiers, environ une fois plus longs que le calice. Coques ridées sur le dos, pubescentes ou presque glabres, se séparant souvent de leurs prolongements et restant suspendues à de longs filaments soyeux. Graines lisses. ①. Avril-octobre.

C.C. — Haies, buissons, lieux frais, vieux murs.

II. ERODIUM. (L'Hérit. Geran. t. 2-6.)

Étamines 10 : 5 alternes avec les pétales fertiles, 5 opposées aux pétales, *dépourvues d'anthère* plus courtes à filet élargi. Pétales un peu inégaux. *Prolongements des coques* barbus à la face interne, *se détachant* de l'axe *du sommet à la base* à la maturité *et se tordant en tire-bouchon* dans leur moitié inférieure. Coques linéaires-obovales atténuées inférieurement.

Plantes annuelles, plus ou moins velues ou pubescentes. Feuilles pétiolées au moins les inférieures, pinnatiséquées à segments plus ou moins profondément incisés. Fleurs roses-purpurines, portées sur des pédoncules ord. pluriflores à pédicelles dressés ou réfractés disposés en ombelle.

{ Étamines fertiles à filets entiers, feuilles à segments pinnatipartits. *E. cicutarium*
{ Étamines fertiles à filets bidentés; feuilles à segments pinnatilobés . . . . *E. moschatum.*

1. E. CICUTARIUM. (L'Hérit. in Ait. Kew II. 414.) — Engl. bot. t. 1768. — Geranium Cicutarium. L. sp. 951.

Tiges ord. nombreuses, de 1-5 décimètr., étalées ou redressées, plus ou moins velues à poils étalés. Feuilles pinnatiséquées, à segments pinnatiséqués ou pinnatipartits à lobes entiers ou incisés. *Étamines fertiles à filets* élargis inférieurement *entiers*. Coques lisses, velues à poils raides apprimés. Plante légèrement odorante. ①. Avril-octobre.

C.C. — Champs cultivés ou incultes, bords des chemins, terrains sablonneux ou pierreux, pelouses rases.

s v. — *præcox.* — Plante presque acaule, peu velue. Feuilles à segments peu profondément divisés. Pédoncules subuniflores. — Cette forme de la plante se rencontre surtout au premier printemps.

var. β *maculatum* — Pétales supérieurs offrant au-dessus de l'onglet une tache bleuâtre veinée.

var. γ *pilosum* (Geranium pilosum Thuill. fl Par 346.) — Plante blanchâtre velue-hérissée. Feuilles à segments très profondément incisés. — Terrains sablonneux arides.

2. E. MOSCHATUM. (Willd. sp. III 631) — Jacq. hort. Vind. t 53 — Engl. bot. t. 902.

Tiges de 1-4 décimètr., étalées ou redressées, ord. épaisses robustes, plus ou moins velues. Feuilles pinnatiséquées, à segments pinnatilobés à lobes inégalement dentés. *Étamines fertiles à filets dilatés inférieurement en un élargissement terminé par 2 dents.* Coques lisses, velues à poils apprimés. Plante à odeur de musc très prononcée. ①. Mai-septembre.

R.R.R. — Bords des champs arides, pelouses sèches. — Magny (*Delavaux*, *Bouteille*).

Le genre *Pelargonium*, dont on cultive de nombreuses espèces pour la beauté de leurs fleurs ou leur odeur aromatique sous le nom de *Geranium*, est caractérisé par le calice irrégulier à 5 divisions la supérieure prolongée en un éperon soudé avec le pédicelle, par la corolle à 5 pétales inégaux les 2 supérieurs plus grands ord. veinés, et par les étamines dont 4-7 seulement sont fertiles.

IX. MALVACÉES.

(MALVACEÆ. Juss. gen. 271, *part.*)

Fleurs hermaphrodites, régulières.—*Calice à* 5 rarement 3-4 *sépales soudés inférieurement*, persistant, *à préfloraison valvaire*, *muni à la base d'un calicule* à plusieurs folioles constitué par une ou plusieurs bractées munies de stipules. — *Corolle* caduque, *à* 5 *petales* hypogynes, *soudés entre eux par leur onglet* et avec la base du tube staminal, *à préfloraison contournée.—Étamines en nombre indéfini*, hypogynes, à *filets* inégaux *soudés en un tube qui recouvre l'ovaire*, libres seulement dans leur partie supérieure les extérieurs plus courts. *Anthères unilobées*, s'ouvrant par une fente demi-circulaire.—*Ovaire* libre, *constitué par des carpelles nombreux uniovulés* disposés circulairement autour d'un prolongement de l'axe, plus rarement constitué par des carpelles peu nombreux soudés en un ovaire pluriloculaire à loges multi-ovulées. *Ovules insérés à l'angle interne des carpelles*, ord. ascendants, pliés. *Styles* en nombre égal à celui des carpelles, *soudés en colonne avec le prolongement de l'axe*, libres seulement dans leur partie supérieure. Stigmates indivis. — Fruit composé de carpelles nombreux monospermes disposés circulairement autour du prolongement persistant de l'axe se séparant à la maturité et s'ouvrant au côté interne, plus rarement composé de carpelles peu nombreux soudés en une capsule à plusieurs loges polyspermes à déhiscence loculicide. — Graines ord. ascendantes, réniformes. Périsperme mince mucilagineux, quelquefois presque nul. *Embryon plié*, à cotylédons foliacés plissés longitudinalement. Radicule rapprochée du hile.

Plantes bisannuelles ou vivaces, herbacées, quelquefois sous-frutescentes à la base, contenant un suc mucilagineux, plus ou moins velues à poils souvent étoilés. Feuilles alternes, pétiolées, palmatilobées ou palmatiséquées, munies de stipules. Fleurs solitaires ou fasciculées, axillaires ou terminales.

Calice muni d'un calicule à 3 folioles libres	MALVA. (I.)
Calice muni d'un calicule à 6-9 folioles soudées dans leur tiers inférieur.	ALTHÆA. (II.)

I. MALVA. (L. gen. n. 841.)

Calice à 5 divisions, muni d'un *calicule à* 3 *folioles libres* presque égales. Fruit déprimé orbiculaire, composé de carpelles nombreux, monospermes, verticillés autour du prolongement de l'axe, se séparant à la maturité.

Plantes bisannuelles ou vivaces. Feuilles palmatilobées ou palmatiséquées. Fleurs roses ou purpurines striées, solitaires ou fasciculées à l'aisselle des feuilles, souvent rapprochées au sommet des rameaux.

1	Fleurs disposées en fascicules axillaires; calice n'enveloppant pas complètement le fruit.	2.
	Fleurs solitaires à l'aisselle des feuilles, souvent rapprochées au sommet des rameaux, calice lâche très ample enveloppant complètement le fruit. .	3.
2	Carpelles non réticulés; corolle d'un blanc rosé ou d'un rose lilas, environ 2 fois plus longue que le calice.	*M. rotundifolia.*
	Carpelles fortement réticulés; corolle purpurine, au moins 3 fois plus longue que le calice.	*M. sylvestris.*
3	Carpelles glabres, calicule à folioles oblongues aigues. . . .	*M. Alcea.*
	Carpelles velus-hérissés, calicule à folioles linéaires . . .	*M. moschata.*

1. M. ROTUNDIFOLIA (L. sp. 969.) — Fl. Dan. t. 721. — Curt. Lond. III. t. 43. (vulg. *Petite-Mauve.*)

Tiges de 2-7 décimètr., étalées, couchées ou ascendantes, rameuses, plus ou moins pubescentes. Feuilles, même les supérieures, suborbiculaires profondément cordées à la base superficiellement lobées à 5-7 lobes obtus doublement crénelés. *Fleurs disposées en fascicules axillaires.* Pédicelles fructifères penchés. Calice appliqué sur le fruit qu'il n'enveloppe pas complètement. Corolle d'un blanc rosé ou d'un rose lilas, environ 2 fois plus longue que le calice. *Carpelles* pubescents, *non réticulés.* ② ou ♃. Mai-octobre.

C C C. — Bords des chemins, villages, lieux cultivés et incultes.

2. M. SYLVESTRIS. (L. sp. 969.) — Engl. bot. t. 671. — Curt. Lond. II t. 51. (vulg. *Grande-Mauve.*)

Tiges 3-8 décimètr., dressées ascendantes ou étalées, rameuses, velues-hérissées surtout au sommet. Feuilles ord. tachées de noir à la base, crénelées-dentées; les inférieures suborbiculaires cordées ou tronquées à la base, à 5-7 lobes peu profonds obtus; les supérieures à 3-5 lobes plus profonds, étroits, ord. aigus. *Fleurs disposées en fascicules axillaires.* Pédicelles fructifères dressés. Calice à divisions dressées après la floraison, n'enveloppant pas complètement le fruit. *Corolle purpurine* veinée passant au violet, au moins 3 fois plus longue que le calice. *Carpelles* ord. glabres, *fortement réticulés.* ②. Mai-octobre.

C. — Bords des chemins, haies, buissons, lieux incultes.

On cultive assez fréquemment dans les jardins le *M. crispa* L. à feuilles ondulées crispées, à fleurs assez petites rougeâtres en fascicules axillaires.

3. M. ALCEA. (L. sp. 971.) — Bot. mag. t. 2197.

Tiges de 5-10 décimètr., dressées ou ascendantes, ord. rameuses, rudes pubescentes ou velues. Feuilles radicales suborbiculaires, tronquées ou cordées à la base, lobées ou palmatipartites à lobes crénelés; les caulinaires profondément palmatipartites ou palmatiséquées à 3-5 lobes cunéiformes trifides incisés-dentés. *Fleurs solitaires à l'aisselle des feuilles*, souvent rapprochées au sommet des rameaux. Calicule à folioles oblongues aiguës. Calice lâche très ample, enveloppant complètement le fruit. Corolle rose passant au lilas, environ 4 fois plus longue que le calice. *Carpelles glabres*, rarement un peu velus à la partie supérieure, finement réticulés. ♃. Juin-septembre.

A.C. — Lisière des bois, haies, buissons, endroits arides.

4. M. MOSCHATA (L. sp. 971.) — Engl. bot. t. 754.

Tiges de 2-6 décimètr., dressées ou ascendantes, simples ou rameuses, rudes velues-hérissées. Feuilles radicales suborbiculaires, tronquées ou cordées à la base, lobées à lobes crénelés; les caulinaires profondément palmatipartites ou palmatiséquées à 3-5 lobes eux-mêmes divisés en lobes linéaires entiers ou incisés. *Fleurs solitaires à l'aisselle des feuilles*, souvent rapprochées au sommet des rameaux. Calicule à folioles linéaires. Calice lâche très ample, enveloppant complètement le fruit. Corolle rose passant au lilas, environ 4 fois plus longue que le calice. *Carpelles velus-hérissés*, non réticulés. ♃. Juin-septembre.

A.C. — Lisière des bois, prés secs, endroits arides.

s v — *elatior.* — Tiges de 4-8 décimètr. Feuilles supérieures à 3-5 lobes cunéiformes trifides incisés-dentés. — Endroits ombragés, buissons.

II. ALTHÆA. (L. gen. n. 839.)

Calice à 5 divisions, muni d'un *calicule à 6-9 folioles soudées dans leur tiers inférieur* presque égales. Fruit déprimé orbiculaire, composé de carpelles nombreux, monospermes, verticillés autour du prolongement de l'axe, se séparant à la maturité.

Plantes annuelles ou vivaces, velues ou tomenteuses. Feuilles palmatilobées ou palmatiséquées. Fleurs purpurines ou roses, plus ou moins striées, solitaires ou fasciculées à l'aisselle des feuilles, souvent rapprochées au sommet des rameaux.

Feuilles mollement tomenteuses-blanchâtres; carpelles tomenteux. . . . . *A. officinalis.*
Feuilles vertes parsemées de quelques poils raides; carpelles glabres, fortement réticulés . . . . *A. hirsuta.*

† 1. A. OFFICINALIS. (L. sp. 966.)—Engl. bot. t. 147. (vulg. *Guimauve*)

Plante vivace, à souche terminée par une racine pivotante épaisse. Tiges de 6-12 décimètr., dressées, pubescentes-tomenteuses. *Feuilles mollement tomenteuses-blanchâtres*, ovales, anguleuses sublobées, tronquées ou à peine cordées à la base, crénelées à crénelures inégales; les inférieures sub-5-lobées; les supérieures sub-3-lobées. Fleurs d'un rose pâle, ord. fasciculées à l'aisselle des feuilles, rapprochées au sommet des tiges et des rameaux. Calice tomenteux, à divisions ovales-acuminées. *Carpelles tomenteux.* ♃. Juin-août.

Très généralement cultivé comme plante médicinale. Fréquemment naturalisé autour des villages dans les haies et les endroits humides.

L'*A. cannabina* L., que l'on cultive quelquefois dans les jardins et qui s'est naturalisé à Malesherbes dans le voisinage du château, se reconnait à ses feuilles velues-soyeuses les inférieures profondément palmatipartites les supérieures palmatiséquées à segments lancéolés incisés, à ses pedicelles dépassant longuement les feuilles florales, et à son calice tomenteux à divisions ovales-acuminées.

2. A. HIRSUTA (L. sp. 965.) — Cav. diss. II t. 29. f. 1.

Plante annuelle. *Tiges* de 2-6 décimètr., dressées, ascendantes ou étalées, *hérissées de longs poils* étalés. *Feuilles vertes, parsemées de quelques poils raides*, ciliées, cordées ou tronquées à la base; les inférieures suborbiculaires sub-5-lobées crénelées; les supérieures profondément palmatipartites ou palmatiséquées à 3-5 lobes oblongs crénelés. Fleurs d'un rose lilas passant au bleu par la dessiccation, solitaires à l'aisselle des feuilles, souvent rapprochées au sommet des tiges ou des rameaux. Calice vert, à divisions lancéolées-linéaires hérissées-ciliées. *Carpelles glabres, fortement réticulés.* ①. Juin-septembre.

A. R. — Haies, buissons, bords des champs en friche.— St-Maurice! Senart! Forêt de Rougeaux (*Vigineix*). Mennecy! Etrechy! Le Châtelet près Melun. Valvins (*Woods*) Malesherbes! Champagne! Pithiviers! Vernon! La Roche-Guyon!, etc.

On cultive dans tous les jardins l'*A. rosea* Cav. (vulg. *Rose trémière*, *Bâton-de-St-Jacques*), cette plante se distingue à ses tiges de 1-2 mètres robustes dressées velues, à ses fleurs très amples rouges jaunes ou blanches quelquefois pourpres ou panachees disposees en une grappe spiciforme terminale, et à ses carpelles entourés d'un rebord membraneux. — On cultive egalement dans les parterres le *Lavatera trimestris* L. qui se reconnait à son calicule à folioles soudés jusqu'au milieu de leur longueur, et au prolongement de l'axe épanoui au-dessus des carpelles en un plateau qui les déborde. — L'*Hibiscus Syriacus* L. (vulg. *Althæa*, *Ketmie des jardins*), arbrisseau à fruit capsulaire à plusieurs loges polyspermes, à fleurs blanches ou roses, est frequemment planté dans les bosquets.

X. TILIACÉES.

(TILIACEÆ. Juss. gen. 289, *part.*)

Fleurs hermaphrodites, régulières. — *Calice à 5 pétales* libres, caducs, *à préfloraison valvaire.* — Corolle à 5 pétales hypogynes, libres, à préfloraison imbriquée. — *Étamines en nombre indéfini*, hypogynes, à filets libres plus rarement soudés par faisceaux à la base. Anthères bilobées, introrses. — *Ovaire* libre, *ord. à 5 carpelles*, ord. à 5 loges bi-ovulées. *Ovules insérés à l'angle interne des loges*, ascendants, réfléchis. Style indivis. Stigmate ord. à 5 lobes. — *Fruit ligneux*, *indéhiscent*, à 5 angles, *uniloculaire par la disparition des cloisons*, 1-2-*sperme* par avortement. — Graines ascendantes. Embryon presque droit, placé dans un *périsperme charnu.* Radicule dirigée vers le hile.

Arbres à sève aqueuse sub-mucilagineuse. Feuilles alternes, pétiolées, simples, munies de stipules très caduques. Fleurs en corymbes axillaires pauciflores ou pluriflores, à pédoncule commun soudé dans une grande partie de sa longueur avec une bractée membraneuse blanchâtre réticulée.

I. TILIA. (L. gen. n. 660.)

Calice à 5 sépales libres, colorés. Corolle à 5 pétales. Étamines en nombre indéfini. Ovaire à 5 loges bi-ovulées. Style indivis. Stigmate à 5 lobes. Fruit subglobuleux, presque ligneux, velu, uniloculaire par la disparition des cloisons, 1-2-sperme par avortement.

Arbres ord. élevés. Feuilles suborbiculaires obliquement cordées brusquement acuminées, dentées, pubescentes ou glabres, offrant à l'angle des ramifications des nervures des faisceaux de poils persistants. Fleurs jaunâtres ou blanchâtres, odorantes; pédicelles munis de bractées très petites, caduques avant la floraison.

Feuilles adultes pubescentes dans toute l'étendue de la face inférieure. . . . . *T. platyphyllos.*
Feuilles adultes à face inférieure glabre ne présentant de poils que dans l'angle de ramification des nervures principales. . . *T. microphylla.*

1. T. PLATYPHYLLOS. (Scop. Carn. I. 373.) — T. grandifolia. Ehrh. beitr. V. 158 — T. pauciflora. Hayn. arzn. III. t. 48. (vulg. *Tilleul.*)

Arbre ord. élevé. *Feuilles adultes mollement pubescentes dans toute l'étendue de leur face inférieure*, à faisceaux de poils de l'angle de ramification des nervures ord. très marqués. Pédoncule commun à bractée ord. décurrente jusqu'à sa base, ord. 1-3-flore. Stigmate à lobes ord. dressés. ♄. *Fl.* juin. *Fr.* juillet.

Communément planté dans les parcs et les promenades publiques. — Se rencontre quelquefois dans les bois.

2. T. MICROPHYLLA. (Willd. en. I. 565.) — T. parvifolia. Ehrh. beitr. V. 159. — Engl. bot. t. 1705.

Arbre ord. élevé. *Feuilles adultes* souvent très petites *à face inférieure glabre ne présentant de poils qu'à l'angle de ramification des nervures.* Pédoncule commun nu dans son tiers inférieur, ord. 3-8-flore. Stigmate à lobes ord. plus ou moins étalés. ♄. *Fl.* juillet. *Fr.* juillet-août.

A.C. — Bois, forêts. — St-Maur! Senart! St-Léger! La Roche-Guyon! Très abondant dans les forêts du département de l'Oise! — Planté çà et là dans les parcs et les promenades publiques.

s. v. — *opaca.* — Feuilles blanchâtres à la face inférieure.

Dans ces deux espèces la longueur et la largeur de la bractée sont très variables.

XI. POLYGALÉES.

(POLYGALEÆ. Juss. in ann. mus. XIV. 386.)

Fleurs hermaphrodites, *irrégulières*, à préfloraison imbriquée. — *Calice* persistant, *à* 5 *sépales* libres, très inégaux; les 3 extérieurs plus petits, herbacés; *les* 2 *intérieurs* ou latéraux (*ailes*) *très amples, pétaloïdes.* — *Corolle* caduque, *à* 3 *pétales* (1) hypogynes, tres inégaux, *longuement soudés* par l'intermédiaire des filets des étamines en un tube fendu supérieurement dans toute sa longueur; les supérieurs connivents, entiers; l'inférieur concave plus grand renfermant les organes sexuels, à limbe trilobé ou profondément lacinié. — Étamines 8, à filets soudés en un tube fendu adhérent aux pétales. *Anthères disposées en deux faisceaux* égaux opposés, *unilobées s'ouvrant par un pore terminal.* — Ovaire libre, à 2 carpelles, à 2 loges uni-ovulées. *Ovules insérés à la cloison* un peu au-dessous du sommet, suspendus, réfléchis. Style caduc, pétaloïde, tubuleux divisé au sommet en deux levres, l'inférieure stigmatifère embrassant les anthères. — Fruit capsulaire membraneux, biloculaire, comprimé perpendiculairement à la cloison, à loges monospermes, à déhiscence loculicide. — Graines suspendues, couronnées d'une arille lobée. Périsperme charnu. Embryon droit ou légèrement arqué, placé dans le périsperme. Radicule dirigée vers le hile.

Plantes ord. vivaces herbacées souvent sousfrutescentes à la base, contenant quelquefois un suc amer. Feuilles alternes, plus rarement opposées, sessiles, entières, stipules nulles. Fleurs en grappes spiciformes terminales.

I. POLYGALA. (L. gen. n. 851.)

Calice à 5 sépales très inégaux, les 2 intérieurs (*ailes*) beaucoup plus grands, pétaloïdes devenant membraneux-herbacés à la maturité. Capsule oblongue ou obovale, plus ou moins échancrée au sommet, comprimée perpendiculairement à la cloison, entourée d'un rebord mince plus ou moins large. Graines noirâtres, oblongues, velues, couronnées d'une arille blanche trilobée.

Plantes vivaces, à tiges ord. nombreuses disposées en touffes, glabres ou presque glabres. Feuilles lancéolées ou linéaires-oblongues, les inférieures quelquefois plus amples obovales. Fleurs bleues, roses ou blanches, penchées, munies de 3 bractées colorées très caduques, disposées en grappes dressées souvent unilatérales, la grappe terminale se développant la première.

1 { Ailes à nervure moyenne simple ne s'anastomosant jamais avec les latérales. . . . . *P. Austriaca.*
  { Ailes à nervures ramifiées s'anastomosant toutes entre elles . . . . 2.

2 { Feuilles inférieures la plupart opposées; fleurs en grappes courtes 3-10-flores, la grappe terminale dépassée à sa maturité par des grappes latérales. . . . . *P. depressa.*
  { Feuilles toutes alternes ou rapprochées en rosettes au sommet des tiges; fleurs en grappes multiflores très rarement dépassées par des grappes latérales . . . . 3.

3 { Rameaux florifères partant 1-6 du centre des rosettes de feuilles qui terminent les tiges. . . . . *P. amarella.*
  { Rameaux florifères naissant à diverses hauteurs, feuilles toutes éparses. . . . . *P. vulgaris.*

(1) Les deux pétales latéraux qui devraient compléter la symétrie manquent entièrement dans les espèces européennes.

1. P. AUSTRIACA. (Crantz. Austr. fasc. V. t. 2. f. 4) — Illustr. fl. Par t. 7 f 1-2-3. — P uliginosa Rchb. ic. crit. t. 21. f 40.-41. — P. amara. Koch, synops fl Germ. ed. 2. 100, *excl. plur. syn.*

Tiges de 1-2 décimètr., ascendantes ou dressées. Feuilles inférieures ord. rapprochées en rosette, obovales atténuées à la base, beaucoup plus larges que les supérieures ; les supérieures oblongues ou linéaires-oblongues. Fleurs très petites, blanches ou bleuâtres. *Ailes* oblongues ou obovales-oblongues, plus étroites et souvent plus courtes que la capsule, *à* 3 nervures, la *nervure moyenne simple ne s'anastomosant jamais avec les latérales*, les latérales à peine ramifiées. Capsule très petite. *Arille à lobes* presque égaux, les *latéraux très obtus environ* 4 *fois plus courts que la graine*. Plante d'une saveur amère. ♃ ? Mai-juin.

R. — Pelouses humides, prairies tourbeuses, bords des fossés des marais tourbeux. — Chanceuil près Mennecy (*Des Étangs*). Parc de Fontainebleau ! Abondant dans les marais de Malesherbes ! (*Bernard*). Nemours ! (*Devilliers*). Env de Compiègne (*Leré*, *Pillot*).

2. P. AMARELLA. (Gesner, in Crantz. Austr. II. 438.) — Illustr. fl. Par. t. 7. f 4-5-6. — Rchb. ic. crit. t. 22. f. 43-44. — P. calcarea. Schultz, bot. zeit. (1837) 752, exsic. cent. II. 15 ! — P. amara. Thuill. fl. Par. 354.

Plante de 1-2 décimètr. Tiges nombreuses, étalées, ord. dépourvues de feuilles dans leur partie inférieure, à *rameaux florifères* simples *partant* 1-6 *du centre des rosettes de feuilles. Feuilles* la plupart *rapprochées en rosette au sommet des tiges, obovales, beaucoup plus larges que celles des rameaux florifères ;* celles des rameaux florifères oblongues-linéaires. Fleurs bleues, plus rarement roses ou blanches. *Ailes* oblongues ou oblongues-obovales, plus longues que la capsule, *à* 3 nervures, la *nervure moyenne ramifiée s'anastomosant avec les latérales*, les latérales très ramifiées à ramifications anastomosées en réseau. *Arille à lobes latéraux aigus atteignant presque la moitié de la longueur de la graine*. Plante à saveur non amère. ♃. Mai-juin.

A.R. — Pelouses élevées, coteaux calcaires. — Sèvres. St-Germain ! Luzarches (*De Lens*) Très abondant à Mantes ! à Fontenay-St-Père ! et à Vernon ! Env. de Gisors ! Montmille près Beauvais ! Cocherelle près Dreux ! (*Daënen*). Compiègne (*Scharnefeld*). Breteuil près Nemours (*Decaisne*). Malesherbes ! (*Requien*)

3. P. DEPRESSA. (Wenderoth, in d. schrift. d. ges. d nat. z Marburg I. t 1.) — Illustr fl Par t. 8. f 1-2-3. — P. serpyllacea. Weihe, bot. zeit II 745 — Vaill. bot. Par. t. 32. f 3.

Tiges de 5-20 centimètr., étalées, feuillées dans toute leur longueur, plus rarement nues à la base. *Feuilles inférieures* jamais rapprochées en rosette, *la plupart opposées*, très petites, oblongues ou oblongues-obovales atténuées à la base ; les supérieures toutes alternes, d'autant plus longues qu'elles sont plus supérieures, oblongues ou linéaires-oblongues. *Fleurs* d'un bleu pâle ou blanches, *en grappes courtes* 3-10-*flores ;* la grappe terminale dépassée à sa maturité par des grappes latérales. *Ailes* oblongues étroites atténuées à la base, plus longues que la capsule, *à* 3 nervures, la *nervure moyenne très ramifiée s'anastomosant largement avec les latérales*, les latérales très ramifiées à ramifications anastomosées en réseau. Arille à lobes latéraux un peu aigus atteignant environ le tiers de la longueur de la graine. ♃. Mai-juin.

A.C. — Bois montueux, pelouses sèches ou humides, bruyères, prairies tourbeuses. — Abondant à Meudon ! Ville-d'Avray ! Versailles ! Montmorency ! Senart ! Magny ! Vernon ! Beauvais (Oise)., etc.

s.v. — *collina*. — Tiges de 5-10 centimètr. Feuilles la plupart ovales-oblongues, raides, ord. rougeâtres.

4. P. VULGARIS. (L. sp. 986.) — Illustr. fl. Par. t. 8. f. 1-2-3-4-5.

Tiges de 1-3 décimètr., couchées à la base ascendantes, ou dressées, feuillées dans toute leur longueur, plus rarement nues à la base, à *rameaux florifères naissant à diverses hauteurs. Feuilles inférieures éparses* oblongues-obovales atténuées à la base, *ord. plus courtes que les supérieures ;* les supérieures lancéolées-linéaires. Fleurs bleues ou roses, rarement blanches, en grappes multiflores rarement dépassées par des grappes latérales. *Ailes* oblongues ou oblongues-obovales, plus longues ou plus courtes que la capsule, *à* 3 nervures, la *nervure moyenne très ramifiée s'anastomosant largement avec les latérales,* les latérales très ramifiées à ramifications anastomosées en réseau. Arille à partie centrale soulevée en casque, à lobes latéraux aigus ou presque obtus atteignant environ le tiers de la longueur de la graine. ♃. Mai-juillet.

C.C.C. — Pelouses, prairies sèches ou humides, bois, bruyères.

var. *β. comosa.* (P. comosa. Schk. II. t 294. — Schultz, exsic. cent. II. n. 13 bis — Illustr. fl Par. t. 8. f. 6.) — Bractées dépassant les boutons et les jeunes fleurs et donnant au sommet des grappes une apparence chevelue. — *R.R.* — Lardy! (*Maire*). Fontainebleau. Provins (*Bouteiller*). Luzarches (*Maire*).

var. *γ. parviflora.* — Fleurs plus petites de moitié que dans le type. Ailes débordées dans tous les sens par la capsule, à nervures moins ramifiées à ramifications peu distinctes. — Pelouses sèches. — Luzarches (*De Lens*).

XII. ACÉRINÉES.

(ACERINEÆ. D.C. theor. élem. ed. 2. 244. — Acera. Juss. gen. 250.)

Fleurs hermaphrodites ou unisexuelles par avortement, régulières, à préfloraison imbriquée. — Calice à 5 plus rarement 4-9 sépales, soudés à la base, souvent colorés, caducs. — *Disque hypogyne annulaire très épais*, soudé inférieurement avec la base du calice. — Corolle à pétales en nombre égal à celui des sépales, insérés au bord du disque, libres, plus rarement nuls. — *Étamines ord.* 8, insérées sur le disque, à filets libres entre eux. Anthères bilobées, introrses. — *Ovaire* libre, entouré par le disque, *à 2 carpelles*, à 2 loges bi-ovulées comprimées-ailées perpendiculairement à la cloison. *Ovules insérés à l'angle interne des loges,* ascendants, pliés. Style indivis. Stigmates 2. — *Fruit* sec *se partageant en* 2 *coques* (1) *monospermes* très rarement bispermes *indéhiscentes prolongées chacune en une aile membraneuse.* Columelle indivise ou bifide, persistante. — *Graines* ascendantes, *dépourvues de périsperme,* à tégument légèrement charnu à sa face interne. *Embryon plié, à cotylédons* subfoliacés *enroulés*. Radicule rapprochée du hile.

Arbres à sève aqueuse ord. sucrée. Feuilles opposées, pétiolées, palmatilobées ou palmatipartites, rarement pinnatiséquées; stipules nulles. Fleurs en corymbes composés dressés ou en panicules racémiformes pendantes.

---

(1) Nous avons fréquemment observé dans les *A Pseudo-Platanus* et *platanoides* des fleurs où l'ovaire présentait 3-4 carpelles, le fruit présentait de même 3-4 coques également développées.

I. ACER. (L. gen. n. 1155, *part.*)

Fleurs polygames. Calice à 5 divisions souvent colorées. Corolle à 5 pétales. Étamines ord. 8, plus longues dans les fleurs mâles. Coques présentant à leur face interne un duvet laineux.

Arbres ord. élevés, feuilles palmatilobées. Fleurs jaunâtres ou verdâtres, se développant en même temps que les feuilles.

1	Fleurs en panicules racémiformes allongées pendantes; feuilles blanches en dessous.	*A. Pseudo-Platanus.*
	Fleurs en corymbes dressés; feuilles vertes sur les deux faces	2.
2	Feuilles à lobes obtus	*A. campestre.*
	Feuilles à lobes dentés, à dents longuement acuminées.	*A. platanoides.*

1. A. CAMPESTRE. (L. sp. 1497.) — Engl. bot. t. 304.

Arbre ou arbrisseau rameux. *Feuilles* à face supérieure d'un beau vert, à face inférieure d'un vert pâle, palmatilobées *à 5 divisions entières obtuses ou* la moyenne et les latérales *subtrilobées à lobes obtus entiers. Fleurs* verdâtres, *en corymbes rameux dressés.* Coques très pubescentes. Ailes égalant à la base la largeur de la coque, divergentes horizontalement. ♄. *Fl.* mai. *Fr.* juin-juill.

C. — Bois, taillis.

s v. — *leiocarpum* — Coques glabres.

L'*A. Monspessulanum* L., assez fréquemment planté dans les parcs, se rapproche de cette espèce par son port et par ses feuilles à divisions entières; il s'en distingue par ses feuilles trilobées blanches en dessous, et par son fruit à coques glabres à ailes rétrécies à la base dressées à peine divergentes.

† 2. A. PLATANOIDES. (L. sp. 1496.) — Guimpel, abbild. t. 211. (vulg. *Érable Plane.*)

Arbre ord. élevé. *Feuilles* vertes sur les deux faces, luisantes en dessous, palmatilobées *à 5-7 divisions profondément dentées à dents longuement acuminées. Fleurs* jaunâtres, *en corymbes rameux dressés.* Coques glabres. Ailes égalant à la base la largeur de la coque, très divergentes. ♄. *Fl.* avril. *Fr.* juin-juillet.

Fréquemment planté dans les avenues, les parcs et les promenades publiques.

On plante quelquefois dans les parcs l'*A. opulifolium* Vill. qui se distingue à ses feuilles blanches en dessous, à 5 divisions lobées à lobes obtus crénelés dentés, à ses fleurs en corymbes un peu pendants.

† 3. A. PSEUDO-PLATANUS. (L. sp. 1495.) — Engl. bot. t. 303. (vulg. *Sycomore.*)

Arbre plus ou moins élevé. *Feuilles blanches en dessous*, palmatilobées à 5 divisions crénelées-dentées à dents obtuses. *Fleurs* verdâtres, *en panicules racémiformes allongées pendantes* à extrémité souvent détruite lors de la maturité. Coques glabrescentes. Ailes très rétrécies à la base, peu divergentes. ♄. *Fl.* mai. *Fr.* juin-juillet.

Fréquemment planté dans les avenues, les parcs et les promenades publiques.

Le *Negundo fraxinifolium* Nutt. (A. Negundo L.), originaire de l'Amérique du Nord, est fréquemment planté dans les parcs et les promenades publiques, il se distingue à ses fleurs dioïques dépourvues de corolle disposées en grappes pendantes, et à ses feuilles pinnatiséquées à segments pétiolulés.

† XIII. HIPPOCASTANÉES.

HIPPOCASTANEÆ. (D.C. théor élém. ed. 2. 244.)

Fleurs hermaphrodites ou unisexuelles par avortement, irrégulières. — *Calice à 5 sépales* inégaux *soudés inférieurement en un tube campanulé*, caduc, à préfloraison imbriquée.—Corolle à 5 pétales, plus rarement 4 par avortement, hypogynes, inégaux, libres, à préfloraison imbriquée. — *Étamines* 7-8, hypogynes, insérées sur un disque annulaire ou unilatéral, *à filets libres* réfléchis arqués. Anthères bilobées, introrses. — *Ovaire libre*, à 3 carpelles, *à 3 loges bi-ovulées. Ovules insérés à l'angle interne des loges*, pliés, *le supérieur suspendu*, *l'inférieur dressé*. Style réfléchi, indivis. Stigmate terminal, très petit — *Fruit capsulaire* charnu-coriace, ord. parsemé d'épines, 3-loculaire ou 1-2-loculaire par avortement, *à loges* ord. *monospermes* par avortement, *à déhiscence loculicide*, s'ouvrant en 2-3 valves.—*Graines* très grosses, à hile très large, globuleuses déformées par compression, à testa ligneux luisant, *dépourvues de périsperme. Embryon plié*, à cotylédons très volumineux. Radicule rapprochée du hile.

Arbres ord élevés *Feuilles opposées*, pétiolées, *composées-digitées* à 5-9 folioles dentées; stipules nulles. Fleurs disposées en panicules.

† I. ÆSCULUS. (L. gen. n. 462, *part.*)

Calice campanulé, à 5 lobes inégaux. Corolle à 5 pétales inégaux, étalés, ondulés-plissés. Étamines à filets réfléchis-arqués Fruit parsemé d'épines.

Fleurs blanches tachées de jaune ou de rouge, en panicules pyramidales racémiformes dressées composées de grappes scorpioïdes.

† 1 Æ. HIPPOCASTANUM. (L. sp. 488.) — Guimpel, abbild. t. 40 (vulg. *Marronnier-d'Inde.*)

Arbre très elevé, touffu. Feuilles très amples, composées-digitées à 5-9 folioles sessiles obovales atténuées à la base doublement dentées brusquement acuminées à nervures secondaires parallèles. Panicules compactes, dressées, disposées à la circonférence de l'arbre. Pétales jaunes ou rouges inférieurement. Anthères rougeâtres ♄. *Fl.* mai. — *Fr.* août-septembre

Fréquemment planté dans les parcs et les promenades publiques. — Originaire d'Asie.

On plante quelquefois dans les parcs et les promenades publiques les *Pavia rubra* Lam. et *lutea* Poir.

XIV. CÉLASTRINÉES.

(CELASTRINEÆ. R. Brown, gen. rem. 22. — Rhamnorum sect. 2 Juss. gen. 377.)

Fleurs hermaphrodites ou unisexuelles par avortement, régulières, à préfloraison imbriquée. — Calice à 4-5 sépales soudés à la base, persistants. — Corolle à 4-5 pétales insérés au bord d'un *disque hypogyne annulaire épais*, libres, caducs. — *Étamines* 4-5, insérées avec les pétales au bord du disque, à filets libres. Anthères bilobées, s'ouvrant latéralement. — *Ovaire* libre ou soudé à sa base avec le disque, ord. *à* 3-5 *carpelles*, ord. à 3-5 loges biovulées. *Ovules insérés à l'angle interne des loges*, ascendants, réfléchis. Style indivis, très court. Stigmate 3-5-lobé ou presque entier. — *Fruit capsulaire* cartilagineux, *à* 3-5 *loges bispermes ou monospermes* par avortement, *à déhiscence loculicide. Graines* ascendantes, *munies d'une arille charnue colorée qui les enveloppe complètement* ou incomplètement. *Embryon droit*, placé dans un périsperme charnu. Radicule dirigée vers le hile.

Arbrisseaux ou arbres peu élevés. Feuilles ord. opposées, pétiolées, dentées ou presque entières; stipules presque nulles. Fleurs en cymes axillaires

I. EVONYMUS. (L. gen. n. 271.)

Calice à 4-5 divisions. Pétales 4-5. Étamines 4-5. Capsule à 3-5 lobes, à 3-5 loges bispermes ou monospermes par avortement. Graines munies d'une arille charnue colorée qui les enveloppe complètement ou incomplètement.

Arbrisseau. Feuilles finement dentées. Fleurs petites, à pétales blanchâtres.

1. E. EUROPÆUS. (L. sp. 286.)—Engl. bot. t. 362. — Bull. herb. t. 135. (vulg. *Fusain*, *Bonnet-carré*).

Arbrisseau plus ou moins élevé, ord. très rameux, à rameaux ord. opposés, à écorce des jeunes rameaux ord. verte lisse. Feuilles glabres, brièvement pétiolées, oblongues-acuminées, finement dentées. Fleurs munies à leur base de bractées subulées, disposées en cymes pauciflores au sommet de pédoncules axillaires. Calice à divisions étalées ou réfléchies. Pétales oblongs. Capsule rose à la maturité, à 3-4 plus rarement 5 lobes obtus. *Graines* blanchâtres, *complètement enveloppées par une arille charnue d'un rouge orangé*. ♄. *Fl.* mai. *Fr.* août-septembre.

C. — Haies, taillis, endroits découverts des bois

On plante quelquefois dans les parcs l'*E. verrucosus* Scop. qui se reconnaît à ses rameaux verruqueux, à ses feuilles arrondies à la base, à ses pétales suborbiculaires, et à ses graines incomplètement enveloppées par l'arille.

On plante également dans les parcs le *Staphylea pinnata* L. (vulg. *Faux-Pistachier*) qui appartient à une famille voisine; cette espèce se distingue à son fruit capsulaire membraneux renflé vésiculeux à 2-3 loges, à ses graines peu nombreuses très grosses dépourvues d'arille à testa osseux à amande verte, à ses fleurs blanches en grappes, et à ses feuilles imparipinnées.

---

† XV. AMPÉLIDÉES.

(AMPELIDEÆ. Kunth, in Humb. et Bonpl. nov. gen. et sp. V. 223.—Vites. Juss. gen. 267.)

Fleurs hermaphrodites ou polygames, régulières. — Calice gamosépale, très petit, obscurément 4-5-denté ou presque entier, revêtu d'un disque glanduleux hypogyne.— Corolle à 5 plus rarement 4 pétales insérés sur le disque, libres ou plus ord. soudés supérieurement et se détachant en une seule pièce, à préfloraison valvaire. — *Étamines* 5, *plus rarement* 4, insérées sur le disque, *opposées aux pétales*, à filets libres. Anthères bilobées, introrses.—*Ovaire* libre, *à 2 carpelles*, à 2 loges bi-ovulées. *Ovules insérés à la base de la cloison*, ascendants, réfléchis. Stigmate sessile ou subsessile, indivis. — *Baie à 2 loges*, à cloison q.q.fois indistincte à la maturité, *à loges bispermes ou monospermes* par avortement —Graines ascendantes, à testa osseux. *Embryon* très petit, droit, *placé dans un périsperme charnu épais*. Radicule dirigée vers le hile.

Arbrisseaux sarmenteux grimpants, à sève aqueuse abondante. Feuilles alternes, pétiolées, palmatilobées ou palmatiséquées, plus rarement composées-digitées; stipules ord. membraneuses, submarcescentes. — Fleurs en panicules très multiflores compactes, plus rarement en cymes corymbiformes; pédoncules communs opposés aux feuilles, souvent stériles convertis en vrilles rameuses.

† I. VITIS. (L. gen. n. 284.)

Calice très petit, obscurément 5-denté. *Pétales* 5, *soudés* supérieurement *en une coiffe qui se détache d'une seule pièce.* Étamines 5. Ovaire à 2 loges bi-ovulées. Stigmate sessile. Baie succulente, globuleuse, à 2 loges 2-spermes ou monospermes par avortement. Graines obovoïdes, subbilobées.

Arbrisseau sarmenteux grimpant. Feuilles suborbiculaires, profondément cordées, palmatilobées à lobes dentés, plus rarement palmatiséquées. Fleurs très petites, verdâtres en panicules très multiflores compactes. Baies blanches, rougeâtres ou noires, couvertes d'une efflorescence glauque, d'une saveur sucrée.

† 1. V. VINIFERA. (L. sp. 293.) — Blackw. herb. t. 154. (vulg. *Vigne.*)

Tige noueuse, à écorce se détachant par longs filaments. Feuilles pubescentes, q.q.fois floconneuses en dessous, plus rarement glabrescentes, à lobes plus ou moins profonds dentés à dents aigues. Bourgeons velus-tomenteux. Vrilles herbacées, contenant un suc acide. ♄. *Fl.* juin. *Fr.* septembre-octobre.

Cultivé en grand et dans les jardins. — Souvent naturalisé dans les haies et les bois, les feuilles sont alors plus petites, et le fruit d'une saveur acidule. — La vigne offre un très grand nombre de variations dans la couleur, la saveur, le volume du fruit, et la forme des feuilles.

var. β *laciniosa.* (V. laciniosa. L. sp. 293.) — Feuilles palmatiséquées. — Quelquefois cultivé dans les jardins.

On plante souvent dans les jardins, pour couvrir les murs et les tonnelles, le *Cissus quinquefolia* H. P. (vulg. *Vigne-vierge*); cette plante se distingue à ses fleurs en cymes corymbiformes, à ses pétales non soudés au sommet, à ses fruits acerbes, et à ses feuilles composées-digitées.

XVI. MONOTROPÉES.

(MONOTROPEÆ. Nutt. gen. Amer. I. 272.)

Fleurs hermaphrodites, presque régulières. — Calice à 4-5 sépales ou moins par avortement, plus ou moins inégaux, libres, caducs ou marcescents, à préfloraison valvaire. — Corolle à 4-5 pétales hypogynes, libres, prolongés au-dessous de leur insertion en éperons courts nectarifères, caducs ou marcescents, à préfloraison imbriquée-contournée. — *Étamines* 8-10, hypogynes, *libres. Anthères uniloblées*, à lobe très petit horizontal s'ouvrant par une fente demi-circulaire en deux valves inégales. — Ovaire libre, à 4-5 carpelles, à 4-5 loges multi-ovulées. Ovules insérés à l'angle interne des loges sur des placentas épais,... Style indivis. Stigmate indivis-crénelé. — Fruit capsulaire, à 4-5 loges, à loges contenant un très grand nombre de graines, à déhiscence loculicide, à valves restant adhérentes à l'axe. — *Graines* très petites, *à testa très lâche débordant largement l'amande en forme d'aile.* Embryon.......

Plante vivace, parasite sur les racines des arbres, charnue, *décolorée blanchâtre dans toutes ses parties*, présentant l'aspect des *Orobanches. Feuilles réduites à des écailles* éparses sur la tige; stipules nulles. Fleurs décolorées blanchâtres comme les autres parties de la plante, disposées en une grappe terminale unilatérale d'abord courbée en crosse puis se redressant après la fécondation; les fleurs latérales à 4 pétales et à 8 étamines, la terminale à 5 pétales et à 10 étamines.

I. MONOTROPA. (L. gen. n. 536.)

Calice à 4-5 sépales squamiformes, plans. Corolle à 4-5 pétales charnus, connivents imbriqués en tube, prolongés en éperons courts nectarifères faisant saillie en dehors et au-dessous des sépales. Étamines 8-10, à anthères uniloبées. Ovaire à 8-10 côtes prolongées chacune à la base en un appendice court. Style indivis, fistuleux-infundibuliforme, se terminant par un rebord poilu surmonté par le stigmate à 4-5 ou 8-10 crénelures. Capsule à 4-5 loges.

Plante vivace, légèrement odorante, charnue, décolorée blanchâtre dans toutes ses parties, noircissant par la dessiccation, à tige simple chargée d'écailles.

1 M. HYPOPITYS. (L. sp. 555.)—Engl. bot. t. 69. (vulg. *Sucepin.*)

Souche écailleuse, souvent pourvue de fibres radicales intriquées épaisses charnues. Tige de 1-3 décimètr., ord. pubescente ou velue à poils glanduleux, dressée, simple, chargée d'écailles ovales-oblongues apprimées entières. Fleurs disposées en une grappe pluriflore ou multiflore. Pétales denticulés-ciliés. Étamines à filet ord. velu-hérissé presque aussi large que l'anthère. Capsule ovoïde. ♃. Juin-août.

A.R. — Endroits couverts des bois, parasite sur les racines des arbres, croissant ord. dans le terreau qui résulte de la décomposition des feuilles mortes.—Vincennes! Meudon! Marne! Bois de la Celle! Versailles! Saint-Germain! Melun! Fontainebleau! Malesherbes! Magny! Vernon! Env. de Senlis! Forêt de Compiègne., etc.

var. β *glabra.*—Tige glabre

XVII. HYPÉRICINÉES.

(HYPERICINEÆ. D.C. fl. Fr. ed. III. IV. 860 — Hyperica. Juss. gen. 254.)

Fleurs hermaphrodites, régulières ou presque régulières. — *Calice* à 5 rarement 4 sépales libres ou soudés inférieurement, persistants, *à préfloraison imbriquée.* — *Corolle* à 5 rarement 4 pétales hypogynes, libres, submarcescents, *à préfloraison contournée.* — *Étamines en nombre indéfini*, hypogynes, *à filets* ord. *réunis à la base en* 3-5 *faisceaux opposés aux pétales.* Anthères bilobées, introrses, oscillantes.— *Ovaire* libre, *à* 3-5 *carpelles*, à 3-5 loges multi-ovulées, plus rarement à une seule loge. Ovules insérés à l'angle interne des loges ou sur des placentas pariétaux, ord. horizontaux, réfléchis. *Styles* 3-5, *libres.* Stigmates capités. — *Fruit capsulaire*, *polysperme*, à 3-5 loges, plus rarement à une seule loge, *à déhiscence septicide*, plus rarement bacciforme-indéhiscent. Graines très petites, presque cylindriques, à testa souvent lâche. *Périsperme nul. Embryon droit.* Radicule dirigée vers le hile.

Plantes vivaces, herbacées souvent sous-frutescentes, renfermant quelquefois un suc résineux. Tiges présentant souvent des lignes saillantes (1). *Feuilles opposées*, sessiles ou brièvement pétiolées, entières, souvent marquées de points glanduleux transparents; stipules nulles. — Fleurs jaunes, à pétales souvent bordés de points glanduleux noirs, disposées en panicules, en corymbes, plus rarement en cymes.

1 { Fruit bacciforme indéhiscent . . . . ANDROSÆMUM. (i.)
{ Fruit capsulaire déhiscent . . . . 2.

2 { Fleurs dépourvues de glandes pétaloïdes entre les faisceaux d'étamines, calice à 5 sépales libres ou à 5 divisions profondes. . . . . HYPERICUM. (ii.)
{ Glandes hypogynes pétaloïdes bifides alternant avec les faisceaux d'étamines; calice à 5 lobes peu profonds. . . . . ELODES. (iii.)

---

(1) Les lignes saillantes qu'offre la tige sont le résultat de la décurrence de la nervure moyenne des feuilles; si ces lignes ne dépassent pas la longueur d'un entre-nœud, la tige n'offre que 2 lignes saillantes; si au contraire les décurrences se prolongent dans l'étendue de deux entrenœuds, la tige présente dans toute sa longueur 4 lignes saillantes.

I. ANDROSÆMUM. (All. Ped. n. 1440.)

Calice à 5 sépales très inégaux, légèrement soudés à la base. Glandes hypogynes nulles. Styles 3. *Fruit bacciforme* indéhiscent, subuniloculaire.

Plante vivace, presque ligneuse à la base, glabre. Feuilles dépourvues de points glanduleux. Fleurs en corymbes, plus rarement terminales subsolitaires, à petales ne dépassant ord. pas le calice.

1. A. OFFICINALE. (All. Ped. n. 1440.) — Black. herb. t. 94

Tiges de 4-7 décimètr., dressées ou ascendantes, simples ou rameuses, glabres, à entrenœuds offrant 2 lignes saillantes. Feuilles sessiles, ovales-obtuses très amples, glabres, glaucescentes à la face inférieure. Pétales jaunes ou d'un jaune rougeâtre. Baie noire presque sèche à la maturité. ♃. Juin-juillet.

R.R.R. — Endroits humides ombragés, forêts. — Bords de l'Aubette à Magny (*Bouteille*). Forêt de Villers-Cotterets (*Questier*, *S. Weddell*). — ? Valvins; La Ferte-sous-Jouarre (*Mérat*, *fl.*).

II. HYPERICUM. (L. gen. n. 902.)

Calice à 5 sépales presque égaux, libres ou soudés à la base. *Glandes hypogynes nulles*. Styles 3, très rarement 5. *Fruit capsulaire*, à 3 très rarement 5 loges, *à 3 valves*, très rarement à 5 valves.

Plantes vivaces, à souche subcespiteuse, à racine pivotante, herbacées souvent sous-frutescentes à la base, glabres, plus rarement velues. Feuilles à nervures souvent transparentes, ord. ponctuées de glandes transparentes. Fleurs disposées en panicules ou en corymbes, rarement subsolitaires terminales ou en cymes irrégulières, à pétales ord. bordés de glandes noires dépassant ord. longuement le calice.

1 { Sépales à bords ciliés-glanduleux, tiges dépourvues de lignes saillantes . . . 2.
Sépales dépourvus de cils glanduleux; tiges présentant 2 ou 4 lignes saillantes . . . . 4.

2 { Tige velue presque tomenteuse . . . . *H. hirsutum.*
Tige glabre . . . . 3.

3 { Sépales lancéolés-linéaires, bordés de glandes stipitées . . *H. montanum.*
Sépales obovales-suborbiculaires, bordés de glandes sessiles. . . . . *H. pulchrum.*

4 { Fleurs subsolitaires terminales ou en cyme pauciflore; tiges couchées, presque filiformes. . . . . *H. humifusum.*
Fleurs en panicule multiflore; tiges dressées ou ascendantes, plus ou moins robustes . . . . 5.

5 { Tige à deux lignes peu saillantes . . . . *H. perforatum*
Tige à quatre lignes plus ou moins saillantes quelquefois presque membraneuses. . . . . 6.

6 { Lignes de décurrence plus ou moins saillantes; sépales elliptiques. . . . . *H. dubium.*
Lignes de décurrence très saillantes presque membraneuses, sépales lancéolés-acuminés . . . . *H. tetrapterum.*

SECT. I. — Sépales dépourvus de cils glanduleux. Tiges présentant 2 ou 4 lignes saillantes

1. H. HUMIFUSUM (L. sp 1105) — Engl. bot t 1226

Tiges de 1-2 décimètr., grêles souvent presque filiformes, couchées rarement redressées, simples ou rameuses, glabres, à *entrenœuds offrant deux lignes saillantes très fines*. Feuilles oblongues, à points transparents peu visibles, à nervures peu ramifiées. *Fleurs subsolitaires terminales ou en cyme pauciflore. Sépales oblongs, obtus ou mucronulés.* ♃. Juin-septembre.

C. — Moissons, terrains en friche, bords des chemins, etc.

2. H. PERFORATUM. (L. sp. 1105.) — Engl bot. t 295.

Tiges de 3-8 décimètr., dressées ou ascendantes, ord. rameuses, glabres, *entrenœuds offrant deux lignes peu saillantes.* Feuilles oblongues, à points transparents nombreux, à nervures transparentes peu ramifiées. *Fleurs disposées en panicules terminales très multiflores. Sépales lancéolés aigus.* ♃. Juin-août.

C.C. — Endroits secs, lisière des bois, bords des chemins, etc.

var. *β. — angustifolium.* — Feuilles linéaires-elliptiques, à points transparents ord. plus larges.

3. H. DUBIUM. (Leers, herb. 165.) — Engl. bot. t. 296. — H. quadrangulare. L. sp. 1104.

Tiges de 3-9 décimètr., dressées ou ascendantes, ord. rameuses, glabres, à *entrenœuds offrant 4 lignes plus ou moins saillantes.* Feuilles ovales-oblongues, la plupart dépourvues de points transparents, à nervures secondaires transparentes très ramifiées-anastomosées. Fleurs disposées en panicules terminales. *Sépales* ord. beaucoup plus courts que la corolle, elliptiques, les 3 *extérieurs obtus*, les 2 intérieurs un peu aigus. ♃. Juin-août.

A.C. — Bois, fossés, haies, buissons. — Sceaux! Ville-d'Avray! Bondy! Versailles! Senart!, etc.

4. H. TETRAPTERUM. (Fries, novit. fl. Suec. ed. 1. 94) — H. quadrangulare. Engl. bot. t. 370.

Tiges de 3-9 décimètr., dressées ou ascendantes, ord. rameuses, glabres, à *entrenœuds offrant 4 lignes très saillantes presque membraneuses.* Feuilles ovales-oblongues, à points transparents nombreux très petits, à nervures secondaires transparentes très ramifiées-anastomosées. Fleurs disposées en panicules terminales compactes ou plus ou moins étalées. *Sépales* ord. plus courts que la corolle, *lancéolés-acuminés.* ♃. Juin-août.

A.C. — Bois, endroits humides herbeux, bords des marais, buissons.

var. *β. — intermedium.* — Petales depassant longuement le calice — *R.R* — Cette variété tient presque le milieu entre les *H. tetrapterum* et *dubium*; elle se rattache à l'*H. tetrapterum* par ses sepales etroits et ses feuilles ord. marquees de points transparents nombreux; elle se rapproche de l'*H. dubium* par ses petales depassant longuement le calice et par les lignes de la tige non membraneuses bien qu'encore assez saillantes.

On cultive fréquemment dans les parcs l'*H. calycinum* L. plante à rhizomes traçants, à feuilles ovales-oblongues coriaces, à fleurs solitaires très grandes à 5 styles. — On plante plus rarement dans les jardins l'*H. hircinum* L. à tiges subligneuses, à étamines plus longues que la corolle, à odeur fetide.

SECT. II.—Sépales à bords ciliés-glanduleux, à glandes noires. Tiges depourvues de lignes saillantes.

5. H. PULCHRUM. (L. sp. 1106.) — Engl. bot. t. 1227.

Tiges de 3-8 décimètr., ascendantes, simples ou rameuses, glabres, ne présentant pas de lignes saillantes dans les entrenœuds. Feuilles ovales amplexicaules, ord. coriaces, à points transparents nombreux surtout vers les bords, à nervure moyenne seule saillante peu ramifiée. Fleurs en cymes latérales disposées en une panicule étroite. *Sépales obovales-suborbiculaires, bordés de glandes sessiles.* Plante présentant une coloration rougeâtre plus ou moins intense dans toutes ses parties. ♃. Juin-septembre.

C. — Taillis, lisière des bois, bruyères, lieux arides.

6. H. MONTANUM. (L. sp. 1105.) — Fl. Dan. t. 173. — Engl. bot. t. 371.

Tiges de 4-8 décimètr., presque dressées, ord. simples, *glabres*, ne présentant pas de lignes saillantes dans les entrenœuds. Feuilles oblongues ou ovales-oblongues, sessiles, à points transparents très petits nombreux, à plusieurs nervures saillantes, à nervures secondaires transparentes très ramifiées-anastomosées, ord. bordées de points noirs glanduleux. Fleurs en corymbe terminal ord. compacte. *Sépales lancéolés-linéaires, bordés de glandes stipitées.* ♃. Juin-août.

A.C. — Bois, lieux ombragés humides. — Meudon! Bondy! Montmorency! St-Germain! Senart!, etc.

7. H. HIRSUTUM. (L. sp. 1105.) — Fl. Dan. t. 802. — Engl. bot. t. 1136.

Tiges de 4-8 décimètr., presque dressées, simples ou rameuses, *velues presque tomenteuses*, présentant 2 lignes colorées non saillantes à chaque entrenœud. Feuilles ovales ou oblongues, subpétiolées, à points transparents nombreux, à plusieurs nervures saillantes. Fleurs fasciculées, à fascicules disposés en une panicule étroite. Sépales lancéolés-linéaires, bordés de glandes très brièvement stipitées. ♃. Juin-août.

A.C — Bois, lieux ombragés, buissons.

III. ELODES. (Spach, suites à Buffon, V. 369.)

Calice à 5 sépales presque égaux, soudés inférieurement. *Glandes hypogynes, pétaloïdes, bifides, alternant avec les faisceaux d'étamines.* Styles 3. Fruit capsulaire, uniloculaire, à 3 valves.

Plante vivace, aquatique, herbacée, *radicante-stolonifère* à la base, *tomenteuse-blanchâtre* Feuilles blanches-tomenteuses, dépourvues de points glanduleux Fleurs en corymbe ou en panicule ord. pauciflore, plus rarement terminales-subsolitaires, à pétales dépassant longuement le calice.

1. E. PALUSTRIS. (Spach, *loc. cit.*) — Hypericum Elodes. L. sp. 1106. — Engl bot. t. 109.

Tiges de 1-3 décimètr., couchées-radicantes redressées supérieurement, ne présentant pas de lignes saillantes, offrant aux nœuds inférieurs des cicatrices de feuilles détruites. Feuilles sessiles, ovales-suborbiculaires légèrement cordées à la base. Calice à divisions ovales ou ovales-aiguës, bordées de cils glanduleux. ♃. Juin-août.

R. — Marais tourbeux, bords des mares tourbeuses creusées dans les rochers siliceux. — Abondant à St-Léger! et à l'étang du Serisaye près Rambouillet! Montfontaine! (*Maire*) Fontainebleau!

XVIII. RORIDULÉES (1).

(RORIDULEÆ. N. — Droseraceæ DC. *et* Pyrolaceæ, Lindl.)

Fleurs hermaphrodites, *régulières* ou presque régulières. — Calice à 5 très rarement 4 sépales égaux ou presque égaux, plus ou moins soudés à la base ou presque libres, persistants, à préfloraison imbriquée ou presque valvaire. — Corolle à 5 très rarement 4 pétales hypogynes, libres, caducs ou marcescents, à préfloraison imbriquée ou imbriquée-contournée. — *Étamines en nombre égal à celui des pétales ou en nombre double,* hypogynes, *libres. Anthères bilobées, extrorses*, s'ouvrant par deux fentes complètes ou incomplètes ou par deux pores terminaux, ord. d'apparence introrses après la fécondation par leur réflexion sur le filet. — *Ovaire* libre, *à* 3-5 *carpelles* très rarement plus, à 3-5 loges très rarement plus ou moins à placentas partant de leur angle interne, ou à une seule loge à placentas pariétaux. Ovules ord. très nombreux dans chaque loge, horizontaux ou ascendants, réfléchis. Styles en nombre égal à celui des loges ou à celui des placentas, libres entiers ou bifides, ou soudés en un style filiforme indivis, quelquefois nuls. Stigmates libres ou soudés. — *Fruit* capsulaire, *à* 3-5 *loges* très rarement plus ou moins, *ou à une seule loge*, à déhiscence loculicide très rarement septicide, à 3-5 valves très rarement plus ou moins. *Graines* ord. très nombreuses, très petites, horizontales ou ascendantes, *à testa* réticulé *très lâche débordant largement l'amande en forme d'aile* (2), rarement à testa étroitement appliqué sur l'amande. *Périsperme charnu* plus ou moins épais, rarement presque nul formant une couche très mince qui revêt le tégument interne. *Embryon droit*, complètement ou incomplètement entouré par le périsperme. Radicule dirigée vers le hile.

Plantes ord. vivaces herbacées. Feuilles toutes ou la plupart radicales ord. disposées en rosette, pétiolées, entières ou à peine crénelées, coriaces glabres, ou molles chargées de longs poils glanduleux rouges; stipules nulles, ou consistant en des écailles laciniées soudées avec la base des pétioles (*Drosera*). Fleurs en grappes terminales spiciformes, plus rarement solitaires terminales.

1 { Style filiforme; capsule à 5 loges . . . . PYROLA. (III.)
{ Styles 3-5, ou 4 stigmates subsessiles; capsule uniloculaire. 2

2 { Fleurs présentant 5 écailles nectarifères laciniées opposées aux pétales, feuilles coriaces glabres . . . . PARNASSIA. (II.)
{ Fleurs dépourvues d'écailles nectarifères; feuilles molles chargées de poils glanduleux rouges . . . . DROSERA. (I.)

I. DROSERA. (L. gen. n. 391.)

Sépales 5, un peu soudés à la base. Pétales 5, marcescents. Étamines 5. Anthères s'ouvrant par 2 fentes longitudinales. Écailles nectarifères nulles. *Styles* 3, rarement 4-5, libres, *profondément bifides*. Stigmates entiers ou

---

(1) Nous avons tiré le nom de cette nouvelle famille du genre *Roridula* L., qui, par ses caractères généraux, appartient au groupe des *Droseracées*, et qui, par sa placentation axile, ses anthères s'ouvrant au sommet par des pores, et par son style indivis, établit le passage vers le groupe des *Pyrolacées*. — Le genre *Ledum*, qui s'éloigne des *Ericinées* par ses pétales libres et sa graine à testa très lâche, doit être rapporté à la famille des *Roridulées*.

(2) Ce testa très ample proportionnellement au volume de l'amande a été considéré comme une aile par plusieurs auteurs.

émarginés. Capsule uniloculaire, à placentas pariétaux, à déhiscence loculicide, à 3 rarement 4-5 valves. Graines à testa réticulé très lâche débordant largement l'amande, plus rarement tuberculeux appliqué sur l'amande.

Plantes vivaces? herbacées, à souche verticale, croissant dans les lieux tourbeux. Tiges 1-2 rarement plus, rougeâtres, glabres, nues. *Feuilles* disposées en rosette radicale, molles, *à face supérieure et à bords chargés de poils glanduleux rouges* entremêlés de glandes sessiles, roulées en crosse avant leur développement. Fleurs petites, blanches, en grappes unilatérales dressées roulées en crosse avant la floraison.

1 { Tiges coudées à la base; graines à testa fortement tuberculeux appliqué sur l'amande . . . . *D. intermedia.*
  { Tiges dressées, graines à testa lâche réticulé débordant largement l'amande 2

2 { Feuilles à limbe linéaire-oblong très rarement obovale ou obovale-cunéiforme insensiblement atténué en pétiole. . . . . . . *D. longifolia*
  { Feuilles à limbe orbiculaire brusquement rétréci en pétiole. . . . . *D. rotundifolia.*

1. D. ROTUNDIFOLIA. (L. sp. 402.) — Rchb. ic. fl. Germ. f. 4522. — Illustr. fl. Par. t. 9. f. 1-2. (vulg. *Rossolis.*)

Tiges de 1-2 décimètr., dressées, naissant du centre de la rosette des feuilles qu'elles dépassent très longuement. *Feuilles* appliquées sur la terre, *à limbe orbiculaire brusquement rétréci en pétiole. Graines fusiformes très allongées, à testa* réticulé *très lâche.* ♃. Juin-août.

A.R. — Prairies spongieuses, marais tourbeux. — Montmorency! Dampierre! St-Léger! Rambouillet! Morfontaine! Env. de Magny à Sérans. Arthies et Mondétour (*Bouteille*). Russy-Montigny (*Questier*). Ons-en-Bray! St-Germer! Compiègne (*Lere*). Le Châtelet près Melun!, etc.

2. LONGIFOLIA. (L. sp. 403, *part.*) — D. Anglica. Huds. Angl. 135. — Illustr. fl. Par. t. 9. f. 3-4.

Tiges de 1-2 décimètr., dressées, naissant du centre de la rosette des feuilles qu'elles dépassent longuement. *Feuilles* dressées, *à limbe linéaire-oblong insensiblement atténué en pétiole. Graines oblongues, à testa lâche* réticulé ♃. Juillet-août.

R. — Marais tourbeux. — Morfontaine! (*A. de Jussieu*). Russy-Montigny (*Questier*). Neuville-au-Bosc (*Daenen*). Abondant à Malesherbes! (*Bernard*). Marais de Sceaux près Château-Landon! (*Schœnefeld*).

var. *β. obovata.* (D. obovata Mert. et Koch, Deutsch. fl. II. 502. — Rchb. ic. fl. Germ. f. 4525. — Illustr. fl. Par. t. 9. f. 5.) — Feuilles à limbe obovale ou obovale-cunéiforme. Capsule souvent presque avortée plus courte que le calice. — *R.R.R.* — Mêle avec le type. — Morfontaine! (*Hussenot*). Neuville-au-Bosc (*Daenen*).

3. D. INTERMEDIA. (Hayn. in Schrad. journ. 1801. 37.) — Illustr. fl. Par. t. 9. f. 6-7.

Tiges de 4-10 centimètr., *coudées à la base* puis brusquement redressées, dépassant à peine la rosette des feuilles. Feuilles dressées, à limbe obovale ou obovale-oblong insensiblement atténué en pétiole. *Graines* obovales-oblongues, *à testa fortement tuberculeux appliqué sur l'amande.* ♃. Juillet-septembre.

R.R. — Marais tourbeux. — Abondant à St-Léger! et à l'étang du Sérisaye près Rambouillet! Sérans et Arthies près Magny! (*Bouteille*)

II. PARNASSIA. (Tournef. inst. t. 127.)

Sépales 5, un peu soudés à la base. Pétales 5, caducs. Étamines 5. Anthères s'ouvrant par deux fentes longitudinales. *Écailles nectarifères* 5, opposées aux pétales, *profondément divisées en lacinures nombreuses* qui se terminent par un épaississement glanduleux. *Stigmates 4, subsessiles*, entiers. Capsule uniloculaire, à placentas pariétaux, à déhiscence loculicide, à 4 valves. Graines à testa réticulé très lâche débordant largement l'amande.

Plante vivace herbacée, glabre, croissant dans les lieux tourbeux, à souche verticale. Tiges solitaires ou nombreuses, ne portant qu'une seule feuille. Feuilles coriaces, ovales cordées; les radicales disposées en rosette. *Fleurs* assez grandes, blanches, *solitaires terminales.*

1. P. PALUSTRIS. (L. sp. 391.) — Engl. bot. t. 82.

Tiges de 1-4 décimètr., dressées, simples. Feuilles d'un vert pâle en dessous, ovales-cordées ; les radicales longuement pétiolées ; la caulinaire sessile, amplexicaule. Pétales veinés, dépassant longuement le calice. Écailles nectarifères persistantes, à laciniures sétiformes divergentes en éventail. ♃. Juin-septembre.

A.C. — Prairies spongieuses, marais tourbeux. — Meudon ! Montmorency ! Chevreuse ! Palaiseau. Magny. Mennecy ! Malesherbes ! Nemours ! Marais de Sacy-le-Grand ! Verderonne !, etc.

III. PYROLA. (Tournef. inst. t. 132.)

Sépales 5, largement soudés à la base. Pétales 5, caducs. Étamines 10. Anthères s'ouvrant par 2 pores terminaux. Écailles nectarifères nulles. *Style filiforme*, droit ou réfléchi-arqué, fistuleux. *Capsule* à 5 angles, *à 5 loges*, à placentas épais-spongieux partant de l'angle interne des loges, à déhiscence loculicide.

Plantes vivaces herbacées, glabres, croissant dans les forêts; à souche presque ligneuse à rhizomes allongés horizontaux, donnant naissance à des fascicules de feuilles et aux rosettes florifères. Tiges dépourvues de feuilles, portant quelques bractées squamiformes alternes. Feuilles disposées en rosettes, coriaces luisantes persistant pendant l'hiver, suborbiculaires ou orbiculaires-oblongues, entières ou très superficiellement crénelées. Fleurs blanches ou d'un blanc rosé, en grappes dressées, à pédicelles étalés ou recourbés.

{ Style plus long que les pétales, réfléchi arqué-ascendant au sommet . . . . *P. rotundifolia.*
{ Style plus court que les pétales, droit. . . . . *P. minor.*

1. P. ROTUNDIFOLIA. (L. sp. 567.) — Engl. bot. t. 213.

Tiges de 2-4 décimètr. Calice à divisions lancéolées-aiguës, égalant environ la moitié de la longueur des pétales. Corolle à pétales plus ou moins connivents, obovales. Étamines penchées, à filets arqués. *Style plus long que les pétales, réfléchi* dès la base, *arqué-ascendant au sommet, terminé par un élargissement annulaire qui déborde les stigmates* dressés soudés en couronne. ♃. Juin-juillet.

R. — Endroits couverts des bois montueux. — Meudon ! (*Ch. Tulasne*). Bondy ! (*Tollard*). Montmorency ! (*Weddell*). Morfontaine ! (*Burger*). Sérans près Magny ! Chaumont; Beauvais; St-Semur; Ganelon; Thury-en-Valois; St-Germer (*Graves*). Forêt de Compiègne (*Leré*). Forêt de Villers-Cotterets (*Questier*).

2. P. MINOR. (L. sp. 567.) — Engl. bot. t. 2543.

Tiges de 2-3 décimètr. Calice à divisions ovales-triangulaires, 3-4 fois plus courtes que les pétales. Corolle globuleuse, à pétales connivents, obovales-suborbiculaires. Étamines conniventes. *Style plus court que les pétales, droit*, ne présentant pas au sommet d'élargissement annulaire ; *stigmates* soudés *en une étoile* 5-lobée, *débordant largement le style.* ♃. Juin-juillet.

R.R.R. — Endroits couverts des bois montueux. — Ville-d'Avray (*Maire*). Montmorency (*Decaisne*). Thury-en-Valois (*Questier*). Marolles-sur-Ourcq (*Graves*).

XIX. RÉSÉDACÉES.

(RESEDACEÆ. D.C. théor. élem. éd. 1. 214.)

Fleurs hermaphrodites, *irrégulières.* — *Calice à* 4-7 *sépales* plus ou moins inégaux, soudés inférieurement, persistants. — Corolle à 4-7 *pétales* hypogynes, très inégaux, les *supérieurs palmatipartits*, les latéraux ord. bi-tripartits, les inférieurs très petits entiers, libres, caducs, étalés pendant la préfloraison, munis à leur face interne d'une écaille glanduleuse concave entière embrassant le disque. — *Étamines* 10-30, hypogynes, insérées sur un disque charnu oblique presque unilatéral, à filets ord. libres réfléchis-arqués. Anthères bilobées, introrses. — Ovaire libre, composé de 3-5 carpelles pluri-ovulés soudés en un *ovaire* uniloculaire à *placentas pariétaux,* plus rarement composé de 4-6 carpelles distincts 1-2-ovulés. Ovules pliés. Stigmates 3-6, subsessiles. — *Fruit* capsulaire *uniloculaire* polysperme s'ouvrant au sommet, rarement composé de 4-6 carpelles folliculaires monospermes distincts verticillés. — *Graines* réniformes, *dépourvues de périsperme. Embryon* cylindrique, *plié.* Radicule rapprochée du hile.

Plantes annuelles, bisannuelles ou vivaces herbacées. Feuilles alternes, sessiles ou rétrécies en pétiole, entières, irrégulièrement trifides ou pinnatipartites, stipules très petites, glanduliformes. Fleurs en grappes spiciformes terminales.

Carpelles soudés en une capsule polysperme ouverte au sommet . . . . RESEDA. (I.)
Carpelles monospermes, folliculaires, distincts, disposés en étoile. . . . . ASTROCARPUS. (II.)

I. RESEDA. (L. gen. 608.)

Carpelles 3-5, soudés en une capsule uniloculaire polysperme s'ouvrant au sommet.

Plantes annuelles ou bisannuelles, quelquefois un peu ligneuses à la base, glabres, rarement un peu pubescentes. Fleurs jaunâtres ou blanchâtres.

1 { Calice à 4 divisions; capsule 3-4-lobée supérieurement à lobes connivents. . . . . *R. Luteola*
  { Calice à 6 divisions; capsule tronquée au sommet ou à dents courtes . . 2.

2 { Feuilles caulinaires pinnatipartites . . . . *R. lutea*
  { Feuilles entières, rarement trifides . . . . *R. Phyteuma*

1. R. LUTEOLA. (L. sp. 643.) — Engl. bot. t. 320. (vulg. *Gaude*.)

Tiges de 6-10 décimètr., dressées, raides, très anguleuses, plus ou moins rameuses. Feuilles glabres, oblongues-lancéolées atténuées à la base, très entières ; les radicales quelquefois ondulées. Fleurs d'un jaune verdâtre, en longues grappes spiciformes effilées dressées. *Calice à 4 divisions très courtes*, appliquées sur les pétales. Capsule suborbiculaire bosselée, 3-4-lobée supérieurement à lobes épais terminés en pointes conniventes. Graines lisses. Pédicelles fructifères serrés contre la tige, ord. plus courts que la bractée. ②. Juin-août.

C. — Bords des chemins, lieux arides, terrains pierreux incultes, décombres.

2. R. PHYTEUMA (L. sp. 645.) — Jacq. Austr. t. 132.

Tiges de 2-4 décimetr., couchées ou ascendantes, rameuses. *Feuilles* glabres, oblongues-obovales atténuées à la base, *très entières*, rarement 2-3-fides ; les radicales quelquefois ondulées. Fleurs blanches, en grappes lâches. *Calice à 6 divisions* étalées *s'allongeant beaucoup après la floraison* presque foliacées. Capsule obovale-oblongue, atténuée à la base, bosselée, terminée par 3 dents courtes étalées. Graines réticulées-rugueuses. Pédicelles fructifères plus ou moins étalés, au moins deux fois plus longs que la bractée. ②. Juin-août.

R.R. — Coteaux arides, champs sablonneux ou pierreux. — Bois de Boulogne ! (*Maire*, *Sagot*). St-Maur (*Kralik*). Senart ! (*Weddell*) Senlis (*Morelle*).

Le *R. odorata*. L. (vulg. *Réséda odorant*), cultivé dans presque tous les jardins, se distingue du *R. Phyteuma* par ses fleurs plus petites à odeur suave très pénétrante, et par son calice à 7 divisions s'allongeant à peine après la floraison et ne dépassant pas la moitié de la longueur du pedicelle.

3. R. LUTEA (L. sp. 645.) — Engl. bot. t. 321.

Tiges de 3-7 décimètr., couchées ou ascendantes diffuses, rameuses, raides. *Feuilles* inférieures oblongues-obovales atténuées à la base, entières ou trifides ; les *caulinaires pinnatipartites ou bipinnatipartites*, rarement palmatipartites, à lobes ord. ondulés. Fleurs d'un blanc jaunâtre, en grappes plus ou moins compactes. *Calice à 6 divisions* étalées, *ne s'accroissant pas après la floraison*. Capsule rude, oblongue à peine atténuée à la base, tronquée au sommet à 3 dents presque nulles. Graines lisses. Pédicelles fructifères dressés, 7-8 fois plus longs que la bractée très courte caduque. ②. Juin-août.

C.C. — Lieux arides, bords des chemins, carrières, champs pierreux en friche.

On rencontre quelquefois une monstruosité de cette plante à capsule subfoliacée longuement atténuée en une base étroite.

II. ASTROCARPUS. (Neck. elem. n. 992.)

Carpelles 4-6, verticillés, *distincts*, *monospermes*, déhiscents par le bord interne.

Plante vivace souvent un peu ligneuse inférieurement. Fleurs blanches.

1. A. CLUSII. (Gay, ap. F. Schultz, arch. fl. Fr. et Allem. 33.) — Reseda sesamoides. All. fl. Ped. II. 92. — D.C. ic. Gall. rar. t. 40, *non* L.

Souche presque verticale. Tiges de 2-4 décimetr., simples ou rameuses à la base, dressées ou ascendantes. Feuilles radicales disposées en rosettes lâches, oblongues-spatulées, souvent détruites lors de la floraison ; les caulinaires linéaires-lancéolées. *Carpelles murs* ovoïdes-oblongs, *à dos prolongé supérieurement en une saillie* en forme de casque *qui dépasse le style* subapiculaire. ♃. Juin-septembre.

R.R. — Coteaux arides. — Bourron près Fontainebleau (Vte. *de Forestier*).

On doit à M. Gay la diagnose de cette espèce jusqu'ici confondue avec l'*A. sesamoides*, cette dernière plante ne se rencontre que dans les régions alpines et sous-alpines.

XX. NYMPHÉACÉES.

(NYMPHÆACEÆ. Salisb. in konig ann. bot. II. 69.)

Fleurs hermaphrodites, régulières. — *Calice à 4-5 sépales* libres, herbacés ou plus ou moins colorés, caducs ou persistants. — Corolle à *pétales* hypogynes quelquefois soudés à leur base avec l'ovaire par l'intermédiaire d'un disque, nombreux, *disposés sur deux ou plusieurs rangs. Etamines en nombre indéfini*, hypogynes, paraissant quelquefois s'insérer à la surface de l'ovaire par la soudure de leur partie inférieure avec un disque très développé, libres entre elles, les extérieures à filets souvent élargis presque pétaloïdes. Anthères bilobées, introrses. — Ovaire libre, quelquefois enchâssé dans un disque charnu qui lui est adhérent et l'enveloppe presque complètement (*Nymphæa*), à carpelles nombreux, à loges nombreuses incomplètes multi-ovulées. *Ovules insérés aux parois des cloisons*, ord. horizontaux, réfléchis. Stigmates sessiles, en nombre égal à celui des loges, étalés-rayonnants, soudés en un plateau persistant. *Fruit* (1) charnu-herbacé, indéhiscent, présentant quelquefois des cicatrices qui résultent de la chute des étamines et des pétales, *à loges nombreuses* polyspermes *contenant une pulpe abondante* dans laquelle sont plongées les graines. Graines horizontales, renfermées dans une enveloppe succulente. *Périsperme double* : l'extérieur farineux très épais (nucelle), l'intérieur charnu formant un sac qui renferme l'embryon (sac embryonnaire). Embryon droit, à cotylédons très courts épais. Radicule dirigée vers le hile.

Plantes vivaces, herbacées, aquatiques, à rhizomes souterrains, horizontaux, rameux, charnus, noueux. Feuilles toutes radicales, longuement pétiolées, à limbe nageant, entier cordé à la base. Fleurs ord. très grandes, nageantes, solitaires à l'extrémité de pédoncules axillaires.

{ Calice à 4 sépales lancéolés, fleurs blanches . . . . NYMPHÆA (I.)
{ Calice à 5 sépales obovales-suborbiculaires, fleurs jaunes. . NUPHAR (II.)

I. NYMPHÆA. (Smith, prodr. fl. Græc. I. 361.)

Calice à 4 sépales lancéolés, colorés à la face interne, *caducs*. Corolle à 16-18 pétales lancéolés, disposés sur plusieurs rangs, les extérieurs égalant le calice, les intérieurs insensiblement plus petits et portant supérieurement une anthère plus ou moins complètement développée. Fruit enchâssé dans un disque persistant et portant les cicatrices qui résultent de la chute des étamines et des pétales.

Fleurs blanches.

1 N. ALBA. (L. sp. 729) — Engl. bot. t. 160. — (vulg *Nénuphar*)

Feuilles à limbe coriace d'un très grand diamètre, très entier, ovale-orbiculaire, profondément cordé à la base à lobes rapprochés presque parallèles, à pétiole cylindrique. Fleurs blanches ou d'un blanc rosé. Plateau des stig-

---

(1) Il est à remarquer que le fruit des *Nymphéacées* présente la plus grande analogie avec celui des *Cucurbitacées* — Dans ces deux fruits, les graines semblent par la réflexion des placentas s'insérer sur les parois des cloisons, sont logées dans le tissu pulpeux du péricarpe et sont pourvues d'une enveloppe extérieure succulente. — Du reste la structure intime de la graine dans les deux familles est complètement différente

mate, convexe, à bord crénelé à crénelures arrondies infléchies. Fruit subglobuleux. ♃. Juin-septembre.

C. — Eaux claires tranquilles, mares, étangs, rivières à courant peu rapide.

var. *minor.* — Plante beaucoup plus petite dans toutes ses parties. — *A R.* — Eaux peu profondes, mares tourbeuses.

II. NUPHAR. (Smith, prodr. fl. Græc. I. 361.)

Calice à 5 sépales obovales-suborbiculaires, colorés, *persistants*. Corolle à 10-20 pétales obovales, beaucoup plus courts que le calice, épais-charnus, disposés sur deux rangs, présentant à la face interne des saillies longitudinales correspondant à des lobes d'anthère. Fruit non enchâssé dans un disque, n'offrant qu'au-dessous de sa base les cicatrices qui résultent de la chute des étamines et des pétales.

Fleurs jaunes.

1. N. LUTEUM. (Smith, prodr. fl. Græc. I. 361.) — Nymphæa lutea. L. sp. 729. — Engl. bot. t. 159 (vulg. *Nénuphar jaune*, *Plateau.*)

Feuilles à limbe coriace d'un très grand diamètre, très entier, ovale, profondément cordé à la base à lobes un peu divergents, à pétiole obscurément triquètre. Fleurs d'un beau jaune. Pétales luisants à la face extérieure. Plateau des stigmates fortement ombiliqué, à bord entier un peu ondulé. Fruit subglobuleux rétréci en col supérieurement. ♃. Juin-septembre.

C. — Eaux claires profondes, étangs, rivières.

Les feuilles qui n'arrivent pas à la surface de l'eau sont membraneuses, minces, presque transparentes, fortement ondulées, et atteignent ord. de plus grandes dimensions que les feuilles nageantes.

XXI. PAPAVÉRACÉES.

(Papaveraceæ Juss. gen. 235, *part.*)

Fleurs hermaphrodites, régulières ou presque régulières. — *Calice à 2 sépales* libres, concaves, caducs, à préfloraison valvaire. — *Corolle à 4 pétales* hypogynes, caducs, à préfloraison imbriquée-chiffonnée. — *Étamines ord. en nombre indéfini*, hypogynes, libres. Anthères bilobées, introrses. — Ovaire libre, à 2 ou plusieurs carpelles, uniloculaire offrant souvent des fausses cloisons incomplètes prolongements des placentas pariétaux, plus rarement divisé en 2 loges par une fausse cloison celluleuse complète. *Ovules* nombreux, *réfléchis*. Stigmates sessiles persistants, au nombre de deux et plus ou moins soudés, ou plus ou moins nombreux disposés en rayons et soudés sur un plateau qui surmonte l'ovaire. — Fruit sec, polysperme : globuleux ou oblong offrant des fausses cloisons incomplètes s'ouvrant par une série de pores au-dessous du plateau stigmatifère; plus rarement linéaire, uniloculaire ou divisé en deux loges par une fausse cloison déhiscent bivalve, quelquefois indéhiscent partagé transversalement en articles monospermes. — Graines souvent très petites, quelquefois munies d'une arille vers le hile. *Périsperme charnu-huileux. Embryon droit*, très petit, placé dans le périsperme. Radicule dirigée vers le hile.

Plantes annuelles, bisannuelles ou vivaces herbacées, à odeur souvent vireuse, contenant un suc laiteux blanc ou jaune narcotique ou âcre. Feuilles alternes, sinuées, pinnatifides ou pinnatiséquées; stipules nulles. Fleurs en ombelles pauciflores, ou subsolitaires terminales.

1 { Fruit globuleux ou oblong, s'ouvrant par des pores au-dessous du plateau stigmatifère; stigmates 4-20 rayonnants. . . . . PAPAVER. (I.)
{ Fruit linéaire siliquiforme, bivalve; stigmates 2. . . . . 2.

2 { Fruit dépourvu de fausse cloison; fleurs en ombelles pauciflores . . . . CHELIDONIUM. (II.)
{ Fruit divisé en deux loges par une fausse cloison celluleuse; fleurs subsolitaires terminales . . . . GLAUCIUM. (III.)

I. PAPAVER. (Tournef. inst. t. 119.)

Sépales 2, herbacés. *Stigmates 4-20, disposés en rayons* et soudés sur un plateau qui déborde le sommet de l'ovaire. *Capsule globuleuse ou oblongue*, uniloculaire, offrant des fausses cloisons incomplètes prolongements des placentas, s'ouvrant par des pores au-dessous du plateau stigmatifère. Graines dépourvues d'arille.

Plantes annuelles, à suc laiteux blanc. Feuilles sinuées, pinnatifides ou pinnatipartites. Fleurs grandes, solitaires à l'extrémité de pédoncules très longs, penchées avant la floraison. Sépales hérissés, plus rarement glabres. Pétales rouges, quelquefois blancs violets ou panachés, ord. maculés d'un noir violet au-dessus de l'onglet. Anthères noirâtres

1 { Capsule subglobuleuse ou obovale-subglobuleuse. . . . . 2.
{ Capsule oblongue-claviforme . . . . 4.

2 { Capsule hérissée de soies raides . . . . *P. hybridum.*
{ Capsule glabre. . . . . 3.

3 { Feuilles pinnatipartites, pétiolées ou subsessiles; plante couverte de poils raides étalés . . . . *P. Rhœas.*
{ Feuilles profondément sinuées ou dentées, les caulinaires amplexicaules; plante très glabre glauque . . . . *P. somniferum.*

4 { Capsule hérissée de soies raides au moins au sommet. . . . *P. Argemone.*
{ Capsule glabre. . . . . *P. dubium.*

✣ 1. P. SOMNIFERUM. (L. sp. 726.) — Engl. bot. t. 2145 — Rchb. ic. fl. Germ. f 4481.

Tige de 3-10 décimètr, dressée, robuste, simple ou rameuse, très glabre glauque. *Feuilles* glabres glauques, profondément dentées crénelées ou sinuées, ord. ondulées; les *caulinaires* oblongues ou ovales, *cordées-amplexicaules. Sépales glabres.* Pétales très larges, pourpres, violets, panachés ou blancs. Étamines à filets épaissis supérieurement. Stigmates 8-15. Capsule subglobuleuse ou obovale-subglobuleuse, glabre. Plateau stigmatifère lobé, à lobes ne se recouvrant pas par leurs bords. (1) Juin-septembre.

Fréquemment subspontané dans les lieux cultivés, les terrains remués, les décombres et le voisinage des habitations. — Cultivé en grand sous le nom d'*Œillette* pour sa graine oléagineuse.

s.v. — *laciniatum.* — Pétales laciniés. Fleurs ord. doubles. — Cultivé dans les jardins et subspontané.

var. *β. macrocarpum.* (P. officinale. Gmel. Bad. II. 470. — Rchb. ic. fl. Germ. f. 4482.) — Capsule 3-4 fois aussi grosse que dans le type, n'offrant pas de pores au sommet. Graines blanchâtres. — Quelquefois cultivé en grand.

2. P. RHOEAS. (L. sp. 726.) — Engl. bot. t. 645. — Rchb. ic. fl. Germ. f. 4470. (vulg. *Coquelicot.*)

Tige 3-6 décimètr., dressée, rameuse, hérissée de poils raides. Feuilles velues, ord. pinnatipartites, à lobes oblongs-lancéolés incisés-dentés à dents terminées par une soie. *Pédoncules et sépales couverts de poils raides étalés.* Pétales très larges, suborbiculaires, d'un rouge intense. Étamines à filets filiformes. Stigmates 8-12. *Capsule obovale-subglobuleuse, glabre.* Plateau stigmatifère lobé, à lobes se recouvrant par leurs bords. ①. Mai-juillet.

C.C. — Champs, moissons, terrains remués.

3. P. HYBRIDUM. (L. sp 725.) — Engl. bot. t 43. — Rchb. ic. fl. Germ. f. 4476.

Tige de 2-5 décimètr., dressée, rameuse au sommet, velue à poils étalés ou dressés. Feuilles velues, bipinnatipartites, à lobes lancéolés-linéaires terminés par une soie. Sépales couverts de poils raides étalés. Pétales oblongs-obovales, d'un rouge purpurin. Étamines à filets épaissis supérieurement. Stigmates 4-8. *Capsule subglobuleuse, hérissée de soies raides* étalées-ascendantes, présentant souvent 4-8 côtes saillantes. Plateau stigmatifère non lobé. ①. Mai-juillet.

A.C. — Champs pierreux ou sablonneux, terrains en friche.

4. P. ARGEMONE. (L. sp. 725.) — Engl. bot. t. 643. — Rchb. ic. fl. Germ. f. 4475.

Tiges solitaires ou peu nombreuses, de 2-4 décimètr., dressées ou ascendantes, rameuses supérieurement, velues à poils étalés ou dressés. Feuilles velues, bipinnatipartites, à lobes lancéolés ou linéaires terminés par une soie. Sépales couverts de poils raides, ou à poils peu nombreux. Pétales oblongs-obovales, d'un rouge clair. Étamines à filets épaissis supérieurement. Stigmates 4-6. *Capsule oblongue-claviforme, hérissée* au moins au sommet *de soies raides* étalées-ascendantes, présentant 4-6 côtes. Plateau stigmatifère non lobé. ①. Mai-août.

A.C. — Bords des champs pierreux ou sablonneux, terrains en friche.

s.v. — *glabratum.* — Capsule ne présentant que quelques soies au sommet.

5. P. DUBIUM. (L. sp. 726.) — Engl. bot. t. 644. — Rchb. ic. fl. Germ. f. 4477.

Tiges solitaires ou peu nombreuses, de 3-6 décimètr., dressées, simples ou rameuses, velues à poils raides. Feuilles glaucescentes, velues à poils épars, ou presque glabres, pinnatipartites à lobes oblongs-lancéolés entiers dentés ou incisés terminés par une soie. Sépales couverts de poils raides. Pétales très larges suborbiculaires, d'un rouge intense. Étamines à filets filiformes. Stigmates 5-10. *Capsule oblongue-claviforme, glabre.* Plateau stigmatifère lobé, à lobes ne se recouvrant pas par leurs bords. ①. Mai-juillet.

C. — Champs, moissons des terrains sablonneux ou pierreux.

II. CHELIDONIUM. (Tournef. inst. t. 116.)

Calice à 2 sépales un peu colorés. Stigmate bilobé. *Capsule linéaire siliquiforme*, uniloculaire *ne présentant pas de fausse cloison*, s'ouvrant en deux valves qui se détachent de la base au sommet en laissant persister le châssis formé par les placentas. Graines munies d'une arille vers le hile.

Plante vivace, à suc laiteux jaune. Feuilles pinnatiséquées. *Fleurs* jaunes, *en ombelles* pauciflores.

1. C. MAJUS. (L. sp. 723.) — Engl. bot. t. 1581. — Rchb. ic. fl. Germ. f. 4466. (vulg. *Chélidoine*, *Éclaire.*)

Souche épaisse, verticale ou oblique. Tiges de 2-7 décimètr., dressées, rameuses, pubescentes à longs poils épars mous étalés. Feuilles molles, à 3-7 segments ovales, lobés à lobes incisés-crénelés, pétiolulés ou décurrents sur le rachis, glabres, glauques en dessous. Sépales colorés, jaunâtres. Capsule linéaire, de 2-4 centimètr., un peu toruleuse. Graines olivâtres, luisantes, à arille blanche. ♃. Avril-septembre.

C.C.C. — Vieux murs, décombres, lieux pierreux humides.

var. *β. laciniatum.* (Rchb. ic. fl. Germ. f. 4467. — C. quercifolium. Thuill. fl. Par. 261.) — Feuilles à segments pinnatifides, à lobes étroits. Pétales incisés-crénelés. — *R.R.R.* — Observé aux environs de Versailles il y a quelques années par M. de Boucheman qui ne l'y a pas retrouvé depuis.

† III. GLAUCIUM. (Tournef. inst. t. 130.)

Calice à 2 sépales herbacés. Stigmate bilobé, à lobes lamelleux. *Capsule linéaire siliquiforme, divisée en deux loges par une fausse cloison* celluleuse *complète* (prolongement des placentas), s'ouvrant en deux valves qui se détachent du sommet à la base en laissant persister le châssis formé par les placentas et la cloison. Graines dépourvues d'arille.

Plante bisannuelle. Feuilles pinnatifides ou pinnatipartites. Fleurs jaunes, grandes, terminales subsolitaires.

† 1. G. FLAVUM. (Crantz. Austr. II. 141.) — Chelidonium Glaucium. L. sp. 724. — Smith, Engl. bot. t. 8. (vulg. *Pavot cornu.*)

Tige de 5-8 décimètr., dressée robuste, rameuse, glabre glauque. Feuilles glauques, velues d'apparence pulvérulente à poils courts flexueux, pinnatifides ou pinnatipartites, à lobes sinués ou dentés; les supérieures largement amplexicaules. Capsules linéaires, de 15-25 centimètr., rudes légèrement tuberculeuses. ②. Juin-août.

R.R. subspontané. — Décombres, voisinage des habitations. — Bois de Boulogne! Malesherbes!, etc. — Assez fréquemment cultivé comme plante d'ornement, ainsi que le *G. corniculatum* Curt. qui se distingue à ses fleurs rougeâtres et à sa capsule hispide.

XXII. FUMARIACÉES (1).

(FUMARIACEÆ. D.C. syst. II. 105.)

Fleurs hermaphrodites, *irrégulières.* — *Calice à 2 sépales* ord. dentés, libres, pétaloïdes, caducs, à préfloraison valvaire. — *Corolle à 4 pétales* hypogynes, à préfloraison imbriquée, connivents, caducs, libres ou plus ou moins soudés à la base, les deux latéraux ord. cohérents au sommet, le supérieur plus grand prolongé en éperon. — *Étamines* 6, hypogynes, *à filets soudés* presque jusqu'au sommet *en deux faisceaux* opposés aux pétales extérieurs. Anthères extrorses, les deux latérales de chaque faisceau unilobées, la moyenne bilobée (2). — Ovaire libre, à 2 carpelles, à une loge pluri-ovulée ou uni-ovulée. *Ovules insérés sur des placentas pariétaux*, horizontaux, *courbés.* Style filiforme, souvent arqué-réfléchi, caduc ou persistant. Stigmate bilobé, à lobes comprimés ord. crénelés. — Fruit sec, uniloculaire, monosperme indéhiscent, ou polysperme s'ouvrant en deux valves. — Graines horizontales, réniformes, quelquefois munies d'une arille unilatérale qui cache le micropyle. *Périsperme charnu, très épais.* Embryon très petit, logé dans le périsperme près du micropyle. Radicule rapprochée du hile.

Plantes annuelles ou vivaces herbacées, succulentes, souvent glauques, à suc ord.

---

(1) M. Weddell nous a communiqué des notes pour la description des espèces du genre *Fumaria.*

(2) Les étamines peuvent être considérées comme étant au nombre de 4, et opposées aux pétales; celles qui correspondraient aux pétales intérieurs se partageant chacune jusqu'à la base pour se souder par chaque division de leur filet avec l'une et l'autre des étamines bilobées.

amer. Feuilles alternes, pétiolées, bi-tripinnatiséquées. Fleurs en grappes terminales ou en grappes opposées aux feuilles.

{ Fruit polysperme, déhiscent. . . . . CORYDALIS (i.)
{ Fruit monosperme, indéhiscent . . . . . . FUMARIA. (ii.)

I. CORYDALIS. (D.C. syst. II. 113.)

Pétales 4, l'inférieur canaliculé à limbe plan, les intérieurs cohérents au sommet présentant une aile membraneuse et des épaississements latéraux. Style caduc ou persistant. *Fruit siliquiforme*, comprimé, *polysperme*, *déhiscent.* Graine munie d'une arille.

Plantes vivaces, à tiges solitaires ou nombreuses simples ou rameuses. Feuilles bi-tripinnatiséquées. Fleurs jaunes ou purpurines, plus rarement blanches.

{ Fleurs purpurines ou blanches; souche bulbiforme. . . . . *C. solida.*
{ Fleurs jaunes; souche cespiteuse. . . . . *C. lutea.*

SECT. I. BULBOCAPNOS. (BULBOCAPNOS Bernardhi, Linn. VII. 604.) — *Style persistant. Fleurs purpurines ou blanches, à éperon très allongé. Souche bulbiforme charnue. Tige solitaire.*

1. C. SOLIDA. (Smith, fl. Brit. II. 748.) — C. digitata. Pers. synops. II. 269. — Rchb. ic. fl. Germ 4462. — Fumaria bulbo a γ. L. sp. 983.

Souche bulbiforme, pleine. *Tige* solitaire, de 1-2 décimètr., dressée, simple, *portant inférieurement une écaille* rudiment d'une feuille avortée. Feuilles deux fois triséquées, à segments de premier ordre longuement pétiolulés, à segments de second ordre cunéiformes pinnatiséqués à lobes entiers ou incisés. *Bractées cunéiformes, incisées. Fleurs purpurines, rarement blanches,* d'apparence bilabiées, à pétale supérieur échancré, à éperon arqué égalant presque la longueur du reste de la fleur. Pédicelles égalant environ la longueur de la capsule. Graines lisses, luisantes. ♃. Mars-avril.

R. — Bois, lieux ombragés. — Parc de Valgenceuse près Senlis; forêt de Pontarmé (*Morelle*). De Betz à Chantilly (*Graves*). Forêts de Compiègne et de l'Argue (*Leré*). Parc de Rebetz près Chaumont (*Friom*). Malesherbes (*Bernard*). Recloses près Nemours (*Devilliers*).

SECT. II CAPNOIDES (D.C prodr. I. 128) — *Style caduc. Fleurs jaunes, à éperon court. Souche cespiteuse. Tiges nombreuses, rameuses.*

† 2. C. LUTEA. (D.C. fl. Fr. IV. 638) — Fumaria lutea. L. mant. 258. — Engl. bot t. 588. (vulg. *Fumeterre jaune.*)

Souche cespiteuse. Tiges nombreuses, de 1-3 décimètr., rameuses diffuses. Feuilles bi-tripinnatiséquées, à segments pétiolulés, oblongs ou obovales cunéiformes, incisés plus rarement entiers. Bractées lancéolées-linéaires, à peine denticulées, beaucoup plus courtes que les pédicelles. *Fleurs jaunes*, à pétales très connivents, le supérieur entier, à éperon court recourbé. Graines finement granuleuses, à arille étalée. ♃. Mai-septembre.

A.R subspontané. — Vieux murs de jardins, décombres, voisinage des habitations. — Paris! Parc de Neuilly (*Vigineix*). Sèvres! Versailles! Fontainebleau! Beauvais!, etc. — Fréquemment cultivé dans les parterres.

Le *C. cava* Schw. et Kœrt. (Fumaria bulbosa. α. L.) et le *C. fabacea* Pers. (Fumaria bulbosa. β. L.) sont indiqués dans nos environs (*Mérat*, *fl.*) où ils n'ont pas été retrouvés à notre connaissance. Ces plantes diffèrent du *C. solida* par leurs bractées entières et par leurs pédicelles beaucoup plus courts que le fruit. Le *C. fabacea* se distingue à sa tige qui porte inférieurement une écaille par l'avortement d'une feuille; le *C. cava* ne présente pas inférieurement de rudiment de feuille avortée.

II. FUMARIA. (L. gen. n. 849, *part. non* Tournef.)

Pétales 4, l'inférieur canaliculé, les intérieurs cohérents au sommet présentant une aile membraneuse et des épaississements latéraux. Style caduc. *Fruit* subglobuleux, *monosperme, indéhiscent.* Graine dépourvue d'arille.

Plantes annuelles, à tiges anguleuses rameuses-diffuses, souvent grimpantes par les pétioles tortiles. Feuilles bi-tripinnatiséquées. Fleurs purpurines ou blanches, à sommet d'un pourpre-noirâtre.

1 { Sépales suborbiculaires, débordant largement la base de la corolle. . . . . *F. micrantha.*
  { Sépales ovales-lancéolés ou linéaires, plus étroits que la corolle ou la débordant un peu . . . . 2.

2 { Sépales n'atteignant pas le tiers de la longueur de la corolle. . . . . . 3.
  { Sépales atteignant ou dépassant le tiers de la longueur de la corolle . . . 4.

3 { Fruit terminé en pointe au sommet; sépales plus larges que le pedicelle, fleurs ord. blanches. . . . . *F. parviflora.*
  { Fruit non terminé en pointe à la maturité; sépales plus étroits que le pedicelle; fleurs ord. purpurines . . . . *F. Vaillantii.*

4 { Fruit subglobuleux. . . . . *F. capreolata.*
  { Fruit plus large que long, un peu émarginé au sommet. . . *F. officinalis.*

1. F. CAPREOLATA. (L. sp. 985.) — D.C. ic. rar. I. t. 34. — Rchb. ic. fl. 4456. — Illustr. fl. Par. t. 3. f. 11-12.

Tiges de 3-10 décimètr. Fleurs bi-tripinnatiséquées, à segments obovales-oblongs ou oblongs, à pétioles accrochants-tortiles. Fleurs assez nombreuses, blanches ou d'un blanc rosé, en grappes assez lâches. *Sépales* ovales-aigus, *atteignant environ la moitié de la longueur de la corolle* (1) et au moins aussi larges qu'elle. *Fruit globuleux*, non apiculé. ①. Mai-septembre.

R. — Haies, buissons, bords des fossés, lieux humides — Verrières (*Kralik*). Versailles, Villepreux (*de Boucheman*). Grandchamp' (*J. Parseval*). St-Germain' Mennecy (*Des Étangs*) Meaux (*Maire*). Senlis (*Morelle*) Cressy près Dreux (*Daënen*).

var. α. *recurva.* — Pedicelles fructifères recourbés.

var. β. *patula.* — Pedicelles fructifères plus ou moins etalés, non recourbés.

2 F. OFFICINALIS. (L. sp. 984.) — Engl. bot t. 589. — Rchb ic. fl. Germ. f. 4454. — Illustr. fl. Par. t. 3. f 7-8. (vulg. *Fumeterre officinale.*)

Tiges de 2-8 décimètr. Feuilles bi-tripinnatiséquées, à segments oblongs-linéaires ord. aigus. Fleurs nombreuses, ord. purpurines, en grappes assez lâches. Sépales ovales-lancéolés, n'atteignant pas ord. la moitié de la longueur de la corolle et presque aussi larges qu'elle. *Fruit plus large que long, tronqué légèrement émarginé au sommet.* ①. Mai-octobre.

C.C.C. — Champs, vignes, jardins, bords des chemins.

var. β. *scandens.* (F. media. Loisel. not. 101. — F. capreolata. Thuill. fl. Par 354, *non* L.) — Feuilles à segments ovales-oblongs, à pétioles accrochants tortiles. Fleurs ord blanches ou d'un blanc rosé, à sépales ord. plus grands que dans la variete α. — Buissons, lieux humides ombragés.

3 F. VAILLANTII. (Loisel. not. 102.) — Rchb. ic. fl. Germ. f. 4452. — Vaill. bot. Par. t 10. f. 6. — Illustr. fl Par. t 3. f 13-14.

Tiges de 1-6 décimètr. Feuilles bi-tripinnatiséquées, à segments linéaires aigus. Fleurs peu nombreuses, ord. purpurines, en grappes courtes lâches. *Sépales très petits, plus étroits que le pédicelle. Fruit globuleux non apiculé à la maturité.* ①. Juin-septembre.

(1) Nous comparons la longueur du sépale à celle de la corolle à partir de son insertion, en n'y comprenant pas l'éperon.

A C. — Lieux cultivés, bords des chemins, vieux murs.

4. F. PARVIFLORA. (Lam encyc. II. 567.)—Engl. bot. t. 590.—Rchb. ic. fl. Germ f. 4451.— Illustr. fl. Par. t. 3. f. 15-16.

Tiges de 1-6 décimètr. Feuilles bi-tripinnatiséquées à segments linéaires aigus pliés-canaliculés. Fleurs assez nombreuses, blanches, en grappes assez lâches. *Sépales* lancéolés, 5-6 *fois plus courts que la corolle*, plus larges que le pédicelle. *Fruit globuleux terminé en pointe au sommet.* ①. Mai-août.

C. — Lieux arides surtout des terrains sablonneux, bords des chemins, vieux murs.

5. F. MICRANTHA. (Lagasc. cat. hort. Madr. 21.) — Illustr. fl. Par. t. 3. f. 9-10. — Benth. in Hook. ic. pl. t. 363. — F. prehensibilis. Kit. in hort. Pest. 10. — F. calycina. Babingt. Brit. spec. of. Fum.

Tiges de 2-10 décimètr. Feuilles bi-tripinnatiséquées à segments linéaires très étroits. Fleurs nombreuses, purpurines ou roses, en grappes denses. *Sépales orbiculaires-peltés*, *débordant largement la corolle* et dépassant le tiers de sa longueur. Fruit globuleux, non apiculé. ①. Juin-septembre.

A.C. — Lieux cultivés, vignes, bords des chemins. — Issy (*De Lens*) St-Cucufas ! Montmorency (*Des Étangs*, *Pailloux*). St-Germain (*Weddell*). Conflans-Ste-Honorine (*De Lens*). Meaux; Monthion; Dourdan; Lardy (*Maire*). Étampes ! Itteville (*Mandon*). Bois Louis près Melun ! Luzarches (*Me Lina M****). Verderonne ! Magny ! (*Bouteille*). Étrépagny près Gisors ! Chaumont ! Mantes ! La Roche-Guyon ! Vernon ! Les Andelys ! Château-Thierry (*De Lens*)., etc.

XXIII. CRUCIFÈRES (1).

(CRUCIFERÆ. Juss. gen. 237.)

Fleurs hermaphrodites, régulières ou presque régulières. — *Calice à 4 sépales* libres, caducs, très rarement persistants, à préfloraison imbriquée très rarement valvaire; les 2 extérieurs (latéraux) opposés aux valves du fruit souvent plus larges que les intérieurs et un peu bossus à la base. — Corolle à 4 pétales hypogynes, libres, caducs, à préfloraison imbriquée, ord. égaux, rétrécis en onglet, à limbe entier émarginé ou bifide, très rarement nuls par avortement. — Réceptacle muni de 2-4 glandes placées en dedans ou en dehors des étamines. — *Étamines* 6, hypogynes, ord. libres, inégales; les 2 extérieures (latérales) plus courtes, opposées aux sépales extérieurs, quelquefois avortées; *les 4 intérieures plus longues*, égales entre elles, *opposées par paires aux sépales intérieurs* en même temps qu'elles correspondent une à une aux pétales. Anthères bilobées, introrses. — *Ovaire* libre, *à 2 carpelles, à placentas pariétaux*, partagé par le prolongement celluleux des placentas en 2 loges pluri-ovulées ou uni-ovulées, plus rarement à une seule loge uni-ovulée. Ovules suspendus, plus rarement horizontaux, pliés. Style indivis, quelquefois presque nul. Stigmate indivis ou bilobé. — Fruit sec, allongé (silique) ou court (silicule); débiscent biloculaire, à loges polyspermes ou monospermes, s'ouvrant en 2 valves qui se détachent de la base au sommet d'un châssis persistant constitué par les placentas et la fausse cloison; ou indéhiscent, quelquefois uniloculaire monosperme, quelquefois se partageant en articles

(1) Voir, pour les caractères des divisions et des tribus de la famille des *Crucifères*, la planche X de l'*Atlas*.

transversaux monospermes. — *Graines* suspendues, plus rarement horizontales, *dépourvues de périsperme. Embryon* huileux, *plié*, très rarement enroulé en spirale. Radicule rapprochée du hile, répondant tantôt à la commissure des cotylédons plans : *radicule commissurale* (o=); tantôt étant appliquée sur la face dorsale de l'un des cotylédons, et alors les cotylédons étant plans : *radicule dorsale* (o||), ou étant pliés longitudinalement (*cotylédons condupliqués*) de manière à embrasser la radicule : *radicule incluse* (o>>).

Plantes annuelles, bisannuelles ou vivaces. herbacées, rarement sous-frutescentes, à suc aqueux ord. d'une saveur piquante. Feuilles alternes, sessiles ou pétiolées, entières, dentées, pinnatifides, pinnatipartites ou pinnatiséquées; stipules nulles. Fleurs disposées en grappes simples souvent corymbiformes s'allongeant ord. beaucoup après la floraison.

DIVISION I. **SILIQUOSÆ.** — FRUIT LINÉAIRE OU LANCÉOLÉ (SILIQUE), DÉHISCENT, TRÈS RAREMENT INDÉHISCENT, POLYSPERME (1).

TRIBU I. — Cotylédons plans; radicule répondant à leur commissure *radicule commissurale* (o=).

TRIBU II. — Cotylédons plans; radicule reposant sur le dos de l'un d'eux : *radicule dorsale* (o||).

TRIBU III. — Cotylédons condupliqués embrassant la radicule dorsale. *radicule incluse* (o>>).

DIVISION II. **SILICULOSÆ.** — FRUIT A PEINE PLUS LONG QUE LARGE (SILICULE), OVALE, OBLONG OU SUBORBICULAIRE, DÉHISCENT, PLUS RAREMENT INDÉHISCENT, 1-4-SPERME OU POLYSPERME.

TRIBU I. — Silicule déhiscente, à valves ne retenant pas les graines

SOUS-TRIBU I. — Silicule comprimée parallèlement à la cloison; cloison aussi large que le plus grand diamètre transversal de la silicule; valves presque planes ou convexes, jamais pliées-naviculaires

SOUS-TRIBU II. — Silicule comprimée perpendiculairement à la cloison; cloison étroite, souvent linéaire; valves pliées-naviculaires, à carène souvent ailée.

TRIBU II. — Silicule indéhiscente, se séparant rarement en valves qui retiennent la graine.

1	Fruit linéaire ou lancéolé (*silique*).	2.
	Fruit court presque aussi large que long, ovale, oblong ou suborbiculaire (*silicule*).	24.
2	Graines disposées sur deux rangs dans chaque loge	3.
	Graines superposées en un seul rang dans chaque loge.	7.
3	Silique très fortement comprimée, à valves planes : feuilles caulinaires entières sagittées-amplexicaules.	TURRITIS. (VII.)
	Silique cylindrique ou tétragone, à valves convexes, feuilles caulinaires dentées ou plus ou moins divisées, jamais sagittées-amplexicaules	4.
4	Silique terminée par un bec comprimé-tranchant qui égale presque la longueur des valves; pétales striés de brun ou de violet. . .	ERUCA (XIII.)
	Silique à bec nul ou très court; pétales jaunes ou blancs, non striés de brun ou de violet	5.

(1) Nous avons cru devoir adopter pour caractère des divisions de la famille des *Crucifères* la longueur du fruit, qui est constante dans tous les genres excepté dans le genre *Nasturtium* qui renferme des espèces à silique et des espèces à silicule; nous avons réservé comme caractère des tribus la position relative des cotylédons et de la radicule

5 Radicule dorsale, fleurs disposées en grappes feuillées. . BRAYA. (XI.)
Radicule incluse ou commissurale, fleurs disposées en grappes nues. . . 6.

6 Silique cylindrique ou renflée, radicule commissurale; fleurs jaunes ou blanches . . . . NASTURTIUM. (VI.)
Silique comprimée; radicule incluse; fleurs jaunes. . . DIPLOTAXIS. (XII.)

7 Stigmate formé de deux lames dressées; fleurs lilas ou blanches . . . . HESPERIS (VIII.)
Stigmate presque entier, ou à lobes épais obtus plus ou moins etalés; fleurs jaunes, roses ou blanches. . . . . 8.

8 Silique indehiscente, partagée en articles transversaux, ou renflée spongieuse . . . . RAPHANUS (XVII.).
Silique s'ouvrant en deux valves longitudinales . . . . 9.

9 Fleurs blanches, blanchâtres ou roses . . . . 10.
Fleurs jaunes . . . . 15.

10 Feuilles caulinaires entières ou à peine sinuées, glauques glabres. . . . 11.
Feuilles caulinaires dentées, pinnatifides ou pinnatiséquées, rarement entières, glabres ou velues, jamais glauques . . . . 12.

11 Silique cylindrique; graines globuleuses; feuilles caulinaires sessiles ou à peine embrassantes. . . . . BRASSICA. (XV.)
Silique tétragone; graines oblongues; feuilles caulinaires profondement cordées-amplexicaules. . . . . ERYSIMUM. (IX.)

12 Souche horizontale, charnue écailleuse, feuilles souvent munies de bulbilles à leur aisselle. . . . . DENTARIA. (IV.)
Souche jamais charnue-écailleuse, feuilles jamais munies de bulbilles à leur aisselle. . . . . 13.

13 Silique à valves dépourvues de nervures; feuilles même les supérieures pinnatiséquées . . . . CARDAMINE. (V.)
Silique à valves nerviées; feuilles supérieures entières ou dentées. . . . . 14.

14 Silique comprimée; feuilles souvent sagittées-amplexicaules; fleurs blanches ou roses . . . . ARABIS. (III)
Silique presque cylindrique; feuilles jamais amplexicaules; fleurs blanches. . . . . SISYMBRIUM. (X.)

15 Feuilles au moins les supérieures sessiles-amplexicaules . . . . 16.
Feuilles supérieures sessiles non amplexicaules, ou pétiolées rarement auriculées à la base. . . . . 17.

16 Graines oblongues inégalement comprimées; radicule commissurale; feuilles supérieures obovales elargies, dentées-anguleuses ou pinnatifides . . . . BARBAREA (II.)
Graines globuleuses; radicule incluse; feuilles supérieures ovales ou lancéolées, sinuées ou à peine dentées. . . . . . . BRASSICA. (XV.)

17 Silique à valves plurinerviées, à nervures égales droites et parallèles . . 18.
Silique à valves uninerviées, ou à nervures inégales, ou dépourvues de nervures . . . . 19.

18 Silique terminée par un bec très long, comprimé, cotyledons condupliqués . . . . SINAPIS. (XVI.)
Silique à bec nul ou très court, cotyledons plans . . . SISYMBRIUM. (X.)

19 Feuilles au moins les supérieures entières ou à peine dentées ou sinuées. . 20
Feuilles profondément pinnatipartites . . . . 22.

20 Silique présentant un bec assez long conique ou cylindrique; graines globuleuses; plante plus ou moins glauque. . . . . . . BRASSICA. (XV.)
Silique à bec nul ou très court; graines comprimées ou oblongues; plante rarement glauque 21

21 Graines comprimées; plante presque glabre. . . . . CHEIRANTHUS. (I.)
Graines non comprimées; plante couverte de poils étoilés. ERYSIMUM. (IX.)

22 Graines disposées en série irrégulière; valves dépourvues de nervures; plante glabre. . . . . NASTURTIUM. (VI.)
Graines disposées en série régulière; valves présentant une nervure saillante; plante glabre ou velue. 23

23 Calice à sépales non gibbeux à la base; cotylédons plans; valves de la silique ord. à 3 nervures . . . . . SISYMBRIUM. (X.)
Calice à sépales latéraux un peu gibbeux à la base; cotylédons condupliqués; valves de la silique à une seule nervure. . . ERUCASTRUM. (XIV.)

24 Silicule indéhiscente, se séparant rarement en valves qui retiennent la graine . . . . . 25.
Silicule déhiscente, à valves ne retenant pas les graines . . . . . 30.

25 Fleurs blanches . . . . . 26.
Fleurs jaunes . . . . . 27.

26 Silicule biloculaire, bisperme; fleurs en grappes opposées aux feuilles. . . . . SENEBIERA. (XXIX.)
Silicule uniloculaire, monosperme; fleurs en grappes terminales . . . . . CALEPINA (XXXII.)

27 Silicule ovoïde ou subglobuleuse, rarement tétragone . . . . . 28.
Silicule fortement comprimée presque plane. . . . . 29.

28 Cotylédons plans, feuilles caulinaires sagittées . . . . NESLIA. (XXXI.)
Cotylédons enroulés en spirale; feuilles caulinaires atténuées à la base. . . . . BUNIAS. (XXXIII.)

29 Silicule oblongue-obovale, uniloculaire-monosperme . . ISATIS. (XXX.)
Silicule échancrée au sommet et à la base, biloculaire, bisperme . . . . . BISCUTELLA. (XXVIII.)

30 Cloison aussi large que le plus grand diamètre transversal de la silicule; valves presque planes ou convexes, jamais pliées-naviculaires . . . . . 31.
Cloison étroite, souvent linéaire; valves pliées-naviculaires, à carène souvent ailée. . . . . 35.

31 Silicule à loges 1-2-spermes; étamines, au moins les latérales, à filets munis d'appendices basilaires. . . . . ALYSSUM. (XVIII.)
Silicule à loges polyspermes; étamines dépourvues d'appendices. 32

32 Silicule fortement comprimée, à valves presque planes. . . DRABA. (XIX.)
Silicule renflée ou subglobuleuse . . . . . 33.

33 Silicule obovale-pyriforme. . . . . CAMELINA. (XXI.)
Silicule oblongue ou subglobuleuse. . . . . 34.

34 Fleurs blanches; graines peu nombreuses . . . . COCHLEARIA. (XX.)
Fleurs jaunes; graines très nombreuses. . . . NASTURTIUM. (VI.)

35 Silicule à loges monospermes. . . . . 36.
Silicule à loges bi-polyspermes . . . . . 37.

36 Pétales égaux, radicule dorsale . . . . LEPIDIUM (XXVII.)
Pétales très inégaux; radicule commissurale . . . . . IBERIS. (XXIV.)

37 Silicule à loges bispermes. . . . . 38.
Silicule à loges polyspermes . . . . . 39.

38 Silicule entière au sommet; étamines dépourvues d'appendices. . . . . HUTCHINSIA. (XXV.)
Silicule émarginée au sommet; étamines à filets munis d'appendices basilaires membraneux. . . . . TEESDALIA. (XXII).

39 Valves à carène ailée-membraneuse surtout supérieurement; radicule commissurale. . . . . THLASPI. (XXIII.)
Valves à carène non ailée; radicule dorsale . . . . CAPSELLA. (XXVI.)

DIVISION I. SILIQUOSÆ.—Fruit linéaire ou lancéolé (silique), déhiscent, très rarement indéhiscent, polysperme.

TRIBU I. COTYLÉDONS PLANS, RADICULE RÉPONDANT A LEUR COMMISSURE : *radicule commissurale* o=).

I. CHEIRANTHUS. (R. Brown, Kew. ed. 2. IV. 118.)

Calice à sépales connivents, les latéraux gibbeux à la base. *Stigmate bilobé, à lobes courbés en dehors. Silique* linéaire, *subtétragone* ; valves convexes, offrant une nervure longitudinale saillante. *Graines unisériées*, ovales-comprimées.

Plante vivace sous-frutescente à la base, légèrement pubescente ou presque glabre. Feuilles atténuées en pétiole, oblongues-lancéolées, entières. Fleurs jaunes, odorantes.

1 C. CHEIRI. (L. sp. 924.) — Rchb. ic. fl. Germ. f. 4347. (vulg. *Giroflée-de-muraille.*)

Tige de 2-5 décimètr., rameuse dès la base, à rameaux plus ou moins anguleux, pubescents supérieurement à poils apprimés. Feuilles un peu charnues, persistant souvent pendant l'hiver, d'un vert pâle en dessous. Fleurs d'une odeur suave. Siliques légèrement pubescentes. ♃. Mars-juin.

var. α. *fruticulosus.* (C. fruticulosus. L. mant. 94.) — Pétales d'un jaune plus ou moins intense, non veinés ou à peine veinés. — *C.C.C.* — Vieux murs, carrières, rochers calcaires. — Rochers à la Roche-Guyon! à Vernon! et aux Andelys! — On cultive fréquemment dans les jardins sous le nom de *Bâton-d'or* une sous-variété à fleurs doubles.

var. β. *hortensis.* (C. Cheiri. L. sp. 924.) — Pétales veinés ou panachés de brun.

On cultive dans tous les jardins les *Mathiola incana* Brown. (vulg. *Giroflée*) et *annua* Sweet (vulg. *Quarantaine*) pour la beauté et l'odeur suave de leurs fleurs qui varient rouges violettes ou blanches. — Le genre *Mathiola* se distingue du genre *Cheiranthus* par les stigmates connivents et par les graines entourées d'un rebord membraneux.

II. BARBAREA. (R. Brown, Kew. ed. 2. IV. 109.)

Calice à sépales dressés, non gibbeux. Stigmate entier ou légèrement échancré. *Silique* linéaire, *subcylindrique*; valves convexes, offrant une nervure longitudinale saillante. *Graines unisériées*, elliptiques inégalement comprimées.

Plantes vivaces herbacées, très glabres. *Feuilles* lyrées-pinnatipartites au moins les inférieures, les *caulinaires embrassantes.* Fleurs jaunes.

1. B. VULGARIS. (R. Brown, *loc. cit.*) — Rchb. ic. fl. Germ. f. 4356. — Erysimum Barbarea. L. sp. 922. — Engl. bot. t. 443.

Tiges de 3-6 décimètr., dressées, rameuses supérieurement. *Feuilles* inférieures lyrées, à lobe terminal très ample, oblong-suborbiculaire, légèrement cordé à la base; les *supérieures obovales dentées.* Siliques courtes, terminées par un bec allongé. ♃. Avril-juin.

C.C. — Lieux humides herbeux, fossés, endroits cultivés. — On cultive quelquefois dans les jardins une variété à fleurs doubles sous le nom de *Girarde jaune.*

var. β. *arcuata.* (B. arcuata Rchb. bot. zeit 1820.) — Fleurs en grappes assez lâches. Siliques jeunes arquées-étalées. — *A.R.* — St-Cloud! St-Germain! St-Germer!

Le *B. præcox* Brown se distingue à ses siliques très longues, à ses feuilles supérieures pinnatipartites à lobes oblongs-linéaires, et à sa saveur piquante analogue à celle du *Nasturtium officinale.* Cette plante, indiquée au Calvaire, à Bondy, etc. (*Mérat fl.*), est cultivée dans quelques jardins.

III. ARABIS. (L. gen. n. 818.)

Calice à sépales dressés, non gibbeux ou les latéraux gibbeux à la base. Stigmate entier ou à peine échancré. *Silique* linéaire, *comprimée*, valves presque planes, présentant une nervure longitudinale ou présentant plusieurs nervures irrégulières très fines. *Graines unisériées*, *comprimées-marginées.*

Plantes bisannuelles ou vivaces, plus ou moins velues à poils simples ou rameux. Feuilles indivises dentées, plus rarement lyrées-pinnatifides; les caulinaires embrassantes ou subsessiles. Fleurs blanches, plus rarement roses.

{ Feuilles denticulées; les caulinaires sagittées embrassantes. . *A. sagittata.*
{ Feuilles inférieures lyrées-pinnatifides; les caulinaires atténuées à la base. . . . . *A. arenosa.*

1. A. SAGITTATA. (D.C. syst. II. 221.) — Turritis hirsuta. L. sp. 930. — Engl. bot. t. 587.

Tige de 2-6 décimètr., raide dressée, ord. simple, hérissée de poils rameux. *Feuilles* denticulées, couvertes de poils bifurqués; les radicales disposées en rosette, oblongues rétrécies en pétiole; les *caulinaires sagittées-embrassantes*, oblongues, plus ou moins serrées contre la tige. Fleurs petites, blanches. *Siliques dressées*, linéaires allongées. Graines marginées, finement réticulées. ②. Mai-juillet.

C. — Clairières des bois sablonneux, lieux pierreux, coteaux arides.

2. A. ARENOSA. (Scop. Carn. ed. 2. n. 837. t. 40.) — Rchb ic. fl. Germ. f. 4322. — Sisymbrium arenosum. L. sp. 919.

Tiges de 1-4 décimètr., dressées ou ascendantes, rameuses, hérissées de poils ord. simples. *Feuilles* couvertes de poils rameux; les *radicales* étalées en rosette, pétiolées, *lyrées-pinnatifides*, les caulinaires atténuées à la base, dentées ou pinnatifides; les supérieures étroites, presque entières. Fleurs blanchâtres ou rosées. Siliques étalées, linéaires étroites. Graines étroitement marginées. ②. Avril-juin.

R.R. — Murs, rochers, endroits sablonneux, vignes, lieux cultivés. — Très abondant aux Andelys ! (*de Brébisson, fl. Norm.*). Portvillers près Vernon ! — ? Argenteuil, sur le bord des vignes. (*Thuill. fl.*).

L'*A Turrita* L. indiqué par Thuillier à la garenne de Canneville et dans les carrières de Montgresin n'y a pas été retrouvé; nous l'avons vainement cherché à ces localités.—Cette espèce se reconnaît à ses feuilles caulinaires profondément cordées-amplexicaules, à ses siliques étalées rejetées d'un seul côté de la tige, à ses graines largement bordées d'une aile membraneuse.

† IV. DENTARIA. (Tournef. inst. t. 110.)

Calice à sépales dressés, non gibbeux. Stigmate presque entier. *Silique lancéolée, comprimée; valves presque planes, dépourvues de nervure* ou présentant à la base une nervure à peine distincte, se roulant ord. avec élasticité de la base au sommet. *Graines unisériées*, comprimées, *à funicules dilatés.*

Plante vivace, presque glabre, à *rhizome horizontal écailleux à écailles épaisses charnues.* Feuilles pinnatiséquées, pétiolées. Fleurs roses ou blanches.

† 1. D. BULBIFERA. (L. sp. 912) — Rchb. ic. fl. Germ. f. 4318.

Tige de 4-6 décimètr., dressée, nue inférieurement, ord. simple. Feuilles portant la plupart des bulbilles à leur aisselle, pinnatiséquées, à segments lancéolés ou oblongs-lancéolés lâchement dentés; les supérieures réduites au segment terminal ♃. Avril-mai

Endroits ombragés des bois montueux. — ? Villers-Cotterets, Compiègne (*Mérat, fl.*). — Cette plante n'a pas été trouvée dans nos environs à notre connaissance, nous la décrivons parce qu'elle a été rencontrée à des localités peu éloignées des limites de notre Flore forêt de Conches au-dessus de la Maison-Verte sur le chemin de Lyre à gauche (*Thuill., fl.*); env. de La-Fère (*herb. Pillot*)

V. CARDAMINE. (L. gen. n. 812.)

Calice à sépales plus ou moins étalés, ord. non gibbeux. Pétales quelquefois avortés. Stigmate entier. *Silique linéaire, comprimée; valves presque planes, dépourvues de nervures* ou présentant à la base une nervure peu distincte, se roulant quelquefois avec élasticité de la base au sommet. *Graines unisériées*, comprimées, *à funicules non dilatés.*

Plantes annuelles, bisannuelles, ou vivaces herbacées, glabres plus rarement velues. — Feuilles pinnatiséquées, pétiolées, à pétiole quelquefois auriculé-embrassant. Fleurs blanches ou roses.

1 { Pétales 2-3 fois au moins plus longs que le calice. . . . . 2.
{ Pétales à peine une fois plus longs que le calice ou le dépassant peu . . . 3

2 { Feuilles supérieures à segments linéaires, entiers; silique à pointe obtuse, fleurs ord. lilas . . . . *C. pratensis*
{ Feuilles toutes à segments larges, anguleux-dentés; silique à pointe aiguë, fleurs blanches . . . . *C. amara.*

3 { Feuilles caulinaires à pétiole auriculé-embrassant, plante glabre. . . . . *C. impatiens.*
{ Feuilles caulinaires à pétiole non embrassant, dépourvu d'oreillettes; plante plus ou moins velue . . . . . . *C. hirsuta.*

SECT. I. — Pétales 2-3 fois au moins plus longs que le calice. Plantes vivaces à rhizome oblique

1. C. AMARA. (L. sp. 915.) — Engl. bot. t. 1000 — Rchb. ic. fl. Germ. f. 4303.

Souche à *rhizome* oblique *presque horizontal, allongé* ord. rameux. Tiges de 2-5 décimètr., ascendantes ou dressées, ord. glabres. *Fleurs toutes* pinnatiséquées *à segments obovales anguleux, dentés ou crénelés*, le terminal plus grand. Fleurs assez grandes, blanches. Pétales 2-3 fois plus longs que le calice. Étamines égalant presque les pétales. Silique à bec grêle aigu. ♃. Avril-Mai.

R. — Ruisseaux ombragés, endroits humides des bois.—Vallée de Chevreuse; env. de Mantes (*de Boucheman*). Indiqué à l'Italienne près Beauvais (*Delacourt*). Assez fréquent aux bords de la Blaise, de l'Eure et de l'Arve près Dreux[1] (*Daenen*). St-Pierre près Compiègne (*Leré*). Étangs de Comelle près Chantilly (*Morelle*).

2. C. PRATENSIS. (L. sp. 915.) — Engl. bot. t. 776. (vulg. *Cresson-des-prés*)

Souche à *rhizome* oblique ou presque horizontal, *court tronqué*. Tiges de 2-5 décimètr., dressées ou ascendantes, glabres. *Feuilles* pinnatiséquées; les inférieures souvent velues, à segments obovales ou suborbiculaires obscurément sinués-anguleux, le terminal plus grand; les *supérieures à segments linéaires entiers*. Fleurs assez grandes, lilas, plus rarement blanches. Pétales environ 3 fois plus longs que le calice. Étamines plus courtes de moitié que les pétales. Silique à bec court obtus. ♃. Avril-mai.

C.C. — Prairies humides, endroits herbeux ombragés.

SECT. II — Pétales à peine une fois plus longs que le calice ou le dépassant peu. Plantes annuelles ou bisannuelles.

3. C. HIRSUTA. (L. sp. 915.) — Engl. bot. t. 492. — C. sylvatica. Link, in Hoffm. phyt. Blatt I. 50 (1).

Plante annuelle, à racine pivotante. Tiges solitaires ou peu nombreuses, de

(1) *Voir* Catalogue raisonné, p. 28.

1-3 décimètr., dressées ou ascendantes, simples ou rameuses, plus ou moins velues. *Feuilles* pinnatiséquées à 3-4 paires de segments ; les radicales disposées en rosette, à segments pubescents-ciliés suborbiculaires obscurément sinués-anguleux, le terminal plus grand ; les caulinaires à segments obovales, oblongs ou linéaires entiers ; *pétioles non auriculés*. Fleurs petites, blanches. Pétales à peine une fois plus longs que le calice ou le dépassant peu, quelquefois nuls par avortement. Silique à bec court, presque obtus. ①. Mars-juin.

R.R. — Endroits humides, clairières des bois. — Ville-d'Avray ! (*Kralik*). Assez abondant à St-Pierre près Compiègne ! (*Leré*)

4. C. IMPATIENS. (L. sp. 914.) — Rchb. ic. fl. Germ. f. 4302.

Plante bisannuelle, à racine pivotante. Tige ord. solitaire, de 3-6 décimètr., dressée, rameuse supérieurement, très rarement simple, glabre ou presque glabre. Feuilles pinnatiséquées, à segments nombreux, oblongs ou ovales-lancéolés la plupart incisés-dentés ; *pétioles auriculés-embrassants, à oreillettes linéaires* aiguës. Fleurs petites, blanches. Pétales dépassant à peine le calice, très caducs, souvent nuls par avortement. Silique à bec grêle. ②. Mai-juin.

R.R. — Lieux ombragés des bois, bords des ruisseaux. — Assez abondant à St-Pierre près Compiègne ! (*Leré*). — ? Marcoussis (*Thuill., fl.*).

VI. NASTURTIUM. (R. Brown, Kew. ed. 2. IV. 110.) (1).

Calice à sépales étalés, non gibbeux à la base. Pétales rarement avortés. Stigmate subbilobé. *Silique cylindrique*, linéaire, ou très courte passant à la silicule ; valves convexes, dépourvues de nervure dorsale ou plus rarement à nervure dorsale distincte. *Graines irrégulièrement 2-4-sériées*, comprimées.

Plantes herbacées glabres, vivaces à rhizome oblique, plus rarement bisannuelles. Tiges souvent radicantes. Feuilles pinnatiséquées, pinnatipartites ou pinnatifides, plus rarement indivises, pétiolées ou atténuées en pétiole, à pétiole quelquefois auriculé-embrassant. Fleurs jaunes, plus rarement blanches.

1	Fleurs blanches	*N. officinale.*
	Fleurs jaunes	2.
2	Pétales ne dépassant pas le calice; plante bisannuelle. . .	*N. palustre.*
	Pétales plus longs que le calice; plante vivace	3.
3	Silique oblongue-subglobuleuse, 3-4 fois plus courte que le pédicelle. . .	*N. amphibium.*
	Silique linéaire, égalant environ la longueur du pédicelle rarement plus courte	*N. sylvestre.*

SECT. I. CARDAMINUM. D.C. — *Pétales blancs. Valves de la silique à nervure dorsale distincte.*

1. N. OFFICINALE. (R. Brown, Kew. ed. 2. IV. 110.) — Rchb. ic. fl. Germ. f. 4359. — Sisymbrium Nasturtium. L. sp. 916. — Engl. bot. t. 855. (vulg. *Cresson de fontaine.*)

Plante vivace. Tige de 1-6 décimètr., longuement couchée-radicante inférieurement et émettant souvent des rejets radicants, redressée dans sa partie supérieure, épaisse succulente, rameuse supérieurement. Feuilles pinnatiséquées, à segments oblongs ou obovales, entiers ou légèrement sinués, le termi-

(1) Les espèces du genre *Nasturtium* à fruit siliculeux se rapprochent beaucoup du genre *Cochlearia*, celles de nos environs s'en distinguent à leurs fleurs jaunes.

nal ord. plus grand ovale-suborbiculaire un peu cordé à la base. Pétales environ une fois plus longs que le calice. Silique linéaire, plus longue que le pédicelle, plus ou moins arquée, à pointe courte. Plante d'une saveur piquante dans toutes ses parties. ♃. Mai-septembre.

C.C. — Ruisseaux, fontaines, lieux marécageux.

s.v. — *siifolium*. (N. siifolium. Rchb ic. fl. Germ. f. 4351.) — Plante ord. plus robuste. Feuilles à segments presque égaux, oblongs ou obovales atténués à la base même le terminal. — *A.C.* — Ruisseaux profonds.

SECT. II. — Pétales jaunes. Valves de la silique à nervure dorsale non distincte.

2 N. **AMPHIBIUM.** (R. Brown, Kew. IV. 110.) — Sisymbrium amphibium. L. sp. 917. — Engl. bot. t. 1840.

Plante vivace. Tige de 4-9 décimètr., ord. robuste, dressée ou couchée-radicante inférieurement, rameuse. Feuilles pétiolées ou atténuées à la base, auriculées-embrassantes, plus rarement non auriculées, oblongues-lancéolées, entières ou dentées; les inférieures quelquefois pinnatifides ou pinnatipartites-incisées. *Pétales plus longs que le calice. Silique oblongue-subglobuleuse, 3-4 fois plus courte que le pédicelle,* brusquement terminée en un bec grêle cylindrique. ♃. Mai-juillet.

C.C. — Bords des rivières, fossés, eaux stagnantes.

var. *α. indivisum.* — Feuilles toutes indivises, entières, plus rarement dentées.

var. *β. heterophyllum.* — Feuilles inférieures pinnatifides ou pinnatipartites-incisées; les supérieures indivises entières, plus rarement dentées.

3. N. PALUSTRE. (D.C. syst. II. 191.) — Sisymbrium palustre. Leyss. fl. Hal. n. 679. — Engl. bot. t. 17. — Sisymbrium hybridum et pusillum. Thuill. fl. Par. 332.

Plante bisannuelle. Tige de 1-5 décimètr., dressée, rameuse supérieurement. Feuilles pétiolées, à pétiole auriculé-embrassant, profondément pinnatipartites, à lobes oblongs dentés-incisés; les radicales disposées en rosette, à lobe terminal plus grand. *Pétales de la longueur du calice. Silique oblongue-renflée, égalant le pédicelle*, terminée par un bec cylindrique. ②. Mai-octobre.

A.C. — Endroits humides surtout des terrains sablonneux. — Abondant aux bords de la Seine même dans l'intérieur de Paris[1], etc.

4. N. SYLVESTRE. (R. Brown, Kew IV. 110) — Sisymbrium sylvestre. L. sp. 916. — Engl. bot. t. 2324. — N rivulare Rchb. ic. fl Germ. f. 4365.

Plante vivace. Tiges de 2-5 décimètr., couchées, étalées ou ascendantes, rameuses. Feuilles pétiolées, à pétiole rarement auriculé-embrassant, profondément pinnatipartites ou pinnatiséquées à segments dentés-incisés oblongs lancéolés ou linéaires; les radicales à segment terminal à peine plus grand que les latéraux, plus rarement lyrées-pinnatipartites ou pinnatifides. *Pétales plus longs que le calice. Silique linéaire*, ord. arquée, *égalant environ la longueur du pédicelle*, rarement plus courte, terminée par un bec cylindrique. ♃. Mai-août.

C.C. — Bords des eaux, lieux humides, endroits inondés l'hiver.

var. *β. anceps.* (N. anceps. Rchb. bot. zeit. 1822. 197. — ic. fl. Germ. f g. 4364. — Sisymbrium anceps. Wahlenb. Succ. 419.) — Feuilles au moins les inférieures lyrées à segment terminal très ample. Siliques dépassant à peine la moitié de la longueur du pédicelle. — *R.* — Bords de la Seine : Grenelle (*Maire*). Indiqué à Provins dans la prairie de Longueville (*Des Etangs*).

VII. TURRITIS. (Dill. nov. gen. 120. t. 6.)

Calice à sépales étalés, non gibbeux à la base. Stigmate presque entier. *Silique* linéaire-allongée, *comprimée*; valves presque planes, présentant une nervure longitudinale saillante. *Graines bisériées*, comprimées.

Plante bisannuelle. Feuilles radicales dentées ou subroncinées, atténuées en pétiole, velues; les caulinaires entières, amplexicaules-sagittées, glabres-glaucescentes. Fleurs d'un blanc jaunâtre.

1. T. GLABRA. (L. sp. 930.) — Engl. bot t 777. — Rchb ic. fl. Germ. f. 4346 — Arabis perfoliata. Lam. dict. I. 219.

Tige de 4-8 décimètr., raide, dressée, simple, un peu velue à la base, glabre-glauque supérieurement. Feuilles radicales disposées en rosette, velues à poils bi-trifurqués, ord. détruites à la maturité des siliques; les supérieures glabres glaucescentes. Siliques serrées contre la tige, 5-6 fois plus longues que les pédicelles. ②. Mai-juillet.

C. — Bois sablonneux, lieux arides et pierreux.

TRIBU II. COTYLÉDONS PLANS, RADICULE REPOSANT SUR LE DOS DE L'UN D'EUX *radicule dorsale* (o||).

VIII. HESPERIS. (L. gen. n. 817.)

Calice à sépales dressés, les latéraux gibbeux à la base. *Stigmate à deux lobes lamelleux dressés-connivents. Silique* linéaire-allongée, *subcylindrique*, valves convexes, à 3 nervures peu marquées. Graines unisériées, oblongues-subtriquètres.

Plante vivace, velue ou pubescente Feuilles dentées; les radicales atténuées en pétiole, les caulinaires subsessiles. Fleurs lilas ou blanches.

1 H MATRONALIS. (L. sp. 927.) — Rchb. ic fl. Germ. f. 4377-4378

Tiges de 4-8 décimètr., dressées, simples ou rameuses supérieurement, rudes, pubescentes ou velues à poils simples ou bifurqués. Feuilles radicales oblongues, atténuées en pétiole; les caulinaires ovales-lancéolees acuminées. Fleurs d'une odeur suave. Pétales obovales, apiculés ou émarginés, quelquefois arrondis au sommet. Siliques ascendantes, glabres, un peu toruleuses, 8-10 fois plus longues que le pédicelle. ♃. Mai-juin.

R. spont.? — Endroits ombragés, bois montueux, buissons. — Magny (*Bouteille*). Parc de Rentilly en Brie (*Thuret*). — Fréquemment subspontané dans le voisinage des habitations: Vincennes. St-Germain! Fontainebleau! Malesherbes[1], etc. — Cultivé dans les jardins, à fleurs simples ou doubles, sous le nom de *Julienne* ou de *Girarde*.

On cultive assez fréquemment en bordures dans les jardins le *Malcomia maritima* Brown (vulg. *Giroflée de Mahon*) à fleurs assez petites d'un rose violacé. — Le genre *Malcomia* se distingue du genre *Hesperis* par son stigmate entier.

IX. ERYSIMUM. (L. gen. n. 814.)

Calice à sépales dressés, les latéraux quelquefois gibbeux à la base. Stigmate entier ou bilobé à lobes obtus. *Silique* linéaire, *tétragone* ou tétragone un peu comprimée; *valves fortement carénées* par la nervure dorsale. Graines unisériées, ovales ou oblongues.

Plantes annuelles ou bisannuelles, couvertes d'une pubescence étoilée, plus rarement glabres-glaucescentes. Feuilles entières, sinuées ou dentées; les radicales atténuées en pétiole, ord. disposées en rosette, souvent détruites lors de la floraison;

les caulinaires subsessiles, plus rarement cordées-amplexicaules. Fleurs jaunes, plus rarement d'un blanc jaunâtre.

1 { Fleurs d'un blanc jaunâtre; feuilles caulinaires cordées-amplexicaules. . . . . *E. orientale*
Fleurs jaunes; feuilles caulinaires subsessiles, atténuées à la base. . . . 2.

2 { Pédicelles égalant environ la moitié de la longueur des siliques, stigmate entier . . . . *E. cheiranthoides.*
Pédicelles 6-7 fois plus courts que les siliques; stigmate bilobé . . . . *E. cheiriflorum.*

SECT. I. ERYSIMASTRUM. D.C. — *Fleurs jaunes. Feuilles caulinaires subsessiles. Plantes couvertes d'une pubescence étoilée.*

1. E. CHEIRANTHOIDES. (L sp. 923.) — Rchb. ic. fl. Germ. f. 4383. — Fl. Dan. t. 731.

Tige de 3-9 décimètr., raide, dressée, rameuse supérieurement, plus rarement simple. Feuilles molles, oblongues-lancéolées, atténuées aux deux extrémités, lâchement denticulées, plus rarement entières. *Pétales à onglet égalant ou dépassant à peine le calice. Pédicelles égalant environ la moitié de la longueur des siliques.* Silique verdâtre à angles concolores, tétragone un peu comprimée latéralement, légèrement pubescente à poils tripartits-étoilés apprimés. *Stigmate entier.* ①. Juin-septembre.

C. — Bords des eaux, fossés, champs humides.

L'*E. murale* (Desf. cat 129. — E. suffruticosum. Spreng. nov. prov. 17. — Rchb. ic. fl. Germ. f. 4391. — Cheiranthus erysimoides. Thuill. fl. Par. ed. 2. 337, *excl. syn.*) qui se rapproche de l'*E. Cheiranthoides* par la petitesse de ses fleurs, se distingue aux caractères suivants · pédicelles 4-5 fois plus courts que les siliques, jamais étalés; siliques pubescentes-tomenteuses à leur côté interne; graines très grosses, munies à leur sommet d'un long appendice. — Cette plante, indiquée à Sèvres au bord des vignes (*Thuill.*, *fl. Par.*) et à St-Cloud sur les murs du parc (*Mérat*, *fl. Par.*), n'a pas été retrouvée depuis plus de trente ans dans nos environs où d'après M. Gay (1) elle n'aurait jamais été réellement spontanée.

2. E. CHEIRIFLORUM. (Wallr. sched. 367.) — E. hieracifolium. L. sp. 923, *non* Fl Suec — E. odoratum, Koch. synops. fl. Germ. ed. 1. 51, *non* Ehrhr. Beitr. VIII. 157, sec. cl Gay.

Tige de 3-9 décimètr., raide, dressée, simple ou rameuse supérieurement. Feuilles raides, oblongues-lancéolées, atténuées aux deux extrémités, plus ou moins profondément sinuées-dentées. *Pétales à onglet dépassant longuement le calice. Pédicelles 6-7 fois plus courts que les siliques.* Silique blanchâtre à angles verdâtres glabrescents, tétragone un peu comprimée latéralement, couverte de poils tripartits-étoilés très courts apprimés. *Stigmate bilobé.* ②. Juin-juillet.

R. — Champs cultivés, coteaux pierreux, carrières des terrains calcaires. — Côte de Champagne (*Guillemin*, *Weddell*). Abondant à Château-Landon ! et à Sceaux près Nemours ! (*Devilliers*). Provins (*Bouteiller*).

SECT. II. CONRINGIA. Andrz. ap. D.C. — *Fleurs d'un blanc jaunâtre. Feuilles caulinaires cordées-amplexicaules. Plante glabre-glaucescente.*

3. E. ORIENTALE. (R. Brown, Kew. ed. 2. IV. 117.) — Conringia orientalis. Andrz. ap. D.C. syst. II. 507. — Brassica orientalis. L. sp. 931. — Jacq. fl. Austr. t. 282.

Tige de 2-6 décimètr., raide, dressée, simple ou rameuse supérieurement.

(1) J. Gay. Erysimorum quorumdam nov. diagn. 1842. p. 11. — *Voir* Catalogue raisonné p. 26.

Feuilles très entières, glauques ; les radicales obovales ; les *caulinaires* ovales-oblongues, *cordées-amplexicaules.* Pétales à limbe étroit, insensiblement atténués en un long onglet. Pédicelles 8-10 fois plus courts que les siliques. Silique tétragone, glabre, à angles concolores. Stigmate entier. ①. Mai-juillet.

R.—Champs pierreux des terrains calcaires ou sablonneux.—Le Châtelet (*Garnier*). Lardy (*Mandon*). Etrechy près Étampes ! Malesherbes ! (*Bernard*). Nemours ! (*Devilliers*). Oulins près Anet (*Brou*).

X. SISYMBRIUM. (L. gen. n. 813, *part.*)

Calice à sépales un peu étalés ou dressés, non gibbeux. *Stigmate entier ou émarginé. Silique* linéaire, *cylindrique;* valves convexes, présentant 3 nervures longitudinales, à nervures latérales quelquefois peu distinctes. *Graines unisériées*, ovales ou oblongues.

Plantes annuelles ou bisannuelles, plus ou moins pubescentes ou velues, à poils simples ou rameux. Feuilles entières, dentées, pinnatifides ou pinnatiséquées, pétiolées ou sessiles. Fleurs jaunes ou blanches.

1 { Fleurs blanches. . . . . 2.
{ Fleurs jaunes . . . . 3.

2 { Feuilles radicales réniformes-cordées ; graines striées longitudinalement. . . . . *S. Alliaria.*
{ Feuilles radicales oblongues-obovales, atténuées en pétiole ; graines non striées . . . . *S. Thalianum.*

3 { Feuilles bi-tripinnatiséquées à segments linéaires étroits . . . *S. Sophia.*
{ Feuilles pinnatipartites ou hastées. . . . . 4.

4 { Siliques oblongues-coniques atténuées en une pointe grêle, étroitement appliquées sur la tige. . . . . *S. officinale*
{ Siliques linéaires à pointe très courte, étalées-ascendantes. 5

5 { Siliques linéaires grêles un peu toruleuses, lisses . . . *S. Irio*
{ Siliques oblongues-linéaires épaisses, tuberculeuses-scabres *S. asperum*

SECT. I. — Fleurs blanches

1. S. ALLIARIA. (Scop. Carn. II. 96) — Erysimum Alliaria. L. sp. 922. — Engl. bot. t. 796. — Alliaria officinalis. D.C. syst. II. 489. (vulg. *Alliaire.*)

Tiges solitaires ou peu nombreuses, de 3-8 décimètr., dressées, simples ou rameuses supérieurement, hérissées dans leur partie inférieure. *Feuilles* presque glabres, pétiolées ; les *inférieures* longuement pétiolées, *réniformes-cordées, largement crénelées ;* les supérieures ovales-cordées, dentées à dents larges inégales. *Siliques* étalées, subtoruleuses, 7-8 *fois plus longues que le pédicelle. Graines* oblongues tronquées obliquement aux deux extrémités, *striées longitudinalement.* ②. Avril-juin.

C.C. — Lieux frais ou ombragés, buissons, fossés humides.

2. S. THALIANUM. (Gay, ann. sc. nat. (1826) avril.)—Arabis Thaliana. L. sp. 929. —Conringia Thaliana. Rchb. ic. fl. Germ. f. 4380.

Tiges solitaires ou peu nombreuses, de 1-3 décimètr., grêles, dressées, simples ou rameuses, peu feuillées, très hérissées inférieurement, glabres supérieurement. *Feuilles* velues, à poils bi-trifurqués ; les *radicales* disposées en rosette, oblongues-obovales, *atténuées en pétiole*, ord. lâchement denticulées ; les caulinaires oblongues entières, sessiles. *Siliques* étalées-ascendantes, cylindriques, *un peu plus longues que le pédicelle.* Graines très petites, ovoïdes-subglobuleuses, non striées. ①. Avril-juin.

C. — Bois sablonneux, lieux pierreux, champs arides, bords des chemins.

SECT. II. — Fleurs jaunes.

3. S. OFFICINALE. (Scop. Carn. ed. 2 n. 824.) — Erysimum officinale. L. sp. 922. — Engl. bot. t. 735. (vulg. *Herbe-au-chantre.*)

Tige de 3-8 décimètr., dressée, raide, rameuse supérieurement à rameaux étalés, ou rameuse dès la base, rude velue à poils étalés ou réfléchis. *Feuilles* rudes pubescentes, pétiolées; les radicales et les inférieures roncinées-pinnatipartites, à 5-11 lobes oblongs anguleux inégalement dentés, les terminaux confluents en un lobe plus ample; les *supérieures hastées* à lobes étroits, le terminal oblong très allongé. Pétales plus longs que le calice. *Siliques* velues, *étroitement appliquées sur la tige, oblongues-coniques* atténuées en une pointe grêle, à pédicelle très court épais. ①. Mai-septembre.

C.C. — Bords des chemins, lieux incultes arides, décombres, voisinage des habitations.

4. S. SOPHIA. (L. sp. 922.) — Engl. bot. t. 963. (vulg. *Sagesse-des-chirurgiens.*)

Tige de 3-9 décimètr., dressée, plus ou moins rameuse supérieurement, mollement pubescente. *Feuilles* mollement pubescentes, *bi-tripinnatiséquées à segments linéaires étroits* entiers ou incisés. Pétales plus courts que le calice, quelquefois nuls par avortement. Siliques glabres, étalées-ascendantes, linéaires grêles subtoruleuses, environ deux fois plus longues que le pédicelle, à pointe très courte. ①. Avril-octobre.

C.C.C. — Décombres, vieux murs, carrières, bords des chemins.

5. S. IRIO. (L. sp. 921.) — Jacq. fl. Austr. t. 322. — Engl. bot. t. 1631.

Tige de 2-9 décimètr., dressée, simple ou rameuse supérieurement, glabre ou légèrement pubescente. *Feuilles* glabres ou presque glabres, pétiolées; les radicales et les inférieures *roncinées-pinnatipartites* à 5-11 lobes oblongs-anguleux inégalement dentés; les supérieures hastées à lobes étroits le terminal oblong-lancéolé très allongé presque entier ou sinué. Pétales plus longs que le calice. *Siliques* glabres, lisses, *étalées-ascendantes, linéaires grêles* subtoruleuses, 5-6 fois plus longues que le pédicelle, à pointe très courte. ① ou ②. Avril-juillet, refleurit souvent en automne.

C.C — Berges des rivières, fossés, décombres, vieux murs, voisinage des habitations.

Le *S. Columnæ* (L. sp 655. — Jacq fl. Austr. t. 323. — S Lœselii. Thuill. fl. Par. 335.) indiqué par Thuillier dans les lieux cultivés à St-Maximin près Chantilly, n'a pas été retrouvé à cette localité où nous l'avons cherché, on le rencontre quelquefois subspontané à Paris dans les environs du Muséum. — Cette espèce se distingue du *S. Irio* à ses tiges et ses feuilles velues, à ses sépales dressés appliqués sur les pétales, et à ses siliques robustes non toruleuses 15-20 fois plus longues que les pédicelles courts et renflés.

6. S. ASPERUM. (L. sp. 920.) — J. Bauh. hist. II. 858. f. 3.

Tiges de 5-30 centimètr., étalées, ascendantes ou dressées, simples ou rameuses, légèrement pubescentes-scabres. Feuilles glabres, pétiolées, pinnatipartites à lobes oblongs ou linéaires incisés ou entiers; les radicales disposées en rosette. Fleurs jaunes, brièvement pédicellées. *Siliques* étalées-ascendantes, oblongues-linéaires épaisses, *tuberculeuses-scabres* à aspérités blanchâtres, terminées par un bec court, à pédicelle épais très court. ①. Juin-août.

R R R. — Trouvé en 1843 aux bords de la Seine près du pont d'Ivry (*Mandon*).

On rencontre quelquefois au bois de Boulogne, où il a été semé, le *S. strictissimum* L. qui se distingue à ses feuilles lancéolées-dentées.

XI. BRAYA. (Sternb. et Hopp. in regensb. denschrift. I. 65. t. 1.)

Calice à sépales dressés, non gibbeux. Stigmate entier. *Silique* linéaire, *cylindrique un peu comprimée;* valves convexes ne présentant qu'une seule nervure longitudinale. *Graines bisériées,* ovoïdes.

Plante annuelle, velue. Feuilles pinnatipartites, pétiolées. Fleurs très petites, blanches, disposées en grappes feuillées.

1. B. SUPINA. (Koch, synops. fl. Germ. ed. I. 50.)—Sisymbrium supinum. L. sp. 917. — Rchb. ic. fl. Germ. f. 4402.

Tiges ord. nombreuses, de 1-3 décimètr., couchées, simples ou rameuses, velues. Feuilles un peu velues, pinnatipartites, à lobes oblongs étroits entiers ou inégalement sinués, le terminal plus grand. Fleurs solitaires à l'aisselle des feuilles supérieures, rapprochées en une grappe dense au sommet des rameaux. Siliques disposées en une grappe allongée, rudes, un peu velues, 3-4 fois plus longues que le pédicelle. ①. Juin-août.

A.R. — Endroits sablonneux humides, bords des rivières. — Bords de la Seine Paris!, Grenelle!, Sèvres, etc. Bords de la Marne Bercy!, Charenton!, St-Maur!, etc. Abondant sur les tourbes dessechées des marais de Bresle (Oise).

TRIBU III. COTYLÉDONS CONDUPLIQUÉS EMBRASSANT LA RADICULE DORSALE : *radicule incluse* (o>>).

XII. DIPLOTAXIS. (D.C. syst. II. 628.)

Calice à sépales un peu étalés, non gibbeux. *Silique* linéaire, *comprimée*, valves légèrement convexes uninerviées; bec conique, court. *Graines bisériées*, ovales ou oblongues, *comprimées*.

Plantes annuelles, bisannuelles ou vivaces, glabres ou un peu velues. Feuilles sinuées-dentées, pinnatifides ou pinnatipartites, pétiolées. Fleurs jaunes.

1 { Pétales à limbe oblong, insensiblement atténués en onglet, dépassant à peine le calice . . . . *D. viminea*
Pétales à limbe suborbiculaire, brusquement contractés en onglet, dépassant longuement le calice . . . . 2.

2 { Calice hérissé de poils raides, pédicelles égalant environ la longueur des fleurs épanouies. . . . . *D. muralis.*
Calice glabre ou hérissé seulement au sommet; pédicelles 1-3 fois plus longs que les fleurs épanouies . . . . *D. tenuifolia.*

1. D. TENUIFOLIA. (D.C. syst. II. 632.) — Sisymbrium tenuifolium. L. sp. 917. — Engl. bot. t. 525.

Plante vivace. Tiges de 3-8 décimètr., ascendantes ou dressées, sous-frutescentes à la base, feuillées, rameuses, glabres ou presque glabres, glaucescentes. Feuilles glabres glaucescentes, un peu épaisses; les inférieures pinnatipartites à lobes oblongs étroits entiers incisés ou dentés, rarement simplement sinuées; les supérieures souvent sinuées-dentées ou presque entières. *Pédicelles 1-3 fois plus longs que les fleurs épanouies.* Fleurs grandes. Calice glabre ou hérissé seulement au sommet. *Pétales* beaucoup plus longs que le calice, *à limbe suborbiculaire, brusquement contractés en* un *onglet* étroit. ♃. Avril-octobre.

C.C.C. — Endroits secs, bords des chemins, murs des quais, talus des fortifications et des chemins de fer

2. D. MURALIS. (D.C. syst. II. 634.) — Rchb. ic. fl. Germ. f. 4417. — Sisymbrium murale. L. sp. 918. — Sisymbrium Barrelieri et monense. Thuill. fl. Par. 333.

Plante bisannuelle ou vivace. Tiges de 1-4 décimètr., ascendantes ou dressées, herbacées, rarement sous-frutescentes à la base, feuillées dans leur partie inférieure, ord. rameuses, velues-hérissées inférieurement. Feuilles vertes, plus ou moins velues, quelquefois glabres, sinuées-dentées ou pinnatipartites à lobes triangulaires ou oblongs courts entiers plus rarement dentés. *Pédicelles égalant environ la longueur des fleurs épanouies.* Fleurs assez grandes. *Calice hérissé de poils raides. Pétales* beaucoup plus longs que le calice, *à limbe suborbiculaire, brusquement contractés en* un *onglet* étroit. ② ou ♃. Mai-août.

A.C. — Lieux arides, vieux murs, bords des chemins. — Paris! Calvaire, Garches; plaine St-Denis; Ile-Adam (*Maire*). Conflans-Ste-Honorine (*De Lens*). Très abondant à La Roche-Guyon! et à Mantes! Vernon! Les Andelys! Marais de Bresle! Beauvais (*Graves*). Mennecy (*Des Étangs*, *Maire*). Valvins. Champagne!, etc.

3. D. VIMINEA. (D.C. syst. II. 635.) — Rchb. ic. fl. Germ. f. 4416. — Sisymbrium vimineum. L. sp. 919.

Plante annuelle. Tiges de 1-3 décimètr., étalées ascendantes ou dressées, herbacées, feuillées seulement à la base, simples ou rameuses à la base, glabres. Feuilles presque toutes radicales rapprochées en rosette, vertes glabres, sinuées-lyrées ou pinnatipartites à lobes triangulaires courts. *Pédicelles plus courts que les fleurs épanouies.* Fleurs très petites. Calice glabre. *Pétales dépassant à peine le calice, à limbe oblong, insensiblement atténués en onglet.* ①. Juin-octobre.

C. — Vignes, lieux cultivés, terres remuées.— Paris! St-Cloud! Mennecy! Melun! Champagne!, etc.

XIII. ERUCA. (Tournef. inst. t. 111.)

Calice à sépales dressés, non gibbeux. *Silique* oblongue, *subcylindrique*, *valves convexes-carénées*, à une seule nervure saillante; bec comprimé ensiforme. *Graines bisériées, globuleuses.*

Plante annuelle ou bisannuelle, velue. Feuilles lyrées-pinnatipartites, pétiolées. Fleurs blanchâtres veinées d'un brun violet.

1. E. SATIVA. (Lam. fl. Fr. II. 496.) — Rchb. ic. fl. Germ. f. 4421. — Brassica Eruca. L. sp. 932. (vulg. *Roquette*.)

Tige de 4-8 décimètr., dressée ou ascendante, rameuse souvent dès la base, rude velue surtout inférieurement. Feuilles lyrées-pinnatipartites, à lobe terminal très ample ord. suborbiculaire, les latéraux oblongs ou obovales ord. sinués-dentés. Pédicelles plus courts que le calice. Pétales très longuement onguiculés, beaucoup plus longs que le calice. Siliques dressées, presque appliquées contre la tige, glabres ou velues, à bec très large égalant environ la longueur des valves. ① ou ②. Avril-juin, refleurit en automne.

R.R. — Champs arides, carrières, décombres, vieilles murailles. — Très abondant aux environs du château de Dreux! (*Daenen*). Très abondant aux environs du château et sur les rochers à la Roche-Guyon! (*Bouteille*). — Quelquefois cultivé.

XIV. ERUCASTRUM. (Presl. fl. Sic. I. 92.)

Calice à sépales plus ou moins étalés, les latéraux un peu gibbeux à la base. *Silique* linéaire, *subcylindrique*; valves convexes, ne présentant qu'une seule nervure longitudinale; bec court conique. *Graines unisériées*, ovales ou oblongues, *un peu comprimées.*

Plantes bisannuelles ou vivaces, plus ou moins velues. Feuilles pinnatipartites, pétiolées, à pétiole souvent auriculé. Fleurs jaunes.

Calice à sépales très étalés; fleurs jaunes.	*E. obtusangulum.*
Calice à sépales presque dressés; fleurs d'un jaune pâle. . .	*E. Pollichii.*

1. E. OBTUSANGULUM. (Rchb. fl. exc. 693.)— ic. fl. Germ. t. 4420.—Sisymbrium obtusangulum D.C. syst. II. 465.—Brassica Erucastrum. L. sp. 932, sec. cl. Gay.—Sinapis Hispanica. Thuill. fl. Par. 343.

Tiges solitaires ou peu nombreuses, de 3-7 décimètr., dressées ou ascendantes, rudes velues surtout à la base. *Fleurs jaunes.* Pétales à onglet aussi long que le calice. Calice à *sépales très étalés.* Siliques étalées, à bec contenant ord. une graine. ② ou ♃. Mai-juillet.

R.R.R. — Lieux arides, décombres.— Bois de Vincennes au coteau de Beauté.

2. E. POLLICHII. (Schimp. et Spenn. fl. Frib. III. 946.)

Tiges solitaires ou peu nombreuses, de 1-4 décimètr., dressées ou ascendantes, rudes velues surtout à la base. *Fleurs d'un jaune pâle.* Calice à *sépales presque dressés.* Siliques étalées, à bec ne contenant pas de graine. ② ou ♃. Mai-août.

R.R.R. — Lieux sablonneux, décombres. — Bords de la Seine près Grenelle (*Kralik*).

XV. BRASSICA. (L. gen. n. 820.)

Calice à sépales dressés ou plus ou moins étalés, non gibbeux ou les latéraux un peu gibbeux. *Silique* linéaire, *subcylindrique, valves* convexes, *ne présentant qu'une seule nervure longitudinale droite*, à nervures latérales flexueuses peu marquées ou nulles; bec conique. *Graines unisériées, globuleuses.*

Plantes annuelles ou bisannuelles, ord. glauques, glabres quelquefois hispides. Feuilles radicales et inférieures ord. lyrées-pinnatifides ou pinnatipartites, pétiolées; les caulinaires entières, sinuées ou dentées, sessiles ou amplexicaules. Fleurs jaunes ou blanches quelquefois veinées.

1	Siliques serrées contre la tige, feuilles toutes pétiolées. . . .	*B. nigra.*
	Siliques étalées ou ascendantes; feuilles supérieures sessiles ou amplexicaules.	2.
2	Sépales appliqués sur les pétales; feuilles supérieures sessiles non amplexicaules.	*B. oleracea.*
	Sépales étalés, feuilles supérieures largement cordées amplexicaules. . .	3.
3	Feuilles radicales et inférieures vertes, hérissées-ciliées; fleurs rapprochées au sommet de la grappe lors de l'épanouissement.	*B. Rapa.*
	Feuilles même les inférieures plus ou moins glauques, glabres; fleurs espacées dès l'épanouissement.	*B. Napus.*

† 1. B. OLERACEA (L. sp. 932.)

Tige de 4-12 décimètr., robuste épaisse, rameuse, glauque glabre. *Feuilles* épaisses, glauques glabres, les inférieures lyrées-pinnatifides, pétiolées, les *supérieures* oblongues, *sessiles non amplexicaules.* Fleurs jaunes ou blanches quelquefois veinées, en grappe lâche dès l'épanouissement. *Sépales dressés, appliqués sur les pétales.* Étamines toutes dressées. Siliques étalées-ascendantes, linéaires allongées, à valves présentant plusieurs nervures flexueuses. ② Mai-juin.

Cultivé partout et présentant un grand nombre de variétés.

var. β. *acephala.* — Tige allongée. Feuilles à limbe presque plan

s.v. — Feuilles vertes-glaucescentes (*Chou vert*) Feuilles d'un rouge vineux surtout au niveau des nervures (*Chou rouge*). Bourgeons axillaires très développés (*Chou de Bruxelles*). Plante robuste, très elevée (*Chou rameux*, *Chou cavalier*).

var. γ. *crispa.* — Feuilles ondulées-frisées (*Chou frisé*).

var. δ. *capitata.* — Tige très courte. Feuilles à limbe concave, étroitement imbriquées en tête (*Chou pommé*).

var. ε. *caulorapa.* — Tige dilatée à la base en un renflement charnu (*Chou-rave*).

var. ζ. *botrytis.* — Rameaux et pédoncules très rapprochés charnus avant la floraison (*Choux-fleurs*).

† 2. B. NAPUS. (L. sp. 931.)

Tige de 4-9 décimètr., assez robuste, ord. rameuse, glabre plus ou moins glauque *Feuilles* glaucescentes, *glabres;* les inférieures lyrées-pinnatifides, pétiolées; *les supérieures* oblongues un peu retrécies au-dessus de leur base, *à base élargie cordée-amplexicaule. Fleurs* jaunes, *espacées dès l'épanouissement. Sépales étalés.* Étamines latérales ascendantes. Siliques étalées, linéaires allongées, à valves présentant plusieurs nervures flexueuses. ① ou ②. Avril-juin.

Cultivé dans les jardins et en plein champ, fréquemment subspontané.

var. α. *oleifera.* (vulg. *Colza.*) — Racine grêle. — Cultivé en plein champ pour ses graines oléagineuses.

var. β. *esculenta* (vulg. *Navet*) — Racine renflée charnue. — Cultivé pour sa racine alimentaire.

† 3. B. RAPA (L. sp. 931)

Tige de 4-9 décimètr., assez robuste, ord. rameuse, glauque, glabre, plus rarement hispide à la base. *Feuilles radicales et inférieures* lyrées-pinnatifides, petiolées, vertes, *ciliées hérissées de poils raides*, *les supérieures* oblongues ou ovales, *profondément cordées-amplexicaules*, glaucescentes glabres. *Fleurs* d'un jaune un peu pâle, *rapprochées au sommet de la grappe lors de l'épanouissement*, dépassant le groupe des boutons. *Sépales étalés.* Étamines latérales ascendantes. Siliques étalées-ascendantes, linéaires, à valves présentant plusieurs nervures flexueuses. ① ou ②. Avril-juin.

Cultivé dans les jardins et en plein champ, fréquemment subspontané.

var. α. *oleifera.* (vulg. *Navette d'été.*) — Racine grêle, annuelle. — Cultivé en plein champ pour ses graines oléagineuses, subspontané çà et là dans les moissons.

s.v. — *biennis.* (vulg. *Navette.*) — Racine bisannuelle.

var. β. *esculenta.* (vulg *Rave.*) — Racine charnue, renflée, ord turbinée, blanche, plus rarement jaunâtre, souvent colorée en violet dans sa partie supérieure.

4. B. NIGRA. (Koch, Deutschl fl IV. 713.) — Sinapis nigra. L. sp. 933. — Engl. bot. t. 969. — Sinapis incana. Thuill. fl. Par 343 (vulg. *Moutarde noire.*)

Tige de 6-12 décimètr., assez robuste, rameuse, glaucescente, velue-hérissée au moins dans la partie inférieure. *Feuilles toutes pétiolées*, vertes; les inférieures hérissées, lyrées-pinnatifides, à lobe terminal très grand plus ou moins sinué; les supérieures ord. glabres, lancéolées atténuées aux deux extrémités, entières ou sinuées. Fleurs jaunes, rapprochées au sommet de la grappe lors de l'épanouissement. Sépales étalés. *Siliques* dressées *serrées contre la tige*, oblongues-linéaires; *valves carénées par la saillie de la nervure dorsale*, à nervures latérales à peine distinctes. ①. Juin-août.

A.C. — Bords des rivières, lieux herbeux, buissons, terrains cultivés. — Plaine St-Denis (*Maire*). Bords de la Seine et de la Marne: Paris!, Charenton!, Neuilly!, St Germain!, etc. Ermenonville (*Maire*). Compiègne (*Weddell*)., etc.

XVI. SINAPIS. (L. gen. n. 821, *part.*)

Calice à sépales étalés, plus rarement dressés, non gibbeux. *Silique* linéaire ou oblongue, *subcylindrique; valves* convexes, *à 3-5 nervures longitudinales droites saillantes*, bec long, plus ou moins comprimé, renfermant souvent une graine à sa base. *Graines unisériées, globuleuses.*

Plantes annuelles, bisannuelles ou vivaces, plus ou moins velues, rarement glaucescentes. Feuilles lyrées ou pinnatipartites, plus rarement sinuées ou dentées, ord. pétiolées. Fleurs jaunes.

1 { Feuilles supérieures inégalement sinuées-dentées . . . . *S. arvensis.*
  { Feuilles toutes profondément pinnatipartites 2

2 { Sépales étalés; valves de la silique plus courtes que le bec . . . *S. alba.*
  { Sepales appliqués sur les petales; valves de la silique 6-7 fois plus longues que le bec. . . . . *S. Cheiranthus.*

1 S. ARVENSIS (L. sp. 933.) — Engl. bot. t. 1748. — Fl. Dan. t. 753. (vulg. *Moutarde sauvage.*)

Tige de 4-8 décimètr., rameuse, ord. hispide surtout à la base à poils souvent réfléchis. *Feuilles* ovales ou oblongues; les inférieures lyrées ou irrégulièrement sinuées; les *supérieures inégalement sinuées-dentées*, sessiles ou subsessiles. Sépales étalés. Siliques plus ou moins étalées, ord. glabres, subtoruleuses, à loges polyspermes; valves épaisses à nervures empâtées, plus longues que le bec; *bec conique-comprimé.* Graines noires, lisses. ①. Mai-août.

C.C.C. — Champs, moissons, terrains cultivés, bords des chemins.

var. β. *hispida.* (S. orientalis. Murr. prodr. 167.—S. villosa. Mérat! fl. Par. ed. 1. 265, *excl. syn.* S. incana. Thuill. fl Par 343.) — Siliques hérissées de poils réfléchis. — *C.C.*

2. S. ALBA. (L. sp. 933.) — Engl. bot. t. 1677. — Fl Dan t. 1393 (vulg. *Moutarde blanche.*)

Tige de 4-8 décimètr., ord. rameuse supérieurement, hispide à poils étalés ou réfléchis. *Feuilles toutes lyrées-pinnatipartites* à lobes inégalement sinués-dentés. Sépales étalés. Siliques étalées, velues-hispides, toruleuses, à loges 2-3-spermes; *valves plus courtes* que le bec; *bec comprimé-ensiforme.* Graines jaunâtres, finement ponctuées. ①. Mai-juillet.

C. — Moissons des terrains calcaires ou argileux.

3 S. CHEIRANTHUS. (Koch, Deutschl. fl. IV. 717.) — Brassica Cheiranthus. Vill Delph. III. 332. t. 36. — Rchb. ic. fl. Germ. f. 4432-4433. — Brassica Cheiranthus et Cheiranthiflora. D.C. syst. II. 601.

Tiges de 3-11 décimètr., ord. sous-frutescentes à la base, simples ou rameuses supérieurement, glauques, hispides à poils épars étalés. *Feuilles toutes pinnatipartites*, à lobes oblongs inégalement sinués-dentés ceux des feuilles supérieures linéaires entiers. *Sépales dressés appliqués sur les pétales.* Siliques plus ou moins étalées, glabres, subtoruleuses, à loges polyspermes; *valves 6-7 fois plus longues que le bec;* bec conique-comprimé. Graines noires, finement ponctuées. ② ou ♃. Mai-août.

A.C — Lieux sablonneux, endroits arides pierreux. — Bois de Boulogne! Bois du Vésinet! Forêt de Fontainebleau! Nemours!, etc.

XVII. RAPHANUS. (L. gen. n. 822.)

Calice à sépales dressés, les latéraux gibbeux à la base. *Silique indéhiscente,* linéaire-oblongue ou oblongue-conique, *renflée spongieuse, ou moniliforme partagée transversalement en plusieurs articles* monospermes marquée à sa circonférence de 6-8 nervures, bec long conique. Graines unisériées, globuleuses.

Plantes annuelles ou bisannuelles, plus ou moins hispides. Feuilles inférieures lyrées-pinnatipartites, les supérieures oblongues dentées ou incisées-dentées. Fleurs jaunes, blanches ou violettes, marquées de veines plus foncées.

{ Silique moniliforme, partagée à la maturité en articles monospermes. . . . . *R. Raphanistrum.*
{ Silique épaisse, renflée-spongieuse, ... *R. sativus.*

1. R. RAPHANISTRUM. (L. sp. 935.) — Engl. bot. t. 856. — Raphanistrum arvense. Wallr. sched. I. 336.

Racine pivotante, grêle. Tige de 2-6 décimètr., dressée, rameuse, hérissée. Fleurs jaunes ou blanches, veinées de violet. *Silique linéaire-oblongue, moniliforme, partagée à la maturité en articles monospermes*, brusquement contractée en un bec linéaire-subulé. ①. Mai-août.

C.C.C. — Moissons, terrains cultivés, décombres.

Certains échantillons du *R. Raphanistrum*, à feuilles presque entières, peuvent être confondus avant le développement des siliques avec le *Sinapis arvensis;* on reconnaît le *R. Raphanistrum* à ses pétales veinés et à ses sépales dressés.

† 2. R. SATIVUS. (L. sp. 935.) — Lam. ill t 566.

Racine charnue-renflée Tige de 4-8 décimètr., dressée, rameuse, plus ou moins hérissée. Fleurs blanches ou violettes, veinées de violet foncé. *Silique oblongue-lancéolée*, épaisse, *renflée-spongieuse non partagée en articles transversaux*, insensiblement atténuée en bec. ① ou ②. Mai-août.

Cultivé partout.

var. *α. vulgaris.* (vulg. *Radis*, *Petite-Rave.*) — Racine assez petite, globuleuse-déprimée ou oblongue, blanche, rose ou rouge, d'une saveur piquante.

var. *β. niger.* (*R. niger* Mérat, fl. Par. ed. 2. II. 389. — vulg. *Raifort*, *Radis noir.*) — Racine volumineuse, oblongue-globuleuse, noire, à chair très ferme d'une saveur très piquante.

DIVISON II. SILICULOSÆ. — Fruit à peine plus long que large (*silicule*), ovale, oblong ou suborbiculaire, déhiscent, plus rarement indéhiscent, 1-4-sperme ou polysperme.

TRIBU I. — SILICULE DÉHISCENTE, A VALVES NE RETENANT PAS LES GRAINES.

SOUS-TRIBU I. — *Silicule comprimée parallèlement à la cloison, cloison aussi large que le plus grand diamètre transversal de la silicule, valves presque planes ou convexes, jamais pliées-naviculaires*

XVIII. ALYSSUM. (L. gen. n. 805.)

Calice à sépales dressés, non gibbeux. *Étamines, au moins les latérales, à filets munis d'appendices basilaires. Silicule* suborbiculaire ou ovale-orbiculaire, émarginée au sommet, *comprimée parallèlement à la cloison*, surmontée par le style persistant; *valves convexes au centre, planes au bord;* cloison large; *loges* 1-2-*spermes*. Graines comprimées, quelquefois entourées d'un rebord étroit. Cotylédons plans. *Radicule commissurale.*

Plantes annuelles ou vivaces, à tiges presque ligneuses, couvertes d'une pubescence étoilée Feuilles entières, atténuées à la base. Fleurs jaunes, jaunâtres ou blanchâtres

{ Calice persistant; fleurs jaunâtres ou blanchâtres. . . . *A. calycinum.*
{ Calice caduc; fleurs d'un beau jaune. . . . . *A. montanum.*

1. A. CALYCINUM. (L. sp. 908.) — Jacq. Austr. t. 338. — Fl. Dan. t. 1704.

Plante annuelle. Tiges ord. nombreuses, de 1-2 décimètr., dressées, ascendantes ou couchées. Feuilles inférieures obovales, les supérieures oblongues. *Fleurs* d'abord *jaunâtres, passant* ensuite *au blanc. Calice persistant.* Pétales légèrement émarginés, dépassant peu le calice. Étamines latérales munies de chaque côté à leur base d'un appendice subulé, les autres étamines dépourvues d'appendice. Silicule suborbiculaire, légèrement émarginée au sommet, couverte de poils étoilés. Style court. ①. Mai-juin.

C.C. — Lieux arides, terrains pierreux ou sablonneux.

2. A. MONTANUM. (L. sp. 907.) — Curt. bot. mag. t. 419.

Plante vivace sous-frutescente. Tiges nombreuses, de 1-3 décimètr., couchées ou ascendantes. Feuilles inférieures obovales, les supérieures oblongues. *Fleurs d'un beau jaune. Calice caduc.* Pétales légèrement émarginés, environ une fois plus longs que le calice. Étamines à filets soudés dans une étendue variable avec un appendice membraneux oblong. Silicule suborbiculaire, légèrement émarginée au sommet, couverte de poils étoilés. Style égalant au moins la moitié de la longueur de la silicule. ♃. Mai-août.

R. — Coteaux arides, terrains sablonneux. — St-Maur! Forêt de Fontainebleau! Bouron.

On cultive fréquemment dans les jardins l'*A. saxatile* L. (vulg. *Corbeille-d'or*) qui se distingue à ses grappes fructifères courtes rapprochées en panicules, à ses fleurs d'un beau jaune, à ses étamines à filets présentant à la base un appendice court arrondi, et à ses silicules glabres. — L'*Aubrietia deltoidea* D.C. (A. deltoideum L.) est souvent planté en bordures, il se distingue à ses fleurs lilas et à ses tiges très rameuses velues.

On cultive comme plante d'ornement, et l'on rencontre souvent dans le voisinage des habitations le *Lunaria biennis* Mœnch (vulg. *Lunaire*) qui se reconnaît à ses fleurs assez grandes ord. violettes, et à ses silicules très grandes oblongues-suborbiculaires comprimées à valves planes à cloison d'un blanc nacré.

XIX. DRABA. (L. gen. n. 800.)

Calice à sépales un peu étalés, non gibbeux. Étamines dépourvues d'appendices. *Silicule oblongue*, entière au sommet, *comprimée parallèlement à la cloison*, surmontée du stigmate subsessile persistant; *valves planes ou à peine convexes;* cloison large; loges polyspermes. Graines comprimées. Cotylédons plans. *Radicule commissurale.*

Plante annuelle, plus ou moins velue, à poils bi-trifides, à tiges nues. Feuilles disposées en rosette, entières ou dentées au sommet, atténuées à la base. Fleurs très petites, blanches.

1. D. VERNA. (L. sp. 896.) — Engl. bot. t. 586. — Erophila vulgaris. D.C. syst. II. 356.

Tiges plus ou moins nombreuses, de 4-12 centimètr., grêles, dressées ou ascendantes, nues, velues-pubescentes inférieurement, glabres supérieurement. Feuilles disposées en rosette radicale, oblongues-aiguës ou obovales-spatulées, entières ou dentées au sommet, couvertes de poils bi-trifides. Fleurs très petites, en grappe corymbiforme. Pétales profondément bifides, plus longs de moitié que le calice. Silicules très longuement pédicellées. ①. Février-avril.

C.C. — Lieux secs, terrains incultes, champs en friche, pelouses arides, vieux murs.

Le *D. muralis* L., indiqué à Sèvres, Montmorency, Versailles (*Mérat, fl.*), n'a pas été retrouvé. Cette espèce se distingue à sa tige dressée feuillée, à ses feuilles cordiformes-amplexicaules dentées, à ses pétales entiers ou un peu émarginés.

† XX. COCHLEARIA. (L. gen. n. 803.)

Calice à sépales un peu étalés, non gibbeux. Étamines dépourvues d'appendices. *Silicule subglobuleuse ou oblongue-subglobuleuse*, entière au sommet, terminée par le style persistant; *valves très convexes* quelquefois légèrement carénées; cloison large; loges polyspermes. Graines comprimées. Cotylédons plans. *Radicule commissurale.*

Plantes bisannuelles ou vivaces, glabres. Feuilles entières, dentées ou incisées, les inférieures pétiolées ou atténuées en pétiole; les caulinaires sessiles ou amplexicaules. Fleurs blanches.

† 1. C. ARMORACIA. (L. sp. 904.) — Fuchs. hist. 660 ic. (vulg. *Raifort sauvage.*)

Souche renflée charnue, d'une saveur âcre piquante. Tiges de 8-12 décimètr., dressées, robustes, rameuses supérieurement, glabres. Feuilles radicales longuement pétiolées, ovales-oblongues, cordées, crénelées; les caulinaires inférieures oblongues, ord. pinnatifides; les supérieures lancéolées entières, ou crénelées. Fleurs blanches, en grappes rapprochées en une panicule terminale. *Silicules* longuement pédicellées, subglobuleuses, *à valves non carénées.* ♃. Juin-juillet.

Plante fréquemment dans les jardins, et quelquefois subspontané dans le voisinage des endroits cultivés.

On cultive également comme plante officinale le *C. officinalis* L. (vulg. *Cochléaria*) qui se distingue à ses feuilles radicales et inférieures pétiolées ovales suborbiculaires cordées à la base ord. très concaves, à ses feuilles supérieures profondément cordées-amplexicaules, et à ses silicules à valves légèrement carénées.

XXI. CAMELINA. (Crantz, Austr. I. 17.)

Calice à sepales dressés ou étalés, non gibbeux. Étamines dépourvues d'appendices. *Silicule obovale-pyriforme, un peu comprimée parallèlement à la cloison*, terminée par le style persistant; *valves très convexes*, brusquement terminées par le prolongement de leur nervure dorsale en un appendice linéaire qui s'applique sur la base du style; cloison large; loges polyspermes. Graines ovoïdes à peine comprimées. Cotylédons plans. *Radicule dorsale.*

Plantes annuelles, plus ou moins velues à poils simples entremêlés de poils bi-trifides. Feuilles caulinaires amplexicaules-sagittées, entières, dentées ou pinnatifides. Fleurs jaunâtres.

1. C. SATIVA. (Crantz, Austr. 10) — Myagrum sativum L. sp. 894. — Engl bot. t. 1254. (vulg. *Cameline*, *Calamine.*)

Tige de 4-8 décimètr., dressée, simple ou rameuse, rude, plus ou moins velue. Feuilles velues ou presque glabres; les inférieures oblongues atténuées à la base; les caulinaires moyennes et supérieures lancéolées sagittées à la base, entières ou denticulées. ①. Juin-juillet.

var. *α. pubescens.* (C. sylvestris. Wallr. sched. 347. — C. microcarpa. Andrz. ap. D.C. syst. II. 517. — Delessert, ic. select. II. t. 69.) — Plante ord. très velue. Silicules grisâtres, obovales ne se déformant pas par la compression, disposées en grappes ord. très allongées. — *A.R.* — Moissons des terrains maigres ou sablonneux, champs pierreux et incultes. — Bois de Boulogne (*Maire*). Nanterre! St-Maur! La Queue (*Maire*). Champagne! Nemours! (*Devilliers*). Mantes!, etc.

var *β. glabrescens.* (C. sativa. β. glabrata. D.C. syst. II. 516.) — Plante presque glabre, ou à poils épars. Silicules oblongues-obovales, ord. d'un vert jaunâtre, plus grosses de moitié, disposées en grappes moins allongées que dans la variété *pubescens.* —

Cultivé en grand pour ses graines oléagineuses et quelquefois subspontané autour des villages.

Le *C. dentata* Pers., indiqué à Palaiseau, Liancourt, Beauvais (*Mérat, fl.*), se distingue à ses feuilles ord. sinuées-dentées ou pinnatifides les caulinaires très atténuées au-dessus de la base, et à ses silicules obovales très renflées en grappes courtes.

SOUS-TRIBU II. *Silicule comprimée perpendiculairement à la cloison; cloison étroite, souvent linéaire; valves pliées-naviculaires, à carène souvent ailée.*

XXII. TEESDALIA. (R. Brown, Kew. ed. 2. IV. 83.)

Calice à sépales un peu étalés, plus ou moins soudés à la base, à base persistante. Pétales extérieurs ord. plus grands. *Étamines à filets munis d'appendices basilaires membraneux. Silicule* ovale-suborbiculaire, émarginée au sommet, *comprimée perpendiculairement à la cloison*, terminée par le stigmate subsessile; valves naviculaires à carène un peu ailée; cloison linéaire étroite; *loges bispermes*. Graines lenticulaires-comprimées. Cotylédons plans. *Radicule commissurale.*

• Plante annuelle, presque glabre. Feuilles la plupart radicales, disposées en rosette, pétiolées, lyrées-pinnatipartites, très rarement entières. Fleurs petites, blanches.

1. T. NUDICAULIS. (R. Brown, Kew. *loc. cit.*) — Guepinia nudicaulis. Bast. supp. 35. — T. Iberis. D.C. syst. II. 392. — Iberis nudicaulis. L. sp. 907. — Engl. bot. t. 327.

Tiges ord. nombreuses, de 6-12 centimètr., presque nues, la centrale dressée, les latérales étalées-ascendantes. Feuilles radicales nombreuses, étalées en rosette, lyrées-pinnatipartites à lobes obtus entiers, très rarement entières; les caulinaires 1-3, très petites, entières ou dentées. Pétales inégaux, les extérieurs plus grands. Pédicelles fructifères étalés. Silicules un peu concaves sur l'une de leurs faces, disposées en grappe allongée. (1). Avril-juin.

A.C. — Lieux sablonneux, pelouses arides, bords des chemins.

β v — *integrifolia*. — Feuilles radicales entières.

Le *T. Lepidium* D C. (*Lepidium nudicaule*. L.) indiqué à St-Léger (*Mérat*, *fl.*), n'y a pas été retrouvé Cette plante se distingue du *T. nudicaulis* par ses pétales presque égaux et par ses étamines réduites au nombre de quatre. M. Soyer-Willemet la considère comme une variété du *T. nudicaulis*.

XXIII. THLASPI. (Dill. giess. 123. t. 6.)

Calice à sépales presque dressés, non gibbeux. *Pétales presque égaux.* Étamines dépourvues d'appendices. *Silicule* suborbiculaire ou obovale, profondément échancrée au sommet, *comprimée perpendiculairement à la cloison*, terminée par le style persistant court ou par le stigmate subsessile; valves naviculaires, à carène ailée-membraneuse surtout supérieurement; cloison linéaire-étroite; *loges 4-polyspermes*, très rarement 2-spermes. Graines lenticulaires-comprimées. Cotylédons plans. *Radicule commissurale.*

Plantes annuelles ou bisannuelles, glabres souvent glaucescentes. Feuilles entières ou sinuées-dentées, les radicales atténuées en pétiole, les caulinaires amplexicaules-sagittées. Fleurs blanches.

Graines fortement striées, à stries arquées, silicules presque planes, bordées jusqu'à la base d'une aile membraneuse très large . . . . *T. arvense.*
Graines lisses, silicules un peu renflées, bordées d'une aile membraneuse qui disparaît presque vers la base . . . . *T. perfoliatum.*

1. T. ARVENSE. (L. sp. 901.) — Engl. bot. t. 1659. (vulg. *Monnoyère*.)

Tige de 1-5 décimètr., dressée, rameuse supérieurement, glabre. Feuilles exhalant une odeur alliacée par le froissement; les radicales oblongues-obovales, atténuées en pétiole, presque entières ou sinuées; les caulinaires oblongues, sinuées-dentées, sagittées à la base à oreillettes courtes aiguës. *Silicules* très grandes, suborbiculaires, *presque planes, bordées jusqu'à la base d'une aile membraneuse très large*, échancrées-bilobées au sommet; loges à 5-8 graines. Style très court. *Graines fortement striées, à stries arquées.* ①. Mai-septembre.

C. — Vignes, lieux cultivés un peu humides, décombres, bords des chemins.

2. T. PERFOLIATUM. (L. sp. 902.) — Engl. bot. t. 2354.

Tiges solitaires ou nombreuses, de 1-3 décimètr., dressées ou ascendantes, simples ou rameuses, glabres-glaucescentes. Feuilles un peu épaisses, denticulées ou entières; les radicales obovales atténuées en pétiole; les caulinaires oblongues, profondément cordées, à oreillettes larges obtuses. *Silicules* obovales, *un peu renflées*, concaves sur l'une de leurs faces, *bordées d'une aile membraneuse qui disparaît presque vers la base*, échancrées au sommet; loges à 4 graines. Style très court. *Graines lisses.* ①. Avril-mai.

C. — Terres remuées, endroits découverts des bois, fossés, bords des chemins.

Le *T. alliaceum* L. a été semé au bois de Boulogne; cette plante se distingue à ses silicules renflées étroitement bordées et à ses graines ponctuées.

XXIV. IBERIS. (L. gen. n. 804.)

Calice à sépales presque dressés, non gibbeux. *Pétales inégaux,* les extérieurs beaucoup plus grands. Étamines dépourvues d'appendices. *Silicule* ovale ou obovale-suborbiculaire, profondément échancrée au sommet, *comprimée perpendiculairement à la cloison*, terminée par le style persistant; valves naviculaires, à carène étroitement ailée; cloison linéaire-étroite; *loges monospermes.* Graines un peu comprimées. Cotylédons plans. *Radicule commissurale.*

Plantes annuelles ou bisannuelles, plus rarement vivaces à tiges sous-frutescentes, pubescentes ou presque glabres. Feuilles dentées au sommet ou entières, sessiles. Fleurs blanches ou rosées.

1. I. AMARA. (L. sp. 906) — Engl. bot. t. 52

Plante annuelle. Tiges de 1-3 décimètr., raides, dressées ou ascendantes, rameuses, légèrement pubescentes. *Feuilles* un peu épaisses, ciliées, toutes conformes, oblongues obtuses insensiblement atténuées en une base linéaire, *offrant de chaque côté* au-dessous du sommet 2-3 *dents obtuses.* Fleurs blanches à calice souvent coloré en violet, disposées en grappes courtes corymbiformes. Silicules portées sur des pédicelles étalés, disposées en grappes spiciformes, suborbiculaires, émarginées à lobes courts triangulaires non divergents dépassés par le style. ①. Juin-septembre.

C. — Moissons, bords des chemins, champs pierreux.

L'*I. intermedia* Guers., indiqué sur les collines qui bordent la Seine entre Mantes et Rouen (*Mérat*, *fl.*), n'a pas été rencontré dans les limites de notre Flore à notre connaissance. Cette plante est abondante à Duclair près Rouen; elle se distingue à ses feuilles linéaires entières, et à ses silicules fortement échancrées à lobes larges triangulaires aigus divergents égalant ou dépassant le style.

On cultive quelquefois dans les parterres l'*I. umbellata* L. (vulg. *Téraspic d'été*), plante annuelle, à tige ord. simple à la base, à feuilles lancéolées-acuminées, à fleurs ord. d'un rose lilas. — On cultive également les *I. semperflorens* L. et *sempervirens*

L. (vulg. *Téraspic d'hiver*) plantes vivaces, à tiges sous-frutescentes, à feuilles épaisses oblongues obtuses atténuées à la base, à fleurs blanches. *L'I. semperflorens* se distingue de l'*I. sempervirens* par ses fleurs rapprochées en corymbe au sommet des rameaux et par ses graines légèrement marginées.

XXV. HUTCHINSIA. (R. Brown, Kew. IV. 82.)

Calice à sépales dressés, non gibbeux. Étamines dépourvues d'appendices. *Silicule* oblongue ou suborbiculaire, *entière au sommet*, *comprimée perpendiculairement à la cloison*, terminée par le stigmate subsessile; valves naviculaires, non ailées; cloison étroite; *loges* ord. *2-spermes*. Graines très petites, un peu comprimées. Cotylédons plans. *Radicule dorsale ou obliquement commissurale.*

Plante annuelle, pubérulente. Feuilles pinnatipartites. Fleurs petites, blanches.

1. H. PETRÆA. (R. Brown, Kew. IV. 82)—Lepidium petræum. L. sp. 899.—Jacq. Austr. t. 131. — Engl. bot. t. 111.

Tiges solitaires ou nombreuses, de 5-10 centimètr., très grêles, simples ou rameuses à la base, *feuillées*, pubérulentes. *Feuilles* glabres, *pinnatipartites*, à lobes oblongs entiers. Pétales un peu plus longs que le calice. Silicules oblongues obtuses, disposées en grappes lâches aussi longues que le reste de la tige, portées sur des pédicelles étalés; loges 2-spermes. ①. Mars-mai.

R. — Rochers, lieux pierreux, collines arides, vieux murs. — Vignes de Barbeau près le Châtelet (*Garnier*). Fontainebleau! Malesherbes! (*Bernard*). Nemours! (*Devilliers*). Mantes! Laroche et Vetheuil près Mantes (*St-Fargeau*, in *herb. Jaubert.*).

XXVI. CAPSELLA. (Vent. t. III. 110.)

Calice à sépales dressés, non gibbeux. Étamines dépourvues d'appendices. *Silicule triangulaire-obcordée, comprimée perpendiculairement à la cloison*, terminée par le style court; *valves* naviculaires, *non ailées*; cloison linéaire étroite; *loges polyspermes*. Graines oblongues-comprimées. Cotylédons plans. *Radicule dorsale.*

Plante annuelle, plus ou moins pubescente. Feuilles radicales et inférieures atténuées en pétiole, sinuées-dentées, lyrées-pinnatifides ou pinnatipartites, rarement entières; les supérieures ord. entières, sagittées-amplexicaules. Fleurs blanches.

1. C. BURSA-PASTORIS. (Moench, meth. 271.)—Thlaspi Bursa-pastoris. L. sp. 903. — Engl. bot. t. 1485. (vulg. *Bourse-à-pasteur.*)

Tiges solitaires ou nombreuses, de 1-6 décimètr., dressées, simples ou rameuses, ord. pubescentes surtout dans leur partie inférieure. Feuilles pubescentes-ciliées, ord. couvertes sur les deux faces de poils courts étoilés; les radicales disposées en rosette, lyrées-pinnatipartites ou pinnatifides à lobes triangulaires oblongs ou linéaires entiers ou incisés, rarement sinuées ou entières; les supérieures ord. entières, sagittées-amplexicaules. Pédicelles fructifères étalés. Silicules disposées en grappes très longues. ①. Fleurit pendant presque toute l'année.

C.C.C. — Lieux cultivés et incultes, décombres, vieux murs, bords des chemins, etc.

β. — *integrifolia* — Feuilles entières même les radicales.

XXVII. LEPIDIUM. (L. gen. n. 801.)

Calice à sépales dressés ou étalés, non gibbeux. Étamines dépourvues d'appendices. *Silicule* suborbiculaire, ovale ou oblongue, émarginée au sommet, plus rarement entière, *comprimée perpendiculairement à la cloison*, terminée par le style persistant ou par le stigmate subsessile ; valves naviculaires, à carène quelquefois un peu ailée ; cloison étroite ; *loges monospermes*. Graines subtriquètres ou comprimées. Cotylédons plans. *Radicule dorsale.*

Plantes annuelles, bisannuelles ou vivaces, glabres ou velues. Feuilles entières, dentées ou pinnatipartites. Fleurs petites, blanches.

1 { Feuilles caulinaires sagittées-amplexicaules . . . . 2.
  { Feuilles caulinaires non sagittées-amplexicaules. . . . . 3.

2 { Silicules triangulaires-cordées subdidymes, non échancrées au sommet . . . . *L. Draba.*
  { Silicules ovales-oblongues, échancrées au sommet . . . *L. campestre.*

3 { Feuilles caulinaires ovales-lancéolées, entières ou dentées. *L. latifolium.*
  { Feuilles caulinaires linéaires ou pinnatipartites à lobes linéaires. . . . . 4.

4 { Silicules non échancrées au sommet, terminées en pointe . . . . *L. graminifolium.*
  { Silicules échancrées au sommet . . . . 5.

5 { Silicules serrées contre la tige ; pétales dépassant longuement le calice. . . . . *L. sativum.*
  { Silicules plus ou moins étalées ; pétales très courts, quelquefois nuls. . . . . *L. ruderale.*

† 1 L. SATIVUM. (L. sp. 899.) — J. Bauh. hist. II. 913 f. 1. (vulg. *Cresson alénois.*)

Tige de 3-6 décimètr., dressée, rameuse, glabre glauque. *Feuilles* glabres ; les radicales étalées en rosette, pétiolées, pinnatipartites ou bi-pinnatipartites à lobes entiers ou irrégulièrement incisés ; les inférieures de même forme que les radicales ; les *supérieures* sessiles *non sagittées*, *linéaires indivises*. *Pédicelles fructifères serrés contre la tige.* Silicules oblongues-suborbiculaires, échancrées au sommet à lobes non divergents dépassant un peu le style ; *valves largement ailées supérieurement.* Cotylédons tripartits. ①. Juin-juillet.

Cultivé pour ses feuilles alimentaires d'une saveur piquante, fréquemment subspontané dans le voisinage des habitations et des jardins.

var. β. *crispum.* — Feuilles à lobes multipartits ondulés-frisés.

2. L. CAMPESTRE. (R. Brown, Kew. IV. 465.) — Thlaspi campestre. L. sp. 902. — Engl. bot. t. 1385.

Tige de 3-6 décimètr., dressée, rameuse supérieurement, rarement simple, couverte de poils courts étalés. *Feuilles* mollement pubescentes, grisâtres ; les radicales étalées en rosette, oblongues rétrécies en pétiole, plus ou moins profondément incisées-dentées ; les *caulinaires*, oblongues-lancéolées, *sagittées-amplexicaules* à la base, denticulées. Pédicelles fructifères étalés. Silicules couvertes de petites écailles, ovales-oblongues, échancrées au sommet à lobes non divergents ; *valves largement ailées supérieurement.* Style dépassant à peine l'échancrure de la silicule. ②. Mai-juillet.

C.C. — Bords des chemins, clairières des bois sablonneux, terrains incultes.

Une espèce voisine du *L. campestre*, le *L. Smithii* Hooker (L. heterophyllum. Benth. cat.), très répandue dans l'ouest de la France, se distingue du *L. campestre* par ses tiges nombreuses couchées ou ascendantes et surtout par le style qui dépasse beaucoup l'échancrure de la silicule.

3. L. RUDERALE. (L. sp. 900.) — Engl. bot. t. 1595.

Tige de 1-3 décimètr., dressée, très rameuse à rameaux étalés, légèrement pubescente surtout supérieurement. *Feuilles* légèrement pubescentes ou glabres ; les radicales étalées en rosette, pétiolées, pinnatipartites ou pinnatiséquées à lobes linéaires entiers ou incisés ; les inférieures de même forme que les radicales ; les *supérieures* sessiles *non sagittées, linéaires. Pétales très courts, souvent nuls. Pédicelles fructifères étalés. Silicules* ovales-suborbiculaires, *émarginées* au sommet, à lobes courts non divergents dépassant le stigmate subsessile ; valves étroitement ailées supérieurement. ①. Mai-septembre.

R.R.R. — Endroits pierreux, décombres, pied des murs. — Paris : quais près le Champ-de-Mars ! (*P. Jamin*).

4. L. GRAMINIFOLIUM. (L. sp. 900.) — Moris. hist. II. 311. t. 21. f. 1. — L. Iberis. L. sp. 900.

Tiges de 4-8 décimètr., raides, dressées, très rameuses à rameaux étalés effilés, glabres. *Feuilles* glabres ; les radicales étalées en rosette, pétiolées, oblongues ou spatulées, dentées, pinnatifides ou pinnatipartites ; les *supérieures* non sagittées, *linéaires entières* atténuées à la base. Pédicelles fructifères étalés. *Silicules* ovoïdes *à sommet aigu,* terminées par le style très court ; valves non ailées. ② ou ♃. Juin-septembre.

C. — Bords des chemins, promenades publiques, murs des quais, décombres.

5. L LATIFOLIUM. (L. sp. 899.) — Engl. bot. t. 182.

Tige de 5-15 décimètr., robuste, dressée, rameuse supérieurement, glabre glaucescente. *Feuilles* glabres, d'un vert glauque, un peu épaisses ; les radicales et les inférieures assez amples, ovales-oblongues, dentées en scie, longuement pétiolées ; les *supérieures ovales-lancéolées*, entières ou à peine dentées, *atténuées en un court pétiole.* Fleurs en grappes denses, rapprochées en une panicule terminale. *Silicules pubescentes*, suborbiculaires, *à peine émarginées au sommet*, valves non ailées. Style court dépassant l'échancrure de la silicule. ♃. Juin-août.

R. — Bords des rivières, lieux ombragés, endroits herbeux. — Bords de la Marne Charenton. Torcy en Brie (*Thuret*). Bords de la Seine : Longchamps (*Maire*) ; Le Pecq (*herb. Jaubert*), Nemours ! (*Devilliers*)

6. L. DRABA. (L. sp. ed. 1. 645.) — Jacq. Austr. t 315. — Cochlearia Draba. L. sp. ed. 2. 904.

Tiges de 3-5 décimètr., dressées, rameuses au sommet à rameaux dressés rapprochés en corymbe, plus ou moins pubescentes. *Feuilles* pubescentes, ovales-oblongues, sinuées-dentées ; les radicales atténuées en pétiole ; les *caulinaires sagittées-amplexicaules.* Pédicelles fructifères étalés. *Silicules triangulaires-cordées* non émarginées au sommet, renflées *subdidymes*, à valves non ailées, terminées par le style qui égale au moins la moitié de leur longueur. ♃. ① *sec.* D.C. Mai-juillet.

R.R. — Champs arides des terrains calcaires, carrières, pied des murs. — Montmartre (*Maire*). Montreuil près Vincennes (*Leré*). Fourqueux (*Weddell*). St-Germain (*Kralik*). Vallée de Chambourcy près St-Germain, Versailles (*de Boucheman*).

TRIBU II. Silicule indéhiscente, se séparant rarement en valves qui retiennent la graine.

XXVIII. BISCUTELLA. (L. gen. n. 808.)

Calice à sépales presque dressés, ord. non gibbeux. Étamines dépourvues d'appendices. *Silicule* biloculaire, à loges monospermes, *comprimée perpendiculairement à la cloison presque plane*, échancrée au sommet et à la base, terminée par le style persistant très long ; *valves* fortement comprimées *orbi-*

culaires marginées se détachant de l'axe de la base au sommet et *restant* chacune *pendant quelque temps suspendues* isolément *par un prolongement filiforme*, retenant la graine qu'elles laissent échapper plus tard par une fissure latérale. Cloison linéaire filiforme. Graines horizontales, comprimées. Cotylédons plans. *Radicule commissurale*, contiguë à la cloison.

Plante vivace, plus ou moins velue. Feuilles entières, sinuées ou pinnatifides, les radicales atténuées en pétiole; les caulinaires auriculées-embrassantes. Fleurs jaunes.

1. B. LÆVIGATA. (L. mant. 225.) — Jacq. Austr. t. 339. — B. ambigua. Wallr. sched. 338.

Souche subcespiteuse rameuse, terminée en racine pivotante épaisse. Tiges de 3-5 décimètr., dressées, simples donnant naissance supérieurement aux rameaux de l'inflorescence disposés en corymbe, velues-hérissées surtout inférieurement. Feuilles radicales et inférieures oblongues rétrécies en pétiole, dentées-anguleuses ou pinnatifides, plus rarement entières; les caulinaires peu nombreuses, auriculées-embrassantes, ord. entières. ♃. Mai-juillet.

R.R. — Rochers, coteaux pierreux. — Abondant aux rochers St-Jacques aux Andelys ! (*de Brébisson, fl. Norm.*).

XXIX. SENEBIERA. (Poir. dict. VII. 75.)

Calice à sépales étalés, non gibbeux, quelquefois persistants. Étamines dépourvues d'appendices, quelquefois réduites au nombre de 2-4 par avortement. *Silicule biloculaire, indéhiscente*, à loges monospermes, *comprimée perpendiculairement à la cloison, réniforme à la base* non échancrée au sommet, ou didyme échancrée au sommet et à la base; *valves épaisses dans toute leur étendue*, ne se détachant ord. pas de l'axe, retenant la graine; cloison linéaire; stigmate subsessile. Graines suspendues, oblongues-subtriquètres. *Cotylédons* plans, *repliés*. *Radicule dorsale* contiguë à la nervure dorsale de la valve.

Plantes annuelles, à tiges couchées diffuses, glabres ou velues. Feuilles profondément pinnatipartites, pétiolées. *Fleurs* blanches, très petites, *en grappes courtes opposées aux feuilles.*

{ Silicule terminée en pointe; plante glabre. . . . . *S. Coronopus.*
{ Silicule échancrée au sommet; plante velue-hérissée. . . *S. pinnatifida*

1. S. CORONOPUS (Poir. dict. VII. 76.) — Coronopus vulgaris. Desf. cat. 132 — Cochlearia Coronopus. L. sp. 904. — Fl. Dan. t. 202.

Tiges nombreuses, de 1-4 décimetr., couchées, très rameuses, glabres. Feuilles un peu épaisses, profondément pinnatipartites, à lobes linéaires ou oblongs entiers ou incisés. *Pédicelles plus courts que les fleurs. Silicules* subsessiles, comprimées, réniformes à la base, *terminées en pointe* par le style et le prolongement de la cloison, réticulées fortement rugueuses et bordées de tubercules saillants. ①. Avril-octobre.

C.C.C. — Décombres, rues peu fréquentées, bords des chemins, fossés.

† 2. S. PINNATIFIDA. (D.C. syst. II. 523.) — Lepidium didymum. L. mant. 92.

Tiges nombreuses de 1-4 décimètr., couchées, très rameuses, velues-hérissées. Feuilles profondément pinnatipartites, à lobes oblongs dentés ou incisés. *Pédicelles plus longs que les fleurs. Silicules* pédicellées, didymes *échancrées au sommet* et à la base, légèrement rugueuses. ①. Juin-septembre.

Naturalisé à Versailles rue Champ-la-Garde !

XXX. ISATIS. (L. gen. n. 824.)

Calice à sépales étalés, non gibbeux. Étamines dépourvues d'appendices. *Silicule uniloculaire* par l'avortement de la cloison, *indéhiscente*, *monosperme*, comprimée perpendiculairement à la direction de la cloison, *oblongue* ou oblongue-obovale *aplanie en forme d'aile*; valves soudées, comprimées presque planes; cloison rudimentaire; stigmate sessile. Graine suspendue, oblongue. Cotylédons plans. Radicule dorsale.

Plante bisannuelle, glaucescente, pubescente ou glabrescente. Feuilles entières; les radicales oblongues, atténuées en pétiole; les caulinaires lancéolées, sagittées amplexicaules. Fleurs jaunes.

1. I. TINCTORIA. (L. sp. 936.) — Engl. bot. t. 97. (vulg. *Pastel.*)

Tige de 4-8 décimètr., dressée, raide, rameuse supérieurement à rameaux disposés en corymbe, glabre ou plus ou moins hérissée à la base. Feuilles radicales oblongues longuement atténuées en pétiole, ord. velues; les caulinaires lancéolées sagittées, glabres ou presque glabres. Fleurs petites, à calice étalé-réfléchi. Silicules oblongues, obtuses ou légèrement émarginées, atténuées à la base, presque pendantes à l'extrémité de pédicelles allongés-filiformes. ②. Mai-juin.

A.C. — Lieux arides pierreux, vieux murs, carrières, décombres. — Bois de Boulogne! Sèvres! St-Maur! La Roche-Guyon! Dreux! Les Andelys!, etc.

var. *β. hirsuta.* (I. alpina. Thuill.! fl. Par. 343, *non* All.) — Tige et feuilles hérissées.

XXXI. NESLIA. (Desv. journ. bot. III. 162.)

Calice à sépales presque dressés, non gibbeux. Étamines dépourvues d'appendices. *Silicule* indéhiscente, *subglobuleuse* un peu comprimée parallèlement à la cloison, biloculaire à loges monospermes ou monosperme par l'avortement de l'une des graines; valves soudées, convexes; cloison large appliquée sur l'une des valves alors que l'une des graines est avortée; *style* persistant *filiforme*. Graine horizontale, ovoide. *Cotylédons plans. Radicule dorsale.*

Plante annuelle, plus ou moins hérissée de poils bi-trifurqués. Feuilles entières ou à peine dentées; les radicales oblongues, atténuées en pétiole; les caulinaires lancéolées, sagittées-amplexicaules. *Fleurs jaunes.*

1. N. PANICULATA. (Desv. *loc. cit.*) — Myagrum paniculatum. L. sp. 894. — Fl. Dan. t. 204.

Tige de 3-7 décimètr., dressée, rameuse supérieurement à rameaux divergents, velue-hérissée. Feuilles velues; les radicales oblongues, atténuées en pétiole; les caulinaires lancéolées aigues, sagittées, à oreillettes étroites aigués. Silicules en grappes très allongées, portées sur des pédicelles étalés, réticulées-rugueuses, à parois presque ligneuses. ①. Juin-août.

A.C. — Moissons arides, champs maigres. — Meudon (*Ch. Tulasne*). St-Maur (*Kralik*). Rougeaux (*Mandon*). Mennecy! Lardy (*Maire*). Étrechy! Étampes! Pithiviers! Nemours! Malesherbes! Mantes! Dreux (*Daenen*)., etc.

† XXXII. CALEPINA. (Desv. journ. bot. III. 158.)

Calice à sépales presque dressés, non gibbeux. Étamines dépourvues d'appendices. *Silicule* ord. *uniloculaire* par l'avortement de la cloison, *indéhiscente*, *monosperme*, *ovoide-subglobuleuse terminée en une pointe épaisse conique;* valves soudées, convexes; cloison nulle; stigmate sessile. Cotylédons pliés-canaliculés. *Radicule incluse.*

Plante annuelle, glabre. Feuilles radicales lyrées-pinnatipartites ou sinuées, pétiolées; les caulinaires entières ou légèrement sinuées, oblongues, sagittées-amplexicaules. Fleurs blanches.

† 1. C. CORVINI. (Desv. journ. bot. III. 158.) — Rchb. ic. fl Germ. f. 4163. — Myagrum bursifolium. Thuill. ! fl. Par. 319. ex herb.

Tiges de 1-4 décimètr., dressées, simples ou rameuses supérieurement, glabres. Feuilles inférieures etalées en rosette, lyrées-pinnatipartites ou sinuées, à lobe terminal très large; les caulinaires entières ou à peine sinuées, oblongues-obtuses, sagittées, à oreillettes étroites aigues. Corolle à pétales un peu inégaux, les extérieurs plus grands. Silicules en grappes lâches, portées sur des pédicelles dressés, réticulées-rugueuses, à parois presque ligneuses. (1). Mai-juin.

Observé il y a plusieurs années au bois de Vincennes (*Gogot*). — ? Nemours.

† XXXIII. BUNIAS. (R. Brown, Kew. ed. 2. IV. 75.)

Calice à sépales un peu étalés, non gibbeux. Étamines dépourvues d'appendices. *Silicule indéhiscente*, *biloculaire*, à loges monospermes ou bispermes souvent partagées transversalement en 2 loges secondaires par une fausse cloison qui sépare les graines, ovoide ou tétragone, terminée par le style persistant. *Cotylédons linéaires enroulés en spirale.* Radicule dorsale.

Plantes annuelles ou vivaces, plus ou moins velues à poils simples ou bi-trifurqués. Feuilles dentées, roncinées-pinnatifides ou pinnatipartites, plus rarement entières; les radicales atténuées en pétiole; les caulinaires ord. subsessiles, atténuées à la base. Fleurs jaunes.

Silicules 4-loculaires, tétragones, à angles comprimés en ailes sinuées-lobées. . . . . . *B. Erucago.*
Silicules 2-loculaires, ovoides non anguleuses. . . . . . *B. orientalis.*

† 1. B. ERUCAGO. (L. sp. 935.) — Jacq. Austr. t. 340.

Tige de 2-5 décimètr., ascendante, rameuse-diffuse souvent dès la base, velue à poils courts. Feuilles radicales et inférieures roncinées-pinnatipartites; les supérieures oblongues-étroites ou lancéolées-linéaires, sinuées-pinnatifides ou presque entières, Pédicelles fructifères étalés. *Silicules 4-loculaires*, 4-spermes, *tétragones à angles comprimés en ailes sinuées-lobées*, atténuées en une pointe conique-subulée qui dépasse la longueur de la silicule. (1). Juin-juillet.

Cette plante observée une seule fois aux environs de Dreux par M. l'abbé Daënen n'y a pas été retrouvée. — ? Mantes.

† 2. B. ORIENTALIS. (L. sp. 936.) — Schk. handb. t. 189.

Tiges de 4-12 décimètr., dressées, rameuses supérieurement, pubescentes-rudes. Feuilles radicales oblongues atténuées en pétiole, irrégulièrement dentées ou plus ou moins profondément sinuées, les caulinaires ovales-lancéolées ou oblongues, presque entières, sinuées-anguleuses ou pinnatifides. Pédicelles fructifères presque dressés. *Silicules 2-loculaires*, ord. 2-spermes, *ovoides* aigues, *dépourvues d'angles saillants*, quelquefois légèrement tuberculeuses; style très court. ♃. Mai-juillet.

Naturalisé depuis longues années au bois de Boulogne ! et au bois de Vincennes.

XXIV. CISTINÉES.

(Cisti. Juss. gen. 294, *part.*)

Fleurs hermaphrodites, presque régulières. — Calice à 5 *sépales* libres, persistants, les deux extérieurs ord. plus petits quelquefois nuls, les 3 *intérieurs à préfloraison contournée.* — *Corolle à* 5 *pétales* hypogynes, libres, caducs, *à préfloraison contournée en sens inverse des sépales.* — *Étamines en nombre indéfini,* hypogynes, *libres.* Anthères bilobées, ord. introrses. — *Ovaire* libre, multi-ovulé, *à* 3-5 rarement 6-10 *carpelles*, *uniloculaire* ou à 3-5 rarement 6-10 loges incomplètes ou complètes, *placentas* exactement *pariétaux* ou occupant l'angle interne des cloisons. Ovules droits, rarement réfléchis. Style filiforme. Stigmate entier ou à peine lobé. — *Fruit* capsulaire, polysperme, *uniloculaire*, *ou à* 3-5 rarement 6-10 *loges incomplètes*, à déhiscence loculicide. Graines se séparant de bonne heure des funicules. *Périsperme mince*, farineux. Embryon courbé ou en spirale. Radicule dirigée vers le point diamétralement opposé au hile, plus rarement dirigée vers le hile.

Plantes vivaces, sous-frutescentes ou ligneuses, contenant souvent un suc résineux, plus rarement annuelles. Feuilles opposées, plus rarement éparses, entières, souvent munies de stipules persistantes. Fleurs en grappes scorpioïdes terminales, plus rarement en cymes ombelliformes ou subsolitaires.

I. HELIANTHEMUM. (Tournef. inst. t. 128.)

Calice à 5 sépales, les 2 extérieurs ord. plus petits quelquefois nuls. Corolle à 5 pétales. Étamines en nombre indéfini. Capsule à 3 valves portant les cloisons ou les placentas à leur partie moyenne.

Fleurs jaunes ou blanches.

1	Fleurs blanches	2
	Fleurs jaunes.	3.
2	Feuilles munies de stipules; fleurs disposées en grappes. . . . . *H. pulverulentum.*	
	Feuilles dépourvues de stipules; fleurs la plupart en ombelles terminales. . . . . . . *H. umbellatum.*	
3	Plante annuelle herbacée, stipules des feuilles supérieures foliacées très allongées. . . . . *H. guttatum.*	
	Plante vivace sous-frutescente, stipules nulles ou dépassant peu le pétiole .	4.
4	Feuilles munies de stipules. . . . . *H. vulgare.*	
	Feuilles dépourvues de stipules.	5.
5	Feuilles opposées, ovales ou oblongues; fleurs en grappes terminales. . . . . *H. OElandicum.*	
	Feuilles éparses, linéaires très étroites; fleurs subsolitaires . . . . *H. Fumana*	

SECT. I. — Feuilles au moins les supérieures munies de stipules.

1. H. GUTTATUM. (Mill. dict. n. 18.) — Rchb. ic. fl. Germ. f. 4526. — Cistus guttatus L. sp. 741.

Plante annuelle. Tige herbacée, de 1-4 décimètr., dressée, plus ou moins rameuse, velue-hérissée. *Feuilles* velues, sessiles, oblongues-lancéolées, trinerviées; les inférieures opposées, dépourvues de stipules; les *supérieures* alternes, *munies de stipules foliacées linéaires-allongées.* Fleurs jaunes, à pétales souvent maculés de brun à la base, disposées en grappes lâches allongées dépourvues de bractées. Calices fructifères ascendants sur les pédicelles étalés. *Stigmate subsessile.* ①. Juin-août.

A.C. — Terrains sablonneux, coteaux arides. — Bois de Boulogne ! St-Léger ! Fontainebleau ! Malesherbes !, etc.

s.v. — *hirsutum.* — Plante très velue blanchâtre.

s.v. — *serratum.* (H. serratum. Mérat, fl. Par. ed. 1. 206.) — Pétales plus ou moins dentés.

2. H. VULGARE. (Gaertn. fruct. I. 371.) — Rchb. ic. fl. Germ. f. 4547. — Cistus Helianthemum. L. sp. 744.

Tiges sous-frutescentes, de 1-4 décimètr., diffuses-étalées, rameuses, pubescentes. *Feuilles* opposées, brièvement pétiolées, oblongues, à bords un peu roulés en dessous, à face supérieure verte à poils raides couchés, à face inférieure ord. tomenteuse-blanchâtre, *munies de stipules* lancéolées-linéaires *un peu plus longues que le pétiole. Fleurs jaunes,* disposées en grappes terminales courtes pauciflores courbées avant l'épanouissement, munies de bractées. Pédicelles fructifères ord. réfléchis. *Style au moins deux fois plus long que l'ovaire.* ♄. Juin-août.

C.C. — Pelouses sèches, lieux arides, clairières des bois.

var. *β. obscurum.* (H. obscurum. Pers. ench. II. 79.) — Feuilles ord. plus grandes que dans le type, vertes sur les deux faces. — *R.* — Fontainebleau !

3. H. PULVERULENTUM (D C. fl. Fr. IV. 823.)—Rchb. ic. fl. Germ. f. 4554-4555. Cistus pulverulentus. Thuill. fl. Par. 267.

Tiges sous-frutescentes, de 1-4 décimètr., diffuses-étalées, rameuses, tomenteuses-blanchâtres. *Feuilles* opposées, très brièvement pétiolées, linéaires-oblongues, à bords fortement roulés en dessous, à face supérieure ord. blanchâtre couverte d'un duvet feutré, à face inférieure tomenteuse-blanchâtre, *munies de stipules* linéaires *plus longues que le pétiole.* Fleurs blanches, disposées en grappes terminales plus ou moins allongées pluriflores souvent unilatérales, munies de bractées. Pédicelles fructifères ord. réfléchis. *Style au moins deux fois plus long que l'ovaire.* ♄. Juin-août.

A R. — Coteaux calcaires, endroits sablonneux arides. — Vincennes ! St-Maurice ! Champigny. Beauvais près Mennecy ! Étampes ! Étrechy ! Fontainebleau ! Nemours ! Mantes ! La Roche Guyon ! Les Andelys ! Dreux !, etc.

var. *β. Apenninum.* (H. Apenninum. D.C. fl. Fr. IV. 821 — Cistus Apenninus L. sp. 745.) — Feuilles presque planes, vertes en dessus. — *R.*

SECT. II. — Feuilles toutes dépourvues de stipules.

4. H. FUMANA. (Mill. dict. n. 6.) — Rchb. ic. fl. Germ. f. 4531. — Cistus Fumana. L. sp. 740.

Tiges ligneuses, de 1-3 décimètr., glabrescentes, diffuses tortueuses, très rameuses dès la base, à rameaux très étalés un peu redressés à l'extrémité. *Fleurs éparses*, très rapprochées, sessiles, linéaires très étroites, presque glabres, à bords légèrement scabres roulés en dessous, dépourvues de stipules. *Fleurs jaunes, subsolitaires*, naissant près de l'extrémité des rameaux. Pédicelles fructifères réfléchis. Calice à 5 sépales, le fructifère subglobuleux. Étamines fertiles peu nombreuses par avortement. Ovules réfléchis. Style environ 3 fois plus long que l'ovaire. Capsule glabre luisante. ♄. Juin-août.

R. — Coteaux sablonneux arides. — Rochers de Beauvais près Mennecy (*Des Étangs*). Lardy, La Ferté-Aleps (*Maudon*). Étampes ! abondant au Mail de Henri IV dans la forêt de Fontainebleau! Malesherbes! Montigny près Moret! Vernon. Verderonne! Bois de la Prevôté, montagne de Clairoix près Compiègne (*Leré*).

5. H. OELANDICUM. (Wahlenb. fl. Suec. 333.)

Tiges ligneuses, de 2-3 décimètr., étalées-diffuses, très rameuses à la base, à rameaux redressés plus ou moins pubescents. *Feuilles opposées*, brièvement pétiolées, ovales ou oblongues, planes, plus ou moins velues sur les deux faces ou tomenteuses-blanchâtres à la face inférieure, dépourvues de stipules. *Fleurs jaunes, disposées en grappes* terminales, munies de bractées caduques. Pédicelles fructifères étalés ou réfléchis. Calice à 5 sépales, le fructifère ovoïde-oblong. Style environ de la longueur de l'ovaire. ♄. Mai-juillet.

var β. *incanum*. (H. canum. Dunal. ap. D. C. prodr I. 277.—H. marifolium. D.C. fl. Fr. IV. 817. —de Brébisson, fl. Norm. 36.—Rchb. ic. fl. Germ. f.4334.)—Feuilles blanches-tomenteuses à la face inférieure, vertes velues à la face supérieure.— *R.*—Pelouses arides des coteaux et des rochers escarpés.—Abondant sur les coteaux de Mantes à Vetheuil (*de Boucheman*). La Roche-Guyon! Vernon à la côte Ste-Catherine! Abondant au Château-Gaillard et aux rochers St-Jacques près les Andelys! —? Moret.

6. H. UMBELLATUM. (Mill. dict. n. 5.)—Clus. hist. I. 81 ic. — Cistus umbellatus. L. sp. 739.

Tiges ligneuses, de 2-5 décimètr., diffuses tortueuses, très rameuses, à rameaux pubescents légèrement visqueux. Feuilles opposées, très rapprochées, subsessiles, linéaires, à bords fortement roulés en dessous, à face inférieure tomenteuse; stipules nulles. *Fleurs blanches, la plupart en ombelles terminales* pauciflores. Pédicelles fructifères dressés. Calice à 3 sépales, le fructifère ovoïde-oblong. Style environ de la longueur de l'ovaire. ♄. Mai-juin.

R.R. — Rochers siliceux, bois sablonneux montueux.— Abondant dans la forêt de Fontainebleau!

XXV. VIOLARIÉES.

(Violarieæ. D C. fl. Fr. IV. 801. — Juss ann. mus. XVIII. 476.)

Fleurs hermaphrodites, *irrégulières*.—Calice à 5 sépales libres ou un peu soudés entre eux inférieurement, prolongés au-dessous de leur insertion, herbacés, persistants, à préfloraison imbriquée.—Corolle à 5 *pétales* hypogynes, inégaux, libres, marcescents, à préfloraison contournée, *l'inférieur prolongé en éperon* au-dessous de son insertion. —*Étamines* 5, hypogynes, à filets très courts élargis, libres. Anthères aplanies, bilobées, introrses, connivente embrassant l'ovaire, terminées supérieurement par un appendice membraneux; les deux inférieures à connectif prolongé inférieurement en un appendice charnu qui est reçu dans la cavité de l'éperon.—*Ovaire* libre, *à 3 carpelles*, uniloculaire, à loge multi-ovulée. *Ovules insérés sur des placentas pariétaux*, réfléchis. Style indivis. Stigmate indivis, ou subtrilobé.—*Fruit* capsulaire, *uniloculaire*, polysperme, *à déhiscence loculicide*, *à 3 valves*. —Graines horizontales ou presque pendantes. Embryon droit, placé dans un *périsperme charnu épais*. Radicule dirigée vers le hile.

Plantes annuelles ou vivaces herbacées. Feuilles alternes ou toutes radicales, pétiolées, entières, dentées ou crénelées; stipules persistantes, souvent foliacées, libres ou soudées au pétiole à la base, dentées ou incisées. Fleurs solitaires, penchées, portées à l'extrémité des pédoncules; pédoncules axillaires ou radicaux, munis de deux bractées persistantes presque opposées.

I. VIOLA. (Tournef. inst. 419. t. 236.) (1)

Calice à 5 sépales prolongés au-dessous de leur insertion. Pétales 5, inégaux ; l'inférieur prolongé en éperon ; les deux latéraux barbus au-dessus de l'onglet. Étamines conniventes, à filets très courts élargis. Style indivis, geniculé-ascendant, se renflant de la base à la partie supérieure, perforé au sommet.

Plantes annuelles ou vivaces, acaules ou caulescentes ord. rameuses. Fleurs violettes, bleues ou blanches, ou variées de jaune et de violet. Pédoncules courbés ou contournés au sommet, munis de bractées éloignées de la fleur, très courtes ou linéaires-subulées.

1 { Pétales supérieurs et latéraux dirigés en haut, l'inférieur seul dirigé en bas ; stigmate urcéolé-subglobuleux. . . . . 2.
Pétales supérieurs dirigés en haut, les latéraux et l'inférieur dirigés en bas, stigmate en bec plus ou moins courbé aigu . . . . 3.

2 { Plante annuelle, glabre ou légèrement pubescente ; stipules à lobe moyen crenelé. . . . . *V. tricolor.*
Plante vivace, velue-hérissée grisâtre ; stipules à lobe moyen entier. . . . . *V. Rothomagensis.*

3 { Tiges rameuses florifères ; capsule ovale-oblongue, glabre. . . . . . . 4.
Plante acaule, à pédoncules radicaux ; capsule subglobuleuse, velue. . 5.

4 { Souche à ramifications terminées par les tiges florifères. . . *V. canina.*
Tiges florifères naissant au-dessous d'une rosette centrale de feuilles. . . . . *V. sylvestris.*

5 { Souche non stolonifère ; fleurs inodores. . . . . *V. hirta.*
Souche donnant naissance à des stolons très allongés ; fleurs à odeur suave. . . . . *V. odorata.*

SECT. I. NOMIMIUM. (Violettes.) — Pétales supérieurs dirigés en haut ; les latéraux et l'inférieur dirigés en bas. Stigmate en bec plus ou moins courbé, ord. aigu.

1. V. CANINA. (L. sp. 1324, *part.*) — Koch, synops. fl. Germ. ed. 1. 85.

Souche rameuse, subcespiteuse, non stolonifère, *à ramifications terminées par des tiges. Tiges* de 1-3 décimètr., *florifères*, ascendantes ou couchées à la base, rameuses. Feuilles glabres ou légèrement pubescentes, crénelées, ovales-oblongues ou ovales, ord. obtuses, tronquées ou légèrement cordées à la base, plus rarement atténuées à la base, les radicales jamais disposées en rosette stérile ; stipules lancéolées ou linéaires, aiguës, plus ou moins dentées ou finement incisées, ord. beaucoup plus courtes que le pétiole. Fleurs inodores, d'un bleu violet ou d'un violet pâle, à éperon blanchâtre. Pédoncules fructifères dressés, courbés au sommet. *Capsule ovale-oblongue*, obtuse mucronée ou aiguë, obscurément trigone, *glabre*. ♃. Avril-juin.

! *C.* — Lisière des bois, pelouses sablonneuses, bruyères.

---

(1) Nous avons rencontré plusieurs fois dans les *V. odorata* et *hirta* une monstruosité dans laquelle plusieurs des pétales sont prolongés à leur base en éperons plus ou moins longs, ces éperons renferment ou non des prolongements des connectifs des étamines correspondantes. — On trouve fréquemment, surtout en automne, des fleurs à pétales avortés, chez lesquelles la fécondation s'opère néanmoins ; cette monstruosité se rencontre surtout dans le *V. canina*, qui à cet état a quelquefois été confondu avec le *V. mirabilis* L. chez lequel cet avortement avait été d'abord remarqué.

var. *α. vulgaris.* (V. canina. var. lucorum. Rchb. ic. fl. Germ. f. 4501.)—Feuilles plus ou moins cordées à la base. Capsule obtuse mucronée.

s.v.— *pumila.* — Plante naine de 2-4 centimètres.

var. *β. lancifolia.* (V. lancifolia. Thore , chl. Land. 357. — Rchb. ic fl. Germ. f. 4506. — V montana. Thuill. ! fl. Par. 433 , *non* L.) — Feuilles tronquées , plus rarement légèrement atténuées à la base. Capsule aiguë. — *R.* — Pelouses arides , bruyères. — Forêt de Senart ! Forêt de Fontainebleau !

2. V SYLVESTRIS (Lam fl. Fr. II 680.) — V Riviniana. Rchb fl. excurs 706. — ic. fl Germ. f. 4502.

Souche simple ou rameuse , subcespiteuse , non stolonifère , donnant naissance à une ou plusieurs rosettes de feuilles. *Tiges* de 1-3 décimètr., *florifères*, ascendantes ou couchées à la base , rameuses, *naissant au-dessous de la rosette centrale* à l'aisselle des feuilles les plus inférieures ou à l'aisselle des bases de feuilles détruites. Feuilles glabres ou légèrement pubescentes , crénelées , réniformes ou cordiformes , brièvement ou longuement acuminées ; les radicales disposées en rosette stérile ; stipules lancéolées ou linéaires , aiguës , plus ou moins dentées ou finement incisées , beaucoup plus courtes que le pétiole. Fleurs inodores , d'un bleu violet ou d'un violet pâle, à éperon blanchâtre. Pédoncules fructifères dressés , courbés au sommet. *Capsule ovale-oblongue*, ord. aiguë, obscurément trigone, *glabre*. ♃ Avril-juin.

C.C. — Bois, haies , buissons , lieux humides ombragés.

s.v. — *pumila.* — Tiges de 2-4 centimètr. Feuilles très petites , souvent à peine acuminées. Fleurs petites.

Deux espèces voisines, les *V. Ruppii* All. et *pratensis* Mert. et Koch , observées dans des localités peu éloignées des limites de notre Flore se distinguent à leurs tiges dressées, à leurs stipules très longues presque foliacées et à leurs fleurs ord. blanches

3. V. HIRTA. (L. sp 1324.) — Rchb. ic. fl. Germ. f. 4492-4493.

Souche subcespiteuse, *non stolonifère. Plante acaule* , de 1-2 décimètr., Feuilles pubescentes, à pétiole hérissé, ovales ou ovales-oblongues, crénelées , cordées à la base. Stipules lancéolées , presque entières , beaucoup plus courtes que le pétiole. Fleurs inodores, d'un bleu violet ou blanchâtres à éperon bleuâtre. Pédoncules fructifères couchés, droits au sommet. Capsule subglobuleuse, velue. ♃. Avril-mai.

C.C. — Prairies , pelouses , lisières et clairières des bois.

s.v. — *macrophylla.* (Rchb. ic. fl. Germ. f. 4495.)—Feuilles prenant un très grand développement après la floraison et atteignant quelquefois 2-3 décimètr.— Endroits ombragés , haies et buissons fourrés.

4. V. ODORATA. (L. sp. 1324.) — Rchb. ic. fl. Germ. f 4498. (vulg *Violette odorante.*)

Souche subcespiteuse , *donnant naissance à des stolons* radicants très allongés. Plante acaule, de 1-2 décimètr. Feuilles radicales, ou portées sur les stolons, pubescentes à pétioles pubescents, réniformes aiguës, ou ovales-suborbiculaires profondément cordées , crénelées. Stipules ovales-acuminées , ou lancéolées, entières, ciliées. Fleurs à odeur suave, violettes ou d'un bleu rougeâtre , plus rarement blanches. Pédoncules fructifères couchés , droits au sommet. Capsule subglobuleuse, velue. ♃. Mars-mai.

C. — Bois , buissons , lieux herbeux.

Le *V. palustris* L. indiqué dans les marais des Planets à St-Leger (*Thuill. fl*) n'y a pas été retrouvé à notre connaissance Cette espèce , qui a été observée dans des localités peu éloignées des limites de notre Flore , se distingue à ses feuilles toutes radicales réniformes-obtuses glabres à ses fleurs inodores à son stigmate largement évasé oblique, à sa capsule oblongue trigone glabre, et à ses pédoncules fructifères dressés courbés au sommet.

SECT. II. MELANIUM. (*Pensées*) — *Pétales supérieurs et latéraux dirigés en haut, l'inférieur seul dirigé en bas. Stigmate urcéolé-subglobuleux.*

5. V. TRICOLOR. (L. sp. 1326.) — Rchb. ic. fl. Germ. f. 4517.

Plante annuelle. Tiges solitaires ou nombreuses, de 1-4 décimètr., dressées ou ascendantes, ord. rameuses, glabres ou presque glabres. Feuilles glabres ou légèrement pubescentes-hérissées, oblongues ou ovales-oblongues, fortement crénelées, atténuées en pétiole ou les inférieures presque cordées à la base. *Stipules foliacées, pinnatipartites-lyrées, à* lobes latéraux linéaires, le *lobe terminal* très grand *crénelé* de même forme que les feuilles et souvent de même grandeur. Fleurs jaunes ou violettes. Pétale inférieur émarginé ou entier, prolongé en un éperon qui dépasse à peine les prolongements des sépales. Pédoncules fructifères dressés, arqués au sommet. Capsule ovale-oblongue, trigone, glabre. ①. Mai-octobre.

var. α. *arvensis.* (V. arvensis. Murr. — vulg. *Pensée sauvage.*) — Pétales dépassant à peine le calice, jaunes, plus rarement tachés de violet. — *C.* — Champs, moissons, lieux cultivés.

s.v. — *minima.* — Plante naine de 2-3 centimètres. Pétales plus courts que le calice.

var. β. *hortensis* (V. tricolor Lam. — vulg. *Pensée des jardins.*) — Pétales dépassant longuement le calice, les supérieurs violets ou tachés de violet au moins dans leur moitié supérieure, les latéraux et l'inférieur jaunes striés de violet à la base, tachés de violet, ou entièrement violets.

On cultive fréquemment le *V. Altaica* Ker. (V. grandiflora L. herb.), espèce voisine du *V. tricolor*, qui se distingue à sa souche vivace et à ses fleurs d'un très grand diamètre offrant les nuances de couleur les plus variées.

6. V. ROTHOMAGENSIS. (Desf. cat. 153.) — Rchb. ic. fl. Germ. f. 4518.

Plante vivace, à souche rameuse-cespiteuse terminée en racine pivotante. Tiges ord. nombreuses, de 1-3 décimètr., couchées ou ascendantes, ord. très rameuses, hérissées. *Feuilles velues-hérissées* grisâtres, oblongues ou ovales-oblongues, fortement crénelées, atténuées en pétiole ou presque cordées à la base. *Stipules foliacées, pinnatipartites-lyrées, à* lobes latéraux linéaires, le *lobe terminal très grand* ord. *entier*. Fleurs violettes. Pétale inférieur ord. entier, prolongé en un éperon qui dépasse plus ou moins les prolongements des sépales. Pédoncules fructifères dressés, arqués au sommet. Capsule ovale-oblongue, trigone, glabre. ♃. Mai-octobre.

R.R. — Coteaux calcaires. — ? Liancourt-sous-Clermont (*Graves*), n'a pas été observé récemment à cette localité. Env. de Mantes. (*Thuill., fl. Par.*) — Cette plante est très abondante à St-Adrien près Rouen !

CLASSE. II. DIALYPÉTALES PÉRIGYNES.

Pétales et étamines soudés à leur base avec le calice sur lequel ils paraissent s'insérer. Ovaire libre ou soudé avec le calice.

† XXVI. TÉRÉBINTHACÉES.

(TEREBINTHACEÆ. Juss. gen. 368.)

Fleurs hermaphrodites, polygames ou dioïques, *régulières*. — Calice libre, très rarement à tube soudé avec l'ovaire, à 3-5 sépales plus ou moins soudés à la base, ord. persistants, à préfloraison imbriquée. — Corolle à 3-5 pétales insérés au fond du calice ou sur un disque calicinal ou plus rarement sur un disque qui entoure l'ovaire, caducs ou persistants, quelquefois nuls, à préfloraison imbriquée ou valvaire.— *Étamines* 3-5 *ou* 6-10, rarement plus, insérées avec les pétales, libres ou soudées à la base. Anthères biloběes, introrses. *Ovaire libre*, rarement soudé avec le calice, constitué par un seul carpelle, ou par 5-6 carpelles qui avortent tous moins un et sont réduits à leurs styles qui restent libres ou se soudent avec le carpelle fertile. Ovule solitaire, dressé ou suspendu, plié ou réfléchi. Style quelquefois accompagné de styles supplémentaires indiquant le nombre des carpelles avortés. Stigmate indivis. — *Fruit indéhiscent*, *monosperme*, sec ou *plus ou moins drupace*. — Graine suspendue à l'extrémité d'un funicule qui part du fond de la loge. Périsperme ord. nul. Embryon droit, arqué ou plié à radicule appliquée sur la commissure ou sur le dos des cotylédons.

Arbres ou arbrisseaux, à suc résineux odorant, gommeux ou lactescent, quelquefois caustique. Feuilles alternes, simples entières, ou imparipinnées quelquefois trifoliolées; *stipules nulles*. Fleurs ord. très petites, ord. disposées en panicules.

† I. RHUS. (L. gen. n. 369.)

Fleurs hermaphrodites, polygames ou dioïques. Calice petit, 5-partit. Pétales 5. Ovaire uniloculaire. Styles 3 courts, ou 3 stigmates sessiles. Fruit indéhiscent (drupe sèche), à un seul noyau monosperme rarement 2-3-sperme. Graine suspendue à un funicule qui part de la base de la loge. Cotyledons foliacés. Radicule infléchie sur la commissure des cotylédons.

Arbres et arbrisseaux, à suc lactescent ou résineux quelquefois caustique. Feuilles pétiolées, simples, ou imparipinnées quelquefois trifoliolées. Fleurs petites, disposées en panicules lâches ou compactes terminales ou axillaires, munies de bractées.

† 1. R. COTINUS. (L. sp. 383.) — Jacq. Austr. t. 238. — Cotinus Coggyria. Scop. Carn. ed. 2. n. 368.

Arbrisseau peu élevé, à tiges rameuses surtout supérieurement. Feuilles simples, obovales ou obovales-suborbiculaires, entières, glabres. Fleurs hermaphrodites, disposées en panicules lâches terminales, pédicellées à pédicelles s'allongeant beaucoup après la floraison; les pédicelles fertiles accompagnés d'un grand nombre de pédicelles stériles hérissés-plumeux prenant également un grand développement après la floraison. Fruit oblong-obovale à côtes inégalement développés, veiné, glabre, à noyau triangulaire. ♄. *Fl.* mai-juin. *Fr.* juin-août.

Naturalisé dans les taillis et les bosquets à Malesherbes! et à Pithiviers! — Fréquemment planté dans les jardins et les parcs. — Spontané dans la région méditerranéenne.

On plante quelquefois dans les endroits ombragés des parcs le *R. Toxicodendron* L., arbrisseau à souche longuement traçante, à feuilles trifoliolées glabres entières sinuées ou incisées, à suc très-vénéneux. Cette espèce s'est presque naturalisée dans le parc de Malesherbes[1]. — On plante également le *R. Coriaria* L. (vulg. *Sumac-des-corroyeurs*) arbrisseau à feuilles velues-pubescentes, imparipennées à 5-7 paires de folioles elliptiques fortement dentées à pétiole commun ailé dans sa partie supérieure, à fruits couverts d'une laine rougeâtre disposés en panicules très compactes — Le *R. typhina* L. à feuilles imparipinnées à pétiole commun velu non ailé, à fruits couverts d'une laine pourpre, — et le *R. glabra* L. à feuilles et à rameaux glabres, à pétiole commun non ailé, à folioles blanchâtres en dessous. — A cette famille appartiennent encore l'*Ailanthus glandulosa* Desf. (vulg. *Vernis-du-Japon*) arbre très élevé, à feuilles imparipinnées, à fruit entouré d'une aile atténuée aux deux extrémités; et le *Ptelea trifoliata* L. (vulg. *Orme-de-Samarie*) arbrisseau très rameux, à feuilles trifoliolées, à fruit ailé.

XXVII. RHAMNÉES.

(RHAMNEÆ. R. Brown, gen. rem. 22.)

Fleurs hermaphrodites ou unisexuelles par avortement, régulières. — Calice à 4-5 sépales soudés inférieurement en tube, à tube persistant, à préfloraison valvaire. — Corolle à 4-5 pétales, ord. très petits, insérés au bord supérieur du disque glanduleux qui revêt le tube du calice, quelquefois nulle par avortement. — *Étamines* 4-5, insérées au bord du disque avec les pétales, *opposées aux pétales*, à filets libres entre eux. Anthères bilobées, introrses. — *Ovaire libre*, rarement soudé à sa base avec le tube du calice, *à 2-4 carpelles*, à 2-4 loges uni-ovulées. Ovules dressés, réfléchis. Styles 2-4, soudés dans leur partie inférieure ou dans toute leur longueur. Stigmates libres ou plus ou moins soudés. — *Fruit bacciforme*, globuleux, *à 2-4 noyaux* coriaces-cartilagineux *monospermes* indéhiscents s'ouvrant rarement par une fente longitudinale. — Graines dressées, présentant ord. un sillon dorsal profond. Embryon droit, placé dans un périsperme mince charnu. Radicule dirigée vers le hile.

Arbrisseaux ou arbres peu élevés. Feuilles alternes ou fasciculées, plus ou moins pétiolées, simples, entières ou dentées, plus ou moins coriaces, rarement persistantes; stipules souvent caduques. Fleurs axillaires, disposées en fascicules ou subsolitaires rapprochées à la partie supérieure des rameaux.

I. RHAMNUS. (Lam. dict. IV. 461.)

Calice urcéolé ou campanulé, persistant, à 4-5 divisions. Corolle à 4-5 pétales très petits, ou nulle par avortement. Étamines ord. 4. Style indivis ou 2-4-fide. Stigmates 2-4. Fruit globuleux, bacciforme-indéhiscent, à 2-4 noyaux monospermes coriaces-cartilagineux.

Arbrisseaux à rameaux avortés souvent convertis en épines. Feuilles ovales ou oblongues, glabres. Fleurs petites, verdâtres.

{ Feuilles dentées; fleurs polygames ou dioïques. . . . . *R. catharticus.*
{ Feuilles entières; fleurs hermaphrodites. . . . . . . *R. Frangula.*

1. R. CATHARTICUS. (L. sp. 280.) — Engl. bot. t. 1629. (vulg. *Nerprun.*)

Arbrisseau plus ou moins élevé, ord. très rameux, à rameaux souvent opposés offrant à leurs bifurcations une épine (rameau terminal avorté). *Feuilles* ovales ou elliptiques, brusquement acuminées, *régulièrement dentées*, disposées en rosettes sur les rameaux florifères. Fleurs polygames ou dioïques, d'un jaune verdâtre, réunies en fascicules au sommet de rameaux latéraux très courts. *Style* 2-3-*fide*. Fruit noir. ♄. *Fl.* mai-juin. *Fr.* août-septembre.

C. — Bois, taillis humides.

2. R. FRANGULA. (L. sp. 280.) — Engl. bot. t. 250. (vulg. *Bourdaine*.)

Arbrisseau plus ou moins élevé, ord. très rameux, à rameaux opposés ou alternes, les terminaux développés jamais convertis en épine. *Feuilles* obovales ou elliptiques, obtuses ou à peine acuminées, *très entières ou à peine sinuées*, éparses ou rapprochées à la partie supérieure des rameaux. Fleurs hermaphrodites, d'un blanc verdâtre, en fascicules axillaires, plus rarement subsolitaires. *Style indivis*. Fruit d'abord rouge, puis noir à la maturité. ♄. *Fl.* mai-juin. *Fr.* août-septembre.

C. — Endroits humides des bois, taillis, rochers.

Le *R.* *Alaternus*. L. (vulg. *Alaterne*), cultivé fréquemment dans les parcs, se distingue à ses feuilles épaisses-coriaces persistantes entières ou dentées-épineuses, à ses fleurs dioïques en panicules très courtes axillaires, et à son calice à 5 divisions.

XXVIII. PAPILIONACÉES.

(Papilionaceæ. L. ord. nat. 32.)

Fleurs hermaphrodites, *irrégulières*. — Calice à sépales soudés en tube inférieurement, à tube non soudé avec l'ovaire, à limbe souvent bilabié, 5-partit plus rarement 4-partit par la soudure complète de deux des sépales, persistant, marcescent ou caduc, à préfloraison imbriquée ou valvaire. — *Corolle* irrégulière, *papillonacée*, à 5 pétales insérés à la base du calice par l'intermédiaire du disque, libres, plus rarement soudés en une corolle gamopétale, quelquefois adhérents aux étamines par la base : pétale supérieur (*étendard*) plié longitudinalement pendant la préfloraison et embrassant les pétales latéraux ; pétales latéraux (*ailes*) appliqués sur les inférieurs ; les inférieurs rapprochés simulant un seul pétale (*carène*), adhérents entre eux au sommet, plus rarement entièrement soudés. — *Étamines* 10, insérées avec les pétales à la base du calice, *à filets* tous *soudés en* un *tube* entier ou fendu (étamines monadelphes), ou l'étamine supérieure libre les autres étant soudées entre elles (étamines diadelphes). Anthères bilobées, introrses. — *Ovaire libre, à un seul carpelle*, à une loge pluri-ovulée, plus rarement uni-ovulée. Ovules insérés à l'angle interne de la loge, d'abord réfléchis, puis courbés. Style filiforme. Stigmate terminal ou sublatéral. — *Fruit* (*légume, gousse*) sec, polysperme ou oligosperme, plus rarement monosperme ; s'ouvrant longitudinalement en deux valves suivant la nervure dorsale et la suture placentaire, à valves quelquefois tordues sur elles-mêmes après la déhiscence, uniloculaire, rarement divisé en deux fausses loges par l'inflexion de la nervure dorsale, présentant quelquefois des épaississements celluleux entre les graines ; quelquefois indéhiscent, partagé par des étranglements en articles transversaux monospermes qui se séparent à la maturité, ou réduit à un seul article monosperme. — Graines à funicule souvent dilaté au niveau du hile. Périsperme nul ou réduit à une couche mince peu distincte du tégument interne. Embryon courbé, très rarement droit, à cotylédons épais. Radicule rapprochée du hile, ord. courbée, répondant à la commissure des cotylédons.

• Plantes herbacées annuelles bisannuelles ou vivaces, arbrisseaux ou arbres.

Feuilles alternes, *composées*, paripinnées, imparipinnées ou trifoliolées, quelquefois unifoliolées par l'avortement des folioles latérales, très rarement réduites au rachis par l'avortement de toutes les folioles; rachis prolongé en vrille ou en arête dans les feuilles paripinnées, *stipules* persistantes ou caduques, rarement spinescentes, très rarement nulles. Fleurs disposées en grappes dressées ou pendantes, en têtes ou en ombelles simples, quelquefois solitaires, plus rarement en panicules, munies ou non de bractées.

TRIBU I. LOTEÆ. — *Légume à une seule loge, très rarement divisé en deux loges longitudinales* par l'inflexion de la nervure dorsale, quelquefois contourné en spirale. Étamines monadelphes ou diadelphes. *Cotylédons devenant aériens et foliacés après la germination*, restant rarement épais-charnus.— *Feuilles imparipinnées ou trifoliolées, plus rarement unifoliolées* ou réduites au rachis.

Sous-tribu I. GENISTEÆ. — *Étamines monadelphes.*

Sous-tribu II. TRIFOLIEÆ. — *Étamines diadelphes.*

TRIBU II. VICIEÆ. — *Légume à une seule loge longitudinale*, présentant rarement des épaississements celluleux transversaux. Étamines diadelphes ou monadelphes. *Cotylédons* farineux-épais, *restant souterrains* après la germination. *Feuilles paripinnées*, à rachis prolongé en vrille ou en arête, rarement réduites au rachis (vrille ou phyllode).

TRIBU III. HEDYSAREÆ. — *Légume divisé transversalement en articles monospermes* qui se séparent souvent à la maturité. Étamines diadelphes. Cotylédons devenant aériens et foliacés après la germination. — Feuilles imparipinnées.

1 { Calice divisé jusqu'à la base en deux lèvres; feuilles linéaires terminées en épine. ULEX. (V.)
Calice jamais fendu jusqu'à la base en deux lèvres; feuilles jamais terminées en épine . . . . 2.

2 { Feuilles imparipinnées ou trifoliolées, plus rarement unifoliolées. . . . 3.
Feuilles paripinnées, à pétiole prolongé en vrille ou en arête, rarement réduites au rachis (vrille ou phyllode). . . . . 22.

3 { Légume divisé en articles transversaux, monospermes. . . . . 4.
Légume à une seule loge, très rarement divisé en deux loges longitudinales, quelquefois contourné en spirale. 7

4 { Légume monosperme, à un seul article, fortement réticulé; fleurs purpurines, rarement blanches. . . . . ONOBRYCHIS. (XXVI.)
Légume polysperme, à plusieurs articles; fleurs jaunes, plus rarement d'un blanc rosé. . . . . 5.

5 { Légume sinué, composé d'articles semilunaires . . HIPPOCREPIS (XXV.)
Légume droit ou arqué, composé d'articles oblongs . . . . 6.

6 { Légume à articles renflés, calice à dents supérieures presque soudées. . . . . CORONILLA. (XXIII.)
Légume à articles comprimés; calice à dents presque égales . . . . ORNITHOPUS. (XXIV.)

7 { Carène contournée en spirale avec le style et les étamines; tige ord. volubile. . . . . PHASEOLUS. (XVII.)
Carène jamais contournée en spirale, tige non volubile. 8

8 { Style filiforme très allongé roulé en spirale pendant la floraison. . . . . SAROTHAMNUS. (I.)
Style droit ou arqué, jamais roulé en spirale . . . . 9.

9 { Étamines toutes soudées ensemble (étamines monadelphes). . . . . . 10.
Étamines soudées à l'exception d'une seule qui reste libre (ét. diadelphes).. 14.

10 { Calice campanulé à 5 divisions linéaires; feuilles à folioles dentées. . . . . ONONIS. (VI.)
Calice à une ou à deux lèvres, ou à 5 dents; feuilles à folioles entières. . . 11

11 { Légume monosperme ou bisperme, renfermé au fond du calice très ample presque vésiculeux. . . . . ANTHYLLIS (VII.)
Légume ord. polysperme, dépassant longuement le calice. . . . . . . 12.

12 { Calice fendu supérieurement jusqu'à la base. . . . . SPARTIUM. (ii.)
{ Calice à deux lèvres.. . . . . 13.

13 { Feuilles unifoliolées. . . . . GENISTA. (iv.)
{ Feuilles trifoliolées. . . . . CYTISUS. (iii.)

14 { Légume divisé en deux loges longitudinales presque complètes par l'inflexion de la nervure dorsale. . . . . ASTRAGALUS. (xiii.)
{ Légume à une seule loge. . . . . 15.

15 { Légume renflé-vésiculeux, à valves minces membraneuses. COLUTEA. (xii.)
{ Légume jamais renflé-vésiculeux. . . . . 16.

16 { Légume présentant une bordure au côté interne; arbres épineux; feuilles à folioles nombreuses. . . . . ROBINIA. (xi.)
{ Légume ne présentant pas de bordure au côté interne; plantes herbacées, feuilles trifoliolées. . . . . 17.

17 { Légume contourné en spirale, plus rarement falciforme ou réniforme. . . . . MEDICAGO. (xv.)
{ Légume droit ou presque droit . . . . 18.

18 { Légume suborbiculaire ou oblong, monosperme plus rarement 2-4-sperme, renfermé dans le calice ou le dépassant peu. . . . . 19.
{ Légume polysperme, allongé-linéaire, dépassant longuement le calice. . . 20.

19 { Fleurs disposées en têtes ou en épis denses. . . . . TRIFOLIUM. (xvi.)
{ Fleurs disposées en grappes allongées-effilées. . . . MELILOTUS. (xiv.)

20 { Carène obtuse; légume arqué, comprimé.. . . . . . TRIGONELLA. (x.)
{ Carène prolongée en un bec ascendant; légume droit, cylindrique. . . . 21.

21 { Légume présentant 4 ailes longitudinales.. . . . . TETRAGONOLOBUS. (ix.)
{ Légume dépourvu d'ailes. . . . . LOTUS. (viii.)

22 { Style comprimé, canaliculé inférieurement. . . . . . . PISUM. (xx.)
{ Style filiforme ou aplani. . . . . 23.

23 { Style filiforme . . . . 24.
{ Style aplani. . . . . 25.

24 { Graines globuleuses, anguleuses ou comprimées-lenticulaires; étamines diadelphes ou submonadelphes. . . . . VICIA. (xviii.)
{ Graines oblongues-tronquées, comprimées; étamines monadelphes. . . . . FABA. (xix.)

25 { Feuilles à rachis terminé en vrille rameuse, très rarement aplani foliacé dépourvu de vrille. . . . . LATHYRUS. (xxi.)
{ Feuilles à rachis terminé en une arête courte, jamais aplani foliacé.. . . . . OROBUS. (xxii.)

TRIBU I. LOTEÆ. — Légume à une seule loge, très rarement divisé en deux loges longitudinales par l'inflexion de la nervure dorsale, quelquefois contourné en spirale. Étamines monadelphes ou diadelphes. Cotylédons devenant aériens et foliacés après la germination, restant rarement épais-charnus. — Feuilles imparipinnées ou trifoliolées, plus rarement unifoliolées ou réduites au rachis.

SOUS-TRIBU I. GENISTEÆ. — ÉTAMINES MONADELPHES.

I. SAROTHAMNUS. (Wimmer, fl. Schles. 278.)

Calice scarieux, à deux lèvres écartées courtes, la supérieure bidentée, l'inférieure tridentée. Corolle à étendard suborbiculaire cordé à la base, dépassant les ailes et la carène. Étamines monadelphes. *Style* filiforme, très allongé, *roulé en spirale pendant la floraison*, stigmate terminal. Légume comprimé, polysperme.

Sous-arbrisseau non épineux. Feuilles trifoliolées pétiolées, les supérieures souvent unifoliolées subsessiles, stipules nulles. Fleurs d'un jaune d'or, axillaires solitaires, penchées sur leurs pédicelles.

1. S. SCOPARIUS (Wimmer, *loc. cit.*) — Spartium scoparium. L. sp. 996. — Engl. bot. t. 1339. — Cytisus scoparius. Link. enum. II. 241. (vulg. *Genêt-à-balai.*)

Sous-arbrisseau de 1-2 mètr., très rameux, à rameaux effilés, dressés, glabres marqués d'angles verts par la décurrence des feuilles. Feuilles la plupart trifoliolées pétiolées, à folioles oblongues-obovales, pubescentes-soyeuses sur les deux faces; les supérieures et les florales presque sessiles, très petites. Fleurs grandes, rapprochées en grappes terminales. Légume velu-hérissé sur les bords. ♄. Avril-juin.

C.C. — Bois, bruyères, lieux incultes.

† II. SPARTIUM. (L. gen. n. 858, *part.*)

Calice scarieux, *fendu supérieurement jusqu'à la base*, à 5 dents. Corolle à étendard très ample suborbiculaire, plus long que les ailes et environ de la longueur de la carène. Étamines monadelphes. Style très long, ascendant courbe au sommet, stigmate un peu latéral. *Légume* comprimé, *polysperme.*

Sous-arbrisseau non épineux. Feuilles unifoliolées, brièvement pétiolées, dépourvues de stipules. Fleurs d'un jaune d'or, axillaires solitaires.

† 1. S. JUNCEUM. (L. sp. 995.) — Duh. arb. II. t. 22. (vulg. *Genêt d'Espagne.*)

Sous-arbrisseau de 1-2 mètr., très rameux; rameaux renfermant une moelle abondante, effilés, dressés, cylindriques, à écorce d'un vert glauque glabre. Folioles subsessiles, oblongues-obovales, glabres sur les deux faces. Fleurs grandes, d'une odeur suave, disposées en grappes terminales. Légume velu-soyeux. ♄. Mai-juillet.

Cultivé dans les jardins, les parcs et les promenades publiques; quelquefois subspontané dans les bois et dans le voisinage des habitations.

III. CYTISUS. (L. gen. n. 785, *part.*)

Calice subherbacé, *à deux lèvres*, la supérieure bidentée, l'inférieure tridentée. Corolle à étendard ovale dépassant les ailes et la carène. Étamines monadelphes. Style ascendant; *stigmate oblique sur la face externe du style. Légume* comprimé, *polysperme.*

Sous-arbrisseaux ou arbres non épineux. *Feuilles trifoliolées*, pétiolées, ord. dépourvues de stipules. Fleurs jaunes ou d'un jaune veiné, axillaires souvent rapprochées en têtes au sommet des rameaux, ou disposées en grappes axillaires.

Fleurs axillaires réunies en têtes 2-5-flores au sommet des rameaux . . . . *C. supinus.*
Fleurs disposées en grappes axillaires multiflores pendantes . . . . *C. Laburnum.*

1. C. SUPINUS. (L. sp. 1042. *var.* α) — Jacq. Austr. I. t. 20.

Sous-arbrisseau de 2-4 décimètr., à souche rameuse oblique tortueuse. Tiges couchées, très rameuses, à rameaux étalés redressés, velus-hérissés. Feuilles à folioles obovales, obtuses ou mucronulées, longuement ciliées. Fleurs d'un jaune intense, axillaires, réunies en têtes 2-5-flores au sommet des rameaux. Calice velu-hérissé, presque tubuleux, à lèvres peu écartées. Légume velu-hérissé. ♄. *Fl.* mai-juillet. *Fr.* août-septembre.

R. — Coteaux pierreux arides, pelouses montueuses des terrains calcaires. — Abondant à Malesherbes! Nemours (*Devilliers*). Bois de Montramé près Provins (*Bouteiller*). — ? Valvins (*Thuillier, fl.*).

Le *C. capitatus* Jacq., assez fréquemment planté dans les parcs où il se naturalise aisément (Malesherbes! St-Germain!, etc.), se distingue du *C. supinus* à ses rameaux dressés, à ses capitules multiflores et à ses fleurs plus grandes. — On cultive dans les bosquets le *C. sessilifolius* L. arbrisseau très rameux, très glabre, à fleurs axillaires rapprochées en grappes au sommet des rameaux.

† 2. C. LABURNUM. (L. sp. 1041.) — Jacq. Austr. t. 306. (vulg. *Faux-Ébénier.*)

Arbre ou arbrisseau à rameaux glabres ou couverts d'une pubescence apprimée. Feuilles à folioles ovales-oblongues mucronées, à peine ciliées. Fleurs d'un jaune assez pâle, disposées en grappes axillaires multiflores pendantes. Calice à tube campanulé court, à lèvres très écartées, à pubescence soyeuse apprimée. Légume couvert d'une pubescence soyeuse-argentée, à bords épaissis. ♄. *Fl.* mai. *Fr* juillet.

Planté dans les parcs et les promenades publiques, quelquefois naturalisé dans les bois et les haies. — Magny! Mantes! Les Andelys! Malesherbes! Verderonne!, etc.

IV. GENISTA. (L. gen. n. 859, *part.*)

Calice herbacé ou subherbacé, *à deux lèvres*, la supérieure bidentée, l'inférieure tridentée. Corolle à étendard ovale plus court que les ailes et la carène ou les égalant. Étamines monadelphes. Style presque droit ou un peu ascendant; *stigmate oblique sur la face interne du style. Légume* comprimé ou renflé, *polysperme*, plus rarement oligosperme.

Sous-arbrisseaux non épineux, plus rarement épineux. *Feuilles unifoliolées*, à foliole légèrement pétiolée ou subsessile; stipules très petites ou nulles. Fleurs jaunes, terminales ou axillaires, disposées en grappes nues ou feuillées, plus rarement subsolitaires.

1 { Sous-arbrisseau à rameaux latéraux terminés en épine. . . *G. Anglica.*
{ Sous-arbrisseau non épineux. . . . . 2.

2 { Rameaux comprimés-ailés à ailes foliacées. . . . . . *G. sagittalis.*
{ Rameaux jamais comprimés-ailés. . . . . 3.

3 { Pédicelles environ trois fois plus longs que le calice . . . *G. prostrata.*
{ Pédicelles environ de la longueur du calice ou plus courts que lui. . . . 4.

4 { Corolle pubescente-soyeuse, feuilles florales pliées, disposées par fascicules. . . . . *G. pilosa.*
{ Corolle à étendard glabre, feuilles florales planes, éparses. . *G. tinctoria.*

1 G. ANGLICA (L. sp. 999.) — Engl. bot. t. 132.

Sous-arbrisseau de 2-6 décimètr., très rameux, diffus, à rameaux glabres, à *rameaux latéraux terminés en épine.* Folioles glabres; les caulinaires oblongues, aiguës ou obtuses; celles des rameaux latéraux, presque linéaires. Fleurs axillaires, disposées en grappes feuillées terminales assez lâches. *Légumes renflés,* glabres. ♄. Avril-juillet.

A.C. — Bruyères, coteaux pierreux des terrains argileux. — Meudon! Chevreuse! Senart! Fontainebleau! Magny!, etc.

2. G. SAGITTALIS. (L. sp. 998.) — Jacq. Austr. t. 209.

Sous-arbrisseau de 2-4 décimètr., traçant, rameux, à *rameaux* redressés, simples, herbacés, pubescents, comprimés *présentant 2-4 ailes foliacées* qui résultent de la décurrence des feuilles et s'interrompent au niveau de leur insertion en donnant aux rameaux l'apparence articulée. Fleurs disposées en grappes terminales compactes. Légumes comprimés, velus-hérissés. ♄. Mai-juillet.

A.C. — Pelouses sèches, bruyères surtout des terrains sablonneux. — St-Maur! St-Léger! Magny! Bizy près Vernon! Dreux! Fontainebleau! Malesherbes!, etc.

3. G. TINCTORIA. (L. sp. 998.) — Engl. bot. t. 44. (vulg. *Genêt-des-teinturiers.*)

Sous-arbrisseau de 3-6 décimètr., à *tiges* rameuses ou simples, dressées ou ascendantes, subherbacées, glabres, *cylindriques* plus ou moins sillonnées. Folioles glabres ou légèrement pubescentes-ciliées, planes, oblongues-lancéolées, aigues plus rarement obtuses. *Fleurs* à pédicelle plus court que le calice, *naissant à l'aisselle dé feuilles florales*, disposées en grappes terminales assez compactes. Étendard glabre. *Légumes comprimés, glabres.* ♄. Juin-août.

C. — Lisière des bois, bruyères, coteaux incultes.

s.v. — *latifolia.* — Folioles oblongues obtuses plus grandes que dans le type. — *R.* Lardy (*Maire*).

4. G. PILOSA. (L. sp. 999.) — Jacq. Austr. t. 208. — Engl. bot. t. 208.

Sous-arbrisseau de 3-6 décimètr., très rameux diffus, à rameaux glabres ou à pubescence apprimée, noueux, striés-anguleux. Folioles pliées-canaliculées, obovales-oblongues, à face inférieure pubescente-soyeuse. *Fleurs à pédicelle plus court que le calice* ou à peine plus long, solitaires ou géminées, *naissant du centre de fascicules de feuilles*, disposées en grappes ou en panicules dressées. *Corolle pubescente soyeuse.* Légumes comprimés, velus-hérissés. ♄. Mai-juillet.

A.R. — Bruyères, coteaux arides, bois sablonneux. — Mont-Valérien (*Vigineix*). St-Leger! Lardy! Fontainebleau! Malesherbes! Nemours! Senlis. Forêt de Villers-Cotterets (*Questier*)., etc

5. G. PROSTRATA (Lam. enc. II. 618.) — G. Halleri. Reyn. act. Laus. I. 211 ic.

Sous-arbrisseau de 2-4 décimètr., traçant, rameux, à rameaux couchés presque cylindriques. Folioles planes, oblongues-obovales, quelquefois mucronulées. *Fleurs à pédicelle environ trois fois plus long que le calice*, solitaires ou géminées, *naissant du centre de fascicules de feuilles*, espacées le long des rameaux ou rapprochées à leur extrémité en grappes lâches unilatérales. Corolle glabre. Légumes comprimés. ♄. *Fl.* mai. *Fr.* juin-juillet.

R R. — Pelouses des coteaux arides. — Abondant à Mantes aux coteaux des Célestins! et sur plusieurs collines des environs au Breuil et à Laplaigne (*de Boucheman*)

var. α *hirsuta.* — Plante velue-hérissée dans toutes ses parties.

var. β. *glabra* (G. diffusa. Willd. sp. III 942. — Spartium decumbens. Jacq. ic. rar. III. t. 555.) — Plante glabre dans toutes ses parties

Les deux variétés croissent ensemble à la même localite où nous avons observe récemment de nombreuses transitions entre elles

V. ULEX. (L. gen. n. 881.)

Calice coloré, divisé *jusqu'à la base en deux lèvres*, la supérieure bidentée, l'inférieure tridentée. Corolle à étendard oblong-émarginé égalant les ailes et la carène, dépassant à peine le calice. Étamines monadelphes. Style à peine ascendant; stigmate terminal, capité. Légume renflé, oligosperme, à peine plus long que le calice.

Sous-arbrisseaux à rameaux avortés très épineux. Feuilles linéaires terminées en épine (pétioles dépourvus de folioles); stipules nulles. Fleurs jaunes, munies à leur base de deux bractées colorées, axillaires rapprochées en panicules.

Bractées calicinales plus larges que le pédicelle; calice très velu. . . . . *U. Europæus.*

Bractées calicinales plus étroites que le pédicelle, calice légèrement pubescent à pubescence apprimée. . . . . *U. nanus.*

1. U. EUROPÆUS. (L. sp. 1045. var. α.) — Engl. bot. t. 742. (vulg. *Ajonc.*)

Sous-arbrisseau de 1-2 décimètr., très rameux diffus, à rameaux latéraux presque égaux, terminés en épine ainsi que leurs ramifications. *Bractées calicinales plus larges que le pédicelle. Calice très velu.* Légume velu-hérissé. ♄. Mai-juillet, refleurit en automne.

C. — Buissons, haies, bords des chemins, coteaux incultes.

2. U. NANUS. (Smith, fl. Brit. 757.) — Engl. bot. t. 743. (vulg. *Bruyère jaune.*)

Sous-arbrisseau de 3-5 décimètr., très rameux diffus, souvent étalé, à rameaux latéraux presque égaux, très nombreux, rapprochés, terminés en épine ainsi que leurs ramifications. *Bractées calicinales plus étroites que le pédicelle. Calice légèrement pubescent à pubescence apprimée.* Légume velu-hérissé. ♄. Mai-octobre.

A.C. — Bruyères, coteaux en friche, bois secs montueux. — Meudon! Versailles! Dampierre! St-Léger. Fontainebleau! etc.

VI. ONONIS. (L. gen. n. 863.)

Calice herbacé, campanulé, *à 5 divisions linéaires.* Corolle à étendard très ample strié, dépassant les ailes ; *carène prolongée en bec.* Étamines monadelphes. Style ascendant dans sa moitié supérieure ; stigmate terminal, subcapité. *Légume renflé*, court, *oligosperme.*

Plantes vivaces sous-frutescentes à souche ligneuse longuement traçante, épineuses ou non épineuses. Feuilles pinnées-trifoliolées, pétiolées, les supérieures souvent unifoliolées; stipules plus ou moins soudées au pétiole. Fleurs roses ou jaunes, axillaires, disposées en grappes feuillées terminales.

1 { Fleurs roses. 2
  { Fleurs jaunes . . . . 3.

2 { Légume dépassant les divisions du calice. . . . . *O. spinosa.*
  { Légume dépassé par les divisions du calice . . . . *O. repens.*

3 { Fleurs sessiles; corolle dépassant à peine les divisions du calice, souvent presque avortée . . . . *O. Columnæ.*
  { Fleurs longuement pédonculées, à pédoncule aristé; corolle dépassant longuement les divisions du calice. . . . . *O. Natrix.*

SECT. I. — Fleurs roses.

1. O. SPINOSA. (L. sp. 1006. var. β.) — Illustr. fl. Par. t. 11. A.

Tiges de 3-6 décimètr., dressées ou ascendantes, très rameuses, à rameaux avortés épineux, plus ou moins pubescentes-glanduleuses. Feuilles à folioles linéaires-oblongues, finement dentées. *Fleurs roses*, axillaires solitaires, brièvement pédonculées. *Légume* pubescent, *dépassant les divisions du calice.* Graines finement tuberculeuses. ♃. Juin-septembre.

A.C. — Bords des chemins, pâturages, lieux arides

2. O. REPENS. (L. sp. 1006.) — Illustr. fl. Par. t. 11. B. (vulg. *Arrête-bœuf.*)

Tiges de 2-6 décimètr., couchées-étalées, rameuses, à rameaux avortés épineux, plus rarement dépourvues d'épines, plus ou moins pubescentes-glanduleuses. Feuilles à folioles oblongues ou obovales-oblongues, finement dentées. *Fleurs roses*, axillaires solitaires, brièvement pédonculées. *Légume* pubescent, *dépassé par les divisions du calice.* Graines finement tuberculeuses. ♃. Juin-septembre.

C.C. — Bords des chemins, pâturages, champs en friche.

s.v — *elatior.* — Tige robuste, quelquefois ascendante. Feuilles à folioles ord. plus amples.

s v — *mitis.* — Tige non épineuse ou à peine épineuse.

SECT. II. — Fleurs jaunes

3. O. COLUMNÆ. (All. Ped. I. t. 20. f. 3.) — O. minutissima. Jacq. Austr t. 240.

Tiges de 1-3 décimètr., ascendantes, plus rarement étalées, presque simples, non épineuses, pubescentes légèrement glanduleuses. Feuilles à folioles obovales-oblongues, finement dentees, à nervures saillantes; stipules lancéolées-acuminées. *Fleurs jaunes, sessiles. Corolle égalant environ les divisions du calice,* souvent presque avortée. *Légume* pubescent, *environ de la longueur du calice.* Graines très finement ponctuées. ♃. Juin-juillet.

A.R. — Coteaux pierreux ou sablonneux — St-Maur! St-Nom près Versailles; Thieverval; Maule (*de Boucheman*). Mantes! La Roche-Guyon! Vernon! Les Andelys! Dreux! Compiègne (*Leré*). Lardy! Étrechy! Étampes! Pithiviers! Fontainebleau! Malesherbes! Verderonne!

var. α. *grandiflora* — Corolle égalant ou dépassant un peu le calice. — *R.*

var. β. *brachypetala.* — Corolle beaucoup plus courte que le calice, souvent presque avortee.

4 O. NATRIX. (L. sp. 1008.) — Mill ic. t. 33.

Tiges de 3-5 décimètr., dressées ou ascendantes, plus rarement étalées, très rameuses, non épineuses, pubescentes très glanduleuses. Feuilles à folioles oblongues ou obovales-oblongues, dentées dans leur partie supérieure. *Fleurs jaunes, longuement pédonculées,* à pédoncule aristé par un pédicelle à fleur avortée. *Corolle dépassant longuement les divisions du calice. Légume* très velu, *dépassant très longuement le calice.* Graines finement chagrinées. ♃. Juillet-septembre.

A.R. — Bords des champs pierreux ou sablonneux, coteaux arides. — St-Maur! Fontainebleau! Malesherbes! Nemours! Pithiviers! La Roche-Guyon! Vernon! Les Andelys!, etc.

VII. ANTHYLLIS (L. gen. n. 864.)

Calice plus ou moins coloré, tubuleux-renflé, subbilabié, à lèvre supérieure bidentée, à lèvre inférieure trifide, le *fructifère vésiculeux à dents conniventes.* Corolle à étendard égalant les ailes et la carène; ailes adhérentes à la carène par leur limbe; carène obtuse ou à peine prolongée en bec. Étamines monadelphes. Style courbé-ascendant supérieurement; stigmate terminal, capité. *Légume* comprimé, suborbiculaire, monosperme ou bisperme, *renfermé dans le tube du calice.*

Plante vivace, à tiges herbacées. Feuilles imparipinnées, pétiolées, rarement unifoliolées, ord. munies de stipules soudées au pétiole. Fleurs jaunes ou rougeâtres, en glomérules terminaux et latéraux munis à leur base de bractées palmées.

1. A. VULNERARIA. (L. sp. 1012.) — Engl. bot t. 104. (vulg. *Vulnéraire.*)

Tiges de 2-4 décimètr., dressées, ascendantes ou étalées, simples, plus rarement rameuses, plus ou moins pubescentes. Feuilles inférieures à folioles oblongues, la terminale beaucoup plus ample, quelquefois réduites à cette foliole terminale par l'avortement des folioles latérales; les supérieures à folioles plus étroites presque égales entre elles. Fleurs jaunes, plus rarement rougeâtres. Corolle dépassant peu le calice. Calice à dents triangulaires lancéolées. ♃ Mai-juillet.

C. — Pelouses sèches, bords des allées des bois, coteaux arides sablonneux ou pierreux.

SOUS-TRIBU II. TRIFOLIEÆ. — ÉTAMINES DIADELPHES.

VIII. LOTUS. (L. gen. n. 897, *part.*)

Calice campanulé, à 5 divisions. Corolle à étendard environ de la longueur des ailes; ailes rapprochées par leur bord supérieur; *carène prolongée en un bec* ascendant. Étamines diadelphes. *Légume droit, linéaire, cylindrique, polysperme*, s'ouvrant en deux valves qui se tordent sur elles-mêmes après la déhiscence, présentant des fausses cloisons celluleuses transversales.

Plantes vivaces, à souche presque ligneuse, à tiges herbacées. Feuilles trifoliolées; stipules libres, foliacées. Fleurs jaunes, à étendard veiné coloré souvent rougeâtre, disposées en glomérules terminaux, plus rarement subsolitaires, munies à leur base de bractées trifoliolées.

Jeunes boutons à divisions du calice dressées; glomérules 2-6-flores. . . . . *L. corniculatus.*
Jeunes boutons à divisions du calice étalées horizontalement; glomérules 8-12-flores. *L. major.*

1. L. CORNICULATUS. (L. sp. 1092.) — Curt. Lond. II. t. 56. — Engl. bot. t. 2090. — Illustr. fl. Par. t. 14. C.

Souche cespiteuse, à racine pivotante. Tiges de 2-6 décimètr., étalées ou ascendantes-diffuses, glabrescentes, pubescentes ou velues. Feuilles à folioles obovales ou obovales-oblongues, entières; stipules irrégulièrement ovales presque aiguës. Fleurs disposées en glomérules 2-6-flores, q.q.fois subsolitaires. Calice à divisions lancéolées ord. élargies à la base, plus courtes que le tube. *Jeunes boutons à divisions du calice dressées.* Carène coudée à sa partie moyenne, à limbe largement prolongé au-dessus de l'onglet. Légume glabre, terminé par le style persistant presque droit. ♃. Mai-août.

C.C. — Pelouses sèches ou humides, prairies, champs, lisière des bois, bords des chemins, etc.

s.v. — *tenuis.* — Plante très grêle, à tiges presque filiformes. Folioles et stipules ord. très étroites. Fleurs en glomérules très pauciflores, ou subsolitaires.

var. *β. villosus.* — Plante velue-hérissée. Feuilles à folioles fortement ciliées

Le *L. angustissimus* L., espèce très répandue dans l'ouest et le midi de la France et qui nous a été indiquée vaguement dans nos environs, se distingue du *L. corniculatus* par ses fleurs solitaires ou gémmées, par les divisions du calice linéaires plus longues que le tube, et par la carène dépassant les ailes dans la corolle récemment épanouie.

2. L. MAJOR. (Scop. Carn. II. 86.) — Illustr. fl. Par. t. 14 D. — L. uliginosus. Schk. t. 211. — L. villosus. Thuill. fl. Par. 387.

Souche cespiteuse, à racine pivotante. Tiges de 5-8 décimètr., fistuleuses, ascendantes ou dressées, souvent diffuses, glabrescentes-glaucescentes ou velues. Feuilles à folioles obovales-oblongues assez amples, entières; stipules irrégulièrement ovales presque aiguës. Fleurs disposées en glomérules 8-12-flores. Calice à divisions lancéolées, plus courtes que le tube, ord. velues-ciliées. *Jeunes boutons à divisions du calice étalées horizontalement.* Carène coudée dès la partie inférieure du limbe, à limbe à peine prolongé au-dessus de l'onglet. Légume glabre, terminé par le style persistant presque droit. ♃. Juin-septembre.

C. — Fossés aquatiques; bois humides, buissons, bords des mares herbeuses.

var. *β glaber.*— Plante entièrement glabre. Calice à divisions glabres ou à peine ciliées.

IX. TETRAGONOLOBUS. (Scop. Carn. II. 87.)

Calice tubuleux-campanulé, à 5 divisions. Corolle à étendard beaucoup plus long que les ailes; ailes rapprochées par leur bord supérieur; carène prolongée en un bec ascendant. Étamines diadelphes. Style flexueux; stigmate subbilabié canaliculé. *Légume droit, linéaire, présentant 4 ailes longitudinales foliacées, polysperme,* présentant des fausses cloisons celluleuses transversales.

Plante vivace, à souche épaisse presque ligneuse. Tiges herbacées. Feuilles trifoliolées; stipules libres, foliacées. Fleurs jaunes, solitaires, très rarement géminées, naissant à l'aisselle d'une feuille florale à l'extrémité de longs pédoncules axillaires.

1. T. SILIQUOSUS. (Roth, tent. I. 323.)—J. Bauhin. II. 359. f. 2.—Lotus siliquosus. L. sp. 1089.

Tiges de 2-4 décimètr., étalées ou ascendantes, pubescentes. Feuilles à folioles obovales-cunéiformes, entières, aigues ou obtuses; stipules ovales aigues. Fleurs d'un jaune pâle, portées sur des pédoncules axillaires très longs. Légume glabre, à ailes planes environ quatre fois plus étroites que son diamètre transversal. ♃. Mai-juillet.

C. — Prairies humides, bords des eaux.

X. TRIGONELLA. (L. gen. n, 898.)

Calice campanulé, à 5 divisions. Corolle à étendard environ de la longueur des ailes; ailes étalées; *carène obtuse.* Étamines diadelphes. *Légume arqué, comprimé, linéaire, polysperme.*

Plante annuelle. Feuilles pinnées-trifoliolées; stipules libres, assez petites. Fleurs jaunes, très petites, disposées en capitules ombelliformes pluriflores presque sessiles à l'aisselle des feuilles.

1. T. MONSPELIACA. (L. sp. 1095.) — Moris. s. II. t. 17. f. 4.

Tiges de 5-30 décimètr., couchées, tres pubescentes. Feuilles à folioles obovales-cunéiformes, denticulées supérieurement; stipules lancéolées-subulées. Légumes pubescents, fortement veinés-réticulés, reflléchis, arqués à concavité supérieure. ①. Mai-juillet.

R. — Pelouses arides, champs sablonneux ou pierreux. — Bois de Boulogne! Plaine du Point-du-Jour (*Maire*). St-Maur! Étampes (*Woods*). Malesherbes (*Gay*). Vetheuil (*Daenen*).

Le *T. Fœnum-Græcum* L., qui se rencontre quelquefois dans le voisinage des habitations, se reconnaît à ses fleurs solitaires ou géminées, et à ses légumes glabres terminés par le style persistant assez long.

† XI. ROBINIA. (L. gen. n. 879, *part.*)

Calice campanulé, à 5 dents, subbilabié. Corolle à étendard dépassant à peine les ailes; carène non prolongée en bec. Étamines diadelphes. *Légume* comprimé, oblong, *polysperme*, *présentant une bordure au côté interne.*

Arbre élevé. Feuilles imparipinnées; stipules libres, d'abord herbacées, puis devenant ligneuses épineuses. Fleurs blanches ou roses, disposées en grappes axillaires

† 1. R. PSEUDO-ACACIA. (L. sp. 1043.) — Lam. ill. t. 606. f. 1. (vulg. *Acacia.*)
Arbre à rameaux munis d'aiguillons robustes. Feuilles à folioles nombreuses, oblongues, entières, émarginées brièvement mucronées. Fleurs blanches, très odorantes, disposées en grappes pendantes, à pédoncule et à pédicelles pubescents ou glabres. Legumes glabres. ♄. *Fl.* mai-juin. *Fr.* juillet.

Très fréquemment planté dans les promenades publiques, les avenues, les parcs et çà et là dans les bois.

Le *R. viscosa* Vent., souvent planté dans les parcs et les bosquets, se reconnaît à ses rameaux visqueux et à ses fleurs roses en grappes courtes. — On cultive aussi le *R. umbraculifera* D.C. (vulg. *Acacia-parasol*), et le *R. hispida* L.

Le *Galega officinalis* L., indiqué dans les *endroits épais et élevés des bois* à St-Cloud (*Mérat*, *fl.*), se rencontre çà et là dans le voisinage des jardins d'où il s'est échappé. On reconnaît cette plante à ses étamines submonadelphes, à son legume toruleux, à sa tige herbacée glabre, à ses feuilles imparipinnées à folioles nombreuses, et à ses fleurs blanches rosées ou bleuâtres disposées en grappes axillaires longuement pédonculées.

† XII. COLUTEA. (L. gen. n. 880, *part.*)

Calice campanulé, à 5 dents. Corolle à étendard dépassant *un* peu les ailes, carène non prolongée en bec. Etamines diadelphes. *Légume polysperme*, *renflé-vésiculeux*, *à valves minces-membraneuses.*

Arbrisseau non épineux. Feuilles imparipinnées; stipules libres, submembraneuses. Fleurs jaunes ou veinées de rougeâtre, disposées en grappes axillaires.

† 1. C. ARBORESCENS. (L. sp. 1045.) — Duham. arb. I. t. 22. (vulg. *Baguenaudier*)
Arbrisseau q.q.fois élevé, à rameaux grisâtres. Feuilles à 7-11 folioles oblongues souvent obcordées, submucronulées, d'un vert blanchâtre à la face inférieure. Fleurs en grappes courtes, pauciflores. Légume vésiculeux, glabre, fermé au sommet, éclatant avec bruit par la pression. ♄. *Fl.* juin-juillet *Fr.* août

Fréquemment planté dans les bosquets, les jardins et les promenades publiques Quelquefois naturalisé dans les haies et les bois. Fontainebleau! Malesherbes! Pithiviers!

Le *C. cruenta* Ait., cultivé moins fréquemment, se distingue à ses légumes ouverts au sommet avant la maturité et à ses fleurs rougeâtres veinées.

XIII. ASTRAGALUS. (L. gen. n. 892, *part.*)

Calice campanulé ou tubuleux, à 5 dents. Corolle à étendard dépassant les ailes; carène obtuse. Étamines diadelphes. *Légume* polysperme, allongé, arqué, de forme variable, *divisé en deux loges longitudinales* presque complètes *par l'inflexion de la nervure dorsale.*

Plantes vivaces, à souche presque ligneuse. Feuilles imparipinnées ou irrégulièrement paripinnées; stipules libres ou soudées au pétiole à leur base. Fleurs d'un jaune verdâtre ou purpurines. disposées en grappes axillaires.

{ Fleurs d'un jaune verdâtre; plante caulescente . . . . *A. glycyphyllos.*
{ Fleurs purpurines; plante subacaule. . . . . . *A. Monspessulanus.*

1. A. GLYCYPHYLLOS. (L. sp. 1067.) — Engl bot. t. 203. (vulg. *Réglisse bâtarde.*)
Tiges de 5-10 décimètr., étalées ou ascendantes-diffuses, anguleuses, presque glabres. Feuilles à 7-13 folioles ovales-oblongues, très entières ou à peine émarginées au sommet; *stipules ovales-oblongues,* aiguës, *libres. Fleurs d'un jaune verdâtre*, à étendard dépassant peu les ailes, en grappes portées sur des pédoncules axillaires plus courts que les feuilles. Légume glabre

ou pubérulent, stipité, arqué, renflé subtrigone, atténué en pointe au sommet. ♃. Juin-juillet.

C. — Bois, buissons.

2 A. MONSPESSULANUS. (L. sp. 1072.) — Curt. bot. mag. t. 219.

Plante subacaule, de 1-3 décimètr., pubescente ou presque glabre. Feuilles à folioles très nombreuses, ovales-oblongues ou oblongues, aiguës ou obtuses, très entières; *stipules lancéolées-linéaires*, très longues, *soudées au pétiole inférieurement. Fleurs purpurines-violettes*, à étendard dépassant longuement les ailes, en grappes portées sur des pédoncules presque radicaux plus longs que les feuilles. Légume glabre, sessile, arqué, un peu comprimé, mucroné par le style. ♃. Mai-juillet.

R. — Pelouses arides et escarpements des coteaux calcaires. — Très abondant à Mantes au coteau des Celestins! à la Roche-Guyon! et à Vernon!

L'*A. Cicer* L., qui a été trouvé aux bois de Boulogne, de Vincennes et de Meudon, où il avait été semé, et qui a été indiqué à Vernon, où il n'a pas été constaté récemment, se reconnaît à ses stipules soudées en une seule pièce opposée à la feuille, à ses fleurs d'un blanc jaunâtre et à ses légumes velus ovoïdes-subglobuleux.

XIV. MELILOTUS. (Tournef. inst. t. 229.)

Calice campanulé, à 5 dents. Corolle caduque, à étendard égalant ou dépassant les ailes; carène obtuse, adhérente aux ailes au-dessus de l'onglet. Étamines diadelphes. *Légume* dépassant le calice, *droit*, oblong, 1-4-*sperme*, indéhiscent.

Plantes bisannuelles, à racine épaisse pivotante. Feuilles pinnées-trifoliolées; stipules soudées inférieurement au pétiole. *Fleurs* jaunes, rarement blanches, *disposées en grappes spiciformes effilées.*

1	Fleurs blanches; étendard dépassant longuement les ailes.	*M. leucantha.*
	Fleurs jaunes; étendard ne dépassant pas les ailes.	2
2	Légume glabre, presque obtus mucroné par le style. . . .	*M. arvensis.*
	Légume pubescent, atténué au sommet.	*M. officinalis.*

1 M. ARVENSIS. (Wallr. sched. 393.) — Illustr. fl. Par. t. 14 F. — M. diffusa. Koch, ap. D C. fl. Fr. supp. 564. — M. officinalis. Sturm, Germ. fasc. XV.

Tiges de 3-5 décimètr., étalées ou ascendantes-diffuses, glabres. Feuilles à folioles obovales ou oblongues, denticulées; stipules subulées-sétacées à base élargie. *Fleurs jaunes*, à étendard ne dépassant pas les ailes, en grappes allongées dressées dépassant très longuement les feuilles. Ovaire à 6-8 ovules. *Légume glabre*, oblong-obovale, *presque obtus mucroné* par le style, ridé transversalement, à bord supérieur presque obtus. ②. Juin-septembre.

C. — Lieux secs, bords des chemins, moissons.

2. M. OFFICINALIS. (Willd. en. 790.) — Illustr. fl. Par. t. 14. F. — Trifolium macrorhizum. Waldst. et Kit. pl. Hung. I. t. 26. — M. altissima. Thuill. fl. Par. 378. (vulg. *Mélilot.*)

Tiges de 5-10 décimètr., ord. dressées, glabres. Feuilles à folioles oblongues étroites souvent presque linéaires, tronquées, denticulées; stipules subulées-sétacées à base élargie. *Fleurs jaunes*, à étendard ne dépassant pas les ailes, en grappes dressées dépassant très longuement les feuilles. Ovaire ord. à 2 ovules. *Légume couvert de poils apprimés, oblong atténué au sommet,* terminé par le style, ridé transversalement, à bord supérieur comprimé. ②. Juin-septembre.

C. — Buissons herbeux, prairies, bords des fossés, lisière des bois.

3. M. LEUCANTHA. (Koch, ap. D.C. fl. Fr. supp. 564.) — Illustr. fl. Par. t. 14. G. — Sturm, Germ. fasc. XV. t. 2. — M. alba. Thuill. fl. Par. 378, *non* Lam.

Tiges de 5-10 décimètr., ord. dressées, glabres. Feuilles à folioles oblongues, tronquées, denticulées; stipules subulées-sétacées à base élargie. *Fleurs blanches*, à étendard dépassant longuement les ailes, en grappes allongées dressées dépassant très longuement les feuilles. Ovaire à 3 4-ovules. Légume glabre, oblong ou oblong-obovale, atténué au sommet ou obtus mucroné, ridé transversalement, à bord supérieur presque obtus. ②. Juin-septembre.

R. — Lieux secs, bords des chemins. — Meudon ! Senart, Fontainebleau (*Maire*). La Bigue, Bellefontaine et Aulmont près Senlis (*Questier, Morelle*). Dreux (*Daenen*) — Larbroie près Noyon (*Questier*).

On rencontre çà et là dans le voisinage des jardins le *M. cærulea* Lam., qui est quelquefois cultivé. Cette espèce se reconnait à ses fleurs bleuâtres en grappes ovoïdes compactes, à ses légumes striés-veinés longitudinalement, et à son odeur aromatique très pénétrante surtout après la dessiccation.

XV. MEDICAGO. (L. gen. n. 899.)

Calice campanulé, à 5 divisions. *Corolle caduque*, à étendard dépassant les ailes et la carène; carène obtuse, plus ou moins échancrée. Étamines diadelphes. *Légume* dépassant ord. longuement le calice, *réniforme*, *falciforme ou contourné en* une *spirale* à plusieurs tours, souvent chargé d'épines sur le bord extérieur, polysperme, très rarement monosperme.

Plantes annuelles ou vivaces, rarement bisannuelles. Feuilles pinnées-trifoliolées; stipules herbacées, soudées inférieurement au pétiole. Fleurs jaunes, plus rarement jaunâtres ou violacées, disposées en grappes ou en capitules multiflores axillaires pédonculés, ou subsolitaires au sommet des pédoncules.

1 { Légume non épineux. 2
  { Légume chargé d'épines. . . . . 5.

2 { Légume monosperme, réniforme. . . . . *M. Lupulina.*
  { Légume polysperme, falciforme ou contourné en spirale. . . . . . . 3.

3 { Légume contourné en une hélice déprimée en forme de disque, ne présentant pas d'ouverture au centre. . . . . *M. orbicularis.*
  { Légume falciforme, ou décrivant deux à trois tours de spire qui circonscrivent un espace annulaire. . . . . 4.

4 { Légume falciforme; pédicelles 3-4 fois plus longs que les bractées. . . . . *M. falcata.*
  { Légume décrivant 2-3 tours de spire; pédicelles plus courts que les bractées. . . . . *M. sativa.*

5 { Légume tomenteux, à épines espacées courtes presque coniques. . . . . *M. Gerardi.*
  { Légume glabre ou presque glabre, à épines nombreuses subulées. . . . 6.

6 { Légume en hélice subglobuleuse; plante très pubescente à poils courts. . . . . *M. minima.*
  { Légume en hélice subglobuleuse déprimée, plante glabre ou ne présentant que quelques longs poils. . . . . 7.

7 { Stipules dentées, à dents courtes ne dépassant pas le milieu du limbe; pédoncules 1-4-flores. . . . . *M. maculata.*
  { Stipules découpées, à divisions sétacées dépassant de beaucoup le milieu du limbe; pédoncules 3-10-flores. . . . . *M. apiculata.*

SECT. I. LUPULARIA. — Légume non épineux, réniforme, falciforme, ou décrivant 2-3 tours de spire qui circonscrivent un espace annulaire.

1. M. LUPULINA. (L. sp. 1097.) — Engl. bot. t. 971. — Curt. Lond. II. t. 57. (vulg. *Mignonette, Minette, Lupuline.*)

Racine grêle, pivotante. Tiges de 1-5 décimètr., dressées, ascendantes ou étalées, légèrement pubescentes. Feuilles à folioles obovales-cunéiformes, ord. émarginées, mucronulées, denticulées; stipules linéaires ou lancéolées, aiguës, entières, les inférieures quelquefois denticulées. *Fleurs* jaunes, très petites, *très brièvement pédicellées*, disposées en épis ovoïdes denses multiflores portés sur des pédoncules axillaires plus longs que la feuille. *Légume* glabre, quelquefois pubescent ou velu-glanduleux, à nervures saillantes, *monosperme, réniforme* courbé au sommet. ① ou ②. Mai-septembre.

C.C.C. — Lieux stériles pierreux, prairies, pâturages.

var. *β. Willdenowiana.* (Koch, synops. fl. Germ. 161. — M. Willdenowii. Bonningh. fl. Mon. pr. 226.) — Légumes hérissés de poils articulés glanduleux. — *A.C.* — Lieux sablonneux arides, vieux murs.

2. M. FALCATA. (L. sp. 1096.) — Engl. bot. t. 1016.

Souche épaisse, à racine très longue. Tiges de 5-9 décimètr., tombantes-étalées ou ascendantes, légèrement pubescentes. Feuilles à folioles oblongues ou oblongues-cunéiformes, ord. émarginées, denticulées supérieurement, mucronées; stipules lancéolées-subulées, entières ou denticulées. *Fleurs* d'un jaune plus ou moins intense, plus rarement violacées ou vertes, *à pédicelles beaucoup plus longs que les bractées et environ de la longueur du calice*, disposées en grappes multiflores courtes portées sur des pédoncules axillaires plus longs que la feuille. *Légume* glabre ou à poils apprimés, veiné-réticulé, *polysperme*, allongé, *falciforme*, *décrivant rarement plus d'un tour de spire.* ♃. Juin-septembre.

C. — Lieux stériles pierreux, buissons, pâturages secs, bords des chemins.

3. M. SATIVA. (L. sp. 1096.) — Engl. bot. t. 1749. (vulg. *Luzerne.*)

Souche épaisse, à racine très longue. Tiges de 4-9 décimètr., ascendantes ou dressées, pubescentes. Feuilles à folioles oblongues, émarginées, denticulées supérieurement, mucronées; stipules lancéolées-subulées, entières ou denticulées. *Fleurs* bleuâtres ou violettes, quelquefois mêlées de jaune, *à pédicelles plus courts que les bractées et que le calice*, disposées en grappes multiflores portées sur des pédoncules axillaires plus longs que la feuille. *Légume* à pubescence apprimée, à peine veiné-réticulé, *polysperme*, allongé, *décrivant 2-3 tours de spire.* ♃. Juin-septembre.

Cultivé en prairies artificielles. Fréquemment subspontané aux bords des chemins et dans les champs en friche.

SECT. II. SPIROCARPUS. — Légumes épineux sur le bord extérieur, rarement dépourvus d'épines, décrivant plusieurs tours de spire rapprochés en une hélice compacte qui ne laisse pas d'ouverture au centre.

4. M. ORBICULARIS. (All. Ped. n. 1150.) — Schk. t. 212.

Tiges de 1-3 décimètr., étalées ou ascendantes, presque glabres. Feuilles à folioles obovales-cunéiformes, denticulées supérieurement, mucronulées; stipules profondément découpées, à divisions sétacées. Fleurs jaunes, disposées 1-4 au sommet de pédoncules axillaires plus courts que la feuille. *Légume* glabre, *dépourvu d'épines*, veiné-réticulé, polysperme, *en hélice déprimée en forme de disque,* à 4-5 tours de spire; bord extérieur du légume tranchant presque membraneux. ①. Mai-juillet.

R.R — Pelouses des coteaux arides, bords des chemins pierreux, vieux murs couverts en chaume.—Bois de Boulogne! (*Decaisne*). Féricy près le Châtelet (*Garnier*). Malesherbes! (*Maire*). Très abondant à Pithiviers! (*Woods*).

Le *M. scutellata* All., indiqué à Praslin près Melun (*Mérat, fl.*), se distingue du *M. orbicularis* à son légume à tours de spire emboîtés formant une hélice globuleuse, et à ses stipules lancéolées dentées.

5. M. GERARDI. (Willd. sp. III. 1415.) — Rchb. ic. pl. crit.

Tiges de 1-4 décimètr., étalées ou ascendantes, pubescentes-velues. Feuilles à folioles obovales-cunéiformes, denticulées supérieurement, souvent mucronulées; stipules découpées, à divisions sétacées. Fleurs jaunes, disposées 1-4 au sommet de pédoncules axillaires de longueur variable. *Légume tomenteux,* non veiné, polysperme, en hélice globuleuse-subcylindrique à 5-6 tours de spire, à bord extérieur épais *portant des épines espacées courtes presque coniques.* ①. Mai-juillet.

R.R. — Pelouses sèches des terrains sablonneux ou calcaires. — Bois de Boulogne près la porte des Princes! (*Adr. de Jussieu*). Plaine du Point-du-Jour! St-Maur (*Kralik*). Bonnières près Mantes (*Daenen*).

6. M. MINIMA. (Lam. enc. III. 636.) — Schkuhr, handb. II t. 212.

Tiges de 1-3 décimètr., étalées ou ascendantes, couvertes d'une pubescence courte. Feuilles à folioles obovales-cunéiformes, émarginées-mucronées, denticulées supérieurement; *stipules lancéolées aigues, entières*, ou les inférieures denticulées. Fleurs jaunes, disposées 1-4 au sommet de pédoncules axillaires ord. plus courts que la feuille. *Légume* glabre ou à peine pubescent, non veiné, polysperme, en hélice subglobuleuse à 4-5 tours de spire, *à* bord extérieur chargé de deux rangées d'épines; *épines subulées*, droites crochues au sommet, creusées sur chaque face d'un sillon profond et *se bifurquant à la base, les branches internes des épines des deux rangées s'insérant ensemble à une ligne très saillante* que présente la partie moyenne du bord extérieur du légume. ①. Mai-juillet.

C. — Coteaux secs, terrains sablonneux arides, pelouses rases, murs couverts en chaume.

7. M. APICULATA. (Willd. sp. III. 1414.)

Tiges de 2-5 décimètr., étalées, ascendantes ou dressées, glabres. Feuilles à folioles obovales-élargies, denticulées supérieurement, ord. obcordées mucronées; *stipules découpées, à divisions sétacées dépassant de beaucoup le milieu du limbe.* Fleurs jaunes, disposées en grappes 5-10-flores au sommet de pédoncules axillaires plus courts que la feuille ou atteignant environ sa longueur. *Légume* glabre, fortement veiné-réticulé, polysperme, en hélice subglobuleuse-déprimée *à* 2-3 tours plus rarement à 4 tours de spire, *à* bord extérieur chargé de deux rangées d'épines; *épines subulées*, droites ou arquées, quelquefois crochues au sommet, creusées sur chaque face d'un sillon profond et *se bifurquant à la base, les branches internes des épines des deux rangées s'insérant ensemble à une ligne très saillante* que présente la partie moyenne du bord extérieur du légume. ①. Mai-juillet.

C. — Moissons, champs en friche, lieux pierreux.

var. β. *denticulata.* (M. denticulata. Willd. sp. III. 1414.) — Épines du légume ord. crochues au sommet, la plupart égalant ou dépassant en longueur la moitié du diamètre transversal du légume.—*A R.*—Bois de Boulogne (*Maire*). Sceaux (*Kralik*). Les Loges près Versailles ! , etc.

8. M. MACULATA. (Willd. sp. III. 1412.)

Tiges de 3-5 décimètr., étalées, ascendantes ou dressées, portant des poils longs épars. Feuilles à folioles obovales-élargies, denticulées supérieurement, souvent obcordées mucronées, ord. marquées à la face supérieure d'une tache brune; *stipules ovales-lancéolées*, dentées, *à dents courtes ne dépassant pas le milieu du limbe.* Fleurs jaunes, disposées 1-3 plus rarement 4 au sommet de pédoncules axillaires environ une fois plus courts que la feuille. *Légume* glabre, presque lisse ou légèrement veiné, polysperme, en hélice subglobuleuse déprimée à 4-5 tours de spire, *à* bord intérieur chargé de deux rangées d'épines; *épines subulées*, ord. arquées, souvent réfractées, creusées sur chaque face d'un sillon profond et *se bifurquant à la base, les branches internes des épines des deux rangées s'insérant à deux lignes distinctes peu saillantes* que présente la partie moyenne du bord extérieur du légume. ①. Mai-juillet.

C. — Prairies, lieux herbeux.

XVI. TRIFOLIUM. (Tournef. inst. t. 228.)

Calice campanulé ou tubuleux, subbilabié, à 5 dents ou à 5 divisions. *Corolle* souvent gamopétale, *marcescente-persistante*, devenant quelquefois scarieuse après la floraison, très rarement caduque, à étendard égalant ou dépassant les ailes et la carène; carène plus ou moins obtuse; ailes ord. divergentes. Étamines diadelphes. *Légume* très petit, renfermé dans le calice ou le dépassant peu, suborbiculaire ou oblong, *droit, monosperme, plus rarement* 2-4-*sperme,* à peine déhiscent.

Plantes annuelles ou vivaces. Feuilles trifoliolées, rarement pinnées-trifoliolées, stipules herbacées, plus ou moins longuement soudées au pétiole. *Fleurs* purpurines, blanches, jaunes, plus rarement jaunâtres, *disposées en capitules ou en épis compactes multiflores*, très rarement pauciflores, axillaires ou terminaux.

1 { Fleurs jaunes; légume stipité. 2
{ Fleurs purpurines, roses, blanches ou d'un blanc jaunâtre; légume sessile au fond du calice. . . . . 5.

2 { Stipules lancéolées ou linéaires, feuilles à folioles toutes sessiles. . . . . *T. agrarium.*
{ Stipules ovales ou ovales-oblongues, aiguës ou acuminées, feuilles à folioles toutes sessiles ou la moyenne pétiolulée. . . . . 3.

3 { Style environ de la longueur du légume, feuilles à folioles subsessiles ou la moyenne pétiolulée; fleurs d'un jaune d'or . . . . *T. Parisiense.*
{ Style environ trois fois plus court que le légume; feuilles à foliole moyenne ord. pétiolulée; fleurs d'un jaune plus ou moins intense. . . . . . . 4.

4 { Fleurs fructifères à étendard fortement strié, à peine plié, étalé, dépassant largement les ailes. . . . . *T. procumbens.*
{ Fleurs fructifères à étendard lisse ou à peine strié, plié en carène, étroitement appliqué sur le légume, dépassant à peine les ailes . *T. filiforme.*

5 { Capitules pauciflores, entourés d'appendices crochus, s'enfonçant dans le sol après la floraison. . . . . *T. subterraneum.*
{ Capitules multiflores, jamais entourés d'appendices crochus, ne s'enfonçant jamais dans le sol après la floraison. . . . . 6.

6 { Calice fructifère vésiculeux-réticulé; capitules entourés à la base d'un involucre à plusieurs divisions. . . . . *T. fragiferum.*
{ Calice fructifère jamais vésiculeux; capitules nus ou munis de feuilles florales à leur base. . . . . 7.

7 { Calice à tube et à dents glabres . . . . 8.
{ Calice à tube et à dents plus ou moins velues . . . . 10.

8 { Tiges couchées radicantes; fleurs pédicellées, réfléchies après la floraison. . . . . *T. repens.*
{ Tiges dressées, ascendantes ou étalées, jamais radicantes; fleurs sessiles, non réfléchies après la floraison. . . . . 9.

9 { Stipules denticulées, ovales-arrondies; légume dépassant le tube du calice. . . . . *T. strictum.*
{ Stipules entières, ovales aiguës aristées; légume entièrement renfermé dans le tube du calice. . . . . *T. glomeratum.*

10 { Fleurs blanches, réfléchies après la floraison, en capitules subglobuleux; calice à dents presque glabres . . . . *T. montanum.*
{ Fleurs purpurines ou d'un blanc rosé, rarement jaunâtres, jamais réfléchies, en capitules subglobuleux ou en épis plus ou moins allongés; calice à dents velues ciliées. . . . . 11.

11 { Fleurs jaunâtres, en capitules subglobuleux . . . . . *T. ochroleucum.*
{ Fleurs purpurines ou d'un blanc rosé en capitules subglobuleux ou en épis, rarement d'un blanc jaunâtre en épis allongés. . . . . 12.

12 { Fleurs roses-purpurines, en capitules subglobuleux; calice à divisions ne dépassant pas la moitié de la longueur de la corolle . . . . 13.
{ Fleurs blanches, rosées ou purpurines, en capitules ovoïdes ou oblongs ou en épis allongés, calice à divisions, au moins l'inférieure, dépassant la moitié de la longueur de la corolle . . . . 14.

13 { Stipules à partie libre triangulaire aristée. . . . . *T. pratense*
{ Stipules à partie libre lancéolée ou linéaire longuement atténuée au sommet. . . . . *T. medium.*

14 { Tige et feuilles glabres; calice à division inférieure environ deux fois plus longue que les supérieures. . . . . *T. rubens.*
{ Tige et feuilles pubescentes ou velues; calice à division inférieure égalant les supérieures ou les dépassant à peine. 15

15 { Épis solitaires, longuement pédonculés, dépourvus de feuilles florales à leur base. 16
{ Épis souvent géminés, sessiles ou brièvement pédonculés, pourvus ou dépourvus de feuilles florales à leur base . . . . 17.

16 { Calice à divisions linéaires-subulées, plus courtes que la corolle; fleurs ord. d'un pourpre vif. . . . . *T. incarnatum.*
{ Calice à divisions subulées-sétacées, plus longues que la corolle; fleurs blanchâtres ou rosées. . . . . *T. arvense.*

17 { Calice fructifère à tube urcéolé-subglobuleux, à divisions linéaires-subulées dressées ou étalées. . . . . *T. striatum.*
{ Calice fructifère à tube cylindrique-campanulé, à divisions lancéolées divergentes presque épineuses. . . . . *T. scabrum.*

SECT. I CHRONOSEMIUM. — Fleurs en capitules multiflores ou pluriflores Corolle jaune, persistante et devenant scarieuse après la floraison. Calice à gorge nue, ne devenant pas vésiculeux après la floraison. Légume stipité.

1. T. FILIFORME. (L. sp. 1088.) — Engl. bot. t. 1257.

Tiges de 1-4 décimetr., étalées-diffuses ou ascendantes, presque glabres ou pubescentes. Feuilles à folioles obovales, ord. émarginées ou obcordées, denticulées supérieurement, la moyenne ord. pétiolulée; stipules ovales ou ovales-oblongues, aiguës ou acuminées. Fleurs d'un jaune pâle, en capitules 5-20-flores longuement pédonculés; capitules avant l'épanouissement complet subglobuleux, à boutons ne dépassant pas les fleurs. *Fleurs fructifères* brunâtres. *Étendard plié en carène*, étroitement appliqué sur le légume, *dépassant à peine les ailes, non strié ou à stries* longitudinales *très fines* presque parallèles. *Style environ trois fois plus court que le légume.* ①. Mai-septembre.

C.C. — Bords des chemins, lisière des bois, prairies sèches ou humides.

var. *β. pauciflorum.* — Plante très grêle, à capitules 2-8-flores.

2. T. PROCUMBENS. (L. sp. 1088.) — Engl. bot. t. 945.

Tiges de 1-4 décimètr., étalées-diffuses ou ascendantes, rarement dressées, plus ou moins pubescentes. Feuilles à folioles oblongues-obovales ou obovales, ord. émarginées, légèrement denticulées supérieurement, la moyenne pétiolulée; stipules ovales ou ovales-oblongues, aiguës ou acuminées. Fleurs d'un jaune soufre, en capitules multiflores longuement pédonculés; capitules avant l'épanouissement complet à fleurs dépassées par les boutons groupés en une pointe conique. *Fleurs fructifères* brunâtres. *Etendard* étalé, *à peine plié*, courbé au sommet, *dépassant longuement les ailes*, *fortement strié* à stries obliques. *Style environ trois fois plus court que le légume.* ①. Mai-août.

C. — Bords des chemins, pelouses sèches, endroits pierreux.

var. *β. elatius* (T. campestre. Schreb. ap. Sturm, Germ. fasc. XVI.)— Tiges ord robustes, de 2-6 décimètr., souvent dressées, à rameaux étalés. Fleurs en capitules très multiflores.

3. T. PARISIENSE. (D.C. fl. Fr. V. 562.) — T. aureum. Thuill. fl. Par. 383, *non* Poll.

Tiges de 3-5 décimètr., ascendantes ou dressées, plus ou moins pubescentes. Feuilles à folioles oblongues-obovales, souvent émarginées, denticulées supérieurement, toutes subsessiles ou la moyenne pétiolulée; *stipules ovales* ou *ovales-oblongues*, aiguës. Fleurs d'un jaune d'or, en capitules multiflores; pédoncule environ quatre fois plus long que le capitule. Fleurs fructifères brunâtres. Étendard plié en carène ou presque plan, dépassant peu les ailes, strié à stries longitudinales presque parallèles. *Style environ de la longueur du légume.* ①. Juin-août.

A.C. — Prairies humides, prés spongieux ou tourbeux. — Plessis-Piquet! St-Gratien! Buc! Chevreuse! Dampierre! Anet (*Daënen*). Torcy; Lognes (*Thuret*). Nemours! Verderonne!, etc.

4. T. AGRARIUM. (L. sp. 1087.) — Fl. Dan. t. 558.

Tiges de 2-4 décimètr., ascendantes ou dressées, à peine pubescentes. Feuilles à folioles oblongues-obovales, souvent émarginées, denticulées supérieurement, toutes sessiles; *stipules lancéolées ou linéaires*, aiguës ou acuminées. Fleurs d'un beau jaune, en capitules très multiflores; pédoncule plus court que le capitule, rarement plus long. Fleurs fructifères ord. d'un brun assez intense. Étendard étalé, à peine plié, courbé au sommet, dépassant longuement les ailes, strié à stries obliques. *Style environ de la longueur du légume.* ① ou ②. Juin-août.

R.R. — Prairies montueuses, lisière des bois. — Ville-d'Avray (*Maire*). Champagne (*Weddell*). Villers-Cotterets (*Maire*).

SECT. II. TRIFOLIASTRUM. — Fleurs en capitules ou en épis multiflores. Corolle purpurine, rose ou blanche, rarement jaunâtre, marcescente ou persistante-scarieuse. Calice à gorge glabre ou velue, nue ou munie d'un anneau saillant, ne devenant pas vésiculeux après la floraison. Légume sessile au fond du calice.

§ 1. — *Calice à dents velues-ciliées, à gorge glabre ou velue, munie d'un anneau saillant. Fleurs sessiles ou subsessiles.*

5. T PRATENSE. (L. sp. 1082.) — Engl. bot. t. 1770. (vulg. *Trèfle.*)

Souche cespiteuse, à racine pivotante. Tiges de 3-6 décimètr., ascendantes, pubescentes ou glabrescentes. Feuilles à folioles oblongues, entières ou à peine denticulées dans la moitié supérieure, obtuses mucronulées ou émarginées, pubescentes au moins à la face inférieure; *stipules* submembraneuses veinées, *à partie libre triangulaire aristée. Fleurs roses-purpurines*, très rarement blanches. *Capitules subglobuleux* ou ovoïdes, solitaires, plus rarement géminés, subsessiles au centre des feuilles florales. *Calice velu, à divisions filiformes*, l'inférieure *ne dépassant pas la moitié de la longueur de la corolle*, le fructifère à divisions presque dressées. ♃ ou ②. Mai-septembre.

C.C.C. — Prés, bois, bords des chemins, lieux herbeux. — Cultivé en prairies artificielles.

s.v. — *microphyllum.* (T. microphyllum. auct. *non* Desv.) — Tiges souvent étalées, ord. colorées. Feuilles à folioles plus petites de moitié que dans le type. Capitules ord. moins gros. — Lieux très arides.

6. T. MEDIUM. (L. fl. Suec. ed. 2. 558.) — Engl. bot. t. 190. — T. flexuosum. Jacq. Austr. t. 386.

Souche traçante, rameuse. Tiges de 2-5 décimètr., flexueuses, ascendantes-diffuses, pubescentes surtout supérieurement. Feuilles à folioles oblongues, entières ou à peine denticulées, mucronulées, souvent un peu émarginées, pubescentes à la face inférieure; *stipules* subherbacées, *à partie libre lancéolée ou linéaire insensiblement atténuée. Fleurs roses-purpurines*, *en capitules subglobuleux* solitaires ou géminés plus ou moins pédonculés au centre des feuilles florales. *Calice à tube presque glabre, à divisions filiformes*, l'inférieure *ne dépassant pas la moitié de la longueur de la corolle*; le fructifère à divisions plus ou moins étalées. ♃. Juin-août.

A.C. — Lieux herbeux des bois, bords des chemins, pelouses elevées. — Senart! Le Châtelet! La Ferte-Aleps! Fontainebleau! Champagne! St-Léger! La Roche-Guyon! Forêt de Hallate!, etc.

7. T. OCHROLEUCUM. (L. syst. nat. III. 233.) — Jacq. Austr. t. 40.

Souche cespiteuse, à racine épaisse pivotante. Tiges de 3-6 décimètr., ascendantes, très pubescentes. Feuilles à folioles oblongues, très entières, ord. subémarginées, pubescentes presque soyeuses surtout à la face inférieure; stipules subherbacées, lancéolées, s'atténuant insensiblement en une pointe subulée-filiforme. *Fleurs jaunâtres. Capitules subglobuleux* ou oblongs, solitaires, plus rarement géminés, sessiles ou pédonculés au centre des feuilles florales. *Calice velu*, à divisions lancéolées-subulées, les supérieures environ deux fois plus courtes que l'inférieure qui ne dépasse pas la moitié de la longueur de la corolle; le fructifère à divisions étalées. Corolle à étendard dépassant très longuement les ailes. ♃. Juin-juillet.

A.C. — Lieux herbeux des bois, pâturages élevés. — Le Raincy! Forêt de Rougeaux! La Ferte-Aleps! (*Delavaux*). Rambouillet! Fontainebleau! Nemours (*Devilliers*). Env. de Mantes! Vernon! Dreux!, etc.

8. T. RUBENS (L. sp. 1081.) — Jacq. Austr. t. 385

Souche cespiteuse. *Tiges* de 4-6 décimètr., ascendantes, *très glabres.* Feuilles glabres, à folioles oblongues étroites, mucronulées, à nervures secondaires prolongées en denticules raides; stipules subherbacées, linéaires ou lancéolées, très longuement soudées au pétiole, celles des feuilles moyennes et supérieures dépassant le pétiole. *Fleurs* purpurines-rosées, *en épis oblongs-subcylindriques*, terminaux, solitaires ou géminés, plus ou moins longuement pédonculés au centre des feuilles florales. *Calice à tube presque glabre*, à nervures nombreuses, *à divisions filiformes les supérieures environ deux fois plus courtes que l'inférieure qui égale environ la longueur de la corolle;* le fructifère à divisions presque dressées. ♃. Juin-juillet.

A.R.— Bois montueux, pelouses élevées.—Châtillon (*Mandon*). Senart ! (*Maire*). Lardy. La Ferté-Aleps ! (*Tollard*). Abondant dans la forêt de Fontainebleau !

† 9. T. INCARNATUM. (L. sp. 1083.) — Mill. ic. t. 267. f. 1. (vulg. *Farouche.*)

Plante annuelle. *Tiges* de 2-6 décimètr., dressées, *très pubescentes.* Feuilles à folioles obovales-suborbiculaires ou obovales-cunéiformes, denticulées dans leur moitié supérieure obtuses ou emarginées, pubescentes sur les deux faces; stipules membraneuses subherbacées au sommet, ovales obtuses ou aiguës. *Fleurs* d'un pourpre vif, plus rarement jaunâtres. *Épis oblongs-subcylindriques*, plus rarement coniques, solitaires terminaux, dépourvus de feuilles florales. *Calice très velu, à divisions* linéaires-subulées, presque égales, *atteignant ou dépassant la moitié de la longueur de la corolle;* le fructifère à divisions très étalées. ①. Mai-juillet

Cultivé en prairies artificielles.—Subspontané çà et là aux bords des champs et dans les moissons

s.v.—*pallidum.* (T. Molinerii Balb.)— Fleurs d'un blanc jaunâtre ou rosé.

10. T. ARVENSE (L. sp. 1085.) — Engl. bot. t. 944. — Curt. Lond. VI. t. 50. (vulg. *Pied-de-Lièvre.*)

Plante annuelle. Tiges de 1-4 décimètr., très grêles, dressées, très rameuses, très pubescentes. Feuilles subsessiles, à folioles oblongues-linéaires, obtuses tronquées ou denticulées au sommet, pubescentes-soyeuses sur les deux faces; stipules subherbacées, ovales, acuminées-aristées. *Fleurs* blanches ou rosées. *Épis* velus-soyeux, *oblongs ou cylindriques, obtus*, axillaires solitaires, pédonculés, dépourvus de feuilles florales à leur base. *Calice très velu-blanchâtre*, *à divisions subulées-sétacées, presque égales, plus longues que la corolle;* le fructifère à divisions plus ou moins étalées. ①. Juillet-septembre.

C C — Lieux sablonneux, champs surtout après la moisson.

var *β gracile.* (T gracile Thuill fl. Par. 383.) — Tige ord. rougeâtre, à peine pubescente. Calice à divisions presque glabres, très colorées Pedoncules souvent plus longs que dans le type. — *A R* — Lieux très arides, pelouses rases. — St-Leger ! Lardy (*Mandon*) Etrechy !

11. T. STRIATUM. (L. sp. 1085.) — Vaill bot. Par t 33 f 2 — Engl. bot. t. 1843.

Plante annuelle. Tiges de 1-2 décimètr., atteignant rarement 3-4 décimètr., étalées ou redressées, très pubescentes. Feuilles à folioles obovales-oblongues ou obovales, denticulées supérieurement, souvent subémarginées, pubescentes sur les deux faces; stipules submembraneuses, ovales-aiguës aristées. *Fleurs* blanches ou rosées. *Capitules ovoïdes devenant oblongs* après la floraison, solitaires axillaires et terminaux, sessiles ou brièvement pédonculés, munis de feuilles florales à leur base. *Calice très velu*, *à divisions linéaires-subulées*, ord. presque égales, *plus courtes ou plus longues que la corolle;* le *fructifère à tube urcéolé-subglobuleux, à divisions dressées ou étalées.* ①. Mai-juillet.

C. — Pelouses rases, clairières des bois secs et sablonneux. — Bois de Boulogne ! Sceaux ! Romainville ! Vincennes !, etc.

12. T. SCABRUM. (L. sp. 1084.) — Vaill. bot. Par. t. 33. f. 1. — Engl. bot. t. 903.

Plante annuelle. Tiges de 1-2 décimètr., atteignant rarement 3-4 décimètr., étalées ou redressées, pubescentes. Feuilles à folioles obovales-oblongues, denticulées supérieurement, pubescentes sur les deux faces ; stipules submembraneuses, ovales-aiguës aristées. *Fleurs* blanches ou rosées. *Capitules ovoïdes devenant oblongs* après la floraison, solitaires axillaires et terminaux, sessiles à l'aisselle des feuilles et dépourvus de feuilles florales, ou les terminaux munis de feuilles florales. *Calice pubescent*, ord. coloré, *à divisions lancéolées* inégales, *plus courtes ou plus longues que la corolle*; le *fructifère à tube cylindrique-campanulé, à divisions divergentes raides presque épineuses*. ①. Mai-juillet.

C. — Pelouses rases, clairières des bois secs et sablonneux. — Bois de Boulogne ! Sceaux ! Vincennes ! Buc ! Senart, etc.

§ 2. — *Calice à dents glabres ou presque glabres, à gorge nue. Fleurs sessiles ou pédicellées.*

13. T. GLOMERATUM. (L. sp. 1084.) — Barrel. ic. 882.

Plante annuelle. Tiges de 5-15 centimètr., étalées ou dressées, glabres. *Feuilles à folioles obovales*, fortement denticulées, obtuses ou émarginées, glabres sur les deux faces; stipules scarieuses, entières, ovales-aiguës aristées. *Fleurs sessiles*, d'un blanc rosé, à étendard dépassant très longuement les ailes. Capitules subglobuleux denses, ord. solitaires, axillaires et terminaux, ord. sessiles ou subsessiles à l'aisselle des feuilles, plus rarement pédonculés, dépourvus de feuilles florales, ou les terminaux munis de feuilles florales. *Calice glabre*, à divisions ovales-lancéolées acuminées, plus courtes que la corolle; le *fructifère à tube renfermant le légume*, cylindrique-campanulé, fortement strié, à divisions étalées-réfractées. ①. Mai-juin.

R R. — Pelouses sèches des terrains sablonneux. — Coteaux de Beauvais près Mennecy ! (*Des Etangs*) St-Martin-de-la-Roche près Étampes (*Woods*). — Châteaudun (Eure-et-Loir) (*Duenen*).

14. T. STRICTUM. (L. sp. 1079.) — Waldst. et Kit. t. 37.

Plante annuelle. Tiges de 5-15 centimètr., dressées ou ascendantes, glabres, à base revêtue de stipules très rapprochées. *Feuilles à folioles oblongues-linéaires*, rarement oblongues, fortement denticulées, glabres sur les deux faces; stipules subscarieuses, denticulées, ovales-arrondies très amples. *Fleurs sessiles*, d'un blanc rosé, à étendard dépassant à peine les ailes. Capitules denses subglobuleux, solitaires axillaires et terminaux, longuement pédonculés, dépourvus de feuilles florales à leur base. *Calice glabre*, à divisions subulées atteignant presque la longueur de la corolle; *le fructifère à tube dépassé par le légume*, campanulé, fortement strié, à divisions étalées. ①. Mai-juin.

R.R. — Pelouses des terrains sablonneux. — Fontainebleau mares de la Belle-croix ! Rochers de la Barauderie près Nemours (*Devilliers*). — Châteaudun (Eure-et-Loir) (*Duenen*).

15. T. MONTANUM. (L. sp. 1087.) — J. Bauh. II. 380. f. 2.

Souche verticale, épaisse, spongieuse-sublignense, se terminant en racine pivotante. Tiges de 2-4 décimètr., dressées, pubescentes-subtomenteuses. Feuilles à folioles oblongues-lancéolées, plus rarement oblongues, denticulées, glabres en dessus, pubescentes-soyeuses en dessous; stipules subscarieuses, entières, lancéolées acuminées-aristées. *Fleurs* blanches, *subsessiles*, réfléchies après la floraison, à étendard dépassant très longuement les ailes. *Capitules* assez denses subglobuleux, solitaires terminaux ou axillaires, assez longuement pédonculés, dépourvus de feuilles florales à leur base. *Calice plus ou moins pubescent*, à divisions presque glabres lancéolées-subulées n'atteignant pas la moitié de la longueur de la corolle ; le fructifère à tube renfermant le légume, cylindrique-campanulé, à divisions dressées. ♃. Mai-juillet.

R. — Pelouses des bois sablonneux et montueux. — Bois de Barbeaux près le Châtelet (*Garnier*). Abondant dans la forêt de Fontainebleau ! Malesherbes (*Bernard*).

16. **T. REPENS.** (L. sp. 1080.) — Engl. bot. t. 1769. — Curt. Lond. III. t. 46. (vulg. *Triolet.*)

Souche rameuse, terminée par une racine pivotante. *Tiges* de 1-6 décimètr., *couchées-radicantes*, glabres ou presque glabres. Feuilles à folioles obovales ou ovales-suborbiculaires, denticulées, souvent émarginées, glabres sur les deux faces, à face supérieure souvent marquée d'une zone blanchâtre ; stipules scarieuses, entières, ovales-oblongues brusquement aristées. *Fleurs* blanches ou rosées, à étendard dépassant longuement les ailes, pédicellées, réfléchies après la floraison ; *pédicelles des fleurs supérieures égalant environ la longueur du calice.* Capitules subglobuleux, solitaires, portés sur des pédoncules axillaires dépassant longuement les feuilles, dépourvus de feuilles florales à leur base. Calice glabre, à divisions lancéolées ord. colorées ne dépassant pas la moitié de la longueur de la corolle ; le fructifère à tube plus ou moins dépassé par le légume, cylindrique-campanulé, à divisions dressées. Légume ord. 4-sperme. ♃. Mai-septembre.

C.C.C. — Pelouses, bords des chemins, prairies. — Cultivé en prairies artificielles.

s.v. — *microphyllum.* — Feuilles beaucoup plus petites que dans le type. Tige ord. colorée.

Le *T. elegans* Sav., assez répandu dans les départements du centre de la France, a été indiqué à Armainvilliers et à Fontainebleau (*Mérat*, *fl.*). Cette espèce se distingue du *T. repens* à ses tiges ascendantes ou dressées non radicantes, à ses stipules lancéolées acuminées-aristées, à ses capitules axillaires et terminaux, à son calice à dents subulées, et à son légume 2-sperme. — Le *T. Michelianum* Sav. indiqué dans les prairies mondées à Palaiseau (*Mérat*, *fl.*), n'a pas été retrouvé à cette localité à notre connaissance ; il se distingue du *T. elegans* et du *T. repens*, à son calice à divisions filiformes environ deux fois plus longues que le tube.

SECT. III. FRAGIFERA — Fleurs en capitules multiflores. Corolle rose, marcescente. Calice à gorge nue. le fructifère membraneux, veiné-réticulé, vésiculeux par le développement de la partie dorsale correspondant aux deux divisions supérieures. Légume sessile, longuement dépassé par le tube du calice.

17. **T. FRAGIFERUM.** (L. sp. 1086.) — Vaill. bot. Par. t. 22. f. 2. — Engl. bot t. 1050.

Souche très rameuse, terminée par une racine pivotante épaisse. Tiges de 1-4 décimètr., couchées-radicantes, glabres ou pubescentes. Feuilles à folioles obovales ou obovales-suborbiculaires, denticulées, souvent émarginées, glabres sur les deux faces ; pétiole velu ; stipules submembraneuses, entières, oblongues ou lancéolées, aristées. Fleurs roses, sessiles. Capitules subglobuleux, entourés à la base d'un involucre de bractées ovales-aiguës plus ou moins soudées inférieurement et égalant les calices ; les fructifères globuleux très compactes ; pédoncules tous axillaires, dépassant longuement les feuilles. *Calice* pubescent, velu-soyeux à la base des divisions supérieures, à divisions linéaires-subulées ord. rougeâtres beaucoup plus courtes que la corolle ; le *fructifère à partie dorsale développée-vésiculeuse* tomenteuse, dépassant longuement le légume, à divisions dressées non accrues. ♃. Juin-septembre.

C.C — Pelouses sèches, bords des chemins.

Le *T. resupinatum* L., plante des régions maritimes de l'ouest et du midi de la France, a été observé à Paris! et à Charenton (*Kralik*), sur des décombres où il s'était développé accidentellement. Il se distingue du *T. fragiferum* à sa racine annuelle, à ses tiges non radicantes, à ses fleurs un peu pédicellées à pédicelles environ de la longueur de l'involucre.

SECT. IV. TRICHOCEPHALUM. — Fleurs en capitules pauciflores. Corolle blanchâtre, caduque. Calices à gorge nue; les fructifères dilatés par le légume, recouverts par des calices stériles réfractés. Légume sessile, renfermé dans le tube du calice. Capitules s'enfonçant dans la terre après la floraison et s'y fixant par les divisions des calices stériles.

18. T. SUBTERRANEUM. (L. sp. 1080.) — Engl. bot. t. 1048.

Plante annuelle. Tiges de 1-3 décimètr., couchées, flexueuses, très pubescentes. Feuilles à folioles obovales-cunéiformes, ord. obcordées, denticulées supérieurement, très pubescentes sur les deux faces; stipules ovales-aiguës. Fleurs fertiles d'un blanc jaunâtre, à étendard ord. rosé, subsessiles, réfractées après la floraison, en capitules très pauciflores axillaires portés sur des pédoncules de longueur très variable; les *fleurs supérieures stériles se réfractant pour entourer le capitule fructifère, réduites au calice à tube presque filiforme* à dents rigides recourbées. Calice pubescent, tubuleux, à divisions filiformes, velues-ciliées, beaucoup plus courtes que la corolle; le fructifère globuleux dilaté par le légume, à divisions irrégulièrement contournées souvent détruites à la maturité. Légume monosperme, à graine très grosse d'un noir brillant. ①. Mai-juillet.

R. — Pelouses rases, bords des chemins, coteaux sablonneux — Ville-d'Avray! Buc (*Mandon*). Mennecy! (*Des Étangs*). Les Brosses près la forêt de Rougeaux (*Vigineix*).

† XVII. PHASEOLUS. (L. gen. n. 866).

Calice campanulé, bilabié, la lèvre supérieure à 2 dents, l'inférieure à 3 divisions. Corolle à étendard réfléchi en arrière plus court que les ailes ou les égalant, *carène contournée en spirale avec le style et les étamines*, adhérente aux ailes au-dessus de l'onglet. Légume comprimé ou subcylindrique, très allongé, droit ou légèrement arqué, polysperme, à valves offrant avant la maturité des épaississements celluleux entre les graines. Cotylédons devenant aériens après la germination, restant épais-charnus.

Plantes annuelles, à tiges ord. volubiles. Feuilles pinnées-trifoliolées, à rachis canaliculé; stipules libres, herbacées. Fleurs blanches, violacées, jaunâtres ou écarlates, munies de bractées calicinales, disposées en grappes pauciflores ou pluriflores au sommet de pédoncules opposés aux feuilles.

† 1. P. VULGARIS (L. sp. 1016.) — Lob. ic. II. t. 59. f. 2. (vulg *Haricot.*)

Tiges de longueur très variable, ord. grimpantes-volubiles, presque glabres. Feuilles à folioles ovales-trapéziformes, aiguës-acuminées, fortement nerviées, rudes. Fleurs blanches, blanchâtres ou violacées, à pédicelles géminés, en grappes assez courtes portées sur des pédoncules plus courts que la feuille, à bractées ord. plus courtes que le calice. Légumes pendants, presque droits, subtoruleux, terminés en bec aigu. Graines oblongues-subréniformes, un peu comprimées, blanches, rouges, violettes ou panachées. ①. Juin-octobre.

Cultivé dans les jardins et en plein champ

var. β. *nanus*. (P. nanus. L. sp. 1017.) — Tige non volubile ou à peine volubile, peu élevée. Bractées ord. plus longues que le calice.

Cette espèce varie à graines blanches, très grosses, réniformes (vulg. *Haricot de Soissons*), à graines blanches, assez petites, à peine réniformes (vulg. *Flageolet*); à graines rouges, violettes ou panachées, de grosseur et de forme variable (vulg. *Haricot rouge*). — On cultive moins fréquemment le *P. tumidus* Sav. (vulg. *Haricot-riz*) à graines ovoïdes renflées, toujours blanches, assez petites; ainsi que le *P. sphæricus* Sav. (vulg. *Pois-coco*) à graines subglobuleuses, assez grosses, jaunes, rouges ou panachées, plus rarement blanches. — Le *P. multiflorus* Willd. (vulg. *Haricot d'Espagne*) est fréquemment cultivé pour la beauté de ses fleurs ord. d'un rouge écarlate, il se reconnaît à ses grappes allongées à pédoncules plus longs que les feuilles, et à ses graines très grosses.

On cultive dans les jardins plusieurs espèces du genre *Lupinus*, à feuilles digitées à 5-7 folioles, entre autres les *L. albus* L. et *varius* L., à fleurs odorantes bleues ou blanches.

TRIBU II. VICIEÆ. — Légume à une seule loge longitudinale, présentant rarement des épaississements celluleux transversaux. Étamines diadelphes ou monadelphes. Cotylédons farineux-épais, restant souterrains après la germination. — Feuilles paripinnées, à rachis prolongé en vrille ou en arête, rarement réduites au rachis (vrille ou phyllode).

XVIII. VICIA. (Tournef. inst. t. 221).

Calice tubuleux-campanulé, à 5 divisions ou à 5 dents presque égales ou les supérieures plus courtes, n'atteignant pas la longueur de la corolle ou l'égalant environ. Étamines diadelphes ou submonadelphes. *Style filiforme*. Légume allongé polysperme, ou court oligosperme. Graines globuleuses, anguleuses, ou comprimées lenticulaires, à hile oblong ou linéaire.

Plantes annuelles, bisannuelles, ou vivaces herbacées; à tiges anguleuses ou subcylindriques, ord. grimpantes. Feuilles paripinnées, à folioles ord. nombreuses, à rachis terminé en une vrille rameuse très rarement simple; stipules libres, herbacées, de forme variable, souvent semi-sagittées. Fleurs purpurines, roses, bleues, plus rarement blanches ou jaunes, axillaires solitaires ou géminées, ou disposées en grappes pauciflores ou multiflores portées sur des pédoncules axillaires.

1 { Calice à divisions atteignant environ la longueur de la corolle . . . . 2.
{ Calice à divisions longuement dépassées par la corolle. . . . . 3.

2 { Légumes velus, graines globuleuses un peu comprimées. . . *V. hirsuta*.
{ Légumes glabres; graines comprimées-lenticulaires . . . *V. Lens*.

3 { Fleurs en grappes multiflores ou pauciflores, rarement solitaires, à pédoncule commun beaucoup plus long que l'une des fleurs. . . . . 4.
{ Fleurs solitaires ou géminées, plus rarement en grappes courtes 3-6-flores portées sur un pédoncule commun plus court que l'une des fleurs. . . . 7.

4 { Fleurs disposées 1-4 au sommet des pédoncules . . *V. tetrasperma*.
{ Fleurs disposées en grappes pluriflores ou multiflores . . . . 5.

5 { Étendard présentant un rétrécissement environ vers son quart supérieur (onglet oblong, deux fois plus long que le limbe); légumes larges, de forme presque rhomboïdale. . . . . *V. villosa*.
{ Étendard présentant un rétrécissement à sa partie moyenne ou au-dessous de sa partie moyenne (onglet oblong ou suborbiculaire, égalant le limbe ou plus court que lui); légumes oblongs. . . . . 6.

6 { Étendard présentant un rétrécissement à sa partie moyenne (onglet égalant le limbe) . . . . *V. Cracca*.
{ Étendard présentant un rétrécissement environ vers son quart inférieur (limbe environ deux fois plus long que l'onglet). . *V. tenuifolia*.

7 { Fleurs solitaires ou géminées. . . . . 8.
Fleurs disposées en grappes courtes portées sur des pédoncules communs très courts. . . . . 10.

8 { Légumes fortement hérissés; fleurs jaunes. . . . . *V. lutea.*
Légumes glabres ou pubescents; fleurs purpurines ou blanchâtres. . . . 9.

9 { Graines presque cubiques, tuberculeuses-ponctuées; stipules semi-sagittées, très entières. . . . . *V. lathyroides.*
Graines subglobuleuses, lisses; stipules semi-sagittées, à lobe inférieur incisé ou denté. *V. sativa.*

10 { Légumes à bords ciliés-épineux; feuilles à 2-3 paires de folioles. . . . . *V. serratifolia.*
Légumes à bords lisses, feuilles à 4-10 paires de folioles. . . . . 11.

11 { Étendard glabre; plante vivace. . . . . *V. sepium*
Étendard velu-soyeux, plante annuelle. . . . . *V. Pannonica.*

SECT. I. VICIA. — Fleurs solitaires ou géminées, plus rarement en grappes courtes 3-6-flores portées sur des pédoncules communs plus courts que l'une des fleurs. Calice à divisions longuement dépassées par la corolle. Style à bord inférieur barbu au-dessous du sommet, ord. glabre dans le reste de son étendue.

1. V. SATIVA. (L. sp. 1037.) (vulg. *Vesce commune.*)

Tiges de 2-10 décimètr., pubescentes ou presque glabres. Feuilles à 3-8 paires de folioles; folioles non dentées; celles des feuilles inférieures obovales ou oblongues, ord. tronquées émarginées ou obcordées, mucronées; celles des feuilles supérieures obovales-oblongues, oblongues, lancéolées ou linéaires, obtuses tronquées ou aiguës mucronées; stipules semi-sagittées, à lobe inférieur incisé ou denté, ord. marquées d'une tache brune. *Fleurs* purpurines, à étendard glabre, subsessiles, *géminées ou solitaires.* Calice à divisions droites, lancéolées-subulées, égalant environ la longueur du tube. *Légumes* dressés ou étalés, polyspermes, linéaires-oblongs subtoruleux, plus ou moins pubescents, *ord. glabres à la maturité. Graines subglobuleuses, lisses* à la maturité, à hile n'occupant pas le quart de leur circonférence. ① ou ②. Mai-août.

C.C. — Champs, moissons, bois, buissons, terrains sablonneux.

var. α. *latifolia.* (V. sativa. fl. Dan. t. 522.)—Feuilles, même les supérieures, à folioles obovales-oblongues ou elliptiques, obtuses, tronquées, émarginées ou obcordées. — Souvent cultivé en grand comme fourrage.

var. β. *intermedia.* — Feuilles supérieures à folioles elliptiques ou elliptiques-linéaires, ord. tronquées ou émarginées.

var. γ. *angustifolia.* (V. angustifolia. Roth, tent. fl. Germ. I. 310.) — Feuilles supérieures à folioles linéaires très étroites, tronquées ou aiguës. Fleurs et légumes plus petits.

2. V. LATHYROIDES. (L. sp. 1037.) — Engl. bot. t. 30.

Tiges de 1-3 décimètr., plus ou moins pubescentes, non grimpantes ou à peine grimpantes. *Feuilles toutes terminées en arête,* ou les supérieures seules terminées en vrille, à 2-3 paires de folioles; folioles obovales ou oblongues, entières, obtuses ou tronquées, mucronulées; stipules semi-sagittées, très entières. *Fleurs* purpurines-bleuâtres, très petites, à étendard glabre, très brièvement pédicellées, *solitaires.* Calice à divisions droites, linéaires-subulées, à peine plus courtes que le tube. Légumes dressés ou étalés, polyspermes, linéaires-oblongs, glabres. *Graines presque cubiques, tuberculeuses-ponctuées.* ①. Avril-juin.

A.C. — Pelouses des terrains sablonneux. — Bois de Boulogne! Meudon! St Maur! Fontainebleau! etc.

3. V. LUTEA. (L. sp. 1037) — Engl. bot. t. 481

Tiges de 3-7 décimètr., pubescentes ou presque glabres. Feuilles à 3-8 paires de folioles; folioles oblongues ou linéaires, entières, obtuses ou aigues, mucronées; stipules semi-sagittées, très entières, marquées d'une tache brune. *Fleurs* jaunes, à étendard glabre, très brièvement pédicellées, *solitaires.* Calice à divisions très inégales, les supérieures plus courtes ascendantes-conniventes, les inférieures lancéolées-subulées égalant environ la longueur du tube. *Légumes* ord. étalés ou réfléchis, oblongs, polyspermes, *fortement hérissés* de poils renflés à la base. Graines subglobuleuses, lisses à la maturité. ①. Juin-septembre.

A.R. — Moissons arides, surtout des terrains sablonneux. — St-Maur ! Milly ! Fontainebleau ! Env. de Senlis !, etc.

Le *V. hybrida* L., indiqué dans nos environs (*Mérat, fl. Par.*), se distingue du *V. lutea* à ses feuilles à folioles obovales ou oblongues fortement émarginées, à ses fleurs à étendard velu et à son calice à divisions velues-ciliées plus courtes que le tube et droites même les supérieures.

4. V. SERRATIFOLIA. (Jacq. Austr. app. t. 8)

Tiges de 3-6 décimètr., robustes, pubescentes ou velues. *Feuilles à 2-3 paires de folioles;* folioles quelquefois alternes, irrégulièrement ovales ou obovales, lâchement dentées à dents aigues raides, ou entières, obtuses ou émarginées, mucronulées; stipules très amples, semi-sagittées-subréniformes, incisées-denticulées, ou presque entières. *Fleurs* d'un pourpre foncé, à étendard glabre, *disposées* 1-3 *rarement* 4 *sur un pédoncule commun très court.* Calice à divisions inégales, les supérieures plus courtes ascendantes conniventes, les inférieures ovales-lancéolées mucronées égalant environ la longueur du tube. *Légumes* ord. dressés, oblongs-comprimés, polyspermes, veinés-réticulés, glabres ou pubescents, *à bords ciliés-épineux.* Graines subglobuleuses, lisses à la maturité, à hile n'occupant pas le quart de leur circonférence. ① ou ②. Mai-juin.

R.R. — Lisière des bois et voisinage des habitations. — Bois Yon près Dreux (*Daenen*).

s.v. — *integrifolia.* — Feuilles à folioles entières; stipules à peine sinuées.

5. V. SEPIUM (L. sp. 1038.) — Engl. bot. t. 1515.

Souche rameuse. Tiges de 3-9 décimètr., pubescentes ou presque glabres. Feuilles à 4-8 paires de folioles; folioles ovales-oblongues ou oblongues, tronquées, plus rarement émarginées, mucronulées; stipules semi-sagittées, incisées, dentées ou presque entières, souvent marquées d'une tache brune. *Fleurs* purpurines-violacées, *à étendard glabre, disposées en grappes courtes 3-7-flores portées sur des pédoncules communs très courts.* Calice à divisions inégales, les supérieures plus courtes ascendantes-conniventes, les inférieures subulées à base élargie beaucoup plus courtes que le tube. Légumes dressés ou étalés, oblongs comprimés, polyspermes ou oligospermes, glabres. *Graines* subglobuleuses, lisses à la maturité, *à hile occupant les deux tiers de leur circonférence.* ♃. Mai-juillet.

C. — Bois herbeux, haies, buissons.

var. *β. lancifolia.* (V. dumetorum. Thuill. fl. Par. 366, *non* L.) — Feuilles ovales-lancéolées. Fleurs en grappes 4-7-flores.

Nous n'avons pas encore rencontré dans nos environs la variété à fleurs jaunes de cette espèce.

6. V. PANNONICA. (Jacq. Austr. t. 34.) — V. purpurascens. D.C. cat. Monsp. 155.— V. nissoliana. Thuill. fl. Par. 367.

Tiges de 3-9 décimètr., pubescentes ou presque glabres. Feuilles à 5-10 paires de folioles; folioles oblongues, obtuses ou tronquées-mucronées; stipules semi-sagittées, petites, entières, marquées d'une tache brune. *Fleurs* roses-purpurines, *à étendard* d'un pourpre violet *velu-soyeux*, *disposées 2-4 en grappes courtes portées sur des pédoncules communs très courts.* Calice à divisions inégales, les supérieures plus courtes, les inférieures linéaires-subulées égalant presque la longueur du tube. Légumes réfractés, oblongs renflés, oligospermes, pubescents-soyeux. Graines subglobuleuses, lisses à la maturité, à hile n'occupant pas le quart de leur circonférence. ①. Mai-juillet.

R. — Moissons, prairies artificielles. — Très abondant à Ivry! Enghien! (*Maire*) Palaiseau (*Mandon*).

SECT. II. CRACCA.—Fleurs en grappes multiflores ou pauciflores, très rarement solitaires par avortement, à pédoncules communs beaucoup plus longs que l'une des fleurs. Calice à divisions longuement dépassées par la corolle Style irrégulièrement pubescent, ou presque glabre.

7. V. CRACCA. (L. sp. 1035.) — Illustr. fl. Par. t. 14 H.

Tiges de 5-15 décimètr., pubescentes ou presque glabres. Feuilles à folioles nombreuses; folioles oblongues, lancéolées ou linéaires, entières, obtuses ou les supérieures aiguës, mucronées; stipules linéaires, semi-sagittées, ou les supérieures non sagittées, très entières. *Fleurs* d'un bleu violet quelquefois mêlé de blanc, *disposées en grappes multiflores* unilatérales égalant ou dépassant les feuilles; *étendard présentant un rétrécissement à sa partie moyenne*, *à partie inférieure* (onglet) *suborbiculaire* plus large que la partie supérieure (limbe) (1). Calice à dents très inégales, les supérieures presque nulles, les inférieures linéaires ou subulées ord. plus courtes que le tube. Légumes réfléchis ou étalés, oblongs, ord. oligospermes, glabres. Graines subglobuleuses, lisses à la maturité. ♃. Juin-août.

C.C. — Haies, buissons, prairies artificielles, moissons, etc.

var. α. *latifolia.* — Plante à peine pubescente. Feuilles à folioles oblongues.

var. β. *argentea.* (V. incana. Thuill. fl. Par. 367. — V. tenuifolia. Mérat, *non* Roth. — V. Gerardi. D.C. fl. Fr. IV. 591, *excl. syn.*) — Plante pubescente-soyeuse. Feuilles à folioles lancéolées ou linéaires ord. très étroites. Pédoncules souvent plus courts que les feuilles. Légumes souvent plus petits.

8. V. TENUIFOLIA. (Roth. tent. fl. Germ. II. 183.) — Illustr. fl. Par. t. 14 K.

Tiges de 5-15 décimètr., pubescentes ou presque glabres. Feuilles à folioles nombreuses; folioles oblongues, lancéolées, plus rarement linéaires, entières, obtuses ou les supérieures aiguës, mucronées; stipules linéaires, semi-sagittées, ou les supérieures non sagittées, très entières. *Fleurs* d'un bleu violet mêlé de blanc, *disposées en grappes multiflores* unilatérales ord. très longues dépassant les feuilles; *étendard présentant un rétrécissement environ vers son quart inférieur, à partie inférieure* (onglet) *oblongue de même largeur environ que la partie supérieure* (limbe). Calice à dents très inégales, les supérieures presque nulles, les inférieures linéaires ou subulées ord. plus

(1) L'étendard doit être étudié après avoir été détaché de la fleur et étalé.

courtes que le tube. Légumes réfléchis ou étalés, oblongs, ord. oligospermes, glabres. Graines subglobuleuses, lisses à la maturité. ♃. Juin-août.

A C. — Haies, buissons, prairies artificielles, moissons.

9. V. VILLOSA. (Roth, tent. fl. Germ. II 182.)—V polyphylla. Waldst. et Kit. rar Hung. t 254, *non* Desf. — Illustr. fl. Par. t. 14 L

Tiges de 5-15 décimètr., pubescentes ou presque glabres. Feuilles à folioles nombreuses; folioles oblongues ou lancéolées, entières, obtuses, mucronées; stipules linéaires, semi-sagittées à leur base ou au-dessus de leur insertion, les supérieures non sagittées très entières. *Fleurs* d'un bleu violet mêlé de blanc, *disposées en grappes pluriflores* unilatérales assez courtes égalant ou dépassant les feuilles; *étendard présentant un rétrécissement environ vers son quart supérieur*, à partie inférieure (onglet) oblongue très allongée de même largeur environ que la partie supérieure (limbe). Calice à dents très inégales, les supérieures presque nulles, les inférieures linéaires ou subulées plus courtes que le tube. Légumes réfléchis ou étalés, oblongs-subrhomboïdaux, oligospermes, glabres. Graines subglobuleuses, lisses à la maturité. ♃. Juin-août.

A R. — Moissons, champs en friche. — Sceaux; Meudon; Ville-d'Avray; Lahy (*Maire*). St-Germain (*Mandon*) Luzarches (*De Lens*). St-Leger! Magny! Lardy (*Gay*) Fontainebleau (*De Lens*). Larchant (*Maire*). Sacy-le-Grand! Env. de Beauvais!, etc.

La forme velue-hérissée, type de cette espèce, ne se rencontre pas dans nos environs et est propre aux régions méridionales.

10. V. TETRASPERMA. (Mœnch, meth. 148.) — Ervum tetraspermum. L. sp. 1039. —Engl. bot. t. 1223.

Tiges de 3-8 décimètr., glabres. Feuilles à 3-4 paires de folioles; folioles linéaires-elliptiques, entières, obtuses, mucronulées, glabres; stipules linéaires semi-sagittées. *Fleurs* petites, blanchâtres à étendard bleuâtre, *disposées* 1-4 *au sommet des pédoncules* ord. plus courts que les feuilles souvent terminés en arête. Calice à divisions presque égales, lancéolées, plus courtes que le tube et longuement dépassées par la corolle. Légumes étalés ou pendants, oblongs, 3-6-spermes, glabres. Graines globuleuses, lisses. ①. Juin-septembre.

C. — Champs, lieux cultivés, buissons

var. *β. hexasperma.* (V. gracilis Loisel. fl. Gall 460. f 12) — Pédoncules dépassant longuement les feuilles, ord. terminés en arête Légumes ord. 5-6-spermes, plus rarement 7-8-spermes — *A.C.*

Le *V. monantha* Koch., indiqué aux environs de Paris, n'y a pas été retrouvé à notre connaissance; on le distingue à ses pédoncules uniflores, à ses feuilles à folioles linéaires tronquées ou émarginées, et à ses stipules de deux formes pour la même feuille, l'une linéaire très étroite, l'autre réniforme rétrécie en pétiole laciniée à divisions sétacées.

SECT. III. ERVUM. — Fleurs en grappes 2-8-flores, rarement solitaires, à pédoncules communs beaucoup plus longs que l'une des fleurs. Calice à divisions atteignant environ la longueur de la corolle. Style presque glabre.

11. V. HIRSUTA. (Koch, syn. fl. Germ. ed. 1. I. 191.)—Ervum hirsutum. L. sp. 1039 — Engl. bot. t. 970.

Tiges de 2-8 décimètr., glabres. Feuilles à folioles nombreuses; folioles linéaires-elliptiques, entières, obtuses ou tronquées, mucronulées; stipules linéaires, irrégulièrement semi-sagittées, souvent incisées, les supérieures souvent entières. Fleurs très petites, d'un blanc légèrement bleuâtre, disposées 3-8 au sommet des pédoncules qui égalent environ la longueur des feuilles. Calice velu, à divisions presque égales, linéaires-subulées, plus longues que le tube et atteignant environ la longueur de la corolle. *Légumes* étalés ou pendants, oblongs, 2-spermes, *velus. Graines globuleuses un peu comprimées*, lisses. (1). Mai-septembre.

C — Champs, bois, buissons.

† 12 V. LENS — Ervum Lens L. sp 1039 — Schk t 202. — Fuchs. hist. 859 ic. (vulg. *Lentille.*)

Tiges de 2-4 décimètr., pubescentes. Feuilles à folioles nombreuses, folioles oblongues, entières, obtuses, feuilles supérieures à rachis terminé en vrille simple, les inférieures à rachis terminé en arête, stipules ovales-aiguës, très entières. Fleurs blanchâtres légèrement bleuâtres, disposées 1-3 au sommet de pédoncules terminés en arête et égalant environ la longueur des feuilles. Calice velu, à divisions presque égales, linéaires-subulées, beaucoup plus longues que le tube et atteignant environ la longueur de la corolle. *Légumes* pendants, presque rhomboïdaux, 2-spermes, plus rarement monospermes, *glabres. Graines comprimées-lenticulaires*, lisses. (1). Juin-juillet.

Cultivé en grand, qq.fois subspontané dans les moissons.

Le *V. lentoides* (Ervum lentoides. Tenor.), indiqué à Montmorency (*Mérat, fl.*), n'a probablement paru qu'accidentellement dans nos environs, où il n'a pas été récemment observé. Cette espèce se distingue du *V. Lens* par ses feuilles même les supérieures dépourvues de vrille, par ses stipules semi-sagittées et par ses graines veloutées marbrées de brun foncé. — Le *V. Ervilia* Willd. (*Ervum Ervilia* L.), que l'on cultive quelquefois comme fourrage, a été indiqué dans nos environs à la Gare, à Montmartre et à Châtillon, etc. (*Mérat, fl.*); il se distingue à ses feuilles toutes dépourvues de vrille à folioles très nombreuses elliptiques-linéaires tronquées, à ses stipules semi-sagittées incisées dans toute leur longueur, à ses légumes fortement toruleux glabres, et à ses graines subglobuleuses.

† XIX. FABA. (Tournef. inst. t. 212.)

Calice tubuleux-campanulé, à 5 divisions, les 2 supérieures plus courtes. *Étamines monadelphes. Style filiforme légèrement aplani.* Légume oblong, oligosperme, à valves un peu charnues présentant des épaississements celluleux transversaux. *Graines* très grosses, *oblongues-tronquées*, comprimées; hile linéaire, occupant presque toute la longueur du côté supérieur de la graine.

Plante annuelle, à tige anguleuse, non grimpante. Feuilles paripinnées, à rachis terminé en arête; stipules libres, herbacées, semi-sagittées. Fleurs blanches ou rosées, à ailes marquées d'une tache noire, disposées en grappes courtes pauciflores axillaires.

† 1 F. VULGARIS. (Mœnch. meth. 150) — Vicia Faba. L sp. 1039. (vulg *Fève.*)

Tiges de 4-8 décimètr., dressées, sillonnées-anguleuses, fistuleuses, glabres. Feuilles à 1-3 paires de folioles; folioles souvent irrégulièrement alternes, oblongues ou oblongues-obovales, entières, mucronées, épaisses, glaucescentes, rachis terminé par une arête droite ou flexueuse; stipules semi-sagittées ovales-aiguës, irrégulièrement dentées. Fleurs blanches ou rosées, à ailes largement tachées de noir vers leur sommet, à étendard dépassant longuement les ailes, disposées en grappes 2-4-flores très brièvement pédonculées plus courtes que les feuilles. Calice à dents supérieures conniventes. Légumes très gros, un peu charnus, pulvérulents légèrement visqueux. (1). Juin-août.

Cultivé en grand dans les jardins et en plein champ. — Originaire de l'Asie.

† XX. PISUM. (Tournef. inst. t. 215.)

Calice campanulé, à 5 divisions foliacées presque égales, les 2 supérieures plus amples. Étamines diadelphes. *Style comprimé canaliculé inférieurement.* Légume oblong, polysperme. Graines globuleuses ou globuleuses-déformées, à hile suborbiculaire.

Plantes annuelles, à tiges subcylindriques sillonnées, grimpantes. Feuilles paripinnées, à 2-3 paires de folioles; à rachis terminé en vrille rameuse; stipules libres, foliacées, très amples, prolongées latéralement en oreillette au-dessous de leur insertion. Fleurs blanches ou rougeâtres, disposées en grappes pauciflores, plus rarement subsolitaires au sommet de pédoncules axillaires.

{ Fleurs blanches. . . . . *P. sativum.*
{ Fleurs à étendard et à ailes d'un rouge violet. . . . . . *P. arvense.*

† 1. P. SATIVUM. (L. sp. 1026.) — Lam. ill. t. 633. (vulg. *Petit-Pois.*)
Tiges de 8-15 décimètr., glabres, glaucescentes. Feuilles à folioles oblongues, sinuées-ondulées; stipules foliacées, plus amples que les folioles, dentées inférieurement, à oreillette arrondie obtuse. *Fleurs blanches*, disposées 2 ou plusieurs au sommet des pédoncules. Légumes glabres. Graines globuleuses, non tachées. ①. Juin-septembre.

Cultivé dans les potagers et en plein champ.

† 2. P. ARVENSE. (L. sp. 1027.) — Sturm. Germ. fasc. IV. (vulg. *Pisaille*, *Pois gris.*)
Tiges de 3-8 décimètr., glabres, glaucescentes. Feuilles à folioles oblongues, sinuées ou entières; stipules foliacées, plus amples que les folioles, dentées inférieurement, à oreillette arrondie obtuse. *Fleurs à ailes et à étendard d'un rouge violet*, disposées 1-3 au sommet des pédoncules. Légumes glabres. Graines globuleuses-déformées, tachées de brun. ①. Mai-juillet.

Cultivé en plein champ, quelquefois subspontané dans les moissons.

Le *Cicer arietinum* L. (vulg. *Pois-Chiche*) que l'on cultive quelquefois pour ses graines alimentaires, se distingue à ses feuilles imparipinnées plus rarement paripinnées à rachis terminé en vrille, à son légume renflé 2-sperme subrhomboïdal velu, à ses graines gibbeuses terminées en une pointe obtuse.

XXI. LATHYRUS. (L. gen. n. 872.)

Calice campanulé, à 5 divisions ou à 5 dents, les 2 supérieures plus courtes. Étamines diadelphes ou monadelphes. *Style plan, linéaire ou élargi au sommet.* Légume oblong ou linéaire-oblong, polysperme. Graines globuleuses ou globuleuses-comprimées, à hile oblong ou linéaire.

Plantes annuelles, bisannuelles ou vivaces, à tiges herbacées ailées ou anguleuses, ord. grimpantes. *Feuilles* paripinnées, à 1 plus rarement 2-4 paires de folioles, quelquefois réduites au rachis aplani foliacé (phyllode) ou cylindrique terminé en vrille, *rachis terminé en vrille rameuse*, rarement aplani dépourvu de vrille; stipules libres, herbacées, semi-sagittées ou sagittées, rarement subulées. Fleurs rouges, bleuâtres, blanchâtres ou jaunes, disposées en grappes pluriflores ou pauciflores, plus rarement solitaires au sommet de pédoncules axillaires.

1 { Feuilles à rachis dépourvu de folioles. . . . . 2.
{ Feuilles à 1-4 paires de folioles. . . . . 3.

2 { Fleurs jaunes; stipules très amples, foliacées; rachis terminé par une vrille. . . . . *L. Aphaca.*
{ Fleurs roses; stipules très petites, subulées; rachis aplani foliacé, dépourvu de vrille. . . . . *L. Nissolia.*

3 { Pédoncules 1-3-flores; plante annuelle ou bisannuelle. . . . . 4.
{ Pédoncules pluriflores; plante vivace. . . . . 6.

4 { Pédoncules 1-3-flores; légumes velus-hérissés. . . . . . *L. hirsutus.*
{ Pédoncules uniflores; légumes glabres. . . . . 5.

5 { Légume à bord supérieur droit canaliculé étroitement bordé. . *L. Cicera.*
{ Légume à bord supérieur courbé offrant deux ailes membraneuses. . . . . *L. sativus.*

6 { Fleurs jaunes. *L. pratensis.*
  { Fleurs roses ou bleuâtres. 7.

7 { Feuilles à 2-4 paires de folioles. . . . . *L. palustris.*
  { Feuilles à une seule paire de folioles. . . . . 8.

8 { Tiges ailées, à ailes membraneuses ; feuilles à folioles oblongues-lancéolées aiguës . . . . *L. sylvestris.*
  { Tiges anguleuses, non ailées ; feuilles à folioles oblongues obtuses. . . . . *L. tuberosus.*

SECT. I — Feuilles à 1-4 paires de folioles, à rachis terminé en vrille.

§ 1. *Pédoncules pluriflores. Souche vivace.*

1. L. PRATENSIS. (L. sp. 1033.) — Engl. bot. t. 670.

Souche rameuse. *Tiges* de 4-8 décimètr., *anguleuses*, ou presque ailées, légèrement pubescentes. Feuilles à une seule paire de folioles ; folioles oblongues ou oblongues-lancéolées, aiguës mucronées ; *stipules sagittées*, ovales-oblongues acuminées. *Fleurs jaunes*, portées sur des pédoncules qui dépassent longuement les feuilles. Légumes oblongs-linéaires, veinés, pubescents-soyeux ou glabres. Graines globuleuses, lisses. ♃. Juin-août.

C.C. — Prés, bords des eaux, buissons.

2. L. TUBEROSUS. (L. sp. 1033.) — Curt. mag. t. 111.

Souche rameuse, offrant au niveau de ses ramifications des renflements tubériformes charnus. *Tiges* de 4-10 décimètr., *anguleuses*, glabres. *Feuilles à une seule paire de folioles ;* folioles oblongues ou oblongues-lancéolées légèrement atténuées à la base, mucronées ; *stipules semi-sagittées*, lancéolées ou linéaires. *Fleurs rouges*, portées sur des pédoncules plus longs que les feuilles. Légumes oblongs-linéaires, veinés, glabres. Graines subglobuleuses, à peine chagrinées. ♃. Juin-août.

A.R. — Haies, bois, moissons. — Bois de Vincennes ! Bondy ! Très abondant à Pithiviers !, etc.

3. L. PALUSTRIS. (L. sp. 1034.) — Fl. Dan. t. 399. — Engl. bot. t. 169.

Souche simple ou rameuse. *Tiges* de 6-8 décimètr., *ailées*, glabres. *Feuilles* à pétiole étroitement bordé, *à 2-4 paires de folioles ;* folioles oblongues-lancéolées mucronées ; stipules semi-sagittées, oblongues, lancéolées ou linéaires. *Fleurs bleuâtres*, portées sur des pédoncules qui dépassent peu les feuilles. Légumes oblongs, à peine veinés, glabres. Graines subglobuleuses, lisses. ♃. Juin-août.

R. — Prairies humides spongieuses. — Gentilly (*Desvaux*, *Vigineix*). Abondant à St-Gratien ! Étang de Moret ! (*Vte de Forestier*). Pithiviers ! (*Woods*) Blunay près Provins (*Bouteiller*).

4. L. SYLVESTRIS. (L. sp. 1033.) — Curt. Lond. VI. t. 52. — Engl. bot. t. 805.

Souche rameuse. *Tiges* de 1-2 mètr., *largement ailées*, glabres. *Feuilles* à pétiole largement ailé, *à une seule paire de folioles*, folioles oblongues-lancéolées, mucronées ; stipules semi-sagittées, lancéolées ou linéaires, à oreillettes linéaires allongées. *Fleurs roses*, portées sur des pédoncules qui dépassent longuement les feuilles. Légumes oblongs-linéaires, veinés-réticulés, glabres. Graines subglobuleuses, légèrement chagrinées, à hile entourant la moitié de leur circonférence. ♃. Juin-août.

A.C. — Haies, buissons, lisière des bois.

Le *L. latifolius* L. (vulg. *Pois vivace*), assez fréquemment cultivé dans les jardins et qui se rencontre çà et là subspontané dans le voisinage des habitations, se distingue du *L. sylvestris* par ses fleurs deux fois plus grandes, ses légumes beaucoup plus longs, et surtout par ses graines rugueuses à hile entourant à peine le tiers de leur circonférence.

§ 2. — *Pédoncules 1-3 flores. Racine annuelle ou bisannuelle.*

5. L. HIRSUTUS. (L. sp. 1032.) — Engl. bot. t. 1255.

Tiges de 4-8 décimètr., ailées, glabres ou presque glabres. Feuilles à pétiole bordé, à une seule paire de folioles; folioles oblongues-lancéolées, obtuses mucronées; stipules semi-sagittées, lancéolées ou linéaires. Fleurs d'un bleu rosé, portées 1-3 sur des pédoncules qui dépassent longuement les feuilles. *Légumes* oblongs, *couverts de poils renflés à la base,* à bord supérieur non ailé. Graines globuleuses, rugueuses. ②. Juin-septembre.

A.R. — Moissons, buissons, bords des chemins. — St-Denis. Bondy! St-Hubert. Malenoue-en-Brie (*Thuret*). Champotran-en-Brie (*J. Parseval*). Le Châtelet près Melun! (*Garnier*). Env. de Mantes (*herb. Jaubert*). Magny (*Bouteille*). Thury-en-Valois (*Questier*). Env. de Beauvais! Moyvillers près Compiègne (*Questier*).

Le *L. odoratus* L. (vulg. *Pois-de-senteur*, *Pois-à-fleurs*), très communément cultivé, se distingue du *L. hirsutus* par ses tiges hérissées-scabres, par ses feuilles à folioles ovales-oblongues, et par ses fleurs très odorantes, beaucoup plus grandes, de couleur très variable.

Le *L. angulatus* L., indiqué à Montgeron, Marcoussis (*Mérat, fl. Par. ed. 2.*), se reconnaît à ses légumes linéaires-oblongs glabres longuement pédonculés à pédoncules uniflores aristés et à ses graines cubiques rugueuses-tuberculeuses.—Le *L. sphæricus* Retz, assez répandu dans le centre de la France, s'en distingue par ses pédoncules beaucoup plus courts que les feuilles et par ses graines globuleuses.

† 6. L. CICERA. (L. sp. 1030.) — Jacq. f. ecl. t. 115. (vulg. *Gesse Chiche.*)

Tiges de 3-6 décimètr., ailées, glabres. Feuilles à pétiole bordé, à une seule paire de folioles; folioles oblongues-lancéolées, mucronées; stipules semi-sagittées, ovales-aiguës, très amples. Fleurs rougeâtres, portées sur des pédoncules uniflores ord. plus longs que le pétiole. *Légumes* oblongs, presque lisses, *glabres*, *à bord supérieur droit canaliculé étroitement bordé.* Graines anguleuses, lisses. ①. Juin-juillet.

Cultivé en plein champ et subspontané dans les moissons.

† 7. L. SATIVUS. (L. sp. 1030.) — Bot. mag. t. 115. (vulg. *Gesse cultivée.*)

Tiges de 3-6 décimètr., ailées, glabres. Feuilles à pétiole bordé, à une seule paire de folioles, folioles lancéolées ou linéaires, mucronées, stipules semi-sagittées, ovales-aiguës ou lancéolées. Fleurs blanches, rougeâtres ou bleuâtres, portées sur des pédoncules uniflores ord. plus longs que le pétiole. *Légumes* oblongs ou presque obovales, veinés-réticulés, *glabres*, *à bord supérieur courbe offrant deux ailes membraneuses.* Graines anguleuses, lisses. ①. Juin-août.

Cultivé en plein champ et subspontané dans les moissons.

SECT. II. — Feuilles à rachis dépourvu de folioles, cylindrique terminé en vrille, ou aplani foliacé dépourvu de vrille.

8. L. APHACA. (L. sp. 1029.) — Engl. bot. t. 1167. (vulg. *Pois-de-serpent.*)

Tiges de 4-8 décimètr., anguleuses, glabres. *Feuilles à rachis dépourvu de folioles, cylindrique terminé en vrille*; stipules sagittées, ovales-triangulaires, très amples simulant des feuilles simples. *Fleurs jaunes*, portées sur des pédoncules glabres uniflores. Calice à divisions au moins deux fois plus longues que le tube. Légumes oblongs arqués, légèrement veinés, glabres. Graines lisses. ①. Mai-août.

C.C. — Moissons, lieux cultivés, haies, buissons.

9. L. NISSOLIA. (L. sp. 1029.) — Engl. bot. t. 112.

Tiges de 4-7 décimètr., non grimpantes, anguleuses, glabres ou presque glabres. *Feuilles à rachis dépourvu de folioles, aplani-foliacé, lancéolé-linéaire,* à plusieurs nervures parallèles, *dépourvu de vrille;* stipules très petites ou presque nulles, subulées ord. semi-sagittées. *Fleurs roses ou violacées,* portées sur des pédoncules ord. pubescents uniflores plus rarement biflores. Calice à divisions environ de la longueur du tube. Légumes oblongs-linéaires droits, pubérulents ou glabrescents. Graines chagrinées-rugueuses. ①. Mai-août.

R.R. — Champs, moissons. — Plaine St-Denis près le fort de l'Est (*Labrouste*). Bailly près Compiègne (*Leré*). Tournans (*Hennecart*).

XXII. OROBUS. (L. gen. n. 871.)

Calice campanulé, à 5 divisions ou à 5 dents, les 2 supérieures plus courtes. Étamines monadelphes ou diadelphes. *Style plan, linéaire ou élargi au sommet.* Légume oblong ou linéaire-oblong, polysperme. Graines globuleuses ou globuleuses-comprimées, à hile oblong ou linéaire.

Plantes vivaces, à tiges anguleuses ou ailées, non grimpantes. *Feuilles* paripinnées, à 1-5 paires de folioles; *à rachis terminé en une arête courte;* stipules libres, herbacées, semi-sagittées. Fleurs rouges ou bleuâtres, disposées en grappes pluriflores ou pauciflores au sommet de pédoncules axillaires.

{ Feuilles à 1-3 paires de folioles; tiges presque simples, ascendantes-diffuses. . . . . *O. tuberosus.*
{ Feuilles à 3-6 paires de folioles; tige très rameuse, dressée . . *O. niger.*

1. O. TUBEROSUS. (L. sp. 1028.) — Engl. bot. t. 1153.

Souche oblique ou horizontale, rameuse à rhizomes grêles offrant au niveau des ramifications des renflements tubériformes ligneux. *Tiges* de 3-5 décimètr., *ascendantes-diffuses, presque simples,* anguleuses étroitement ailées, glabres. *Feuilles* à pétiole étroitement ailé, à 2-3 *paires de folioles,* rarement à une seule paire de folioles; folioles subsessiles, oblongues-lancéolées, rarement linéaires, mucronées, d'un vert glauque en dessous; stipules semi-sagittées, ovales-lancéolées. Fleurs d'un rose violacé, portées sur des pédoncules axillaires 3-4-flores. Légumes glabres, oblongs-allongés. ♃. Avril-juin.

C.C. — Bois, buissons.

2. O. NIGER. (L. sp. 1028.) — Schkuhr, handb. II. t. 200.

Souche oblique ou verticale, épaisse ligneuse. *Tige* subsolitaire, de 5-7 décimètr., ***dressée, droite, très rameuse*** à rameaux dressés, anguleuse à angles peu marqués, glabre. *Feuilles* à pétiole non bordé, *à* 3-6 *paires de folioles;* folioles pétiolulées, ovales-oblongues ou oblongues, obtuses mucronées, d'un vert glauque en dessous; stipules semi-sagittées, linéaires acuminées. Fleurs d'un rose violacé, portées sur des pédoncules axillaires 4-8-flores. Légumes glabres, oblongs-allongés. Plante noircissant par la dessiccation. ♃. Juin-juillet.

R. — Buissons des bois secs, rochers. — Marcoussis; bois de Ste-Geneviève (*Maire*). Forêt de Fontainebleau!

L'*O. vernus* L., indiqué à Senlis, Fontainebleau, Compiègne (*Mérat*, *fl.*) n'a pas été récemment observé dans ces localités. Cette espèce se reconnaît aux caractères suivants: étamines diadelphes; feuilles à 2-3 paires de folioles ovales-suborbiculaires longuement acuminées, très amples, très finement ciliées, luisantes en dessous; sti-

TRIBU III. HEDYSAREÆ —**Légume divisé transversalement en articles monospermes qui se séparent souvent à la maturité. Étamines diadelphes. Cotylédons convertis après la germination en feuilles aériennes. — Feuilles imparipinnées.**

XXIII. CORONILLA. (L. gen. n. 883, *part.*)

Calice campanulé, subbilabié, à 5 dents, les 2 supérieures presque soudées. Corolle à carène terminée en bec. Étamines diadelphes. *Légume* linéaire, droit ou arqué, anguleux ou subcylindrique, *à articles oblongs renflés.*

Plantes vivaces, à souche ligneuse, à tiges sous-frutescentes ou herbacées. Feuilles imparipinnées; stipules très petites, libres ou soudées en une seule. Fleurs jaunes ou d'un blanc rosé, réfléchies, disposées en ombelles multiflores ou pluriflores portées sur de longs pédoncules axillaires ou terminaux.

{ Fleurs d'un blanc rosé, à carène violette; feuilles à 8-12 paires de folioles. . . . . *C. varia.*
{ Fleurs jaunes, feuilles à 2-4 paires de folioles . . . . . . *C. minima.*

1. C. VARIA (L. sp. 1048.) — Bot. mag. t. 258.

Tiges de 4-7 décimètr., herbacées, étalées-ascendantes, diffuses, glabres. Feuilles à 8-12 paires de folioles; folioles pétiolulées, oblongues obtuses mucronées, les inférieures occupant la base du pétiole; *stipules libres*, subherbacées, presque obtuses. *Fleurs d'un blanc rosé, à carène violette* au sommet, disposées en ombelles multiflores portées sur des pédoncules axillaires, à pédicelles environ deux fois plus longs que le calice. Calice à dents inférieures très distinctes. Légumes dressés, glabres, tétragones, ord. à 3-7 articles, arqués, terminés en un bec filiforme-allongé surmonté par le style. ♃. Juin-août.

C. — Coteaux secs, bords des chemins, clairières des bois.

2 C. MINIMA. (D.C. fl. Fr. IV. 608.) — Rchb. ic. crit. 66.

Tiges de 1-3 décimètr., sous-frutescentes, étalées-ascendantes, diffuses, glabres. Feuilles à 2-4 paires de folioles; folioles glaucescentes, obovales-cunéiformes, obtuses mucronulées, les inférieures occupant la base du pétiole; *stipules* scarieuses, *soudées en une seule* opposée au pétiole. *Fleurs jaunes*, disposées en ombelles 3-8-flores portées sur des pédoncules axillaires et terminaux; pédicelles environ de la longueur du calice. Calice à dents inférieures très courtes ou presque nulles. Légumes réfléchis, glabres, subtétragones, à 1-3 articles, presque droits, terminés par le style. ♃. Mai-août.

A.R. — Coteaux secs, pelouses arides, lisière des bois des terrains calcaires. — St-Germain! Beauvais près Mennecy! La Ferté-Aleps! Étampes! Pithiviers! Fontainebleau! Malesherbes! (*Requien*). Mantes! La Roche Guyon! Dieux (*Daenen*).

XXIV. ORNITHOPUS. (L. gen. n. 884, *part.*)

Calice tubuleux-campanulé, à 5 dents presque égales. *Corolle à carène obtuse.* Étamines diadelphes. *Légume* linéaire, arqué, *à articles oblongs comprimés.*

Plante annuelle. Feuilles imparipinnées; stipules petites, soudées au pétiole inférieurement. Fleurs petites, blanchâtres, ou d'un rose mêlé de jaune, munies de bractéoles à leur base, ord. dressées, en ombelles très pauciflores, ou subsolitaires; pédoncule muni d'une feuille florale.

1. O. PERPUSILLUS. (L. sp. 1049.) — Curt. Lond. VI. t. 53. — Engl. bot. t. 369. (vulg. *Pied-d'Oiseau.*)

Tiges de 5-30 centimètr., étalées ou ascendantes-diffuses, très pubescentes. Feuilles à folioles nombreuses, petites, oblongues; stipules très petites, membraneuses. Fleurs d'un blanc mêlé de rose et de jaune, portées sur des pédoncules 1-4-flores. Légume pubescent, plus rarement glabre, fortement réticulé, contracté entre les graines, terminé par un bec court presque droit. ①. Mai-août.

C. — Terrains sablonneux, pelouses sèches, bords des chemins.

var β. *leiocarpus.* — Légume glabre. — *A.C.*

XXV. HIPPOCREPIS. (L. gen. n. 885.)

Calice campanulé, à 5 dents presque égales. Corolle à carène atténuée en bec. Étamines diadelphes. *Légume* linéaire, *sinué, composé d'articles semi-lunaires comprimés.*

Plante vivace, à souche ligneuse, à tiges herbacées ou sous-frutescentes à la base. Feuilles imparipinnées; stipules libres. Fleurs jaunes, réfléchies, disposées en ombelles pluriflores portées sur de longs pédoncules axillaires et terminaux.

1. H. COMOSA. (L. sp. 1050.) — Jacq. Austr. t. 431. — Engl. bot. t. 31.

Tiges de 2-4 décimètr., étalées ou ascendantes-diffuses, glabres. Feuilles à folioles nombreuses; folioles oblongues, obtuses ou émarginées mucronulées; stipules subherbacées, assez petites. Fleurs jaunes, portées sur des pédoncules nus très longs 5-8-flores. Légume droit ou arqué, à articles semilunaires chargés de rugosités glanduleuses, terminé par un bec comprimé. ♃. Mai-juillet.

C. — Lieux secs, pelouses arides, bords des chemins.

XXVI. ONOBRYCHIS. (Tournef. inst. t. 211.)

Calice campanulé, à 5 divisions subulées presque égales. Corolle à carène large obliquement tronquée. Étamines diadelphes. *Légume à un seul article,* comprimé, monosperme, fortement réticulé, marqué de fossettes, à bord supérieur épais, à bord inférieur courbé denté-épineux ou crénelé.

Plante vivace, à tiges herbacées. Feuilles imparipinnées; stipules libres ou soudées en une seule. Fleurs purpurines-striées, plus rarement blanches, disposées en épis multiflores portés sur des pédoncules axillaires nus très longs.

1. O. SATIVA. (Lam. fl. Fr. II. 652.) — Hedysarum Onobrychis. L. sp. 1059. — Engl bot. t. 96. — Jacq. Austr. t. 352. — (vulg. *Sainfoin*, *Esparcette*)

Tiges de 2-6 décimètr., dressées, ascendantes ou étalées, très pubescentes. Feuilles à folioles nombreuses; folioles oblongues ou linéaires-oblongues, obtuses ou émarginées mucronées, à rachis dépourvu de folioles inférieurement; stipules scarieuses, ord. soudées en une seule opposée à la feuille. Fleurs purpurines-striées, rarement blanches, portées sur des pédoncules multiflores dépassant très longuement les feuilles. Calice à divisions plus courtes de moitié que la carène. Légume fortement réticulé, marqué de fossettes, à faces et à bords dentés-épineux. ♃. Mai-juillet.

C. — Lisière des bois, coteaux secs calcaires ou sablonneux. — Cultivé en grand comme fourrage.

L'*Hedysarum coronarium* L. (vulg. *Sainfoin d'Espagne*), cultivé fréquemment dans les jardins et les parterres, se reconnaît à ses fleurs d'un rouge incarnat en épis ovoïdes compactes, à ses légumes à 2-5 articles à faces rugeuses presque épineuses, à ses feuilles à 3-5 paires de folioles oblongues-suborbiculaires.

Le *Cercis Siliquastrum* L. (vulg. *Gaînier*, *Arbre-de-Judée*) est fréquemment planté dans les parcs et les bosquets; il se distingue aux caractères suivants : arbre ord. élevé; feuilles simples, pétiolées, entières, suborbiculaires-réniformes, cordées à la base; fleurs d'un rose intense, paraissant avant les feuilles, brièvement pédonculées, ramassées par fascicules le long des rameaux et souvent sur le tronc même, étamines à filets libres; légume polysperme, comprimé, bordé à la marge supérieure d'une aile étroite membraneuse, graines à embryon droit.

XXIX. LYTHRARIÉES.

(LYTHRARIEÆ Juss. dict sc. nat. XXVII. 453)

Fleurs hermaphrodites, régulières ou presque régulières, quelquefois incomplètes.—*Calice* gamosépale, libre, persistant, *à* 8-12 *divisions* rarement plus, disposées sur deux rangs, les intérieures (divisions calicinales proprement dites) à préfloraison valvaire. — Corolle à 4-6 rarement 7 pétales insérés au sommet du tube du calice, alternes avec les divisions intérieures du calice, égaux ou légèrement inégaux, à préfloraison imbriquée-chiffonnée, plus rarement nuls. — *Étamines* 6-12, rarement plus ou moins par avortement, insérées sur le tube du calice au-dessous des pétales. Anthères bilobées, introrses. — *Ovaire libre, à* 2 *rarement* 4-5 *carpelles*, à 2 rarement 4-5 loges pluriovulées. *Ovules insérés à l'angle interne des loges*, ascendants ou horizontaux, réfléchis. Style filiforme ou presque nul. Stigmate capité, rarement subbilobé.—*Fruit capsulaire* membraneux, *biloculaire, rarement pluriloculaire, à loges polyspermes*, se déchirant irrégulièrement, ou à déhiscence loculicide à 2 valves rarement plus. — Graines horizontales ou ascendantes. *Périsperme nul.* Embryon droit. Radicule dirigée vers le hile.

Plantes annuelles ou vivaces, à tiges herbacées ou sous-frutescentes inférieurement. Feuilles opposées ou alternes, simples, entières; stipules nulles. Fleurs axillaires solitaires, ou en glomerules axillaires disposés en panicules terminales.

Calice tubuleux cylindrique; style filiforme, pétales dépassant longuement le calice. . . . . LYTHRUM (I)
Calice à tube court campanulé; stigmate subsessile, pétales très petits, très caducs, souvent nuls. . . . . . PEPLIS (II)

I. LYTHRUM. (L. gen. n. 604, *part.*

Calice tubuleux cylindrique, à 8-12 dents disposées sur deux rangs, alternes, les extérieures (accessoires) plus longues, les intérieures courtes souvent très petites. Pétales 4-6, insérés au sommet du tube du calice, alternes avec les dents intérieures. Étamines 8-12 ou moins par avortement, insérées à la base ou vers le milieu du tube du calice. *Style filiforme*; stigmate capité. Capsule membraneuse, renfermée dans le tube du calice, oblongue, biloculaire, polysperme, à déhiscence loculicide, se déchirant souvent en lambeaux irréguliers.

Plantes annuelles ou vivaces, à tiges sous-frutescentes inférieurement. Feuilles alternes ou opposées, rarement verticillées, très entières. Fleurs d'un rose purpurin, axillaires solitaires, ou rassemblées sur des pédoncules communs axillaires très courts, disposées en panicules spiciformes terminales ou en épis feuillés.

{ Calice pubescent; fleurs ord. disposées en glomérules axillaires . . . . *L. Salicaria.*
{ Calice glabre; fleurs solitaires à l'aisselle des feuilles.. . *L. Hyssopifolia.*

1. L. SALICARIA. (L. sp 642.)—Engl. bot. t. 1061.

Souche subligneuse, donnant ord. naissance à des pivots épais. Tiges de 3-12 décimètr., ord. sous-frutescentes à la base, subtétragones, simples ou rameuses. *Feuilles* glabres ou finement pubescentes, opposées, rarement verticillées par 3; les *florales* quelquefois alternes, sessiles, lancéolées, *cordées à la base. Fleurs rassemblées par* 4-10 *sur des pédoncules communs axillaires* très courts, plus rarement subsolitaires. *Calice pubescent*, dépourvu de bractées à la base, à dents extérieures environ deux fois plus longues que les intérieures. ♃. Juillet-septembre.

C.C. — Bords des eaux, lieux marécageux, fossés.

s v. — *alternifolium.* (L. alternifolium. Lorey, flor. Côte-d'Or. f 2.) — Feuilles florales alternes, rarement toutes les feuilles alternes.

s.v — *verticillatum* — Feuilles la plupart verticillees par 3.

s.v. — *pubescens.* — Plante très pubescente.

2. L. HYSSOPIFOLIA. (L. sp. 642.)—Engl. bot. t. 292.

Plante annuelle. Tiges de 1-4 décimètr., subherbacées, subcylindriques ou subtétragones, florifères dès la base, simples ou rameuses. *Feuilles* glabres, alternes, sessiles *atténuées à la base*, linéaires ou oblongues. *Fleurs* subsessiles, *solitaires à l'aisselle des feuilles. Calice glabre*, muni à la base de 2 bractées subulées très petites, à dents extérieures environ deux fois plus longues que les intérieures; calices fructifères dressés, serrés contre la tige. Étamines souvent incluses dans le tube du calice ou le dépassant à peine. ①. Juillet-septembre.

A.C. — Bords des étangs sablonneux, mares, champs humides herbeux, lieux inondés l'hiver.—Bondy! Garches! Env. de Versailles! St-Leger! Senart! Mennecy! Rougeaux! Melun! Lognes-en-Brie (*Thuret*). Compiègne, etc.

II. PEPLIS. (L. gen. n. 446.)

Calice à tube campanulé court, à 12 divisions disposées sur deux rangs, alternes, les extérieures (accessoires) étalées, les intérieures plus longues et plus larges dressées. *Pétales* 6, insérés au sommet du tube du calice, alternes avec les divisions intérieures du calice, *très petits*, caducs, *souvent nuls.* Étamines 6, insérées au sommet du tube du calice. *Stigmate subsessile*, capité. Capsule très mince membraneuse, entourée dans sa moitié inférieure par le tube du calice, subglobuleuse, biloculaire, polysperme, se déchirant irrégulièrement.

Plante couchée radicante, herbacée. Feuilles opposées, très entières. Fleurs solitaires, sessiles à l'aisselle des feuilles, apétales, ou à corolle d'un rose pâle.

1. P. PORTULA. (L. sp. 474.) — Engl. bot t 1211

Tiges nombreuses, de 5-30 centimètr., couchées radicantes, simples ou rameuses, florifères dès la base, très glabres. Feuilles très glabres, souvent rougeâtres, opposées, atténuées en pétiole, obovales ou spatulées. Fleurs sessiles à l'aisselle des feuilles. Calice souvent rougeâtre, muni à sa base de deux bractées subulées très petites. Corolle d'un rose pâle, souvent nulle. ① ou ♃ Juin-septembre.

C.C. — Lieux inondés l'hiver, bords des étangs sablonneux et des chemins humides

s.v. — *natans.* — Plante nageante souvent stérile, à tiges allongées.

XXX. PORTULACÉES.

(PORTULACEÆ. Juss. gen. 312, *part*)

Fleurs hermaphrodites, un peu irrégulières. — *Calice à* 2 rarement 3-5 *sépales* libres ou soudés à la base, soudés ou non avec la base de l'ovaire, persistants ou à partie supérieure caduque, à préfloraison imbriquée. Corolle à 5 rarement 4-6 pétales, insérés à la base du calice, soudés entre eux à la base ou dans une grande partie de leur longueur, plus rarement libres, ord. inégaux, à préfloraison imbriquée. — Étamines 3-12, rarement plus, insérées à la base du calice, souvent soudées avec la base de la corolle. Anthères bilobées, introrses. — *Ovaire* libre ou soudé à la base avec le calice, *à* 3-5 *carpelles*, uniloculaire par l'avortement des cloisons, 3-ovulé ou pluri-ovulé. *Ovules insérés* par des funicules distincts *sur un placenta central libre* souvent très court, courbés. Style filiforme, 3-5-fide, à lobes stigmatifères à leur face interne. — *Fruit capsulaire* membraneux, *uniloculaire*, *polysperme* à déhiscence circulaire (pyxide), *ou* 3-*sperme* 3-valve à déhiscence loculicide. — Graines à périsperme farineux central. *Embryon annulaire périphérique.* Radicule rapprochée du hile.

Plantes annuelles, plus ou moins charnues-succulentes, à suc souvent mucilagineux. Tiges plus ou moins irrégulièrement dichotomes. Feuilles opposées, ou les supérieures éparses, simples, entières, quelquefois munies au-dessus de leur insertion de poils courts; stipules nulles. Fleurs assez petites, terminales et latérales, solitaires ou groupées au sommet des rameaux.

Capsule polysperme, à déhiscence circulaire; corolle jaune.	PORTULACA. (I.)
Capsule 3-sperme, trivalve, corolle blanche.	MONTIA. (II.)

I. PORTULACA. (Tournef. inst. t. 118.)

Calice soudé inférieurement avec l'ovaire, bipartit, à partie supérieure se détachant en même temps que le sommet de la capsule. Pétales 5, rarement 4-6, insérés sur le calice, libres ou soudés à la base, souvent inégaux, fugaces déliquescents. Étamines 6-12, rarement plus, soudées avec la base de la corolle. Style ord. profondément 5-fide, à lobes stigmatifères à leur face interne. *Capsule* ovoïde-trigone, uniloculaire, *polysperme*, à placentas soudés en une colonne centrale courte, *s'ouvrant circulairement* par la chute de sa moitié supérieure.

Plante annuelle, succulente-charnue, à suc mucilagineux. Tige irrégulièrement dichotome. Feuilles opposées ou les supérieures éparses, très épaisses, charnues, munies à leur aisselle de poils courts. Fleurs terminales et latérales, solitaires ou groupées au sommet des rameaux, entourées par les feuilles supérieures rapprochées en involucre. *Corolle jaune.*

1 P. OLERACEA. (L. sp. 638.) — D.C. pl. grass. t. 123.

Tige de 1-3 décimètr., couchée, rameuse, très glabre. Feuilles opposées ou les supérieures éparses, obovales-oblongues, sessiles, charnues, glabres, souvent rougeâtres. Fleurs jaunes, sessiles. Calice comprimé, à divisions inégales, rapprochées en capuchon au dessus de la capsule qu'elles enveloppent. Pétales jaunes, obovales, soudés inférieurement. Graines subréniformes, chagrinées-tuberculeuses. ①. Juin-octobre.

C. — Lieux cultivés, jardins, décombres.

var. *α. vulgaris* (vulg. *Pourpier.*)—Tige et rameaux couchés-appliqués sur la terre. Feuilles assez petites. Calice à divisions comprimées-carénées.

var. *β. sativa.* (D.C. prodr. III. 353 — vulg. *Pourpier doré.*)— Tige et rameaux étalés-redressés. Feuilles assez grandes. Calice à divisions comprimées-carénées à carène presque ailée. — Cultivé dans quelques jardins.

II. MONTIA. (L. gen. n. 101.)

Calice libre, persistant, à 2 rarement 3 sépales. Pétales 5, insérés sur le calice au-dessous de l'ovaire, inégaux les 2 intérieurs plus grands, soudés inférieurement en une corolle gamopétale à tube fendu d'un côté, caducs. Étamines 3, plus rarement 4 ou 5, insérées à la gorge de la corolle. Style trifide, à lobes stigmatifères à leur face interne. *Capsule* subglobuleuse-trigone, recouverte par le calice, uniloculaire, 3-*sperme*, à placentas soudés en une colonne centrale courte, *s'ouvrant en 3 valves.*

Plante annuelle, succulente. Tige irrégulièrement dichotome. Feuilles opposées, charnues. Fleurs disposées en cymes unilatérales pauciflores, souvent penchées. *Corolle blanche.*

1. M. FONTANA. (L. sp. 129.) — Engl. bot. t. 1206.

Tiges de 3-20 centimètr., couchées, ascendantes ou dressées, souvent rassemblées en touffe, un peu charnues, glabres. Feuilles opposées, oblongues atténuées en pétiole ou spatulées, très glabres. Fleurs à corolle très petite blanche, penchées sur le pédicelle. Capsules redressées à la maturité. ①. Mai-juin.

A.C. — Bords des ruisseaux, pelouses humides, mares, étangs.

s.v. — *minor.* — Plante naine. Tiges raides, dressées ou ascendantes, ord rassemblées en touffe. Feuilles ord. d'un vert très pâle.

s.v. — *elongata.* — Tiges grêles, allongées, tombantes, quelquefois nageantes. Feuilles ord. d'un vert assez intense.

XXXI. PARONYCHIÉES.

(PARONYCHIEÆ. St-Hil. mem. plac. lib. 56.)

Fleurs hermaphrodites, régulières. — Calice à 5 sépales rarement 4, libres presque jusqu'à la base ou soudés en tube inférieurement dans une étendue variable, non soudés avec l'ovaire, persistants, à préfloraison imbriquée ou subvalvaire. — *Corolle à pétales* en nombre égal à celui des sépales, *souvent filiformes rudimentaires*, insérés à la base des divisions du calice, libres, souvent persistants. — *Étamines* 5, *rarement* 4, insérées à la base des divisions du calice sur un disque plus ou moins développé. Anthères bilobées, introrses. — *Ovaire libre, à 2-3 carpelles*, uniloculaire par avortement, à loge uni-ovulée. *Ovule suspendu au sommet d'un funicule* plus ou moins long *partant de la base de la loge,* quelquefois dressé par le raccouraissement de ce funicule, ord. courbé. Styles 2-3, très courts et souvent soudés, ou filiformes distincts. Stigmates 2-3. — *Fruit capsulaire*, mince membraneux, plus rarement crustacé, enveloppé par le calice persistant, *uniloculaire* par avortement, *monosperme, indéhiscent*. — Graine à périsperme farineux ord. central. *Embryon annulaire périphérique*, rarement à peine courbé appliqué latéralement sur le périsperme. Radicule rapprochée du hile.

Plantes annuelles ou bisannuelles. Tiges ord. nombreuses, grêles, souvent étalées sur la terre, irrégulièrement rameuses ou dichotomes. Feuilles opposées ou éparses, simples, entières ; stipules scarieuses libres, quelquefois soudées deux à deux, rarement soudées entre elles en même temps qu'adnées à la base de la feuille (feuilles dépourvues de stipules à base connée scarieuse). Fleurs souvent très petites, disposées en cymes ou en glomérules terminaux ou latéraux plus rarement axillaires.

1 { Corolle à pétales dépassant un peu le calice; stigmates 3. . CORRIGIOLA. (I)
  { Corolle rudimentaire à pétales filiformes; stigmates 2. . . . . 2.

2 { Calice à tube presque aussi long que ses divisions; stipules adnées. . . . . SCLERANTHUS. (IV.)
  { Calice divisé presque jusqu'à la base; stipules libres. . . . . 3.

3 { Calice blanc, à divisions concaves terminées en un capuchon aristé. . . . . ILLECEBRUM. (III)
  { Calice herbacé à la face externe, à divisions à peine concaves . . . . HERNIARIA. (II.)

I. CORRIGIOLA. (L. gen. n. 378.)

Calice 5-partit, à divisions concaves. *Pétales* 5, persistants, *oblongs, dépassant un peu le calice*. Étamines 5. *Stigmates* 3, très courts, subsessiles. Capsule crustacée, ovoïde-trigone, monosperme, indéhiscente, enveloppée par le calice persistant.

Plante annuelle, à tiges nombreuses couchées sur la terre. Feuilles éparses, très entières, légèrement charnues; stipules très petites, scarieuses. Fleurs très petites, blanches ou d'un blanc rosé, disposées en glomérules multiflores, terminaux et latéraux, entourés par les feuilles florales.

1 C. LITTORALIS. (L. sp. 388) — Engl. bot. t. 668.

Tiges nombreuses, de 1-4 décimètr., grêles presque filiformes, étalées appliquées sur la terre. Feuilles éparses, glaucescentes, linéaires-oblongues ou oblongues atténuées à la base, presque obtuses. Glomérules terminaux, ord. groupés au sommet des tiges. Fleurs brièvement pédicellées. Calice souvent coloré, à divisions scarieuses-blanchâtres aux bords. Pétales émarginés. ①. Juin-septembre.

A.R. — Terrains sablonneux, champs en friche, vignes, bords des étangs. — Bords de la Seine à Paris! Bas-Meudon (*Vigineix*). St-Hubert! St-Léger! St-Remy-des-Landes (*Weddell*). Nemours! Fontainebleau Senlis Villeneuve-moi (*Garnier*)., etc.

II. HERNIARIA. (Tournef. inst. t. 288.)

Calice 5-partit, à divisions à peine concaves. Pétales 5, filiformes. Étamines 5, insérées sur le disque charnu qui revêt la gorge du calice. *Stigmates* 2, très courts, distincts ou soudés inférieurement, *subsessiles*. Capsule membraneuse, oblongue, monosperme, indéhiscente, enveloppée par le calice persistant.

Plantes annuelles ou bisannuelles, à tiges couchées sur la terre. Feuilles opposées, ou alternes à l'extrémité des tiges, très entières, stipules petites, scarieuses. Fleurs très petites, herbacées, disposées en glomérules latéraux, multiflores, très nombreux, entremêlés de feuilles.

{ Plante glabre; calice glabre. . . . . *H. glabra.*
{ Plante velue, calice hérissé. . . . . *H. hirsuta.*

1. H. GLABRA. (L. sp. 317.) — Engl. bot. t. 206. (vulg. *Turquette.*)

Tiges ord. très nombreuses, de 5-20 centimètr., grêles, étalées-appliquées sur la terre, ord. très rameuses, florifères dès la base, glabres. *Feuilles glabres*, oblongues ou ovales-oblongues. *Calice glabre*, à divisions jaunâtres à la face interne. ① ou ②. Mai-septembre.

C. C. — Terrains sablonneux, champs en friche, bords des étangs.

2. H. HIRSUTA. (L. sp. 317.) — Engl. bot. t. 1379.

Tiges ord. très nombreuses, de 5-20 centimètr., grêles, étalées-appliquées sur la terre, ord. très rameuses, florifères dès la base, velues-hérissées. *Feuilles pubescentes, fortement ciliées*, oblongues ou ovales-oblongues. *Calice velu-hérissé*, à divisions jaunâtres à la face interne, terminées par une longue soie. ① ou ②. Mai-septembre.

C. C. — Terrains sablonneux, champs en friche, bords des étangs.

III. ILLECEBRUM. (L. gen. n. 290, *part.*)

Calice 5-partit presque jusqu'à la base, *à divisions* épaisses-spongieuses, *blanches*, concaves, *terminées en un capuchon surmonté d'une pointe* subulée. Pétales 5, filiformes, très courts. Étamines 5, à filets très courts. Stigmates 2, très courts, sessiles, soudés inférieurement. *Capsule* membraneuse, oblongue, monosperme, *se partageant à la maturité en plusieurs lambeaux*, enveloppée par le calice persistant. Embryon à peine courbé, appliqué latéralement sur le périsperme.

Plante annuelle ou bisannuelle, à tiges couchées sur la terre, souvent radicantes. Feuilles opposées, très entières; stipules petites, scarieuses. *Fleurs petites, d'un blanc de lait, disposées en glomérules axillaires* 3-5-flores (faux verticilles).

1. I. VERTICILLATUM. (L. sp. 298.) — Engl. bot. t. 895.

Tiges ord. très nombreuses, de 5-25 centimètr., filiformes très grêles, étalées-appliquées sur la terre, simples ou rameuses, florifères dès la base, glabres. Feuilles glabres, obovales ou oblongues-suborbiculaires, atténuées à la base. Fleurs en glomérules axillaires, d'apparence verticillées, souvent rapprochées en épis feuillés. Calice glabre, d'un blanc de lait. ① ou ②. Juillet-septembre.

R. — Terrains sablonneux humides ou inondés l'hiver, bords des mares tourbeuses. — Rambouillet! St-Léger! Beauvais près Mennecy (*Des Étangs*). Forêt de Fontainebleau!

IV. SCLERANTHUS. (L. gen. n. 562.)

Calice à tube campanulé ou urcéolé, rétréci à la gorge par un disque saillant, à limbe 5-fide, à divisions lancéolées. Pétales 5, ou moins par avortement, filiformes, plus courts que le calice. Étamines 5. *Styles 2, filiformes, distincts jusqu'à la base*, stigmatifères au sommet et à leur face interne. Capsule membraneuse, oblongue, monosperme, indéhiscente, renfermée dans le tube du calice induré-osseux.

Plantes annuelles ou bisannuelles, à tiges étalées ou ascendantes. *Feuilles* opposées *connées inférieurement par une membrane scarieuse* (stipules adnées), linéaires-subulées, souvent recourbées, souvent munies à leur aisselle de fascicules de feuilles. Fleurs assez petites, verdâtres ou blanchâtres, disposées en cymes dichotomes plus ou moins irrégulières, ou rapprochées en glomérules latéraux et terminaux munis de feuilles florales.

Calice à divisions aigues, très étroitement scarieuses-blanchâtres aux bords. . . . . *S. annuus.*
Calice à divisions presque obtuses, largement scarieuses-blanchâtres aux bords. *S. perennis.*

1 S. ANNUUS (L. sp. 580.) — Engl. bot. t. 351.

Plante annuelle ou bisannuelle. Tiges de 5-15 centimètr., ord. rapprochées en touffe, rameuses, ord. dichotomes supérieurement, couvertes surtout sur l'une de leurs faces d'une pubescence courte. Feuilles linéaires-subulées, ciliées à la base. ***Calice à divisions*** **lancéolées-linéaires,** ***aiguës, très étroitement scarieuses-blanchâtres aux bords*****; le fructifère à divisions dressées un peu divergentes. ① ou ②. Mai-octobre.**

C.C — Champs, lieux cultivés.

2. S. PERENNIS. (L. sp. 580.) — Engl. bot t. 352.

Plante annuelle ou bisannuelle. Tiges de 5-15 centimètr., ord. rapprochées en touffe, rameuses, ord. dichotomes au sommet, couvertes surtout sur l'une de leurs faces d'une pubescence courte. Feuilles linéaires-subulées, ciliées à la base. *Calice à divisions* lancéolées ou ovales-lancéolées, *presque obtuses, largement scarieuses-blanchâtres aux bords; le fructifère à divisions* dressées, *subconnivcentes.* ① ou ②. Juin-septembre.

A C — Terrains sablonneux, rochers siliceux. — Rochers de Beauvais et de Balancourt près Mennecy (*Des Étangs*) La Ferté-Aleps. Étrechy! Fontainebleau! Malesherbes! Saveteux près le Châtelet (*Garnier*). Ermenonville! Senlis! Forêt de Compiègne, etc.

XXXII. CRASSULACÉES.

(CRASSULACEÆ. D.C. in bull. soc. phil. 1801. n. 49. 1.)

Fleurs hermaphrodites, régulières. — Calice à 5 plus rarement 3-20 sépales, plus ou moins soudés à la base, non soudés avec l'ovaire, persistants ord. charnus, à préfloraison imbriquée ou subvalvaire. — *Corolle à* 5 *plus rarement* 3-20 *pétales* insérés à la base des sépales, libres, quelquefois soudés entre eux à la base, rarement réunis en une corolle gamopétale, caducs ou marcescents. — Étamines en nombre égal à celui des pétales, ou en nombre double, insérées avec les pétales à la base des sépales, quelquefois soudées à la base avec les pétales. Anthères bilobées, introrses. — *Ovaire libre, à carpelles en nombre égal à celui des pétales, distincts jusqu'à la base*, pluri-ovulés, rarement 2-ovulés. Ovules insérés à l'angle interne des carpelles, horizontaux ou pendants, réfléchis. Styles en nombre égal à celui des carpelles, terminaux, courts, persistants, stigmatifères latéralement au sommet. — *Écailles hypogynes glanduliformes ou lamelliformes, placées en dehors des carpelles et en même nombre qu'eux.* — *Fruit composé de* 5 rarement 3-20 *carpelles* distincts jusqu'à la base, secs, *polyspermes*, rarement 2-spermes, s'ouvrant par la suture interne (follicules). — *Graines* très petites, *dépourvues de périsperme* ou à périsperme très mince. Embryon cylindrique, droit. Radicule dirigée vers le hile.

Plantes annuelles, bisannuelles, ou vivaces herbacées Feuilles éparses, plus rarement opposées ou rapprochées par 3-4, épaisses, charnues-succulentes, souvent cylindriques, simples, entières, rarement dentées; stipules nulles. Fleurs disposées en épis subunilatéraux, souvent scorpioïdes, ord. rapprochés en corymbe terminal, quelquefois disposées en corymbe dichotome, plus rarement groupées en cymes ou en glomérules latéraux et terminaux, très rarement axillaires solitaires.

1 { Étamines 8-10 . . . . 2.
  { Étamines 3-5 . . . . 3.

2 { Pétales 4-5, plus rarement 6-8, écailles hypogynes entières ou à peine émarginées. . . . . SEDUM. (IV.)
  { Pétales 6-20; écailles hypogynes dentées ou lacérées. . SEMPERVIVUM. (V.)

3 { Pétales 5, feuilles jamais connées. . . . . . CRASSULA. (III.)
  { Pétales 3-4, feuilles connées . . . . 4.

4 { Carpelles 3-4, 2-spermes, étranglés entre les deux graines; écailles hypogynes nulles ou très petites. . . . . TILLÆA (I.)
  { Carpelles 4, polyspermes; écailles hypogynes, linéaires. . BULLIARDA. (II.)

I. TILLÆA. (Micheli, nov. gen. t. 20.)

Calice à 3-4 divisions. Corolle à 3-4 pétales. Étamines en nombre égal à celui des pétales. *Écailles hypogynes nulles ou très petites. Carpelles* 3-4, 2-*spermes*, étranglés entre les deux graines.

Plante annuelle, très petite, à tiges filiformes très grêles, florifères dès la base. Feuilles opposées, connées, peu épaisses, concaves. Fleurs très petites, axillaires solitaires, sessiles, à calice souvent coloré, à corolle blanche.

1. T. MUSCOSA. (L. sp. 186) — Engl. bot. t. 116.

Tiges de 2-6 centimètr., étalées ou ascendantes, souvent rapprochées en touffe, quelquefois radicantes à la base, simples ou rameuses, glabres. Feuilles connées à la base, glabres, souvent rougeâtres, très petites, ovales aiguës-mucronées. Fleurs sessiles. ①. Juin-août.

A.R. — Allées des bois sablonneux, rochers siliceux. — Bois de Boulogne! Ville-d'Avray! St-Léger! Bois des Camaldules. Rochers de Beauvais près Mennecy! Nemours! Dreux., etc.

II. BULLIARDA. (D.C. pl. grass. 7.)

Calice à 4 divisions. Corolle à 4 pétales. *Étamines en nombre égal à celui des pétales. Écailles hypogynes linéaires. Carpelles* 4, *polyspermes*.

Plante annuelle, très petite, à tiges grêles. Feuilles opposées, connées, assez épaisses, presque planes. Fleurs petites, disposées en cymes irrégulières, souvent unilatérales, pédonculées, à corolle d'un blanc rosé.

1. B. VAILLANTII. (D.C. pl. grass. t. 74.) — Vaill. bot. Par. t. 10.

Tiges de 2-6 centimètr., charnues, dressées, ord. rapprochées en touffe, plus ou moins rameuses, irrégulièrement dichotomes supérieurement, glabres. Feuilles connées à la base, glabres, quelquefois rougeâtres, petites, linéaires-oblongues, presque obtuses. Fleurs à pédoncule plus long que les feuilles. ①. Juin-août.

R.—Mares des terrains sablonneux.—Beauvais près Mennecy (*Des Étangs*). Lardy (*Vigineix*). Forêt de Fontainebleau! Bois de Nanteau près Nemours! (*Devilliers*). Malesherbes! (*Bernard*).

III. CRASSULA. (L. gen. n. 392.)

Calice à 5 divisions. *Corolle à 5 pétales. Étamines en nombre égal à celui des pétales.* Écailles hypogynes courtes. Carpelles 5, polyspermes.

Plante annuelle. Feuilles éparses, très épaisses succulentes, presque cylindriques. Fleurs d'un blanc rosé, disposées en épis subunilatéraux rapprochés en corymbes terminaux simples ou rameux.

1 C. RUBENS. (L. syst. veg. 253.) — D.C. pl. gr. t. 55.

Tige de 5-15 centimètr., dressée, raide, rameuse, à rameaux dressés plus rarement étalés, pubescente-glanduleuse surtout dans la partie supérieure. Feuilles sessiles, étalées, presque cylindriques, très succulentes, oblongues, obtuses, glabres, glaucescentes, souvent rougeâtres. Calice pubescent, à divisions ovales courtes. Pétales blancs, rougeâtres en dessous, lancéolés-aristés, dépassant très longuement le calice. Carpelles pubescents. ①. Mai-juillet.

A C. — Vignes, terrains pierreux, vieux murs, berges des rivières.

IV. SEDUM. (L. gen. n. 616.)

Calice à 5, quelquefois 4, plus rarement 6-8 divisions. *Corolle à* 5, *quelquefois* 4, *plus rarement* 6-8 *pétales. Étamines en nombre double de celui des pétales. Écailles hypogynes*, ovales, très courtes, *entières ou légèrement émarginées.* Carpelles 5, quelquefois 4, plus rarement 6-8, polyspermes.

Plantes annuelles, bisannuelles ou vivaces. Feuilles éparses, très épaisses succulentes, planes ou presque cylindriques. Fleurs purpurines, roses, blanches ou jaunes, épis subunilatéraux souvent scorpioïdes rapprochés en corymbe terminal, quelquefois disposés en corymbe dichotome, plus rarement fleurs groupées en cymes ou en glomérules latéraux et terminaux.

1 { Fleurs jaunes. . . . . 2.
{ Fleurs blanches, rosées ou purpurines . . . . 5.

2 { Feuilles non prolongées au-dessous de leur insertion. . . . . . *S. acre.*
{ Feuilles prolongées en éperon au-dessous de leur insertion. . . . . . . 3.

3 { Feuilles obtuses. . . . . *S. sexangulare*
{ Feuilles aigues, mucronées ou cuspidées. 4

4 { Feuilles des rejets stériles éparses. . . . . *S. reflexum.*
{ Feuilles des rejets stériles rapprochées en rosettes terminales courtes compactes. . . . . *S. elegans.*

5 { Feuilles planes. . . . . 6.
{ Feuilles presque cylindriques ou ovoïdes. . . . . 7.

6 { Feuilles très entières, plante annuelle. . . . . *S. Cepæa.*
{ Feuilles lâchement dentées, souche vivace, à fibres renflées-charnues. . . . . *S. Telephium.*

7 { Feuilles glabres. . . . . 8.
{ Feuilles pubescentes ou velues . . . . 9.

8 { Feuilles oblongues-linéaires, tiges glabres . . . . *S. album.*
{ Feuilles ovoïdes, tiges pubescentes-glanduleuses supérieurement. . . . . *S. dasyphyllum.*

9 { Pétales non aristés, plante n'émettant pas de rejets stériles. . *S. villosum.*
{ Pétales aristés; plante à rejets stériles nombreux . . . . *S. hirsutum.*

SECT. I. — Fleurs jaunes. Pétales 5, quelquefois 4, plus rarement 6-8.

1 S. ACRE. (L. sp. 619.) — Engl. bot. t. 839. (vulg. *Vermiculaire âcre.*)

Souche subcespiteuse, rameuse, émettant des tiges radicantes à la base, les unes florifères, les autres stériles à feuilles très rapprochées. Tiges de 8-15 centimètr., glabres, ascendantes, ord. rapprochées en touffe compacte, les florifères rameuses seulement au sommet. *Feuilles* sessiles, dressées, courtes, *ovoïdes-gibbeuses, non prolongées au-dessous de l'insertion*, celles des tiges stériles imbriquées sur 6 rangs. Fleurs d'un beau jaune, subsessiles, disposées en 2-3 épis courts subscorpioïdes rapprochés en corymbe terminal. Pétales 5, plus rarement 4, oblongs-lancéolés, deux fois plus longs que le calice, étalés. Plante d'une saveur âcre. ♃. Juin-juillet.

C C.C — Lieux secs pierreux ou sablonneux, vieux murs, toits de chaume, berges des chemins de fer, etc.

s v. — *gracile.* — Tiges très grêles, pauciflores.

2. S. SEXANGULARE. (L. sp. 620.) — Engl. bot. t. 1946.

Souche subcespiteuse, rameuse, émettant des tiges radicantes à la base, les unes florifères, les autres stériles à feuilles très rapprochées. Tiges de 1-2 décimètr., glabres, ascendantes, disposées en touffe lâche; les florifères rameuses seulement au sommet. *Feuilles* sessiles, dressées, *cylindriques, linéaires, obtuses, prolongées en éperon au-dessous de l'insertion*, celles des tiges stériles irrégulièrement imbriquées sur 6 rangs. Fleurs jaunes, subsessiles, disposées en 2-3 épis subscorpioïdes rapprochés en corymbe terminal. Pétales ord. 5, oblongs-lancéolés aigus, presque deux fois plus longs que le calice, étalés. ♃. Juin-juillet.

R. — Lieux arides pierreux ou sablonneux. — Charenton ! (*Maire*). Bois de Boulogne. Beauvais près Mennecy; bois de Montramé près Provins (*Des Étangs*).

3. S. REFLEXUM. (L. sp. 618.) — Fuchs. hist. 33 ic.

Souche rameuse, terminée en racine pivotante, émettant des tiges florifères et des rejets stériles. Tiges de 2-4 décimètr., glabres, rougeâtres ou glaucescentes, couchées et radicantes à la base puis brusquement redressées, robustes, simples donnant naissance supérieurement aux rameaux de l'inflorescence, courbées en crochet au sommet avant l'épanouissement des fleurs. *Feuilles* souvent rougeâtres, sessiles, très charnues, presque cylindriques, *linéaires aiguës, mucronées, prolongées au-dessous de l'insertion en un éperon court arrondi, celles des rejets stériles éparses.* Fleurs ord. d'un jaune assez pâle, subsessiles, disposées en épis scorpioïdes ord. bifurqués et rapprochés en un corymbe terminal. Divisions du calice très charnues, déprimées au centre, à bords épaissis. Pétales ord. 6-8, oblongs-linéaires, environ une fois plus longs que le calice, étalés. ♃. Juillet-août.

C C. — Lieux sablonneux, vieux murs, coteaux pierreux.

var *β. gracile.* — Plante ord. plus grêle. Fleurs d'un beau jaune. Calice ord. un peu glanduleux.

4. S. ELEGANS (Lej. fl. Sp I. 205)

Souche rameuse, terminée en racine pivotante, émettant des tiges florifères et des rejets stériles. Tiges de 1-4 décimètr., glabres, rougeâtres ou glaucescentes, couchées et radicantes à la base puis brusquement redressées, assez grêles, simples donnant naissance supérieurement aux rameaux de l'inflorescence, courbées en crochet au sommet avant l'épanouissement des fleurs. *Feuilles* souvent rougeâtres, sessiles, minces presque planes, *linéaires cuspidées, prolongées au-dessous de l'insertion en un éperon triangulaire aigu; celles des rejets stériles étroitement imbriquées*, la plupart desséchées lors de la floraison, les dernières développées rapprochées *en une rosette courte compacte* à l'extrémité de chacun des rejets. Fleurs d'un beau jaune, subsessiles, disposées en épis scorpioïdes ord. bifurqués et rapprochés en un corymbe terminal. Divisions du calice à peine charnues, planes, à bords non épaissis. Pétales ord. 6-8, oblongs-linéaires, environ une fois plus longs que le calice, étalés. ♃. Juin-juillet.

A.R. — Lieux sablonneux, vieux murs, bruyères. — Fleurines près Senlis! Lardy (*Maire*). Provins (*Bouteiller*). La Roche-Guyon!

SECT II. — Fleurs blanches, purpurines ou roses. Pétales ord. 5.

5. S. ALBUM. (L. sp. 619.) — Engl. bot. t. 1578. (vulg. *Trique-madame.*)

Souche subcespiteuse, rameuse, émettant des tiges radicantes à la base, les unes florifères, les autres stériles courtes à feuilles peu rapprochées. *Tiges* florifères de 1-2 décimètr., ascendantes, disposées en touffe, *glabres*, simples donnant naissance supérieurement aux rameaux de l'inflorescence. *Feuilles* sessiles, plus ou moins étalées, *cylindracées, oblongues-linéaires*, très succulentes, obtuses, vertes, glabres. Fleurs blanches, quelquefois rosées, à anthères brunes, pédicellées, disposées en corymbe dichotome. *Pétales oblongs-lancéolés*, non aristés, environ trois fois plus longs que le calice. ♃. Juin-août.

C.C. — Vieux murs, toits de chaume, rochers, champs pierreux en friche.

6. S. DASYPHYLLUM. (L. sp. 618.) — Engl. bot. t 656.

Souche subcespiteuse, rameuse, émettant des tiges nombreuses souvent radicantes à la base, les unes florifères, les autres stériles courtes très grêles à feuilles rapprochées-imbriquées. *Tiges* florifères de 1-2 décimètr., ascendantes-diffuses, disposées en touffe, simples donnant naissance supérieurement aux rameaux de l'inflorescence, *à rameaux pubescents-glanduleux. Feuilles* sessiles, la plupart presque opposées, courtes, *ovoïdes* bossues sur le dos, très succulentes, glaucescentes, glabres. Fleurs blanches, rougeâtres en dehors, pédicellées, disposées en un corymbe irrégulièrement rameux obscurément dichotome. *Pétales ovales, non aristés,* environ trois fois plus longs que le calice. ♃. Juin-août.

R. — Vieux murs. — Paris : murs des quais vers le pont d'Austerlitz! (*Vigineix*). Abondant sur les murs de l'hôpital et du parc à Rambouillet! (*Daënen*).

7 S. HIRSUTUM. (All. Ped t. 65. f. 5.)

Souche cespiteuse, rameuse, émettant des tiges nombreuses quelquefois radicantes à la base, les unes florifères, les autres stériles courtes à feuilles rapprochées en une rosette terminale subglobuleuse. *Tiges* florifères de 4-8 centimètr., *pubescentes glanduleuses au sommet*, souvent nues ou à peine feuillées, dressées, simples donnant naissance supérieurement aux rameaux de l'inflorescence. *Feuilles* sessiles, *oblongues* plus ou moins rétrécies à la base, *semi-cylindriques*, obtuses, *velues-hérissées*, celles des tiges florifères éparses peu nombreuses ou nulles. Fleurs blanches ou d'un blanc rosé, pédicellées, disposées en une fausse grappe unilatérale ou en 2-3 grappes rapprochées en corymbe simple. *Pétales* à nervure moyenne souvent rougeâtre en dehors, oblongs, *aristés*, environ deux fois plus longs que le calice. ♃. Mai-juillet.

R.R. — Rochers siliceux des coteaux élevés — Assez abondant à Itteville (*Gay*). Mondeville (*Mandon*). Abondant à la Ferté-Aleps (*de Boucheman*).

8. S. VILLOSUM. (L. sp. 620) — Engl. bot. t. 394.

Souche bisannuelle, à fibres radicales naissant brusquement de la base de la tige et rapprochées en un peloton compacte. *Tiges stériles nulles. Tige* solitaire, de 5-15 centimètr., feuillée, dressée, ord. simple à la base, rameuse supérieurement, *pubescente-glanduleuse* surtout au sommet. *Feuilles* sessiles, dressées, éparses, *linéaires-oblongues*, plus ou moins rétrécies à la base, *semi-cylindriques*, obtuses, *pubescentes*. Fleurs d'un blanc rosé, à nervure moyenne rougeâtre en dehors, pédicellées, disposées en un corymbe irrégulier très obscurément dichotome. *Pétales* ovales-oblongs, *non aristés*, environ deux fois plus longs que le calice. ②, rarement vivace accidentellement, et alors donnant naissance à des tiges stériles. — Juin-juillet.

R. — Mares tourbeuses peu profondes des rochers siliceux. — Beauvais et Balancourt près Mennecy (*Des Étangs*) Mares de la forêt de Fontainebleau! Bois de Nanteau près Nemours (*Devilliers*).

9. S. CEPÆA. (L. sp. 617.) — S galioides. All. Ped t. 65. f. 3.

Plante annuelle. *Tiges stériles nulles*. Tiges plus ou moins nombreuses ou solitaires, de 1-4 décimètr., feuillées, ascendantes, ord. simples, donnant naissance latéralement aux rameaux florifères, finement pubescentes surtout supérieurement. *Feuilles* etalées, *opposées, ternées ou quaternées*, plus rarement éparses, rétrécies en pétiole, *planes, très entières*, glabres; *les inférieures oblongues-obovales*; les supérieures oblongues-linéaires. Fleurs blanches ou d'un blanc rosé, pédicellées, rapprochées en fausses grappes ou en corymbes dichotomes disposés le long de la tige en une panicule étroite racémiforme. *Pétales* à nervure moyenne rougeâtre en dehors, lancéolés, *aristés*, environ deux fois plus longs que le calice. ① ou ②. Juin-août.

A.C. — Berges des chemins creux, fossés couverts, buissons humides, endroits découverts des bois. — Clamart! Ville-d'Avray! Versailles! St-Léger! Pierrefonds!, etc.

10. S. TELEPHIUM. (L. sp. 616, *excl. var.*) — Engl bot t. 1319 (vulg *Orpin*, *Herbe-à-la-coupure*.)

Souche épaisse, donnant naissance à des fibres renflées-charnues napiformes. Tiges plus ou moins nombreuses, de 3-7 décimètr., glabres, feuillées, robustes, dressées, simples à la base, donnant supérieurement naissance aux rameaux de l'inflorescence. *Feuilles* sessiles, ou les inférieures rétrécies à la base, éparses, plus rarement opposées ou ternées, oblongues ou oblongues-obovales, *planes*, charnues-succulentes, *lâchement dentées* à dents obtuses, glabres, vertes ou glaucescentes. Fleurs roses-purpurines, rarement blanchâtres, pédicellées, rapprochées en glomérules compactes à l'extrémité des rameaux, disposées en un corymbe terminal compacte. *Pétales* à nervure moyenne plus foncée, oblongs lancéolés *aigus*, étalés-recourbés dans leur moitié supérieure, soudés dans leur partie inférieure avec le rang intérieur des étamines. ♃. Juillet-septembre.

C. — Bois humides, taillis, vignes, buissons, lieux pierreux

Le *S. maximum* Pers. (— Rchb. pl crit. VIII ic 969.) se distingue du S *Telephium* aux caractères suivants: tige plus elevée; feuilles ord. opposées, très amples, les inférieures sessiles non rétrécies à la base, les supérieures à base large amplexicaule; fleurs d'un blanc jaunâtre, à petales non recourbes en dehors, étamines du rang intérieur soudées seulement à la base avec les petales. Cette espèce a été observée au bois de Vincennes, dans un espace fort restreint (*Maire*), nous doutons qu'elle y soit spontanée.

Le *S. anacampseros* L. (— Bot. mag. t. 118.) indiqué à St-Prix (*Thuill fl.*) n'a pas été retrouvé. — Cette plante ne se rencontre guère que dans les régions alpines; nous l'avons observée plusieurs fois dans le departement des Basses-Alpes. On la reconnaît aux caractères suivants: souche à fibres pivotantes charnues non renflées, émettant des rhizomes allongés qui donnent naissance aux tiges, feuilles sessiles, oblongues-obovales, entières, prolongées en éperon au dessous de leur insertion; fleurs purpurines, disposées en glomerules rapprochés en un corymbe terminal très compacte.

V. SEMPERVIVUM. (L. gen. n. 612.)

Calice à 6-20 divisions. *Corolle à* 6-20 *pétales* marcescents, libres ou soudés à la base par l'intermédiaire des filets des étamines. *Étamines en nombre double de celui des pétales. Écailles hypogynes* courtes, *dentées ou lacérées.* Carpelles 6-20, polyspermes.

Plante vivace. Feuilles planes, épaisses-charnues, éparses sur les tiges florifères, rapprochées en rosette au sommet des rejets. Fleurs d'un rose purpurin, disposées en épis scorpioïdes rapprochés en un corymbe terminal au sommet de la tige.

1. S. TECTORUM. (L. sp. 664.) — Engl. bot. t. 1320. (vulg. *Joubarbe*, *Artichaut-bâtard.*)

Tige de 3-6 décimètr., dressée, feuillée, simple donnant naissance supérieurement aux rameaux de l'inflorescence, velue-glanduleuse surtout dans sa partie supérieure, émettant inférieurement de nombreux rejets radicants terminés par des rosettes globuleuses de feuilles imbriquées. Feuilles oblongues ou oblongues-obovales, acuminées-mucronées, d'un vert gai, souvent rougeâtres, bordées de cils raides, les inférieures à faces glabres, les supérieures pubescentes. Fleurs roses-purpurines striées, grandes, subsessiles. Calice velu-glanduleux, à divisions linéaires-lancéolées. Pétales lancéolés-linéaires, étalés en étoile, non adhérents aux filets des étamines, velus-glanduleux, environ deux fois plus longs que le calice. Écailles hypogynes tres petites, glanduliformes. ♃. Juillet-août.

C. — Toits de chaume, vieux murs. — Souvent planté sur les chaumières.

XXXIII. AMYGDALÉES.

(ROSACEARUM trib. Amygdaleæ. Juss. gen. 340.)

Fleurs hermaphrodites, régulières. — Calice caduc, à 5 sépales soudés en tube, à tube campanulé non soudé avec l'ovaire, à limbe 5-partit, à préfloraison imbriquée. — Corolle à 5 pétales insérés à la gorge du calice sur un disque mince, libres, caducs, à préfloraison imbriquée. — *Étamines* 15-30, insérées avec les pétales à la gorge du calice, libres. Anthères bilobées, introrses. — *Ovaire libre, constitué par un seul carpelle*, à 1 loge bi-ovulée. Ovules suspendus, réfléchis. Style 1. Stigmate capité. — *Fruit (drupe) charnu*, à sarcocarpe ord. succulent, marqué d'un sillon latéral correspondant au bords de la feuille carpellaire, *à un seul noyau* (endocarpe ligneux) monosperme par avortement rarement bisperme. Graine suspendue, dépourvue de périsperme. Embryon droit. Radicule dirigée vers le hile.

Arbres ou arbrisseaux à suc gommeux s'échappant fréquemment par les fissures de l'écorce, à ramuscules quelquefois spinescents, à bourgeons écailleux. Feuilles éparses, souvent rapprochées en fascicules, simples, dentées; *stipules* libres, *caduques.* Fleurs solitaires ou géminées, disposées en fascicules ombelliformes, en corymbes simples ou en grappes, s'épanouissant souvent avant le développement des feuilles.

1 { Drupe glabre, jamais couverte d'une efflorescence glauque; fleurs disposées en fascicules ombelliformes ord. pluriflores, en corymbes simples ou en grappes . . . . CERASUS. (1.)
  { Drupe glabre couverte d'une efflorescence glauque, ou pubescente veloutée, fleurs solitaires ou géminées . . . . . . 2.

2 { Noyau lisse ou à peine rugueux, jamais sillonné; feuilles roulées longitudinalement avant leur complet développement. . . . . . PRUNUS. (ii.)
Noyau marqué de sillons irréguliers ou de fissures étroites; feuilles pliées longitudinalement avant leur complet développement. . AMYGDALUS. (iii.)

I. CERASUS. (Juss. gen. 340.)

Drupe globuleuse ou oblongue-globuleuse, succulente, colorée, *glabre, jamais couverte d'une efflorescence glauque. Noyau* presque globuleux, *très lisse.*

Arbres ou arbrisseaux jamais épineux. *Feuilles* pétiolées, *pliées longitudinalement avant leur complet développement. Fleurs* blanches, *disposées en fascicules ombelliformes* pluriflores ou pauciflores, *en corymbes simples ou en grappes.* Pédicelles fructifères plus longs que le fruit.

1 { Fleurs assez grandes, disposées en fascicules ombelliformes . . . . . . 2.
Fleurs petites, disposées en corymbes simples ou en grappes. . . . . . . 3.

2 { Arbre à rameaux jamais pendants, fruit d'une saveur douce . . *C. avium.*
Arbre à rameaux étalés, ord. pendants; fruit d'une saveur acide ou acidule. *C. vulgaris.*

3 { Fleurs en corymbes simples. . . . . *C. Mahaleb.*
Fleurs en longues grappes cylindriques . . . . *C. Padus.*

SECT. I. CERASUS. — Fleurs disposées en fascicules pluriflores ou pauciflores, se développant avant les feuilles ou en même temps que les feuilles.

1. C. AVIUM. (Mœnch, meth. 672.) — Prunus avium L. sp. 680. — Engl. bot. t. 706.

Arbre ord. élevé, à épiderme se détachant souvent par zones circulaires, à branches plus ou moins dressées, à *rameaux jamais pendants. Feuilles* obovales-oblongues acuminées, doublement dentées, un peu plissées, ord. *pubescentes en dessous.* Fleurs très longuement pédicellées. *Fruit* globuleux ou globuleux-subcordiforme, d'un rouge plus ou moins foncé, souvent presque noir, à épicarpe très adhérent à la pulpe; pulpe plus ou moins ferme, ord. adhérente au noyau, *d'une saveur douce* plus ou moins sucrée. Noyau à parois épaisses, à bord obtus. ♄. *Fl.* avril-mai. *Fr.* juin-juillet.

var. α. *sylvestris.* (vulg. *Merisier.*) — Fruit globuleux, environ de la grosseur d'un pois, noir, à suc très coloré, d'une saveur sucrée légèrement amère. — C. — Bois, forêts.

var. β. *Juliana.* (C. Juliana. D.C. fl. Fr. IV. 482. — vulg. *Guigne*, *Cerise douce.*) — Fruit globuleux ou globuleux-subcordiforme, assez gros, d'un rouge très foncé ou noir, à suc plus ou moins coloré, d'une saveur sucrée. — Cultivé.

var. γ. *Duracina.* (C. Duracina. D.C. fl. Fr. IV. 483. — vulg. *Bigarreau*) — Fruit oblong ou globuleux-subcordiforme, assez gros, ord. d'un rouge pâle strié, quelquefois d'un blanc jaunâtre, à suc ord. incolore peu abondant, à pulpe ferme cassante, d'une saveur sucrée. — Cultivé.

† 2. C. VULGARIS. (Mill. dict. n. 1.) — C. Caproniana. D.C. fl. Fr. IV. 482. — Prunus Cerasus. L. sp. 679. — Lam. ill. t. 432. (vulg. *Cerise aigre.*)

Arbre ord. peu élevé, à épiderme se détachant souvent par zones circulaires, à branches plus ou moins étalées, à *rameaux grêles étalés, ord. pendants. Feuilles* obovales-oblongues acuminées, doublement dentées, presque planes, *glabres dès leur jeunesse.* Fleurs ord. très longuement pédicellées *Fruit* globuleux-déprimé, d'un rouge ord. peu foncé; épicarpe se détachant assez facilement de la pulpe, pulpe molle très succulente, ord. non adhérente au noyau, *d'une saveur acide ou acidule.* Noyau à parois assez minces, à bord légèrement saillant plus rarement obtus. ♄. *Fl.* avril-mai. *Fr.* juin-juillet.

Cultivé partout. — Originaire de l'Asie.

s v. — *brevipes*. (vulg. *Cerisier de Montmorency*.) — Pédicelle à peine plus long que le fruit.

Les *Cerisiers* présentent un assez grand nombre de races et peut-être d'hybrides, qu'il est difficile de rattacher avec certitude à un type : telles sont les variétés connues sous le nom de *Cerise anglaise*, *Griotte tardive à ratafia*, etc.

SECT. II. PADUS. — Fleurs disposées en corymbes simples ou en grappes pluriflores, se développant après les feuilles.

3. C. MAHALEB. (Mill. dict. n. 4.) — Prunus Mahaleb. L. sp. 678. — Jacq. fl. Austr. t. 227. (vulg. *Bois-de-Ste-Lucie.*)

Arbrisseau ou arbre peu élevé, très rameux, à rameaux étalés. Feuilles coriaces, glabres, luisantes, légèrement cordées à la base, suborbiculaires-oblongues, brièvement acuminées, finement dentées, à dents arquées calleuses-glanduleuses au sommet. *Fleurs* petites, odorantes, disposées *en corymbes simples* dressés. Pédicelles la plupart caducs après la floraison. Fruit noir, ovoïde-globuleux, environ de la grosseur d'un pois, d'une saveur amère acerbe. ♄. *Fl.* mai. *Fr.* juillet-août.

A C. — Bois, buissons des coteaux pierreux. — Bois de Boulogne ! Très abondant dans les haies et les bois à Magny ! à Mantes ! et aux Andelys ! Forêt de Hallate ! Pithiviers !, etc. — Fréquemment planté dans les parcs et cultivé en haies.

÷ 4. C. PADUS. D C fl. Fr. IV. 580.) — Prunus Padus. (L. sp. 677.) — Engl. bot. t 1383. (vulg. *Merisier-à-grappes.*)

Arbrisseau plus ou moins élevé, à rameaux étalés ou dressés. Feuilles glabres, assez amples, oblongues-obovales, acuminées, finement dentées, à dents etalées non glanduleuses. ***Fleurs*** petites, odorantes, disposées *en longues grappes cylindriques* penchées ou pendantes. Pédicelles la plupart persistants après la floraison. Fruit noir ou rouge, globuleux, environ de la grosseur d'un pois, d'une saveur amère acerbe. ♄. *Fl.* mai. *Fr.* juillet-août.

Planté dans les parcs et quelquefois naturalisé dans les bois. — Bois de Boulogne ! St-Maur ! Malesherbes ! Pithiviers !

On cultive fréquemment le *C. Laurocerasus* Loisel (Prunus. Laurocerasus L. — vulg. *Laurier-Cerise*, *Laurier-à-lait*) à feuilles coriaces luisantes persistantes exhalant par le froissement une odeur d'amandes amères, à fleurs disposées en grappes plus courtes que les feuilles.

II. PRUNUS. (Tournef. inst. t. 398.)

Drupe globuleuse ou oblongue, succulente, ord. colorée, glabre *couverte d'une efflorescence glauque, plus rarement pubescente-veloutée. Noyau* oblong, plus rarement oblong-suborbiculaire, plus ou moins comprimé, *lisse ou à peine rugueux* jamais sillonné.

Arbres ou arbrisseaux, à ramuscules quelquefois spinescents. *Feuilles* pétiolées, *roulées longitudinalement avant leur complet développement. Fleurs* blanches, *solitaires ou géminées.* Pédicelles fructifères ord. plus courts que le fruit, quelquefois très courts.

1 { Fruit couvert d'une pubescence veloutée; pédicelle fructifère très court. . . . . *P. Armeniaca.*
Fruit glabre, couvert d'une efflorescence glauque, pédicelle fructifère égalant au moins la moitié de la longueur du fruit. . . . . 2.

2 { Arbrisseau très épineux; fruit dressé; bourgeons florifères ord. uniflores. . . . . *P. spinosa.*
Arbre ou arbrisseau non épineux ou à peine epineux; fruit ord. penché; bourgeons florifères biflores, plus rarement uniflores . . . . 3.

3 { Jeunes rameaux pubescents-veloutés. . . . . *P. insititia.*
{ Jeunes rameaux glabres . . . . 4.

4 { Pédicelles fructifères plus courts que le fruit; bourgeons florifères ord. biflores. *P. domestica.*
{ Pédicelles fructifères égalant environ la longueur du fruit; bourgeons florifères ord. uniflores. . . . . *P. cerasifera.*

SECT. I. PRUNUS. — Drupe glabre, couverte d'une efflorescence glauque

1. P. SPINOSA. (L. sp. 681.) — Engl. bot. t. 842. (vulg. *Prunellier, Épine-noire.*)

Arbrisseau très épineux, très rameux, formant ord. un buisson épais, à ramuscules spinescents étalés à angle droit. Feuilles obovales-oblongues ou oblongues, ord. brièvement acuminées, finement dentées, glabres ou pubescentes. *Bourgeons florifères ord. uniflores*, solitaires, géminés ou fasciculés. Fleurs ord. épanouies avant la naissance des feuilles, à pédicelles glabres. Pédicelles fructifères plus courts que le fruit. *Fruit dressé*, noir, glauque, plus petit qu'une cerise, globuleux, d'une saveur très acerbe. ♄. *Fl.* avril-mai. *Fr.* octobre-décembre.

C.C. — Haies, buissons, lisière des bois.

var. *β. macrocarpa.* (Boreau, fl. centr. 122.) — Arbrisseau ord. plus élevé, moins épineux. Feuilles plus amples. Fruit plus gros de moitié que dans le type. — *A.C.*

† 2. P. CERASIFERA. (Ehrh. Beitr. IV. 17.)

Arbrisseau ou arbre peu élevé, ord. non épineux, à jeunes rameaux glabres Feuilles oblongues aigues, finement dentées, glabres ou pubescentes. *Bourgeons florifères ord. uniflores*, solitaires ou géminés. Fleurs naissant en même temps que les feuilles, à pédicelles glabres. *Pédicelles* fructifères *égalant* environ *la longueur du fruit.* Fruit environ de la grosseur d'une cerise, globuleux, d'une saveur acerbe ♄. Avril-mai.

R.R.R. — Naturalisé dans les taillis aux bords de la Marne près du parc de St-Maur!

† 3 P. DOMESTICA. (L. sp. 680.) — Engl. bot. t. 1783. (vulg. *Prunier domestique.*)

Arbre ou arbrisseau élevé, non épineux, à *jeunes rameaux glabres.* Feuilles oblongues aigues, finement crénelées ou dentées, légèrement pubescentes en dessous. *Bourgeons florifères ord. biflores*, solitaires ou géminés. Fleurs naissant en même temps que les feuilles, à pédicelles ord. pubescents. Pédicelles fructifères plus courts que le fruit. *Fruit penché*, assez gros, oblong souvent un peu arqué, glauque, noir, violet, rougeâtre ou jaunâtre, d'une saveur douce. ♄. *Fl.* mars-avril. *Fr.* juillet-septembre.

Fréquemment subspontané dans les haies et le voisinage des habitations. — Cette espèce, cultivée de temps immémorial, a donné naissance à de nombreuses variétés distinctes par le volume, la couleur et la saveur du fruit.

† 4. P. INSITITIA. (L. sp. 680.) — Engl. bot. t 841. (vulg. *Prunier.*)

Arbre ou arbrisseau élevé, non épineux, à *jeunes rameaux pubescents-veloutés.* Feuilles oblongues-aigues, finement crenelées ou dentees, pubescentes en dessous. *Bourgeons florifères ord. biflores*, solitaires ou géminés. Fleurs naissant en même temps que les feuilles, à pédicelles finement pubescents ou glabres. Pédicelles fructifères plus courts que le fruit. *Fruit penché*, assez gros, globuleux ou subglobuleux, glauque, noir, violet, rougeâtre, jaunâtre ou verdâtre, d'une saveur douce plus ou moins sucrée. ♄. *Fl.* mars-avril. *Fr.* juillet-septembre.

Fréquemment subspontané dans les haies et le voisinage des habitations. — Cette espèce cultivée, comme la précédente dès la plus haute antiquité, offre également un très grand nombre de variétés.

SECT. II. ARMENIACA. (ARMENIACA. Tournef. inst t. 399.) — *Drupe pubescente-veloutée.*

† 3. P. ARMENIACA. (L. sp. 679.) — Armeniaca vulgaris. Lam. dict. I 2. — Noisette, jard. fruit. t. 18-19-20. (vulg. *Abricotier.*)

Arbre peu élevé, non épineux, à rameaux étalés ou ascendants. Feuilles ovales-suborbiculaires acuminées un peu cordées, crenelées-dentées, luisantes glabres, coriaces. Bourgeons florifères uniflores ou biflores, solitaires ou fasciculés. Fleurs assez grandes, naissant avant les feuilles. *Pédicelles fructifères* épais, *très courts*, ne dépassant pas la dépression du fruit où ils s'insèrent. *Fruit* gros, globuleux, présentant un sillon latéral ord. très profond, *pubescent-velouté*, jaune souvent rougeâtre sur l'une de ses faces, d'une saveur sucrée aromatique. ♄. *Fl.* février-mars. *Fr.* juillet.

Cultivé dans les jardins et les vergers, en plein vent ou en espalier. — Originaire de l'Asie. — Cette espèce présente un assez grand nombre de variétés.

† III. AMYGDALUS. (L. gen. n. 619.)

Drupe globuleuse ou oblongue-comprimée, succulente ou charnue-coriace, colorée ou verte à la maturité, ord. pubescente veloutée. *Noyau* oblong ou ovoïde, plus ou moins comprimé, *marqué de sillons irréguliers ou de fissures étroites.*

Arbres ou arbrisseaux non épineux. Feuilles brièvement pétiolées, pliées longitudinalement avant leur complet développement. Fleurs blanches ou roses, subsessiles, solitaires ou géminées. Pédicelles fructifères très courts.

Fruit charnu-coriace, noyau oblong, marqué de fissures étroites. . . . . *A. communis.*
Fruit très succulent; noyau ovoïde, creusé d'anfractuosités profondes. . . . . *A. Persica.*

† 1. A. COMMUNIS. (L. sp. 677.) — Lam. illustr. t. 430. (vulg. *Amandier.*)

Arbre ord. peu élevé. Feuilles elliptiques-lancéolées, dentées en scie, glabres. Fleurs blanches ou rosées, naissant presque en même temps que les feuilles. *Fruit* vert à la maturité, pubescent-velouté à duvet adhérent, *oblong-comprimé*, *charnu-coriace*, s'ouvrant par une fente longitudinale ou se déchirant irrégulièrement. *Noyau oblong*, à surface presque lisse, *marqué de fissures étroites*, à graine comestible. ♄. *Fl.* février-mars. *Fr.* août-septembre.

Cultivé dans les jardins et les vergers. — Originaire de l'Asie. — Varie à amande douce et à amande amère, à noyau à parois épaisses ou à parois minces. — Cet arbre, assez rarement cultivé dans nos environs, périt ord. avant d'atteindre de grandes dimensions.

† 2. A. PERSICA. (L. sp. 677) — Persica vulgaris Mill dict n.1. — Tournef inst. t. 400. (vulg *Pêcher.*)

Arbrisseau ou arbre peu élevé. Feuilles elliptiques-lancéolées, dentées en scie, glabres. Fleurs d'un rose vif, naissant avant les feuilles. *Fruit* d'un vert jaunâtre ou rougeâtre, ord. d'un rouge vif sur l'une de ses faces, *globuleux*, très succulent, pubescent-velouté à duvet se détachant ord. par le frottement, présentant un sillon latéral plus ou moins profond. *Noyau ovoïde*, très rugeux, *creusé d'anfractuosités profondes* et de sillons irréguliers. Graine amère. ♄. *Fl.* février-mars. *Fr.* août-septembre.

Cultivé dans les vignes et dans les jardins, en plein vent ou en espalier. — Originaire de la Perse. — Cette espèce varie à noyau et à épicarpe à peine adhérents ou très adhérents à la pulpe, à pulpe incolore, rouge ou jaune, etc.

var. *β. lævis.* (Persica lævis. D.C. fl. Fr. IV. 487. — vulg. *Brugnon.*) — Fruit glabre.

XXXIV. ROSACÉES.

(ROSACEÆ. Juss. gen. 334, *part.*)

Fleurs hermaphrodites, *régulières*. — Calice non soudé avec l'ovaire, persistant, très rarement marcescent, à 5 rarement 4 sépales soudés seulement dans leur partie inférieure ou soudés en tube dans une étendue variable, à préfloraison valvaire ; sépales souvent munis de stipules qui se soudent deux à deux et forment par leur réunion un calicule dont les divisions alternent avec celles du calice. — Corolle à 5 rarement 4 pétales libres, caducs, insérés sur un disque plus ou moins épais au niveau de la base des divisions du calice, à préfloraison imbriquée.—*Étamines* ord. *en nombre indéfini*, libres, insérées avec les pétales sur le calice au niveau de la base de ses divisions. Anthères bilobées, introrses.—*Ovaire libre, constitué par des carpelles distincts* en nombre indéfini, rarement peu nombreux, très rarement réduits au nombre de 1-2 ; carpelles uni-ovulés, rarement bi-pluri-ovulés. Ovules suspendus ou dressés, réfléchis. Styles en nombre égal à celui des carpelles, latéraux, plus rarement terminaux, libres, rarement agglutinés en colonne. Stigmates ord. indivis. Fruit composé de carpelles distincts, en nombre indéfini, plus rarement peu nombreux ou réduits au nombre de 1-2 ; carpelles secs ou drupacés, monospermes indéhiscents, très rarement polyspermes déhiscents (*Spiræa*), ord. disposés en capitule sur un réceptacle hémisphérique ou conique, plus rarement renfermés dans le tube du calice charnu ou ligneux. Graines suspendues ou dressées, dépourvues de périsperme. Embryon droit. Radicule dirigée vers le hile.

Plantes à suc aqueux souvent astringent, annuelles ou vivaces, ou arbrisseaux souvent munis d'aiguillons. Feuilles alternes, pinnatiséquées ou palmatiséquées, plus rarement indivises-dentées, *stipules plus ou moins longuement soudées au pétiole*, ord. foliacées. Inflorescence très variable, fleurs quelquefois disposées en cymes plus ou moins irrégulières ou en corymbes.

TRIBU I. SPIRÆÆ. — *Carpelles* peu nombreux, *disposés en un seul verticille*, secs, déhiscents par le bord interne, 2-6-*spermes*. Étamines en nombre indéfini.

TRIBU II. POTENTILLEÆ — *Carpelles* nombreux, monospermes, indéhiscents, secs ou drupacés, *disposés sur un réceptacle hémisphérique ou conique* sec ou charnu. Étamines en nombre indéfini.

TRIBU III. ROSEÆ. — *Carpelles nombreux*, monospermes, secs, indéhiscents, *renfermés dans le tube du calice* qui s'accroît beaucoup après la floraison et devient charnu à la maturité. Étamines en nombre indéfini.

TRIBU IV. AGRIMONIEÆ. — *Carpelles* 1-2, monospermes, secs indéhiscents, *renfermés dans le tube du calice* qui devient presque ligneux à la maturité. Étamines 12-20.

1 { Carpelles renfermés dans le tube du calice. 2
Carpelles ord. disposés sur un réceptacle conique ou hémisphérique, jamais renfermés dans le tube du calice. . . . . 3.

2 { Carpelles 1-2; tube du calice presque ligneux, chargé d'épines crochues. . . . . AGRIMONIA. (VIII.)
Carpelles nombreux; tube du calice charnu à la maturité. . . ROSA. (VII.)

3 { Carpelles peu nombreux, déhiscents, par le bord interne, disposés en un seul verticille. . . . . SPIRÆA. (I.)
Carpelles nombreux, indéhiscents, disposés sur un réceptacle conique ou hémisphérique 4

4 { Calice dépourvu de calicule, carpelles succulents. . . RUBUS (II.)
{ Calice muni d'un calicule; carpelles secs. 5

5 { Style terminal, genouillé, s'accroissant après la floraison . . GEUM. (III.)
{ Style latéral ou presque basilaire, marcescent. . . . . 6.

6 { Réceptacle charnu-succulent, caduc à la maturité; fleurs blanches. . . . . FRAGARIA. (IV.)
{ Réceptacle sec ou spongieux, persistant, fleurs jaunes, plus rarement blanches ou pourpres. 7

7 { Réceptacle spongieux; pétales aigus pourpres. . . . . . COMARUM. (V.)
{ Réceptacle sec; pétales arrondis ou échancrés au sommet, jaunes, plus rarement blancs. . . . . POTENTILLA. (VI.)

TRIBU I. SPIRÆÆ. — Carpelles peu nombreux, disposés en un seul verticille, secs, déhiscents par le bord interne, 2-6-spermes Étamines en nombre indéfini.

I. SPIRÆA. (L. gen. n. 630.)

Calice à 5 divisions, dépourvu de calicule. Styles terminaux, marcescents.

Plantes vivaces, herbacées ou ligneuses. Feuilles entières, dentées, lobées, pinnatipartites ou pinnatiséquées à segments souvent très inégaux; stipules souvent très petites ou presque nulles. Fleurs blanches ou rosées, disposées en corymbes multiflores, quelquefois en panicules spiciformes feuillées.

1 { Plante ligneuse; feuilles entières, crénelées ou lobées. . *S. hypericifolia.*
{ Plante herbacée; feuilles pinnatiséquées. . . . . 2.

2 { Carpelles pubescents, non contournés en spirale; feuilles à segment terminal de même grandeur que les segments latéraux. . . *S. Filipendula.*
{ Carpelles glabres, contournés en spirale; feuilles à segment terminal très grand 3-5-lobé. . . . . *S. Ulmaria.*

1 S. FILIPENDULA. (L sp. 702.) — Engl. bot. t. 284. (vulg. *Filipendule.*)

Souche à fibres radicales offrant près de leur extrémité des renflements ovoïdes. Tiges herbacées, de 3-6 décimètr., dressées, ord. simples donnant naissance supérieurement aux rameaux de l'inflorescence. *Feuilles* glabres, pinnatiséquées, ord. *à* 15-20 *paires de segments*; segments *non confluents même les terminaux*, très inégaux, pinnatipartits-incisés, à lobes ciliés surtout au sommet; stipules dentées. Fleurs blanches ou rougeâtres en dehors, odorantes, disposées en corymbes multiflores terminaux. *Carpelles pubescents, non contournés en spirale.* ♃. Juin-juillet.

A.C. — Clairières des bois, coteaux secs et sablonneux. — Très abondant au bois de Boulogne! et dans la forêt de Fontainebleau!, etc. — Souvent planté dans les parterres, où il varie à fleurs doubles.

2. S. ULMARIA. (L. sp. 702.) — Engl. bot. 960. (vulg *Reine-des-prés.*)

Souche à fibres radicales non renflées. Tiges herbacées, de 6-12 décimètr., dressées, ord. simples donnant naissance supérieurement aux rameaux de l'inflorescence. *Feuilles* glabres vertes, ou pubescentes-tomenteuses en dessous, *à* 5-9 *paires de segments*; segments très inégaux, doublement dentés, *les terminaux confluents en un segment terminal* très ample 3-5-lobé; stipules dentées. Fleurs blanches, disposées en corymbes multiflores *terminaux*. *Carpelles glabres, contournés en spirale* les uns autour des autres. ♃. Juin-juillet.

C — Bords des eaux, prés humides, lieux marécageux des bois. — Quelquefois cultivé dans les parterres à fleurs simples ou doubles.

var β. *discolor* — Feuilles à face inférieure blanche tomenteuse.

÷ 3. S. HYPERICIFOLIA. (L. sp. 701.) — Schk. t. 134. (vulg. *Petit-Mai*.)

Sous-arbrisseau à souche traçante. Tiges de 4-10 décimètr., ascendantes, très rameuses, à rameaux grêles effilés. *Feuilles obovales, crénelées au sommet*, celles des rameaux florifères plus étroites souvent entières, stipules nulles. Fleurs blanches, en fascicules latéraux feuillés rapprochés en panicules spiciformes terminales. Carpelles glabres, droits. ♄ Mai.

R. spontané? — Taillis des terrains secs et pierreux. — Plessis-Piquet! St-Germain! Assez abondant à Malesherbes! — Fréquemment planté dans les bosquets où il se naturalise aisément.

On cultive dans les parcs plusieurs autres arbrisseaux du genre *Spiræa* : 1° *S. opulifolia* Willd. à feuilles trilobées à lobes crénelés, à fleurs disposées en corymbes terminaux. — 2° *S. salicifolia* L. à feuilles oblongues-lancéolées dentées, à fleurs d'un blanc rosé. — 3° *S. sorbifolia* L. à feuilles pinnatiséquées à folioles ovales-lancéolées dentées, à rameaux tomenteux.

On cultive fréquemment dans les parterres le *Kerria Japonica* D.C. (vulg. *Corchorus*), arbrisseau à écorce verte, à feuilles ovales-lancéolées plissées inégalement dentées, à fleurs jaunes doubles.

TRIBU II. POTENTILLEÆ. — Carpelles nombreux, monospermes, indéhiscents, secs ou drupacés, disposés sur un réceptacle hémisphérique ou conique, sec ou charnu. Étamines en nombre indéfini.

II. RUBUS. (L. gen. n. 632.)

Calice à 5 divisions, *dépourvu de calicule*. Styles subterminaux, marcescents. *Carpelles drupacés succulents*, groupés en un fruit bacciforme sur un réceptacle conique, charnu, persistant.

Sous-arbrisseaux à tiges sarmenteuses munies d'aiguillons, souvent glanduleuses au sommet. Feuilles palmatiséquées, à rachis ord. muni d'aiguillons, à 3 plus rarement 5 ou 7 folioles, folioles doublement dentées; les feuilles inférieures à folioles libres, les feuilles supérieures à folioles latérales quelquefois confluentes; stipules linéaires, soudées avec le pétiole seulement dans leur partie inférieure. Fleurs blanches ou rosées, disposées en panicules axillaires ou terminales pauciflores ou multiflores.

1 { Fruit pubescent, rouge à la maturité, rarement jaunâtre. . . . *R. Idæus.*
Fruit glabre, noir à la maturité, luisant ou couvert d'une efflorescence glauque. . . . . 2.

2 { Calice étalé après la floraison; fruit luisant, à carpelles nombreux également développés. . . . . *R. fruticosus.*
Calice dressé après la floraison; fruit ord. couvert d'une efflorescence glauque, à carpelles ord. peu nombreux très inégalement développés. . . . . *R. cæsius.*

1. R. IDÆUS. (L. sp. 706.) — Engl. bot. t. 2442. (vulg. *Framboisier*.)

Tiges de 1-2 mètr., dressées, à rameaux arqués, cylindriques, très glauques, à aiguillons faibles sétacés droits. Feuilles à 3 plus rarement 5 folioles tomenteuses-argentées en dessous. Fleurs blanches. *Pétales connivents.* Calice à divisions étalées après la floraison, réfractées à la maturité. *Fruit* odorant, d'une saveur agréable, subglobuleux, *pubescent, rouge* à la maturité, rarement jaunâtre, composé de carpelles nombreux également développés à peine adhérents au réceptacle. ♄. Mai-juillet.

A C. — Bois humides montueux. — Meudon! Montmorency! Versailles! Magny! Pont-St-Maxence! Forêt de La Neuville-en-Hez!, etc.—Cultivé dans les jardins et en plein champ.

2. R. CÆSIUS (L. sp. 706.) — Engl. bot. t. 826. (vulg. *Ronce bleue.*)

Tiges de 1-2 mètr., faibles, tombantes ou couchées, presque cylindriques, très glauques, à aiguillons faibles la plupart droits. Feuilles à 3 folioles, les inférieures très rarement à 5 folioles, glabres ou pubescentes jamais blanchâtres en dessous. Fleurs blanches. Pétales étalés. *Calice à divisions conniventes après la floraison*, ord. appliquées sur le fruit. *Fruit* d'une saveur acidule, ord. de forme irrégulière, glabre, *noir*, couvert d'une efflorescence glauque, très rarement luisant, composé de carpelles ord. peu nombreux par avortement et de grosseur très inégale, très adhérents au réceptacle. ♄. Juin-août.

C.C. — Lieux frais et ombragés, lisière des bois, buissons, berges des rivières.

var. β. *dumetorum* (R. dumetorum. Weih. et N Rub. Germ. 98.)—Plante plus robuste. Feuilles inférieures souvent à 5 folioles Calice à divisions un peu étalées lors de la maturité du fruit. Fruit luisant ou à peine glauque, composé de carpelles assez nombreux presque égaux — *A R.* — Coteaux arides, bords des chemins.

3. R. FRUTICOSUS. (L. sp. 707.) (vulg. *Ronce.*)

Tiges de 1-4 mètr., tombantes, couchées ou dressées, arquées dans leur partie supérieure, anguleuses, plus rarement cylindriques, souvent rougeâtres, plus rarement glauques, à aiguillons robustes ou grêles, crochus ou droits. Feuilles à 5-7 folioles; les supérieures à 3-5 folioles; folioles à face inférieure pubescente ou tomenteuse, rarement glabres. Fleurs rosées ou blanches. *Pétales étalés. Calice à divisions étalées ou réfractées après la floraison. Fruit* d'une saveur douce, subglobuleux, *glabre, noir*, luisant, composé de carpelles nombreux de grosseur presque égale, peu adhérents au réceptacle. ♄. Juin-septembre.

var. α. *discolor.* (R. discolor. Weih. et N. Rub. Germ. 46.) — Tiges ord. très robustes fortement anguleuses, à aiguillons ord. robustes crochus, à rameaux souvent d'un rouge pourpre Feuilles la plupart à 5 folioles; *folioles* coriaces, glabres en dessus, *à face inférieure couverte d'une pubescence apprimée blanche ou cendrée*, les latérales sessiles ou pétiolulées Fleurs ord d'un blanc rosé — *C.C C* — Bords des chemins, lieux incultes, coteaux arides, etc.

s v. *a niveus.* — Folioles d'un blanc mat ou d'un blanc argenté à la face inférieure, la terminale ord obovale ou suborbiculaire brusquement et brièvement acuminée.

s.v. *b. cinereus.* — Folioles d'un blanc cendré à la face inférieure, la terminale ovale ou obovale insensiblement et longuement acuminée

var. β. *tomentosus.* (R. tomentosus. Willd. sp. II 1083.) — Tiges robustes ou grêles plus ou moins anguleuses, à aiguillons ord. assez robustes droits ou arqués, à rameaux verts ou d'un rouge pourpre *Feuilles* supérieures souvent à 3 folioles, folioles coriaces, *tomenteuses cendrées* sur les deux faces ou à face supérieure glabrescente, les latérales sessiles plus rarement pétiolulées. Fleurs blanches, plus rarement d'un blanc rosé. — *A.R.* — Bicêtre; route de St-Cyr à Pontchartrain (*Vigneux*). Env. de St-Léger (*Daenen*). Lardy (*Tourangin*). Fontainebleau! Nemours! (*Devilliers*). — Quelquefois cultivé à fleurs doubles.

s.v *b. microphyllus* (R. collinus D.C. cat. Monsp. 139.)— Plante plus grêle, ord. couchée. Folioles plus petites, souvent obtuses ou très brièvement acuminées, à nervures ord très saillantes.

s v c *glabratus* — Folioles presque glabres à la face supérieure var. γ. *corylifolius.* (R. corylifolius. Smith, fl. Brit. 542.) — Tiges robustes ou grêles, plus ou moins anguleuses, à aiguillons souvent grêles droits ou arqués; à *rameaux* ord. verts, *pubescents ou tomenteux*, présentant rarement quelques poils glanduleux. Feuilles supérieures souvent à 3 folioles; *folioles* molles, *vertes sur les deux faces*, pubescentes ou velues à la face inférieure, les latérales sessiles plus rarement pétiolulées. Fleurs blanches, plus rarement d'un blanc rosé.—*C.C.*— Haies, bois, buissons, etc.

s.v. *a. vulgaris.*— Jeunes rameaux pubescents. Folioles ord. assez amples, celles des feuilles inférieures obtuses ou brièvement acuminées, celles des feuilles supérieures ord. ovales-acuminées.

s.v. *b. amœnus.* — Jeunes rameaux couverts d'un tomentum blanchâtre.

s.v. *c. plicatus.* — Folioles ord. assez petites, obtuses ou brièvement acuminees, fortement plissées selon les nervures secondaires.

var. δ. *glandulosus.* (R. glandulosus. Bellard. act. Taur. III 230.) — Tiges assez robustes, cylindriques, rarement anguleuses, à aiguillons assez grêles droits ou arqués; à *rameaux* ord. verts, *couverts de poils glanduleux rougeâtres entremêlés d'aiguillons très grêles sétiformes. Folioles* ovales-acuminées, ord. très amples, molles, *vertes sur les deux faces*, pubescentes ou velues à la face inferieure, les latérales ord. pétiolulées dans les feuilles inferieures. Fleurs ord. roses. — *A.C.* — Bois, lieux ombragés, coteaux humides.

s.v. — *glabratus.* — Folioles plus épaisses, souvent rougeâtres, glabrescentes.

La plupart des variétés du *R. fruticosus* ont été décrites comme espèces distinctes; nous ne mentionnons que les plus remarquables, négligeant les formes intermédiaires si nombreuses qui les rallient toutes à un même type.

On cultive dans les bosquets le *R. odoratus* L. (vulg. *Framboisier du Canada*) à tiges depourvues d'aiguillons, à feuilles très amples palmatilobees à 5 lobes peu profonds, à pédoncules et à calices couverts de poils rouges glanduleux odorants, à fleurs grandes d'un rose vif, à fruit rose pubescent composé de carpelles très petits.

III. GEUM. (L. gen. n. 636.)

Calice à 5 divisions, *muni d'un calicule* à 5 divisions. *Styles* terminaux, *s'accroissant longuement après la floraison, genouillés dans leur partie supérieure*, à article terminal caduc. Carpelles secs, poilus, groupés en une tête globuleuse sur un réceptacle cylindrique, sec, hérissé, persistant.

Plantes vivaces herbacées, à souche épaisse. Feuilles radicales pinnatiséquées, à segments très inégaux lobés ou incises-dentes, les latéraux très petits, les terminaux très amples souvent confluents en un seul; les caulinaires triséquées ou trilobees; stipules très amples, presque foliacées. Fleurs jaunes ou d'un jaune rougeâtre, solitaires à l'extrémité de la tige et des rameaux.

1 { Capitule des carpelles longuement stipité au-dessus du fond du calice; pétales tronqués au sommet. . . . . *G. rivale.*
{ Capitule des carpelles sessile au fond du calice; pétales arrondis au sommet 2.

2 { Calice coloré, à divisions étalées après la floraison; article terminal du style hérissé de longs poils à sa partie inferieure. . . . *G. intermedium.*
{ Calice herbacé, à divisions refractees après la floraison; article terminal du style glabre ou glabrescent. . . . . *G. urbanum.*

1. G. URBANUM. (L. sp. 716) — Engl bot. t. 1400. (vulg *Benoite.*)

Souche courte, tronquée. Tiges de 4-9 décimetr., rameuses, rarement simples. Fleurs dressées, jaunes. *Calice vert*, pubescent, *à divisions réfractées après la floraison*. Pétales brièvement onguiculés, obovales, arrondis au sommet. *Capitule des carpelles sessile au fond du calice.* Style à article terminal presque glabre. ♃. Juin-juillet.

C. — Lisière des bois, villages, haies, lieux pierreux humides et ombragés.

2. G. INTERMEDIUM. (Ehrh. beitr. VI. 143.) — Willd. hort. Berol. t. 69.

Souche à rhizôme allongé. Tiges de 4-8 décimètr., rameuses, rarement simples. Fleurs dressées ou un peu penchées, jaunes ou d'un jaune rougeâtre. *Calice rougeâtre*, pubescent, *à divisions étalées après la floraison.* Pétales brièvement onguiculés, cunéiformes-obovales, arrondis au sommet. *Capitule des carpelles sessile au fond du calice.* Style à article terminal muni de longs poils dans sa moitié inférieure. ♃. Mai-juillet.

R.R.R. — Bois et buissons humides ombragés. — Beausséré près Gisors !

3. G. RIVALE. (L. sp. 717.) — Engl. bot. t. 106.

Souche à rhizôme allongé. Tiges de 2-8 décimètr., rameuses, plus rarement simples. Fleurs un peu penchées, d'un jaune rougeâtre. *Calice rougeâtre*, très velu, *à divisions dressées après la floraison.* Pétales longuement onguiculés, à limbe large cunéiforme tronqué ou émarginé. *Capitule des carpelles longuement stipité au-dessus du fond du calice.* Style à article terminal muni de longs poils dans sa moitié inférieure. ♃. Mai-juillet.

R.R. — Lieux humides des bois, buissons herbeux, bords des ruisseaux. — Bois de Beausseré près Gisors ! (*Friom*). Chaumont; Trie-le-Château (*Graves*) Abondant aux environs de Beauvais : Montmille !, L'Italienne !, etc. Monchy-Humières près Compiègne ; Baugy (*Leré*).

IV. FRAGARIA. (L. gen. n. 633.)

Calice à 5 divisions, *muni d'un calicule* à 5 divisions. Styles latéraux ou presque basilaires, marcescents. Carpelles secs, espacés sur un *réceptacle* ovoïde, *très développé, charnu-succulent,* glabre, *caduc à la maturité.*

Plantes vivaces, herbacées; à souche épaisse cespiteuse, émettant des stolons aériens filiformes radicants qui se séparent de la plante mère (1). Feuilles à 3 folioles dentées, la plupart radicales ; stipules soudées au petiole dans presque toute leur longueur. Fleurs blanches, disposées en cymes irrégulières pauciflores au sommet des tiges presque nues. Pédicelles fructifères courbés. Fruits odorants, d'une saveur agréable.

Calice étalé à la maturité du fruit.	*F. Vesca.*
Calice appliqué sur le fruit.	*F. collina.*

1 F. VESCA. (L. sp. 709.)—Engl. bot. t. 1524. (vulg. *Fraisier commun*)

Stolons souvent nombreux. Tiges de 1-3 décimètr., nues ou portant une seule feuille florale, dépassant rarement les feuilles. Feuilles adultes pubescentes blanchâtres en dessous, à folioles oblongues ou oblongues-obovales, ord. assez amples, un peu plissées selon les nervures secondaires, dentées à dent terminale ord. plus courte que les latérales ; pétioles couverts de poils étalés. Pédicelles couverts de poils ord. apprimés. *Calice étalé à la maturité du fruit.* Fruit rouge, rarement blanc, ovoïde-subglobuleux, portant ord. des carpelles jusqu'à la base. ♃. Avril-juin.

C.C.C. — Clairières des bois, gazons des coteaux découverts, etc. — On cultive en grand et dans les jardins, sous le nom de *Fraisier de tous les mois*, une variété à fruit ovoïde-conique qui fructifie jusqu'à la fin de l'automne.

var. *β. elatior.* (F. elatior. Ehrh. beitr. VII. 23. — F. magna. Thuill. fl. Par. 254.) —Tiges de 2-4 décimètr. Feuilles très amples, à folioles largement dentées, les latérales souvent petiolulées. Pédicelles couverts de poils étalés. Fleurs plus grandes que

(1) Dans le genre *Fragaria* les tiges rampantes (stolons) présentent alternativement une feuille munie de ses stipules et une paire de stipules dépourvues de feuille ; au niveau des feuilles naissent des racines adventives, et à leur aisselle se développe un bourgeon qui fleurit la même année et produit lui-même de nouveaux stolons.

dans le type, souvent stériles par avortement. — *A.C.* — Lieux ombragés, endroits herbeux des bois montueux. — Meudon! St-Germain! Vincennes! Senart! Mennecy!, etc.

2. F. COLLINA. (Ehrh. beitr. VII. 26.) — Hayn. arzn. IV. t. 30.

Stolons peu nombreux, souvent nuls. Tiges de 1-2 décimètr., nues ou portant une seule feuille florale, dépassant souvent les feuilles. Feuilles adultes pubescentes-soyeuses en dessous, à folioles oblongues ou oblongues-obovales, plissées selon les nervures secondaires, dentées à dent terminale ord. plus courte que les latérales; pétioles couverts de poils étalés. Pédicelles couverts de poils étalés ou apprimés. *Calice appliqué sur le fruit.* Fruit d'un rouge vif, ovoïde rétréci à la base, dépourvu de carpelles et luisant dans sa partie inférieure, se détachant assez difficilement du fond du calice. ♃. Mai-juin.

A.R. — Pelouses des coteaux arides, clairières des bois sablonneux. — Bois de Boulogne! Forêt de St-Germain! Assez abondant aux environs de Provins (*Des Étangs*). Malesherbes!

On cultive quelques variétés de cette espèce à fruit d'une saveur musquée. — Parmi les espèces exotiques à gros fruit, généralement cultivées, nous citerons: 1° le *F. grandiflora* Ehrh. à calice appliqué sur le fruit, à pétioles couverts de poils dressés, à fruit d'une saveur musquée. 2° le *F. Virginiana* à calice fructifère étalé, à pétioles couverts de poils dressés, à carpelles enfoncés dans les fossettes du fruit.

V. COMARUM. (L. gen. n. 638.)

Calice à 5 divisions, muni d'un calicule à 5 divisions. Pétales oblongs aigus. Styles latéraux, marcescents. Carpelles secs, disposés sur un réceptacle hémisphérique, spongieux, velu, persistant.

Plante vivace herbacée, à partie inférieure et à souche presque ligneuse. Feuilles pinnatiséquées, à 5-7 folioles rapprochées au sommet du rachis, stipules des feuilles inférieures membraneuses entièrement soudées au pétiole, celles des feuilles supérieures foliacées libres supérieurement. Fleurs à pétales d'un pourpre foncé, beaucoup plus courts que le calice, disposées en cyme irrégulière pauciflore.

1. C. PALUSTRE (L. sp. 718.) — Engl. bot. t. 172.

Tiges longuement rampantes-radicantes dans leur partie inférieure, à partie supérieure ascendante de 2-5 décimètr. pubescente. Feuilles à folioles oblongues, fortement dentées, vertes en dessus, blanchâtres en dessous, à nervures pubescentes. Calice rougeâtre, réticulé, à divisions ovales-acuminées s'accroissant beaucoup après la floraison, dressées et dépassant longuement le fruit. ♃. Juin-juillet.

R. — Marais tourbeux à Sphagnum. — Étang du Serisaye près Rambouillet! St-Léger! Montfort-l'Amaury (*de Boucheman*). Marais de St-Germer! (*Graves, Mandon*).

VI. POTENTILLA. (L. gen. n. 634.)

Calice à 5 plus rarement 4 divisions, muni d'un calicule à 5 plus rarement 4 divisions. Pétales obovales, arrondis ou émarginés. Styles latéraux, caducs. Carpelles secs, disposés sur un réceptacle convexe, sec, pubescent ou hérissé, persistant.

Plantes vivaces herbacées, quelquefois sous-frutescentes à la base, rarement annuelles. Feuilles pinnatiséquées ou palmatiséquées, à folioles dentées ou incisées; stipules entières ou incisées, soudées au pétiole dans une étendue variable. Fleurs jaunes, plus rarement blanches, disposées en cymes irrégulières terminales pauciflores ou multiflores, quelquefois solitaires latérales (1).

1 { Fleurs blanches. . . . . 2.
{ Fleurs jaunes. . . . . 3.

2 { Folioles dentées dans leur moitié supérieure, à dents nombreuses, pétales dépassant à peine le calice. . . . . *P. Fragaria.*
{ Folioles dentées seulement au sommet, à 5-7 dents; pétales environ une fois plus longs que le calice. . . . . *P. Vaillantii.*

3 { Feuilles pinnatiséquées . . . . 4.
{ Feuilles palmatiséquées. . . . . 6.

4 { Pétales beaucoup plus longs que le calice; tiges grêles presque filiformes, couchées radicantes au niveau des nœuds dans toute leur longueur. . . . . *P. Anserina.*
{ Pétales plus courts que le calice ou l'égalant environ: tiges jamais radicantes. 5.

5 { Plante vivace; tiges robustes dressées; folioles presque tomenteuses à la face inférieure. . . . . *P Pensylvanica.*
{ Plante annuelle; tiges étalées ou ascendantes diffuses; folioles légèrement pubescentes . . . . *P. supina.*

6 { Calice et calicule à 4 divisions, feuilles ord. à 3 folioles. . *P. Tormentilla.*
{ Calice et calicule à 5 divisions; feuilles à 5-7 plus rarement 3 folioles. . . . 7.

7 { Tiges grêles presque filiformes, couchées-radicantes au niveau des nœuds dans toute leur longueur, fleurs solitaires latérales . . . . . . *P. reptans.*
{ Tiges dressées ou ascendantes au moins au sommet, jamais radicantes dans toute leur longueur, fleurs disposées en cyme ou en corymbe terminal pauciflore ou pluriflore . . . . 8.

8 { Folioles blanches-tomenteuses à la face inférieure. . . . . *P. argentea.*
{ Folioles vertes sur les deux faces, pubescentes surtout à la face inférieure. 9.

9 { Tiges grêles, couchées, ascendantes au sommet, naissant au-dessous de rosettes de feuilles radicales. . . . . *P. verna.*
{ Tige robuste, dressée. . . . . *P. recta*

SECT. I. FRAGARIASTRUM. D.C. — Fleurs blanches. Carpelles velus au moins au niveau de leur insertion. Feuilles palmatiséquées, ord. à 3 folioles.

1. P. FRAGARIA. (Poir. dict. V 599.) — Fragaria sterilis. L. sp. 709. — Engl. bot. t. 1785.

Souche oblique ou horizontale, presque ligneuse, souvent rameuse, à rhizomes terminés par des rosettes de feuilles, quelquefois allongés stoloniformes. Tiges de 5-15 centimètr., étalées ou ascendantes, grêles flexueuses, à peine feuillées, dépassant peu les feuilles, naissant au-dessous de la rosette centrale à l'aisselle des feuilles les plus inférieures ou à l'aisselle des bases de feuilles détruites. Feuilles à 3 folioles, même les caulinaires; *folioles* pubescentes en dessus, soyeuses à la face inférieure, suborbiculaires-cunéiformes à la base, *dentées dans leur moitié supérieure, à dents nombreuses* larges non conniventes, la dent terminale plus courte que les latérales. Fleurs longuement pédicellées, disposées 1-3 au sommet des tiges. *Pétales* ord. échancrés au sommet, *dépassant à peine le calice.* ♃. Avril-mai.

C — Bords des chemins herbeux, lisière des bois, forêts montueuses.

---

(1) L'inflorescence des espèces du genre *Potentilla* se rattache au type des inflorescences définies, les pédicelles terminant les divers axes qui constituent la tige ne peuvent donc jamais être réellement axillaires; ces pédicelles occupent tantôt l'angle de séparation de deux rameaux, tantôt paraissent latéraux par l'absence de l'un de ces deux rameaux. — Dans le *P. supina*, où les rameaux florifères présentent souvent des feuilles opposées, les pédicelles ne paraissent axillaires qu'en raison de l'avortement de l'un des rameaux de chaque dichotomie.

2. P. VAILLANTII. (Nestl. Pot. 75.) — Vaill. bot. Par. t. 10. f. 1.

Souche oblique ou horizontale, presque ligneuse, ord. rameuse, à rhizomes terminés par des rosettes de feuilles, quelquefois allongés stoloniformes. Tiges de 5-20 centimètr., étalées ou ascendantes, grêles flexueuses, à peine feuillées, dépassant peu les feuilles, naissant au-dessous de la rosette centrale à l'aisselle des feuilles les plus inférieures ou à l'aisselle des bases de feuilles détruites. Feuilles à 3 rarement 4-5 folioles; *folioles* vertes pubescentes en dessus, soyeuses-argentées à la face inférieure et aux bords, obovales-oblongues ou obovales, *dentées seulement au sommet, à* 5-7 *dents* conniventes, la dent terminale plus courte que les latérales. Fleurs longuement pédicellées, disposées 1-3 au sommet des tiges. *Pétales* échancrés au sommet, *environ une fois plus longs que le calice.* ♃. Mai-juin.

A.R. — Clairières des bois sablonneux, bruyères. — Bois de Boulogne! (*Gogot*). Bois du Vésinet (*herb. Jaubert*). Bois de Satory près Versailles! Senart! Forêt de Ste-Geneviève (*Vte de Forestier*). Fontainebleau! Malesherbes (*Bernard*). Thiers près Senlis (*Morelle*). Dreux (*Brou*).

SECT. II. POTENTILLASTRUM. Sering.— *Fleurs jaunes. Carpelles glabres. Feuilles palmatiséquées ou pinnatiséquées.*

§ 1. *Feuilles palmatiséquées*, *à* 3-5-7 *folioles.*

3. P. REPTANS. (L. sp. 714.) — Engl. bot. t. 862.

Souche épaisse, presque verticale, donnant naissance à une rosette de feuilles. *Tiges* naissant au-dessous de la rosette de feuilles, ord. très longues, grêles, presque filiformes, *couchées, radicantes au niveau des nœuds* dans toute leur longueur, portant des rosettes de feuilles au niveau des nœuds qui sont longuement espacés. Feuilles à 5-7, plus rarement 3 folioles; folioles glabres ou pubescentes en dessous, vertes sur les deux faces, oblongues-obovales ou oblongues atténuées à la base, dentées presque dès la base, à dents nombreuses presque obtuses, la dent terminale plus courte que les latérales. *Fleurs* à pédicelles dépassant longuement les feuilles, *solitaires, latérales* ou opposées aux feuilles. *Calice à* 5 *divisions.* Pétales 5, dépassant le calice. Carpelles mûrs un peu rugueux. ♃. Juin-août.

C.C. — Bords des chemins herbeux, fossés, pâturages humides.

4. P. TORMENTILLA. (Sibthorp, Oxon. 162) — Tormentilla erecta. L. sp. 716. — Tormentilla officinalis. Curt. Lond. V. t. 35. — Engl. bot. t. 863

Souche épaisse, assez courte, ord. simple, presque ligneuse. Tiges nombreuses, de 1-4 décimètr., assez grêles, étalées diffuses ou ascendantes. *Feuilles à* 3 rarement 5 *folioles*, folioles pubescentes surtout en dessous et aux bords, vertes sur les deux faces, très profondément dentées dans les deux tiers supérieurs, à 4-5 dents de chaque côté, la dent terminale dépassant les latérales; feuilles radicales pétiolées, souvent détruites lors de la floraison, à folioles suborbiculaires-cunéiformes ou obovales; feuilles caulinaires ord. sessiles, à folioles oblongues atténuées à la base; stipules des feuilles caulinaires foliacées assez amples, à 3-5 lobes profonds. Fleurs assez petites, disposées en cymes terminales pluriflores feuillées. *Calice à* 4 *divisions*, très rarement à 5 divisions. Pétales 4, très rarement 5, dépassant peu le calice. Carpelles mûrs lisses. ♃. Mai-juillet.

C. — Bois, bruyères, pâturages secs ou humides.

Var. *β. umbrosa.* Plante beaucoup plus développée dans toutes ses parties. Tiges de 3-6 décimètr., ord. dressées, à rameaux très longs. Feuilles caulinaires quelquefois à 5 folioles, toutes ou la plupart pétiolées; stipules plus amples ou plus petites que dans le type, à 3-5 lobes très profonds, ou entières. — *R.R.* — Lieux couverts des bois, buissons ombragés. — Bois de Satory près Versailles derrière la faisanderie (*Steinheil*). Bords de l'étang de Grand-Moulin près Dampierre! — Cette variété, par ses stipules souvent entières et ses feuilles pétiolées, nous semble intermédiaire entre le *P. tormentilla* et le *P. procumbens* Sibth. (Tormentilla reptans L.).

5. P. VERNA. (L. sp. 712.)—Engl.bot. t 37.

Plante formant une touffe circulaire compacte. *Souche* presque ligneuse, *très rameuse, à rhizomes presque horizontaux se terminant par des rosettes de feuilles. Tiges naissant au-dessous des rosettes de feuilles,* de 5-20 centimètr., nombreuses, *grêles flexueuses, couchées, ascendantes dans leur partie supérieure.* Feuilles à 5 plus rarement 3 ou 7 folioles; *folioles* pubescentes surtout en dessous et aux bords, *vertes sur les deux faces,* obovales-cunéiformes, oblongues-obovales, plus rarement oblongues atténuées à la base, dentées dans les deux tiers supérieurs, à 3-4 dents de chaque côté, la dent terminale plus courte que les latérales; pétioles couverts de poils dressés ou à peine étalés; stipules linéaires-lancéolées ou linéaires. Fleurs disposées en cymes terminales irrégulières pauciflores. Calice à 5 divisions. Pétales 5, dépassant le calice. Carpelles mûrs presque lisses. ♃. Avril-juin.

C.C. — Pelouses sèches, bois sablonneux, bruyères.

var. *β. umbrosa* (N. supp. cat. rais. 81.) — Plante beaucoup plus développée dans toutes ses parties. Tiges de 2-3 décimètr., souvent très feuillées. Feuilles souvent à 7 folioles. Folioles oblongues atténuées à la base, présentant de chaque côté 5-8 dents profondes —*R.R.*—Endroits pierreux ombragés, vieux murs.—Étampes! Forêt de Fontainebleau (*Woods*). Env. de Dreux!

6. P. ARGENTEA. (L. sp. 712.) — Engl. bot. t. 89.

Souche presque ligneuse, courte, terminée en racine pivotante, donnant naissance à plusieurs tiges. Tiges de 1-5 décimètr., assez robustes, ascendantes ou dressées, tomenteuses-blanchâtres. Feuilles à 5 folioles; *folioles* à bords ord. roulés en dessous, *blanches-tomenteuses à la face inférieure*, d'un vert foncé en dessus, oblongues très rétrécies dans leur moitié inférieure, incisées ou pinnatifides dans leur moitié supérieure à lobes linéaires-oblongs, le lobe terminal dépassant les latéraux; stipules entières linéaires, ou bi-tripartites à lobes linéaires. Fleurs disposées en cymes terminales feuillées pluriflores ou multiflores. Calice à 5 divisions. Pétales 5, ord. à peine émarginés, environ de la longueur du calice. Carpelles mûrs très finement ridés. ♃. Juin-juillet, refleurit en automne.

C. — Coteaux arides, bords des routes, endroits découverts des bois.

✝ 7. P. RECTA. (L. sp. 711.) — All. fl Ped. t. 71 f 1.

Souche presque ligneuse, courte, terminée en racine pivotante, donnant naissance à une ou plusieurs tiges. *Tige* de 4-6 décimètr., *robuste, dressée*, couverte de longs poils soyeux, présentant des poils glanduleux plus courts dans sa partie supérieure. Feuilles à 3-5-7 folioles; *folioles* très amples, à bords non roulés en-dessous, pubescentes surtout à la face inférieure et aux bords, *vertes sur les deux faces*, oblongues rétrécies à la base, dentées presque dans toute leur circonférence, à dents nombreuses ovales; stipules lancéolées, entières ou incisées. Fleurs assez grandes, disposées en cymes rapprochées en un corymbe terminal multiflore. Calice à 5 divisions. Pétales 5, ne dépassant pas le calice. *Carpelles* mûrs legèrement rugueux, *entourés d'un rebord étroit tranchant*. ♃. Juin-juillet.

Naturalisé dans quelques localités.— Gare de Grenelle (*Kralik*). Bois de Boulogne! Bois de Vincennes (*Brice*) St-Maur (*Maire*).

§ 2. *Feuilles pinnatiséquées, à 5-23 folioles.*

† 8. P. PENSYLVANICA. (L. mant. 76.) — Jacq. hort. Vindob. t. 189.

Souche cespiteuse, presque ligneuse, donnant naissance à plusieurs tiges. *Tiges* de 4-6 décimètr., *robustes*, *dressées*, couvertes de longs poils soyeux. Feuilles à 7-15 folioles, folioles velues-soyeuses, presque tomenteuses à la face inférieure, assez amples, oblongues rétrécies inférieurement, profondément dentées dans toute leur circonférence, à dents nombreuses triangulaires-lancéolées; stipules foliacées, lancéolées ou linéaires, entières ou légèrement incisées. Fleurs disposées en cymes rapprochées en une panicule terminale multiflore. *Pétales* 5, *environ de la longueur du calice.* Carpelles mûrs légèrement rugueux. ♃. Juin-juillet.

Naturalisé au bois de Boulogne ! et à la gare de Grenelle (*Kralik*). — Cette espèce est originaire de l'Amérique du Nord.

9. P. ANSERINA. (L. sp. 710.) — Engl. bot. t. 861. (vulg. *Argentine.*)

Souche épaisse, presque verticale, donnant naissance à une ou plusieurs rosettes de feuilles. *Tiges* naissant au-dessous des rosettes de feuilles, ord. très longues, grêles presque filiformes, *couchées-radicantes au niveau des nœuds* dans toute leur longueur, portant des rosettes de feuilles au niveau des nœuds qui sont ord. longuement espacés. Feuilles à 15-25 folioles entremêlées de folioles très petites entières ou incisées; folioles vertes en dessus, tomenteuses-argentées en dessous, oblongues, fortement dentées dans toute leur circonférence, à dents aiguës; *stipules* des feuilles caulinaires *engaînantes, multifides* dans leur partie supérieure. Fleurs grandes, d'un beau jaune, solitaires à l'extrémité de pédicelles latéraux souvent très longs. Calicule à divisions 3-5-fides. *Pétales beaucoup plus longs que le calice.* ♃. Mai-juillet, refleurit en automne.

C.C.C. — Bords des chemins humides, berges des rivières, mares, fossés, lieux inondés l'hiver.

s.v. — *incana.* — Feuilles tomenteuses-argentées sur les deux faces.

s v. — *pusilla.* — Plante plus petite. Tiges ord. très courtes. Feuilles appliquées sur la terre, en rosette compacte. Pédicelles plus courts que les feuilles. — Endroits desséchés.

10. P. SUPINA (L. sp. 711.) — Jacq. Austr. t. 406.

Plante annuelle. Tiges de 5-30 centimètr., *étalées ou ascendantes-diffuses, non radicantes*, ord. rameuses-dichotomes dans leur partie inférieure, légèrement pubescentes. Feuilles à 5-9 folioles; *folioles vertes sur les deux faces*, légèrement pubescentes, oblongues ou oblongues-cunéiformes, dentées, à dents ovales; stipules ovales-lancéolées, entières. Fleurs petites, d'un jaune pâle, solitaires, latérales ou occupant les angles de bifurcation de la tige et des rameaux, souvent d'apparence axillaires et disposées en fausses grappes feuillées terminales. Calicule à divisions entières, plus rarement dentées, plus longues que les divisions du calice. *Pétales plus courts que le calice.* Carpelles mûrs ridés. ①. Juin-octobre.

A.R. — Terrains sablonneux humides, bords des étangs. — Bondy ! Abondant à l'étang du Trou-Salé près Versailles! Etangs de St-Hubert! Senart! — Env. de Soissons.

TRIBU III. ROSEÆ. — Carpelles nombreux, monospermes, secs, indéhiscents, renfermés dans le tube du calice qui s'accroît beaucoup après la floraison et devient charnu à la maturité. Étamines en nombre indéfini.

VII. ROSA. (L. gen. n. 631).

Calice dépourvu de calicule ; *à tube* urcéolé étranglé au sommet, *s'accroissant beaucoup après la floraison, devenant charnu à la maturité*, revêtu de poils raides à la face interne ; à limbe à 5 divisions pinnatipartites, plus rarement entières. Corolle à préfloraison imbriquée-contournée. Styles latéraux, libres ou soudés en colonne dans leur partie supérieure. *Carpelles* nombreux, osseux, de forme irrégulière, couverts de poils raides, *insérés sur les parois du tube du calice.*

Arbrisseaux à souche souvent traçante. *Tiges munies d'aiguillons.* Feuilles pinnatiséquées, à folioles dentées ou doublement dentées ; stipules longuement soudées au pétiole. Fleurs très grandes, roses ou blanches, rarement pourpres ou jaunes, solitaires axillaires ou terminales, ou groupées en corymbes.

1 { Styles soudés en une colonne cylindrique qui atteint la hauteur des étamines. *R. arvensis.*
  { Styles libres, rarement agglutinés, plus courts que les étamines. . . . . 2.

2 { Fleurs d'un beau jaune. . . . . *R. Eglanteria.*
  { Fleurs blanches, roses ou purpurines. . . . . 3.

3 { Fleurs très grandes, d'un rouge pourpre ; aiguillons des tiges entremêlés de soies glanduleuses ou spinescentes. . . . . *R. Gallica.*
  { Fleurs blanches ou roses, aiguillons des tiges jamais entremêlés de soies glanduleuses ou spinescentes. . . . . 4.

4 { Aiguillons des tiges la plupart robustes, comprimés, élargis à la base, arqués, plus rarement droits. . . . . 5.
  { Aiguillons des tiges grêles, subulés ou sétacés, droits. . . . . 7.

5 { Aiguillons des tiges la plupart presque droits ; feuilles tomenteuses-cendrées sur les deux faces. . . . . *R. tomentosa.*
  { Aiguillons des tiges la plupart fortement arqués, feuilles glabres ou glanduleuses, quelquefois pubescentes, jamais tomenteuses-cendrées sur les deux faces. . . . . 6.

6 { Aiguillons des tiges presque égaux, folioles à dents supérieures conniventes. . . . . *R. canina.*
  { Aiguillons des tiges inégaux, folioles à dents supérieures non conniventes. . . . . *R. rubiginosa.*

7 { Fleurs blanches ou blanchâtres, fruits d'un rouge brun . . . . *R. pimpinellifolia.*
  { Fleurs roses, fruits d'un rouge orangé . . . . . . *R. cinnamomea.*

SECT. I. — Carpelles, au moins ceux du centre, stipités, à pied égalant leur longueur.

1. R. CANINA. (L. sp. 704.) (vulg. *Églantier.*).

Arbrisseau de 1-3 mètres, très rameux, à rameaux sarmenteux, dressés ou étalés. *Aiguillons* (1) *des anciennes tiges* disséminés, *presque égaux, robustes, élargis fortement comprimés à la base, brusquement terminés par*

---

(1) Les aiguillons doivent être étudiés sur les tiges adultes, le renouvellement de l'épiderme donnant lieu sur une même tige à la production de nouveaux aiguillons qui peuvent différer des anciens.

une pointe courbée. Feuilles glabres, pubescentes ou glanduleuses, à 5-7 folioles; *folioles* ovales ou oblongues, souvent acuminées, doublement dentées, plus rarement simplement dentées, *à dents* étroites acuminées, les dents *supérieures presque conniventes;* stipules des feuilles florales dilatées, acuminées, dressées. Fleurs odorantes, blanches ou d'un blanc rosé, solitaires, plus rarement rapprochées en corymbes. *Calice à divisions pinnatipartites dépassant longuement la corolle dans le bouton*, réfléchies après la floraison, caduques avant la maturité. Fruits ovales-oblongs ou subglobuleux, d'un beau rouge à la maturité, ne devenant pulpeux qu'après les premières gelées. ♄. *Fl.* juin. *Fr.* août-novembre.

C. — Bois, haies, buissons.

var. α. *vulgaris.* — Feuilles glabres; folioles d'un vert lustré, quelquefois d'un vert pâle en dessous. Pédoncules et tubes des calices glabres.

var. β. *Andegavensis.* (R. Andegavensis. Bastard, ess. 189.) — Feuilles glabres. Pédoncules et tubes des calices hérissés de soies raides glanduleuses. — *A.R.* — Coteaux arides, bois montueux. Sèvres (*herb. Jaubert*). St-Maurice! St-Germain (*Mandon*). Mantes! Compiègne (*Weddell*).

Le *R. alba* L. (vulg. *Rose blanche*), fréquemment cultivé dans les jardins, est considéré par quelques auteurs comme une modification à fleurs doubles de cette variété.

var. γ. *dumetorum.* (R. dumetorum. Thuill. fl. Par. 250.) — Feuilles à pétioles velus ou pubescents, folioles pubescentes, quelquefois presque tomenteuses à la face inférieure. Pédoncules et tubes des calices glabres.

var. δ. *sepium.* (R. sepium. Thuill. fl. Par. 252.) — Feuilles à pétioles couverts de poils glanduleux; folioles étroites atténuées aux deux extrémités, couvertes à la face inférieure ou sur les deux faces de glandes odorantes ord. rougeâtres. Pédoncules et tubes des calices glabres. Fleurs blanches. — Lieux arides, bois montueux

s.v. — *micrantha.* — Feuilles et fleurs très petites. — *A.C.*

α.β.γ.δ. s.v. *umbellata* — Fleurs rapprochées en corymbes

2. R. RUBIGINOSA (L. mant. II. 564) — Jacq. fl. Austr. t. 50.

Arbrisseau de 1-2 mètres, très rameux, formant un buisson touffu, à rameaux étalés, plus rarement dressés. *Aiguillons des anciennes tiges* très nombreux, *inégaux*, *les uns robustes élargis fortement comprimés à la base brusquement terminés par une pointe courbée, les autres grêles plus courts presque droits subcylindriques.* Feuilles couvertes de glandes odorantes ord. rougeâtres, à 5-7 folioles; *folioles oblongues-suborbiculaires*, doublement dentées, *à dents* triangulaires, les dents *supérieures non conniventes*, stipules des feuilles florales dilatées, acuminées, dressées. Pédoncules hérissés de soies raides glanduleuses. Fleurs odorantes, d'un rose vif, ord. solitaires. Calice à tube ord. hispide, à divisions pinnatipartites dépassant longuement la corolle dans le bouton, réfléchies après la floraison, caduques avant la maturité. Fruits subglobuleux, d'un beau rouge à la maturité, ne devenant pulpeux qu'après les premières gelées. ♄. *Fl.* juin-juillet. *Fr.* août-novembre.

C. — Coteaux arides, bords des chemins, haies, buissons.

s.v. — *umbellata.* — Fleurs rapprochées en corymbes.

3. R. TOMENTOSA. (Smith, Brit. II. 539.) — Engl. bot. t. 990.

Arbrisseau de 1-2 mètres, rameux, à rameaux dressés ou étalés. *Aiguillons des anciennes tiges* disséminés, *inégaux*, *cylindriques-subulés*, *comprimés à la base, presque droits, la plupart robustes. Feuilles plus ou moins tomenteuses-cendrées sur les deux faces*, quelquefois un peu glanduleuses en dessous, à 5-7 folioles; folioles ovales ou oblongues, doublement dentées, à dents aigués, les dents supérieures non conniventes; stipules des feuilles florales dilatées, acuminées, dressées. Pédoncules ord. hérissés de soies raides glanduleuses. Fleurs roses ou d'un blanc rosé, solitaires ou rapprochées en corymbes pauciflores. Calice à tube hispide plus rarement glabre, à divisions pinnatipartites dépassant longuement la corolle dans le bouton, réfléchies après la floraison, caduques à la maturité. Fruits subglobuleux, rouges à la maturité, ne devenant pulpeux qu'après les premières gelées. ♄. *Fl.* juin. *Fr.* août-novembre.

R. — Haies, taillis, buissons, lisière des bois. — Meudon (*herb. Jaubert*) Garches, Verrières (*Maire*). Abondant au Châtelet et au Bois-Louis près Melun! (*Garnier*) Côte de Champagne! Malesherbes (*Bernard*). Provins (*Bouteiller*).

var. α. *hispida.* — Calice à tube hérissé de soies raides glanduleuses.

var. β. *lævis* — Calice à tube glabre.

Le *R. villosa* Wulf. (R. pomifera. Herm.), qui n'a pas été observé jusqu'ici dans le rayon de notre Flore, diffère surtout du *R. tomentosa* par ses sépales dressés sur le fruit.

SECT. II — Carpelles sessiles, ou brièvement stipités à pied n'égalant pas la moitié de leur longueur.

4 R. ARVENSIS (Huds. Angl. ed. 2 219.) — Engl. bot. t. 188.

Arbrisseau de 1-2 mètres, rameux, à rameaux grêles sarmenteux arqués-étalés souvent divariqués. Aiguillons des tiges disséminés, presque égaux, plus ou moins robustes, comprimés à la base et courbés, plus rarement subconiques presque droits. Feuilles glabres, d'un vert blanchâtre en dessous, à 5-7 folioles; folioles ovales, oblongues ou suborbiculaires, ord. simplement dentées, à dents larges; stipules conformes, linéaires-oblongues, planes, à oreillettes parallèles. Fleurs blanches, solitaires, plus rarement rapprochées en corymbes. *Calice* à tube glabre, à *divisions* entières ou à peine incisées *ne dépassant pas la corolle dans le bouton. Styles soudés en une colonne cylindrique* glabre *qui atteint la hauteur des étamines.* Fruits oblongs ou subglobuleux, rouges à la maturité. ♄. *Fl.* juin. *Fr.* août-octobre.

C. C. — Haies, collines incultes, lisière des bois.

s. v. — *umbellata* (R. bibracteata. Bast. in D.C. fl. Fr. V. 537.) — Fleurs rapprochées en corymbes pourvus à la base de 2-3 bractées dilatées. Jeunes rameaux et pédoncules ord. d'un violet glauque.

s.v. — *prostrata.* — Tiges très grêles, etalées sur le sol.

var. β. *pubescens.* (R. stylosa. Mérat, fl. Par. 510, *non* Desv.) — Feuilles pubescentes à la face inférieure. — *R R.* — Coteaux arides. — Andresy (*herb. Jaubert*).

5 R. PIMPINELLIFOLIA. (L. sp. 307.) — R. spinosissima. Jacq. fragm. 79. t. 124.

Arbrisseau de 5-20 décimètr., à tiges dressées très rameuses au sommet, formant un buisson bas et touffu. *Aiguillons* des tiges très nombreux, surtout dans la partie supérieure de la plante, *très inégaux, grêles subulés ou sétacés, droits.* Feuilles ord. glabres, d'un vert pâle en dessous, à 5-9 folioles; folioles petites, suborbiculaires ou oblongues-suborbiculaires, ord. simplement dentées; stipules conformes, presque linéaires, celles des feuilles florales quelquefois un peu plus larges, planes, à oreillettes divergentes. *Fleurs* odorantes, *à pétales blancs* offrant une légère coloration jaune surtout à l'onglet. Calice à tube glabre, rarement hispide, à divisions entières ne dépassant pas la corolle dans le bouton. Styles distincts, plus courts que les étamines. *Fruits* globuleux-déprimés, *d'un rouge brun à la maturité.* ♄. *Fl.* juin-juillet. *Fr.* août-octobre.

R. — Coteaux arides, collines sablonneuses, rochers siliceux. — Abondant dans la forêt de Fontainebleau ! Malesherbes ! Nemours ! La Roche-Guyon !

var. *β. hispida.* (R. spinosissima. L. sp. 705.) — Tiges chargées d'aiguillons très nombreux. Pédoncules couverts de soies presque spinescentes. — *R.R.*

† 6. R. EGLANTERIA. (L. sp. 703.) — R. lutea. Mill. dict. n. 11.

Arbrisseau de 1-3 mètres, formant un buisson épais. *Aiguillons des tiges très inégaux, grêles subulés ou sétacés, droits.* Feuilles à pétioles pubescents, à 5-9 folioles; folioles obovales-oblongues ou suborbiculaires, doublement dentées, légèrement glanduleuses-odorantes; stipules conformes, ord. presque linéaires, à bords légèrement roulés, à oreillettes un peu divergentes. *Fleurs d'un beau jaune.* Calice à divisions plus ou moins profondément pinnatipartites, rarement entières, dépassant la corolle dans le bouton, persistantes, étalées ou réfléchies sur le fruit. Fruits globuleux-déprimés, rouges à la maturité. ♄. *Fl.* juin-juillet. *Fr.* septembre-octobre.

R. — Naturalisé dans les haies, et aux environs des villages. — Malesherbes ! (*Bernard*). Dreux (*Daenen*). — Cultivé dans les jardins, à fleurs simples ou doubles ; on cultive également une variété de cette espèce à pétales d'un rouge écarlate à la face interne (R. punicea. Mill. — R. bicolor Jacq. hort. Vind. t. 1 — vulg. *Rose ponceau*).

† 7. R. CINNAMOMEA (L. sp. 703.) — R. mutica. fl. Dan. t. 688.

Arbrisseau de 5-10 décimètr., à tiges dressées, ord. rameuses. *Aiguillons très inégaux, grêles sétacés, droits,* très caducs, assez nombreux à la base des tiges, nuls dans la partie supérieure de la plante. Feuilles glabres, à 5-7 folioles, folioles ovales-oblongues, simplement dentées ou doublement dentées; *stipules des feuilles des rameaux florifères dilatées, celles des rameaux non florifères à bords connivents presque tubuleuses. Fleurs roses*, ord. solitaires. Calice à divisions ord. entières, terminées par un appendice linéaire foliacé qui dépasse longuement la corolle dans le bouton, dressées-conniventes sur le fruit. Fruits globuleux, d'un rouge orangé à la maturité. ♄. *Fl.* mai-juin. *Fr.* août-octobre.

R.R. — Naturalisé sur la colline de la Justice à Malesherbes ! (*Requien*).

† 8. R. GALLICA. (L. sp. 704.) — R. pumila Jacq. Austr. II. t. 198 (vulg. *Rose-de-Provins*.)

Arbrisseau à souche longuement traçante, de 6-12 décimètr., à tiges dressées ou étalées, plus ou moins rameuses. *Aiguillons* nombreux, caducs, inégaux : *les uns robustes, comprimés-élargis à la base, plus ou moins courbés ; les autres grêles, sétacés, droits, entremêlés de soies glanduleuses ou spinescentes.* Feuilles pubescentes à la face inférieure, à 3-5 plus rarement 5-7 folioles, folioles oblongues ou suborbiculaires, simplement ou doublement dentées, à dents larges glanduleuses ; stipules conformes, oblongues-linéaires, planes, à oreillettes divergentes. *Fleurs d'un rouge pourpre*, très grandes, ord. solitaires. Calice à divisions pinnatipartites dépassant la corolle dans le bouton, étalées, caduques à la maturité. Fruits subglobuleux, d'un rouge foncé. ♄. *Fl.* juin. *Fr.* septembre-octobre.

R.R. — Naturalisé dans les bosquets et les haies. — Magny (*Bouteille*). Charly (*Crépin*). Provins (*Bouteiller*). — Mont-St-Siméon près Noyon (*Questier*). — Fréquemment cultivé à fleurs doubles dans les jardins.

Le *R. centifolia* L. (vulg. *Rosier à-cent-feuilles*) et ses variétés *R. muscosa* (vulg. *Rosier mousseux*) et *pomponia* (vulg. *Rose pompon*) sont cultivés dans tous les jardins. — On cultive également le *R. Damascena* Mill. (vulg. *Rosier-de-tous-les-mois*), et le *R. Indica* L. (vulg. *Rosier du Bengale*) à feuilles luisantes persistantes : cette dernière espèce présente plusieurs variétés.

TRIBU IV. AGRIMONIEÆ. — Carpelles 1-2, monospermes, secs, indébiscents, renfermés dans le tube du calice qui devient presque ligneux à la maturité. Étamines 12-20.

VII. AGRIMONIA. (L. gen. n. 607.)

Calice dépourvu de calicule, turbiné, *à tube* herbacé *devenant presque ligneux à la maturité*, offrant 10 cannelures saillantes, *hérissé au sommet d'épines subulées crochues*, à gorge fermée par un épaississement glanduleux, à 5 divisions conniventes après la floraison. Carpelles 1-2, renfermés dans le tube du calice.

Plante vivace herbacée. Feuilles pinnatiséquées à segments entremêlés de segments beaucoup plus petits; stipules soudées à la base avec le pétiole, très amples, incisées-dentées. Fleurs jaunes, disposées en grappes spiciformes terminales.

1. A. EUPATORIA (L. sp. 643.) — Engl. bot. t. 1335. (vulg. *Aigremoine.*)

Souche cespiteuse, épaisse. Tiges de 4-6 décimètr., dressées, effilées, simples ou un peu rameuses supérieurement. Feuilles pubescentes en dessus, velues d'un vert cendré en dessous, à 5-9 segments; segments ovales-oblongs profondément dentés, entremêlés de segments accessoires nombreux incisés ou entiers; stipules foliacées, embrassantes, profondément incisées-dentées. Calice ne renfermant ord. qu'un seul akène à la maturité. ♃. Juin-septembre.

C. — Pâturages, lisière des bois, bords des chemins herbeux, pelouses arides.

var. β. *umbrosa*. (A. odorata Thuill. fl. Par. 252.) — Tiges de 6-9 décimètr., ord. rameuses au sommet, très feuillées. Feuilles à segments très amples, à peine cendrés en dessous, légèrement glanduleux odorants. Calice fructifère beaucoup plus gros que dans le type, à tube renfermant 2 akènes. — *A.C.* — Bois, endroits ombragés humides. — Le renflement du tube du calice, donné comme l'un des caractères essentiels de l'*A. odorata*, n'est dû qu'au développement des deux akènes.

XXXV. POMACÉES.

(ROSACEÆ trib. Pomaceæ. Juss. gen. 334.)

Fleurs hermaphrodites, *régulières*. — Calice à 5 sépales soudés en tube, à tube soudé avec l'ovaire, à limbe 5-partit, à divisions persistantes, marcescentes ou caduques, à préfloraison valvaire. — Corolle à 5 pétales insérés sur un disque mince à la gorge du calice, libres, caducs, à préfloraison imbriquée. — *Étamines* 15-30, insérées avec les pétales à la gorge du calice, libres. Anthères bilobées, introrses. — *Ovaire soudé avec le calice, à 5 carpelles ou moins par avortement*, à 5 loges ou à 1-4 loges par avortement, à loges bi-ovulées rarement pluri-ovulées. *Ovules insérés à l'angle interne des loges*, ascendants, réfléchis. Styles 5 ou 1-4 par avortement, libres ou plus ou moins soudés à la base. Stigmates indivis. — Fruit couronné par le limbe du calice ou par la cicatrice ombiliquée qui résulte de sa destruction, charnu ou pulpeux, à partie charnue constituée extérieurement par le tube du calice très développé (1), à 5 loges ou à 1-4 loges par avortement; loges bispermes ou monospermes par avortement, rarement polyspermes; endocarpe membraneux ou cartilagineux s'entr'ouvrant au côté interne des loges, ou osseux partagé en loges indéhiscentes libres entre elles à la maturité (nucules). — Graines ascendantes, rarement presque horizontales, dépourvues de périsperme. Embryon droit. Radicule dirigée vers le hile.

Arbres ou arbrisseaux, à ramuscules quelquefois spinescents, à bourgeons écailleux. Feuilles éparses souvent rapprochées en fascicules, simples, dentées, lobées ou pinnatiséquées, *stipules libres*, caduques, rarement persistantes. Fleurs solitaires, disposées en fascicules ombelliformes, en grappes pauciflores, ou en corymbes composés, s'épanouissant souvent avant le développement des feuilles.

1 { Fruit à endocarpe osseux (fruit à noyaux). 2
Fruit à endocarpe mince, quelquefois cartilagineux, jamais osseux (fruit à pepins). 3

2 { Calice à divisons presque foliacées; fruit à 5 noyaux . . . MESPILUS (I.)
Calice à lobes courts, marcescents, fruit à 1 rarement 2-3 noyaux . . . . CRATÆGUS (II.)

3 { Pétales lancéolés, loges partagées chacune en deux loges incomplètes . . . . AMELANCHIER. (III.)
Pétales suborbiculaires, loges non subdivisées. 4

4 { Fruit cotonneux, à loges contenant 10-15 graines. . . . . CYDONIA. (IV.)
Fruit glabre au moins à la maturité, à loges bispermes ou monospermes par avortement. 5

5 { Fleurs disposées en corymbes rameux multiflores. . . . . SORBUS. (VII.)
Fleurs disposées en fascicules ombelliformes 6

6 { Fruit non ombiliqué à la base, à endocarpe membraneux. . . PYRUS. (V.)
Fruit profondément ombiliqué à l'insertion du pédicelle, à endocarpe parcheminé-cartilagineux. . . . . MALUS (VI.)

TRIBU I. — Fruit à endocarpe osseux (fruit à noyaux).

I. MESPILUS. (L. gen. n. 625, *part.*)

Calice à limbe 5-partit, à divisions presque foliacées. Ovaire à 5 loges bi-ovulées. Styles 5. *Fruit* subglobuleux-turbiné, *couronné par les divisions très développées du calice, à partie supérieure* non soudée avec le calice *formant une large surface disciforme* qui présente 5 saillies correspondant aux loges, *à 5 noyaux* osseux monospermes par avortement.

Arbre ou arbrisseau épineux. Feuilles à peine dentées; stipules caduques. Fleurs blanches, subsessiles, ord. solitaires au centre des fascicules de feuilles qui terminent les ramuscules, munies de bractées persistantes.

1. M. GERMANICA. (L. sp. 684.) — Engl. bot. t. 1523. (vulg *Néflier.*)

Arbrisseau rameux dès la base, tortueux, peu épineux, plus rarement arbre peu élevé. *Feuilles* brièvement pétiolées, oblongues ou oblongues-obovales légèrement acuminées ou obtuses, *très entières ou denticulées* dans leur moitié supérieure, à face inférieure mollement pubescente. Fleurs grandes,

(1) Il est facile dans la *pomme*, par exemple, de faire la distinction de la partie charnue qui appartient au calice et de la partie charnue qui appartient au péricarpe, la coupe horizontale de ce fruit présente deux zones concentriques distinctes, séparées par 10 faisceaux de fibres verdâtres; la zone extérieure résultant du développement du tube du calice est beaucoup plus épaisse que l'intérieure qui appartient au péricarpe. Des dix faisceaux de fibres, cinq sont alternes avec les loges, et cinq leur sont opposés.

à bractées linéaires. Calice florifère laineux, à divisions plus longues que le tube. Fruit gros, d'un brun rougeâtre, charnu acerbe, devenant pulpeux et sucré lorsqu'il a subi un commencement de fermentation. ♄. *Fl.* mai. *Fr.* août-septembre.

A. R. — Taillis, bois montueux, rochers. — Forêt de St-Germain! St-Léger! Fontainebleau! Magny! Vernon! Les Andelys! Dreux! Beauvais! Forêt de Villers-Cotterets, etc. — Fréquemment cultivé dans les jardins et les vergers, quelquefois planté dans les haies.

II. CRATÆGUS. (L. gen. n. 622, *part.*)

Calice à limbe 5-lobé, à lobes courts. Ovaire à 1-2 plus rarement 3-5 loges bi-ovulées. Styles 1-2, plus rarement 3-5. *Fruit subglobuleux ou oblong-subglobuleux, couronné par les lobes marcescents du calice, à partie supérieure* libre très étroite *rétrécie en ombilic*, à 1 plus rarement 2-5 noyaux osseux monospermes par avortement.

Arbrisseau épineux. Feuilles plus ou moins profondément lobées ou incisées, plus rarement obscurément lobées, stipules foliacées, ord. persistantes. Fleurs blanches ou rosées, pédicellées, disposées en corymbes rameux, ord. munies de bractées caduques.

1. C. OXYACANTHA (L. sp. 683.) — Engl. bot. t. 2504. (vulg. *Aubépine.*)

Arbrisseau très épineux, formant un buisson touffu, rarement arborescent. *Feuilles* glabres, coriaces, luisantes en dessus, souvent d'un vert glauque en dessous, pétiolées, obovales-cunéiformes, *pinnatilobées ou pinnatipartites*, à 3-7 lobes dentés ou incisés supérieurement; stipules foliacées, subfalciformes, fortement dentées, plus rarement entières. Fleurs assez petites, à odeur d'amandes amères. Calice florifère glabre ou pubescent. Fruit assez petit, d'un rouge plus ou moins foncé, farineux-pulpeux, d'une saveur fade, à 1 rarement 2-3 noyaux. ♄. *Fl.* mai. *Fr.* août-septembre.

C.C.C. — Haies, lisière des bois.

var. α. *vulgaris.* (C. monogyna. Jacq. Austr. t. 292. f. 1. — Mespilus Oxyacantha. Scop. Carn. 1. 345.) — Feuilles ord. profondément pinnatipartites. Pédoncules et calices florifères pubescents ou velus. Style ord. solitaire. Fruit ord. oblong-subglobuleux, à un seul noyau.

var. β. *oxyacanthoides.* (C. oxyacanthoides. Thuill. fl. Par. 245. — C. Oxyacantha. L. sp. 683. — Jacq. Austr. t. 292. f. 2.) — Feuilles ord. plus grandes et moins profondément lobées que dans la variété α. Pédoncules et calices florifères glabres ou presque glabres. Styles 1-2, rarement 3. Fruit subglobuleux ord. plus gros, à 1-2 rarement 3 noyaux. — Cette variété fleurit un peu plus tard que la variété α.

TRIBU II. — Fruit à endocarpe mince, quelquefois cartilagineux, jamais osseux (fruit à pepins).

III. AMELANCHIER. (Mœnch, meth. 682.)

Calice à limbe 5-lobé. *Corolle à pétales lancéolés.* Ovaire à 5 loges bi-ovulées. Styles 5, un peu soudés à la base. *Fruit* subglobuleux, couronné par les lobes persistants du calice, à endocarpe cartilagineux, *à 5 loges* bispermes *partagées chacune en deux loges incomplètes* par la saillie de la nervure moyenne du carpelle.

Arbrisseau non épineux. Feuilles dentées; stipules caduques. Fleurs blanches, munies de bractées caduques, disposées en grappes pauciflores, naissant au centre des fascicules de jeunes feuilles qui terminent les ramuscules.

1. A. VULGARIS. (Mœnch, meth. 682.) — Mespilus Amelanchier. L. sp. 685. — Jacq. fl. Austr. t. 300. — Aronia rotundifolia. Pers. ench. II. 39.

Arbrisseau ou sous-arbrisseau, ord. très rameux, peu élevé. Feuilles pétiolées, oblongues-suborbiculaires, dentées, à face inférieure blanche-tomenteuse dans leur jeunesse, glabres coriaces à l'état adulte. Fleurs assez grandes, en grappes terminales ou latérales, munies de bractées membraneuses caduques. *Fruit petit, d'un noir bleuâtre.* ♄. *Fl.* avril-mai. *Fr.* août-septembre.

R. — Fissures des rochers, coteaux escarpés, endroits rocailleux des bois. — Rochers de la forêt de Fontainebleau! Bonneville près Malesherbes! (*Weddell*). Nemours! (*Devilliers*). La Roche-Guyon! Les Andelys!

† IV. CYDONIA. (Tournef. inst. t. 405.)

Calice à limbe 5-partit, à divisions presque foliacées. Corolle à pétales suborbiculaires. Ovaire à 5 loges multi-ovulées. Styles 5. *Fruit* cotonneux, pyriforme, ombiliqué au sommet et surmonté par le limbe persistant du calice, à endocarpe membraneux, *à 5 loges contenant chacune* 10-15 *graines* presque horizontales *à testa entouré de mucilage.*

Arbre non épineux. Feuilles entières; stipules caduques. Fleurs blanches ou d'un blanc rosé, solitaires.

† 1. C. VULGARIS. (Pers. syn. II. 40.) — Pyrus Cydonia. L. sp. 687. — Jacq. Austr. t. 342. (vulg. *Coignassier.*)

Arbre peu élevé, souvent rameux dès la base. Feuilles brièvement pétiolées, ovales ou oblongues, très entières, tomenteuses-blanchâtres en dessous; stipules caduques, finement dentées à dents glanduleuses. Fleurs grandes. Calice à divisions glanduleuses aux bords. *Fruit très gros, cotonneux*, jaune, très odorant, d'une saveur sucrée aromatique, charnu, ne devenant pas pulpeux et ne subissant pas la fermentation sucrée. ♄. *Fl.* mai. *Fr.* septembre-octobre.

Planté dans les jardins et les vergers, rarement subspontané dans les haies.

V. PYRUS. (Tournef. inst. t. 404.) (1).

Calice à limbe 5-fide. Corolle à pétales suborbiculaires. Ovaire à 5 loges bi-ovulées. Styles 5, libres. *Fruit* pyriforme, plus rarement subglobuleux, *non ombiliqué à la base*, ombiliqué au sommet et surmonté par le limbe marcescent du calice, à endocarpe membraneux jamais cartilagineux, *à* 5 *loges bispermes* plus rarement monospermes par avortement.

Arbre à l'état spontané à ramuscules stériles spinescents. Feuilles dentées; stipules caduques. *Fleurs* blanches, pédicellées, *disposées en fascicules ombelliformes* au centre des rosettes de feuilles qui terminent les ramuscules. Bractées nulles ou caduques.

1. P. COMMUNIS (L. sp. 686.) — Engl. bot. t. 1784. (vulg. *Poirier.*)

Arbre plus ou moins élevé. Feuilles longuement pétiolées, ovales-oblongues ou obovales, brièvement acuminées, finement dentées ou crénelées, pubescentes-aranéeuses surtout en dessous dans leur jeunesse, coriaces luisantes ord. glabres à l'état adulte. Fleurs assez grandes, longuement pédicellées. Fruit plus ou moins gros, glabre, de saveur acerbe chez la plante spontanée, de forme très variable et de saveur plus ou moins sucrée chez la plante cultivée. ♄. *Fl.* avril-mai. *Fr.* août-octobre.

---

(1) Dans le genre *Pyrus* le fruit ne passe à la fermentation acide qu'après avoir subi un premier degré de fermentation, pendant lequel il se ramollit de l'intérieur à l'extérieur en conservant une saveur sucrée, il en est de même du fruit du *Mespilus Germanica* et de quelques *Sorbus*. — Dans les genres *Malus* et *Cydonia* le fruit après la maturité passe sans transition à la fermentation acide.

Quelquefois spontané ou naturalisé dans les bois. — Cet arbre, cultivé partout et de temps immémorial, a donné naissance à d'innombrables variétés et sous-variétés plus ou moins distinctes par la forme, la couleur et la saveur du fruit.

VI. MALUS. (Tournef. inst. t. 406.)

Calice à limbe 5-fide. Corolle à pétales suborbiculaires. Ovaire à 5 loges bi-ovulées. Styles 5, soudés à la base. *Fruit* subglobuleux plus ou moins déprimé, *profondément ombiliqué à l'insertion du pédicelle*, ombiliqué au sommet et surmonté par le limbe persistant ou marcescent du calice, à endocarpe parcheminé-cartilagineux, *à* 5 *loges bispermes* plus rarement monospermes par avortement.

Arbre à l'état spontané à ramuscules stériles spinescents. Feuilles dentées, stipules caduques. *Fleurs* d'un blanc rosé, pédicellées, *disposées en fascicules ombelliformes* au centre des rosettes de feuilles qui terminent les ramuscules. Bractées nulles ou caduques.

1. M. COMMUNIS (Lam. ill. t. 435.) — Pyrus Malus. L. sp. 686. — Engl. bot. t. 179. (vulg. *Pommier.*)

Arbre ord. peu élevé, à branches étalées, à bourgeons velus ou cotonneux. Feuilles assez brièvement pétiolées, ovales-oblongues acuminées, dentées ou crénelées, ord. blanches-tomenteuses à la face inférieure dans leur jeunesse, glabres, pubescentes ou tomenteuses en dessous à l'état adulte. Fleurs assez grandes, rosées en dehors, ou entièrement blanches, à pédicelles courts. Fruit plus ou moins gros, glabre, de saveur acerbe ou sucrée, à pédicelle peu prolongé en dehors de la dépression ombiliquée où il s'insère. *Fl.* avril-mai. *Fr.* septembre-octobre.

var. α *glabra* (M. acerba. Merat, fl. Par. ed. 1. 187) — Feuilles entièrement glabres, au moins à l'état adulte. Fruit très acerbe. — *A.C.* — Bois, forêts. — Bondy! Melun! Fontainebleau! Dreux!, etc.

var. β. *tomentosa.* — Feuilles plus ou moins pubescentes ou tomenteuses en dessous même à l'état adulte. Fruit de saveur douce. — Cet arbre, cultivé partout et de temps immémorial, a donné naissance à d'innombrables variétés et sous-variétés plus ou moins distinctes par la forme, la couleur et la saveur du fruit.

VII. SORBUS. (L. gen. n. 623.)

Calice à limbe 5-fide. Corolle à pétales suborbiculaires. Ovaire à 2-5 loges bi-ovulées. Styles 2-5. *Fruit* globuleux ou turbiné, non ombiliqué à la base, ombiliqué au sommet et surmonté par le limbe marcescent ou persistant du calice, à endocarpe membraneux, *à* 1-4 *loges* ord. très inégalement développées, *ord. monospermes par avortement*, rarement à 5 loges régulières.

Arbre non épineux. Feuilles lobées, pinnatiséquées, plus rarement sublobées-dentées; stipules caduques. *Fleurs* blanches, assez petites, *disposées en corymbes rameux* multiflores, à bractées nulles ou caduques.

1 { Feuilles pinnatiséquées 2
  { Feuilles lobées ou dentées 3

2 { Bourgeons glabres glutineux, fruit turbiné, verdâtre ou rougeâtre . . . . *S. domestica.*
  { Bourgeons tomenteux-blanchâtres, fruit globuleux d'un rouge écarlate . . . . *S. aucuparia.*

3 { Feuilles glabres luisantes à l'état adulte. . . . . . . *S. torminalis.*
  { Feuilles tomenteuses en dessous même à l'état adulte. . . . . 4.

4 { Lobes décroissant de la base de la feuille vers son sommet. . *S. latifolia.*
  { Lobes souvent très peu marqués décroissant du sommet de la feuille vers sa base . . . . *S. Aria.*

SECT. I — Feuilles pinnatiséquées (Sorbiers).

1. S. DOMESTICA. (L. sp. 684.) — Pyrus domestica. Smith, Engl. bot. t. 350.

Arbre ord. élevé, à *bourgeons glabres glutineux.* Feuilles pinnatiséquées, à 13-17 segments opposés, oblongs, dentés en scie, velus-soyeux en dessous dans leur jeunesse, devenant glabres à l'état adulte. Styles ord. 5. *Fruit assez gros, turbiné,* ord. à 5 loges égales, verdâtre ou rougeâtre, charnu acerbe à la maturité, devenant brun pulpeux et sucré par un commencement de fermentation. ♄. *Fl.* mai-juin. *Fr.* septembre-octobre.

A.R. — Bois, forêts. — Souvent planté dans le voisinage des habitations.

2. S. AUCUPARIA. (L. sp. 683.) — Engl. bot. t. 337.

Arbre ord. peu élevé, *à bourgeons tomenteux-blanchâtres.* Feuilles pinnatiséquées, à 13-17 segments opposés, oblongs dentés en scie, velus-soyeux en dessous dans leur jeunesse, devenant glabres à l'état adulte. Styles 2-3, rarement 4-5, hérissés à la base. *Fruit petit, globuleux*, à 2-3 loges inégales, rarement à 4 loges, d'un rouge écarlate, pulpeux-succulent, d'une saveur amère-acerbe. ♄. *Fl.* mai-juin. *Fr.* septembre-octobre.

A R. — Bois montueux, forêts, rochers. — Très abondant dans la vallée des Cascades près Dampierre! Env de Melun! Bois des environs de Senlis! — Communément planté dans les jardins, les parcs et les promenades publiques.

SECT. II — Feuilles lobées ou sublobées-dentées (Alisiers).

3. S. TORMINALIS. (Crantz Austr. 85.) — Crataegus torminalis. R sp. 681. — Jacq. Austr. t. 443. (vulg. *Alisier.*)

Arbre peu élevé. *Feuilles glabres luisantes* à l'état adulte, ovales, tronquées ou cordées à la base, lobées, à lobes acuminés inégalement dentés, les inférieurs plus grands divergents. Styles 2-5, glabres. Fruit assez petit, oblong-subglobuleux, d'un brun jaunâtre, charnu acerbe à la maturité, devenant pulpeux et d'une saveur acidule par un commencement de fermentation. ♄. *Fl.* mai. *Fr.* septembre-octobre.

C. — Bois, forêts. — Quelquefois planté dans les parcs.

4. S. LATIFOLIA. (Pers. synops. II. 38.) — Crataegus latifolia. Lam. fl. Fr. III. 486. — Duham. arb. I. t. 80. (vulg. *Alisier-de-Fontainebleau.*)

Arbre plus ou moins élevé. *Feuilles tomenteuses* d'un blanc grisâtre *en dessous* même à l'état adulte, ovales, lobées *à lobes* plus ou moins profonds triangulaires aigus dentés, *décroissant de la base au sommet de la feuille*, les inférieurs assez grands étalés. Styles 2-3, velus inférieurement. Fruit assez petit, subglobuleux, d'un brun orangé, pulpeux, d'une saveur sucrée. ♄. *Fl.* mai. *Fr.* août-septembre.

R.R. — Forêts, bois montueux, rochers. — Abondant dans la forêt de Fontainebleau! Bois de Thury-en-Valois (*Questier*). — Quelquefois planté dans les parcs et les jardins publics.

5. S. ARIA. (Crantz, Austr. t. 2. f. 2.) — Crataegus Aria α. L sp 681. — Fl. Dan. t. 302. (vulg. *Alouchier*)

Arbre ord. élevé. *Feuilles tomenteuses-blanchâtres en dessous* même à l'état adulte, ovales ou oblongues, doublement dentées, ou sublobées-dentées *à dents et à lobes décroissant du sommet vers la partie inférieure de la feuille* qui est entière ou à peine dentée. Styles 2-3, velus inférieurement.

Fruit assez petit, subglobuleux, d'un rouge orangé, pulpeux, d'une saveur acidule. ♄. *Fl.* mai. *Fr.* août-septembre.

R. — Forêts, bois montueux — Abondant dans la forêt de Fontainebleau ! Malesherbes !

Le *S. hybrida* L., qui se distingue à ses feuilles tomenteuses-blanchâtres en dessous lobées à lobes inférieurs prolongés jusqu'à la nervure moyenne, est fréquemment planté dans les parcs, les jardins et les promenades publiques.

XXXVI. ONAGRARIÉES.

(ONAGRARIEÆ. Juss. ann. mus. III. 315, *part.*)

Fleurs hermaphrodites, régulières ou un peu irrégulières. — *Calice* gamosépale, à tube soudé avec l'ovaire et souvent prolongé au-dessus de lui, à limbe 4-partit ou 4-denté, caduc ou persistant, *à préfloraison valvaire.* — Corolle à 4 pétales insérés sur un disque plus ou moins distinct au sommet du tube du calice, à préfloraison imbriquée-contournée, rarement nulle. — *Étamines* 8, *rarement* 4, insérées avec les pétales au sommet du tube du calice. Anthères bilobées, introrses. — *Ovaire soudé avec le tube du calice, à 4 carpelles*, à 4 loges multi-ovulées. — *Ovules insérés à l'angle interne des loges*, ascendants, rarement pendants, réfléchis. *Style filiforme.* Stigmates 4, étalés, ou rapprochés en masse. — *Fruit capsulaire, 4-loculaire, à loges polyspermes, à déhiscence loculicide*, à 4 valves.— Graines ascendantes ou pendantes, testa souvent divisé en aigrette au niveau de la chalaze. Périsperme nul. Embryon droit. Radicule dirigée vers le hile.

Plantes vivaces, herbacées ou sous-frutescentes à la base. Feuilles opposées ou alternes, simples, entières ou dentées; stipules nulles. Fleurs axillaires solitaires, quelquefois disposées en grappes terminales nues ou feuillées.

1 { Pétales nuls; étamines 4. . . . . ISNARDIA. (III.)
  { Pétales 4, étamines 8. 2.

2 { Graines nues, corolle jaune. . . . . OENOTHERA (II.)
  { Graines terminées par une aigrette soyeuse, corolle jamais jaune. . . . . EPILOBIUM (I.)

I. EPILOBIUM. (L. gen. n. 471.)

Calice à limbe 4-partit caduc après la floraison, à tube très long tétragone soudé avec l'ovaire qu'il dépasse un peu. Pétales 4. Étamines 8, dressées ou réfléchies. Style filiforme. Stigmates 4, étalés en croix ou soudés en massue. Capsule linéaire-siliquiforme, à 4 loges polyspermes, à déhiscence loculicide, s'ouvrant du sommet à la base en 4 valves divergentes-arquées. *Graines* ord. chagrinées-tuberculeuses, *terminées par une aigrette soyeuse.*

Plantes à souche vivace émettant quelquefois des rejets. Tiges herbacées ou sublignenses inférieurement. Feuilles éparses, opposées, dentées ou entières. Fleurs roses ou purpurines, disposées en grappes spiciformes terminales ou en panicules feuillées.

1 { Étamines et style réfléchis-arqués. . . . . *E. spicatum.*
  { Étamines et style dressés. 2

2 { Stigmates étalés en croix . . . . 3.
  { Stigmates soudés en massue 5

3 Fleurs grandes, calice à divisions fortement mucronées, à mucrons réunis en une pointe qui surmonte le bouton. . . . . . . *E. hirsutum.*
Fleurs assez petites, calice à divisions mutiques ou à peine mucronulees; boutons obtus. . . . . 4.

4 Tige velue, feuilles oblongues-lanceolées, lâchement denticulees . . . . *E. molle.*
Tige glabrescente, feuilles ord. ovales-aigues, fortement dentees . . . . *E. montanum.*

5 Tige dépourvue de lignes saillantes . . . . *E. palustre.*
Tige offrant 2 ou 4 lignes saillantes . . . . 6.

6 Feuilles sessiles ou subsessiles, à peine atténuees à la base . . . . *E. tetragonum.*
Feuilles toutes petiolees, attenuees aux deux extrémités. . *E. roseum.*

SECT. I CHAMÆNERION. Tausch. — *Pétales entiers ou à peine émarginés. Étamines et style refléchis-arqués Feuilles éparses.*

1. E. SPICATUM. (Lam dict. II. 373.) — Illustr. fl. Par. t. 12. A. — E. angustifolium. Engl bot t. 1947.

Tiges de 5-15 décimètr., dressées, souvent rougeâtres, simples ou rameuses supérieurement, glabres. Feuilles sessiles, lancéolées, légèrement denticulées, à nervures anastomosées en réseau, glabres, glaucescentes à la face inférieure. *Fleurs* purpurines, disposées en grappes spiciformes terminales, à calice coloré, *à pétales* obovales *entiers ou à peine émarginés.* Stigmates disposés en croix. ♃. Juin-août.

A.R. — Clairières des bois montueux, bord des eaux. — Meudon ! St-Cucufas ! Viroflay ! Morfontaine ! Compiègne ! Villers-Cotterets Forêt de Villefermoi (*Garnier*). Forêt de Fontainebleau ! Magny ! Beauvais ! St-Germer ! Dieux, etc.

SECT. II LYSIMACHION Tausch — *Pétales échancrés. Étamines et style dressés. Feuilles au moins les inférieures opposées.*

§ 1. *Stigmates étalés en croix.*

2. E. HIRSUTUM. (L. sp. 494, *excl.* var. β.) — Illustr. fl. Par. t. 12. B. — Engl. bot. t. 838. — E. aquaticum. Thuill. fl. Par. 191.

Tiges de 5-12 décimètr., dressées ou ascendantes, dépourvues de lignes saillantes, ord. très rameuses, mollement pubescentes, à poils étalés entremêlés de poils glanduleux. Feuilles pubescentes ciliées, oblongues-lancéolées, denticulées, mucronulées, amplexicaules à limbe légèrement décurrent. Fleurs d'un rose purpurin, de 20-25 millimètres de diamètre, disposées en grappes ou en panicules feuillées. *Calice à divisions fortement mucronées, à mucrons réunis en une pointe qui surmonte le bouton.* ♃. Juillet-septembre.

C. — Endroits humides, bords des eaux, fossés.

3. E. MOLLE. (Lam. dict. II. 475.) — Illustr fl. Par. t 12. C. — E. hirsutum. β. L. sp 494. — E parviflorum. Schreb spicil. 146. — Engl. bot. t. 795

Tiges de 4-8 décimètr., ord. dressées, dépourvues de lignes saillantes, simples ou rameuses, *pubescentes-velues. Feuilles* pubescentes surtout à la face inférieure, oblongues-lancéolées, *lâchement denticulées*, les plus inférieures et les florales ord. rétrécies en pétiole, les autres sessiles. Fleurs d'un rose pâle, assez petites, disposées en grappes ou en panicules feuillées. *Calice à divisions mutiques ou à peine mucronulées. Boutons obtus.* ♃. Juin-septembre.

C.C. — Lieux humides, fossés, haies, bords des champs.

s. v. — *verticillatum.* — Feuilles au moins les inférieures verticillées par trois. — *R* — Étang-d'Or près Rambouillet (*Weddell*).

4. E. MONTANUM. (L. sp. 494.) — Illustr. fl. Par. t. 12. D. — Engl. bot. t. 1177.

Tige ord. solitaire, de 3-8 décimètr., dressée, dépourvue de lignes saillantes, presque simple, rarement rameuse, *glabrescente. Feuilles glabres ou glabrescentes*, ovales-aigues, *fortement dentées à dents* lâches et *inégales*, les inférieures et les florales brièvement pétiolées, les autres ord. subsessiles. Fleurs d'un rose souvent très pâle, assez petites, disposées en grappes ou en panicules feuillées. *Calice à divisions à peine mucronulées.* ♃. Juin-août.

C. — Bois humides, buissons.

var. β. *gracile.* — Plante plus grêle, souvent très rameuse. Feuilles oblongues, la plupart pétiolées.

s. v. — *verticillatum.* — Feuilles, au moins les inférieures, verticillées par 3. — *R* — Meudon! Mantes! Parc de Rentilly-en-Brie (*Thuret*).

§ 2. *Stigmates soudés en massue.*

5. E. PALUSTRE. (L. sp. 495.) — Illustr. fl. Par. t. 12. G. — Engl. bot. t. 346.

Tiges solitaires ou peu nombreuses, de 3-8 décimètr., dressées, *dépourvues de lignes saillantes*, presque simples, plus rarement rameuses, glabrescentes ou couvertes d'une pubescence courte. Feuilles glabres ou légèrement pubescentes, lancéolées étroites, entières, sinuées ou à peine denticulées, la plupart opposées, sessiles, ne donnant naissance à aucune ligne de décurrence. Fleurs d'un rose pâle, petites, disposées en grappes ou en panicules feuillées. *Graines* elliptiques atténuées à la base, lisses ou légèrement chagrinées, *à aigrette portée par un prolongement du testa.* ♃. Juin-septembre.

A.R. — Marais tourbeux, fossés des prairies spongieuses — Étang de Grand-Moulin près Dampierre! St Léger! Sérans près Magny! Morfontaine! Marais de Fergneux près Crépy (*Lere*). Flemmes! Ons-en-Bray! Marais de St-Germer! Moret! Nemours! Malesherbes!, etc.

var. β *pubescens* (E. simplex Tratt obs 37 t 63) — Tige ord rougeâtre, couverte d'une pubescence courte étalée — *R* — Étang du Serisaye près Rambouillet!

6. E. TETRAGONUM (L. sp. 494) — Illustr. fl. Par. t 12. F. — Engl. bot t. 1948.

Tige de 4-8 décimètr., dressée ou ascendante, *offrant 2-4 lignes saillantes*, presque simple ou très rameuse, glabrescente ou légèrement pubescente. *Feuilles* glabres, la plupart opposées, *sessiles, ou subsessiles*, à peine atténuées à la base, oblongues-lancéolées souvent très étroites, dentées à dents rapprochées, plus rarement lâchement denticulées ou sinuées, à pétioles décurrents à décurrences formant 2 ou 4 lignes saillantes dans les entrenœuds. Fleurs roses, petites, axillaires, solitaires, disposées en grappes ou en panicules feuillées. Graines oblongues-obovales, chagrinées-tuberculeuses, à aigrette sessile. ♃. Juin-septembre.

var. α. *vulgare.* — Tige ord. très rameuse. Feuilles ord. dressées, lancéolées étroites, fortement dentées à dents rapprochées, à décurrences parallèles formant ord. 4 lignes saillantes dans chaque entrenœud — *C.* — Lieux humides, fossés, bord des eaux.

var. β *virgatum*. (E. virgatum. Fries, nov. Suec. 115. — E. obscurum. Rchb. exsicc. 358.) — Tige ord. presque simple ou rameuse à la base. Feuilles molles, étalées, oblongues, lâchement denticulées ou sinuées, réunissant leurs décurrences pour former 2 lignes saillantes dans chaque entrenœud. — *A.R.* — Bois ombrages, buissons humides, bords des ruisseaux.

Nous réunissons les *E. tetragonum* et *virgatum*, dont nous avions déjà indiqué le rapprochement dans notre *Catalogue raisonné*. — En semant des graines recueillies sur des individus qui présentaient tous les caractères attribués à l'*E. virgatum*, nous avons obtenu des échantillons d'*E. tetragonum* type. Les mêmes tiges nous ont d'ailleurs assez fréquemment présenté à des hauteurs différentes des entrenœuds les uns à deux lignes de décurrence, les autres à quatre; quant à la forme des feuilles, elle est trop variable dans l'une et l'autre variété pour fournir des caractères spécifiques.

7. E. ROSEUM. (Schreb. spicil. 147.) — Engl. bot. t. 693 — Illustr. fl. Par. t. 12. F

Tige de 3-8 décimètr., dressée ou ascendante, *offrant 2 ou 4 lignes saillantes*, presque simple ou très rameuse, glabrescente ou à rameaux légèrement pubescents. *Feuilles* glabres ou à peine pubescentes en dessous, oblongues aigues aux deux extrémités, fortement dentées, à dents inégales, la plupart opposées, *toutes pétiolées*, à pétioles décurrents à décurrences formant 2 ou 4 lignes saillantes dans les entrenœuds. Fleurs petites, d'un rose pâle strié d'un rose plus foncé, disposées en grappes ou en panicules feuillées. Graines oblongues-obovales, chagrinées-tuberculeuses, à aigrette sessile. ♃. Juin-septembre.

A.R. — Buissons humides, fossés, bord des eaux. — Iles de la Marne à Charenton (*Weddell*). Abondant à l'Étang près Marly! (*de Boucheman*) Buc! Jouy! St-Léger! Palaiseau, Orsay (*Weddell*) Marcoussis. St-Germer! Marais de St-Germer! (*Mandon*). Bords des ruisseaux à Torcy-en-Brie (*Thuret*).

II. OENOTHERA. (L. gen. n. 469.)

Calice à limbe 4-partit, à divisions réfléchies, souvent soudées entre elles plus ou moins irrégulièrement; *à tube* très long, presque cylindrique, *soudé avec l'ovaire qu'il dépasse longuement*, articulé au niveau du sommet de l'ovaire, à article supérieur caduc après la floraison. Pétales 4. Étamines 8. Style filiforme. Stigmates 4, étalés en croix. Capsule coriace ou subligneuse, oblongue subtétragone, à 4 loges polyspermes, à déhiscence loculicide, s'ouvrant supérieurement par l'écartement des 4 valves. *Graines dépourvues d'aigrette.*

Plante bisannuelle. Feuilles éparses, entières ou sinuées-denticulées. *Fleurs jaunes*, axillaires, solitaires, disposées en grappes terminales feuillées.

1. OE. BIENNIS. (L. sp. 492.) — Engl. bot. t. 1534. (vulg. *Onagre*.)

Tige de 6-12 décimètr., dressée, simple ou rameuse, rude, poilue. Feuilles légèrement pubescentes, oblongues-lancéolées, rétrécies en pétiole, entières ou sinuées-denticulées. Fleurs grandes, jaunes, à pétales émarginés dépassant les étamines. ②. Juin-septembre.

A.C. — Endroits sablonneux, terrains remués, décombres. — Romainville! Montmorency! Versailles! Chemin de fer de St-Germain! Forêt de Fontainebleau!, etc.

On cultive fréquemment dans les jardins, d'où il s'échappe quelquefois, l'*OE. suaveolens* Desf., cette espèce se distingue de l'*OE. biennis* par ses fleurs très grandes d'une odeur suave, par le calice à divisions ord. soudées irrégulièrement entre elles et déjetées d'un seul côté, et par les boutons oblongs-lancéolés surmontés par les mucrons du calice rapprochés en colonne.

III. ISNARDIA. (L. gen. n. 156.)

Calice à limbe 4-denté, persistant, à tube campanulé, court, soudé avec l'ovaire qu'il ne dépasse pas. *Pétales nuls*. *Étamines* 4, opposées aux lobes du calice. Style filiforme. Stigmate capité. Capsule courte, subtétragone, à 4 loges polyspermes, à déhiscence loculicide, à 4 valves.

Plante vivace herbacée, aquatique radicante, souvent nageante et alors ord. stérile. Feuilles opposées, entières. Fleurs herbacées, solitaires, sessiles à l'aisselle des feuilles.

1. I. PALUSTRIS. (L. sp. 175.) — Engl. bot. t. 2593.

Tiges de 1-4 décimètr., grêles, couchées-radicantes ou nageantes, souvent rameuses, glabres. Feuilles glabres, opposées, rétrécies en pétiole, oblongues ou oblongues-suborbiculaires, aigues, très entières. Fleurs herbacées. ♃. Juillet-août.

R.R R. — Lieux inondés, bords des étangs. — Étang-Neuf près St-Léger!

XXXVII. CIRCÉACÉES.

(CIRCÆACEÆ. Lindl. syn Brit. flor. ed. 2. 109)

Fleurs hermaphrodites, régulières. — Calice à tube soudé avec l'ovaire, à limbe 2-partit. — *Corolle à 2 pétales*, insérés sur un disque assez développé au sommet du tube du calice, à préfloraison imbriquée. — *Étamines* 2, insérées avec les pétales au sommet du tube du calice. Anthères bilobées, introrses. — *Ovaire soudé avec le tube du calice, à 2 carpelles*, à 2 loges uniovulées. Ovules suspendus, semi-réfléchis. *Style filiforme*. Stigmate subbilobé. — *Fruit* sec, coriace, *indéhiscent, 2-loculaire, à loges monospermes*. — Graines suspendues. Périsperme nul. Embryon droit, dirigé parallèlement au hile. Radicule éloignée du hile, dirigée vers la base du fruit.

Plantes vivaces, herbacées. Feuilles opposées, simples, plus ou moins dentées; stipules nulles. Fleurs disposées en grappes terminales

I. CIRCÆA. (Tournef. inst. t. 155.)

Calice à limbe bipartit caduc, à divisions réfléchies, à tube obovale soudé avec l'ovaire et brusquement étranglé au-dessus de lui. *Pétales* 2, bifides. Étamines 2. Style filiforme. Stigmate émarginé. *Fruit* obovale, *chargé de longs poils crochus*, coriace indéhiscent, à 2 loges monospermes.

Plante vivace. Feuilles opposées, pétiolées, ovales-aigues, lâchement dentées. Fleurs blanches, souvent striées de rose, disposées en grappes dressées terminales.

1. C. LUTETIANA. (L. sp. 12.) — Engl bot. t. 1056.

Souche traçante. Tige de 4-6 décimètr., dressée, simple ou rameuse, légèrement pubescente surtout supérieurement. Feuilles glabres, luisantes, opposées, longuement pétiolées, ovales aigues, tronquées à la base, lâchement dentées. Fleurs disposées en grappes effilées dressées; pédicelles florifères horizontaux, les fructifères réfractés. ♃. Juin-août.

C — Endroits humides des bois, bords des ruisseaux ombragés.

XXXVIII. HALORAGÉES.

(HALORAGEÆ. R. Brown, gen. rem. 17. — D.C. prodr. III. 65.)

Fleurs régulières, souvent incomplètes, hermaphrodites, ou unisexuelles monoïques. Calice à tube soudé avec l'ovaire, à limbe 4-partit ou presque nul. — Corolle à 4 pétales insérés sur un disque au sommet du tube du calice, quelquefois nulle. — *Étamines en nombre égal à celui des divisions du calice ou en nombre double*, insérées au sommet du tube du calice. Anthères bilobées, introrses. — *Ovaire soudé avec le tube du calice, à 2 ou 4 carpelles, à 2 ou 4 loges* uni-ovulées. *Ovules insérés au côté interne des loges*, suspendus, réfléchis. *Style filiforme ou nul.* Stigmates en nombre égal à celui des carpelles. — *Fruit sec*, souvent presque ligneux, couronné ou entouré par le limbe persistant du calice, 4-loculaire ou uniloculaire par avortement, *à loges monospermes* indéhiscentes. — Graines suspendues. *Périsperme mince charnu*, *ou nul.* Embryon cylindrique à cotylédons égaux peu développés, ou subglobuleux à cotylédons très inégaux, l'un d'eux constituant presque toute la masse de la graine. Radicule dirigée vers le hile.

Plantes aquatiques, *submergées ou nageantes*, annuelles ou vivaces, herbacées. Feuilles verticillées, plus rarement opposées, toutes pinnatiséquées à segments capillaires (feuilles pectinées), ou les supérieures indivises pétiolées nageantes rapprochées en rosette; stipules nulles. Fleurs peu apparentes, axillaires solitaires ou disposées en verticilles nus ou feuillés à l'extrémité de la tige et des rameaux.

Stigmates 4, sessiles; feuilles toutes pinnatiséquées à segments capillaires. . . . . MYRIOPHYLLUM. (I.)
Style 1, filiforme; feuilles supérieures rhomboïdales dentées. . TRAPA (II.)

TRIBU I. MYRIOPHYLLEÆ.—Étamines 8, plus rarement 4. Ovaire 4-loculaire. Stigmates 4, sessiles.

I. MYRIOPHYLLUM. (Vaill. act. acad. (1719) t. 2. f. 3.)

Fleurs monoïques. Calice à tube très court soudé avec l'ovaire ou avec le rudiment de l'ovaire dans les fleurs mâles, à limbe quadripartit, caduc. Pétales 4, insérés à la partie supérieure du tube du calice, plus longs que les sépales dans les fleurs mâles, ord. nuls dans les fleurs femelles. Étamines 8, plus rarement 4. Ovaire soudé avec le tube du calice, 4-loculaire, rudimentaire dans les fleurs mâles. Stigmates 4, sessiles, très gros, à papilles très saillantes. Fruit composé de 4 coques monospermes, indéhiscentes, surmonté par les stigmates persistants. Embryon cylindrique, placé dans un périsperme mince.

Plantes vivaces, submergées, souvent couvertes d'un dépôt calcaire, à extrémité florifère aérienne. Feuilles verticillées, sessiles, pinnatiséquées à segments capillaires. Fleurs disposées en verticilles, verticilles rapprochés à la partie supérieure des tiges et des rameaux en épis nus ou feuillés, les supérieurs mâles, les inférieurs femelles.

Verticilles de fleurs dépourvus de feuilles florales. . . . *M. spicatum.*
Verticilles de fleurs munis de feuilles florales pectinées. . . . . *M. verticillatum.*

1. M. SPICATUM. (L. sp. 1409.) — Engl. bot. t. 83. — Nees jun. gen. pl. fasc. VIII. t. 13. f. 1.

Tige de longueur variable selon la profondeur de l'eau, rameuse, grêle, nageante, émettant des racines adventives dans sa partie inférieure. Feuilles ord. verticillées par 4, pectinées à segments capillaires. *Fleurs verticillées, verticilles* disposés en épis dressés effilés terminant la tige et les rameaux, *dépourvus de feuilles florales, munis* à leur base *de bractées entières* squamiformes plus courtes que les fleurs. ♃. Juin-août.

C. — Eaux tranquilles, mares, étangs.

Nous n'avons pas encore observé dans nos environs le *M. alterniflorum* D.C., que Thuillier indique, dans son herbier, à Montfort-l'Amaury. Cette plante, qui n'est peut-être qu'une modification du *M. spicatum*, est caractérisée par les fleurs mâles alternes en épi penché.

2. M. VERTICILLATUM (L. sp. 1410.) — Engl. bot. t. 218.

Tige de longueur variable selon la profondeur de l'eau, rameuse, grêle, nageante, émettant des racines adventives dans sa partie inférieure. Feuilles ord. verticillées par 5, pectinées à segments capillaires. *Fleurs verticillées, verticilles* rapprochés à la partie supérieure de la tige et des rameaux, *tous munis* à leur base *de feuilles florales pectinées* qui dépassent plus ou moins longuement les fleurs. ♃. Juin-août.

A.C. — Fossés tourbeux, mares, étangs.

var. α *vulgare*. — Feuilles toutes environ de même longueur; les florales dépassant très longuement les fleurs, à segments ord. distants.

var. β. *pectinatum*. (M. pectinatum. D.C fl Fr. V. 529.) — Feuilles florales beaucoup plus courtes que les inférieures, dépassant peu les fleurs, à segments ord. rapprochés.

TRIBU II. TRAPEÆ. — Étamines 4. Ovaire uniloculaire par avortement. Style filiforme. Stigmate capité.

† II. TRAPA. (L. gen. n. 157.)

Calice à tube court soudé avec la base de l'ovaire; à limbe 4-partit persistant, à divisions spinescentes s'accroissant après la floraison. Pétales 4, insérés à la base du disque charnu qui entoure l'ovaire dans sa partie supérieure, plus ou moins plissés-chiffonnés, à préfloraison imbriquée. Étamines 4. Ovaire soudé avec le calice dans sa partie inférieure, 2-loculaire. Style filiforme. Stigmate capité. Fruit ligneux-subcorné, offrant latéralement 4 épines résultant du développement des divisions du calice, enveloppé supérieurement par le disque et terminé par la base développée du style, uniloculaire par la destruction de la cloison, monosperme par avortement. Graine à testa membraneux, dépourvue de périsperme. Cotylédons farineux, l'un formant presque toute la masse de la graine, l'autre rudimentaire, très petit, squamiforme, recouvrant la plumule.

Plante nageante, annuelle. Feuilles submergées opposées, pinnatiséquées à segments filiformes, s'insérant au même point que les racines adventives, les supérieures nageantes, disposées en rosette, pétiolées, rhomboïdales, dentées à pétioles se renflant après la floraison vers le milieu de leur longueur, à renflement creux. Fleurs axillaires, à pédoncules renflés-spongieux plus courts que les pétioles. Pétales blanchâtres.

† 1. T. NATANS. (L. sp. 175.) — Nees jun. gen. plant. fasc. VIII. t. 15. fig. 1. (vulg. *Macre, Cornuelle.*)

Tige submergée, simple, de longueur variable selon la profondeur de l'eau. Feuilles nageantes pubescentes en dessous, à face supérieure glabre luisante souvent rougeâtre. Fruit d'un brun verdâtre, à 4 lobes épineux, coniques à la base, atténués supérieurement en une pointe linéaire ciliée-scabre à cils dirigés en bas, épines supérieures ascendantes, les inférieures étalées-réfractées. ①. *Fl.* juin-juillet. *Fr.* août-octobre.

R.R.R. — Naturalisé çà et là. — Mares, étangs, rivières à courant peu rapide. — Dans la Seine près l'embouchure de la Marne. Bassins du parc de Versailles! Etang du Bourg près la Ferté-Milon (*Questier*).

XXXIX. OMBELLIFÈRES (1).

(UMBELLIFERÆ. Juss. gen. 218.)

Fleurs hermaphrodites ou polygames, rarement dioïques par avortement, régulières ou à pétales inégaux. — Calice à 5 sépales soudés en tube, à tube soudé avec l'ovaire, à partie libre 5-dentée, 5-lobée ou presque nulle. — Corolle insérée au sommet du tube du calice, à 5 pétales libres, caducs, à préfloraison imbriquée ou valvaire, entiers (2), plans ou roulés en dedans, plus ord. d'apparence émarginés ou obcordés par la réflexion en dedans d'un lobe moyen ou de la pointe du pétale, quelquefois bifides ou bipartits, les extérieurs souvent plus grands. — *Étamines* 5, insérées avec les pétales au sommet du tube du calice, libres. Anthères bilobées, introrses. — *Ovaire adhérent, à 2 carpelles*, à 2 loges uni-ovulées. *Ovule suspendu*, inséré au côté interne de la loge, réfléchi. *Styles* 2, ord. persistants, l'un regardant la circonférence, l'autre le centre de l'ombelle, soudés à la base avec un disque bilobé qui couronne l'ovaire. Disque déprimé ou se prolongeant sur la partie inférieure des styles qui semblent alors s'élargir en une base conique (styles élargis à leur base en stylopodes qui couronnent l'ovaire D.C.). Stigmates terminaux. — *Fruit* (3) (diakène, polakène, crémocarpe) sec, quelquefois surmonté des dents persistantes du calice, *composé de deux carpelles monospermes indéhiscents* (akènes, méricarpes) se séparant ord. à la maturité, suspendus au sommet d'une colonne centrale (columelle, carpophore) constituée par deux prolongements de l'axe soudés entre eux ou libres quelquefois adhérents aux carpelles. Carpelles à face commissurale plane ou à bords roulés en dedans, présentant chacun 5 ou 9 côtes (juga) plus ou

(1) Voir, pour les caractères des divisions et des tribus de la famille des *Ombellifères*, la planche XIII de l'*Atlas*.

(2) Ayant réduit dans cette famille la description des genres aux caractères essentiellement différentiels, afin d'en rendre la détermination plus facile, nous avons cru ne devoir donner la description des pétales que dans les groupes où leur forme offre des caractères distinctifs de quelque importance.

(3) La plupart des genres de la famille des *Ombellifères* ne sauraient être déterminés que d'après l'examen du fruit complètement mûr, on doit, pour étudier ce fruit, commencer par en faire une coupe horizontale, cette coupe montre d'abord si la graine est plane ou roulée à sa face commissurale, et par conséquent à quelle section appartient le genre. Cette même coupe montre en outre, par le rapport de son grand et de son petit diamètre, si le fruit est comprimé, et si la compression a lieu perpendiculairement ou parallèlement à la commissure. — Les canaux résinifères se distinguent par leur couleur rougeâtre ou brunâtre à la surface du fruit, mais la coupe horizontale a l'avantage de montrer plus exactement leur nombre et leur position. — Les côtes du fruit se comptent aussi beaucoup mieux sur cette coupe, qui ne permet pas de les confondre avec les canaux résinifères quelquefois peu colorés et saillants à la surface du fruit. — Les canaux résinifères occupant presque toujours l'intervalle qui sépare les côtes primaires, la présence d'un canal résinifère sous une côte indique ord. que cette côte est secondaire.

moins saillantes (1), résultant du développement des nervures des sépales et de la soudure de leurs bords, quelquefois développées en ailes membraneuses entières ou découpées en épines, plus rarement indistinctes; les 5 côtes principales séparées par des intervalles (vallécules). Canaux résinifères ord. colorés (vittæ, bandelettes), développés dans l'épaisseur du péricarpe, dirigés du sommet à la base des carpelles, placés un ou plusieurs au niveau de chaque vallécule et à la face commissurale des carpelles, correspondant aux côtes secondaires lorsqu'elles se développent, très rarement placés sous les côtes principales, rarement indistincts ou nuls. — Graine entièrement soudée avec le péricarpe (akène), rarement libre, suspendue. Embryon droit, très petit, placé au voisinage du hile dans un *périsperme corné* très *épais*. Radicule dirigée vers le hile.

Plantes annuelles, bisannuelles ou vivaces, herbacées, ord. à odeur aromatique ou vireuse, contenant au moins dans les fruits un suc résineux odorant; à tiges ord. striées cannelées ou sillonnées, fistuleuses ou remplies d'une moelle abondante. Feuilles alternes, rarement entières, ord. pinnatiséquées ou bi-quadripinnatiséquées, quelquefois réduites à la partie pétiolaire; à pétiole plus ou moins dilaté en une base engaînante, stipules nulles. Fleurs disposées en ombelles, plus rarement disposées en capitules ou en verticilles, ombelles ord. pourvues d'un verticille de bractées (*involucre*), composées de plusieurs ombelles simples (*ombellules*) qui sont ord. pourvues chacune d'un verticille de bractées (*involucelle*).

DIVISION I. **ORTHOSPERMÆ.** — GRAINE PLANE OU CONVEXE A LA FACE COMMISSURALE.

TRIBU I. UMBELLIFERÆ IMPERFECTÆ. — *Inflorescence anormale:* fleurs sessiles ou presque sessiles, en capitules, en verticilles solitaires ou superposés, ou en ombelles composées disposées au sommet de la tige en une ombelle générale.

SOUS-TRIBU I. HYDROCOTYLEÆ. — *Fruit* dépourvu d'épines ou d'écailles, comprimé perpendiculairement à la commissure, lenticulaire, *à coupe horizontale linéaire*, à côtes distinctes. — Fleurs disposées en verticilles solitaires ou superposés.

SOUS-TRIBU II. SANICULEÆ. — *Fruit* chargé d'épines ou d'écailles, *à coupe horizontale suborbiculaire*, à côtes non distinctes. — Fleurs en capitules, ou en ombelles composées disposées elles-mêmes en une ombelle générale au sommet de la tige.

---

(1) Ordinairement chaque carpelle présente 5 côtes, ces côtes sont dites *côtes primaires* en raison des côtes accessoires (*côtes secondaires*) qui peuvent se développer dans l'intervalle qui les sépare, de ces côtes primaires, l'une correspond au dos du carpelle (*côte dorsale*), deux aux parties latérales (*côtes latérales*, *côtes intermédiaires*), les deux autres en dehors des précédentes sont plus ou moins rapprochées de la commissure (*côtes marginales*). Les côtes primaires résultent, les unes du développement de la nervure moyenne des sépales (*côtes carénales*), les autres, alternes avec les précédentes et correspondant aux sinus des dents calicinales, résultent de la suture des bords des sépales (*côtes suturales*). Pour l'un des carpelles la côte dorsale et les deux marginales sont carénales, et les côtes latérales sont suturales; pour l'autre carpelle, au contraire, la côte dorsale et les deux marginales sont suturales, et les côtes latérales sont carénales. En d'autres termes, à l'un des carpelles correspondent trois dents du calice et à l'autre deux dents seulement. — Les côtes secondaires, qui n'existent que dans un certain nombre de genres, résultent du développement des nervures latérales des sépales; aucune de ces côtes secondaires ne saurait donc jamais occuper la partie moyenne du dos des carpelles, où il ne peut évidemment exister qu'une côte carénale ou suturale.

Tribu II. CICUTEÆ. — *Fruit presque cylindrique, ou comprimé perpendiculairement à la commissure* souvent presque didyme. Carpelles dépourvus d'épines, à 5 côtes primaires égales ou presque égales, filiformes ou plus ou moins saillantes, rarement développées en ailes; *côtes secondaires nulles.* — *Ombelles composées régulières*, très rarement réduites à des ombellules latérales.

Sous-tribu I. AMMINEÆ. — *Fruit* comprimé perpendiculairement à la commissure, souvent presque didyme, *à coupe horizontale oblongue.*

Sous-tribu II. SESELINEÆ. — *Fruit* presque cylindrique ou subtetragone, plus rarement subglobuleux, *à coupe horizontale orbiculaire ou presque orbiculaire.*

Tribu III. SELINEÆ. — *Fruit comprimé parallèlement à la commissure.* Carpelles dépourvus d'épines, à 5 *côtes* primaires inégales : les 3 dorsales filiformes, quelquefois peu distinctes, rarement ailées, beaucoup plus étroites que les marginales; les 2 *marginales dilatées en ailes membraneuses ou épaisses, écartées, ou rapprochées en un rebord qui entoure le fruit; côtes secondaires nulles.* — *Ombelles composées régulières.*

Sous-tribu I. ANGELICEÆ. — *Fruit entouré de deux ailes membraneuses*, par l'écartement des ailes marginales des deux carpelles, côtes dorsales ailées ou filiformes.

Sous-tribu II. PEUCEDANEÆ. — *Fruit* ord. lenticulaire, *entouré d'un rebord aplani ou épais*, par le rapprochement des ailes marginales des deux carpelles, côtes dorsales filiformes, quelquefois peu distinctes.

Tribu IV. LASERPITIEÆ. — Fruit comprimé parallèlement à la commissure ou presque cylindrique. Carpelles à 9 côtes, par la présence des *côtes primaires et* des *côtes secondaires* : les 5 côtes primaires filiformes lisses ou portant quelques pointes épineuses; les 4 *côtes secondaires développées en ailes membraneuses entières ou profondément découpées en épines* ou en soies épineuses. Canaux résinifères situés sous les côtes secondaires. — *Ombelles composées régulières.*

Sous-tribu I. THAPSIEÆ. — *Fruit à 8 ailes entières*, dépourvu d'épines.

Sous-tribu II. DAUCINEÆ. — *Fruit chargé d'épines ou de soies* presque épineuses par la découpure des 8 ailes.

DIVISION II. CAMPYLOSPERMÆ. — Graine marquée à la face commissurale d'un canal ou d'un sillon profond qui résulte de l'inflexion ou de l'enroulement de ses bords et dans lequel s'enfonce le péricarpe, très rarement graine concave à la face commissurale.

1 { Fleurs disposées en capitules munis de paillettes et d'involucres épineux. ERYNGIUM. (III.)
  { Fleurs jamais disposées en capitules munis de paillettes et d'involucres épineux. 2.

2 { Feuilles entières, crénelées, ou palmées à lobes non prolongés jusqu'au pétiole. 3.
  { Feuilles pinnatiséquées ou bi-quadripinnatiséquées, plus rarement palmatiséquées ou pinnatifides. 5.

3 { Feuilles suborbiculaires peltées . . . HYDROCOTYLE. (I.)
  { Feuilles jamais suborbiculaires peltées . . . . 4.

4 { Feuilles palmatipartites, fleurs blanches ou rosées. . SANICULA. (II.)
  { Feuilles entières, fleurs jaunes BUPLEVRUM. (IV.)

5 Plante dioïque, canaux résinifères situés sous les côtes primaires . . . . TRINIA. (V.)
Fleurs hermaphrodites ou polygames, canaux résinifères occupant les vallécules ou placés sous les côtes secondaires, rarement nuls. . . . . 6.

6 Fruit hérissé d'épines ou de longues soies épineuses. . . . . 7.
Fruit glabre, plus rarement pubescent ou velu, dépourvu d'épines ou de soies épineuses. . . . . 12.

7 Fruit brusquement rétréci en bec au sommet; côtes non distinctes dans la partie inférieure du fruit. . . . . ANTHRISCUS. (XXXVIII.)
Fruit non rétréci en bec; côtes distinctes dans toute la longueur du fruit . . 8.

8 Fruit à côtes presque égales, découpées en épines robustes, feuilles simplement pinnatiséquées . . . . TURGENIA (XXXV.)
Fruit à côtes primaires filiformes ne portant que q. q. pointes épineuses très courtes, les secondaires découpées en un ou plusieurs rangs d'épines ou de soies épineuses; feuilles bi-tri-pinnatiséquées. . . . . 9.

9 Fruit entièrement couvert d'épines ou de tubercules irrégulièrement disposés; tiges couvertes de poils raides apprimés dirigés de haut en bas. . . . . TORILIS (XXXVII.)
Fruit chargé d'épines ou de longues soies épineuses disposées en lignes régulières, tiges glabres ou velues à poils non apprimés-réfléchis. . . . . . . 10.

10 Fruit chargé de longues soies épineuses, involucre à folioles triséquées ou pinnatiséquées, rarement entières. . . . . DAUCUS. (XXXIII.)
Fruit chargé d'épines robustes, involucre nul ou à folioles entières. . . . 11

11 Épines des côtes secondaires disposées sur 2-3 rangs, fleurs extérieures à pétales rayonnants plus grands que l'ensemble des fleurs non rayonnantes de l'ombellule . . . . ORLAYA. (XXXIV.)
Épines des côtes secondaires disposées sur un seul rang, fleurs extérieures à pétales extérieurs beaucoup plus petits que l'ensemble des fleurs de l'ombellule. . . . . CAUCALIS (XXXVI.)

12 Fruit atténué en un bec linéaire trois à quatre fois plus long que la partie qui renferme la graine. . . . . SCANDIX. (XL.)
Fruit non atténué en bec, rarement atténué en un bec plus court que la partie qui renferme la graine. . . . . 13.

13 Fruit comprimé parallèlement à la commissure, souvent aplani-lenticulaire, entouré d'un seul rebord aplani ou épais. . . . . 14.
Fruit comprimé perpendiculairement à la commissure ou presque cylindrique, plus rarement globuleux ou offrant plusieurs ailes membraneuses. . 17.

14 Fruit à côtes dorsales à peine visibles, entouré d'un rebord très épais rugueux, couvert de poils raides. . . . . TORDYLIUM. (XXXI.)
Fruit à côtes dorsales filiformes, entouré d'un rebord aplani lisse, glabre ou légèrement pubescent . . . . 15.

15 Fleurs blanches ou rosées, très rarement d'un blanc jaunâtre; pétales émarginés ou bifides, rarement entiers, à peine enroulés en dedans . . . 16.
Fleurs d'un beau jaune, pétales entiers, enroulés en dedans. . . . 16*.

16 Fruit à canaux résinifères ne descendant pas au-delà de sa moitié supérieure, pétales extérieurs très grands, profondément bifides HERACLEUM (XXX.)
Fruit à canaux résinifères descendant jusqu'à sa base, pétales extérieurs jamais très grands, émarginés ou presque entiers . PEUCEDANUM (XXVII.)

16* Feuilles simplement pinnatiséquées, à segments ovales ou oblongs, incisés ou lobés . . . . PASTINACA (XXIX.)
Feuilles décomposées en segments linéaires très étroits. ANETHUM. (XXVIII.)

17 Fruit à 8 ailes membraneuses toutes beaucoup plus larges que le fruit . . . . LASERPITIUM. (XXXII.)
Fruit à côtes non ailées, ou à 10 côtes ailées plus étroites que le fruit, rarement à 4 ailes membraneuses très larges. . . . . 18.

18 Fruit à côtes marginales développées en 4 ailes membraneuses beaucoup plus larges que les côtes dorsales. . . . . 19.
Fruit à côtes non ailées, ou à 10 côtes ailées égales ou presque égales entre elles. 20.

19 Carpelles à côtes dorsales filiformes; feuilles à segments très amples ovales-lancéolés dentés. . . . . ANGELICA. (XXVI.)
Carpelles à côtes dorsales ailées; feuilles à segments pinnatipartits à lobes linéaires. . . . . SELINUM. (XXV.)

20 Fruit presque cylindrique, plus rarement globuleux, à coupe transversale orbiculaire ou presque orbiculaire. . . . . 21.
Fruit comprimé perpendiculairement à la commissure, souvent presque didyme, à coupe transversale oblongue. . . . . 28.

21 Fleurs d'un beau jaune; feuilles décomposées en segments filiformes presque capillaires. . . . . FOENICULUM (XXII.)
Fleurs blanches ou rosées, très rarement d'un blanc jaunâtre, feuilles jamais décomposées en segments filiformes . . . . 22.

22 Fruit globuleux ou ovoïde-subglobuleux, involucelle à folioles peu nombreuses ord. rejetées en dehors . . . . 23.
Fruit oblong, involucelle régulier à plusieurs folioles. . . . . 24.

23 Fruit globuleux, à 18 côtes par la présence des côtes primaires et des côtes secondaires, calice à dents linéaires persistantes . . CORIANDRUM. (XLII.)
Fruit ovoïde-subglobuleux, à 10 côtes saillantes, dépourvu de côtes secondaires, calice à limbe presque nul. . . . . ÆTHUSA. (XVIII.)

24 Calice à limbe 5-denté s'accroissant après la floraison, columelle indistincte. . . . . OENANTHE. (XIX.)
Calice à limbe presque nul, ou à limbe 5-denté à dents courtes ou allongées ne s'accroissant pas après la floraison, columelle distincte, libre. . . . 25.

25 Fruit à côtes non ailées, velu ou pubérulent au moins avant la maturité. . 26.
Fruit à côtes ailées presque membraneuses, glabre. . . . . 27.

26 Involucre à plusieurs folioles; fruit velu presque tomenteux. LIBANOTIS. (XX.)
Involucre nul ou presque nul, fruit pubérulent ou glabre . SESELI. (XXI.)

27 Fleurs blanches; pétales atténués en onglet, vallécules à un seul canal résinifère . . . . CNIDIUM (XXIII.)
Fleurs d'un jaune pâle; pétales à base large, vallécules à 3-4 canaux résinifères peu distincts . . . . SILAUS. (XXIV.)

28 Involucre et involucelle nuls. . . . . 29.
Involucre nul ou à plusieurs folioles, un involucelle . . . . . . 31.

29 Fruit dépourvu de canaux résinifères, feuilles palmatiséquées à 3 segments triséqués . . . . ÆGOPODIUM. (X.)
Fruit pourvu de canaux résinifères, feuilles pinnatiséquées 30

30 Vallécules à plusieurs canaux résinifères, columelle bifide, fleurs blanches. . . . . PIMPINELLA. (XVI.)
Vallécules à un seul canal résinifère, columelle indivise, fleurs d'un blanc verdâtre. APIUM. (XIII.)

31 Calice à limbe 5-denté, à dents plus ou moins développées quelquefois très petites. . . . . 32.
Calice à limbe presque nul. . . . . 33.

32 Calice à dents larges membraneuses; fruit à carpelles subglobuleux . . . . CICUTA. (VII).
Calice à dents courtes ou linéaires; fruit à carpelles oblongs ou linéaires . 33.

33 Fruit linéaire-oblong; feuilles coriaces-subcartilagineuses, palmatiséquées. . . . . FALCARIA (VIII.)
Fruit oblong ou ovoïde, feuilles pinnatiséquées, jamais coriaces subcartilagineuses. 34

34 Columelle indivise, libre, vallécules à un seul canal résinifère . . . . HELOSCIADIUM (XIV.)
Columelle bipartite, à divisions soudées avec les carpelles, vallécules à plusieurs canaux résinifères . . . . SIUM. (XV.)

35 Involucre à folioles triséquées ou pinnatiséquées . . . . . AMMI. (IX.)
Involucre nul ou à folioles entières. . . . . 36.

36 Graine plane à la face commissurale, à coupe transversale suborbiculaire 37
Graine à bords roulés ou infléchis en dedans, à coupe transversale en fer à cheval. 40

37 { Canaux résinifères très larges et visibles seulement dans la moitié supérieure du fruit; pétales bifides. . . . . SISON. (VI.)
Canaux résinifères s'étendant dans toute la longueur du fruit, pétales émarginés ou presque entiers . . . . 38.

38 { Vallécules à 2-3 canaux résinifères; styles dressés . . CONOPODIUM. (XVII.)
Vallécules à un seul canal résinifère, styles divergents. . . . . 39.

39 { Columelle bipartite; fleurs d'un vert jaunâtre, plus rarement blanches. . . . . PETROSELINUM (XII.)
Columelle bifurquée seulement au sommet; fleurs blanches. CARUM. (XI.)

40 { Fruit subglobuleux presque didyme, à 10 côtes saillantes ondulées. . . . . CONIUM. (XLI.)
Fruit oblong ou linéaire-oblong. . . . . 41.

41 { Fruit brusquement rétréci en bec au sommet, à côtes apparentes seulement dans sa partie supérieure . . . . ANTHRISCUS. (XXXVIII.)
Fruit linéaire-oblong, non rétréci en bec, à côtes apparentes dans toute sa longueur. . . . . CHÆROPHYLLUM. (XXXIX.)

DIVISION I. ORTHOSPERMÆ. — Graine plane ou convexe à la face commissurale.

TRIBU I. UMBELLIFERÆ IMPERFECTÆ. — INFLORESCENCE ANORMALE. FLEURS SESSILES OU PRESQUE SESSILES, EN CAPITULES, EN VERTICILLES SOLITAIRES OU SUPERPOSÉS, OU EN OMBELLES COMPOSÉES DISPOSÉES AU SOMMET DE LA TIGE EN UNE OMBELLE GÉNÉRALE.

SOUS-TRIBU I. HYDROCOTYLEÆ. — *Fruit dépourvu d'épines ou d'écailles, comprimé perpendiculairement à la commissure, lenticulaire, à coupe horizontale linéaire, à côtes distinctes. — Fleurs disposées en verticilles solitaires ou superposés.*

I. HYDROCOTYLE. (Tournef. inst. t. 173.)

Calice à limbe presque nul. Fruit comprimé perpendiculairement à la commissure, lenticulaire. Carpelles ovales, à 5 côtes, la dorsale plus développée carénée, les 2 latérales filiformes saillantes, les 2 marginales non distinctes; vallécules à canaux résinifères non distincts. Columelle adhérente aux carpelles. — *Fleurs sessiles, en un ou plusieurs verticilles entourés d'involucelles* à un petit nombre de folioles et *portés sur des pédoncules nus* qui naissent solitaires ou fasciculés au niveau des nœuds de la tige.

Plante vivace, radicante. *Feuilles suborbiculaires-peltées*, largement crénelées. Fleurs blanches. Pétales entiers, à sommet droit.

1. H. VULGARIS. (L. sp. 338.) — Engl. bot. t. 751. (vulg. *Écuelle-d'eau.*)

Tige de longueur très variable, blanchâtre, grêle, stoloniforme, radicante au niveau des nœuds. Feuilles glabres, longuement pétiolées, naissant 1-2 au niveau des nœuds, suborbiculaires-peltées, à 7-9 nervures rayonnantes, largement crénelées, à crénelures ord. superficiellement crénelées. Pédoncules filiformes, nus, plus courts que les pétioles. Fleurs très petites, disposées par verticilles de 4-6 fleurs. Fruit émarginé à la base, presque didyme. ♃. Juin-septembre.

C. — Marais, bords des étangs, prairies spongieuses, mares tourbeuses.

SOUS-TRIBU II. SANICULEÆ. — *Fruit chargé d'épines ou d'écailles, à coupe horizontale suborbiculaire, à côtes non distinctes. — Fleurs en capitules, ou en ombelles composées disposées elles-mêmes en une ombelle générale au sommet de la tige.*

II. SANICULA. (Tournef. inst. t. 173.)

Calice à 5 lobes foliacés. Fruit subglobuleux. *Carpelles* ne se séparant pas l'un de l'autre à la maturité, hémisphériques, à côtes non distinctes, *couverts* de longues *épines subulées crochues*, surmontés par les lobes persistants et accrus du calice; canaux résinifères nombreux. Columelle non distincte. — *Fleurs* hermaphrodites entremêlées de fleurs mâles, *sessiles*, disposées en capitule pluriflore *sur un réceptacle chargé de paillettes* et entouré d'un involucelle à plusieurs folioles. Capitules ord. disposés par 3 en ombelles munies d'un involucre à plusieurs folioles; ombelles disposées par 3-4 au sommet de la tige en une ombelle générale munie elle-même d'un involucre à 2-3 folioles entières ou incisées.

Plante vivace. Feuilles palmatipartites, à 3-5 lobes obovales-cunéiformes incisés-dentes. Fleurs blanches ou rosées.

1. S. EUROPÆA. (L. sp. 339.) — Engl. bot. t. 98. (vulg. *Sanicle.*)

Tiges de 4-6 décimètr., simples, grêles, raides, nues ou ne portant qu'une ou deux feuilles. Feuilles disposées en rosette radicale, glabres, luisantes, longuement pétiolées, palmatipartites, à lobes très amples bi-trifides incisés-dentés, à dents terminées par une soie raide. Fleurs la plupart mâles. Capitules fructifères à 2-4 fruits. Ombelles partielles et ombelle générale à rayons s'allongeant beaucoup après la floraison. ♃. *Fl.* avril-mai. *Fr.* juin-juillet.

A.C. — Bois humides, lieux herbeux couverts.

III. ERYNGIUM. (Tournef. inst. t. 173.)

Calice à 5 lobes foliacés terminés en épine. Fruit obovale-oblong. *Carpelles* oblongs semi-cylindriques, à côtes non distinctes, *couverts d'écailles imbriquées*, surmontés par les lobes persistants du calice. Canaux résinifères non distincts. Columelle adhérente aux carpelles. — *Fleurs* sessiles, solitaires à l'aisselle de bractées ord. épineuses, disposées en un capitule multiflore sur un réceptacle cylindrique; capitule compacte, subglobuleux ou oblong, entouré à la base par un involucre de bractées épineuses presque foliacées.

Plante vivace. *Feuilles* pinnatipartites ou bipinnatipartites, coriaces-cartilagineuses, *à segments décurrents lobés-épineux.* Fleurs blanches ou d'un blanc bleuâtre.

1. E. CAMPESTRE. (L. sp. 337.) — Engl. bot. t. 57. (vulg. *Panicaut*, *Chardon-Roland.*)

Tige de 4-6 décimètr., robuste, pleine, sillonnée, glabre, d'un blanc verdâtre, très rameuse, à rameaux étalés donnant à l'ensemble de la plante un aspect globuleux. Feuilles d'un vert glauque, à nervures saillantes; les primordiales oblongues souvent entières, ciliées-épineuses; les radicales pétiolées, pinnatipartites ou bipinnatipartites à segments décurrents pinnatifides ou dentés, à lobes et à dents terminés en épines robustes; les caulinaires supérieures sessiles largement amplexicaules. Capitules subglobuleux, nombreux, disposés en corymbes terminaux. Involucre dépassant le capitule, à folioles linéaires-lancéolées entières plus rarement incisées, munies aux bords de quelques épines et terminées en épine robuste. Bractées du réceptacle linéaires-subulées. Fruit couvert d'écailles blanches-scarieuses. ♃. Juillet-septembre.

C.C C. — Bords des chemins, lieux pierreux, coteaux arides.

TRIBU II. CICUTEÆ. — FRUIT PRESQUE CYLINDRIQUE, OU COMPRIMÉ PERPENDICULAIREMENT A LA COMMISSURE SOUVENT PRESQUE DIDYME. CARPELLES DÉPOURVUS D'ÉPINES, A 5 CÔTES PRIMAIRES ÉGALES OU PRESQUE ÉGALES, FILIFORMES OU PLUS OU MOINS SAILLANTES, RAREMENT DÉVELOPPÉES EN AILES, CÔTES SECONDAIRES NULLES. — OMBELLES COMPOSÉES RÉGULIÈRES, TRÈS RAREMENT RÉDUITES A DES OMBELLULES LATÉRALES.

SOUS-TRIBU I. AMMINEÆ. — *Fruit comprimé perpendiculairement à la commissure, souvent presque didyme, à coupe horizontale oblongue.*

IV. BUPLEVRUM. (Tournef. inst. t. 163.)

Calice à limbe presque nul. Fruit comprimé perpendiculairement à la commissure, ou presque didyme. Carpelles oblongs, à 5 côtes plus ou moins saillantes ou à peine distinctes; vallécules striées, lisses ou granuleuses, à canaux résinifères distincts ou indistincts. Columelle bifide, plus rarement indivise. — Involucre nul ou à plusieurs folioles, involucelle à plusieurs folioles.

Plantes annuelles ou vivaces. *Feuilles* réduites à la portion pétiolaire, non engaînantes, *très entières*, coriaces, ord. membraneuses au bord, glaucescentes. *Fleurs jaunes*.

1	Involucelle plus court que l'ombellule; plante vivace. . .	*B. falcatum*	
	Involucelle dépassant longuement l'ombellule; plante annuelle		2
2	Involucelle à folioles linéaires, fruit granuleux. . .	*B. tenuissimum*	
	Involucelle à folioles ovales ou elliptiques; fruit lisse.		3.
3	Feuilles linéaires-lancéolées, sessiles.	*B. aristatum.*	
	Feuilles ovales-suborbiculaires, perfoliées.	*B. rotundifolium.*	

1. B. FALCATUM. (L. sp. 341.) — Jacq. Austr. t. 128.

Plante vivace. Souche terminée en racine pivotante. Tiges de 4-9 décimètr., rameuses surtout supérieurement, glabres. Feuilles inférieures oblongues rétrécies en pétiole; les supérieures linéaires-lancéolées, souvent arquées pliées-canaliculées, sessiles. *Ombelles* presque régulières, *à 5-10 rayons*. Involucre à 1-5 folioles inégales courtes. *Involucelle à folioles* oblongues-cuspidées, *égalant environ la longueur des pédicelles*. Fruit environ de la longueur du pédicelle, à côtes saillantes, à vallécules non granuleuses. Columelle bifide. ♃. Août-octobre.

C. — Coteaux pierreux, vignes, bords des chemins.

2. B. TENUISSIMUM. (L. sp. 343.) — Engl. bot. t. 478.

Plante annuelle. Tige de 1-6 décimètr., ord. rameuse dès la base, à rameaux grêles flexueux, souvent florifère dès la partie inférieure, glabre. Feuilles linéaires-lancéolées acuminées, sessiles. Ombelles terminales à 2-3 rayons inégaux ord. très courts, les latérales nombreuses réduites à des ombellules 3-5-flores espacées le long des rameaux. Involucre des ombelles terminales à 2-3 folioles inégales. Involucelle à folioles linéaires cuspidées, dépassant les fleurs. Fruit sessile, à côtes ondulées-crispées, à vallécules granuleuses. Columelle bifide. ⓘ. Juillet-octobre.

A.R. — Coteaux secs, pelouses arides, bords des chemins. — Bois de Boulogne ! Les Loges près Versailles ! Versailles. Env. de Melun, etc.

3. B. ARISTATUM. (Bartling, in Bartl. et Wendl. beitr. 89.) — Rchb. ic. II. t. 178. — B. Odontites. auct.

Plante annuelle. Tige de 1-2 décimètr., rameuse dichotome dès la base, à rameaux raides divergents, glabre. Feuilles linéaires-lancéolées acuminées, sessiles. *Ombelles* terminales, *à* 2-3 rarement 4 *rayons*, inégaux, *plus courts que les folioles de l'involucre. Involucre à* 3 rarement 4 *folioles foliacées*, elliptiques-lancéolées ou lancéolées, acuminées ou cuspidées. Involucelle à folioles foliacées, elliptiques ou ovales-lancéolées acuminées-aristées, connivèntes, dépassant très longuement les ombellules, à nervures s'anastomosant entre elles. Fruit très brièvement pédicellé, à côtes très fines, à vallécules non granuleuses. Columelle indivise. ①. Juin-août.

R.R. — Pelouses sèches montueuses, coteaux arides pierreux. — Assez abondant près Nemours sur les coteaux qui dominent la route de Montargis (*Devilliers*). Malesherbes (*Bernard*).

4. B. ROTUNDIFOLIUM. (L. sp. 340.) — Engl. bot. t. 99.

Plante annuelle. Tige de 2-5 décimètr., rameuse supérieurement, glabre. *Feuilles* ovales-suborbiculaires mucronulées, *perfoliées;* les inférieures atténuées en une base amplexicaule. Ombelles terminales, à 3-8 rayons courts. Involucre nul. Involucelle à folioles foliacées, souvent colorées en jaune à leur face interne, ovales cuspidées, dressées après la floraison, dépassant longuement les ombellules, à nervures s'anastomosant entre elles. Fruit brièvement pédicellé, à côtes saillantes, à vallécules non granuleuses. ①. Juin-août.

A.R. — Champs, moissons des terrains calcaires ou sablonneux. — Parc de Neuilly (*Vigineix*) St-Maur ! Fontainebleau. Malesherbes ! Nemours ! Pithiviers ! (*Woods*).

Le *B protractum* Link et Hoffmgg, longtemps confondu avec le *B. rotundifolium*, et qui se rencontre dans quelques localités voisines de notre Flore, se distingue à ses feuilles ovales-oblongues perfoliées, à ses involucelles étalés même après la floraison, et à ses fruits tuberculeux-granuleux

V. TRINIA. (Hoffm. Gen. umbell. 92.)

Calice à limbe presque nul. Fruit comprimé perpendiculairement à la commissure. Carpelles oblongs, à 5 côtes filiformes; vallécules à canaux résinifères nuls ou presque nuls; *canaux résinifères répondant à la face interne des côtes*. Columelle bipartite. — Involucre et involucelle nuls ou presque nuls.

Plante bisannuelle ou vivace. Feuilles bi-tripinnatiséquées *Fleurs dioïques*, blanches

1 T. VULGARIS. (D.C. prodr. IV 103.) — Pimpinella dioica L. mant 357. — Engl bot. t. 1209.

Souche couronnée par les nervures persistantes des feuilles détruites. Tiges de 1-3 décimètr., cannelées, très rameuses dès la base, glabres. Feuilles glaucescentes, à segments linéaires entiers ou incisés. Ombelles nombreuses, pédonculées, les florifères souvent compactes. Pétales des fleurs mâles lancéolés roulés en dedans, ceux des fleurs femelles ovales courbés en dedans seulement au sommet. Ombellules fructifères à rayons inégaux. Fruit à côtes obtuses. ② ou ♃. Mai-juin.

R. — Pelouses découvertes des bois sablonneux, coteaux arides — Bois de Praslin près Blandy (*Garnier*) Abondant dans la forêt de Fontainebleau ! et à Malesherbes ! (*Requien*) Anet (*Daenen*)

VI. SISON. (Koch, umbell. 123.)

Calice à limbe presque nul. Fruit comprimé perpendiculairement à la commissure. Carpelles ovoïdes-oblongs, à 5 côtes filiformes; *vallécules à un seul canal résinifère brusquement élargi dans sa moitié supérieure presque nul dans sa moitié inférieure.* Columelle bipartite. — Involucre et involucelle à folioles peu nombreuses.

Plante bisannuelle Feuilles pinnatiséquées, à segments plus ou moins lobés. Fleurs blanches. *Pétales bifides.*

1. S. AMOMUM. (L. sp. 362.) — Jacq. hort. Vind. III. t. 17.

Tige de 6-10 décimètr., finement striée, très rameuse, glabre. Feuilles d'un vert foncé, à segments ovales-oblongs, lobés à lobes dentés; les supérieures à segments divisés en lobes linéaires. Ombelles pédonculées, à 3-5 rayons inégaux; ombellules pauciflores, à rayons très inégaux. Involucre à folioles courtes linéaires entières, rarement pinnatifides. ②. Juillet-octobre.

R.R. — Haies humides, buissons fourrés, bords des champs. — Garches. Marly; Champigny près St-Maur, Montlignon près Montmorency (*de Boucheman*). Mennecy! Bargny près Crepy (*Questier*). Ste-Colombe près Provins (*Des Étangs*).

VII. CICUTA. (L. gen. n. 354.)

Calice à limbe 5-denté, *à dents larges membraneuses.* Fruit presque didyme. *Carpelles subglobuleux*, à 5 côtes aplanies; vallécules à un seul canal résinifère. Columelle bipartite. — Involucre nul ou presque nul, involucelle à folioles nombreuses.

Plante vivace, à odeur vireuse. Feuilles tripinnatiséquées. Fleurs blanches.

1. C. VIROSA. (L. sp. 368.) — Engl. bot. t. 479. (vulg. *Cigue aquatique.*)

Tiges de 6-12 décimètr., cylindriques légèrement sillonnées, très fistuleuses, glabres, souvent rougeâtres à la base. Feuilles à segments lancéolés étroits, aigus, profondément dentés; les inférieures à pétiole très long épais fistuleux. Ombelles à rayons ord. nombreux. Involucelles à folioles linéaires subulées. ♃. Juillet-août.

R.R. — Bords des étangs, marais tourbeux. — Etang de Pondron près Crépy (*Pillot, Léré*). Assez abondant dans le pays de Bray (*Graves*). Ons-en-Bray! (*Delacourt*).

VIII. FALCARIA. (Host. fl. Austr. I. 381.)

Calice à limbe 5-denté. Fruit comprimé perpendiculairement à la commissure. *Carpelles linéaires*, à 5 côtes filiformes; *vallécules à un seul canal résinifère.* Columelle profondément bifide. — Involucre et involucelle à plusieurs folioles.

Plante vivace. *Feuilles coriaces-subcartilagineuses, palmatiséquées*, à segments simples ou triséqués très rarement pinnatiséqués. Fleurs blanches.

1. F. RIVINI. (Host, *loc. cit.*) — Sium Falcaria. L. sp. 362. — Jacq. Austr. t. 257

Tiges de 4-6 décimètr., finement striées, rameuses, glabres, glaucescentes. Feuilles à segments linéaires-lancéolés très allongés, dentés en scie, à dents égales rapprochées; les radicales longuement pétiolées, palmatiséquées à lobes ord. indivis; les caulinaires à pétiole dilaté dans toute sa longueur en une gaîne semi-amplexicaule, à segments latéraux souvent indivis, le moyen triséqué très rarement pinnatiséqué à lobes décurrents. Ombelles à rayons nombreux, souvent presque capillaires. Involucre et involucelle à folioles linéaires-sétacées. ♃ (D.C.) ② (Koch.) Juillet-septembre.

R.R.R. — Champs calcaires, bords des chemins. — Arcueil!

IX. AMMI. (Tournef. inst. t. 159.)

Calice à limbe presque nul. Fruit comprimé perpendiculairement à la commissure. Carpelles oblongs, à 5 côtes filiformes; *vallécules à un seul canal résinifère.* Columelle bipartite. — *Involucre à plusieurs folioles triséquées ou pinnatiséquées*, involucelle à folioles nombreuses.

Plante annuelle. Feuilles pinnatiséquées ou bipinnatiséquées. Fleurs blanches. Pétales bifides par la reflexion du lobe moyen, à lobes inégaux.

1. A. MAJUS. (L. sp. 349.) — Schk. t. 61.

Tige de 3-7 décimètr., rameuse supérieurement, glabre. Feuilles glaucescentes, à segments oblongs ou elliptiques-lancéolés, dentés, à dents raides mucronées; les inférieures quelquefois à 3 segments ou réduites au segment terminal; les supérieures bipinnatiséquées, à segments linéaires dentés. Ombelles à rayons nombreux, égaux. Involucre* à folioles divisées en segments linéaires très étroits, terminés par une pointe subulée-sétacée. Involucelles à folioles filiformes souvent plus longues que les rayons de l'ombellule. ①. Juillet-septembre.

R.R. — Champs, moissons. — St-Maurice près St-Maur! Toussu près Versailles (*Mandon*). Ile-Adam (*Maire*).

X. ÆGOPODIUM. (L. gen. n. 368.)

Calice à limbe presque nul. Fruit comprimé perpendiculairement à la commissure. Carpelles linéaires-oblongs, à 5 côtes filiformes; *vallécules dépourvues de canal résinifère. Columelle bifurquée seulement au sommet.* — *Involucre et involucelle nuls.*

Plante vivace. Feuilles palmatiséquées à 3 segments triséqués. Fleurs blanches.

1 Æ. PODAGRARIA. (L. sp. 379.) — Engl. bot. t. 940.

Tiges de 6-9 décimètr., robustes, fistuleuses, cannelées, rameuses supérieurement, glabres. Feuilles à segments ovales-acuminés ou ovales-lancéolés, dentés à dents inégales, le terminal quelquefois lobé; feuilles inférieures très longuement pétiolées; les supérieures simplement triséquées. Ombelles a rayons nombreux. ♃. Juin-août.

A.R. — Lieux frais et ombragés, vergers, bord des eaux. — Vincennes. Marly (*Vigineix*). Montmorency (*Tourangin*). Parc de Versailles; Pontchartrain (*de Boucheman*). Forêt de Compiègne! Beauvais! St-Germer! Malesherbes! Dieux (*Daenen*).

XI. CARUM. (Koch, umbell. 121.)

Calice à limbe presque nul. Fruit comprimé perpendiculairement à la commissure. Carpelles oblongs ou linéaires-oblongs, a 5 côtes filiformes; *vallécules à un seul canal résinifère. Columelle bifurquée seulement au sommet.* — Involucre et involucelle à plusieurs folioles, très rarement nuls.

Plantes vivaces. Feuilles bi-tripinnatiséquées. Fleurs blanches.

{ Souche bulbiforme, globuleuse, feuilles bi-tripinnatiséquées, à segments de premier ordre longuement pétiolulés. . . . *C. Bulbocastanum.*
{ Souche à fibres radicales renflées-fusiformes, feuilles pinnatiséquées à segments sessiles découpés en lobes rapprochés en faux verticilles . . . . *C. verticillatum.*

1. C. BULBOCASTANUM (Koch, umbell. 121.) — Bunium bulbocastanum L. sp 349. — Fl. Dan t. 220.

Souche charnue, *bulbiforme*, *globuleuse*. Tige de 3-7 décimètr., glabre, rameuse supérieurement, a rameaux dressés. *Feuilles bi-tripinnatiséquées*, à segments linéaires ou à segments divisés en lobes linéaires; les radicales et les inférieures longuement petiolées, *à segments de premier ordre longuement pétiolulés*. Ombelles à rayons nombreux presque égaux. Involucre et involucelle à plusieurs folioles linéaires-acuminées ou subulées. ♃. Juin-juillet.

R.—Clairières des bois sablonneux, champs et moissons maigres. — Bois de Boulogne! Bois de Vincennes (*Clarion*). Entre le Pecq et Marly, le Val près St-Germain (*Vigineix*) Sartrouville, Louvecienne; Vetheuil (*de Boucheman*). Senlis, Goincourt près Beauvais (*Morelle*) La Ferté-Milon (*Questier*). Abondant aux environs de Compiègne (*Leré*). Nemours! (*Devilliers*).

2. C. VERTICILLATUM. (Koch, umbell. 122.) — Sium verticillatum. Lam dict. 1. 407. — Sison verticillatum L sp. 363 — Engl bot. t. 395.

Souche courte, *à fibres radicales renflées-fusiformes*, couronnée par les nervures persistantes des feuilles détruites. Tige de 3-7 décimètr., glabre, rameuse presque nue supérieurement, à rameaux dressés. *Feuilles pinnatiséquées*, *à segments opposés* sessiles tres courts, *décomposés en lobes* lineaires-filiformes *rapprochés en faux verticilles*, faux verticilles nombreux, naissant presque dès la base de la feuille. Ombelles à rayons nombreux, presque égaux. Involucre et involucelle à plusieurs folioles courtes lancéolées ou linéaires. ♃. Juin-septembre.

R — Bois humides, prairies tourbeuses, endroits marécageux. — Abondant dans la forêt de Rambouillet! à St-Leger! et dans la forêt des Yvelines.

Le *C. Carvi* L indiqué dans les prés à Meudon, etc (*Mérat*, *fl. Par.*), n'a pas été retrouvé dans nos environs à notre connaissance. — Cette espèce se distingue des deux precedentes, par sa racine fusiforme pivotante, par sa tige rameuse dès la base, par l'involucre et l'involucelle nuls ou presque nuls, et par son ombelle à rayons peu nombreux très inégaux.

XII. PETROSELINUM. (Hoffm. umb. I. 78. t. 1. f. 7.)

Calice à limbe presque nul. Fruit comprimé perpendiculairement à la commissure ou presque didyme. Carpelles oblongs, a 5 côtes filiformes; *vallécules à un seul canal résinifère*. *Columelle bipartite*. — Involucre a 1-3 folioles entières, involucelle à folioles peu nombreuses ou nombreuses.

Plantes annuelles ou bisannuelles Feuilles bi-tripinnatiséquées ou pinnatiséquées. *Fleurs d'un vert jaunâtre ou blanches*. *Petales entiers*, *ou emarginés* par l'inflexion de leur pointe

{ Feuilles bi-tripinnatiséquées, fleurs d'un vert jaunâtre . . . *P. sativum.*
{ Feuilles simplement pinnatiséquées, fleurs blanches . . . *P. segetum.*

† 1 P. SATIVUM. (Hoffm *loc. cit.*) — Apium Petroselinum. L. sp 379. — Schk. t. 80. f. 722. — (vulg *Persil.*)

Tiges de 4-8 décimètr., striées, rameuses, glabres. *Feuilles luisantes*, *bi-tripinnatiséquées*, à segments ovales-cunéiformes trifides à lobes dentes ou incises, les supérieures ord à 3 segments entiers, lanceolés-lineaires. Fleurs d un vert jaunâtre. *Ombelles* pedonculées, *à rayons nombreux* egaux ou presque égaux. Involucelle à folioles nombreuses. (1) ou (2). Juin-août.

Cultivé comme alimentaire dans les jardins, assez souvent naturalisé dans le voisinage des habitations.

S. v. — *crispum.* — Feuilles inférieures crispées à segments enroulés.

s.v. — *latifolium.* — Plante très robuste. Feuilles inférieures très longuement pétiolées, à segments très amples.

2. P. SEGETUM. (Koch, umbell. 128.)— Sison segetum. L. sp. 362. — Jacq. hort. Vind. t. 134. — Engl. bot. t. 228. — Sium segetum. Lam. dict. I. 406.

Tiges de 4-6 décimètr., légèrement striées, à peine feuillees, glabres, rameuses à rameaux effilés. *Feuilles pinnatiséquées*, à segments sessiles ou subsessiles, ovales-oblongs, incisés-dentés; les supérieures à segments très petits, nombreux, ovales, dentés, ou réduites au pétiole. Fleurs blanches. *Ombelles* terminales *à 2-3 rayons* très inégaux, les latérales réduites à des ombellules irrégulières espacées le long des rameaux. Involucelle à 2-5 folioles. ① ou ②. — Juillet-septembre.

R. — Champs pierreux, moissons, bords des chemins. — St-Maurice! St-Maur (*Mandon*). La Barre près St-Denis (*Vigineix*). St-Germain; Juvisy (*de Boucheman*) Abondant à Ste-Colombe et à Bichereau près Provins (*Des Étangs*).

† XIII. APIUM. (Hoffm. umb. I. 75. t. 1. fig. 8.)

Calice à limbe presque nul. Fruit presque didyme. *Carpelles subglobuleux*, à 5 côtes filiformes; *vallecules à un seul canal résinifère. Columelle indivise. — Involucre et involucelle nuls*

Plante bisannuelle, très aromatique. Feuilles pinnatiséquées ou bipinnatiséquées, à segments bi-trilobes. Fleurs d'un blanc verdâtre.

† 1. A. GRAVEOLENS. (L. sp. 379.) — Engl. bot. t. 1210. (vulg. *Céleri.*)

Tiges de 3-9 décimètr., anguleuses-cannelées, épaisses, fistuleuses, glabres. Feuilles luisantes, à segments larges rhomboïdaux, bi-trilobes à lobes dentés ou incisés; les supérieures ord à 3 segments cunéiformes trifides, ou entiers lancéolés-linéaires Ombelles nombreuses, naissant presque dès la base de la plante, sessiles ou brièvement pedonculées le long de la tige et des rameaux, offrant souvent des rayons décomposés en ombelles secondaires. ②. Juillet-septembre.

Cultivé dans les jardins potagers. Quelquefois subspontané dans le voisinage des jardins.

XIV. HELOSCIADIUM. (Koch, umbell. 125.)

Calice à limbe 5-denté, à dents courtes. Fruit comprimé perpendiculairement à la commissure ou presque didyme. *Carpelles oblongs*, à 5 côtes filiformes; *vallécules a un seul canal résinifère. Columelle indivise.* — Involucre a plusieurs folioles ou nul, *involucelle à plusieurs folioles.*

Plantes vivaces aquatiques, plus ou moins radicantes, quelquefois submergées. Feuilles toutes pinnatiséquées, ou les submergées bi-tripinnatiséquées à lanières capillaires. Fleurs blanches.

1	Ombelles à 2 plus rarement 3 rayons, feuilles inférieures décomposées en lanières capillaires	*H. inundatum.*
	Ombelles à 4-7 rayons; feuilles, même les inférieures, à segments ovales-lancéolés-dentés	2.
2	Involucre nul ou presque nul, ombelles sessiles ou brièvement pedonculées.	*H. nodiflorum.*
	Involucre à plusieurs folioles; ombelles longuement pedonculees.	*H. repens.*

1. H NODIFLORUM. (Koch, umbell. 125.) — Sium nodiflorum. L. sp. 361. — Engl. bot. t. 639.

Tiges de 3-10 décimètr., couchées, radicantes à la base, souvent robustes très fistuleuses, glabres. *Feuilles pinnatiséquées* à segments ovales-lancéolés dentés, longuement pétiolées même les florales, dépassant longuement les ombelles. *Ombelles sessiles* le long des tiges *ou brièvement pédonculées*, à

4-8 rayons. *Involucre nul*, plus rarement à 1-2 folioles. ♃. Juillet-septembre.

C. — Fossés herbeux, bords des eaux, prairies marécageuses.

var. *β. intermedium.* — Tiges grêles, couchées-radicantes. Ombelles plus ou moins pedonculées, à pédoncule quelquefois plus long que les rayons. Involucre nul ou à 1-2 folioles. — *A.R.* Marais tourbeux.

Cette variété est exactement intermédiaire entre les *H. nodiflorum* et *repens*, ainsi que De Candolle l'avait déjà indiqué dans la Flore française. — Les formes extrêmes des deux espèces sont cependant tellement distinctes que nous n'avons pas cru pouvoir les rattacher à un même type. — Nous devons à M. Bernard de Malesherbes la communication de nombreux échantillons des deux espèces et des formes intermédiaires recueillies à une même localité.

2. H. REPENS. (Koch, *loc. cit.*) — Sium repens. Jacq. Austr. t. 260. — Engl. bot. t. 1431.

Tiges de 1-3 décimètr., couchées-radicantes dans toute leur longueur, grêles, glabres. *Feuilles pinnatiséquées*, à segments ovales, plus rarement ovales-lancéolés, dentés, toutes longuement pétiolées dépassant peu les ombelles. *Ombelles* espacées le long des tiges, à 4-7 rayons, *ord. longuement pédonculées,* à pédoncule plus long que les rayons. *Involucre à plusieurs folioles.* ♃. Juillet-septembre.

A.R. — Prairies marécageuses, lieux tourbeux. — Bondy (*Thuret*). Vallée de Mennecy (*Cte. Jaubert*) Luzarches (*De Lens*). Dieux (*Daenen*) Monchy-Humières (*Leré*).Malesherbes! (*Bernard*). Nemours! (*Devilliers*). — Env. de Soissons (*herb. Jaubert*).

3. H. INUNDATUM. (Koch, *loc. cit.*) — Sium inundatum. Lam. fl. Fr. III. 460. — Engl. bot. t. 227.

Tiges de longueur très variable, ord. submergées, plus rarement couchées-radicantes, grêles, glabres. *Feuilles* aériennes longuement pétiolées, pinnatiséquées, à segments incisés; les *submergées bi-tripinnatiséquées, à lanières capillaires* allongées. *Ombelles* pédonculées, à pédoncule égalant environ la longueur des rayons, *à* 2 plus rarement 3 *rayons*. Involucre nul. ♃. Juin-juillet.

R. — Mares et fossés tourbeux. — Abondant à St-Léger! et dans les mares de la forêt de Fontainebleau!

XV. SIUM. (L. gen. n. 348, *part.*)

Calice à limbe 5-denté, à dents courtes. Fruit comprimé perpendiculairement à la commissure ou presque didyme. Carpelles oblongs, à 5 côtes filiformes; styles filiformes ou renflés en une base conique; *vallécules à plusieurs canaux résinifères. Columelle bipartite, à divisions ord. soudées avec les carpelles.* — *Involucre et involucelle à plusieurs folioles* entières ou incisées.

Plantes vivaces. Feuilles pinnatiséquées. Fleurs blanches.

Canaux résinifères recouverts par un péricarpe mince, styles filiformes, involucre à folioles entières. . . . . *S. latifolium.*
Canaux résinifères recouverts par un péricarpe très épais, styles élargis en une base conique; involucre à folioles ord. incisées . *S. angustifolium.*

SECT. I. SIUM. (Sium. Koch, umbell. 117.) — *Carpelles à côtes latérales rap-*

prochées de la commissure, à canaux résinifères recouverts par un péricarpe mince. Styles filiformes.

1. S. LATIFOLIUM. (L. sp. 361.) — Engl. bot. t. 204.

Tiges de 8-12 décimètr., robustes, très fistuleuses, cannelées-anguleuses, rameuses supérieurement, glabres. *Feuilles à segments lancéolés finement dentés en scie*, les inférieures longuement pétiolées, à segments quelquefois incisés ou pinnatifides; les supérieures à segments lancéolés-linéaires. Ombelles à rayons nombreux. Involucre et involucelle à plusieurs folioles linéaires entières. ♃. Juillet-septembre.

R. — Bords des eaux, fossés, prés marécageux. — Très abondant à Maisons-Laffitte (*de Boucheman*) Indiqué à Senlis Plessis-Brion (*Lere*) Moret (*Weddell*). Nemours[1] (*Devilliers*) Montereau (*Weddell*). Blunay près Provins (*Bouteiller*).—Env de Soissons (*Maire*).

SECT. II BERULA (BERULA. Koch, Deutschl. flor. II. 433.) — *Carpelles à côtes latérales éloignées de la commissure, à canaux résinifères recouverts par un péricarpe très épais. Styles élargis en une base conique.*

2. S. ANGUSTIFOLIUM. (L sp. 1672.) — Eng. bot. t. 139. — Jacq Austr. t 66 — S. incisum. Pers. synops. I. 316.

Tiges de 4-8 décimètr., souvent robustes très fistuleuses, sillonnées, rameuses, glabres. *Feuilles à segments ovales* ou ovales-oblongs ord. aigus, plus ou moins *profondément incisés, à lobes dentés*, les inférieures longuement pétiolées. Ombelles à rayons nombreux, brièvement pédonculées. Involucre et involucelle à plusieurs folioles foliacées, ord. divisées en lobes linéaires entiers ou incisés. ♃. Juillet-septembre.

C. — Bords des étangs, ruisseaux, fossés humides

s.v. — *gracilis* — Plante plus grêle dans toutes ses parties Feuilles à segments moins profondément incisés. Involucre à folioles la plupart presque entières ou à peine incisées.

XVI. PIMPINELLA. (L. gen. n. 366.)

Calice à limbe presque nul. Fruit comprimé perpendiculairement à la commissure. Carpelles linéaires-oblongs, à 5 côtes filiformes très peu saillantes; *styles filiformes, rejetés en dehors; vallécules à plusieurs canaux résinifères. Columelle bifide. — Involucre et involucelle nuls.*

Plantes vivaces. Feuilles pinnatiséquées, plus rarement bipinnatiséquées Fleurs blanches.

{ Tiges anguleuses sillonnées, feuilles supérieures rarement réduites au pétiole. . . . . *P. magna*
{ Tiges cylindriques, finement striées, feuilles supérieures ord réduites au pétiole . . . . *P. Saxifraga*

1. P. MAGNA. (L. mant. 219.) — Engl. bot. t. 408.

Tiges de 6-9 décimètr., *anguleuses-sillonnées*, rameuses supérieurement, glabres, plus rarement pubérulentes. *Feuilles* pinnatiséquées, à segments ovales ou ovales-lancéolés aigus, fortement dentés ou incisés, ord. très amples, le terminal trilobé, les inférieurs quelquefois longuement pétiolulés; les *supérieures* à segments plus étroits profondément incisés, *rarement réduites au pétiole* élargi. Ombelles à rayons nombreux presque égaux. Fruits glabres. ♃. Juin-septembre.

A.R. — Endroits humides des bois, lieux ombragés, prairies — Abondant dans la forêt de Montmorency! Env. de Versailles (*de Boucheman*). Forêt de Compiègne. Très abondant aux environs de Beauvais! St-Germer!

2. P. SAXIFRAGA. (L. sp. 378.) — Engl. bot. t. 407.

Tiges de 2-7 décimètr., *cylindriques finement striées*, rameuses, glabres ou pubérulentes. *Feuilles* pinnatiséquées, à segments suborbiculaires, ovales ou oblongs, dentés ou incisés, quelquefois découpés en lobes linéaires, le terminal trilobé; *les supérieures* à segments plus étroits profondément incisés, *ord. réduites au pétiole* élargi. Ombelles à rayons nombreux, presque égaux. Fruits glabres. ♃. Juin-octobre.

C.C. — Pelouses sèches, bords des chemins, lieux incultes.

var. β. *dissecta.* (P. pratensis. Thuill. fl. Par. 154.) — Feuilles ord. d'un vert très foncé, souvent noirâtres, à segments découpés en lobes linéaires plus ou moins arqués.

Le *P. Anisum* L. (vulg. *Anis*) est quelquefois cultivé pour ses fruits aromatiques; cette plante se distingue à sa racine annuelle, à ses feuilles radicales ord. réduites au segment terminal, et à ses fruits pubérulents.

XVII. CONOPODIUM. (Koch, umbell. 118.)

Calice à limbe obscurément 5-denté ou presque nul. Fruit comprimé perpendiculairement à la commissure. Carpelles linéaires-oblongs, à 5 côtes filiformes; *styles élargis en une base conique, dressés; vallécules à 2-3 canaux résinifères. Columelle bifide. — Involucre nul ou presque nul, involucelle à 2-3 folioles.*

Plante vivace. Feuilles bi-tripinnatiséquées. Fleurs blanches.

1. C. DENUDATUM. (Koch, *loc. cit.*) — Bunium denudatum. D.C. fl. Fr. IV. 325. — B. flexuosum. Smith, fl. Brit. 1301. — Engl. bot. 988.

Souche charnue, bulbiforme globuleuse. Tige de 3-6 décimètr., grêle, nue dans sa partie inférieure, feuillée simple ou rameuse dans sa partie supérieure, glabre. Feuilles à segments linéaires étroits; les radicales longuement pétiolées, souvent détruites lors de la floraison. Ombelles à rayons nombreux, presque égaux. Involucelle nul ou à 2-3 folioles inégales. ♃. Mai-juillet.

R.R.R. — Prés secs, pelouses découvertes des bois. — Abondant au bois Yon et dans quelques autres localités des environs de Dreux (*Daenen*). Bois de Charbonnière près Pithiviers (*A. de St-Hilaire*). Beauvais (*Graves, in Mérat, fl.*)

SOUS-TRIBU II. SESELINEÆ. — *Fruit presque cylindrique ou subtétragone, plus rarement subglobuleux, à coupe horizontale orbiculaire ou presque orbiculaire.*

XVIII. ÆTHUSA. (L. gen. n. 355, *part.*)

Calice à limbe presque nul. *Fruit ovoïde-subglobuleux. Carpelles* hémisphériques, *à 5 côtes saillantes* épaisses *carénées* presque égales, les marginales à carène étroitement ailée; vallécules à un seul canal résinifère. Columelle bipartite. — Involucre nul, ou à une seule foliole, *involucelle unilatéral à folioles rejetées en dehors.*

Plante annuelle. Feuilles bi-tripinnatiséquées. Fleurs blanches.

1. Æ. CYNAPIUM. (L. sp. 367.) — Engl. bot. t. 1192. (vulg. *Petite-Cigue.*)

Tige de 1-6 décimètr., finement striée, rameuse, ord. glaucescente. Feuilles d'un vert foncé, à segments rhomboïdaux-triangulaires, profondément lobés à lobes incisés; les supérieures bipinnatiséquées dépassant ord. les ombelles. Involucelle ord. à 3 folioles plus longues que l'ombellule, rejetées en dehors et réfractées. ①. Juillet-octobre.

C.C. — Endroits frais des jardins, champs, lieux cultivés.

XIX. ŒNANTHE. (Lam. dict. IV. 526.)

Calice à limbe 5-denté s'accroissant après la floraison. Fruit cylindrique ou subtétragone, à styles accrus ord. dressés. Carpelles oblongs ou oblongs-obovales, à 5 côtes obtuses, les marginales plus développées; vallécules à un seul canal résinifère. *Columelle indistincte.* — Involucre nul ou à plusieurs folioles, involucelle à plusieurs folioles.

Plantes vivaces. Feuilles pinnatiséquées ou bi-tripinnatiséquées. Fleurs blanches.

1 { Feuilles toutes bi-tripinnatiséquées, à segments profondément découpés en lobes nombreux très petits, ombelles brièvement pédonculées, la plupart latérales. . . . . *OE. Phellandrium.*
Feuilles caulinaires bipinnatiséquées, plus rarement pinnatiséquées, à segments linéaires, ombelles terminales. . . . . 2.

2 { Ombelles à 2-4 rayons à peine plus longs que les ombellules. *OE. fistulosa.*
Ombelles à 5-20 rayons beaucoup plus longs que les ombellules. . . . . . 3.

3 { Fleurs extérieures des ombellules à pétales extérieurs beaucoup plus grands que les intérieurs, involucre nul ou à une seule foliole. . . . . *OE. peucedanifolia.*
Fleurs extérieures des ombellules à pétales extérieurs environ de la même grandeur que les intérieurs, involucre à plusieurs folioles caduques. . . . . *OE. Lachenalii.*

SECT. I. OENANTHE. — Ombellules à fleurs extérieures stériles pédicellées, à fleurs intérieures fertiles sessiles, ombelles latérales quelquefois entièrement stériles. Ombellules fructifères globuleuses, à fruits serrés les uns contre les autres. Souche à fibres charnues la plupart fusiformes ou oblongues.

1. OE. FISTULOSA. (L. sp. 365.) — Engl. bot. t. 363.

Souche à fibres la plupart charnues fusiformes ou oblongues. Tiges de 5-8 décimètr., finement striées, très fistuleuses, peu feuillées, souvent peu rameuses, glabres subglaucescentes. *Feuilles* radicales et inférieures bi-tripinnatiséquées, à segments très petits linéaires ou linéaires-oblongs, très longuement pétiolées; les *caulinaires simplement pinnatiséquées* à segments linéaires entiers ou bi-trifides, à pétiole plus long que la partie qui porte les segments. *Ombelles* longuement pédonculées, *à 2-3* plus rarement 4-5 *rayons courts*, les *terminales seules fructifères*, les latérales stériles se détruisant après la floraison. Fruit turbiné tétragone, à vallécules plus ou moins dissimulées par l'épaississement des côtes, à côte dorsale presque aussi développée que les marginales, à styles égalant sa longueur. Involucre nul. ♃. Juin-juillet.

C. — Bords des étangs, marais herbeux, fossés humides.

2. OE. PEUCEDANIFOLIA. (Poll. Pal. I. 289. t. 2. f. 3.) — Engl. bot. t. 348.

Souche à fibres la plupart charnues fusiformes ou oblongues, rarement allongées-claviformes. Tiges de 6-9 décimètr., sillonnées, rameuses supérieurement, ord. décolorées dans leur partie inférieure, glabres subglaucescentes.

Feuilles radicales ord. détruites lors de la floraison, bi-tripinnatiséquées à segments linéaires ou lancéolés, ord. brièvement pétiolées; les caulinaires bipinnatiséquées à segments linéaires-allongés entiers ou bi-trifides, à pétiole ord. plus court que la partie qui porte les segments. *Ombelles à* 5-10 *rayons. Fleurs de la circonférence des ombellules à pétales extérieurs beaucoup plus grands que les intérieurs*, longuement atténués en onglet, émarginés au sommet. Fruit oblong subtétragone, à styles égalant environ sa longueur. *Involucre nul* ou à une seule foliole. ♃. Mai-juillet.

C. — Prés humides, endroits marécageux.

3. OE. LACHENALII. (Gmel. fl. Bad. I. 678.) — OE. pimpinelloides. Thuill. fl. Par. 146, *non* L. — Engl. bot. t. 347.

Souche à fibres la plupart charnues allongées-claviformes, plus rarement fusiformes ou oblongues. Tiges de 6-9 décimètr., sillonnées, rameuses supérieurement, glabres. Feuilles radicales souvent détruites lors de la floraison, bipinnatiséquées à segments obovales-cunéiformes ou oblongs, ou pinnatiséquées à segments plus ou moins incisés souvent trilobés, ord. brièvement pétiolées; les caulinaires bipinnatiséquées à segments linéaires très allongés entiers ou bi-trifides, à pétiole ord. plus court que la partie qui porte les segments. *Ombelles à* 8-20 *rayons. Fleurs de la circonférence des ombellules à pétales extérieurs environ de la même grandeur que les intérieurs*, brièvement onguiculés, bifides dans leur tiers supérieur. Fruit oblong subtétragone, à styles égalant environ la moitié de sa longueur. *Involucre à plusieurs folioles* caduques. ♃. Juillet-septembre.

A.C. — Marais tourbeux, prairies spongieuses. — Abondant à St-Gratien! Morfontaine! Moret! Malesherbes! Nemours! Pithiviers!, etc.

L'*OE. Lachenalii* devient ord. d'un vert noirâtre par la dessiccation; l'*OE. peucedanifolia* reste, au contraire, d'un vert pâle dans l'herbier. — L'involucre en raison de sa caducité doit être étudié sur les plus jeunes ombelles.

L'*OE. crocata* L., indiqué dans la rivière de Juine, n'a pas été retrouvé; cette espèce, assez répandue dans l'ouest de la France, se distingue aux caractères suivants souche à fibres charnues, renflées; feuilles caulinaires bipinnatiséquées, à segments obovales-cunéiformes incisés; ombelles très amples, à rayons très nombreux; involucre à plusieurs folioles; fruits extérieurs des ombellules pédicellés.

SECT. II. PHELLANDRIUM. (PHELLANDRIUM. L. gen. n. 352.) — *Ombellules à fleurs toutes pédicellées, les fructifères à fruits espacés. — Souche à fibres toutes filiformes.*

4. OE. PHELLANDRIUM. (Lam. fl. Fr. III. 432.) — Engl. bot. t. 684.

Tiges de 6-12 décimètr., striées, très rameuses, glabres, à partie inférieure très renflée fistuleuse, souvent couchée-radicante, donnant naissance au niveau des nœuds à des fibres radicales verticillées. *Feuilles toutes* pétiolées, *bi-tripinnatiséquées, à segments* divariqués, ovales *profondément découpés en lobes très petits* oblongs entiers ou incisés; feuilles inférieures quelquefois submergées et alors décomposées en lanières capillaires. Ombelles latérales et terminales, brièvement pédonculées, quelquefois sessiles, à 6-12 rayons. Fruit ovale-oblong. Involucre nul. ② ou ♃. Juillet-septembre.

C.C. — Mares, fossés, étangs, lieux marécageux.

XX. LIBANOTIS. (Crantz, Austr. 222.)

Calice à limbe 5-denté, *à dents allongées-subulées marcescentes ou caduques.* Fruit presque cylindrique. Carpelles oblongs, à 5 côtes peu saillantes, presque égales ; vallécules ord. à un seul canal résinifère. *Columelle bipartite.* — Involucre et involucelle à plusieurs folioles.

Plante bisannuelle ou vivace. Feuilles bipinnatiséquées. Fleurs blanches.

1. L. MONTANA. (All. fl. Ped. t. 62.) — Athamantha Libanotis. L. sp. 351. — Engl. bot. t. 138.

Souche epaisse, pivotante, couronnée par les nervures persistantes des feuilles détruites, donnant naissance à une seule tige. Tige de 4-8 décimètr., anguleuse-cannelée, rameuse supérieurement, glabre ou pubescente-rude. Feuilles d'un vert glauque en dessous, à segments ovales ou rhomboïdaux incisés-pinnatifides, à lobes courts mucronés ; segments inférieurs de chaque division de premier ordre souvent réfléchis, éloignés des autres paires de la même division et rapprochés du rachis ; feuilles supérieures souvent réduites au pétiole engaînant. Ombelles à rayons nombreux, dressés à la maturité. Involucre et involucelle à plusieurs folioles linéaires-acuminées. *Fruits velus-hérissés, presque tomenteux.* ② ou ♃. Juillet-septembre.

A.R. — Coteaux calcaires, lieux montueux arides. — Anet (*Daënen*). Abondant à l'Ile-Adam (*Maire*). Très abondant à Chaumont ! à La Roche-Guyon ! à Port-Villers et à Vernon ! Les Andelys ! (*de Brebisson, flor. Norm.*). Pont-St-Maxence ! (*Gay*). Verderonne ! Montmille près Beauvais ! (*Delacourt*). Margny-les-Compiègne (*Leré*).

var. β. *daucifolia*. (Athamantha Pyrenaica. Jacq. hort. Vind. II. t. 197.)—Feuilles à segments profondement pinnatipartits à lobes etroits.

XXI. SESELI. (L. gen. n. 360.)

Calice à limbe 5-*denté, à dents courtes épaisses. Fruit presque cylindrique. Carpelles* oblongs, *à* 5 *côtes* plus ou moins saillantes *non ailées*, presque égales ; vallécules ord. à un seul canal résinifere. *Columelle bipartite.* — Involucre nul ou presque nul, involucelle à plusieurs folioles.

Plantes bisannuelles ou vivaces. Feuilles bi-tripinnatiséquées. *Fleurs blanches* ou rosées.

{ Involucelle à folioles étroitement membraneuses aux bords, plus courtes que l'ombellule . . . . *S. montanum.*
{ Involucelle à folioles largement membraneuses, dépassant l'ombellule au moins avant l'épanouissement des fleurs. . . . . . *S. coloratum.*

1. S. MONTANUM. (L. sp. 372.) — S. multicaule. Jacq hort. Vind. t. 129.

Souche cespiteuse, ord. rameuse tortueuse, terminée par une racine pivotante, couronnée par les nervures persistantes des feuilles détruites, *donnant naissance à plusieurs tiges.* Tiges de 2-6 décimètr., couchées à la base ou ascendantes, simples ou rameuses supérieurement, ord. glaucescentes. Feuilles la plupart radicales, à segments linéaires ord. dressés ; les caulinaires ord. simplement pinnatiséquées ou réduites au pétiole engaînant. Ombelles à rayons ord. peu nombreux, dressés à la maturité. *Involucelle à folioles* lancéolées, *étroitement membraneuses aux bords*, plus courtes que l'ombellule. Fruits pubérulents avant la maturité. ♃. Juillet-octobre.

C. — Pelouses sèches, bords des chemins, coteaux calcaires

var. β. *glaucum*. — Plante ord. rabougrie, très glauque — Lieux très arides.

2. S. COLORATUM. (Ehrh. herb. 115) — S. annuum. L. sp. 375. — Jacq. fl. Austr. t. 55. — S. bienne. Crantz, Austr. 204.

Souche pivotante, couronnée par les nervures persistantes des feuilles détruites, *donnant naissance à une seule tige*. Tige de 3-7 décimètr., dressée, simple, plus rarement rameuse supérieurement, glabre, souvent colorée en violet. Feuilles à segments linéaires, ord. divergents; les caulinaires même les supérieures bipinnatiséquées. Ombelles à rayons nombreux, dressés à la maturité. *Involucelle à folioles* lancéolées-acuminées, *largement membraneuses*, dépassant longuement l'ombellule avant l'épanouissement des fleurs, égalant ou dépassant l'ombellule fructifère. Fruits pubérulents avant la maturité. ♃ ou ②. Juillet-octobre.

A.R.—Pelouses sèches des bois sablonneux, coteaux arides.—Calvaire (*Guillemin*, *Maire*). Luzarches (*De Lens*). Gouvieux près Chantilly (*Mandon*) Lardy (*Maire*). Forêt de Fontainebleau. Abondant dans les bois de Nanteau près Nemours! (*Devilliers*).

XXII. FOENICULUM. (Adans. fam. II. 101.)

Calice à limbe presque nul. *Fruit presque cylindrique. Carpelles* oblongs, *à 5 côtes* saillantes obscurément carénées, *presque égales*, vallécules à un seul canal résinifère. Columelle bipartite. — Involucre et involucelle nuls ou presque nuls.

Plante bisannuelle. *Feuilles* 2-4 fois pinnatiséquées, *décomposées en segments linéaires filiformes. Fleurs jaunes.*

1. F. OFFICINALE. (All. Ped. II. 25.) — Anethum Fœniculum. L. sp. 377. — Engl. bot. t. 1208.

Souche épaisse, émettant ord. plusieurs tiges. Tiges de 8-15 décimètr., robustes, striées, rameuses surtout supérieurement, glaucescentes. Feuilles décomposées en segments linéaires-filiformes très allongés; les supérieures à partie engaînante plus longue que la partie qui porte les segments. Ombelles ord. très amples, à rayons nombreux. ② ou ♃. Juillet-septembre.

A.C. — Carrières, vignes des coteaux calcaires, voisinage des habitations. — Château de Chevreuse! Moret! Mantes! La Roche-Guyon! Vernon! Les Andelys!, etc.— Fréquemment cultivé dans les jardins et les vignes.

XXIII. CNIDIUM. (Cuss. mem. soc. med. Par. (1782) 280.)

Calice à limbe presque nul. *Fruit presque cylindrique. Carpelles* oblongs, *à 5 côtes ailées presque membraneuses*, égales entre elles; *vallécules à un seul canal résinifère*. Columelle bipartite. — Involucre nul ou presque nul; involucelle à plusieurs folioles.

Plante vivace. Feuilles bi-tripinnatiséquées. *Fleurs blanches.*

1. C. APIOIDES. (Spreng. umb. prodr. 40) — Laserpitium silaifolium. Jacq. Austr. app. t. 44. — Ligusticum cicutæfolium. Vill. Delph. II. 612. t. 15.

Tige de 6-8 décimètr., striée ou sillonnée, rameuse dans sa partie supérieure, glabre. Feuilles à divisions de premier ordre ord. divariquées, à segments pinnatipartits à lobes oblongs ou linéaires-lancéolés mucronés; les radicales très longuement pétiolées; les caulinaires supérieures à pétiole dilaté en une gaîne canaliculée-enroulée très allongée rétrécie supérieurement et éloignée de la tige. Ombelles à 30-40 rayons grêles. Involucelle à folioles sétacées, glabres. ♃. Juillet-août.

R.R.R. — Bois, taillis. — Bois de Vincennes (*Decaisne*).

Cette espèce qui offre quelque analogie de port avec le *Selinum Carvifolia* L. s'en distingue par le nombre des rayons de l'ombelle, et par la forme des gaînes des feuilles supérieures, alors que le fruit non développé ne permet pas d'apprécier les caractères du genre

XXIV. SILAUS. (Besser, in. Schultes, syst. VI. 36.)

Calice à limbe presque nul. *Fruit presque cylindrique. Carpelles* oblongs, *à 5 côtes ailées presque membraneuses*, égales entre elles; *vallécules à 3-4 canaux résinifères peu distincts*. Columelle bipartite. — Involucre nul ou à 1-2 folioles, involucelle à plusieurs folioles.

Plante vivace. Feuilles bi-quadripinnatiséquées *Fleurs d'un jaune pâle. Pétales à base large, ord prolongés en deux appendices latéraux au-dessous de l'insertion.*

1. S PRATENSIS (Besser, *loc cit*)— Peucedanum Silaus. L. sp. 354.—Jacq. Austr. t 15.

Tiges de 4-8 décimètr., striées, rameuses, peu feuillées supérieurement, glabres. Feuilles à segments linéaires-lancéolés mucronés, à bords denticulés-scabres, à nervures transparentes; les radicales longuement pétiolées; les supérieures réduites à 1-3 segments ou au pétiole engaînant. Ombelles à 5-15 rayons. ♃. Juillet-septembre.

C C. — Prairies, lieux humides ou marécageux.

TRIBU III. SELINEÆ. — FRUIT COMPRIMÉ PARALLÈLEMENT A LA COMMISSURE. CARPELLES DÉPOURVUS D'ÉPINES, A 5 CÔTES PRIMAIRES INÉGALES 3 DORSALES FILIFORMES, QUELQUEFOIS PEU DISTINCTES, RAREMENT AILÉES, BEAUCOUP PLUS ÉTROITES QUE LES MARGINALES; LES 2 MARGINALES DILATÉES EN AILES MEMBRANEUSES OU ÉPAISSES, ÉCARTÉES, OU RAPPROCHÉES EN UN REBORD QUI ENTOURE LE FRUIT; CÔTES SECONDAIRES NULLES. — OMBELLES COMPOSÉES RÉGULIÈRES.

SOUS-TRIBU I. ANGÉLICÉE. — *Fruit entouré de deux ailes membraneuses par l'écartement des ailes marginales des deux carpelles, côtes dorsales ailées ou filiformes.*

XXV. SELINUM. (Hoffm. umbell. I. 150.)

Calice à limbe presque nul. Fruit comprimé parallèlement à la commissure. *Carpelles* ovales-oblongs, *à 5 côtes ailées*, les 3 dorsales étroitement ailées, les marginales largement ailées-membraneuses; vallécules à un seul canal résinifère, les latérales quelquefois à deux canaux résinifères. Columelle bipartite — Involucre nul ou 1-2 folioles, involucelle à plusieurs folioles.

Plante vivace. Feuilles bi-tripinnatiséquées Fleurs blanches Pétales émarginés

1. S. CARVIFOLIA. (L. sp. 350.) — Jacq. Austr. t. 16.

Tige de 4-8 décimètr., sillonnée-anguleuse à angles ailés-membraneux, ou simplement cannelée, rameuse supérieurement, glabre. Feuilles à segments pinnatipartits, à lobes linéaires-lancéolés ou ovales-lancéolés mucronés; les radicales longuement pétiolées; les caulinaires supérieures à pétiole dilaté en une gaîne non rétrécie au sommet, et ne s'éloignant pas de la tige. Ombelles à 15-20 rayons. ♃. Juillet-septembre.

A.C. — Prairies tourbeuses, bois humides

XXVI. ANGELICA. (L. gen. n. 347, *part.*)

Calice à limbe presque nul. Fruit comprimé parallèlement à la commissure. *Carpelles* oblongs, *à 5 côtes;* les 3 *dorsales filiformes* saillantes; les marginales largement ailées-membraneuses; vallécules à un seul canal résinifère. Columelle bipartite.— Involucre nul ou à 1-2 folioles, involucelle à plusieurs folioles.

Plante vivace. Feuilles bi-tripinnatiséquées. Fleurs blanches ou d'un blanc lilas. Pétales entiers.

1. A. SYLVESTRIS. (L. sp. 361.) — Engl. bot. t. 1128.

Tiges de 6-12 décimètr., épaisses robustes, très fistuleuses, finement striées, rameuses supérieurement, d'un vert glauque, souvent colorées de pourpre au niveau des nœuds. Feuilles à segments très amples ovales-lancéolés, inégalement dentés; les radicales longuement pétiolées; les caulinaires supérieures à pétiole largement dilaté en une gaîne ventrue membraneuse souvent colorée, à segments très petits souvent presque nuls. Ombelles très amples, à 25-30 rayons presque égaux. ♃. Juillet-septembre.

C. — Bords des ruisseaux, fossés humides, lieux ombragés, prairies.

On cultive quelquefois l'*Archangelica officinalis* Hoffm. (Angelica Archangelica L. — vulg. *Angélique*) qui diffère de l'*Angelica sylvestris* par son calice à 5 dents courtes, par son fruit à canaux résinifères très nombreux isolant la graine du péricarpe, par ses feuilles à segments ord. presque cordés bi-trilobés, et par sa tige et ses pétioles charnus très succulents, etc.

On cultive dans les jardins et on rencontre quelquefois dans le voisinage des habitations le *Levisticum officinale* Koch. (Ligusticum Levisticum L. — vulg. *Livèche*), qui se rapproche du genre *Selinum* par ses carpelles à 5 côtes ailées, et s'en distingue par ses pétales entiers, on le reconnaît à ses feuilles bipinnatiséquées à segments coriaces obovales-cunéiformes incisés, à son involucre à plusieurs folioles, à son odeur fortement aromatique, etc.

SOUS-TRIBU II. PEUCEDANEÆ.— *Fruit ord. lenticulaire, entouré d'un rebord aplani ou épais par le rapprochement des ailes marginales des deux carpelles, côtes dorsales filiformes, quelquefois peu distinctes.*

XXVII. PEUCEDANUM. (Koch. umbell. 92.)

Calice à limbe 5-denté, rarement presque nul. Fruit comprimé parallèlement à la commissure. Carpelles oblongs ou suborbiculaires, à 5 côtes, les 3 dorsales filiformes peu saillantes souvent décomposées chacune en 3 lignes filiformes, les marginales dilatées en une aile aplanie plus ou moins épaisse; vallécules à un seul canal résinifère souvent saillant, rarement à 3 canaux résinifères. Columelle bipartite. — Involucre et involucelle à plusieurs folioles, rarement nuls ou à 1-3 folioles.

Plantes vivaces. Feuilles bi-tripinnatiséquées, rarement quadripinnatiséquées. *Fleurs blanches* ou roses, rarement d'un blanc verdâtre ou jaunâtre. *Pétales infléchis seulement à la pointe, émarginés ou presque entiers.*

1 { Feuilles à divisions de premier ordre sessiles; fleurs d'un blanc verdâtre ou jaunâtre . . . . *P. Chabræi.*
Feuilles à divisions de premier ordre longuement pétiolulées; fleurs blanches. . . . . 2.

2 { Feuilles à segments entiers, linéaires, très allongés. . . *P. Parisiense.*
Feuilles à segments incisés, lobés ou pinnatipartits . . . . 3.

3 { Feuilles à segments glauques en dessous, lobés-dentés, à dents cuspidées-mucronées presque épineuses . . . . *P. Cervaria.*
Feuilles à segments verts en dessous, pinnatipartits ou incisés, à lobes à peine mucronés. . . . . 4.

4 { Involucre et involucelle à folioles non membraneuses aux bords; fruit suborbiculaire. . . . . *P. Oreoselinum.*
Involucre et involucelle à folioles largement membraneuses aux bords; fruit oblong . . . . *P. palustre.*

1. P. CHABRÆI. (Gaud. fl. Helv. II. 330.) — Selinum Chabræi. Jacq. Austr. t. 72. — S. palustre. Thuill. flor. Par. 139, *non* L.

Souche ord. couronnée par les nervures persistantes des feuilles détruites. Tiges de 6-8 décimètr., sillonnées ou striées, rameuses supérieurement ou presque simples, d'un vert glauque. *Feuilles* inférieures longuement pétiolées, bipinnatiséquées; *à divisions de premier ordre sessiles,* à segments entiers linéaires ou divisés en lobes linéaires mucronés rapprochés, les inférieurs croisés en sautoir autour du rachis. Ombelles à 6-12 rayons inégaux. Involucre nul ou presque nul. *Involucelle à 1-3 folioles ou nul.* Fleurs d'un blanc verdâtre ou jaunâtre. Calice à limbe presque nul. Fruit oblong-obovale, à *vallécules pourvues de 3 canaux résinifères.* ♃. Juin-septembre.

A.R. — Prairies humides, berges des rivières. — St-Maur (*herb. Jaubert*). Daumont (*Bouteiller*). Valvins! (*Adr. de Jussieu*) Nemours (*Devilliers*). Mantes. Bois de Freneuse près Bonnières! Les Andelys (*de Brébisson, fl. Norm.*)

2. P. PARISIENSE. (D.C. fl. Fr. IV. 336.) — P. officinale. Thuill. fl. Par. 140, *non* L. — Gaertn. fruct. cent. II. t. 21. f 7.

Souche couronnée par les nervures persistantes des feuilles détruites. Tige de 8-12 décimètr., striée, rameuse supérieurement, d'un vert presque glauque. *Feuilles* inférieures longuement pétiolées, ord. tripinnatiséquées; à divisions de premier ordre longuement pétiolulées; *à segments entiers, linéaires très allongés*, aigus, raides, divariqués. Ombelles à 10-20 rayons inégaux. Involucre nul, ou à plusieurs folioles subulées caduques. Involucelle à plusieurs folioles. Fleurs blanches ou rosées. Calice à limbe 5-denté. Fruit oblong, à vallécules pourvues d'un seul canal résinifère. ♃. Juillet-octobre.

C. — Lisière des bois, taillis.

3. P. CERVARIA. (Lapeyr. abr. Pyr. 149.) — Athamantha Cervaria. L. sp. 352. — Jacq. Austr. t. 69.

Souche couronnée par les nervures persistantes des feuilles détruites. Tige de 8-12 décimètr., striée, rameuse supérieurement, d'un vert glauque. *Feuilles* inférieures longuement pétiolées, bi-tripinnatiséquées; à divisions de premier ordre longuement pétiolulées; *à segments* coriaces, *d'un vert glauque en dessous, amples, ovales,* plus ou moins profondément *lobés-dentés à dents cuspidées-mucronées presque épineuses.* Ombelles à 10-20 rayons presque égaux. Involucre à plusieurs folioles souvent inégales, persistantes, plus rarement caduques. Involucelle à plusieurs folioles. Fleurs blanches, plus rarement rosées. Calice à limbe 5-denté. Fruit oblong-suborbiculaire, à vallécules pourvues d'un seul canal résinifère; canaux résinifères de la commissure presque parallèles. ♃. Juillet-octobre.

R. — Coteaux calcaires, lisière des bois secs, pâturages des lieux montueux. — Lardy; La Ferté-Aleps (*Maire*). Forêt de Fontainebleau! Malesherbes (*Bernard*). Nemours (*Devilliers*) Abondant dans la forêt de Dreux (*Daenen*).

s.v. — *cuspidata.* — Feuilles à segments profondément dentés, à dents longuement cuspidées-épineuses.

4. P. OREOSELINUM. (Mœnch, meth. 82.) — Athamantha Oreoselinum. L. sp. 352. — Jacq. Austr. t. 68.

Souche souvent couronnée par les nervures persistantes des feuilles détruites. Tige de 6-8 décimètr., striée, rameuse supérieurement, glabre. *Feuilles* inférieures longuement pétiolées, bi-tripinnatiséquées ; *à divisions de premier ordre longuement pétiolulées*, *divariquées* ou réfléchies; *à segments* raides, divariqués, verts sur les deux faces, ovales ou cunéiformes *pinnatipartits ou incisés*, *à lobes à peine mucronés*. Ombelles à 10-20 rayons presque égaux. Involucre à plusieurs folioles persistantes, plus rarement caduques, très rarement nul. Involucelle à plusieurs folioles. Fleurs blanches. Calice à limbe 5-denté. *Fruit suborbiculaire*, à bordure épaisse émarginée au sommet, à vallécules pourvues d'un seul canal résinifère ; *canaux résinifères de la commissure arqués formant un cercle par leur réunion*. ♃. Juillet-septembre.

A.C. — Pâturages secs, pelouses arides des bois, coteaux sablonneux. — Mont Valérien. Bois de Boulogne ! Forêt de Fontainebleau !, etc.

5. P. PALUSTRE. (Mœnch, meth. 82.) — Selinum palustre. L. Suec. 86. — Engl. bot. t. 229. — P. sylvestre. D.C. prodr. IV. 179.

Souche non couronnée par des nervures persistantes. Tige de 7-10 décimètr., cannelée, rameuse supérieurement, glabre. *Feuilles* inférieures longuement pétiolées, tri-quadripinnatiséquées ; *à divisions de premier ordre longuement pétiolulées*, *dressées ; à segments pinnatipartits ou incisés*, *à lobes linéaires-lancéolés mucronulés*. Ombelles à 20-30 rayons inégaux. *Involucre et involucelle à plusieurs folioles* lancéolées longuement acuminées, *largement membraneuses aux bords*. Fleurs blanches. Calice à limbe 5-denté. Fruit oblong, à bordure étroite obtuse, à côtes dorsales égales rapprochées, à vallécules pourvues d'un seul canal résinifère ; *canaux résinifères de la commissure recouverts et cachés par le péricarpe*. ♃. Juillet-septembre.

R.R. — Prairies tourbeuses, lieux marécageux. — Prairies entre Mennecy et Itteville ! — Env. de Soissons (*Maire*).

† XXVIII. ANETHUM. (Tournef. inst. t. 169.)

Calice à limbe presque nul. Fruit comprimé parallèlement à la commissure. *Carpelles* oblongs, *à 5 côtes*, les 3 *dorsales filiformes-carénées saillantes*, les marginales dilatées en une aile aplanie, vallécules à un seul canal résinifère qui occupe toute leur largeur. Columelle bipartite. — Involucre et involucelle nuls.

Plante annuelle. *Feuilles* 2-4 fois pinnatiséquées, *décomposées en segments linéaires très étroits*. *Fleurs jaunes*. Pétales suborbiculaires, entiers, enroulés en dedans.

† 1. A. GRAVEOLENS. (L. sp. 377.) — Flor. Dan. t. 1572. (vulg. *Fenouil bâtard*.)

Plante annuelle, à racine pivotante. Tige solitaire, de 4-10 décimètr., finement striée, rameuse supérieurement, glabre-glaucescente. Feuilles décomposées en segments linéaires très étroits; les supérieures à partie engainante beaucoup plus courte que la partie qui porte les segments. Ombelles ord. très amples, à rayons nombreux. Fruit oblong, entouré d'un rebord aplani. (1). Juillet-août.

Quelquefois cultivé en plein champ et subspontané çà et là aux bords des chemins, aux environs de Beauvais.

Cette plante, qui a été souvent confondue avec le *Fœniculum officinale*, s'en distingue facilement, même avant la maturité du fruit, à sa racine grêle, à sa tige solitaire et à ses feuilles supérieures dont la partie engainante est beaucoup plus courte que la partie qui porte les segments. — L'*A. segetum* L., indiqué dans nos environs

(*Thuillier, fl. Par.*), probablement par suite de quelque confusion, se distingue de l'*A. graveolens* par son fruit moins comprimé à rebord presque nul.

XXIX. PASTINACA. (Tournef. inst. t. 170.)

Calice à limbe presque nul. Fruit comprimé parallèlement à la commissure. *Carpelles* oblongs-suborbiculaires, *à 5 côtes*, les 3 *dorsales très fines* souvent décomposées chacune en 3 lignes capillaires, les marginales dilatées en une aile aplanie; vallécules à un seul canal résinifère de la longueur ou presque de la longueur du carpelle. Columelle bipartite. — Involucre et involucelle nuls ou à 1-2 folioles.

Plante bisannuelle. *Feuilles pinnatiséquées. Fleurs jaunes. Pétales entiers*, enroulés en dedans.

1. P. SATIVA. (L. sp. 376.) — Engl. bot. t. 556.

Tige de 5-10 décimètr., striée ou sillonnée-anguleuse, rameuse, pubescente-rude ou presque glabre. Feuilles inférieures simplement pinnatiséquées, à segments subsessiles, très amples, ovales ou oblongs, cunéiformes ou tronqués à la base, plus rarement inégalement cordés, plus ou moins profondément bi-trilobés à lobes crénelés ou inégalement dentés. Ombelle terminale à 10-20 rayons, ord. longuement dépassée par les ombelles latérales. ②. Juillet-août.

var. *α. sylvestris.* — Racine pivotante à peine renflée. Feuilles pubescentes au moins à la face inférieure. — *A.C.* — Moissons, champs en friche, bords des chemins.

var. *β. sativa.* (vulg. *Panais.*) — Racine pivotante charnue très épaisse. Feuilles glabres ou presque glabres, à faces luisantes surtout la supérieure. — Cultivé comme alimentaire en plein champ et dans les jardins.

XXX. HERACLEUM. (L. gen. n. 345.)

Calice à limbe 5-denté. Fruit comprimé parallèlement à la commissure. Carpelles oblongs-suborbiculaires, à 5 côtes, les 3 dorsales filiformes peu saillantes, les marginales dilatées en une aile aplanie; *vallécules à un seul canal résinifère qui s'étend à peine au-delà de la moitié supérieure du carpelle.* Columelle bipartite. — Involucre à folioles peu nombreuses caduques, plus rarement presque nul, involucelle à folioles nombreuses.

Plante bisannuelle. Feuilles pinnatiséquées, à segments lobés ou pinnatipartits. Fleurs blanches. Pétales extérieurs rayonnants, profondément bifides, ord. très grands.

1. H. SPHONDYLIUM. (L. sp. 358.) — Engl. bot. t. 939. (vulg. *Berce.*)

Tige de 5-15 décimètr., robuste, fortement sillonnée, largement fistuleuse, rameuse supérieurement, rude, velue-hérissée. Feuilles inférieures simplement pinnatiséquées, à segments velus-pubescents surtout en dessous, plus ou moins longuement pétiolulés, très amples, bi-trilobes ou pinnatipartits à lobes ovales ou oblongs inégalement dentés ou crénelés. Ombelles à 15-20 rayons, souvent irrégulières. ② Juin-septembre.

C.C. — Prés humides, bords des fossés.

XXXI. TORDYLIUM. (Tournef. inst. t. 170.)

Calice à limbe 5-denté, *à dents linéaires-subulées.* Fruit comprimé parallèlement à la commissure. *Carpelles* suborbiculaires, *à 5 côtes*, les 3 *dorsales* filiformes *à peine visibles*, *les marginales dilatées en une bordure très épaisse rugueuse-tuberculeuse* ; vallécules à un seul canal résinifère. Columelle bipartite. — Involucre et involucelle à plusieurs folioles.

Plante annuelle. Feuilles pinnatiséquées. Fleurs blanches ou rosées. Pétales émarginés, les extérieurs rayonnants bifides.

1. T. MAXIMUM. (L. sp. 345.) — Jacq. fl. Austr. t. 142.

Tige de 3-9 décimètr., sillonnée, rameuse, très scabre, hispide à poils réfléchis. Feuilles velues scabres ; les inférieures à segments subsessiles, ovales ou oblongs, incisés-crénelés, le terminal plus ample trilobé ou tripartit ; les supérieures à segments lancéolés, le terminal étroit très allongé. Ombelles compactes, à 5-10 rayons très inégaux, hérissés de poils dressés ainsi que l'involucre et l'involucelle. Involucre à folioles linéaires, plus courtes que l'ombelle. Fruit chargé de poils raides dressés, souvent coloré, émarginé au sommet, surmonté par les dents persistantes du calice. ①. Juin-août.

A.R. — Coteaux secs et pierreux, bords des haies et des chemins — Bagnolet. Vincennes ! (*Maire*). Abondant aux environs de St-Germain (*de Boucheman*). Marcoussis, Essonne ! (*A. de Jussieu*). Chevannes près Mennecy (*Des Étangs*). Moret ! Champagne ! Pithiviers ! (*Woods*). Pierrefond (*Weddell*). Abondant à Dreux (*Daenen*). Marissel près Beauvais !

TRIBU IV. LASERPITIEÆ. — FRUIT COMPRIMÉ PARALLÈLEMENT A LA COMMISSURE OU PRESQUE CYLINDRIQUE. CARPELLES A 9 CÔTES PAR LA PRÉSENCE DES CÔTES PRIMAIRES ET DES CÔTES SECONDAIRES. LES 5 CÔTES PRIMAIRES FILIFORMES, LISSES OU PORTANT QUELQUES POINTES ÉPINEUSES, LES 4 CÔTES SECONDAIRES DÉVELOPPÉES EN AILES MEMBRANEUSES ENTIÈRES OU PROFONDÉMENT DÉCOUPÉES EN ÉPINES OU EN SOIES ÉPINEUSES. CANAUX RÉSINIFÈRES SITUÉS SOUS LES CÔTES SECONDAIRES. — OMBELLES COMPOSÉES RÉGULIÈRES.

SOUS-TRIBU I. THAPSIEÆ. — *Fruit à 8 ailes entières, dépourvu d'épines.*

XXXII. LASERPITIUM. (L. gen. n. 344.)

Calice à limbe 5-denté. Fruit comprimé parallèlement à la commissure ou presque cylindrique. *Carpelles* linéaires-oblongs, *à 5 côtes primaires filiformes* à peine visibles ; *à 4 côtes secondaires développées en ailes membraneuses entières*, planes ou ondulées, beaucoup plus larges que le fruit ; vallécules à un seul canal résinifère situé sous la côte ailée correspondante. Columelle bipartite. — Involucre et involucelle à plusieurs folioles.

Plante vivace. Feuilles bipinnatiséquées. Fleurs blanches.

1. L. LATIFOLIUM. (L. sp. 356.) — Jacq. fl. Austr. t. 146. — L. asperum. Crantz, Austr. fasc. III. t. 1. f. 2 et 6.

Souche épaisse, entourée par les nervures persistantes des feuilles détruites. Tige de 7-12 décimètr., robuste, striée, rameuse supérieurement ou simple, glabre glaucescente. Feuilles à segments pubescents-scabres blanchâtres en dessous, ovales-oblongs, tronqués ou inégalement cordés à la base, dentés, à dents courtes mucronées, les inférieurs longuement pétiolulés. Ombelles très amples, à 15-40 rayons presque égaux scabres au côté interne. ♃. Juin-août.

R.R. — Bois montueux, rochers. — Valvins ! Champagne ! (*Maire*). Nemours (*Devilliers*).

Nous n'avons pas rencontré dans nos environs la variété à feuilles entièrement glabres (*L. glabrum*. Crantz).

SOUS-TRIBU II. DAUCINEÆ. — *Fruit chargé d'épines ou de soies presque épineuses, par la découpure des 8 ailes.*

XXXIII. DAUCUS. (Tournef. inst. t. 161.)

Calice à limbe 5-denté. Fruit légèrement comprimé parallèlement à la commissure. *Carpelles* oblongs; *à 5 côtes primaires filiformes* chargées de 1-3 rangs de soies très courtes; *à 4 côtes secondaires* développées en ailes *découpées* presque jusqu'à la base *en longues soies presque épineuses disposées sur un seul rang*; vallécules à un seul canal résinifère situé sous la côte ailée correspondante. Columelle indivise ou bifide. — Involucre à plusieurs folioles triséquées ou pinnatiséquées à segments linéaires, involucelle à plusieurs folioles triséquées ou entières.

Plante bisannuelle. Feuilles bi-tripinnatiséquées. *Fleurs blanches* ou rosées, *la centrale* stérile *d'un pourpre foncé*

1. D. CAROTA. (L. sp. 348.) — Engl. bot. t. 1174. (vulg. *Carotte.*)

Tige de 4-8 décimètr., striée ou sillonnée, très rameuse, rude ou hispide. Feuilles à segments pinnatipartits ou incisés, à lobes oblongs ou linéaires mucronés. Ombelles à 30-40 rayons rarement moins, très inégaux, se redressant après la floraison et donnant à l'ombelle une apparence concave. Involucre à folioles scarieuses aux bords dans leur partie inférieure, plus courtes ou plus longues que l'ombelle. Involucelle à folioles ord. largement membraneuses, égalant environ ou dépassant longuement l'ombellule. Fleurs extérieures des ombelles à pétales extérieurs ord. rayonnants. Fruit à soies égalant environ le diamètre transversal des carpelles. ②. Juin-octobre.

C.C.C. — Prairies, pâturages, lieux cultivés et incultes, bords des chemins, etc.

s.v. — *pusillus.* — Plante naine. Folioles de l'involucre et de l'involucelle la plupart indivises ou à peine incisées. Fleurs quelquefois toutes purpurines. Fruits à épines presque avortées — Lieux très arides.

var β *sativus* — Racine épaisse charnue, rouge ou jaunâtre. — Cultivé comme alimentaire en grand et dans les jardins.

XXXIV. ORLAYA. (Hoffm. umbell. 58.)

Calice à limbe 5-denté. Fruit comprimé parallèlement à la commissure. *Carpelles* ovales-oblongs; *à 5 côtes primaires filiformes* chargées de 1-3 rangs de soies courtes, *à 4 côtes secondaires* développées en ailes *découpées* presque jusqu'à la base *en épines subulées disposées sur* 2-3 *rangs*; vallécules à un seul canal résinifère situé sous la côte ailée correspondante. Columelle bipartite. — Involucre et involucelle à plusieurs folioles entières.

Plante annuelle. Feuilles bi-tripinnatiséquées. *Fleurs* blanches, les *extérieures à pétales* rayonnants *plus grands que l'ensemble des fleurs non rayonnantes de l'ombellule.*

1. O. GRANDIFLORA. (Hoffm. umbell. t. 58.) — Caucalis grandiflora. L. sp. 346. — Jacq. Austr. t. 24.

Tige de 2-4 décimètr., sillonnée, rameuse dès la base, glabre ou presque glabre. Feuilles à segments pinnatipartits ou incisés, à lobes oblongs ou linéaires mucronulés. Ombelles à 5-8 rayons. Involucre à folioles lancéolées-cuspidées, largement membraneuses aux bords, plus courtes que l'ombelle. Involucelle à folioles ovales ou oblongues, brusquement cuspidées, largement membraneuses, ciliées, les extérieures plus grandes. Fleurs extérieures des ombelles à pétales extérieurs rayonnants très grands, profondément bipartits. Fruit gros, beaucoup plus long que le pédicelle. ①. Juin-septembre.

R.R. — Moissons, champs maigres des terrains calcaires ou sablonneux. — Nanteau près Nemours (*Devilliers*). Provins (*Bouteiller*). Beauvais, Compiègne; Méru (*Graves*). — Environs de Soissons (*herb. Jaubert*). ? Montereau.

var. *β. pusilla.* — Plante naine. Fleurs extérieures des ombelles à pétales extérieurs peu développés environ de même grandeur que les pétales intérieurs.

DIVISION II. CAMPYLOSPERMÆ. — Graine marquée à la face commissurale d'un canal ou d'un sillon profond qui résulte de l'inflexion ou de l'enroulement de ses bords et dans lequel s'enfonce le péricarpe; très rarement graine concave à la face commissurale.

XXXV. TURGENIA. (Hoffm. umbell. 59.)

Calice à limbe 5-denté, à dents sétacées. Fruit comprimé perpendiculairement à la commissure, presque didyme. *Carpelles* ovales-acuminés; *à 5 côtes primaires et à 4 côtes secondaires presque égales*, développées en ailes *découpées presque jusqu'à la base en épines* robustes subulées *ord. disposées sur 2-3 rangs*, les 2 côtes marginales seules à épines disposées sur un seul rang; vallécules à un seul canal résinifère situé sous la côte secondaire correspondante. Columelle bifide. — Involucre à 2-3 folioles, involucelle ord. à 5 folioles.

Plante annuelle. Feuilles pinnatiséquées ou pinnatipartites. Fleurs purpurines, plus rarement rosées ou blanches.

1. T. LATIFOLIA. (Hoffm. umbell. 59.) — Caucalis latifolia. L. mant. 350. — Jacq. hort. Vind. II. t. 128.

Tige de 2-6 décimètr., sillonnée, rameuse, scabre ou hispide, très rude. Feuilles à segments pubescents-scabres, oblongs, pinnatipartits ou pinnatifides, à lobes oblongs ou triangulaires dentés ou entiers. Ombelles à 2-4 rayons robustes, anguleux. Involucre et involucelle à folioles égales, oblongues, concaves, presque entièrement scarieuses. Fruit gros, plus long que le pédicelle, à épines scabres. ①. Juin-août.

A.R. — Moissons maigres, champs en friche. — Charenton (*Maire*)! Senart! Montgeron. Collégien et Malnoue-en-Brie (*Thuret*). Mennecy! Malesherbes! Pithiviers! Compiègne. Dreux (*Daenen*), etc.

XXXVI. CAUCALIS. (L. gen. n. 331, *part.*)

Calice à limbe 5-denté, à dents lancéolées. Fruit comprimé perpendiculairement à la commissure, presque didyme. *Carpelles* oblongs; *à 5 côtes primaires filiformes* portant quelques tubercules épineux courts, *à 4 côtes secondaires* développées en ailes *découpées presque jusqu'à la base en épines robustes* subulées *ord. disposées sur un seul rang*, vallécules à un seul canal résinifère situé sous la côte secondaire correspondante. Columelle indivise, ou bifide seulement au sommet. — Involucre nul ou presque nul, involucelle à plusieurs folioles.

Plante annuelle. Feuilles bi-tripinnatiséquées. Fleurs blanches.

1. C. DAUCOIDES. (L. mant. 351.) — Jacq. fl. Austr. II. t. 157. — Engl. bot. t. 197.

Tige de 1-5 décimètr., sillonnée-anguleuse, rameuse, glabre ou presque glabre. Feuilles à segments très petits, linéaires entiers, ou oblongs incisés, à lobes mucronulés. Ombelles à 2-5 rayons robustes, sillonnés. Involucelle à folioles inégales, linéaires, hérissées-ciliées. Fruit gros, plus long que le pédicelle; épines des côtes secondaires lisses, disposées sur un seul rang, égalant ou dépassant en longueur le diamètre du carpelle, courbées en crochet au sommet. ①. Mai-juillet.

C. — Moissons maigres, champs en friche.

XXXVII. TORILIS. (Adans. fam. II. 99.)

Calice à limbe 5-denté, à dents lancéolées. Fruit comprimé perpendiculairement à la commissure. *Carpelles* oblongs; *à 5 côtes primaires filiformes* portant quelques petites pointes épineuses, *à 4 côtes secondaires décomposées jusqu'à la base en plusieurs rangs d'épines subulées ou de tubercules qui occupent tout l'espace compris entre les côtes primaires*, vallécules à un seul canal résinifère situé sous la côte secondaire correspondante. Columelle bifide. — Involucre nul ou à une ou plusieurs folioles, involucelle à plusieurs folioles.

Plantes annuelles ou bisannuelles. Feuilles bipinnatiséquées ou pinnatiséquées. Fleurs blanches.

1 { Ombelles sessiles ou brièvement pédonculées, opposées aux feuilles qui les dépassent longuement. . . . . *T. nodosa.*
Ombelles terminales longuement pédonculées. . . . . 2.

2 { Involucre à plusieurs folioles linéaires; fruits à épines arquées, non crochues au sommet. . . . . *T. Anthriscus.*
Involucre nul ou à 1-3 folioles très courtes presque scarieuses; fruits à épines crochues au sommet . . . . *T. infesta.*

1. T. ANTHRISCUS (Gmel. fl. Bad. I. 615.)—Caucalis Anthriscus. Willd. sp. I. 1388. — Engl. bot. t. 987.

Tige de 5-10 décimètr., striée, ord. rameuse presque dès la base, à rameaux dressés, rude, couverte de poils raides apprimés dirigés de haut en bas. Feuilles pubescentes-scabres, à segments ovales ou ovales-lancéolés pinnatifides ou profondément dentés, le terminal lancéolé très allongé. *Ombelles à 4-10 rayons, longuement pédonculées*, terminant la tige et les rameaux. *Involucre* et involucelle *à plusieurs folioles linéaires*, hérissées. *Fruits* petits, *à épines* scabres, *arquées dès la base*, plus courtes de moitié que le diamètre transversal du fruit. ②. Juin-septembre.

C.C. — Lisière des bois, bords des haies et des chemins, lieux incultes.

2. T. INFESTA. (Duby, bot. Gall. I. 217.) — Caucalis arvensis. Huds. Angl. 115. — C. Helvetica. Jacq. hort. Vind. III. t. 16. —Scandix infesta. L. syst. veg. 257. —Engl. bot. t. 1314.

Tige de 2-5 décimètr., finement striée, ord. rameuse dès la base, à rameaux souvent étalés, rude, couverte de poils apprimés dirigés de haut en bas. Feuilles velues-scabres, à segments ovales ou oblongs, pinnatifides ou profondément dentés, le terminal souvent lancéolé-allongé dans les feuilles supérieures. *Ombelles à 3-7 rayons, longuement pédonculées*, terminant la tige et les rameaux. *Involucre* souvent *nul ou à 1-3 folioles très courtes, presque scarieuses*, involucelle à plusieurs folioles linéaires hérissées. *Fruits* assez petits, *à épines* scabres, presque droites, *crochues au sommet*, égalant presque le diamètre transversal du fruit. (2). Juillet-septembre.

C.C. — Champs arides, lieux pierreux, bords des chemins.

3. T NODOSA. (Gaertn fruct. I. 82. t. 20. f. 6.) — Caucalis nodiflora. Lam. dict. I. 656 - C. nodosa. Huds. Angl. 114. — Engl bot. t. 199.

Tige de 1-5 décimètr., très finement striée, rameuse dès la base, à rameaux nombreux, effilés, diffus, étalés, raides, souvent flexueux, plus rarement dressés, couverts dans leur partie supérieure de poils raides apprimés dirigés de haut en bas. Feuilles velues-scabres, à segments tous profondément pinnatipartits, à lobes linéaires entiers ou incisés. *Ombelles sessiles ou brièvement pédonculées*, *opposées aux feuilles*, *à 2 plus rarement 3 rayons* très courts ou inégaux; *les* ombelles *fructifères compactes subglobuleuses*. Involucre nul; involucelle à plusieurs folioles linéaires hérissées. Fruits assez petits, sessiles, tous chargés d'épines scabres d'un jaune verdâtre, presque droites courbées en crochet au sommet, égalant presque le diamètre transversal du fruit; ou les fruits intérieurs tuberculeux dépourvus d'épines. (1). Mai-juillet.

C. — Lieux pierreux, pelouses arides, bords des chemins.

var. *β. subinermis.*—Fruits du centre des ombellules dépourvus d'épines, chargés de tubercules, ceux de la circonférence à carpelle extérieur épineux, à carpelle intérieur tuberculeux. — Cette variété est plus commune dans nos environs que le type à fruits tous épineux.

XXXVIII. ANTHRISCUS. (Hoffm. umbell. I. 38.)

Calice à limbe presque nul. Fruit comprimé perpendiculairement à la commissure ou presque didyme. *Carpelles lisses ou hérissés de pointes épineuses*, oblongs-lancéolés, *rétrécis brusquement au sommet en un bec qui n'égale pas la longueur de la graine; à 5 côtes primaires apparentes seulement dans la partie supérieure du carpelle; côtes secondaires nulles;* vallécules à canaux résinifères peu distincts ou presque nuls. Columelle indivise, ou bifide seulement au sommet. — Involucre nul, involucelle à plusieurs folioles ou à 1-3 folioles.

Plantes annuelles, plus rarement vivaces. Feuilles bi-tripinnatiséquées. Fleurs blanches.

1 { Fruit chargé d'épines subulées . . . *A. vulgaris*
 { Fruit lisse . . . . . 2.

2 { Ombelles sessiles, opposées aux feuilles, à 3-5 rayons . . . *A. Cerefolium*
 { Ombelles pédonculées, terminales, à 8-15 rayons . . . *A. sylvestris*.

1. A. VULGARIS. (Pers. ench. I. 320.) — Caucalis scandicina. Roth, fl. Germ. I. 121. — Scandix Anthriscus. L. sp. 368. — Engl. bot. t. 818.

Plante annuelle. Tige de 2-8 décimètr., striée, rameuse souvent dès la base, glabre ou presque glabre, lisse. Feuilles à gaines et à nervures poilues, à segments pinnatipartits, à lobes incisés ou entiers obtus-mucronulés. Ombelles brièvement pédonculées, opposées aux feuilles, à 3-7 rayons. Involucelle à 2-4 folioles. *Fruit* petit, ovale, à bec conique, *chargé d'épines* subulées fortement arquées. (1). Avril-juin.

C.C. — Lieux cultivés et incultes, décombres, bords des chemins.

† 2. A. CEREFOLIUM. (Hoffm. umbell. 41.) — Chærophyllum sativum. Lam. dict. I. 684.—Scandix Cerefolium L. sp. 368. — Engl. bot. t. 1268. (vulg. *Cerfeuil.*)

Plante annuelle. Tige de 4-8 décimètr., striée, rameuse, pubescente au-dessus des nœuds. Feuilles à nervures légèrement poilues, à segments courts pinnatipartits, à lobes incisés ou entiers obtus-mucronulés. *Ombelles sessiles*, opposées aux feuilles, à 3-5 rayons pubescents. Involucelle à 1-3 folioles. *Fruit* oblong-linéaire, *lisse*, à bec long cylindrique. ①. Mai-août.

Cultivé dans les jardins et quelquefois subspontané dans le voisinage des habitations.

3. A. SYLVESTRIS. (Hoffm. umbell. 40.) — Chærophyllum sylvestre L. sp. 369. — Engl. bot. t. 752. — Jacq. fl. Austr. t. 149.

Souche épaisse. Tiges de 5-10 décimètr., striées, très fistuleuses, rameuses surtout supérieurement, glabres ou pubescentes à la base. Feuilles glabres luisantes, à nervures quelquefois pubescentes, à segments assez amples oblongs ou lancéolés pinnatifides ou pinnatipartits, à lobes entiers ou incisés obtus mucronulés. *Ombelles pédonculées*, terminant la tige et les rameaux, à 8-15 rayons. Involucelle à 5 folioles ciliées, réfléchies. *Fruit* ovale-oblong étroit, *lisse* luisant, à bec très court. ♃. Mai-juin.

A.C. — Haies humides, lieux cultivés, voisinage des habitations, décombres, cimetières. — Cimetière du Père-Lachaise! Bois de Boulogne! (*De Lens*). Bois du Vésinet! Meudon! Neuilly (*Vigineix*). Montmorency (*Mandon*). Env. de Versailles! (*de Boucheman*). Magny! La Roche-Guyon! Chaumont! Liancourt-sous-Clermont! Bailleul-sur-Thérain! St-Germer! Env. de Compiègne (*Leré*). Malesherbes!, etc.

XXXIX. CHÆROPHYLLUM. (L. gen. n. 358, *part.*)

Calice à limbe presque nul. Fruit comprimé perpendiculairement à la commissure. *Carpelles lisses, oblongs-linéaires, non rétrécis en bec, à 5 côtes primaires obtuses, prolongées jusqu'à la base du carpelle*, côtes secondaires nulles; vallécules à un seul canal résinifère. Columelle bifide. — Involucre nul ou à 1-2 folioles, involucelle à plusieurs folioles.

Plante bisannuelle. Feuilles bipinnatiséquées. Fleurs blanches.

1. C. TEMULUM. (L. sp. 370.) — Jacq. fl. Austr. t. 65. — Engl. bot. t. 1521.

Tige de 5-10 décimètr., striée, ord. renflée au-dessous des nœuds, pleine ou à peine fistuleuse, rameuse supérieurement, parsemée surtout dans sa partie inférieure de taches d'un rouge brun, velue-hispide surtout inférieurement. Feuilles pubescentes, d'un vert sombre, à segments assez amples, ovales ou oblongs, pinnatifides ou pinnatipartits, à lobes incisés ou dentés plus rarement entiers obtus. Ombelles pédonculées, terminant la tige et les rameaux, à 5-10 rayons. Involucelle à folioles ciliées, réfléchies. Fruit oblong-linéaire, lisse. ②. Juin-juillet.

C.C. — Haies, buissons, lisière des bois, bords des chemins.

Le *Myrrhis odorata* Scop. (vulg. *Cerfeuil musqué*), cultivé dans quelques jardins et quelquefois subspontané dans le voisinage des habitations (Fontainebleau), se reconnaît aux caractères suivants: fruit très gros, noirâtre, luisant, oblong acuminé; carpelles à 5 côtes primaires très saillantes, carénées, tranchantes, souvent ciliées-scabres; tiges velues-pubescentes; feuilles mollement pubescentes, bi-tripinnatiséquées, à segments pinnatifides ou dentés; ombelles à rayons ord. nombreux, involucre nul ou presque nul; involucelle à folioles membraneuses, lancéolées-acuminées; ombellules à fleurs la plupart stériles; plante à odeur très aromatique.

XL. SCANDIX. (Gaertn. fruct. II. 33.)

Calice à limbe presque nul. Fruit comprimé perpendiculairement à la commissure. *Carpelles dépourvus d'épines*, oblongs, *prolongés en un bec* linéaire *beaucoup plus long que la graine*, à 5 côtes primaires obtuses peu saillantes; côtes secondaires nulles; vallécules colorées, à canaux résinifères non distincts. Columelle indivise ou presque indivise. — Involucre nul ou à une seule foliole; involucelle à plusieurs folioles.

Plante annuelle. Feuilles bi-tripinnatiséquées. Fleurs blanches.

1. S. PECTEN-VENERIS. (L. sp. 368.) — Engl. bot. t. 1397. (vulg. *Peigne-de-Vénus.*)

Tige de 2-4 décimètr., finement striée, rameuse à rameaux souvent étalés, pubescente-hérissée. Feuilles à segments multipartits, à lobes linéaires étroits aigus. Ombelles à 1-3 rayons courts, robustes. Involucelle à folioles dressées, bi-trifides ou entières. Fruit légèrement scabre, à bec au moins 4 fois plus long que la graine cilié-scabre et comprimé parallèlement à la commissure. ①. Mai-août.

C.C. — Moissons, champs en friche, bords des chemins.

XLI. CONIUM. (L. gen. n. 336.)

Calice à limbe presque nul. *Fruit subglobuleux*, comprimé perpendiculairement à la commissure, presque didyme. *Carpelles* dépourvus d'épines, ovales, non prolongés en bec; *à 5 côtes primaires saillantes ondulées*, côtes secondaires nulles; vallécules marquées de plusieurs stries, à canaux résinifères non distincts. Columelle bifide ou bipartite. — Involucre et involucelle à 3-5 folioles.

Plante bisannuelle. Feuilles tri-quadri pinnatiséquées. Fleurs blanches.

1. C. MACULATUM. (L. sp. 349.) — Bull. herb. t. 63. — Engl. bot. t. 1191. (vulg. *Grande-Cigue.*)

Tige de 8-12 décimètr., striée, robuste, très fistuleuse, rameuse supérieurement, ord. glaucescente, parsemée de taches d'un pourpre violacé surtout dans sa partie inférieure. Feuilles d'un vert sombre, à odeur vireuse, à segments pinnatipartits ou pinnatifides, à lobes courts entiers ou incisés aigus. Ombelles à 12-20 rayons. Involucre à folioles réfléchies, lancéolées-acuminées, membraneuses aux bords. Involucelle à folioles réfléchies, rejetées en dehors, plus courtes que l'ombellule. ②. Juin-août.

C. — Bords des chemins, décombres, cimetières, voisinage des habitations

† XLII. CORIANDRUM. (L. gen. n. 356, *part.*)

Calice à limbe 5-denté, à dents inégales, linéaires aigues, persistantes. *Fruit globuleux*, à carpelles restant ord. soudés à la maturité. *Carpelles* hémisphériques, *à 5 côtes primaires déprimées, très flexueuses*, à 4 côtes secondaires filiformes plus saillantes droites; vallécules à canaux résinifères non distincts. *Graine très concave à la face interne*, non adhérente au péricarpe. Columelle bifide, soudée à la base et au sommet avec les carpelles, libre à sa partie moyenne et entourée de tissu cellulaire. — Involucre nul ou à une seule foliole, involucelle unilatéral à 3 folioles.

Plante annuelle. Feuilles inférieures simplement pinnatiséquées, les supérieures bi-tripinnatiséquées. Fleurs blanches.

† 1. C. SATIVUM. (L. sp. 367.) — Engl. bot. t. 67. (vulg. *Coriandre.*)

Tige de 4-6 décimètr., très finement striée, rameuse surtout supérieurement, glabre. Feuilles à odeur nauséeuse très pénétrante, les inférieures pinnatiséquées, à segments suborbiculaires ou obovales-cunéiformes incisés à lobes dentés; les caulinaires bi-tripinnatiséquées, à segments linéaires entiers ou à segments profondément divisés en lobes allongés linéaires. Ombelles à 3-6 rayons. Fleurs extérieures des ombellules à pétales extérieurs rayonnants très grands profondément bifides. ①. Juin-juillet.

Cultivé dans les jardins et en plein champ. Quelquefois subspontané dans le voisinage des habitations : Chaillot, plaine St-Denis, Magny.

XL. HÉDÉRACÉES.

(HEDERACEÆ. Ach. Rich. bot. med. 552.)

Fleurs hermaphrodites, régulières. — Calice à 5 ou 4 sépales, soudés en tube, à tube soudé avec l'ovaire, à partie libre très courte 4-5-dentée, persistante ou marcescente. — Corolle à 5 ou 4 pétales insérés sur le disque qui revêt le sommet du tube du calice, libres, caducs, à préfloraison valvaire. — *Étamines 5 ou 4*, insérées avec les pétales au sommet du tube du calice, libres. Anthères bilobées, introrses. — *Ovaire soudé avec le calice, à 5 ou 2 rarement 3 carpelles, à 5 loges ou moins par avortement (Hedera)*, ou à 2 très rarement 3 loges *(Cornus), à loges uni-ovulées. Ovule* inséré au côté interne de la loge, *suspendu*, réfléchi. *Style indivis.* Stigmate obtus ou capité. — *Fruit bacciforme ou drupacé*, couronné par le limbe du calice ou par la cicatrice ombiliquée qui résulte de sa destruction, *à 5 loges ou moins par avortement*, ou à un seul noyau biloculaire. — Graines solitaires dans chaque loge dont elles remplissent la cavité, suspendues. *Embryon placé dans un périsperme charnu.* Radicule dirigée vers le hile.

Arbrisseaux plus ou moins élevés, quelquefois sarmenteux-grimpants. Feuilles alternes ou opposées, pétiolées, simples, entières ou plus ou moins profondément palmatilobées, à lobes entiers, stipules nulles. Fleurs se développant avant ou après les feuilles, disposées en ombelles latérales ou terminales munies ou non d'un involucre, ou en corymbes rameux terminant les rameaux.

Corolle à 5 pétales; feuilles alternes, persistantes.	HEDERA. (I.)
Corolle à 4 pétales; feuilles opposées, caduques.	CORNUS. (II.)

I. HEDERA. (Tournef. inst. t. 384.)

Calice à tube soudé avec l'ovaire, à limbe très court 5-denté. *Corolle à 5 pétales.* Étamines 5. Style indivis. *Fruit bacciforme, à 5 loges* ou moins par avortement, à loges monospermes.

Arbrisseau à tiges sarmenteuses-grimpantes, donnant naissance à un grand nombre de racines adventives courtes sur l'une de leurs faces. Feuilles alternes, coriaces persistant pendant l'hiver, les caulinaires lobées-anguleuses, celles des rameaux florifères entières. Fleurs d'un jaune verdâtre, disposées en ombelles simples rapprochées en panicules terminales.

1. H. HELIX. (L. sp. 292.) — Engl. bot. t. 1267. (vulg. *Lierre*.)

Tiges ligneuses, sarmenteuses-grimpantes, de longueur très variable, atteignant souvent la hauteur des plus grands arbres. Feuilles coriaces, à face supérieure d'un vert foncé luisant, légèrement aromatiques par le froissement; les caulinaires cordées à la base à 3-5 rarement 6-7 lobes, à lobes triangulaires, le terminal plus grand; celles des rameaux florifères atténuées à la base, ovales-acuminées, entières. Fleurs en ombelles subglobuleuses multiflores, à pédicelles pubescents. Pétales à base large tronquée, pubescents. Fruit noir, charnu-coriace, entouré au-dessous du sommet par le limbe du calice, surmonté par le style persistant. ♄. *Fl.* septembre-octobre. *Fr.* janvier-mars.

C.C. — Vieux murs, troncs d'arbres.

s v — *prostrata.* — Tiges stériles, grêles, étalées sur la terre. Feuilles lobées-anguleuses, plus petites, souvent veinées de blanc à la face supérieure selon la direction des nervures. — *C.C.C.* — Endroits ombragés des bois.

II. CORNUS. (Tournef. inst. t. 410.)

Calice à tube soudé avec l'ovaire, à limbe très court 4-denté. *Corolle à 4 pétales.* Étamines 4. Style indivis. *Fruit drupacé, à noyau osseux biloculaire*, à loges monospermes.

Arbrisseaux ou arbres peu élevés. Feuilles opposées, caduques, entières, à nervures convergentes. Fleurs blanches ou jaunes, disposées en corymbes rameux ou en ombelles simples munies d'un involucre.

Fleurs blanches, en corymbes dépourvus d'involucre, fruits noirs. . . . . *C. sanguinea.*
Fleurs jaunes, disposées en ombelles simples munies d'involucre, fruits rouges. *C. mas.*

1 C. SANGUINEA. (L. sp. 171.) — Engl. bot. t. 249. (vulg. *Cornouiller sanguin.*)

Arbrisseau plus ou moins élevé, à branches souvent rougeâtres, à rameaux pubescents. Feuilles ovales-oblongues acuminées, à face inférieure pubescente d'un vert pâle. *Fleurs* se développant après les feuilles, *blanches*, assez grandes, *disposées en corymbes rameux*, *dépourvus d'involucre*, terminant les rameaux. *Fruit noir*, petit, globuleux, couronné par le limbe du calice. ♄. *Fl.* mai-juin. *Fr.* septembre-octobre.

C.C. — Haies, taillis, bois. — Souvent planté dans les parcs.

2. C MAS. (L. sp. 171.) — Lam. ill. t. 74. f. 1. (vulg. *Cornouiller.*)

Arbrisseau plus ou moins élevé ou arbre, à branches verdâtres ou grisâtres, à rameaux pubescents. Feuilles ovales-oblongues acuminées, finement pubescentes à la face inférieure, d'un vert assez pâle surtout en dessous. *Fleurs* se développant avant les feuilles, *jaunes*, très petites, *disposées en ombelles simples* latérales et terminales, à pédicelles filiformes dépassant peu l'involucre; *involucre composé de 4 folioles* membraneuses concaves. *Fruit rouge* ou d'un rouge jaunâtre, d'une saveur acidule, assez gros, oblong, marqué au sommet d'une cicatrice ombiliquée. ♄. *Fl.* mars-avril. *Fr.* septembre-octobre.

A.R. — Bois montueux ou pierreux. — Bois de Boulogne! Forêt de St-Germain! Très abondant dans les bois des environs de Magny! La Roche-Guyon! Environs de Vernon! Forêt de Hallatte! Gourcourt près Beauvais! Forêt de Compiègne! Malesherbes!, etc. — Quelquefois planté dans les parcs.

XLI. LORANTHACÉES (1).

(Loranthéæ. Juss. et Rich. ann. mus. XII. 292.)

Fleurs incomplètes, unisexuelles, régulières. — Fleur mâle : Calice à 4 sépales soudés en tube inférieurement, à limbe 4-fide, à préfloraison valvaire. Corolle nulle. *Étamines 4, à anthères sessiles, soudées dans toute leur étendue à la face interne des sépales*, divisées en un grand nombre de cellules qui s'ouvrent isolément à la face libre de l'anthère. — Fleur femelle : Calice soudé avec l'ovaire, à partie libre très courte obscurément 4-dentée. Corolle à 4 pétales squamiformes charnus, insérés au sommet du tube du calice, à préfloraison valvaire. *Ovaire soudé avec le calice, à un seul carpelle,* à une seule loge, à un seul ovule accompagné de deux autres ovules très rudimentaires. Ovule réduit au nucelle, dressé, droit (2). Stigmate sessile, obtus. — *Fruit bacciforme-mucilagineux,* entouré au-dessous du sommet par le rebord du calice, *uniloculaire, monosperme.* — *Graine* dressée, *dépourvue d'enveloppes propres.* Périsperme charnu. Embryon droit, solitaire à radicule dirigée vers le point diamétralement opposé au hile, ou 2-3 embryons convergents vers le point opposé au hile.

Arbrisseau parasite, s'implantant sur l'écorce des végétaux ligneux, contenant un suc mucilagineux-visqueux ; à tige polychotome, à rameaux articulés. Feuilles opposées, simples, entières, sessiles ; stipules nulles. Fleurs munies de bractées à la base, sessiles, groupées à l'extrémité des branches et des rameaux sur des axes courts charnus.

I. VISCUM. (Tournef. inst. t. 380.)

Fleurs dioïques. — Fleur mâle : Calice à limbe 4-fide. Corolle nulle. Étamines 4, à *anthères sessiles, soudées dans toute leur étendue à la face interne des divisions du calice.* — Fleur femelle : Calice soudé avec l'ovaire, à partie libre très courte obscurément 4-dentée. *Corolle à 4 pétales squamiformes charnus, élargis à la base.* Fruit bacciforme, monosperme, à sarcocarpe blanc mucilagineux, à endocarpe vert appliqué sur la graine. Périsperme et embryon colorés en vert.

Arbrisseau parasite, à jeunes rameaux munis à la base d'une paire de bractées squamiformes ciliées. Feuilles épaisses, charnues. Fleurs verdâtres, les femelles à pétales jaunâtres.

1 V. ALBUM. (L. sp. 1451.) — Engl. bot. t. 1470. (vulg. *Gui.*)

Arbrisseau à écorce herbacée verte glabre, polychotome, à rameaux divergents, formant une touffe subglobuleuse. Feuilles épaisses-charnues, ord. d'un vert jaunâtre, glabres, oblongues obtuses, atténuées en une base canaliculée un peu embrassante, 5-nerviées, à nervures toutes égales et parallèles ne paraissant qu'après la dessiccation. Fleurs peu apparentes, sessiles, munies d'une

(1) Nous avons cru devoir restreindre la description de cette famille au genre *Viscum*, le seul qui la représente en France, les autres genres qu'elle renferme n'ayant été qu'incomplètement étudiés.

(2) J. Decaisne, Mémoire sur le développement du pollen, de l'ovule et sur la structure des tiges du *Gui*.

ou deux bractées courtes, terminant les axes de la plante, ord. rapprochées par 3-5. ♄. *Fl.* mars-mai. *Fr.* août-novembre.

C. — Parasite sur les vieux arbres, se développe fréquemment sur les Poiriers, les Pommiers, les Sorbiers, l'Aubépine, les Peupliers, etc.

XLII. GROSSULARIÉES.

(GROSSULARIEÆ. D.C. fl. Fr. IV. 405.)

Fleurs hermaphrodites ou unisexuelles par avortement, régulières. — Calice à 5 plus rarement 4 sépales, soudés en tube à la base, à tube soudé avec l'ovaire et plus ou moins prolongé au-dessus de lui, à partie libre colorée, marcescente, 5-fide plus rarement 4-fide, à préfloraison imbriquée. — Corolle à 5 plus rarement 4 pétales insérés à la gorge du calice, très petits, libres, submarcescents, distants pendant la préfloraison ou à préfloraison subvalvaire. — *Étamines* 5, *plus rarement* 4, insérées avec les pétales à la gorge du calice, libres. Anthères bilobées, introrses. — *Ovaire soudé avec le calice, à* 2 *rarement* 3-4 *carpelles*, uniloculaire, pluri-ovulé, *à placentas pariétaux*. Ovules horizontaux, réfléchis. Styles 2, rarement 3-4, plus ou moins soudés. Stigmates 2, rarement 3-4. — *Fruit bacciforme* pulpeux-succulent, couronné par le limbe marcescent du calice, *uniloculaire, polysperme*, ou oligosperme par avortement. — *Graines à tégument extérieur mucilagineux*, à tégument intérieur adhérent au périsperme. Embryon très petit, placé dans un périsperme presque corné. Radicule dirigée vers le hile.

Arbrisseaux épineux ou non épineux, à épiderme fendillé, caduc. Feuilles alternes ou fasciculées, plus ou moins profondément palmatilobées à lobes crénelés-dentés, à pétiole semi-amplexicaule; stipules nulles. Fleurs se développant en même temps que les feuilles, portées 1-3 sur des pédoncules communs rameux courts, ou disposées en grappes pluriflores souvent pendantes axillaires ou partant du centre des fascicules de feuilles.

I. RIBES. (L. gen. n. 281.)

Calice 5-fide, plus rarement 4-fide. Corolle à 5 plus rarement 4 pétales petits, squamiformes, beaucoup plus courts que le calice. Étamines 5, plus rarement 4, incluses. Ovaire soudé avec le calice, uniloculaire. Styles 2, plus ou moins soudés. Fruit bacciforme succulent. Graines anguleuses, à testa mucilagineux.

Arbrisseaux très rameux, touffus, dépourvus d'épines, ou munis à la base des rameaux d'épines tripartites plus rarement simples (feuilles avortées). Feuilles alternes, ou fasciculées au sommet de rameaux latéraux très courts. Calices verdâtres ou rougeâtres. Pétales jaunâtres.

1 { Arbrisseau épineux. . . . . *R. Uva-crispa.*
  { Arbrisseau dépourvu d'épines . . . . 2.

2 { Fruit rouge ou blanchâtre; calice glabre, à limbe rotacé. . *R. rubrum.*
  { Fruit noir; calice pubescent-glanduleux, à limbe campanulé. . . . . *R. nigrum.*

SECT. I. GROSSULARIA.—Arbrisseau épineux. Pédoncules courts, 1-3-flores.

1. R. UVA-CRISPA. (L. sp. 292.) — Engl. bot. t. 1292. — Fuchs. hist. pl. 187 ic.

Arbrisseau très rameux, à branches diffuses, *muni*, au-dessous des fascicules de feuilles, *d'épines* robustes *tripartites*. Feuilles velues-pubescentes, petites, 3-5-fides à lobes obtus incisés-dentés, disposées en fascicules à l'extrémité de rameaux latéraux très courts. Fleurs portées 1-3 sur des pédoncules courts; pédicelles munis de bractées à la base. Calice rougeâtre, velu, à partie soudée avec l'ovaire subglobuleuse ou oblongue, à partie libre campanulée-infundibuliforme. Pétales poilus inférieurement. Fruit verdâtre ou rougeâtre, glabre ou velu, veiné, oblong ou subglobuleux, d'une saveur sucrée. ♄. *Fl.* mars-mai. *Fr.* juin.

var. α. *sylvestre* (D.C.) — Feuilles petites, velues-pubescentes sur les deux faces. Fruit assez gros, glabre. — *A.C.* — Haies, buissons, lieux pierreux, vieux murs.

var. β. *sativum* (D.C. — R. Grossularia. L. sp. 291. — vulg. *Groseillier-à-maquereaux.*) — Feuilles plus larges, ord. presque glabres et luisantes en dessus. Fruit gros, glabre ou hérissé, souvent rougeâtre. — Cultivé en plein champ et dans les jardins

SECT. II. RIBESIA. — Arbrisseaux dépourvus d'épines. Fleurs disposées en grappes pluriflores.

2. R. RUBRUM. (L. sp. 290.) — Engl. bot. t. 1289. (vulg. *Groseillier.*)

Arbrisseau dépourvu d'épines. Feuilles à face supérieure glabre ou presque glabre, à face inférieure pubescente, assez amples, cordées à la base, 3-5-lobées, à lobes larges crénelés-dentés. Fleurs d'un jaune verdâtre, tachées de brun en dedans, disposées en grappes axillaires pluriflores pendantes presque glabres; pédicelles munis à la base de bractées très courtes, obtuses. *Calice glabre, à limbe rotacé plan.* Pétales glabres. *Fruit rouge*, glabre, assez petit, globuleux-déprimé, d'une saveur acide. ♄. *Fl.* avril-mai. *Fr.* juin-août.

C. — Haies, buissons, bois marécageux. — St-Maur! Bois de Meudon!, etc. — — Cultivé en plein champ et dans les jardins.

s.v. — *album.* — Fruit blanchâtre ou rosé. — Cultivé dans les jardins et en plein champ.

Le *R. petræum* Wulf., que l'on plante quelquefois dans les bosquets, se distingue du *R. rubrum* par ses grappes de fleurs pubescentes dressées ou étalées, et par ses feuilles plus petites la plupart trilobées non cordées à la base.

†. 3. R. NIGRUM. (L. sp. 291.)— Engl. bot. t. 1291. (vulg. *Cassis.*)

Arbrisseau dépourvu d'épines. Feuilles à face supérieure glabre ou presque glabre, à face inférieure légèrement pubescente parsemée de glandes jaunes aromatiques, assez amples, cordées à la base, 3-5-lobées, à lobes larges aigus crénelés-dentés. Fleurs verdâtres, rougeâtres en dedans, disposées en grappes axillaires pluriflores pendantes pubescentes; pédicelles munis à la base de bractées très courtes, terminées par une pointe subulée. *Calice pubescent-glanduleux, à limbe élargi campanulé*, à divisions rejetées en dehors. Pétales glabres. *Fruit noir*, glabre, globuleux un peu déprimé, d'une saveur aromatique. ♄ *Fl.* avril-mai. *Fr.* juin-août.

Cultivé en plein champ et dans les jardins, quelquefois subspontané dans le voisinage des habitations.

XLIII. SAXIFRAGÉES.

(SAXIFRAGEÆ. Juss. gen. 308.)

Fleurs hermaphrodites, régulières ou à peine irrégulières, quelquefois incomplètes. — Calice à 5 plus rarement 4 sépales plus ou moins soudés à la base, plus ou moins soudés avec l'ovaire ou libres, persistants, plus rarement marcescents ou caducs, à préfloraison imbriquée ou valvaire. — Corolle à 5 plus rarement 4 pétales insérés sur le disque plus ou moins développé qui revêt le tube du calice, libres, caducs, à préfloraison imbriquée, plus rarement nuls. — *Étamines* 10, *plus rarement* 8, insérées sur le disque avec les pétales, libres. Anthères bilobées, introrses. — *Ovaire* plus ou moins soudé avec le calice ou libre, *constitué par 2 carpelles* plus ou moins soudés entre eux, biloculaire par l'introflexion des bords des feuilles carpellaires ou uniloculaire, à loges multi-ovulées. *Ovules insérés aux deux côtés de la cloison ou aux placentas réfléchis qui revêtent la face interne des valves*, horizontaux, ascendants ou pendants, réfléchis. *Styles* 2, terminaux, assez courts, souvent persistants. Stigmates 2. — *Fruit capsulaire*, 2-loculaire, plus rarement 1-loculaire, *à loges polyspermes*, composé de deux carpelles qui se séparent plus ou moins complètement à la maturité en s'ouvrant par leur suture interne. — Graines très petites. Embryon droit, placé au centre d'un *périsperme charnu*. Radicule dirigée vers le hile.

Plantes annuelles ou vivaces, herbacées. Feuilles alternes ou opposées, simples, dentées, crenelées ou palmatilobées, stipules nulles. Fleurs disposées en cymes plus ou moins irrégulières ou en corymbes terminaux.

{ Corolle à 5 pétales; capsule à deux loges . . . . SAXIFRAGA. (I.)
{ Corolle nulle; capsule à une seule loge. . . . . CHRYSOSPLENIUM. (II.)

I. SAXIFRAGA. (L. gen. n. 559.)

Calice à tube plus ou moins soudé avec l'ovaire, plus rarement libre, à limbe 5-fide ou 5-partit. *Corolle à 5 pétales*. Étamines 10. Styles 2. *Capsule biloculaire*, terminée en deux becs, s'ouvrant supérieurement par les sutures internes des deux carpelles. Graines très nombreuses, très petites, s'insérant des deux côtés de la cloison.

Plantes annuelles ou vivaces. Feuilles alternes ou opposées, crenelées ou palmatilobées, sessiles ou petiolées. Fleurs blanches, disposées en cymes irrégulières.

{ Racine grêle pivotante, feuilles palmatilobées à 2-3 lobes. . . . . *S. tridactylites*
{ Souche donnant naissance à des bulbilles nombreuses mêlées aux fibres radicales; feuilles inférieures crenelées, à crénelures nombreuses. . . . . *S. granulata.*

1. S. TRIDACTYLITES. (L. sp. 578.) — Engl. bot. t. 501. (vulg. *Perce-pierre*.)

Plante annuelle. Tige de 5-15 centimètr., dressée, souvent rameuse dès la base, pubescente-visqueuse. Feuilles un peu charnues; les radicales souvent rapprochées en rosette irrégulière, atténuées en pétiole, spatulées, entières; les caulinaires alternes, plus rarement opposées, sessiles, cunéiformes, palmatilobées à 2-3 lobes; les supérieures linéaires entières. Fleurs assez petites, disposées en cyme irrégulièrement dichotome; *pédicelles fructifères* 5-6 *fois plus longs que le calice. Calice soudé avec l'ovaire jusqu'à la base des divisions.* ①. Mars-mai.

C.C.C. — Vieux murs, toits de chaume, champs pierreux, etc.

2. S. GRANULATA. (L. sp. 576.) — Engl. bot. t. 500.

Souche donnant naissance à des bulbilles nombreuses mêlées aux fibres radicales. Tige solitaire, de 2-5 décimètr., dressée, simple donnant naissance supérieurement aux rameaux de l'inflorescence, pubescente, visqueuse surtout supérieurement. Feuilles inférieures souvent rapprochées en rosette lâche, longuement pétiolées, réniformes à limbe légèrement prolongé sur le pétiole, crénelées, à crénelures larges obtuses; les supérieures sessiles ou subsessiles, cunéiformes, palmatilobées à 4-8 lobes; les florales 3-lobées ou linéaires. Fleurs assez grandes, disposées en corymbe terminal pauciflore; *pédicelles fructifères très courts. Calice soudé avec l'ovaire seulement dans sa partie inférieure.* ♃. Avril-juin.

C.C. — Prés, endroits découverts des bois sablonneux, etc.

On cultive assez fréquemment dans les parterres le *S. crassifolia* L. à feuilles obovales très amples obscurément dentées, épaisses, persistant pendant l'hiver, à fleurs assez grandes ord. d'un beau rose. — On cultive quelquefois en bordures le *S. umbrosa* L. à feuilles obovales légèrement crénelées ou dentées, atténuées en pétiole, presque cartilagineuses, à fleurs blanches petites, à calice non soudé avec l'ovaire.

II. CHRYSOSPLENIUM. (L. gen. n. 558.)

Calice à tube soudé avec l'ovaire, à limbe 4-fide plus rarement 5-fide. *Corolle nulle.* Étamines 8, plus rarement 10. Styles 2. *Capsule uniloculaire*, échancrée au sommet, s'ouvrant supérieurement en deux valves planes étalées. Graines nombreuses, petites, d'un noir luisant, s'insérant à des placentas qui revêtent la face interne des valves.

Plantes vivaces herbacées, succulentes, radicantes ou émettant des rhizômes grêles. Tiges dichotomes supérieurement. Feuilles espacées, opposées ou alternes, crénelées, pétiolées. Fleurs brièvement pédicellées, à calice coloré en jaune, entourées par les feuilles florales également colorées, disposées en cymes glomérulées.

{ Feuilles opposées . . . . *C. oppositifolium.*
{ Feuilles alternes . . . . *C. alternifolium.*

1. C. OPPOSITIFOLIUM. (L. sp. 569.) — Engl. bot. t. 490.

Tiges de 1-2 décimètr., étalées, diffuses, radicantes inférieurement, rapprochées en touffe, pubescentes à la base, glabres supérieurement, rameuses dichotomes au sommet. *Feuilles opposées*, même les radicales, brièvement pétiolées, semi-orbiculaires tronquées à la base ou atténuées en pétiole, obscurément crénelées. ♃. Avril-mai.

R. — Rochers humides, ruisseaux, fontaines ombragées, endroits frais des forêts montueuses. — Laneuville-en-Hez, St-Vast-de-Longmont près Verberie, Thury-en-Valois (*Graves*). Fontaine et bois de l'Italienne près Beauvais! (*Delacourt, Graves*) Goincourt près Beauvais! Thury-en-Valois (*Questier*). Étangs de St-Pierre près Compiègne (*Lere*). Forêt de Villers-Cotterets (*Weddell*) — Vauchelles près Noyon (*Questier*).

2. C. ALTERNIFOLIUM. (L. sp. 569.) — Engl. bot. t. 54.

Tiges de 1-2 décimètr., donnant naissance à des rhizômes grêles à leur base, dressées ou ascendantes, assez robustes, pubescentes dans leur partie inférieure, glabres supérieurement, rameuses dichotomes au sommet. *Feuilles alternes;* les radicales souvent plus grandes, longuement pétiolées, suborbiculaires-réniformes, fortement crénelées à crénelures tronquées ou émarginées. ♃. Mars-mai.

R.R. — Rochers humides, ruisseaux, fontaines ombragées, endroits frais des forêts montueuses. — Ermenonville; Ivors, canton de Betz; Batigny près Pierrefond (*Graves*). Fontaine et bois de l'Italienne près Beauvais! (*Delacourt*, *Graves*). Goincourt près Beauvais (*Questier*).

DIVISION II. GAMOPÉTALES.

Enveloppes florales constituées par un calice et une corolle. Corolle à pétales soudés entre eux.

CLASSE I. GAMOPÉTALES HYPOGYNES.

Corolle et étamines indépendantes du calice. Corolle insérée sur le réceptacle. Étamines insérées sur la corolle, très rarement indépendantes de la corolle. Ovaire libre, très rarement soudé avec le calice.

XLIV. ÉRICINÉES.

(ERICEÆ. R. Brown, prodr. 557.)

Fleurs hermaphrodites, régulières ou un peu irrégulières. — Calice à 4-5 sépales libres ou plus ou moins soudés, persistant, quelquefois scarieux-pétaloïde. — Corolle hypogyne, gamopétale, campanulée ou urcéolée, à 4-5 divisions, régulière ou un peu irrégulière, persistante, à préfloraison imbriquée. — *Étamines* 8-10, rarement 5, hypogynes, *non soudées avec la corolle. Anthères* bilobées, ord. extrorses avant la fécondation; *à lobes s'ouvrant chacun par un pore terminal*, souvent munis chacun d'un appendice filiforme dorsal vers l'insertion du filet. — Ovaire libre, souvent entouré à la base d'un disque lobé, à 4-5 carpelles, à 4-5 loges, à loges ord. multi-ovulées. Ovules insérés à l'angle interne des loges, pendants, réfléchis. Style filiforme. Stigmate capité ou pelté, indivis ou obscurément lobé. — Fruit capsulaire, à 4-5 loges, à loges polyspermes, à déhiscence loculicide ou septifrage, à 4-5 valves, s'ouvrant rarement en 8-10 valves par la combinaison des déhiscences loculicide et septicide. — Graines pendantes, très petites. Embryon droit, placé dans un périsperme charnu. Radicule dirigée vers le hile.

Sous-arbrisseaux. Feuilles verticillées par 3-5, plus rarement opposées, entières sessiles, persistantes, coriaces, ord. aciculées à bords fortement roulés en dessous; stipules nulles. Fleurs disposées en panicules, en grappes terminales, plus rarement en ombelles simples.

Corolle dépassant longuement le calice, capsule à déhiscence loculicide. . . . . ERICA. (I.)
Corolle plus courte que le calice; capsule à déhiscence septifrage. . . . . CALLUNA (II.)

I. ERICA. (L. gen. n. 484.)

Calice à 4 sépales libres ou soudés à la base, herbacés ou colorés. *Corolle dépassant longuement le calice*, campanulée, urcéolée ou subglobuleuse

4-lobée ou 4-dentée. Étamines 8. *Capsule* à 4 loges, *à déhiscence loculicide*. Graines nombreuses dans chaque loge.

Sous-arbrisseaux très rameux, à tiges souvent rapprochées en touffe. Feuilles persistantes, verticillées par 3-5. Fleurs purpurines ou roses, rarement blanches, quelquefois munies à leur base de feuilles florales disposées en un involucre irrégulier rapproché ou éloigné du calice.

1 { Corolle campanulée; étamines exsertes. . . . . *E. vagans.*
{ Corolle urcéolée ou subglobuleuse; étamines incluses. . . . . 2.

2 { Corolle globuleuse, profondément 4-fide; fleurs très petites, d'un vert jaunâtre. . . . . *E. scoparia.*
{ Corolle urcéolée, ovoïde ou tubuleuse; fleurs purpurines ou roses, rarement blanches . . . . 3.

3 { Feuilles et calices glabres . . . . *E. cinerea.*
{ Feuilles et calices longuement ciliés. . . . . 4.

4 { Anthères munies vers leur base de deux appendices sétiformes; fleurs disposées en grappes courtes ou en ombelles simples . . . . *E. tetralix.*
{ Anthères dépourvues d'appendices basilaires; fleurs disposées en grappes allongées . . . . *E. ciliaris.*

1. E. CINEREA. (L. sp. 501.) — Engl. bot. t. 1015.

Tiges de 3-6 décimètr., pubérulentes ou glabres. Feuilles ternées, ord. munies à leur aisselle de fascicules de feuilles, linéaires étroites aciculées, pliées-canaliculées en dessus, à face inférieure réduite à un sillon par la réflexion du limbe, ou présentant en dessous un angle par la soudure des deux bords, étroitement membraneuses à peine ciliées aux bords apparents, glabres luisantes. Fleurs d'un rose purpurin, rarement blanches, portées sur des pédoncules axillaires feuillés 1-3-flores, disposées en panicules spiciformes terminales. *Calice glabre*. Corolle ovoïde-urcéolée. Étamines incluses, à *anthères appendiculées*. ♄. Juin-septembre.

C.C. — Bois montueux, bruyères, coteaux sablonneux.

2. E. TETRALIX. (L. sp. 502.) — Engl. bot. t. 1014.

Tiges de 4-7 décimètr., à rameaux pubescents ou hérissés. *Feuilles* ternées ou quaternées, rarement munies à leur aisselle de fascicules de feuilles, oblongues-linéaires, à bords roulés en dessous, pubescentes, *munies* au-dessus des bords *d'une rangée de longs cils* glanduleux. *Fleurs* roses, rarement blanches, disposées au sommet des tiges et des rameaux *en grappes courtes* compactes *ou en ombelles simples* subglobuleuses. Calice à sépales longuement ciliés. Corolle ovoïde-urcéolée. Étamines incluses, à *anthères appendiculées*. ♄. Juin-septembre.

A.R. — Bruyères humides, marais tourbeux à *Sphagnum*. — Montmorency! St-Léger! Clairfontaine. Magny! Mortontaine! Thiers près Senlis. Savignies!, La Haute-Touffe! et Goincourt près Beauvais.

var. β. *anandra*. Rich. — Corolle courte ou rudimentaire à 5 lobes profonds. Étamines avortées. Style longuement exsert. — *R R R.* — Forêt de Montmorency près du château de la Chasse! (*Richard*).

3. E. CILIARIS. (L. sp. 503.) — Engl. bot. t. 2618.

Tiges de 4-7 décimètr., à rameaux hérissés. *Feuilles* ternées ou quaternées, souvent munies à leur aisselle de rameaux stériles, ovales, à bords roulés en dessous, pubescentes blanchâtres à la face inférieure, *munies* au-dessus des bords *d'une rangée de longs cils*. *Fleurs* purpurines, axillaires, brièvement pédonculées à pédoncules uniflores, disposées au sommet des tiges ou des rameaux *en grappes* plus ou moins *allongées* souvent d'apparence unilatérale.

Calice à sépales longuement ciliés. Corolle tubuleuse-urcéolée, à tube inégalement renflé légèrement courbé. Étamines incluses, à *anthères dépourvues d'appendices*. ♄. Juillet-septembre.

R.R. — Bruyères arides, landes humides. — St-Léger vers la Croix-patée !

4. E. VAGANS. (L. mant. 230) — Engl. bot. t. 3. — E. multiflora. Dub. bot. Gall. 318, *non* L.

Tiges de 4-8 décimètr., à rameaux glabres. Feuilles dressées, verticillées par 4-5, dépourvues de fascicules de feuilles à leur aisselle, linéaires-aciculées, à face inférieure réduite à un sillon par la réflexion du limbe, glabres. Fleurs roses, axillaires, longuement pédicellées à pédicelles grêles dressés, disposées au sommet des rameaux en grappes allongées multiflores compactes. Calice à sépales glabres, scarieux, ovales concaves, très courts. Corolle campanulée. *Etamines saillantes hors de la corolle; à anthères* brunes, *dépourvues d'appendices*, *bipartites* à lobes écartés dès la base. ♄. Juillet-septembre.

R.R.R. — Bruyères des bois sablonneux. — Forêt de Senart (*Clarion*). St-Léger !

† 5. E. SCOPARIA. (L. sp. 502.) — Lobel. ic. II. t. 215. f. 2. — Clus. rar. 42 ic. (vulg. *Bruyère-à-balais*.)

Tiges de 6-12 décimètr., à rameaux glabres dressés. Feuilles dressées, verticillées par 3-4, dépourvues de fascicules de feuilles à leur aisselle, linéaires-aciculées, à face inférieure réduite à la largeur de la nervure par la réflexion du limbe, glabres. *Fleurs très petites*, *d'un vert jaunâtre*, brièvement pédicellées, fasciculées 1-4 à l'aisselle des feuilles qui les dépassent, rapprochées en grappes très multiflores spiciformes effilées très longues. Calice à sépales glabres. *Corolle campanulée-globuleuse*, *à lobes atteignant la moitié de sa longueur*. Etamines incluses, à filets courts, à *anthères dépourvues d'appendices*. ♄. Mai-juin.

— ? — Forêt de Fontainebleau bois de la Glandée (*Thuill. fl. Par.*) — Cette espèce est très abondante dans la Sologne orléanaise, où elle est exploitée pour la fabrication des balais.

II. CALLUNA. (Salisb. in Linn. trans. VI. 317.)

Calice à 4 sépales libres, colorés scarieux, *pétaloïdes*. *Corolle* beaucoup *plus courte que le calice*, campanulée, profondément 4-fide. Étamines 8. *Capsule* à 4 loges, *à déhiscence septifrage*. Graines peu nombreuses ou solitaires dans chaque loge.

Sous-arbrisseau très rameux, à tiges tortueuses, rapprochées en touffe. Feuilles persistantes, opposées, étroitement imbriquées sur 4 rangs. Fleurs d'un rose purpurin, rarement blanches, munies de 6 feuilles florales imbriquées par paires et formant un involucre régulier (calice extérieur *auct.*) appliqué sur le calice.

1. C. VULGARIS. (Salisb. *loc. cit.*) — Erica vulgaris. L. sp. 501. — Engl. bot. t. 1013.

Tiges de 3-8 décimètr., à rameaux glabres ou pubescents, donnant naissance latéralement à un grand nombre de rameaux stériles courts. *Feuilles* opposées, étroitement imbriquées sur 4 rangs, donnant aux rameaux latéraux une apparence tétragone, lancéolées-linéaires prismatiques très courtes, concaves-canaliculées en dessus, convexes-anguleuses en dessous, à face inférieure réduite à un sillon par la réflexion du limbe, *prolongées au-dessous de l'insertion en un éperon bifide* à lobes rapprochés ou divergents, glabres ou pubérulentes, finement ciliées aux bords apparents. Fleurs d'un rose purpurin, rarement blanches, axillaires, disposées en grappes ou en panicules spiciformes; rameaux florifères formant souvent par leur ensemble des corymbes irréguliers. Calice scarieux, coloré pétaloïde, à sépales oblongs. Corolle très petite, cachée par le calice. Étamines incluses, à anthères appendiculées ♄. Juillet-septembre.

C.C.C. — Landes, bruyères, bois secs, terrains en friche.

XLV. PRIMULACÉES.

(PRIMULACEÆ. Venten. tabl. II, 285. — LYSIMACHIÆ. Juss. gen. 95, *part.*)

Fleurs hermaphrodites, *régulières*, très rarement irrégulières. — Calice à 5 rarement 4-7 sépales soudés à la base ou dans une grande partie de leur longueur, persistant, libre, très rarement à tube soudé avec l'ovaire (*Samolus*), à préfloraison valvaire. — Corolle hypogyne, gamopétale, rotacée, hypocratériforme, campanulée ou infundibuliforme, très rarement subbilabiée, à 5 rarement 4-7 lobes entiers émarginés ou bifides très rarement laciniés, caduque ou marcescente, à préfloraison imbriquée-contournée, très rarement nulle. — *Étamines* insérées au tube ou à la gorge de la corolle, *en nombre égal à celui des lobes de la corolle et opposées à ces lobes*, quelquefois en nombre double et alors le rang extérieur étant réduit à des appendices ou à des filets dépourvus d'anthères occupant la gorge de la corolle et alternant avec ses lobes. Filets libres ou soudés entre eux inférieurement, quelquefois presque nuls. Anthères bilobées, introrses. — *Ovaire* libre, très rarement soudé avec le tube du calice, à 5 rarement 4-7 carpelles, *uniloculaire*, multiovulé, *à placenta central libre* globuleux. Ovules semi-réfléchis, plus rarement réfléchis (*Samolus, Hottonia*). Style indivis. Stigmate indivis. — Fruit capsulaire, ord. globuleux, uniloculaire, polysperme, s'ouvrant au sommet ou dans toute sa longueur en valves en nombre égal à celui des divisions du calice, plus rarement en 2 valves qui se subdivisent ensuite, ou s'ouvrant circulairement par un opercule (pyxide). — Graines ord. chagrinées, sessiles et enfoncées dans des fossettes du placenta, peltées à face dorsale aplanie et à face ventrale convexe souvent anguleuse, plus rarement insérées à l'une de leurs extrémités et à raphé occupant toute leur longueur. Embryon placé dans un périsperme charnu ou presque corné, ord. dirigé parallèlement au hile. Radicule éloignée du hile de la moitié de la longueur de la graine, rarement dirigée vers le hile.

Plantes vivaces herbacées, plus rarement annuelles. Feuilles opposées, plus rarement verticillées ou alternes, quelquefois toutes radicales, entières, crénelées, ou dentées, très rarement pinnatiséquées-pectinées, sessiles ou brièvement pétiolées, stipules nulles. Fleurs solitaires axillaires, en ombelles au sommet de pédoncules radicaux, plus rarement en verticilles au sommet de la tige ou disposées en panicules ou en grappes terminales.

1	Capsule soudée avec le tube du calice	SAMOLUS. (IV.)
	Capsule jamais soudée avec le tube du calice.	2.
2	Capsule s'ouvrant longitudinalement par plusieurs valves.	3.
	Capsule s'ouvrant circulairement par un opercule	5.
3	Calice campanulé ou tubuleux.	PRIMULA. (I.)
	Calice divisé presque jusqu'à la base.	4.
4	Capsule subindéhiscente; feuilles pinnatiséquées-pectinées .	HOTTONIA (II.)
	Capsule complètement déhiscente; feuilles entières. . .	LYSIMACHIA. (III.)
5	Calice à 4 divisions; corolle à tube subglobuleux . .	CENTUNCULUS. (V.)
	Calice à 5 divisions; corolle à tube presque nul	ANAGALLIS. (VI.)

TRIBU I. — Capsule s'ouvrant longitudinalement par plusieurs valves.

I. PRIMULA. (L. gen. n. 197.)

Calice campanulé ou tubuleux, souvent anguleux ou renflé, à limbe 5-denté ou 5-fide. Corolle infundibuliforme, plus rarement hypocratériforme, à tube dilaté à partir de l'insertion des étamines, à gorge munie d'appendices distincts ou confluents plus rarement nue, à limbe 5-partit à lobes obtus-émarginés ou bifides. *Étamines* 5, *incluses*, insérées vers la partie moyenne ou la partie supérieure du tube de la corolle. Capsule s'ouvrant dans sa partie supérieure en 5 valves entières ou bifides. Graines anguleuses, chagrinées.

Plantes vivaces, à rhizôme épais tronqué. Feuilles toutes radicales, disposées en rosettes. *Fleurs* jaunes passant au vert par la dessiccation, ou de couleurs variées, pédicellées, munies de bractées à la base des pédicelles, *disposées en ombelle simple au sommet d'un pédoncule radical ou paraissant naître isolément de la souche par l'avortement du pédoncule.*

1 { Corolle à limbe concave; calice à divisions courtes, triangulaires, presque obtuses. *P. officinalis.*
Corolle à limbe plan, calice à divisions acuminées. . . . . 2.

2 { Calice à divisions triangulaires-acuminées; feuilles ovales ou oblongues . . . . *P. elatior.*
Calice à divisions lancéolées étroites longuement acuminées, feuilles obovales ou oblongues-obovales. . . . . *P. grandiflora.*

1. P. OFFICINALIS. (Jacq. misc. I. 159.) — P. veris. α. officinalis L. sp. 204. — Engl. bot. t. 5. (vulg. *Primevère commune*, *Coucou.*)

Feuilles ovales ou oblongues brusquement contractées en un *pétiole* ailé, ondulées, inégalement denticulées ou lâchement crénelées, ridées-réticulées, glabres ou glabrescentes à la face supérieure, pubescentes plus rarement tomenteuses à la face inférieure. Pédoncules radicaux de 1-3 décimètr., dépassant ord. longuement les feuilles. Pédicelles inégaux, ord. assez courts. Fleurs souvent penchées d'un même côté. *Calice* pubescent-blanchâtre presque tomenteux, *renflé très ouvert*, *à divisions courtes triangulaires presque obtuses. Corolle* d'un jaune pâle, *à limbe concave*, à lobes marqués à la base d'une tache d'un jaune foncé. ♃. Mars-mai.

C.C.C. — Prairies, pâturages, lieux herbeux.

2. P. ELATIOR. (Jacq. misc. I. 158.)— P. veris. β. elatior. L. sp. 204. — Engl. bot. t. 513.

Feuilles ovales ou oblongues atténuées en un pétiole ailé, ondulées, inégalement denticulées ou lâchement crénelées, ridées-réticulées, glabres ou glabrescentes à la face supérieure, ord. pubescentes ou velues à la face inférieure. Pédoncules radicaux de 2-3 décimètr., dépassant ord. longuement les feuilles. Pédicelles inégaux, ord. assez courts. Fleurs souvent penchées d'un même côté. *Calice* pubescent-blanchâtre dans les angles rentrants, vert sur les angles saillants, étroit, *appliqué sur le tube de la corolle*, *à divisions triangulaires-acuminées. Corolle* d'un jaune pâle, souvent marquée à la gorge d'un cercle d'un jaune foncé, très rarement purpurine, à tube dépassant ord. assez longuement le calice, *à limbe* assez ample *presque plan.* ♃. Mars-mai.

A.C. — Prairies ombragées, bois humides.

On cultive dans les jardins un grand nombre de variétés de cette espèce à fleurs jaunes, purpurines, roses ou blanches.

3. P. GRANDIFLORA. (Lam. fl. Fr. 248.) — P. acaulis. Jacq. misc. I. 158. — Engl. bot. t. 4.

Feuilles obovales ou oblongues-obovales atténuées insensiblement en un pétiole ailé, ondulées, inégalement denticulées ou lâchement crénelées, ridées-réticulées, glabres ou glabrescentes à la face supérieure, pubescentes d'un vert pâle ou velues blanchâtres à la face inférieure. Pédoncules radicaux avortés, plus rarement développés dépassant les feuilles et atteignant 1-3 décimètr. Pédicelles laineux, ord. radicaux et atteignant environ la longueur des feuilles, plus rarement disposés au sommet d'un pédoncule. *Calice* pubescent-blanchâtre, *à divisions lancéolées-étroites longuement acuminées. Corolle* d'un jaune pâle, *à limbe* large *presque plan*, à lobes ord. marqués à la base d'une tache d'un jaune foncé. ♃. Mars-mai.

A.R. — Prairies humides, marécages des bois. — Très abondant à Bondy! et dans la forêt de Senart!, etc.

Cette espèce, très fréquemment cultivée dans les jardins, offre, comme la précédente, les nuances de couleur les plus variées.

On cultive fréquemment dans les parterres le *P. Auricula* L. à feuilles ovales spatulées, épaisses charnues, glabres-glaucescentes farineuses, à gorge de la corolle *dépourvue d'appendices*. — On cultive plus rarement le *P. Sinensis* Lindl. à feuilles velues 7-9-lobées à lobes inégalement incisés-dentés, à fleurs disposées en verticilles au sommet des pédoncules.

II. HOTTONIA. (L. gen. n. 203.)

Calice 5-partit. Corolle hypocratériforme, à limbe 5-partit. Étamines 5, ord. insérées vers la partie supérieure du tube de la corolle. *Capsule subindéhiscente* ou se partageant en 5 valves cohérentes au sommet et à la base. Hile occupant l'une des extrémités de la graine. Embryon à radicule dirigée vers le hile.

Plante vivace, aquatique. *Feuilles submergées, pinnatiséquées-pectinées. Fleurs* d'un blanc rosé ou d'un lilas pâle, *disposées en verticilles* espacés *au sommet de la tige.*

1. H. PALUSTRIS (L. sp. 208.)—Engl. bot. t. 364. (vulg. *Mille-feuille aquatique*.)

Tiges à partie inférieure submergée oblique ou horizontale feuillée, à partie supérieure aérienne de 2-3 décimètr. dressée nue glabre. Feuilles toutes submergées, disposées en verticilles rapprochés, pinnatiséquées-pectinées à segments linéaires-aigus un peu épais. Fleurs disposées à la partie supérieure de la tige en 3-5 verticilles 3-7-flores. Pédicelles glanduleux, réfléchis-arqués après la floraison, munis à leur base d'une bractée linéaire. Calice glanduleux, à divisions linéaires égalant le tube de la corolle. ♃. Mai-juin.

A.R. — Mares, fossés, marais. — Bondy! Bonneuil près Créteil (*Puel*). Étang du Trou-Salé! St-Léger! Mennecy! Le Châtelet près Melun (*Garnier*). Fontainebleau! Moret! Nemours!, etc.

III. LYSIMACHIA. (L. gen. n. 205, *part.*)

Calice 5-partit. *Corolle* à tube très court, *presque rotacée*, à limbe 5-partit. *Étamines* 5, insérées à la gorge de la corolle, à filets libres ou soudés en anneau à la base, *dépassant longuement le tube.* Capsule s'ouvrant en 5 valves, ou en 2 valves qui se subdivisent plus tard l'une en 2 l'autre en 3 valves.

Plantes vivaces, à souche traçante. Feuilles ord. opposées, entières. Fleurs jaunes, solitaires axillaires ou disposées en panicules.

1 { Fleurs disposées en panicules multiflores terminales. . . . *L. vulgaris.*
 { Fleurs axillaires solitaires . . . . 2.

2 { Calice à divisions ovales-aiguës, cordées à la base . . *L. Nummularia.*
 { Calice à divisions linéaires-subulées. . . . . *L. nemorum.*

SECT. I. LYSIMASTRUM. — Étamines à filets soudés à la base. Capsule à 5 valves.

1. L. VULGARIS. (L. sp. 209.) — Engl. bot. t. 761. (vulg. *Chasse-bosse.*)

Tige de 6-10 décimètr., *dressée*, rameuse, *très pubescente*. Feuilles brièvement pétiolées, opposées, quelquefois verticillées par 3-4, rarement alternes, ovales-aiguës ou oblongues-lancéolées, pubescentes et d'un vert pâle à la face inférieure. *Fleurs disposées en panicules rameuses terminales.* Calice à divisions lancéolées-acuminées, entourées d'une bordure membraneuse rouge. Étamines à filets soudés dans leur tiers inférieur. ♃. Juin-août.

C. — Bord des eaux, lieux marécageux des bois.

2. L. NUMMULARIA. (L. sp. 211.) — Engl. bot. t. 528. (vulg. *Nummulaire.*)

Tiges de 1-5 décimètr., couchées, radicantes à la base, grêles, simples ou peu rameuses, glabres. Feuilles brièvement pétiolées, opposées, ovales-orbiculaires ou suborbiculaires, glabres. *Fleurs axillaires solitaires*, opposées, à pédicelles égalant ou dépassant la feuille. *Calice à divisions ovales-aiguës, cordées à la base.* Étamines à filets soudés seulement à la base. ♃. Juin-août.

C. — Prairies humides, bords des fossés, mares et endroits humides des bois.

SECT. II. LEROUXIA (LEROUXIA. Merat, fl. Par. ed. 2. 149.) — *Étamines à filets libres. Capsule s'ouvrant en 2 valves qui se subdivisent plus tard, l'une en 2 valves, l'autre en 3 valves.*

3. L. NEMORUM. (L. sp. 211.) — Engl. bot. t. 527.

Tiges de 1-4 décimètr., couchées radicantes à la base, redressées au sommet, grêles, simples ou peu rameuses, glabres. Feuilles brièvement pétiolées, opposées, ovales-aiguës, glabres. *Fleurs* petites, *axillaires solitaires*, opposées, à pédicelles presque capillaires plus longs que la feuille. *Calice à divisions linéaires-subulées.* Étamines à filets libres. ♃. Juin-juillet.

R. — Endroits humides des bois montueux, bords des ruisseaux ombragés. — Forêt de Montmorency! Forêt de Marly (*Weddell*). Assez abondant à plusieurs localités de la forêt de Compiègne! Goincourt près Beauvais (*Questier*). L'Italienne près Beauvais (*Delacourt*). Forêt de Villers-Cotterets (*Weddell*).

IV. SAMOLUS. (Tournef. inst. t. 60.)

Calice campanulé, à tube soudé avec l'ovaire, à limbe 5-fide. Corolle insérée au sommet du tube du calice, à tube court, à gorge munie de 5 appendices squammiformes alternes avec les lobes, à limbe 5-partit. Étamines 5, insérées au tube ou à la gorge de la corolle. *Capsule soudée avec le tube du calice*, entourée au-dessous de son sommet par les divisions du calice et s'ouvrant en 5 valves dans sa partie libre. Hile occupant l'une des extrémités de la graine. Embryon à radicule dirigée vers le hile.

Plante vivace. Feuilles entières. *Fleurs* blanches *disposées en grappes terminales*

1. S. VALERANDI. (L. sp. 243) — Engl. bot. t. 703. (vulg. *Mouron-d'eau.*)

Souche courte tronquée, donnant naissance à un grand nombre de fibres radicales. Tiges solitaires ou peu nombreuses, de 1-5 décimètr., dressées, simples ou rameuses, glabres. Feuilles glabres, obovales ou oblongues-obovales; les radicales disposées en rosette, atténuées en pétiole. Pédoncules munis d'une bractée dans leur partie supérieure. Fleurs petites, disposées au sommet de la tige et des rameaux en grappes allongées à la maturité. Calice à divisions ovales-triangulaires. Corolle à limbe étalé. ♃. Juin-août.

A.C. — Lieux marécageux, bords des eaux, prés humides. — Paris bords de la Seine! Issy! St-Cucufas! Ville-d'Avray! Montmorency! Bondy! Senart! Mennecy! Malesherbes!, etc.

Le *Cyclamen Europæum* L., observé dans des pépinières à Malesherbes, et indiqué, en dehors des limites de notre Flore, à Carlepont près Noyon, se distingue aux caractères suivants: souche charnue subglobuleuse-déprimée; feuilles toutes radicales, épaisses, ovales ou suborbiculaires, sinuées, cordées à la base, tachées de blanc en dessus, rougeâtres en dessous; fleurs penchées, corolle à lobes réfractés, pédicelles radicaux, les fructifères contournés en spirale.

TRIBU II. — Capsule s'ouvrant circulairement par un opercule.

V. CENTUNCULUS. (L. gen. n. 145.)

Calice 4-partit. Corolle à tube subglobuleux, à limbe 4-partit. Étamines 4, insérées à la gorge de la corolle, dépassant longuement le tube. Capsule s'ouvrant circulairement par un opercule.

Plante annuelle, très petite. *Feuilles alternes*, entières. Fleurs axillaires solitaires, à *corolle* blanche ou rosée, *plus courte que le calice.*

1. C. MINIMUS. (L. sp. 169.) — Engl. bot. t. 531.

Tiges solitaires ou nombreuses, de 1-6 décimètr., très grêles, dressées ou ascendantes, rameuses, glabres. Feuilles sessiles ou très brièvement pétiolées, ovales-aiguës. Fleurs très petites, sessiles ou presque sessiles. Calice à divisions linéaires-lancéolées. ①. Juin-août.

A.C. — Champs sablonneux humides, allées ombragées des bois. — Ville-d'Avray! Meudon! Senart! St-Leger!, etc.

VI. ANAGALLIS. (Tournef. inst. t. 59.)

Calice 5-partit. Corolle rotacée ou subinfundibuliforme, *à tube presque nul,* à limbe 5-partit. Étamines 5, insérées à la base des divisions de la corolle. Capsule s'ouvrant circulairement par un opercule.

Plantes annuelles ou vivaces. Feuilles opposées, entières. Fleurs axillaires solitaires, opposées, roses, rouges ou bleues.

Corolle rotacée, dépassant peu le calice; plante annuelle. . *A. arvensis.*
Corolle subinfundibuliforme, deux fois plus longue que le calice; plante vivace, à tiges couchées-radicantes à la base. . . . . *A. tenella.*

SECT. I. ANAGALLIS. — Corolle rotacée. Étamines libres. Plante annuelle.

1. A. ARVENSIS. (L. sp. 211.) — Engl. bot. t. 529 et 1823.

Plante annuelle. Tiges de 1-3 décimètr., très rameuses dès la base, étalées ou ascendantes-diffuses, glabres. Feuilles sessiles, opposées, plus rarement ternées, ovales ou ovales-oblongues, un peu épaisses, glabres, à 3 ou 5 nervures, marquées de points glanduleux à la face inférieure. Pédicelles égalant ou dépassant la feuille, arqués-réfléchis après la floraison. Fleurs rouges ou bleues, plus rarement roses ou blanches. Calice à divisions lancéolées-acuminées, à bords membraneux. *Corolle rotacée, à lobes suborbiculaires-oblongs* entiers ou un peu crenelés, glabres ou ciliés-glanduleux, *dépassant peu le calice. Étamines à filets libres* pubescents. ①. Juin-octobre.

C.C. — Vignes, lieux cultivés, champs en friche.

var. α. *phœnicea.* (A. phœnicea. Lam. fl. Fr. II. 285. — vulg. *Mouron rouge.*) — Fleurs rouges, roses ou blanches.

var. β. *cærulea.* (A. cærulea. Schreb. spicil. fl. Lips. 5. — vulg. *Mouron bleu.*) — Fleurs d'un beau bleu ou à gorge rougeâtre.

SECT. II JIRASEKIA. (JIRASEKIA. W. Schmidt, in Usteri ann. 124. t. 1. f. 2) — *Corolle subinfundibuliforme. Étamines soudées à la base. Plante vivace, radicante.*

2. A. TENELLA. (L. mant. 335.) — Engl. bot. t. 530.

Plante vivace. Tiges de 5-20 centimètr., *couchées, radicantes inférieurement,* très grêles, simples ou rameuses, glabres. Feuilles brièvement pétiolées, opposées, suborbiculaires. Pédicelles presque capillaires, dépassant longuement la feuille, arqués-réfléchis après la floraison. Fleurs assez grandes, d'un rose veiné. Calice à divisions linéaires-acuminées, non membraneuses aux bords. *Corolle subinfundibuliforme, à lobes oblongs, deux fois plus longue que le calice. Étamines à filets soudés à la base,* velus-laineux dans toute leur partie libre. ♃. Juin-août.

A.C. — Marais tourbeux, prairies spongieuses. — Ville-d'Avray! Meudon! Montmorency! St-Léger! Verderonne! Marais de Bresle! Mennecy! Malesherbes! Nemours!, etc

---

XLVI. PLUMBAGINÉES.

(PLUMBAGINES. Juss. gen. 92.)

Fleurs hermaphrodites, régulières. — Calice à 5 sépales soudés en un calice gamosépale tubuleux, plissé, ord. 5-denté, persistant. — Corolle hypogyne, à 5 pétales soudés à la base ou soudés en une corolle gamopétale hypocratériforme à tube étroit anguleux, à limbe 5-partit, à préfloraison imbriquée-contournée. — *Étamines* 5, *opposées aux pétales ou aux lobes de la corolle,* hypogynes dans les fleurs à corolle gamopétale, insérées à la base des pétales dans les fleurs à pétales presque libres. Anthères bilobées, introrses. — Ovaire libre, à 5 carpelles, à une seule loge uni-ovulée. Ovule réfléchi, suspendu à l'extrémité d'un funicule allongé qui part du fond de la loge. Styles 5, libres ou soudés en un seul. Stigmates libres. — *Fruit* membraneux, *uniloculaire, monosperme,* renfermé dans le calice, indéhiscent ou à 5 valves. — Embryon droit, placé dans un périsperme farineux. Radicule dirigée vers le hile.

Plantes vivaces, acaules ou caulescentes, ord. herbacées. Feuilles toutes radicales ou alternes, ord. entières, stipules nulles. Fleurs disposées sur un réceptacle muni de paillettes et rapprochées en un glomérule entouré d'un involucre, ou disposées en épis unilatéraux rapprochés en panicule

I. ARMERIA. (Willd. hort. Berol. 333.)

Calice infundibuliforme, plissé, à limbe membraneux transparent 5-denté. Corolle à 5 pétales soudés à la base, marcescents. Étamines 5, opposées aux pétales et insérées sur leur base. Styles 5, libres, stigmatifères à leur face interne. Fruit membraneux, monosperme, indéhiscent, renfermé dans le calice. — *Fleurs* brièvement pédicellées, *rapprochées en glomérules* multiflores *solitaires à l'extrémité de pédoncules radicaux nus;* glomérules entourés d'un involucre composé de plusieurs folioles scarieuses imbriquées, les extérieures se prolongeant au-dessous de leur insertion en appendices soudés en une gaîne qui embrasse la partie supérieure du pédoncule ; réceptacle muni de paillettes.

Plantes vivaces. Feuilles toutes radicales, linéaires ou lancéolées. Fleurs roses.

1. A. PLANTAGINEA. (Willd. hort. Berol. 334.) — Statice plantaginea. All. Ped. II. 90, *excl. syn.*

Souche cespiteuse, terminée en racine pivotante. Feuilles rapprochées en un gazon compacte, coriaces, persistant pendant l'hiver, glabres, membraneuses au bord, linéaires-lancéolées ou lancéolées, atténuées inférieurement, à 3-7 nervures. Pédoncules radicaux de 1-6 décimètr., raides, dressés, un peu rudes. Involucre à folioles extérieures ovales brusquement cuspidées par le prolongement de la nervure, les intérieures très obtuses largement membraneuses-transparentes. Calice à tube velu, à limbe membraneux-transparent glabre, à 5 dents subulées raides égalant environ la longueur du limbe. Pétales arrondis ou tronqués au sommet. ♃. Juin-septembre.

C. — Pelouses des terrains sablonneux, coteaux arides. — Bois de Boulogne! Clamart! Plessis-Piquet! St-Maur! etc.

L'*Armeria vulgaris* Willd. (Statice Armeria L. — vulg. *Gazon d'Olympe*) est fréquemment cultivé en bordures dans les parterres; cette espèce se distingue aux caractères suivants feuilles linéaires, uninerviées, assez molles; calice à dents beaucoup plus courtes que le limbe ; pédoncules radicaux glabres ou pubescents.

XLVII. PLANTAGINÉES.

(PLANTAGINES. Juss. gen. 89.)

Fleurs hermaphrodites, plus rarement unisexuelles, *régulières.*—Calice à 4 sépales soudés à la base, persistant, à préfloraison imbriquée. — *Corolle* hypogyne, gamopétale *scarieuse* persistante, tubuleuse-urcéolée dans les fleurs femelles, *à limbe 4-fide*, à préfloraison imbriquée. — *Étamines* 4, *alternes avec les lobes de la corolle*, insérées sur le tube de la corolle dans les fleurs hermaphrodites, hypogynes dans les fleurs mâles. Filets repliés sur eux-mêmes dans le bouton, longuement saillants hors de la corolle après l'épanouissement de la fleur. Anthères oscillantes, caduques, bilobées, introrses. — Ovaire à 1-2 carpelles, à une loge ou à 2 loges quelquefois subdivisées chacune par une fausse cloison, à loges uni-ovulées, bi-ovulées ou pluri-ovulées. Ovules dressés réfléchis, ou peltés semi-réfléchis, insérés sur la partie moyenne de la cloison ou sur les prolongements des placentas qui constituent les fausses cloisons. Style indivis, dépassant longuement la corolle. Stigmate filiforme, indivis, très rarement subbilobé. — Fruit entouré par le calice et la corolle persistants, crustacé, uniloculaire, monosperme, indéhiscent (*Littorella*); plus ordinairement capsulaire-membraneux, à 2 loges monospermes, bispermes ou polyspermes, quelquefois subdivisées chacune par une fausse cloison prolongement des placentas, à déhiscence circulaire (pyxide). — Graines solitaires dressées, ou 2 ou plusieurs peltées, à testa mucilagineux plus rarement membraneux. Périsperme épais, charnu. Embryon droit. Radicule dirigée vers le hile (*Littorella*) ou dirigée parallèlement au hile (*Plantago*).

Plantes vivaces ou annuelles, acaules ou caulescentes, herbacées, plus rarement sous-frutescentes. Feuilles toutes radicales, ou caulinaires opposées ou alternes, entières, dentées, ou pinnatipartites, stipules nulles. Fleurs hermaphrodites disposées en épis, rarement unisexuelles solitaires ou subsolitaires.

{ Fleurs monoïques, les mâles solitaires à l'extrémité de pédoncules radicaux . . . . LITTORELLA. (I.)
{ Fleurs hermaphrodites, disposées en épis . . . . . . PLANTAGO. (II.)

I. LITTORELLA. (L. gen. n. 1328.)

Fleurs monoïques, les mâles solitaires à l'extrémité de pédoncules axillaires, les femelles sessiles solitaires géminées ou ternées à la base du pédoncule de la fleur mâle. — Fleur mâle : Calice 4-partit. Corolle infundibuliforme, à limbe 4-partit. Étamines 4, hypogynes. — Fleur femelle : Calice à 4 sépales, rarement à 3 sépales par avortement. Corolle tubuleuse-urcéolée, à limbe très court 4-denté, rarement 3-denté. *Fruit crustacé, uniloculaire, monosperme, indéhiscent.* Graine dressée, ovoïde-oblongue. Embryon à radicule dirigée vers le hile.

Plante vivace, aquatique. Feuilles toutes radicales, disposées en touffe, linéaires aiguës. Pédoncules des fleurs mâles munis d'une bractée éloignée de la fleur. *Fleurs femelles cachées par la base des feuilles.*

1. L. LACUSTRIS. (L. mant. 295.) — Engl. bot. t. 468. (vulg. *Littorelle*.)

Plante se développant sous l'eau, ne fleurissant que dans les endroits desséchés. Rhizômes filiformes horizontaux, donnant naissance de distance en distance à des individus isolés. Racine à fibres nombreuses. Feuilles raides, épaisses, un peu charnues, linéaires aiguës, presque cylindriques, élargies-canaliculées à la base. Filets des étamines 6-8 fois plus longs que le calice. Capsule fortement réticulée-ponctuée. ♃. Juin-septembre.

A.R. — Étangs sablonneux. — St-Gratien! Étang du Trou-Salé! et étang de St-Quentin près Versailles (*de Boucheman*). Étangs de St-Hubert! St-Léger! Fontainebleau (*Weddell*).

II. PLANTAGO. (L. gen. n. 142.)

Fleurs hermaphrodites, disposées en épis, munies chacune d'une bractée. Calice 4-partit. Corolle tubuleuse, à tube souvent renflé, à limbe 4-partit réfléchi après la fécondation. Étamines 4, insérées au tube de la corolle. *Fruit capsulaire-membraneux, à déhiscence circulaire, à 2-4 ou 8-12 graines*, à 2 loges quelquefois subdivisées chacune par une fausse cloison prolongement des placentas. Graines peltées, à dos convexe, à face ventrale excavée-naviculaire. Embryon dirigé parallèlement au hile, à radicule regardant la base du fruit.

Plantes vivaces acaules, plus rarement annuelles caulescentes. Feuilles toutes radicales disposées en rosettes, ou caulinaires opposées, entières, dentées ou pinnatipartites. Épis solitaires à l'extrémité des pédoncules. Pédoncules radicaux ou axillaires.

1 { Plante caulescente, à feuilles opposées . . . . *P. arenaria.*
{ Plante acaule, à feuilles disposées en rosette radicale . . . . 2.

2 { Feuilles pinnatipartites; plante annuelle . . . . . . *P. Coronopus.*
{ Feuilles entières, superficiellement sinuées ou lâchement dentées, plante vivace . . . . 3.

3 { Feuilles lancéolées ou linéaires-lancéolées, pédoncules radicaux fortement anguleux . . . . *P. lanceolata.*
{ Feuilles ovales-oblongues ou ovales-lancéolées; pédoncules radicaux cylindriques. . . . . 4.

4 { Épis oblongs-cylindriques, compactes, assez courts, capsule 2-sperme. . . . . *P. media.*
{ Épis linéaires-cylindriques, ord. très allongés, capsule 8-12-sperme. . . . . *P. major.*

SECT. I. PSYLLIUM. — Plante annuelle, caulescente. Capsule à 2 loges.

1. P. ARENARIA. (Waldst. et Kit. rar. Hung. t. 51.)

Plante annuelle, pubescente-glanduleuse. *Tige* de 1-5 décimètr., herbacée, dressée, simple ou rameuse, *très feuillée.* Feuilles opposées, donnant souvent naissance à leur aisselle à des fascicules de feuilles, linéaires-aigues, entières ou à peine dentées. Pédoncules axillaires, opposés, plus longs que les feuilles. Épis ovoïdes, compactes. Bractées extérieures ovales-suborbiculaires terminées par une longue pointe herbacée, les intérieures largement scarieuses très obtuses. Calice à divisions largement scarieuses, les deux intérieures spatulées très obtuses, les extérieures lancéolées aigues carénées. Corolle à lobes lancéolés. Capsule à deux loges monospermes. ①. Juin-août.

C. — Lieux sablonneux arides. — Bois de Boulogne! St-Maur! Forêt de Fontainebleau!, etc.

SECT. II. PLANTAGO. — Plantes vivaces, acaules. Capsule à 2 loges.

2. P. MAJOR. (L. sp. 163.) — Engl. bot. t. 1558. (vulg. *Grand-Plantain.*)

Plante vivace. Feuilles dressées ou peu étalées, longuement pétiolées, ovales-oblongues, entières, superficiellement sinuées ou lâchement dentées, ord. très amples, un peu épaisses, glabres ou pubescentes-rudes en dessous, à 5-11 nervures très marquées. *Pédoncules* radicaux de 1-6 décimètr., *dressés ou ascendants, cylindriques* ou un peu comprimés, pubescents-rudes. *Fleurs en épis linéaires-cylindriques ord. très allongés,* un peu espacées à la base de l'épi. Bractées ovales, concaves, non acuminées, carénées, membraneuses-blanchâtres aux bords. Corolle à lobes ovales. *Capsule à deux loges contenant chacune 4-6 graines.* ♃. Mai-octobre.

C.C.C. — Bords des chemins, décombres, prairies, villages, etc.

s.v — *minima.* (P. minima. D.C. fl. Fr. III. 408.) — Plante naine. Pédoncules de 3 8 centimètr. Feuilles 3-nerviees. Épis pauciflores.

3. P. MEDIA. (L. sp. 163.) — Engl. bot. t. 1559.

Plante vivace. *Feuilles* disposées en une rosette ord. appliquée sur la terre, brièvement pétiolées à pétiole ailé par la décurrence du limbe, *oblongues-aigues ou ovales-lancéolées,* entières, superficiellement sinuées ou lâchement dentées, ord. assez amples, un peu épaisses, pubescentes-rudes surtout à la face inférieure, à 5-7 nervures très marquées. *Pédoncules radicaux* de 1-6 décimètr., *étalés à la base puis brusquement coudés et redressés, presque cylindriques*, pubescents-rudes. *Fleurs en épis oblongs-cylindriques assez courts.* Bractées ovales, concaves, non acuminees, membraneuses-blanchâtres aux bords. Corolle à lobes ovales. *Capsule à deux loges contenant chacune une seule graine rarement 2 graines.* ♃. Mai-août.

C.C. — Bords des chemins, pelouses rases, prairies, etc.

4. P. LANCEOLATA. (L. sp. 164.) — Engl. bot. t. 507.

Plante vivace. *Feuilles* dressées ou étalées, *lancéolées ou linéaires-lancéolées*, atténuées en pétiole, denticulées à denticules espacés, glabrescentes ou velues surtout dans leur partie inférieure, à 3-5 nervures. *Pédoncules radicaux* de 1-5 décimètr., dressés ou ascendants, *fortement anguleux*, pubescents ou presque glabres. *Fleurs en épis ovoïdes ou oblongs-cylindriques courts compactes. Bractées* ovales *longuement acuminées*, membraneuses-blanchâtres aux bords. Corolle à lobes ovales-acuminés. *Capsule à deux loges contenant chacune une seule graine.* ♃. Avril-octobre.

C.C.C. — Prairies, pâturages, lieux herbeux, bords des chemins.

var. *β. lanuginosa.* — Feuilles ord. étalées, couvertes surtout dans leur partie inférieure de longs poils soyeux. — *A.C.* — Lieux très arides.

SECT. III. CORONOPUS. — Plante annuelle, acaule. Capsule à 3-4 loges.

5. P. CORONOPUS. (L. sp. 166.) — Engl. bot. t. 892. (vulg. *Plantain Corne-de-Cerf.*)

Plante annuelle. *Feuilles* ord. étalées en rosette, *pinnatipartites à lobes espacés linéaires entiers ou dentés*, rarement linéaires entières réduites au rachis, pubescentes ou velues-ciliées. Pédoncules radicaux de 5-20 centimètr., étalés ou ascendants, cylindriques, pubescents. Fleurs en épis linéaires-cylindriques ou oblongs. Bractées ovales-acuminées, membraneuses-blanchâtres aux bords. *Capsule à 3-4 loges monospermes.* ①. Juin-septembre.

C. — Lieux secs, pelouses des terrains sablonneux.

XLVIII. ILICINÉES.

(ILICINEÆ. Brongniart, ann. sc. nat. X. 329.)

Fleurs hermaphrodites ou unisexuelles par avortement, *régulières.* — Calice gamosépale, à 4 plus rarement 5-6 divisions, persistant, à préfloraison imbriquée. — Corolle hypogyne, gamopétale, rotacée, 4-partite, plus rarement 5-6-partite, caduque, à préfloraison imbriquée. — *Étamines en nombre égal à celui des lobes de la corolle et alternant avec eux*, insérées à la base de la corolle. Anthères bilobées, introrses. — Ovaire ord. à 4 carpelles, ord. à 4 loges, à loges uni-ovulées rarement bi-ovulées. *Ovules* insérés à l'angle interne des loges, *suspendus*, réfléchis. Stigmate subsessile, lobé, à lobes en nombre égal à celui des loges. — Fruit charnu-bacciforme, à 4 loges osseuses, distinctes, monospermes, indéhiscentes (noyaux, nucules). — Graines suspendues, à testa mince membraneux. Embryon droit, très petit, placé dans un périsperme charnu épais. Radicule dirigée vers le hile.

Arbrisseau à feuilles persistant pendant l'hiver. *Feuilles* alternes, *dentées épineuses*, stipules nulles. Fleurs en fascicules axillaires.

I. ILEX. (L. gen. n. 172.)

Calice petit, à 4 plus rarement 5-6 divisions. Corolle rotacée, à 4 plus rarement 5-6 lobes. Fruit charnu-bacciforme, à 4 noyaux osseux monospermes.

Arbrisseau très rameux. Feuilles dentées-épineuses. Fleurs blanches.

1. I. AQUIFOLIUM. (L. sp. 181.) — Engl. bot. t. 496. (vulg. *Houx*.)

Arbrisseau plus ou moins élevé, très rameux ord. dès la base, à rameaux verts et luisants, à liber mucilagineux. Feuilles coriaces, épaisses, glabres, entourées d'un rebord cartilagineux, d'un vert foncé et luisantes en dessus, d'un vert pâle en dessous, brièvement pétiolées, ovales-aiguës ou ovales-oblongues, fortement ondulées, dentées à dents terminées par une épine raide, rarement entières. Fleurs brièvement pédicellées, en fascicules axillaires beaucoup plus courts que la feuille. Corolle à lobes obtus. Fruits d'un rouge vif, persistant souvent pendant l'hiver. ♄. *Fl.* mai-juin. *Fr.* octobre.

C. — Bois, forêts montueuses, buissons des coteaux incultes.

XLIX. OLÉINÉES.

(OLEINEÆ. Hoffmansegg. et Link, fl. Portug. I. 385.)

Fleurs hermaphrodites ou unisexuelles, complètes *régulières*, ou dépourvues de calice et de corolle. — Calice gamosépale, à 4 divisions, persistant ou caduc, à préfloraison valvaire. — *Corolle* gamopétale, hypogyne, infundibuliforme, *à 4 lobes* ou à 4 divisions profondes, caduque, à préfloraison valvaire. — *Étamines* 2, insérées dans les fleurs complètes sur le tube de la corolle, et alternant avec ses lobes. Anthères bilobées, introrses. — *Ovaire* à 2 carpelles, *à 2 loges* ord. *bi-ovulées*. *Ovules suspendus*, insérés au sommet de la cloison, réfléchis. Style indivis, quelquefois très court. Stigmate bifide. — Fruit très variable, drupacé, bacciforme, capsulaire bivalve à déhiscence loculicide, ou indéhiscent prolongé supérieurement en une aile presque foliacée, biloculaire ou uniloculaire par l'avortement de la cloison, à loges bispermes ou monospermes par avortement. — Graines suspendues, souvent comprimées. *Embryon* droit, *placé dans un périsperme épais charnu* ou presque corné. Radicule dirigée vers le hile.

Arbrisseaux ou arbres à rameaux ord. opposés. Feuilles opposées, entières ou pinnatifides, quelquefois imparipinnées; stipules nulles. Fleurs disposées en panicules.

1 { Fleurs dépourvues de calice et de corolle, feuilles imparipinnées. . . . . FRAXINUS. (II.)
  { Fleurs pourvues d'un calice et d'une corolle, feuilles simples . . . . 2.

2 { Baie globuleuse. . . . . LIGUSTRUM. (I.)
  { Capsule coriace presque ligneuse, ovale-oblongue comprimée, bivalve . . . SYRINGA (III.)

I. LIGUSTRUM. (Tournef. inst. t. 367.)

Fleurs hermaphrodites. Calice petit, urcéolé, 4-denté, caduc. Corolle subinfundibuliforme, à tube dépassant longuement le calice, à limbe 4-partit. Stigmate bifide, à lobes dressés. *Baie globuleuse*, à 2 loges bispermes ou monospermes par avortement.

Arbrisseau à feuilles entières. Fleurs blanches, disposées en panicules terminales.

1. L. VULGARE. (L. sp. 10) — Engl. bot. t. 764. (vulg. *Troene.*)

Arbrisseau ord. rameux dès la base, à rameaux flexibles ord. opposés, à écorce grisâtre. Feuilles brièvement pétiolées, un peu coriaces, glabres, luisantes en dessus, oblongues ou oblongues-lancéolées, persistant souvent pendant l'hiver. Fleurs brièvement pédicellées, munies à leur base de bractées linéaires, disposées en panicules pyramidales à l'extrémité des rameaux. Baie noire, amère, environ de la grosseur d'un pois, persistant jusqu'au printemps. ♄. *Fl.* juin-juillet. *Fr.* septembre.

C.C. — Haies, buissons, lisière des bois.

II. FRAXINUS. (Tournef. inst. t. 343.)

Fleurs polygames, dépourvues de calice et de corolle, munies de bractées. Étamines 2. Ovaire comprimé perpendiculairement à la cloison, biloculaire, à loges bi-ovulées. Stigmate bifide, à lobes étalés. *Fruit* (samare) *membraneux*, *coriace*, oblong, renflé inférieurement, *comprimé presque foliacé dans sa partie supérieure*, uniloculaire et monosperme par avortement, indéhiscent.

Arbre ord. très élevé. *Feuilles imparipinnées.* Fleurs verdâtres peu apparentes, en panicules naissant avant les feuilles du centre des bourgeons.

1. F. EXCELSIOR. (L. sp. 1509.) — Engl. bot. t. 1692. (vulg. *Frêne*)

Arbre ord. très élevé, à écorce grisâtre, à rameaux fragiles verts et luisants présentant des cicatrices saillantes qui résultent de la chute des feuilles. Feuilles à 9-15 folioles; folioles opposées, brièvement pétiolulées, lancéolées ou oblongues-lancéolées acuminées, atténuées inférieurement, dentées, glabres en dessus, velues en dessous à la base de chaque côté de la nervure moyenne. Fleurs groupées au sommet de pédoncules capillaires, disposées en panicules opposées penchées après la floraison. Fruits disposés en panicules pendantes, oblongs atténués à la base, comprimés presque foliacés dans leur moitié supérieure, mucronulés au sommet par la base persistante du style. ♄. *Fl.* avril. *Fr.* juin-juillet.

C. — Bois, forêts. — Planté dans les parcs et dans les avenues.

L'*Ornus Europæa* Pers. (vulg. *Frêne-fleuri*), planté dans quelques bois et dans les parcs, se distingue du *Fraxinus excelsior* par ses fleurs blanchâtres pourvues d'un calice 4-partit et d'une corolle 4-partite à lobes linéaires

† III. SYRINGA. (L. gen. n. 22.)

Fleurs hermaphrodites. Calice petit, urcéolé, 4-denté, persistant. Corolle infundibuliforme, à tube dépassant très longuement le calice, à limbe 4-partit à lobes étalés concaves. Stigmate bifide. *Capsule coriace presque ligneuse*, ovale-oblongue acuminée, comprimée perpendiculairement à la cloison, biloculaire, *bivalve* à déhiscence loculicide, à loges bispermes ou monospermes par avortement.

Arbrisseau ou arbre peu élevé. Feuilles entières. Fleurs lilas ou blanches, disposées en panicules terminales

† 1 S VULGARIS. (L. sp. 11) (vulg. *Lilas*)

Arbrisseau ou arbre peu élevé, ord. rameux dès la base, à écorce grisâtre. Feuilles pétiolées, un peu coriaces, glabres, ovales acuminées, ord légèrement cordées à la base. Fleurs d'une odeur suave, brièvement pédicellées, disposées à l'extrémité des rameaux en panicules pyramidales dressées. ♄. *Fl.* avril-mai. *Fr.* juillet-septembre.

Cultivé dans tous les jardins, naturalisé çà et là dans les haies.

On cultive dans les jardins le *S. Persica* L. (vulg. *Lilas-de-Perse*) plus grêle dans toutes ses parties, à feuilles oblongues-lancéolées entières ou pinnatifides, à fleurs en panicules assez lâches.

La famille des *Jasminées* diffère de la famille des *Oléinées* par la corolle à préfloraison imbriquée-contournée, par les ovules solitaires dressés, et par les graines à périsperme presque nul. — Le genre *Jasminum* est caractérisé par le calice à 5-8 divisions, par la corolle infundibuliforme à limbe étalé, et par le fruit bacciforme monosperme plus rarement bisperme. — Le *J. fruticans* L. (vulg. *Jasmin jaune*) est fréquemment planté dans les parcs et les bosquets où il se naturalise aisément, on le distingue à ses fleurs jaunes et à ses feuilles alternes trifoliolées ou unifoliolées. — On cultive dans les jardins le *J. officinale* L. (vulg. *Jasmin*) qui se reconnaît à ses fleurs blanches très odorantes, à ses tiges sarmenteuses, et à ses feuilles imparipinnées ord. opposées.

L. APOCYNÉES.

(Apocyneæ. Juss. gen. 143, *part.*)

Fleurs hermaphrodites, *régulières.* — Calice gamosépale, 5-partit ou 5-fide, persistant. — *Corolle* hypogyne, gamopétale, à 5 lobes, caduque, *à préfloraison contournée.* — Étamines 5, insérées sur le tube de la corolle et alternant avec ses lobes. Filets libres, ord. très courts, dépourvus d'appendices. *Anthères* bilobées, introrses, libres, ord. surmontées d'un appendice membraneux prolongement du connectif, *conniventes au-dessus du stigmate. Pollen granuleux.* — Ovaire composé de 2 carpelles ord. distincts, multi-ovulés ou pluri-ovulés. Ovules insérés à la suture ventrale des carpelles, suspendus, réfléchis ou semi-réfléchis. Style indivis. Stigmate indivis ou subbilobé. — *Fruit composé de 2 carpelles* capsulaires, *polyspermes, déhiscents par la suture ventrale* (follicules), quelquefois réduit à un seul carpelle par avortement. — Graines suspendues, ord. imbriquées, comprimées, nues, ou munies au niveau du hile d'une aigrette soyeuse dirigée vers le sommet du carpelle. Embryon droit, placé dans un périsperme charnu. Radicule dirigée vers le hile ou éloignée du hile.

Plantes vivaces sous-frutescentes ou arbrisseaux, contenant souvent un suc laiteux. Feuilles opposées ou ternées, entières; stipules nulles ou glanduliformes. Fleurs axillaires solitaires, ou en corymbes terminaux.

I. VINCA. (L. gen. n. 295.)

Calice 5-fide. Corolle hypocratériforme, à 5 lobes cunéiformes obliquement tronqués, à tube élargi et pentagonal au-dessus de l'insertion des étamines, à gorge fermée par des poils étalés et par les anthères conniventes et couronnée par une membrane annulaire à 5 plis opposés aux lobes de la corolle. Étamines 5, insérées au milieu de la hauteur du tube de la corolle, incluses; filets géniculés à la base, dilatés supérieurement; anthères plus longues que le filet, à connectif élargi et terminé au sommet par un appendice membraneux poilu. Style indivis, renflé supérieurement et entouré au-dessous du sommet par un anneau stigmatifère qui se prolonge en membrane inférieurement; la partie du style supérieure à l'anneau, conique et terminée par une houppe ou par une couronne de poils. Glandes hypogynes 2, alternant avec les carpelles. Fruit composé de 2 follicules cylindriques à bords fortement infléchis en dedans, ou réduit à un seul follicule par avortement. Graines peltées.

Plantes vivaces sous-frutescentes, à rhizômes traçants. Feuilles opposées, entières, persistant pendant l'hiver. Pédicelles axillaires, solitaires, alternes. Fleurs bleues, plus rarement violettes ou blanches.

{ Feuilles glabres; calice à divisions beaucoup plus courtes que le tube de la corolle . . . . *V. minor.*
{ Feuilles ciliées, calice à divisions égalant environ la longueur du tube de la corolle. *V. major*

1. V. MINOR. (L. sp. 304.) — Engl. bot. t 917. (vulg. *Pervenche.*)

Tiges de 2-8 décimètr., sarmenteuses, glabres, vertes; les florifères courtes, dressées; les stériles ord. très longues, couchées, radicantes dans leur partie inférieure. *Feuilles* un peu coriaces, *glabres*, luisantes, oblongues ou ovales-lancéolées, à pétiole très court muni au sommet de deux petites glandes. Pédicelles plus longs que la feuille. *Calice à divisions glabres*, lancéolées, *beaucoup plus courtes que le tube de la corolle*. ♃. Mars-juin.

C. — Lieux humides des bois, bords des ruisseaux ombragés.

† 2. V. MAJOR. (L. sp. 304.)—Lam. illustr. t. 172. f. 1. (vulg. *Grande Pervenche*)

Tiges de 4-8 décimètr., sarmenteuses, glabres ou presque glabres, vertes; les florifères plus courtes, dressées; les stériles étalées *Feuilles* à faces glabres, *à bords pubescents-ciliés*, ovales ou ovales-lancéolées ord. légèrement cordées à la base, à pétiole court muni au sommet de deux petites glandes. Pédicelles plus courts que la feuille. *Calice à divisions ciliées*, linéaires très étroites, *égalant environ la longueur du tube de la corolle*. ♃. Mars-mai.

Fréquemment planté dans les parcs, aux bords des eaux. Subspontané çà et là dans les haies et les fossés bois de Boulogne! Malesherbes!, etc.

Le *Nerium Oleander* L. (vulg *Laurier rose*) est fréquemment cultivé dans les jardins, où il ne passe pas l'hiver, cet arbrisseau est caractérisé par ses feuilles verticillées par 3, lancéolées à nervures secondaires parallèles, par ses fleurs roses ou blanches en corymbes terminaux, par ses étamines à connectif prolongé en un long appendice barbu contourné en spirale, et par ses graines munies d'une aigrette soyeuse.

LI. ASCLÉPIADÉES.

(ASCLEPIADEÆ. R. Brown, in Wern. trans. Edinb. I. 12.)

Fleurs hermaphrodites, *régulières*. — Calice gamosépale, 5-partit ou 5-fide, persistant ou caduc, à préfloraison imbriquée. — Corolle gamopétale, hypogyne, 5-partite ou 5-fide, caduque, à préfloraison imbriquée-contournée ou valvaire. — Étamines 5, insérées à la base de la corolle et alternant avec ses lobes. Filets ord. soudés en un tube qui entoure l'ovaire et munis chacun au sommet d'un appendice charnu ou membraneux souvent en forme de cornet et recouvrant l'anthère correspondante. Anthères bilobées, extrorses, ord. soudées en un tube qui entoure le style et le stigmate, ord. surmontées d'un prolongement membraneux du connectif qui s'applique étroitement sur le stigmate, à lobes ord. non subdivisés en deux loges. *Pollen réuni en masses renfermées dans des sacs membraneux solitaires dans chaque lobe.* Sacs polliniques fixés par paires au stigmate par des appendices filiformes, chaque paire de sacs polliniques appartenant à deux anthères voisines. — Ovaire composé de 2 carpelles multi-ovulés, distincts ou soudés à la base dans leur jeunesse. Ovules insérés à la suture ventrale des carpelles, plurisériés, suspendus, réfléchis. Stigmates soudés en une masse épaisse à 5 angles qui alternent avec les anthères et auxquels sont fixés deux par deux les prolongements suspenseurs des masses polliniques. — *Fruit composé de 2 carpelles capsulaires polyspermes, déhiscents par la suture ventrale* (follicules), souvent réduit à un seul carpelle par avortement ; placenta devenant libre lors de la déhiscence.— Graines très nombreuses, suspendues, imbriquées, ord. comprimées-lenticulaires entourées d'un rebord mince et présentant au niveau du micropyle une aigrette soyeuse dirigée vers le sommet du carpelle. Embryon droit, placé dans un périsperme charnu peu épais. Radicule dirigée vers le hile.

Plantes vivaces à souche traçante, ord. herbacées, quelquefois volubiles, contenant ord. un suc laiteux. Feuilles opposées, quelquefois rapprochées en verticilles, rarement alternes, *entières*: stipules nulles. Fleurs disposées en corymbes ou en ombelles simples. Pédoncules interpétiolaires.

{ Corolle à lobes étalés; fleurs en corymbes. . . . . VINCETOXICUM. (I.)
{ Corolle à lobes réfléchis, fleurs en ombelles simples . . ASCLEPIAS. (II.)

I. VINCETOXICUM. (Mœnch, meth. 317.)

Calice 5-partit. Corolle rotacée, profondément 5-lobée. Appendices des filets des étamines disposés en une couronne charnue à lobes arrondis ou obscurément apiculés. Anthères terminées par un appendice membraneux. *Masses polliniques* renflées, atténuées supérieurement, *fixées au-desssous de leur sommet.* Stigmate très brièvement apiculé. Follicules renflés, lisses, étalés. Graines munies d'une aigrette au niveau du hile.

Plante vivace. Feuilles opposées, plus rarement verticillées par 4, très entières. *Fleurs* blanchâtres, assez petites, *disposées en corymbes* portés sur des pédoncules interpétiolaires.

1 V. OFFICINALE. (Mœnch, *loc. cit.*) — Asclepias Vincetoxicum. L. sp 314.—Fl. Dan. t. 849. — Cynanchum Vincetoxicum. R. Brown, in Wern. soc. I. 47. (vulg. *Dompte-venin.*)

Souche traçante, à fibres blanches épaisses très longues. Tiges herbacées, de 4-8 décimètr., dressées, très feuillées, simples donnant naissance latéralement dans leur partie supérieure aux rameaux de l'inflorescence, pubescentes, ou glabres inférieurement. Feuilles brièvement pétiolées, ovales-aigues ou ovales-lancéolées, souvent cordées à la base, un peu coriaces, à nervures et à bords finement pubescents. Calice à divisions lancéolées aigués, atteignant la base des lobes de la corolle. Corolle à lobes glabres, un peu épais, obtus. Appendices des filets des étamines jaunâtres presque obtus. Stigmate vert, déprimé. Follicules glabres, lancéolés-acuminés, renflés dans leur moitié inférieure. ♃. Juin-août.

C C. — Bois sablonneux ou pierreux, coteaux incultes.

β. — *verticillatum.*— Feuilles verticillées par 4. — Coteaux arides de la forêt de Fontainebleau (*Decaisne*).

Le *V. nigrum* Mœnch. (Cynanchum nigrum R. Brown), qui a été observé dans le parc de Vincennes, où il avait probablement été semé, se distingue à ses tiges un peu volubiles supérieurement, et à sa corolle d'un pourpre noirâtre à lobes pubescents à leur face interne.

† II. ASCLEPIAS. (L. Juss. gen. 147.)

Calice 5-partit, à lobes d'abord étalés puis réfractés *Appendices des filets des étamines en forme de cornet, émettant du fond de leur cavité un prolongement en forme de corne* qui se courbe sur le stigmate. Anthères terminées par un appendice membraneux. Masses polliniques comprimées, atténuées supérieurement, fixées à leur sommet. Stigmate déprimé. Follicules renflés, chargés de tubercules ou d'épines non vulnérantes, plus rarement lisses. Graines munies d'une aigrette au niveau du hile.

Plante vivace. Feuilles opposées ou alternes, très entières. *Fleurs* d'un blanc rosé, disposées *en ombelles simples*, multiflores, terminales ou portées sur des pédoncules interpétiolaires.

† 1. A. CORNUTI. (Decaisne, in prodr. syst. nat. VIII. 564.) — Asclepias Syriaca L. sp. 313. — Spenn. in Nees jun. gen. fl. Germ. fasc. XXI. t. 10-12.

Souche longuement traçante. Tiges herbacées, de 8-12 décimèt., pubescentes, robustes, dressées, cylindriques, anguleuses dans leur partie supérieure par la décurrence des pédoncules. Feuilles brièvement pétiolées, très amples, oblongues ou ovales-oblongues, obtuses, mucronulées, presque glabres en dessus, pubescentes presque tomenteuses en dessous, à nervures secondaires parallèles saillantes. Pédoncules presque tomenteux, plus courts que la feuille. Fleurs odorantes. Follicules ovoïdes-lancéolés, tomenteux-blanchâtres, hérissés de pointes épineuses, ascendants sur un pédicelle réfracté, réduits au nombre de 1-2-3 au sommet des pédoncules par suite de l'avortement de l'ovaire dans la plupart des fleurs. Plante contenant dans toutes ses parties un suc laiteux très abondant. ♃. Juin-août.

Fréquemment cultivé dans les jardins. Quelquefois naturalisé dans le voisinage des habitations. Romainville (*Maire*). Parc de Malesherbes[1], etc. — Cette plante, comme toutes les autres espèces du genre *Asclepias*, est originaire de l'Amérique septentrionale.

LII. GENTIANÉES.

(GENTIANEÆ Juss. gen. 141.)

Fleurs hermaphrodites, *régulières* ou un peu irrégulières. — Calice régulier ou irrégulier, à 5 plus rarement 4-12 sépales libres ou soudés inférieurement, persistant, à préfloraison valvaire ou contournée. — *Corolle* hypogyne, gamopétale, à limbe 5-fide plus rarement 4-12-fide, à gorge ou à divisions quelquefois barbues ou munies d'écailles pétaloïdes multifides, *marcescente-persistante*, souvent contournée au-dessus de la capsule, rarement caduque, à préfloraison contournée plus rarement valvaire-indupliquée. — *Étamines* 5, *plus rarement* 4-12, insérées sur le tube ou la gorge de la corolle, saillantes hors du tube ou enfermées dans le tube, *alternes avec les divisions de la corolle*. Anthères bilobées, introrses, quelquefois contournées en spirale après l'émission du pollen (*Erythræa*). — *Ovaire* libre, *à 2 carpelles*, uniloculaire, incomplètement biloculaire ou biloculaire, à placentas pariétaux ou occupant l'angle interne des loges. Ovules ord. très nombreux, horizontaux, réfléchis. Style terminal, indivis ou bifide. Stigmates 3, linéaires, plus rarement capités, rarement rapprochés en un seul. — *Capsule uniloculaire ou plus ou moins complètement biloculaire*, polysperme, *s'ouvrant en deux valves*, à déhiscence septicide, plus rarement à déhiscence loculicide, très rarement subindéhiscente. — *Graines ord. très nombreuses*, très petites, horizontales. *Périsperme épais charnu*, quelquefois ne remplissant pas toute la cavité de la graine. Embryon très petit, cylindrique. Radicule dirigée vers le hile.

Plantes herbacées, glabres, vivaces ou annuelles, contenant un suc amer. Feuilles opposées, plus rarement verticillées ou alternes, simples entières, plus rarement trifoliolées, pétiolées ou sessiles, souvent connées ou prolongées en une gaîne qui embrasse la tige, stipules nulles. Fleurs en cymes, en grappes, en corymbes, en panicules ou en fascicules, quelquefois solitaires latérales ou terminales.

1 { Capsule à valves portant les placentas à leur partie moyenne; feuilles trifoliolées . . . . MENYANTHES. (I.)
Capsule à valves portant les placentas à leurs bords; feuilles simples . . . 2.

2 { Graines très comprimées presque membraneuses, entourées d'un rebord cilié; plante aquatique à feuilles nageantes suborbiculaires cordées. . . . . VILLARSIA. (II.)
Graines très petites, jamais entourées d'un rebord cilié; plante terrestre à feuilles jamais suborbiculaires cordées . . . . 3.

3 { Étamines 6-8 . . . . CHLORA. (III.)
Étamines 4-5 . . . . 4.

4 { Anthères contournées en spirale après l'émission du pollen. ERYTHRÆA. (VI.)
Anthères non contournées en spirale après l'émission du pollen. . . . . . 5.

5 { Stigmate à lobes non capités; plante plus ou moins robuste, à fleurs assez grandes . . . . GENTIANA (IV.)
Stigmate à lobes capités, plante grêle à tiges presque filiformes, à fleurs petites. CICENDIA. (V.)

TRIBU I. MENYANTHEÆ. — Corolle à préfloraison valvaire-indupliquée. Périsperme ne remplissant pas la cavité de la graine.

I. MENYANTHES. (L. gen. n. 202, *part.*)

Calice 5-partit. Corolle infundibuliforme, à 5 divisions étalées, barbues à la face interne, à bords roulés en dedans. Étamines 5. Style filiforme. Stigmate bilobé. Glandes hypogynes nulles. *Capsule* uniloculaire, polysperme, *à valves portant les placentas à leur partie moyenne.* Graines non bordées.

Plante vivace, aquatique, à rhizôme épais, traçant. *Feuilles* alternes, *trifoliolées.* Fleurs d'un blanc rose, munies de bractées, disposées en grappe simple dressée au sommet d'un pédoncule radical nu.

1. M. TRIFOLIATA. (L. sp. 208.) — Engl. bot. t. 495 (vulg. *Trèfle-d'eau*.)

Rhizôme épais, blanchâtre, muni d'écailles membraneuses engaînantes qui laissent par leur destruction des cicatrices annulaires. Feuilles naissant au sommet du rhizôme ou au sommet de ses ramifications, trifoliolées, longuement pétiolées, à pétiole dilaté à la base en une gaîne membraneuse; folioles oblongues ou oblongues-obovales, entières ou superficiellement crénelées. Fleurs à pédicelles plus longs que la bractée, réunies en grappes pluriflores spiciformes. Pédoncules de 2-4 décimètr., naissant à l'aisselle des écailles supérieures du rhizôme ou à l'aisselle des feuilles inférieures. Calice divisé presque jusqu'à la base, à divisions lancéolées, obtuses, plus courtes que le tube de la corolle. Corolle à divisions lancéolées, chargées à la face interne de lanières filiformes épaisses de consistance pétaloïde. Style persistant. Capsule subglobuleuse. Graines assez grosses, ovoïdes-comprimées, à testa jaunâtre, luisant, épais, très dur. ♃. Avril-mai.

A.C. — Marais tourbeux, lieux marécageux, prairies spongieuses. — St-Germain! Vallée de Mennecy! Environs de Melun! Malesherbes! Dreux! Chaumont! Vernon! St-Germer!, etc.

II. VILLARSIA. (Gmel. syst. veg. I. D.C. fl. Fr. III. 648.)

Calice 5-partit. Corolle presque rotacée, à tube court, à gorge barbue, à 5 divisions à bords un peu infléchis en dedans. Étamines 5. Style filiforme. Stigmate bilobé, à lobes laciniés. Glandes hypogynes 5, alternes avec les étamines. Capsule uniloculaire, polysperme, à valves portant les placentas à leurs bords. *Graines très comprimées presque membraneuses, ciliées.* Périsperme ne remplissant pas la cavité de la graine.

Plante vivace, aquatique. *Feuilles* nageantes, *suborbiculaires-cordées*, les inférieures alternes, les supérieures opposées ou rapprochées en faux verticilles. Fleurs jaunes, en fascicules axillaires.

1. V. NYMPHOIDES (Vent. choix. n. 9. p. 2.) — Menyanthes nymphoides. L. sp. 207. — Engl. bot. t. 217. (vulg. *Faux-Nénuphar.*)

Tiges de longueur très variable, rameuses, submergées, radicantes inférieurement, feuillées seulement dans leur partie supérieure. Feuilles très entières, suborbiculaires profondément cordées à lobes rapprochés, coriaces, luisantes en dessus, ponctuées et d'un vert pâle en dessous, plus ou moins longuement pétiolées, à pétiole dilaté à la base en une gaîne membraneuse marquée de taches brunes. Fleurs grandes, d'un beau jaune, longuement pédicellées. Calice divisé presque jusqu'à la base, à divisions lancéolées plus longues que le tube de la corolle. Corolle à divisions obovales, à bords déchiquetés-ciliés. Style persistant. Capsule ovoïde-acuminée, comprimée. Graines presque planes, à amande largement débordée par le testa, à bord cilié. ♃. Juillet-septembre.

A.C. — Rivières à courant peu rapide, étangs. — Assez commun dans la Seine! et dans la Marne! Etang de St-Cucufas! Fontainebleau! Compiègne!, etc.

TRIBU II. ERYTHRÆÆ. — Corolle à préfloraison contournée. Périsperme remplissant la cavité de la graine.

III. CHLORA. (L. gen. n. 1258.)

Calice divisé jusqu'à la base en 6-8 divisions linéaires. Corolle presque hypocratériforme, 6-8-fide, à tube renflé-subglobuleux, marcescente à limbe se détachant à la maturité de la capsule. *Étamines* 6-8. Style filiforme. Stigmate bifide, à lobes émarginés. Glandes hypogynes nulles. Capsule uniloculaire, polysperme; valves à bords infléchis en dedans et portant les placentas. Graines très petites.

Plante annuelle. Feuilles opposées, connées. Fleurs jaunes, disposées en cyme multiflore terminale.

1. C. PERFOLIATA. (L. mant. 10.) — Engl. bot. t. 60.

Tige de 2-6 décimètr., simple donnant naissance supérieurement aux rameaux de l'inflorescence, dressée, raide, glabre, glauque. *Feuilles* radicales obovales rétrécies à la base; les *caulinaires* ovales-triangulaires, opposées et *soudées à la base dans toute leur largeur*. Fleurs d'un beau jaune. Calice à 8 divisions linéaires-subulées, plus courtes que la corolle. Corolle à tube membraneux, à divisions obtuses. Capsule oblongue-subglobuleuse, brusquement terminée par le style. Graines très petites, tuberculeuses. ①. Juin-août.

A.C. — Pâturages montueux, vignes, coteaux incultes. — Meudon! Plessis Piquet! Senart! Mennecy! env. de Melun! Vernon! Verderonne!, etc.

IV. GENTIANA. (L. gen. n. 322, *part.*)

Calice tubuleux ou campanulé, 4-10-fide ou 4-10-partit. Corolle infundibuliforme, campanulée ou rotacée, à gorge nue ou munie d'écailles multifides, 4-5-fide à lobes égaux, ou 6-10-fide à lobes alternativement très inégaux. *Étamines 4-5, à anthères non contournées en spirale après l'émission du pollen.* Style court ou presque nul. *Stigmate bifide, à lobes non capités.* Glandes hypogynes nulles. Capsule uniloculaire, polysperme; valves à bords infléchis en dedans et portant les placentas. Graines très petites, ord. comprimées.

Plantes vivaces, plus rarement annuelles. Feuilles entières, opposées, plus rarement verticillées, souvent connées à la base en une gaîne qui entoure la tige. Fleurs bleues, plus rarement lilas ou blanches, axillaires ou terminales, solitaires, fasciculées, en faux verticilles, en corymbes ou en panicules

1 { Corolle à gorge munie de 5 écailles décomposées en longs cils, plante annuelle. . . . . *G Germanica.*
  { Corolle à gorge nue; plante vivace . . . . 2.

2 { Corolle à 5 lobes, tige dressée. . . . . *G. Pneumonanthe.*
  { Corolle à 4 lobes, tiges ascendantes ou étalées-redressées. . *G cruciata.*

1 G PNEUMONANTHE. (L. sp. 330.) — Engl. bot. t. 20.

Souche tronquée, à fibres nombreuses épaisses. *Tiges* de 2-6 décimètr., *dressées*, raides, simples ou à peine rameuses au sommet. Feuilles sessiles, connées à la base, lancéolées-linéaires ou linéaires, ord. obtuses; les inférieures squamiformes connées en gaînes assez longues. Fleurs très grandes, solitaires à l'aisselle des feuilles ou à l'extrémité de la tige et des rameaux, ord. rapprochées en une grappe terminale feuillée, les inférieures assez longuement pédicellées. Calice tubuleux-campanulé, 5-7-fide, à divisions égales linéaires aiguës séparées par des sinus arrondis. *Corolle* d'un bleu d'azur, infundibuliforme-campanulée, *à gorge nue*, à 5 plis, *à 5 lobes* courts triangulaires acuminés dressés ou à peine étalés, présentant ord. sur l'un de leurs bords une petite dent aiguë. *Anthères cohérentes après l'émission du pollen.* ♃. Juillet-octobre.

A.C. — Marais tourbeux, prairies spongieuses, bois marécageux. — Montmorency! St-Leger! Mennecy! Env. de Melun! Malesherbes! Nemours! Thiers près Senlis, etc.

2. G CRUCIATA (L. sp 334) — Jacq Austr t. 372. (vulg *Croisette.*)

Souche traçante. *Tiges de 2-5 décimètr., ascendantes ou étalées-redressées*, simples, annelées à la base. Feuilles oblongues-lancéolées, obtuses, atténuées à la base et connées en une gaîne qui embrasse la tige; les inférieures connées en gaînes très longues assez lâches. Fleurs sessiles, fasciculées à l'aisselle des feuilles supérieures et réunies en un glomérule compacte pluriflore au sommet de la tige, rarement axillaires solitaires. Calice quelquefois fendu d'un côté, à 2-3-4 divisions très inégales très longues ou réduites à des dents courtes membraneuses. *Corolle* bleue en dedans et dans sa partie supérieure, tubuleuse à tube renflé, *à gorge nue*, à 4 plis, *à 4 lobes* ovales-aigus dressés présentant ord. sur un de leurs bords une petite dent aiguë. Anthères non cohérentes. ♃. Juin-septembre.

A.C. — Coteaux pierreux, bois et pâturages montueux — Forêt de St-Germain! Mennecy! Le Châtelet près Melun (*Garnier*). Forêt de Fontainebleau! Champagne! Malesherbes! Magny (*Boutellle*) Morfontaine! Forêt de Chantilly! Forêt de Compiègne!

3. G. GERMANICA. (Willd. sp. I. 1346.) — G. amarella. Fl. Dan. t. 328.

Plante annuelle. Tige de 1-5 décimètr., souvent rameuse dès la base, dressée, marquée de lignes saillantes, souvent colorée en violet ainsi que la face supérieure des feuilles. Feuilles sessiles, ovales-lancéolées ou ovales-aiguës, à bords un peu rudes; les radicales obovales atténuées en pétiole, disposées en rosette. Fleurs pédicellées, axillaires et terminales, ord. disposées en une panicule multiflore feuillée. Calice campanulé, 5-fide à divisions égales lancéolées. *Corolle* d'un bleu-lilas, tubuleuse-campanulée, *à gorge munie de 5 écailles multifides* soudées avec la base des lobes, à 5 lobes lancéolés un peu atténués inférieurement et dépourvus de dent latérale. Anthères non cohérentes. ①. Août-octobre.

R. — Pâturages secs, coteaux arides, pelouses rases. — Forêt de St-Germain! Banthélu et Halaincourt près Magny (*Bouteille*). Thiers près Senlis (*Morelle*). Antilly près Crépy (*Questier*). Morfontaine! Verderonne! Env. de Beauvais (*Delacourt*). Compiègne (*Leré*). Dreux (*Daënen*). Malesherbes! Nemours (*Devilliers*).

s.v. — *pusilla.* — Plante de 5-10 centimètr. Tige ord. uniflore.

s.v. — *verticillata.* — Feuilles caulinaires la plupart verticillées par 3.

V. CICENDIA. (Adans. fam. II. 503.) — Exacum. D.C. *non* L.

Calice 4-fide ou 4-partit. Corolle infundibuliforme, à tube membraneux renflé, à limbe 4-fide se contournant au-dessus de la capsule. *Étamines 4.* Style filiforme. *Stigmate bilobé, à lobes capités.* Glandes hypogynes nulles. Capsule polysperme, uniloculaire, ou incomplètement biloculaire par l'inflexion des bords des valves; placentas fixés aux bords des valves. Graines très petites.

Plantes annuelles, très petites. Tiges presque filiformes. Feuilles entières, opposées. Fleurs petites, jaunes, jaunâtres ou roses, disposées en cymes pluriflores ou 2-3-flores, quelquefois solitaires au sommet de la tige par avortement.

Calice 4-fide, à lobes triangulaires courts appliqués sur la capsule. . . . *C. filiformis.*
Calice 4-partit, à divisions linéaires non appliquées sur la capsule. . . . *C. pusilla.*

1. C. FILIFORMIS. (Delarbr. fl. Auvergn. I. 29.) — Exacum filiforme. Willd. sp. I. 638. — Engl. bot. t. 235. — Gentiana filiformis. L. sp. 335. — Vaill. bot. Par. t. 6. f. 3.

Plante de 4-10 centimètr. Tige dichotome ord. dès la base, quelquefois simple par avortement ou divisée en 2-3 rameaux. Feuilles radicales oblongues, disposées par 4; les caulinaires peu nombreuses, opposées, courtes, linéaires. Pédicelles très longs, le central atteignant environ la même hauteur que les latéraux. *Calice 4-fide, à lobes triangulaires courts appliqués sur la capsule.* Corolle jaune. ①. Juin-octobre.

A.R. — Bords des étangs, allées humides des bois. — St-Léger! St-Hubert! Rambouillet! Montfort-l'Amaury (*de Boucheman*). Triel près Meulan (*Mandon*). Env. de la Ferté-sous-Jouarre (*Adr. de Jussieu*). Forêt de Senart! Bois de Lognes près Lagny (*Thuret*). Malesherbes! (*Bernard*). Forêt de Fontainebleau! Forêt de Sordun près Provins (*Des Étangs*).

2. C. PUSILLA. — Exacum pusillum. D.C. fl. Fr. III. 663. — Gentiana pusilla. Lam. dict. II. 645. — Vaill. bot. Par. t. 6. f. 2.

Plante de 2-8 centimètr. Tige souvent rameuse dès la base, irrégulièrement dichotome, à rameaux souvent divariqués. Feuilles opposées, oblongues-lancéolées ou oblongues-linéaires, obtuses, plus rarement aiguës. Pédicelle central longuement dépassé par les rameaux latéraux. *Calice 4-partit, à divisions linéaires très étroites* ne s'appliquant pas sur la capsule. Corolle d'un jaune pâle ou rose. ①. Juin-septembre.

R. — Bruyères humides, allées ombragées des bois sablonneux, bords des mares tourbeuses. — Forêt de Senart! Forêt de Fontainebleau! St-Hubert! St-Léger! Bois de Lognes près Lagny (*G. Thuret*).

VI. ERYTHRÆA. (Rich. ap. Pers. syn. I. 283.)

Calice tubuleux, à 5 angles saillants, à 5 divisions linéaires. Corolle infundibuliforme, à limbe 5-partit se contournant au-dessus de la capsule. Étamines 5; *anthères se contournant en spirale après l'émission du pollen*. Style filiforme. Stigmate bifide à lobes rapprochés. Capsule linéaire, ord. biloculaire. Graines très nombreuses, très petites, insérées à l'angle interne des loges.

Plantes annuelles ou bisannuelles. Feuilles opposées, sessiles, entières. Fleurs roses, rarement blanches, disposées en cymes dichotomes ou en corymbes.

Fleurs très brièvement pédicellées, rapprochées en corymbes multiflores compactes . . . . *E. Centaurium.*
Fleurs ord. assez longuement pédicellées, disposées en une cyme dichotome lâche. . . . . *E. pulchella.*

1. E. CENTAURIUM. (Pers. syn. I. 283.) — Gentiana Centaurium. L. sp. 232. — Chironia Centaurium. Smith, brit. I. 257. — Engl. bot. t. 417. (vulg. *Petite-Centaurée.*)

Tige de 2-8 décimètr., dressée, marquée de 4-6 lignes saillantes, rameuse, à rameaux opposés. Feuilles ovales-oblongues ou oblongues, aiguës ou obtuses; les radicales disposées en rosette, oblongues ou obovales, atténuées à la base. *Fleurs très brièvement pédicellées*, en cymes *rapprochées en corymbes multiflores compactes* terminant la tige et les rameaux. ②. Juin-septembre.

C.C. — Bois, prairies, pâturages, bruyères.

2. E. PULCHELLA. (Fries, nov. Suec. II. 31.) — E. ramosissima. Pers. syn. I. 283. — Chironia pulchella. Willd. sp. I. 1067. — Engl. bot. t. 458.

Tige de 1-2 décimètr., marquée de 4-6 lignes saillantes, ord. rameuse dès la base. Feuilles ovales-oblongues ou oblongues, aiguës ou obtuses. *Fleurs ord. assez longuement pédicellées, disposées en une cyme dichotome lâche.* ① ou ②. Juin-septembre.

C. — Lieux inondés l'hiver, pâturages humides, bords des étangs.

s.v. — *pusilla.* — Plante naine, très pauciflore, quelquefois uniflore.

On cultive assez fréquemment dans les parterres le *Polemonium cœruleum* L. (vulg. *Valériane grecque*), plante vivace herbacée, à feuilles pinnatiséquées à segments ovales-lancéolés, à fleurs bleues ou blanches, à capsule 3-loculaire polysperme. — Le genre *Phlox*, caractérisé par la corolle hypocratériforme à tube très long et la capsule 3-loculaire à loges monospermes, fournit à nos jardins plusieurs espèces, entre autres le *P. paniculata* Ait. à tige élevée, à feuilles la plupart opposées, lancéolées entières à bords rudes, à fleurs lilas disposées en panicules terminales. — Le *Cobœa scandens* Cav. (vulg. *Cobœa*) présente les caractères suivants: tige volubile; feuilles pinnées, à rachis terminé en vrille; calice à 5 angles ailés-foliacés; corolle très grande, violette, campanulée; étamines réfléchies-arquées, se contournant après l'émission du pollen; disque hypogyne à 5 lobes; capsule obovale à 3-5 loges polyspermes; cette espèce est cultivée pour couvrir les tonnelles et orner les terrasses et les fenêtres. — Les genres *Polemonium*, *Phlox* et *Cobœa* appartiennent à la famille des *Polémoniacées*

LIII. CONVOLVULACÉES.

(CONVOLVULI Juss. gen. 132, *part.*)

Fleurs hermaphrodites, *régulières*. — Calice à 5 sépales inégaux, soudés à la base, persistant, à préfloraison imbriquée. — Corolle hypogyne, gamopétale, campanulée-infundibuliforme ou hypocratériforme, à limbe indivis à 5 plis, plus rarement à 5 lobes, à préfloraison plissée-tordue, s'enroulant en dedans après la floraison, caduque. — *Étamines* 5, insérées à la base de la corolle, alternes avec ses lobes. Anthères bilobées, introrses. — *Ovaire* libre, entouré à sa base d'un disque annulaire charnu, *à 2-4 carpelles*, *à 2-4 loges* complètes ou incomplètes, *bi-ovulées ou uni-ovulées*. Ovules dressés, réfléchis. Style filiforme. Stigmates 2-4, libres ou soudés.— Fruit capsulaire-membraneux, à 2-3-4 loges bispermes ou monospermes, indéhiscent, ou déhiscent à valves se détachant des cloisons qui persistent sur le réceptacle (déhiscence septifrage). — Graines dressées, ord. trigones assez grosses. Périsperme mince, mucilagineux. Embryon plié ou courbé. *Cotylédons foliacés, chiffonnés*. Radicule dirigée vers le hile.

Plantes annuelles ou vivaces ord. herbacées, contenant un suc âcre ord. lactescent. Tiges ord. volubiles. Feuilles alternes, pétiolées, simples, souvent hastées ou cordiformes; stipules nulles. Fleurs ord. grandes, solitaires ou réunies 2-4 à l'extrémite de pédoncules axillaires.

{ Bractées très petites, éloignées de la fleur. . . . CONVOLVULUS (I.)
{ Bractées foliacées, recouvrant le calice. . . . . . CALYSTEGIA. (II)

I. CONVOLVULUS. (L. gen. n. 215, *part.*)

Calice à 5 sépales. Corolle infundibuliforme-campanulée, à 5 plis. Étamines 5, plus courtes que la corolle. Style filiforme. Stigmates 2. Capsule indéhiscente, biloculaire ou incomplètement biloculaire, à loges bispermes ou monospermes par avortement.

Plante vivace. Feuilles hastées. *Pédoncules munis de 2 bractées* étroites *éloignées de la fleur*. Fleurs d'un blanc rosé.

1. C. ARVENSIS. (L. sp. 218.) — Engl. bot. t. 312. (vulg. *Liseron-des-champs.*)

Souche longuement traçante, grêle, rameuse. Tiges de 2-8 décimètr., grêles, couchées ou volubiles, glabres ou pubescentes. *Feuilles* pétiolées, *hastées*, ovales ou lancéolées obtuses, à oreillettes ord. dressées sur la feuille. Pédoncules axillaires uniflores, plus rarement bi-triflores, munis de 2 bractées linéaires très petites éloignées de la fleur, ord. plus longs que la feuille. Pédicelles fructifères recourbés. Calice à divisions suborbiculaires, scarieuses aux bords. Corolle blanche ou rosée, présentant en dehors 5 bandes longitudinales plus foncées. Capsule ovoïde-subglobuleuse terminée en pointe. Graines tuberculeuses. ♃. Mai-septembre.

C.C.C. — Champs en friche, terrains cultivés, bords des chemins.

Le *C. tricolor* L. (vulg. *Belle-de-jour*) est cultivé dans les parterres, il se distingue à sa racine annuelle, à ses tiges non volubiles, à ses feuilles oblongues-obovales, et à sa corolle bleue dans sa partie supérieure et jaune à la gorge

L'*Ipomæa purpurea* Roth (Convolvulus purpureus L. — vulg. *Volubilis*) est fréquemment cultivé pour couvrir les palissades et les tonnelles, cette espèce se reconnaît aux caractères suivants racine annuelle, tiges volubiles, feuilles cordées, fleurs réunies 2-3 au sommet des pédoncules; corolle bleue, rose ou blanche; pédicelles fructifères très renflés, réfléchis, calice à sépales lancéolés, hérissés à la base, dépassant longuement la capsule; capsule à 3 loges bispermes, à 3 valves qui se détachent des cloisons à la maturité.

II. CALYSTEGIA. (R. Brown, prodr. 483.)

Calice à 5 sépales, *recouvert par* 2 plus rarement 4 *bractées foliacées.* Corolle infundibuliforme-campanulée, à 5 plis. Étamines 5, plus courtes que la corolle. Style filiforme. Stigmates 2. Capsule indéhiscente, uniloculaire ou incomplètement biloculaire, 3-4-sperme.

Plante vivace. Feuilles cordées-subsagittées. Fleurs blanches.

1. C SEPIUM. (R. Brown, *loc. cit.*) — Convolvulus sepium. L sp. 218 — Engl bot. t. 313. (vulg. *Liseron-des-haies.*)

Souche longuement traçante, rameuse. Tiges atteignant souvent plusieurs mètres de longueur, grêles, volubiles, glabres ou presque glabres. Feuilles pétiolées, ovales-acuminées, cordées-subsagittées, à lobes obliquement tronqués sinués ou lâchement dentés. Pédoncules axillaires, uniflores, munis immédiatement au-dessous de la fleur de 2 plus rarement 4 bractées foliacées ovales-cordées plus longues que le calice. Calice à divisions ovales-lancéolées. Corolle très grande, d'un beau blanc. Capsule subglobuleuse. ♃. Juin-octobre.

C.C — Haies ombragées, buissons, bord des eaux.

LIV. CUSCUTÉES.

(CONVOLVULACEÆ, trib. Cuscutineæ. Link, handb. I. 594.

Fleurs hermaphrodites, *régulières.* — Calice gamosépale, à 4-5 divisions, persistant, à préfloraison imbriquée. — Corolle hypogyne, gamopétale, campanulée ou urcéolée, à limbe 4-5-fide, à préfloraison imbriquée, marcescente. — Étamines 4-5, insérées au tube de la corolle et alternes avec ses lobes. Anthères bilobées, introrses. — Écailles pétaloïdes, insérées au tube de la corolle au-dessous des étamines auxquelles elles sont opposées. — Ovaire à 2 carpelles, à 2 loges bi-ovulées. Ovules dressés, réfléchis. Styles 2, libres, plus rarement soudés. Stigmates 2, linéaires ou capités. — *Fruit* capsulaire-membraneux, à 2 loges bispermes ou monospermes par avortement, *à déhiscence circulaire* (pyxide). — Graines dressées, ord. anguleuses. *Embryon* filiforme, *dépourvu de cotylédons, enroulé en spirale autour d'un périsperme charnu-succulent.* Radicule dirigée vers le hile.

Plantes annuelles, *parasites, dépourvues de feuilles.* Tiges filiformes ou capillaires, volubiles, se fixant par des suçoirs sur les tiges des plantes autour desquelles elles s'enroulent, se ramifiant au niveau des glomerules de fleurs, plus rarement simples. Fleurs sessiles, plus rarement pédicellées, munies chacune d'une bractée à leur base, ord. disposées en glomerules espacés le long de la tige.

I. CUSCUTA. (Tournef. inst. t. 422.)

Calice 5-fide, plus rarement 4-fide. Corolle campanulée ou urcéolée, à 5 plus rarement 4 lobes, munie en dedans au dessous de l'insertion des étamines d'écailles pétaloïdes minces laciniées. Styles 2, libres ou soudés. Stigmates linéaires, plus rarement capités. Capsule biloculaire, à loges bispermes, à déhiscence circulaire.

Tiges filiformes ou capillaires, de longueur très variable. Fleurs d'un blanc rosé ou d'un blanc verdâtre, disposées en glomerules multiflores subglobuleux sessiles.

1 { Styles beaucoup plus longs que l'ovaire; tube de la corolle fermé par des écailles conniventes . . . . *C. Epithymum.*
  { Styles plus courts que l'ovaire; écailles appliquées sur le tube de la corolle. 2.

2 { Tige simple ou à peine rameuse; calice non prolongé en un tube cylindrique au-dessous de l'ovaire . . . . *C. densiflora.*
  { Tige rameuse; calice prolongé au-dessous de l'ovaire en un tube charnu très épais presque cylindrique . . . . *C. major.*

1. C. EPITHYMUM. (Murray in L. syst. veg. 167.) — Illustr. Fl. Par. t. 14. A. — C. minor. D.C. fl. Fr. III. 644. (vulg *Teigne.*)

Tige capillaire, très rameuse, ord. rougeâtre ou d'un rouge pourpre. Calice campanulé. Corolle campanulée, à lobes étalés, brièvement acuminés égalant environ la longueur du tube. Étamines saillantes hors du tube de la corolle. *Écailles* très développées, *conniventes fermant le tube de la corolle. Styles beaucoup plus longs que l'ovaire.* Stigmates linéaires d'un rouge foncé. ①. Juillet-août.

C. — Prairies artificielles, bruyères.—Parasite sur le *Trifolium pratense*, le *Medicago sativa*, le *Thymus Serpyllum*, le *Sarothamnus scoparius*, et plusieurs *Erica*, etc.

2. C. DENSIFLORA. (Soy. Willm. mém. soc. linn. Par. I. 26 et IV. 280.)—Illustr. fl. Par. t. 14 B. — C. Epilinum. Weih. prodr. fl. Monast.

Tige filiforme, *simple ou à peine rameuse*, d'un jaune verdâtre. Fleurs un peu cohérentes entre elles à la base. Calice campanulé-urcéolé, à divisions concaves, charnues, très épaisses. Corolle urcéolée-subglobuleuse, à lobes dressés ou étalés, environ plus courts de moitié que le tube. Écailles très minces, appliquées sur le tube de la corolle. *Styles plus courts que l'ovaire.* Stigmates linéaires-oblongs, jaunâtres. ①. Juillet-août.

R.R. — Champs de lin. — Le Bouchet près Mennecy (*Maire*). Parnes près Magny! (*Bouteille*).

3. C. MAJOR. (D.C. fl. Fr. III. 644.) — Illustr. fl. Par. t. 14. C. — C. Europæa. L. sp. 180, *excl.* var. *β*.

Tige filiforme, *rameuse*, d'un jaune verdâtre, plus rarement rougeâtre. *Calice* campanulé, *prolongé au-dessous de l'ovaire en un tube charnu très épais presque cylindrique* soudé intimement avec le prolongement de l'axe qui supporte l'ovaire. Corolle campanulée, à tube renflé, à lobes étalés, plus courts que le tube. Écailles très minces, appliquées sur le tube de la corolle. *Styles plus courts que l'ovaire.* Stigmates linéaires-oblongs, jaunâtres. ①. Juin-août.

R. — Lieux incultes, buissons. — Parasite sur l'*Urtica dioica*, l'*Humulus Lupulus*, le *Vicia sativa*, etc. — Choisy-le-Roi (*Tulasne*) Montmorency! Aumont près Senlis! Fleurines! Montgresin près Morfontaine! Thury-en-Valois (*Questier*). Marguy et St-Sauveur près Compiègne (*Leré*).

LV. BORRAGINÉES.

(BORRAGINEÆ. Juss. gen. 128, *part.*)

Fleurs hermaphrodites, presque régulières, rarement irrégulières, à préfloraison imbriquée. — Calice à 5 sépales soudés à la base ou dans une grande partie de leur longueur, persistant. — *Corolle* caduque, hypogyne, gamopétale, *presque régulière*, rarement irrégulière, tubuleuse, infundibuliforme, hypocratériforme, campanulée ou rotacée, rarement subbilabiée; à limbe 5-denté, 5-fide ou 5-partit; à gorge glabre ou velue, lisse ou plissée, nue ou munie d'écailles entières ou bilobées glabres ou velues ord. opposées aux lobes de la corolle et fermant souvent le tube. — *Étamines* 5, insérées au tube ou à la gorge de la corolle, alternes avec ses divisions, incluses, plus rarement exsertes. Anthères bilobées, introrses. — Ovaire composé de 4 carpelles uniovulés, libres, plus rarement adhérents entre eux, insérés sur le réceptacle ord. très développé-charnu, ou sur une colonne centrale constituée par le style qui s'épaissit ord. à sa base en se soudant avec le prolongement du réceptacle. Ovule suspendu, réfléchi. Styles naissant à la base ou au côté interne des carpelles, soudés en un *style indivis* quelquefois bifide au sommet. Stigmate indivis ou lobé. — *Fruit composé de 4 carpelles* secs ord. osseux, *libres*, plus rarement adhérents entre eux, *monospermes*, *indéhiscents*; carpelles s'insérant sur le réceptacle par leur extrémité inférieure qui est tronquée ou qui présente un rebord circonscrivant une cavité dans laquelle est fixée une masse charnue (base accrue du style?) qui est logée dans une fossette correspondante du réceptacle, ou s'insérant sur la colonne centrale par leur côté interne et dépourvus de rebord au niveau de l'insertion. — Graine suspendue, quelquefois oblique ou horizontale par suite de l'inégalité de développement des deux côtés du carpelle. Périsperme nul. Embryon ord. droit. Radicule dirigée vers le hile.

Plantes annuelles ou vivaces, herbacées, plus rarement ligneuses, à suc aqueux souvent mucilagineux, ord. chargées de poils raides portés sur des soulèvements de l'épiderme. *Feuilles alternes*, rarement rapprochées par 2-3-4, ord. entières; stipules nulles. *Fleurs* ord. *disposées* sur 2 rangs *en grappes* dressées, unilatérales, *enroulées en crosse avant l'épanouissement* (grappes scorpioïdes).

TRIBU I. ANCHUSEÆ. — Carpelles distincts dans toute leur longueur, insérés au fond du calice par leur extrémité inférieure qui présente une surface plane ou un rebord plus ou moins saillant.

TRIBU II. CYNOGLOSSEÆ. — Carpelles étroitement rapprochés au sommet, insérés sur la colonne centrale par une surface latérale plane ou presque plane.

1 { Corolle à gorge glabre ou velue, dépourvue d'écailles. . . . . 2.
  { Corolle à gorge munie d'écailles qui ferment ord. le tube . . . . 5.

2 { Corolle à limbe subbilabié, longuement dépassée par les étamines. . . . . ECHIUM. (VIII.)
  { Corolle à limbe presque régulier; étamines incluses . . . . 3.

3 { Calice 5-fide, tubuleux-campanulé. . . . . PULMONARIA. (VII.)
  { Calice partagé presque jusqu'à la base en 5 divisions . . . . 4.

4 { Carpelles libres entre eux; corolle ne présentant pas de dent entre les lobes. . . . . LITHOSPERMUM. (VI.)
  { Carpelles soudés entre eux par leur angle interne; corolle présentant une dent entre chaque lobe. . . . . HELIOTROPIUM. (XII.)

5 { Filets des étamines donnant naissance en arrière à un appendice linéaire charnu; corolle à lobes aigus . . . . BORRAGO. (I.)
Filets des étamines dépourvus d'appendice; corolle à lobes obtus ou émarginés. . . . . 6.

6 { Calice fructifère irrégulier, comprimé en 2 valves planes anguleuses-sinuées appliquées l'une sur l'autre. . . . . ASPERUGO. (XI.)
Calice fructifère régulier. . . . . 7.

7 { Carpelles chargés d'épines crochues. . . . . 8.
Carpelles lisses ou rugueux, dépourvus d'épines. . . . . 9.

8 { Carpelles triquètres, soudés à la colonne centrale dans toute la longueur de leur angle interne; style grêle, court, marcescent ou caduc . . . . ECHINOSPERMUM. (IX.)
Carpelles déprimés, soudés à la colonne centrale seulement dans la partie supérieure de leur face interne; style robuste, long, persistant . . . . CYNOGLOSSUM. (X.)

9 { Gorge de la corolle à écailles lancéolées-subulées . . SYMPHYTUM. (IV.)
Gorge de la corolle à écailles courtes obtuses ou émarginées. . . . . . 10.

10 { Corolle à tube courbé. . . . . LYCOPSIS. (III.)
Corolle à tube droit . . . . 11.

11 { Carpelles présentant à leur extrémité inférieure un rebord très saillant. . . . . ANCHUSA. (II.)
Carpelles à surface basilaire presque plane . . . . 12.

12 { Corolle à gorge fermée par les écailles. . . . . MYOSOTIS. (V.)
Corolle à gorge ouverte. . . . . LITHOSPERMUM. (VI.)

TRIBU I. ANCHUSEÆ. — Carpelles distincts dans toute leur longueur, insérés au fond du calice par leur extrémité inférieure qui présente une surface plane ou un rebord plus ou moins saillant.

† I. BORRAGO. (Tournef. inst. t. 53.)

Calice 5-partit. *Corolle* rotacée, *à limbe 5-partit*, *à divisions ovales-acuminées* étalées, *à gorge munie de 5 écailles* courtes épaisses émarginées. Etamines longuement saillantes au-dessus du tube de la corolle, conniventes rapprochées en cône; *filets* très courts, charnus, *donnant naissance* en dehors *à un* long *appendice linéaire* charnu dressé; anthères linéaires-lancéolées. Carpelles tuberculeux, à rebord basilaire très saillant.

Plante annuelle, fortement hérissée. Fleurs assez grandes, longuement pédicellées, en grappes rapprochées en corymbes lâches.

† 1. B. OFFICINALIS. (L. sp. 197.) — Engl. bot. t. 36. (vulg. *Bourrache.*)

Tige de 3-6 décimètr., épaisse-succulente, dressée, très rameuse, hérissée de longs poils raides. Feuilles hérissées, ciliées, un peu bosselées, ovales-aigues ou oblongues; les inférieures ord. très amples, atténuées en un long pétiole, irrégulièrement crenelées; les supérieures rétrécies au-dessus de la base qui s'élargit pour embrasser la tige. Pédicelles s'allongeant beaucoup et se courbant au sommet après la floraison. Fleurs bleues ou roses, plus rarement blanches, à anthères noires et à appendices des filets d'un violet foncé. Calice à divisions linéaires, très hérissées, conniventes après la floraison. Carpelles noirs à la maturité, fortement tuberculeux, à tubercules disposés en lignes regulières. (1). Juin-octobre.

Cultivé dans les jardins. Fréquemment subspontané dans le voisinage des habitations.

II. ANCHUSA. (L. gen. n. 182, *part.*)

Calice 5-fide ou 5-partit. *Corolle* hypocratériforme ou infundibuliforme, *à tube droit*, à limbe 5-partit, *à divisions obtuses* un peu inégales, *à gorge munie de 5 écailles obtuses* laciniées plus rarement entières. Étamines incluses ou saillantes au-dessus du tube de la corolle. *Carpelles* rugueux ou tuberculeux, *à rebord basilaire saillant.*

Plantes bisannuelles ou vivaces, hérissées. Fleurs en grappes terminales souvent disposées en corymbes.

Feuilles inférieures lancéolées ou oblongues, insensiblement atténuées en pétiole; calice à divisions linéaires très allongées . . . . *A. Italica.*
Feuilles radicales ovales-aigues ou ovales-acuminées, très amples, pétiolées; calice à divisions ovales-lancéolées . . . . . *A. sempervirens.*

1. A. ITALICA. (Retz, obs I 12.) — A. azurea. Rchb. ic. f. 1229. (vulg. *Buglosse.*)

Tige de 5-10 décimètr., dressée, rameuse, hérissée de poils raides. *Feuilles* hérissées, ciliées, *lancéolées ou oblongues*, ord. ondulées; *les inférieures insensiblement atténuées en pétiole*, les supérieures sessiles. *Fleurs* assez grandes, bleues ou rosées, très rarement blanches, *disposées en grappes feuillées terminales.* Bractées linéaires-lancéolées. Calice 5-partit, à divisions linéaires très allongées fortement hérissées, égalant ou dépassant le tube de la corolle. Corolle hypocratériforme; *écailles de la gorge décomposées* à la face interne et aux bords *en lanières filiformes.* ②. Mai-août.

A.R. — Coteaux calcaires, champs pierreux, moissons. — Bois de Boulogne! St-Maurice! Corbeil! Malesherbes!, etc.

† 2. A. SEMPERVIRENS. (L. sp. 192.) — Lob. ic. 755. f. 2.

Tiges de 8-15 décimètr., dressées, simples donnant naissance aux pédoncules dans leur partie supérieure, hérissées. *Feuilles* pubescentes à peine rudes, *ovales-aigues ou ovales-acuminées*, quelquefois tachées de blanc, *les radicales* très amples, *pétiolées*, les caulinaires espacées, brièvement pétiolées, ou les supérieures sessiles. *Fleurs* assez petites, ord. bleues, *réunies presque en tête au sommet de* longs pédoncules axillaires; *pédoncules* grêles, *nus* dans toute leur longueur et ne portant de bractées qu'au niveau des fleurs. Bractées ovales-lancéolées. Calice 5-partit, à divisions ovales-lancéolées, fortement hérissées, dépassant le tube de la corolle. Corolle hypocratériforme à tube court. Écailles de la gorge poilues. ♃. Mai-juin.

R. — Naturalisé dans les haies aux environs des villages. — Issy (*Des Étangs*). Env. de Versailles. Les Boves près Magny (*Bouteille*).

III. LYCOPSIS. (L. gen. n. 190, *part.*)

Calice 5-partit. *Corolle* infundibuliforme, *à tube courbé*, à limbe 5-partit à divisions inégales, *à gorge munie de 5 écailles* poilues. Étamines insérées à la base du tube de la corolle au niveau de son incurvation; filets très courts. *Carpelles* rugueux, *à rebord basilaire* épais *très saillant, graine presque horizontale.*

Plante annuelle, hérissée. Fleurs assez petites, en grappes terminales.

1. L. ARVENSIS. (L. sp. 199.) — Engl. bot. t. 938.

Tige de 2-5 décimètr., dressée, rameuse, hérissée de poils raides. Feuilles hérissées, ciliées, lancéolées ou oblongues-linéaires, aigues ou obtuses, sinuées-ondulées; les inférieures insensiblement atténuées à la base; les supérieures sessiles semi-amplexicaules. Fleurs bleues, très rarement blanches ou roses. Feuilles florales plus longues que le calice. Calice à divisions lancéolées, beaucoup plus courtes que le tube de la corolle, s'accroissant beaucoup après la floraison. ①. Mai-octobre.

C.C. — Champs, moissons, lieux cultivés, bords des chemins.

IV. SYMPHYTUM. (Tournef. inst. t. 56.)

Calice profondément 5-fide. *Corolle tubuleuse, à limbe campanulé-urcéolé* 5-lobé, *à gorge munie de* 5 *écailles lancéolées-subulées conniventes en cône*. Étamines incluses. *Carpelles* rugueux, *à rebord basilaire saillant*, épais, plissé.

Plante vivace, hérissée. Fleurs assez grandes, penchées, disposées au sommet de la tige en grappes courtes terminales et latérales.

1. S. OFFICINALE. (L. sp. 195.) — Engl. bot. t. 817 (vulg. *Grande-Consoude.*)

Souche épaisse, charnue, rameuse. Tiges de 6-9 décimètr., dressées, robustes, anguleuses-ailées, hérissées de poils réfléchis. Feuilles rudes, pubescentes; les radicales très amples, ovales-aiguës ou ovales-lancéolées, longuement pétiolées; les caulinaires lancéolées, à limbe décurrent au moins dans la longueur d'un entre-nœud. Corolle blanchâtre, jaunâtre ou violacée, à lobes triangulaires courts réfléchis en dehors. Écailles incluses. Anthères plus longues que le filet. ♃. Mai-juin, refleurit en automne.

C. — Prairies humides, fossés, bord des eaux.

V. MYOSOTIS. (L. gen. n. 180.)

Calice 5-fide ou 5-partit. *Corolle* hypocratériforme ou presque rotacée, à tube court ou dépassant le calice, à limbe 5-fide présentant 5 plis alternant avec les lobes, *à lobes arrondis* au sommet ou émarginés, *à gorge fermée par* 5 *écailles* convexes *obtuses* presque glabres. Étamines incluses. *Carpelles* lisses luisants, un peu comprimés, à bord tranchant, convexes sur le dos, un peu carénés à la face interne, *à surface basilaire étroite presque plane*.

Plantes annuelles ou vivaces, pubescentes, velues ou hérissées. Feuilles radicales ord. disposées en rosette. Fleurs ord. petites, disposées en grappes qui terminent la tige et les rameaux.

1 { Calice à poils courts tous apprimés. . . . . *M. palustris.*
  { Calice hérissé dans sa moitié inférieure de poils crochus étalés ou réfléchis. 2.

2 { Calice fructifère ouvert. . . . . *M. hispida.*
  { Calice fructifère fermé par le rapprochement de ses lobes. . . . . . . 3.

3 { Pédicelles fructifères étalés, les inférieurs environ deux fois plus longs que le calice. . . . . *M. intermedia*
  { Pédicelles fructifères dressés ou presque dressés, plus courts que le calice. 4.

4 { Corolle bleue, à tube ne dépassant pas les lobes du calice. . *M. stricta.*
  { Corolle d'abord jaune, puis rougeâtre et enfin bleue, à tube dépassant longuement les lobes du calice. . . . . *M. versicolor*

SECT. I. PALUDOSÆ. — Calice à poils courts tous apprimés

1. M. PALUSTRIS. (Withering, arr. Brit. II 225.) — (vulg. *Ne-m'oubliez-pas*, *Vergissmeinnicht.*)

Souche rampante, ou tronquée oblique ou verticale donnant naissance à un grand nombre de fibres. Tiges de 1-6 décimètr., couchées-radicantes à la base, ou dressées non radicantes, anguleuses dans leur partie inférieure ou presque cylindriques, ord. très rameuses, presque glabres ou légèrement pubescentes. Feuilles pubescentes-rudes, oblongues ou lancéolées, aiguës ou obtuses; les radicales atténuées en pétiole. *Calice* 5-denté ou 5-fide, *à poils apprimés*. Corolle assez grande, d'un bleu pâle, à gorge jaune, à limbe plan. ② ou ♃. Mai-juillet.

C. — Bords des rivières, fossés, marais, prairies humides.

var. α. *vulgaris*. (Illustr. fl. Par. t. 15. f. 1-2.) — Souche longuement rampante. Tiges couchées-radicantes à la base, robustes, anguleuses. Feuilles rapprochées, les supérieures oblongues-lancéolées. Fleurs rapprochées, en grappes assez courtes. Corolle assez grande, à lobes émarginés. Style atteignant presque l'extrémité des dents du calice. Calices fructifères étroits à la base, 5-dentés, à dents triangulaires, à pédicelles ord. assez courts. ♃. — Bords des rivières et des ruisseaux, fossés.

var. β. *strigulosa*. (M. strigulosa. Rchb. fl. Germ. exc. 342.) — Souche verticale, courte, tronquée, donnant naissance à un grand nombre de fibres. Tiges dressées, anguleuses dans leur partie inférieure. Feuilles rapprochées, les supérieures oblongues-lancéolées. Fleurs rapprochées, en grappes allongées. Corolle à lobes émarginés ou entiers. Style court ou atteignant presque l'extrémité des dents du calice. Calices fructifères étroits à la base, 5-dentés, à dents triangulaires ou triangulaires-lancéolées, à pédicelles ord. assez courts. ②. — Lieux desséchés, fossés.

var. γ. *cæspitosa*. (Illustr. fl. Par. t. 15. f. 3-4. — M. cæspitosa. Schultz, fl. starg. supp. 11. — M. lingulata. Rœm et Schult. syst. veg. IV. 780.) — Souche courte, tronquée, verticale ou oblique, donnant ord. naissance à un grand nombre de fibres. Tiges dressées, assez grêles, cylindriques, à rameaux diffus. Feuilles molles, espacées, la plupart oblongues-allongées obtuses. Fleurs espacées, en grappes allongées. Corolle à lobes non émarginés. Style court. Calices fructifères à base large, 5-fides, à divisions oblongues-lancéolées, à pédicelles ord. très longs. ② — Lieux marécageux, marais tourbeux.

s.v. — *pusilla*. — Plante très grêle ne dépassant pas quelques centimètres.

SECT. II. SYLVATICÆ. — Calice hérissé dans sa moitié inférieure de poils recourbés en crochet, étalés ou réfléchis.

2. M. HISPIDA. (Schlecht. mag. naturf. Berl VIII. 229.) — Illustr. fl. Par. t. 15. f. 5-6-7. — M. collina. Rchb. fl. Germ. excurs. 341.

Plante annuelle. Tiges ord. nombreuses rapprochées en touffe, de 1-2 décimètr., grêles, dressées, ou ascendantes, quelquefois légèrement flexueuses, simples ou peu rameuses à rameaux allongés, velues, hérissées dans leur partie inférieure. Feuilles pubescentes-velues, oblongues ou obovales; les radicales atténuées en pétiole. *Pédicelles* fructifères espacés, *étalés*, ord. à peine plus longs que le calice. *Calice* 5-fide, hérissé dans sa moitié inférieure de poils recourbés en crochet, le *fructifère ouvert* (1). Corolle petite, bleue, à gorge jaune, à limbe concave, à tube ne dépassant pas les lobes du calice. ①. Avril-juin.

C.C. — Bords des chemins, champs en friche, lieux secs ou sablonneux.

3. M. INTERMEDIA. (Link, en hort Berol I. 164.) — Illustr. fl. Par. t. 15. f. 8-9.

Plante bisannuelle, plus rarement annuelle. Tiges solitaires ou plus ou moins nombreuses, de 2-6 décimètr., ord. dressées, assez robustes, simples ou rameuses à rameaux allongés, velues-hérissées surtout dans leur partie inférieure. Feuilles d'un vert sombre, velues, lancéolées ou oblongues; les radicales oblongues ou obovales, atténuées en pétiole. *Pédicelles* fructifères espacés, *étalés*, *les inférieurs environ deux fois plus longs que le calice*. *Calice* profondément 5-fide, hérissé dans sa moitié inférieure de poils recourbés en crochet, le *fructifère fermé* par le rapprochement des lobes. *Corolle* assez petite, bleue, à gorge jaune, à limbe concave, *à tube ne dépassant pas les lobes du calice*. ① ou ②. Mai-septembre.

C.C. — Bords des chemins, clairières des bois, champs en friche, lieux cultivés.

(1) Les calices, se déformant par la compression, doivent être étudiés sur la plante vivante.

4. M. STRICTA. (Link, en. hort. Berol. I. 164, *part.*) — Illustr. fl. Par. t. 15. f. 10

Plante annuelle. Tiges ord. nombreuses rapprochées en touffe, de 1-2 décimètr., velues-hérissées, dressées ou ascendantes, raides, simples ou rameuses à rameaux effilés dressés, ord. florifères presque dès la base. Feuilles velues, oblongues ou obovales; les radicales atténuées en pétiole. *Pédicelles fructifères, dressés, plus courts que le calice. Calice* profondément 5-fide, hérissé dans sa moitié inférieure de poils recourbés en crochet, le *fructifère fermé* par le rapprochement des lobes. *Corolle* très petite, bleue, à limbe concave, *à tube ne dépassant pas les lobes du calice.* Étamines ord. insérées vers le milieu de la hauteur du tube. ①. Avril-juin.

A.C. — Lieux sablonneux ou pierreux, vieux murs couverts en chaume, coteaux arides. — Bois de Boulogne! St-Maur! Forêt de Senart! Mennecy! Lardy! Forêt de Fontainebleau! Dourdan, etc.

5. M. VERSICOLOR. (Rchb. in am-en. Dresd. I. 25) — Illustr. flor. Par. t. 15. f. 11-12.

Plante annuelle. Tiges solitaires ou peu nombreuses, de 1-3 décimètr., velues, dressées, plus rarement ascendantes flexueuses, simples ou rameuses à rameaux allongés. Feuilles couvertes de longs poils, oblongues ou obovales; les radicales atténuées en pétiole. *Pédicelles fructifères* presque dressés, *plus courts que le calice.* Calice profondément 5-fide, hérissé dans sa moitié inférieure de poils recourbés en crochet, le fructifère fermé par le rapprochement des lobes. *Corolle* petite, *d'abord jaune, puis rougeâtre et enfin bleue*, à limbe concave, *à tube dépassant longuement les lobes du calice.* Étamines ord. insérées au sommet du tube. ①. Avril-juin.

C. — Lieux sablonneux, champs en friche, bords des chemins.

VI. LITHOSPERMUM. (Tournef. inst. t. 55.)

Calice 5-partit, à divisions linéaires. Corolle infundibuliforme; *à limbe* presque *régulier*, 5-fide; à *gorge ouverte*, munie d'écailles très petites ou indistinctes soudées avec la corolle et constituant alors 5 lignes pubescentes. Étamines incluses. *Carpelles* lisses ou rugueux, *à surface basilaire presque plane.*

Plantes annuelles ou vivaces, velues ou pubescentes-rudes. Fleurs disposées en grappes feuillées.

1 { Carpelles rudes-tuberculeux, d'un gris ou d'un brun mat. . *L. arvense.*
1 { Carpelles lisses, luisants, d'un beau blanc. . . . . 2.

2 { Feuilles à nervures moyenne et latérales très saillantes à la face inférieure, corolle petite, blanchâtre . . . . *L. officinale.*
2 { Feuilles à nervure moyenne seule saillante; corolle grande, d'un beau bleu. . . . . *L. purpureo-cæruleum.*

1. L. ARVENSE. (L. sp. 189.) — Engl. bot. t. 123.

Plante annuelle, d'un vert grisâtre. Tige de 2-5 décimètr., raide, dressée, peu rameuse ou presque simple, pubescente-rude. Feuilles couvertes de poils raides apprimés, lancéolées, à nervure moyenne seule saillante; les inférieures oblongues, atténuées en pétiole. Corolle petite, blanche, très rarement rose ou bleue, dépassant peu le calice, velue extérieurement, à gorge présentant 5 lignes pubescentes. *Carpelles* brunâtres, *rudes-tuberculeux.* ①. Mai-juillet.

C — Bords des chemins, champs en friche.

var. β. *cœruleum.* (L. medium. Chevall. fl. Par. II. 489.) — Fleurs bleues — *R.R.* — Grenelle. Beauvais près Mennecy (*Maire*).

2. L. OFFICINALE (L. sp. 189.) — Engl. bot. t. 134. (vulg. *Grémil officinal*, *Herbe-aux-perles.*)

Plante vivace. Tiges de 4-8 décimètr., robustes, raides, rameuses, pubescentes-rudes. *Feuilles* couvertes de poils raides apprimés, d'un vert pâle en dessous, oblongues-acuminées ou lancéolées, *à nervures moyenne et latérales très saillantes* à la face inférieure; les inférieures ord. détruites lors de la floraison. Corolle petite, blanchâtre, dépassant un peu le calice, pubescente extérieurement, à gorge présentant 5 écailles très petites pubescentes. *Carpelles lisses*, *luisants*, d'un beau blanc. ♃. Mai-juillet.

C. — Bords des chemins, lisière des bois, lieux incultes.

3. L. PURPUREO-CÆRULEUM. (L. sp. 190.) — Engl. bot. t. 117.

Souche épaisse, presque ligneuse. *Tiges* les unes florifères, les autres stériles; les florifères de 3-6 décimètr., dressées, simples ou rameuses supérieurement; les *stériles* simples effilées, *couchées*, ord. plus longues que les florifères. *Feuilles* pubescentes-rudes, d'un vert foncé en dessus, d'un vert pâle en dessous, oblongues-lancéolées aiguës atténuées à la base, *à nervure moyenne seule saillante;* les inférieures ord. détruites lors de la floraison. *Corolle grande*, *d'un beau bleu*, *dépassant longuement le calice*, pubescente extérieurement, à gorge légèrement pubescente. *Carpelles lisses*, *luisants*, d'un beau blanc. ♃. Mai-août.

A.R. — Clairières des bois montueux, buissons des coteaux incultes. — Forêt de Rougeaux! Côte de Champagne! Malesherbes! Provins (*Des Étangs*). Vanteuil près la Ferté-sous-Jouarre (*Adr. de Jussieu*). Luzarches (*De Lens*). Ammenucourt près La Roche-Guyon! Champlieu près Compiègne (*Leré*). Forêt de La Neuville-en-Hez (*Graves*). Thury-sous-Clermont (*Delacourt*).

VII. PULMONARIA. (Tournef. inst. t. 55.)

Calice tubuleux-campanulé, 5-fide, à 5 angles. *Corolle* infundibuliforme, à limbe 5-fide, à lobes suborbiculaires, *à gorge dépourvue d'appendices* présentant 5 faisceaux de poils. Étamines incluses. Carpelles lisses, à surface basilaire étroite entourée d'un rebord saillant.

Plante vivace, velue. Fleurs disposées en grappes courtes terminales.

1. P. ANGUSTIFOLIA (L. sp. 194.) — Engl. bot. t. 1628. (vulg. *Pulmonaire.*)

Souche épaisse, tronquée, donnant naissance à de longues fibres. Tiges de 1-4 décimètr., dressées ou ascendantes, quelquefois flexueuses, simples donnant naissance supérieurement aux rameaux de l'inflorescence, très velues à poils raides ou flexibles quelquefois glanduleux dans la partie supérieure de la plante. Feuilles mollement velues, souvent tachées de blanc à la face supérieure; les radicales disposées en fascicules ou en rosettes, ovales, oblongues ou lancéolées, atténuées en pétiole, souvent plus longues que les tiges; les caulinaires sessiles semi-amplexicaules, oblongues-aiguës ou lancéolées. Corolle grande, d'abord rouge, puis violette et enfin bleue, dépassant longuement le calice. Carpelles noirs, lisses, luisants. ♃. Avril-juin.

C.C. — Clairières des bois, buissons.

var. α. *vulgaris.* — Tiges de 1-3 décimètr. Feuilles radicales lancéolées très étroites, ord. non tachées, plus courtes que les tiges.

var. β. *longifolia.* (P. azurea. Bess. prim. fl. Galic. I. 150.) — Tiges de 2-4 décimètr. Feuilles radicales assez amples, lancéolées, insensiblement atténuées dans leur partie inférieure, tachées ou marbrées de blanc, souvent plus longues que les tiges.

var. γ. *latifolia.* (P. saccharata. Mill. Gaertn. lex. ed. germ. III. 702.) — Tiges de 2-4 décimètr. Feuilles radicales assez amples, ovales, brusquement atténuées en pétiole, tachées ou marbrées de blanc, ord. plus courtes que les tiges.

VIII. ECHIUM. (L. gen. n. 191.)

Calice 5-partit. *Corolle* infundibuliforme-campanulée, *à limbe subbilabié* 5-lobé à lobes inégaux, *à gorge nue*. Étamines à filets très longs, inégaux, réfléchis-ascendants, ord. longuement saillants hors de la corolle. Carpelles rugueux, à surface basilaire légèrement concave.

Plante bisannuelle, hérissée de poils raides piquants. Fleurs en grappes disposées en une panicule feuillée.

1. E. VULGARE. (L. sp. 200.) — Engl. bot. t. 181. (vulg. *Viperine.*)

Racine épaisse, pivotante. Tige de 3-8 décimètr., dressée, robuste, simple donnant naissance latéralement aux rameaux de l'inflorescence, chargée de poils raides presque piquants insérés sur des tubercules noirâtres. Feuilles radicales oblongues-lancéolées, atténuées inférieurement; les caulinaires lancéolées ou lancéolées-linéaires. Fleurs presque sessiles, disposées en grappes axillaires simples feuillées; grappes rapprochées en une vaste panicule racémiforme. Corolle bleue, plus rarement rose ou blanche, dépassant longuement le calice. Étamines et style longuement saillants hors de la corolle. Carpelles fortement rugueux. ②. Juin-septembre.

C. C. — Bords des chemins, lieux incultes, coteaux pierreux.

TRIBU II. CYNOGLOSSEÆ. — Carpelles étroitement rapprochés au sommet, insérés sur la colonne centrale par une surface latérale plane ou presque plane.

IX. ECHINOSPERMUM. (Swartz, *ex* Lehmann, Asperifol. I. 113.)

Calice 5-partit. Corolle hypocratériforme, à limbe 5-fide, à lobes obtus, à gorge fermée par 5 écailles convexes. Étamines incluses, à anthères presque sessiles. *Carpelles triquètres, soudés à la colonne centrale dans toute la longueur de leur angle interne, à face dorsale entourée d'épines.* Colonne centrale conique; style grêle, court, marcescent ou caduc.

Plante annuelle, poilue. Fleurs assez petites, disposées en grappes terminales feuillées.

1. E. LAPPULA. (Lehmann, Asperifol. 121.) — Cynoglossum Lappula. Scop. Carn. I. n. 192. — Myosotis Lappula. L. sp. 189. — Fl. Dan. t. 692.

Tige de 2-6 décimètr., dressée, raide, rameuse au sommet, à rameaux souvent divariqués, poilue. Feuilles pubescentes-velues, lancéolées étroites, ou oblongues-linéaires. Corolle bleue, à tube présentant à sa base 10 écailles très courtes rapprochées en anneau. Pédicelles fructifères dressés, plus courts que le calice. Carpelles brunâtres, à face dorsale granuleuse entourée d'une aile blanchâtre découpée en longues épines terminées par 2-4 crochets, à faces latérales présentant quelques épines plus courtes. ① ou ②. Juin-août.

A. C. — Bords des chemins, vignes, lieux pierreux, vieux murs. — Bois de Boulogne! Grenelle! St-Maur! St-Germain! etc.

X. CYNOGLOSSUM. (L. gen. n. 183.)

Calice 5-fide ou 5-partit. Corolle hypocratériforme ou presque rotacée, à limbe 5-fide, à lobes obtus, à gorge fermée par 5 écailles convexes. Étamines incluses. *Carpelles déprimés, chargés de tubercules épineux* sur toute leur surface, *soudés à la colonne centrale seulement dans la partie supérieure de leur face interne*, à bord épaissi. Colonne centrale conique; style robuste, long, persistant.

Plantes bisannuelles, mollement pubescentes. Fleurs disposées en grappes non feuillées axillaires et terminales.

Feuilles pubescentes-tomenteuses, grisâtres sur les deux faces; carpelles à épines de la face supérieure espacées. . . . . *C. officinale.*
Feuilles vertes, luisantes presque glabres en dessus; carpelles à épines rapprochées sur les deux faces et sur le bord. , . . . *C. montanum.*

1. C. OFFICINALE. (L. sp. 192.) — Engl. bot. t. 921, vulg. *Cynoglosse.*)

Tige de 3-8 décimètr., dressée, très feuillée, rameuse au sommet, mollement velue. *Feuilles pubescentes-tomenteuses, grisâtres sur les faces*, douces au toucher, exhalant par le frottement une odeur désagréable un peu musquée; les radicales et les inférieures oblongues-lancéolées, insensiblement atténuées en pétiole; les supérieures lancéolées souvent très étroites, sessiles semi-amplexicaules. Corolle d'un rouge violacé, très rarement blanche. Pédicelles fructifères plus longs que le calice. Calice couvert d'une pubescence soyeuse, à divisions obtuses, ovales ou ovales-lancéolées. *Carpelles à épines de la face supérieure espacées*, les épines du bord et de la face inférieure très rapprochées. ②. Mai-juillet.

C. — Bords des chemins, lieux pierreux et incultes.

2. C. MONTANUM. (Lam. fl. Fr. II. 277.) — C. sylvaticum. Haenk in Jacq. coll. II. 77. — Engl. bot. t. 1642.

Tige de 3-8 décimètr., dressée, à feuilles espacées, rameuse au sommet, hérissée de longs poils. *Feuilles vertes, luisantes presque glabres en dessus*, pubescentes-rudes en dessous; les radicales et les inférieures assez amples, ovales ou oblongues, contractées en un long pétiole; les supérieures oblongues-lancéolées, sessiles semi-amplexicaules. Corolle d'un bleu violet. Pédicelles fructifères plus courts que le calice. Calice vert, légèrement pubescent ou presque glabre, à divisions obtuses linéaires ou lancéolées. *Carpelles à épines rapprochées* sur les deux faces et sur le bord. ②. Juin-juillet.

R.R. — Lieux frais des bois montueux — Assez abondant à plusieurs localités de la forêt de Compiègne. St-Pierre! ; Vieux-Moulin, Pont des planchettes (*Leré*).

Le *C. pictum* Ait, qui est assez répandu dans le centre de la France et qui a été observé aux environs d'Orleans, se rapproche du *C. officinale* par la forme et la pubescence des feuilles et du calice, il s'en distingue par sa corolle d'un bleu pâle veinée de violet, et par ses carpelles chargés d'epines egalement rapprochees sur les deux faces et sur le bord.

Le genre *Omphalodes* est caractérisé par les carpelles déprimés, lisses, entourés supérieurement d'un rebord infléchi très saillant. — L'*O. verna* Mœnch. (Cynoglossum Omphalodes L. — vulg *Petite-Bourrache*) à feuilles radicales ovales-cordees presque glabres, à fleurs bleues en grappes courtes, est frequemment cultivé dans les jardins. — On cultive également, comme plante d'ornement, l'*O. linifolia* Mœnch. (C. linifolium L.) à feuilles glauques blanchâtres oblongues ou lancéolees attenuees à la base, à fleurs blanches disposées en grappes allongees.

XI. ASPERUGO. (Tournef. inst. t. 54.)

Calice 5-fide, à lobes triangulaires, présentant dans chaque sinus deux dents plus courtes que les lobes; le *fructifère très développé*, presque foliacé, *réticulé-veiné, comprimé en 2 valves planes sinuées-anguleuses appliquées l'une sur l'autre.* Corolle hypocratériforme, à limbe 5-fide, à lobes obtus, à gorge fermée par 5 écailles convexes. Étamines incluses. Carpelles comprimés latéralement, chagrinés, rapprochés par paires, soudés à la colonne centrale vers la partie supérieure de leur bord interne. Colonne centrale cylindrique-conique présentant des prolongements membraneux; style grêle, court, dépassé par le sommet des carpelles.

Plante annuelle, à tige chargée d'aiguillons réfléchis. Fleurs réunies 2-4 au niveau de chaque paire de feuilles.

1. A. PROCUMBENS. (L. sp. 198.) — Spenn. in Nees jun. gen. plant. fasc. XVII. t 2. (vulg. *Rapette.*)

Tige de 3-6 décimètr., anguleuse, ord. rameuse-dichotome dès la base, couchée-diffuse, chargée sur les angles d'aiguillons blanchâtres réfléchis. Feuilles hérissées, très rudes, oblongues atténuées à la base; les inférieures alternes; les supérieures rapprochées par 2 plus rarement par 4. Fleurs brièvement pédicellées, réunies 2-4 au niveau de chaque paire de feuilles, toutes dirigées du même côté de la tige dans le sens opposé à celui de la direction des feuilles. Pédicelles fructifères arqués-réfléchis. Corolle petite, d'un bleu violet, à tube présentant à sa base 10 écailles très courtes rapprochées en anneau. Carpelles très comprimés. ①. Mai-juillet.

A.R. — Bords des chemins herbeux, haies, lieux pierreux, décombres. — Bois de Boulogne! Grenelle! Abondant aux environs de St-Germain! Malesherbes!

XII. HELIOTROPIUM. (L. gen. n. 179.)

Calice 5-partit. *Corolle* hypocratériforme, à limbe 5-fide, à lobes obtus, à sinus présentant chacun un pli longitudinal qui se termine entre les lobes en une dent courte et se prolonge jusqu'à l'insertion des étamines, *à gorge nue* quelquefois barbue. Étamines incluses. Carpelles ovoïdes-triquètres, chagrinés, soudés à la colonne centrale par leur angle interne. *Colonne centrale* très grêle, présentant un renflement annulaire vers le sommet des carpelles, *se déchirant* à la maturité *en lanières adhérentes aux carpelles*; style grêle, assez long.

Plante annuelle, rude-pubérulente, d'un vert grisâtre. Fleurs en grappes nues terminales, grappes solitaires ou rapprochées 2-4 à l'extrémité de la tige et des rameaux et dépourvues de feuilles au niveau de leur angle de séparation.

1. H. EUROPÆUM. (L. sp. 187.) — Spenn. in Nees jun. gen. plant. fasc. XVII. t. 1 (vulg. *Héliotrope d'Europe.*)

Tige de 1-5 décimètr., dressée, ord. rameuse presque dès la base, couverte de poils courts apprimés. Feuilles pubescentes-rudes, oblongues ou ovales-oblongues, atténuées à la base, longuement pétiolées, à nervures moyenne et latérales très saillantes à la face inférieure. Fleurs sessiles, dépourvues de bractées. Corolle blanche ou d'un blanc lilas, à gorge glabre. Carpelles brunâtres à la maturité, très finement chagrinés. ①. Juin-août.

C.C. — Champs sablonneux ou pierreux, décombres.

L'*H. Peruvianum* L. (vulg. *Héliotrope du Pérou*) est fréquemment cultivé pour l'odeur suave de ses fleurs, on le distingue à sa tige sous-frutescente.

LVI. SOLANÉES.

(Solaneæ. Juss. gen. 124.)

Fleurs hermaphrodites, *régulières ou presque régulières.* — Calice gamosépale à 5 divisions rarement plus, persistant ou à tube se coupant circulairement au-dessus de sa base, s'accroissant souvent après la floraison, à préfloraison valvaire ou imbriquée. — *Corolle* hypogyne, gamopétale, rotacée, campanulée, infundibuliforme ou hypocratériforme, à limbe *à 5 lobes* rarement plus, caduque, à préfloraison plissée ou imbriquée. — *Étamines* insérées sur le tube de la corolle, *en nombre égal à celui des lobes de la corolle et alternes avec ces lobes. Filets égaux* ou presque égaux. Anthères bilobées, introrses, à lobes s'ouvrant par une fente longitudinale plus rarement par un pore terminal. — *Ovaire à 2 carpelles* très rarement plus, ord. à 2 loges quelquefois subdivisées chacune en deux loges secondaires par une fausse cloison; loges multi-ovulées; *placentas* épais, *soudés à la cloison* dans toute sa largeur ou seulement à sa partie moyenne, constituant une seule masse dans chaque loge ou partagés en 2 masses alors que la loge est subdivisée en 2 loges secondaires. Ovules courbés. Style indivis. Stigmate indivis ou obscurément lobé. — *Fruit* capsulaire ou bacciforme, *polysperme;* capsule *à 2 loges quelquefois subdivisées chacune en deux loges secondaires*, à déhiscence septifrage ou septicide s'ouvrant en 2 valves, ou s'ouvrant en 4 valves par la combinaison des déhiscences septifrage et loculicide, plus rarement à déhiscence circulaire (pyxide); baie pulpeuse, plus rarement sèche, à 2 loges, rarement à plusieurs loges par le développement de carpelles supplémentaires ou par la soudure de plusieurs ovaires. — Graines ord. réniformes comprimées latéralement. *Périsperme* charnu, *épais. Embryon courbé, annulaire ou en spirale*, placé dans le périsperme dont la couche extérieure est souvent très mince. Radicule rapprochée du hile.

Plantes annuelles ou vivaces, à tiges ord. anguleuses, herbacées, plus rarement ligneuses, ord. d'un aspect sombre, à odeur souvent vireuse, à suc quelquefois narcotique-vénéneux. *Feuilles alternes*, ou les supérieures géminées, entières, sinuées, dentées, pinnatifides ou pinnatiséquées, stipules nulles. Inflorescence très variable; pédoncules ord. extra-axillaires par leur soudure avec la tige dans une assez grande étendue.

1 { Fruit indéhiscent, succulent (baie) . . . 2.
{ Fruit sec, déhiscent (capsule) . . . . 5.

2 { Calice fructifère vésiculeux très ample, enveloppant complètement la baie . . . . Physalis (ii)
{ Calice fructifère n'enveloppant jamais complètement la baie. . . . . . 3.

3 { Corolle infundibuliforme à tube étroit, arbrisseau épineux. Lycium. (iv.)
{ Corolle rotacée ou campanulée, plante herbacée. . . . . 4.

4 { Anthères conniventes, s'ouvrant par 2 pores terminaux. . Solanum. (i.)
{ Anthères non conniventes, s'ouvrant par 2 fentes longitudinales . . . . Atropa. (iii)

5 { Capsule s'ouvrant circulairement par un opercule; fleurs en grappes scorpioïdes feuillées. . . . . Hyoscyamus. (vii.)
{ Capsule s'ouvrant en valves longitudinales, fleurs solitaires ou en panicules. . . . . 6.

6 { Calice persistant, appliqué sur la capsule; capsule membraneuse mince. . . . . Nicotiana. (v.)
{ Calice à tube se coupant circulairement au-dessus de sa base après la floraison, capsule épaisse coriace, hérissée d'épines. . . . Datura. (vi)

TRIBU I. SOLANEÆ VERÆ. — Fruit indéhiscent, succulent (baie).

I. SOLANUM. (Tournef. inst. t. 62.)

Calice 5-lobé ou 5-partit, rarement à 10 lobes, ne s'accroissant pas ou s'accroissant peu après la floraison. Corolle rotacée, rarement campanulée-rotacée, à limbe plissé 5-fide rarement 4-6-10-fide. Étamines 5, rarement 4-6; filets très courts; *anthères* saillantes au-dessus du tube, *conniventes*, *s'ouvrant par 2 pores terminaux*. Baie biloculaire, rarement tri-quadriloculaire. Embryon en spirale.

Plantes annuelles ou vivaces, herbacées ou ligneuses. Feuilles dentées, sinuées ou pinnatiséquées. Fleurs blanches ou violettes, réunies en corymbes ou en cymes pauciflores ou pluriflores sur des pédoncules extra-axillaires ou terminaux.

1 { Feuilles pinnatiséquées, à segments assez nombreux; calice à divisions linéaires-lancéolées. . . . . *S. tuberosum.*
Feuilles entières, sinuées ou divisées en 3 segments; calice à lobes courts triangulaires. . . . . 2.

2 { Tiges ligneuses, fleurs en corymbes rameux multiflores longuement pédonculés. *S. Dulcamara.*
Tiges herbacées; fleurs réunies en fausses ombelles simples 3-6-flores au sommet de pédoncules souvent plus courts que les pédicelles. *S. nigrum.*

1. S. DULCAMARA. (L. sp. 264.) — Engl. bot. 565. (vulg. *Douce-amère.*)

Plante vivace. *Tiges* de 1-2 mètr., *ligneuses*, sarmenteuses, se soutenant sur les plantes voisines, rameuses, à écorce grisâtre; rameaux flexueux, à écorce verte pubescente, exhalant par le froissement une odeur désagréable. *Feuilles* d'un vert foncé, glabres ou finement pubescentes, quelquefois presque tomenteuses en dessous, pétiolées, ovales-acuminées, entières, plus ou moins cordées à la base; les *supérieures* souvent *à 3 segments*, le moyen très ample ovale-acuminé, les latéraux beaucoup plus petits. Fleurs assez petites, disposées en corymbes rameux longuement pédonculés. Calice très petit, à 5 lobes courts triangulaires. Corolle violette, à divisions ovales-lancéolées présentant chacune à leur base deux taches glanduleuses vertes bordées de blanc. *Baies ovoïdes*, pendantes, rouges à la maturité. ♄. Juin-septembre.

C. — Haies, bord des eaux, bois humides.

2. S. NIGRUM. (L. sp. 266.) — Engl. bot. t. 566. (vulg. *Morelle.*)

Plante annuelle. Tige de 1-6 décimètr., glabrescente, pubescente ou velue, souvent rameuse dès la base, dressée à rameaux diffus rudes sur les angles. *Feuilles* glabrescentes, pubescentes ou velues, pétiolées, ovales-aiguës, atténuées à la base, *sinuées ou lâchement dentées* à dents obtuses. *Fleurs* petites, pédicellées, *réunies au sommet de pédoncules souvent plus courts que les pédicelles en fausses ombelles simples* 3-6-*flores*. Calice très petit, à 5 lobes courts triangulaires. Corolle blanche, à divisions ovales-aigues. Baies globuleuses, noires, verdâtres, jaunes, d'un jaune rougeâtre ou rouges, portées sur des pédicelles réfléchis. ①. Juin-octobre.

Lieux cultivés, décombres, villages, bords des chemins.

var. α. *vulgare.* (S. nigrum. Rchb. fl. excurs. 390) — Tiges glabrescentes, ou pubescentes à poils arqués dressés ou étalés. Baies noires. — *C.C.C.*

s.v. — *ochroleucum.* (S. ochroleucum. Bast. journ. bot. 1814. III. 20. — S. luteovirescens. Gmel. Bad. IV. 177) — Baies verdâtres ou jaunâtres. (La forme naine de cette sous-variété constitue le *S. humile*. Bernh. ap. Willd. hort. Berol. I. 236.) — *C*.

s.-v. — *miniatum*. (S. miniatum. Bernh. ap. Willd. hort. Berol. I. 236.) — Baies rouges — *R*. — Grenelle (*Mandon*).

var. β. *villosum*. (S. villosum. Lam. dict. IV. 289.) — Tiges et feuilles velues presque tomenteuses. Baies d'un jaune rougeâtre ou rouges. — *R.R*. — Dreux (*Daenen*).— Naturalisé aux environs du Muséum ! et à Versailles près de l'embarcadère du chemin de fer de la rive gauche !

† 3. S. TUBEROSUM. (L. sp. 265.) — Clus. hist. II. 79 ic. (vulg. *Pomme-de-terre.*)

Souche rameuse, *donnant naissance à des tubercules* jaunâtres ou violets, *volumineux*, subglobuleux ou oblongs, présentant des dépressions qui correspondent aux bourgeons. Tiges de 4-6 décimètr., souvent rameuses dès la base, dressées ou ascendantes-diffuses, robustes, fistuleuses, très anguleuses, pubescentes-rudes. *Feuilles* pubescentes-rudes, surtout à la face inférieure, *pinnatiséquées*, à rachis décurrent sur la tige, *à segments* ovales-acuminés, *pétiolulés*, *alternant avec d'autres segments très petits* sessiles. Fleurs assez grandes, disposées en corymbes rameux longuement pédonculés, latéraux ou terminaux. *Calice* assez grand, poilu, *à 5 divisions linéaires-lancéolées* Corolle blanche ou violette, à 5 angles, à 5 lobes courts triangulaires. Baies globuleuses, assez grosses, pendantes, d'un vert jaunâtre ou violacé. Plante annuelle, se reproduisant chaque année par le développement de nouveaux tubercules. Juin-septembre.

Cultivé partout en plein champ et dans les jardins potagers.— Originaire de l'Amérique septentrionale. — Les tubercules de cette espèce présentent un grand nombre de variétés de forme, de volume et de couleur.

On cultive, comme plante d'ornement, le *S. Pseudo-Capsicum* L. (vulg. *Cerisier-d'amour*) sous-arbrisseau à feuilles oblongues-lancéolées, à fleurs petites subsolitaires, à baies rouges. — On cultive assez rarement dans les jardins potagers le *S. Melongena* L. (vulg. *Aubergine*), ainsi que le *S. ovigerum* Dun. (vulg. *Pondeuse.*)

Le genre *Capsicum*, caractérisé par les anthères conniventes s'ouvrant longitudinalement, et par une baie sèche, fournit à nos jardins le *C. annuum* L. (vulg. *Poivre-long*, *Piment*), à tige herbacée, à fleurs solitaires, à baie oblongue assez volumineuse ord. d'un beau rouge.

Le genre *Lycopersicum* est caractérisé par les anthères s'ouvrant longitudinalement, conniventes, soudées au sommet, et par une baie succulente. — Le *L. esculentum* Dun. (Solanum Lycopersicum L. — vulg. *Tomate*) est fréquemment cultivé dans les jardins potagers, il se distingue à ses feuilles pinnatiséquées velues, à ses fleurs jaunes, à ses baies d'un rouge vif, très volumineuses, irrégulières, pluriloculaires, résultant de la soudure de plusieurs fleurs, et à ses graines à testa mucilagineux.

II. PHYSALIS. (L. gen. n. 250.)

Calice campanulé, 5-lobé, s'accroissant après la floraison, *devenant vésiculeux très ample et enveloppant complétement la baie*. Corolle campanulée-rotacée, à limbe plissé 5-lobé. Étamines 5, à filets assez longs ; anthères s'ouvrant longitudinalement, conniventes avant l'émission du pollen. Baie biloculaire, renfermée dans le calice. Embryon en spirale.

Plante vivace. Feuilles géminées, au moins les supérieures, entières ou superficiellement sinuées. Fleurs blanchâtres à gorge verdâtre, portées sur des pédicelles solitaires au niveau des feuilles.

1. P. ALKEKENGI. (L. sp. 262.) — Lam. illustr. t. 116. f. 1. (vulg. *Coqueret.*)

Souche à rhizôme rameux, longuement traçant. Tige de 3-6 décimètr., dressée, anguleuse, simple ou rameuse, finement pubescente. Feuilles glabres ou glabrescentes, pétiolées, ovales-acuminées ou deltoïdes, entières ou lâchement sinuées. Fleurs assez grandes, pédicellées, solitaires. Pédicelles réfléchis après la floraison. Calice florifère petit, très velu ; le fructifère très ample, vésiculeux, veiné-réticulé, d'un rouge vif, à divisions conniventes, ombiliqué à la base. Baie globuleuse, d'un rouge vif, de la grosseur d'une cerise. ♃. Juin-septembre.

A.C. — Vignes, lieux cultivés, haies ombragées — Vincennes! St-Cucufas. Montmorency! Luzarches (*De Lens*). Corbeil! Melun! Valvins! Magny (*Bouteille*). Compiègne! Beauvais (*Morelle*), etc.

III. ATROPA. (L. gen. n. 249, *part.*)

Calice 5-partit, s'accroissant un peu après la floraison, *étalé en étoile à la maturité de la baie. Corolle campanulée* un peu rétrécie à la base, plissée, *à* 5 *lobes courts.* Étamines 5, presque incluses, à filets assez longs, poilus à la base; *anthères s'ouvrant longitudinalement*, non conniventes, réfléchies sur le filet après l'émission du pollen. Baie biloculaire.

Plante vivace, herbacée. Feuilles entières, alternes, les supérieures géminées. Fleurs d'un pourpre obscur veiné de brun, solitaires ou géminées au niveau des feuilles.

1. A. BELLADONA. (L. sp. 260) — Bull. herb. t. 29. — Spenn. in Nees jun gen. pl fasc XXI t. 18. (vulg *Belladone.*)

Tige de 5-15 décimètr., dressée, robuste, rameuse, dichotome ou trichotome, finement pubescente, un peu glanduleuse supérieurement. Feuilles glabres ou très finement pubescentes, assez amples, ovales-acuminées, atténuées en pétiole, entières superficiellement sinuées. Fleurs assez grandes, pédicellées, penchées, solitaires ou géminées. Calice à divisions ovales-acuminées. Baie globuleuse, d'un noir luisant, de la grosseur d'une cerise. Plante à odeur vireuse. ♃. Juin-août.

A.R. — Bois montueux, rochers ombragés, lieux humides — Forêt de Marly (*Weddell*) Oulins (*Brou*) Dreux! Louvières près Magny (*Bouteille*) Forêt de Hallatte! Pont-St-Maxence! Étangs de Comelle près Chantilly! Beauserre près Gisors! Chaumont (*Frion*) Forêts de Thelle et de La-Neuville-en-Hez, Mouchy-Châtel; Beauvais (*Graves*) Forêt de Compiègne! Abondant dans la forêt de Villers-Cotterets (*Questier*) Forêt de Villefermoy (*Garnier*). Forêt de Fontainebleau! Malesherbes (*Hennecart*). Charly (*Crepin*).

IV. LYCIUM. (L. gen. n. 262.)

Calice court urcéolé, à 5 dents presque égales, ou bilabié par la soudure des dents entre elles, ne s'accroissant pas après la floraison, appliqué sur la baie. *Corolle infundibuliforme à tube étroit*, à limbe très ouvert ord. 5-fide. Étamines 5, saillantes hors de la corolle, à filets assez longs poilus à la base ; anthères s'ouvrant longitudinalement, non conniventes. Baie biloculaire.

Arbrisseau épineux. Feuilles alternes, quelquefois fasciculées, entières. Fleurs d'un violet pâle ou d'un rouge violet, veinées.

1. L. BARBARUM. (L. sp. 192) — L. Europæum et Barbarum. Mérat, fl. Par. 204. (vulg. *Lyciet.*)

Arbrisseau de 1-2 mètr., très rameux, formant un buisson touffu, à rameaux grêles effilés flexueux, pendants, à écorce d'un blanc grisâtre, à ramuscules stériles terminés en épine. Feuilles glabres, oblongues-lancéolées ou oblongues, atténuées à la base, entières superficiellement sinuées, celles des rameaux stériles souvent plus larges presque ovales. Fleurs solitaires ou fasciculées à l'aisselle des feuilles, à pédicelles dressés plus courts que la feuille.

Calice membraneux-coriace, bilabié à lèvres entières ou bi-tridentées, plus rarement 5-denté à dents égales. Baie oblongue, rouge ou d'un jaune rougeâtre. ♄. Juin-septembre.

C.C. — Haies, bords des chemins, villages. — Souvent planté dans les parcs.

var. *β. Sinense.* — (L. Sinense Lam. dict. III. 509. — L. Europæum. Duby, bot. Gall. I. 337.) — Feuilles ord. plus amples que dans le type. Calice 5-denté à dents égales. — *A.R.* — Gentilly! (*Weddell*). St-Ouen (*Maire*).

TRIBU II. NICOTIANEÆ. — Fruit sec, déhiscent (capsule).

† V. NICOTIANA. (Tournef. inst. t. 41.)

Calice campanulé ou urcéolé, 5-fide, à lobes inégaux, *persistant.* Corolle infundibuliforme ou tubuleuse-hypocratériforme, à 5 lobes présentant un pli longitudinal. Étamines 5, incluses, à filets longs un peu refléchis-arqués. *Capsule* étroitement embrassée par le calice, membraneuse, mince, biloculaire, à déhiscence septifrage ou septicide, *s'ouvrant en 2 valves longitudinales* qui se fendent ensuite à leur sommet selon leur nervure moyenne; placentas rapprochés en un placenta central qui occupe presque toute la cavité des loges. Graines très petites.

Plantes annuelles. Feuilles très entières Fleurs jaunâtres ou rougeâtres, disposées en panicules terminales

† 1. N. RUSTICA. (L. sp. 258.) — Bull. herb. t. 289. (vulg. *Tabac rustique.*)

Tige de 6-10 décimètres, rameuse, pubescente, glanduleuse surtout au sommet. *Feuilles pétiolées*, ovales-obtuses, un peu épaisses. *Corolle* d'un jaune verdâtre, tubuleuse-hypocratériforme, à tube dépassant le calice, *à divisions obtuses.* Capsule subglobuleuse. (1). Juillet-octobre.

Assez fréquemment cultivé dans les jardins. — Subspontané çà et là sur les décombres dans le voisinage des habitations.

Le *N. Tabacum* L. (vulg. *Tabac*), originaire de l'Amérique, que l'on cultive en grand et dans les jardins, se distingue aux caractères suivants : feuilles sessiles, oblongues-lancéolées acuminées; calice à divisions acuminées; corolle infundibuliforme, à tube dépassant très longuement le calice, à limbe rougeâtre, à divisions triangulaires-acuminées.

On cultive dans les parterres le *Petunia nyctaginiflora* Juss., qui se distingue à son calice à divisions subspatulées; à sa corolle grande, blanche ou violette, infundibuliforme à limbe étalé; à ses étamines un peu inégales, à sa tige velue-glanduleuse; à ses feuilles ovales, entières.

VI. DATURA. (L. gen. n. 246.)

Calice tubuleux, un peu renflé à la base, souvent irrégulier, à 5 plis longitudinaux, 5-fide, *à partie inférieure persistante soudée avec la base de l'ovaire, à tube se détachant circulairement au-dessus de la partie adhérente.* Corolle infundibuliforme, à 5 plis longitudinaux, à 5 lobes courts brusquement acuminés quelquefois séparés par des dents courtes. Étamines 5, incluses ou presque incluses. *Capsule* épaisse-coriace, *chargée d'épines, à 2 loges subdivisées chacune* inférieurement *en deux loges secondaires* par une fausse cloison, *s'ouvrant en 4 valves* par la combinaison des déhiscences septifrage et loculicide; placentas constituant 4 masses séminifères distinctes qui occupent la partie moyenne des fausses loges, et se prolongeant entre les masses séminifères en 2 fausses cloisons qui se continuent avec la nervure moyenne des carpelles.

Plantes annuelles. Feuilles sinuées-anguleuses. Fleurs très grandes, blanches ou violettes, disposées en cyme feuillée terminale.

1 D. STRAMONIUM. (L. sp. 255.) — Engl. bot. t. 1288. (vulg. *Stramoine*, *Pomme-épineuse.*)

Tige de 4-10 décimètr., robuste, dressée, rameuse-dichotome, glabre. Feuilles glabres, d'un vert sombre, longuement pétiolées, assez amples, ovales-acuminées, sinuées-anguleuses à dents larges acuminées. Fleurs brièvement pédicellées, solitaires à l'angle de bifurcation des rameaux. Calice longuement tubuleux, à lobes carénés acuminés. Corolle blanche, à tube dépassant très longuement le calice, à lobes brusquement acuminés en une pointe subulée. Capsule dressée, ovoïde, chargée d'épines robustes, présentant à sa base un anneau membraneux réfléchi constitué par la portion persistante du tube du calice. Graines noires, assez grosses. Plante à odeur vireuse. ①. Juillet-septembre.

A.C. — Villages, bords des chemins, décombres.

On rencontre quelquefois dans le voisinage des habitations le *D. Tatula* L., qui se distingue par ses fleurs violettes du *D. Stramonium* dont il n'est peut-être qu'une variété.

VII. HYOSCYAMUS. (Tournef. inst. t. 42.)

Calice campanulé à partie inférieure renflée, à limbe 5-fide, *s'accroissant après la floraison.* Corolle infundibuliforme, à tube court, un peu plissée longitudinalement, à limbe oblique à 5 lobes inégaux obtus. Étamines 5, un peu saillantes hors du tube, à filets un peu réfléchis-arqués. *Capsule* renfermée dans le tube du calice, membraneuse, biloculaire, *s'ouvrant circulairement* au sommet *par un opercule* également biloculaire.

Plante annuelle ou bisannuelle. Feuilles sinuées-anguleuses, ord. presque pinnatifides. Fleurs assez grandes, jaunâtres, à gorge marquée de pourpre, à limbe veiné de lignes brunes ou noirâtres anastomosées en réseau, disposées sur 2 rangs en grappes scorpioïdes unilatérales feuillées.

1. H. NIGER. (L. sp. 257.) — Engl. bot. t. 591. (vulg. *Jusquiame.*)

Tige de 3-8 décimètr., robuste, dressée, rameuse, d'un vert grisâtre, couverte de longs poils glanduleux. Feuilles molles, pubescentes, sinuées-anguleuses ou presque pinnatifides à lobes inégaux triangulaires-lancéolés; les radicales pétiolées; les caulinaires sessiles semi-amplexicaules. Fleurs presque sessiles ou brièvement pédicellées. Grappes florifères courtes, roulées en crosse au sommet; les fructifères allongées, arquées. Calice à tube presque tomenteux, à limbe veiné-réticulé, à lobes ovales-lancéolés mucronés; le fructifère à lobes dépassant longuement la capsule, dressés, raides, à pointe presque épineuse. Graines grisâtres, réticulées-ponctuées. Plante d'un vert sombre, visqueuse, à odeur vireuse. ① ou ②. Mai-juillet.

C. — Bords des chemins pierreux, décombres, champs en friche.

s.v. — *pallidus.* — Corolle blanchâtre, à veines non colorées.

LVII. VERBASCÉES (1).

(SCROPHULARINEÆ, sect. VERBASCEÆ. Bartling, ord. nat. 170.)

Fleurs hermaphrodites, *un peu irrégulières.* — Calice gamosépale, 5-partit, persistant, à préfloraison imbriquée. — Corolle hypogyne, gamopétale, presque rotacée, à limbe 5-partit, à divisions inégales, caduque, à préfloraison imbriquée. — *Étamines* 5, insérées sur le tube de la corolle et alternes avec ses divisions. *Filets inégaux. Anthères* soudées dans toute leur longueur avec le filet et *unilobées*, *ou* fixées par leur partie moyenne et alors réniformes *bilobées à lobes confluents en un seul.* — *Ovaire à 2 carpelles,* à 2 loges multi-ovulées; *placentas soudés à la cloison* dans sa partie moyenne. Ovules réfléchis. Style indivis. Stigmate indivis ou bilobé. — *Fruit* capsulaire, *biloculaire, à loges polyspermes,* à déhiscence septifrage s'ouvrant en 2 valves qui se fendent ensuite selon leur nervure moyenne. — Graines très petites, oblongues, tuberculeuses. *Embryon droit,* placé dans un *périsperme* charnu *épais.* Radicule dirigée vers le hile.

Plantes bisannuelles, rarement vivaces, ord. tomenteuses ou laineuses, contenant un suc aqueux inodore souvent mucilagineux *Feuilles alternes*, crenelées ou sinuees, à limbe souvent decurrent sur la tige, stipules nulles. Fleurs fasciculées, plus rarement solitaires, disposees en panicules spiciformes ou en panicules rameuses.

I. VERBASCUM. (Tournef. inst. t. 61.)

Calice 5-partit. Corolle à tube court, à limbe 5-partit presque plan ou concave, à divisions obtuses inégales, l'inférieure la plus grande. Étamines 5; filets déclinés-arqués, tous barbus ou les 2 inférieurs glabres, très rarement tous glabres, les 2 inférieurs plus longs; anthères réniformes bilobées à lobes confluents, ou les deux inférieures unilobées linéaires ou oblongues. Style indivis, renflé au sommet. Capsule biloculaire, bivalve, à loges polyspermes.

Corolle jaune, plus rarement blanchâtre ou blanche; étamines à poils blanchâtres, purpurins ou violets.

1 { Les 2 etamines inférieures glabres ou présentant quelques poils épars; feuilles au moins les superieures à limbe decurrent sur la tige . . . 2.
Toutes les etamines à filets laineux, feuilles sessiles ou petiolees, non decurrentes. 4.

2 { Les 2 etamines inferieures à filet environ 4 fois plus long que l'anthère. . . . . *V. Schraderi.*
Les 2 étamines inferieures à filet environ 1-2 fois plus long que l'anthère. 3.

3 { Feuilles caulinaires decurrentes au moins d'un côté dans toute la longueur de l'entre-nœud. . . . . *V. Thapsus.*
Feuilles superieures à peine décurrentes ou decurrentes seulement dans la moitie de la longueur de l'entre-nœud. . . . . *V. phlomoides.*

4 { Feuilles cordées, les inferieures longuement pétiolees. . . . *V. nigrum.*
Feuilles sessiles attenuées à la base ou les inférieures atténuées en un pétiole aile. 5.

---

(1) Le groupe des *Verbascées* est exactement intermédiaire entre la famille des *Solanées* et celle des *Scrophularinées*, sa distinction, comme famille, est complètement artificielle, nous ne l'avons adoptée, dans cet ouvrage, qu'afin de pouvoir limiter par le nombre des etamines les familles des *Solanées* et des *Scrophularinees*, et de ne pas être réduits, pour les caractériser, à la forme de l'embryon, du reste assez variable dans la famille des *Solanées*.

5 { Fleurs solitaires, géminées ou ternées à l'aisselle des bractées, filets des étamines à poils violets . . . . *V. Blattaria.*
Fleurs fasciculées, disposées en une panicule ord. rameuse, filets des étamines à poils blanchâtres, très rarement violets . . . . 6.

6 { Feuilles presque glabres en dessus, les supérieures ovales-lancéolées ; duvet de la tige et des feuilles ne se detachant jamais en flocons laineux. . . . . *V. Lychnitis.*
Feuilles tomenteuses sur les deux faces, les supérieures ovales brusquement acuminées, duvet de la tige et des feuilles se detachant en flocons laineux . . . . *V. floccosum.*

1. V. SCHRADERI. (Mey. chl. Hanov. 326.)

Tige de 5-20 décimètr., dressée, robuste, simple ou peu rameuse, tomenteuse-laineuse, ailée par la décurrence des feuilles. *Feuilles* épaisses, tomenteuses-laineuses sur les deux faces, blanches ou d'un vert jaunâtre, très amples, oblongues ou oblongues-lancéolées, superficiellement crénelées ou presque entières ; les radicales rétrécies en pétiole à la base ; les *caulinaires* dressées, *à limbe décurrent sur la tige*, au moins d'un côté, *dans toute la longueur d'un entre-nœud.* Pédicelles beaucoup plus courts que le calice. Fleurs fasciculées, disposées en une grappe spiciforme terminale dressée tres compacte ord. simple. Corolle assez petite, concave, d'un jaune pâle. *Étamines* supérieures à filet chargé d'une laine blanchâtre ; les 2 *inférieures glabres* ou présentant quelques poils épars, *à filet* environ 4 *fois plus long que l'anthère*, à anthère linéaire oblongue. ②. Juillet-août.

C — Bords des chemins, champs en friche, lieux incultes.

2 V. THAPSUS. (L. sp. 252.) — (vulg. *Bouillon-blanc.*)

Tige de 5-20 décimètr., dressée, tres robuste, simple ou peu rameuse, tomenteuse-laineuse, ailée par la décurrence des feuilles. *Feuilles* épaisses, tomenteuses-laineuses sur les deux faces, blanches ou d'un vert jaunâtre, très amples, oblongues ou oblongues-lancéolées, crénelées ou presque entières ; les radicales rétrécies en pétiole à la base ; les *caulinaires* un peu étalées, *à limbe décurrent sur la tige*, au moins d'un côté, *dans toute la longueur d'un entre-nœud.* Pédicelles beaucoup plus courts que le calice. Fleurs fasciculées, disposées en une grappe spiciforme terminale dressée très compacte ord. simple. Corolle grande, presque plane, jaune. *Étamines* supérieures à filet chargé d'une laine blanchâtre ; les 2 *inférieures glabres* ou présentant quelques poils épars, *à filet seulement* 1-2 *fois plus long que l'anthère*, à anthère linéaire. ②. Juillet-septembre.

C.C. — Bords des chemins, champs sablonneux, terrains en friche.

3. V. PHLOMOIDES. (L. sp. 253.)

Tige de 5-15 décimètr., dressée, robuste, simple ou peu rameuse, tomenteuse-laineuse, non ailée. *Feuilles* épaisses, tomenteuses-laineuses sur les deux faces, blanches ou d'un vert jaunâtre, très amples, oblongues ou oblongues-lancéolées, crénelées ou presque entières ; les radicales rétrécies en pétiole à la base ; les *caulinaires* un peu étalées, *à limbe peu décurrent ou décurrent sur la tige seulement dans la partie supérieure de l'entre-nœud.* Pédicelles beaucoup plus courts que le calice. Fleurs fasciculées, disposées en une grappe spiciforme, terminale, dressée, lâche, interrompue, ord. simple. Corolle grande, presque plane, jaune. *Étamines* supérieures à filet chargé d'une laine blanchâtre ; les 2 *inférieures glabres* ou présentant quelques poils épars, *à filet seulement* 1-2 *fois plus long que l'anthère*, à anthère linéaire. ②. Juin-août.

A.R. — Champs sablonneux, bords des chemins. — St-Maur! Versailles! Env. de Senlis!

4. V. FLOCCOSUM. (Waldst. et Kit. rar. Hung. I. t. 79.) — V. pulvinatum. Thuill. fl. Par. 109.

Tige de 8-12 décimètr., dressée, robuste, rameuse supérieurement à rameaux étalés, tomenteuse-laineuse, à tomentum se détachant en flocons par le frottement. *Feuilles* un peu épaisses, superficiellement crénelées ou presque entières, tomenteuses-laineuses surtout à la face inférieure, blanches ou d'un vert jaunâtre, *à tomentum se détachant en flocons*; les radicales très amples, oblongues, rétrécies en pétiole à la base; *les caulinaires* sessiles, *non décurrentes; les florales amplexicaules, ovales-suborbiculaires brusquement acuminées.* Pédicelles cachés dans un tomentum épais, égalant environ la longueur du calice. Fleurs fasciculées, en grappes lâches interrompues disposées en une panicule pyramidale. Corolle assez petite, jaune. *Étamines toutes à filet chargé d'une laine blanchâtre.* Anthères toutes réniformes. ②. Juin-septembre.

C. — Bords des routes, lieux incultes, champs sablonneux ou pierreux.

5. V. LYCHNITIS. (L. sp. 253.) — Engl. bot. t. 58.

Tige de 8-12 décimètr., dressée, assez robuste, rameuse supérieurement à rameaux dressés, rarement simple, pubérulente-tomenteuse. *Feuilles* un peu épaisses, crénelées, vertes et presque glabres en dessus, veinées-réticulées, tomenteuses-laineuses à la face inférieure *à tomentum ne se détachant pas en flocons*; les radicales très amples, oblongues, rétrécies en pétiole à la base; *les caulinaires sessiles, non décurrentes; les florales non amplexicaules, ovales-lancéolées.* Pédicelles pubescents-tomenteux, 1-2 fois plus longs que le calice. Fleurs fasciculées, en grappes lâches interrompues disposées en une panicule pyramidale ou racémiforme. Corolle assez petite, blanche ou d'un jaune pâle. *Étamines toutes à filet chargé d'une laine blanchâtre.* Anthères toutes réniformes. ②. Juin-septembre.

C. — Bords des routes, champs en friche, lieux incultes.

var. β *mixtum.* (V. mixtum. Ram. in D.C. fl. Fr. III. 603.) — Panicule à rameaux étalés. Étamines supérieures à poils blanchâtres, les 2 inférieures à poils violets. — *R.R.* — Bois du Vesinet! — Les auteurs décrivent cette plante comme présentant les étamines toutes à poils violets.

6. V. NIGRUM. (L. sp. 253.) — Engl. bot. t. 59.

Souche épaisse, *vivace.* Tige de 5-10 décimètr., dressée, assez robuste, ord. simple, tomenteuse. *Feuilles* un peu épaisses, ovales-oblongues, crénelées, vertes plus ou moins velues en dessus, tomenteuses-laineuses à la face inférieure, quelquefois tomenteuses-laineuses sur les deux faces; les *radicales et* les caulinaires *inférieures longuement pétiolées cordées, à la base, les supérieures* subsessiles ou sessiles, *non décurrentes.* Pédicelles pubescents, 1-2 fois plus longs que le calice. *Fleurs en fascicules pluriflores*, disposées en une grappe lâche spiciforme terminale dressée ord. simple. Corolle assez petite, jaune. *Étamines toutes à filet chargé d'une laine violette ou purpurine.* Anthères toutes réniformes. ♃. Juillet-août.

A.R. — Bois sablonneux, coteaux pierreux, bords des chemins. — Bois de Boulogne! Le Pecq (*Maire*). Torcy-en-Brie (*Thuret*). Malesherbes (*Boreau, fl. centr.*).

Abondant à La Roche-Guyon !, à Port-Villez, à Vernon ! et aux Andelys ! Dieux (*Daënen*). Env. de Beauvais !

s.v. — *tomentosum*— (V. Alopecurus. Thuill. fl. Par. p. 110.) — Feuilles tomenteuses-laineuses sur les deux faces.

s.v.— *ramosum*. (V. Parisiense. Thuill. fl. Par. 110) — Plante plus robuste, rameuse. Fleurs en grappes disposées en panicule.

7. V BLATTARIA. (L. sp. 254.) — Engl. bot. 393.

Tige de 5-10 décimètr., dressée, raide, simple, plus rarement rameuse, glabre, un peu pubescente-glanduleuse au sommet. *Feuilles* presque pinnatifides, sinuées, dentées ou crénelées, vertes sur les deux faces, glabres, ou pubescentes en dessous; les radicales et les caulinaires inférieures oblongues, *rétrécies en pétiole*; les florales lancéolées, sessiles, un peu amplexicaules, *non décurrentes*. Pédicelles égalant ou dépassant la longueur du calice. *Fleurs solitaires, géminées ou ternées* à l'aisselle des bractées, disposées en une grappe lâche spiciforme terminale dressée, simple, plus rarement rameuse. Corolle assez grande, jaune. *Étamines toutes à filet chargé d'une laine violette ou purpurine*, les inférieures à anthère oblongue. ②. Juin-septembre.

C. — Bords des chemins, fossés, lieux herbeux.

var. α. *vulgare*. — Pédicelles la plupart 2-3 fois aussi longs que le calice fructifère. Capsules avortant fréquemment. Feuilles glabres sur les deux faces.

var. β. *blattarioides*. (V. blattarioides. Lam. dict. IV. 225.) — Pédicelles la plupart ne dépassant pas la longueur du calice fructifère. Feuilles ord. pubescentes à la face inférieure.

LVIII. SCROPHULARINÉES (1).

(SCROPHULARINEÆ. R Brown, prodr 433. — Pediculares et Scrophulariæ Juss gen 99 117)

Fleurs hermaphrodites, *irrégulières*, très rarement presque régulières, à préfloraison imbriquée. — Calice gamosépale, ord. irrégulier, persistant, à 5 divisions ou à 4 divisions par l'absence de la supérieure. — Corolle gamopétale, hypogyne, caduque, à 5 divisions ou 4 divisions par la soudure des 2 divisions supérieures, à tube court ou allongé quelquefois prolongé en bosse ou en éperon à la base, à limbe tres irrégulier très rarement presque régulier, rotacé ou divisé en 2 lèvres écartées ou rapprochées en gueule, la supérieure composée de 2 divisions, l'inférieure de 3 divisions et offrant quelquefois un renflement qui ferme la gorge. — *Étamines* insérées sur le tube de la corolle, *en nombre moindre que celui des divisions de la corolle*, *au nombre de 4* par l'avortement de l'étamine supérieure qui est quelquefois représentée par un appendice ou un filet stérile, ord. *inégales par paires* (étamines didynames) les

(1) Nous n'avons pas cru devoir distinguer, même comme tribus, les groupes des *Antirrhinées* et des *Rhinanthacées*, considérés encore comme familles distinctes par plusieurs auteurs, les anthères mucronées, attribuées aux *Rhinanthacées*, pouvant dans un même genre se présenter chez certaines espèces et manquer chez d'autres, ce caractère tiré de la forme des anthères, qui, du reste, aurait encore assez peu de valeur alors même qu'il serait moins inconstant, est le seul que l'on puisse proposer pour la distinction des deux groupes.

inférieures plus longues, *plus rarement réduites au nombre de* 2. Filets droits ou arqués. Anthères bilobées, à lobes parallèles ou divergents s'ouvrant chacun par une fente longitudinale, souvent confluents en un seul lors de la déhiscence. — Ovaire ord. muni à la base d'un disque souvent unilatéral, à 2 carpelles, à 2 loges multi-ovulées rarement bi-ovulées, rarement uniloculaire ou subuniloculaire. *Ovules insérés à la partie moyenne de la cloison*, horizontaux, ascendants ou pendants, réfléchis ou semi-réfléchis. Style indivis. Stigmate indivis ou bilobé. — *Fruit capsulaire*, *biloculaire*, rarement uniloculaire ou subuniloculaire, *à loges ord. polyspermes* rarement 1-2-spermes, à 2 valves entières ou 2-3-fides, à déhiscence loculicide plus rarement septicide ou septifrage, s'ouvrant rarement au sommet par 2 ou 3 trous qui résultent de l'écartement de petites valves ou de la chute d'opercules; placentas épais formant une masse centrale qui reste adhérente aux valves ou qui devient libre à la déhiscence. —Graines horizontales, ascendantes ou pendantes, à raphé parcourant toute leur longueur ou seulement une partie de leur longueur. *Embryon droit*, placé dans un *périsperme charnu ou corné*. Radicule dirigée vers le hile, plus rarement éloignée du hile.

Plantes annuelles ou vivaces, herbacées, rarement sous-frutescentes, noircissant souvent par la dessiccation. Feuilles opposées, verticillées par 3-4, alternes ou éparses, entières, crénelées, dentées, incisées ou lobées, rarement pinnatipartites; stipules nulles. Fleurs solitaires axillaires, en grappes ou en épis feuillés terminaux, plus rarement en grappes nues.

1	Corolle presque régulière à limbe 5-fide; plante acaule. . LIMOSELLA. (ii.)	
	Corolle irrégulière ou à 4 divisions; plante caulescente	2.
2	Corolle rotacée; étamines 2. . . . . VERONICA. (i.)	
	Corolle subcampanulée, bilabiée ou en gueule; étamines 4, dont 2 quelquefois stériles par avortement.	3.
3	Étamines 2 fertiles; calice muni de 2 bractées à la base. GRATIOLA. (iv.)	
	Étamines 4 fertiles; calice jamais pourvu de 2 bractées à la base.	4.
4	Corolle en gueule, à tube présentant une bosse ou un éperon à la base . .	5.
	Corolle subcampanulée ou bilabiée, à tube ne présentant ni bosse ni éperon à la base.	6.
5	Corolle à tube bossu à la base. . . . . ANTIRRHINUM. (vi.)	
	Corolle à tube prolongé à la base en un éperon linéaire-cylindrique. . . . . LINARIA. (vii.)	
6	Feuilles pinnatipartites . . . . PEDICULARIS. (viii.)	
	Feuilles entières, crénelées ou incisées	7.
7	Calice à 5 lobes	8.
	Calice à 4 lobes ou à 4 dents	9.
8	Corolle campanulée ou tubuleuse-ventrue; feuilles alternes. DIGITALIS (v.)	
	Corolle à tube renflé-subglobuleux; feuilles opposées. SCROPHULARIA. (iii.)	
9	Calice très ample presque vésiculeux, graines comprimées, presque planes, entourées d'une bordure mince. . . . . RHINANTHUS. (ix.)	
	Calice tubuleux, non renflé-vésiculeux; graines ovoïdes ou oblongues. . .	10.
10	Capsule acuminée, à loges ne contenant qu'une ou deux graines. . . . . MELAMPYRUM. (x.)	
	Capsule obtuse ou émarginée, à loges polyspermes . . EUPHRASIA. (xi.)	

I. VERONICA. (Tournef. inst. t. 60.) (1).

Calice 4-partit, rarement 5-partit, à divisions souvent inégales, ord. comprimé. *Corolle rotacée*, à tube très court, *à limbe 4-partit*, à divisions en-

(1) Voir, pour les caractères des espèces du genre *Veronica* les planches XVI et XVII de l'*Atlas*.

tières, la supérieure plus grande. *Étamines* 2, divergentes, longuement saillantes hors de la corolle, insérées à la base de la division supérieure. Capsule ord. obcordée ou émarginée, biloculaire, ord. comprimée perpendiculairement à la cloison, à loges contenant un petit nombre ou un grand nombre de graines, à déhiscence loculicide à 2 valves, ou à 4 valves par la combinaison des déhiscences loculicide et septifrage. Graines planes en dedans convexes en dehors, ou concaves-cupuliformes, plus rarement très comprimées presque planes.

Plantes annuelles ou vivaces. Feuilles toutes opposées ou les supérieures alternes, toutes conformes ou passant dans la partie supérieure de la plante à l'état de bractées, entières ou dentées, plus rarement incisées ou pinnatiséquées. Fleurs d'un beau bleu ou d'un bleu pâle, plus rarement blanchâtres ou rosées, axillaires solitaires espacées, ou disposées en grappes dressées pauciflores ou multiflores lâches ou compactes quelquefois spiciformes.

1	Fleurs en grappes terminant des pédoncules axillaires dépourvus de feuilles.	2.
	Fleurs solitaires à l'aisselle des feuilles, ou rapprochées en grappes qui terminent la tige et les rameaux.	8.
2	Calice débordé par la capsule dans tous les sens.	3.
	Calice jamais débordé latéralement par la capsule	4.
3	Feuilles ovales ou ovales-suborbiculaires, longuement pétiolées.	*V. montana.*
	Feuilles lancéolées-linéaires aigues, sessiles.	*V. scutellata.*
4	Capsule à peine émarginée, à loges contenant un très grand nombre de graines; feuilles glabres	5.
	Capsule échancrée au sommet, à loges contenant 5 ou plusieurs graines; feuilles pubescentes ou velues	6.
5	Tiges subtétragones, feuilles sessiles, ovales-aigues ou lancéolées.	*V. Anagallis.*
	Tiges cylindriques; feuilles pétiolées, ovales ou oblongues obtuses.	*V. Beccabunga.*
6	Calice à 5 divisions, la supérieure beaucoup plus courte. .	*V. Teucrium.*
	Calice à 4 divisions.	7.
7	Tiges munies de 2 lignes de poils opposées, calice à divisions dépassant la capsule.	*V. Chamædrys.*
	Tiges velues dans toute leur circonférence, calice à divisions beaucoup plus courtes que la capsule.	*V. officinalis.*
8	Feuilles florales de même forme et de même grandeur que les feuilles inférieures; pédicelles fructifères courbés-réfléchis au sommet.	9.
	Feuilles florales supérieures réduites à l'état de bractées; pédicelles fructifères jamais courbés-réfléchis au sommet	11.
9	Calice à divisions cordées à la base, à bords rejetés en dehors; capsule subglobuleuse 4-lobée, à loges bispermes	*V. hederæfolia.*
	Calice à divisions non cordées à la base; capsule bilobée, à loges 4-12-spermes.	10.
10	Capsule à lobes renflés, non divergents.	*V. agrestis.*
	Capsule à lobes comprimés, divergents.	*V. Buxbaumii.*
11	Corolle à divisions inférieures oblongues-lancéolées aigues; fleurs en grappes spiciformes compactes très multiflores	*V. spicata.*
	Corolle à divisions arrondies; fleurs en grappes plus ou moins lâches . . .	12.
12	Feuilles caulinaires moyennes divisées en 3-7 segments.	13.
	Feuilles entières dentées ou crenelées.	14.
13	Capsule 2 fois aussi large que longue, à lobes comprimés; graines jaunâtres, presque planes à la face interne.	*V. verna.*
	Capsule suborbiculaire, à lobes renflés à la base; graines noires, concaves-cupuliformes.	*V. triphyllos.*
14	Calices fructifères très brièvement pédicellés ou subsessiles.	15.
	Calices fructifères à pédicelles égalant environ ou dépassant assez longuement la bractée	16.

15 { Plante très pubescente; bractées atteignant ou dépassant peu le sommet de la capsule. . . . . *V. arvensis.*
Plante très glabre; bractées dépassant très longuement la capsule. . . . . *V. peregrina.*

16 { Capsule plus longue que large, bractées la plupart profondément crenelées. . . . . *V. præcox.*
Capsule plus large que longue; bractées la plupart entières. . . . . . 17.

17 { Plante annuelle, pubescente-glanduleuse; pédicelles fructifères dépassant ord. assez longuement la bractée. . . . . *V. acinifolia.*
Plante vivace, presque glabre, pédicelles fructifères égalant environ la longueur de la bractée. . . . . *V. serpyllifolia.*

SECT. I. — Fleurs axillaires solitaires, espacées, ou rapprochées en grappes terminant la tige et les rameaux. Feuilles toutes conformes ou passant insensiblement à l'état de bractées. Plantes annuelles, plus rarement vivaces.

§ 1. — *Plantes annuelles. Fleurs, même les supérieures, espacées, solitaires à l'aisselle de feuilles de même forme et de même grandeur que les feuilles inférieures. Pédicelles fructifères courbés-réfléchis au sommet.*

1. V. HEDERÆFOLIA. (L. sp. 19.) — Engl. bot. t. 784.

Plante annuelle. Tiges ord. nombreuses, de 1-3 décimètr., faibles, molles, couchées-diffuses, simples ou rameuses à la base, pubescentes ou poilues. *Feuilles* alternes, les inférieures opposées, toutes pétiolées, pubescentes, suborbiculaires un peu cordées à la base, *à 3-5 lobes* entiers presque obtus, *le terminal beaucoup plus large.* Pédicelles égalant ou dépassant la longueur de la feuille, courbés-réfléchis au sommet à la maturité. *Calice à divisions* ciliées, très amples, *ovales-aigues, cordées à la base, à bords rejetés en dehors,* égalant environ la longueur de la capsule. Corolle d'un bleu pâle veiné ou presque blanche, dépassée par le calice. *Capsule* glabre, *subglobuleuse 4-lobée, à loges bispermes.* Style court. Graines très grosses, subglobuleuses, concaves-cupuliformes, rugueuses en dehors. ①. Mars-juin, refleurit souvent en automne.

C.C.C. — Lieux cultivés, vignes, haies, bords des chemins, champs en friche.

2. V. AGRESTIS (L. sp. 18.) — Engl. bot. t. 2603.

Plante annuelle. Tiges ord. nombreuses, de 1-2 décimètr., faibles, couchées-diffuses, simples ou rameuses à la base, pubescentes. *Feuilles* opposées ou alternes, pétiolées, pubescentes surtout en dessous, ovales-suborbiculaires ou ovales-oblongues un peu cordées à la base, *crénelées ou lobées à 7-9 lobes* entiers ou dentés, le terminal à peine plus large que les latéraux. Pédicelles dépassant ord. la longueur de la feuille, courbés-réfléchis au sommet à la maturité. Calice à divisions pubescentes, assez amples, ovales, aigués ou obtuses, égalant environ la longueur de la capsule. Corolle d'un bleu tendre veiné, quelquefois presque blanche, dépassée par le calice. *Capsule* pubescente ou velue à poils souvent un peu glanduleux, plus large que longue, *bilobée, à lobes renflés non divergents, à loges 4-12-spermes.* Style égalant environ la moitié de la hauteur de la capsule. Graines oblongues, concaves-cupuliformes, un peu rugueuses en dehors. ①. Mars-octobre.

C.C.C. — Lieux cultivés, vignes, haies, bords des chemins, champs en friche.

Var. β *didyma* (V. didyma. Tenor. fl. Neap. 6. — V. polita Fries, nov. Suec. 1.) — Plante plus grêle. Calice à divisions ord. presque aigues. Corolle d'un beau bleu. Capsule ord. très pubescente.

3. V. BUXBAUMII. (Tenor, fl. Neap. I. 7.) — Rchb. ic. f. 430-431.

Plante annuelle. Tiges nombreuses ou subsolitaires, de 1-3 décimètr., couchées ou ascendantes-diffuses, simples ou rameuses à la base, pubescentes. Feuilles alternes, les inférieures opposées, brièvement pétiolées, pubescentes surtout en dessous, ovales-suborbiculaires ou ovales-oblongues un peu cordées à la base, crénelées ou lobées à 7-13 lobes entiers ou dentés, le terminal à peine plus large que les latéraux. Pédicelles 2-4 fois plus longs que la feuille, courbés-réfléchis au sommet à la maturité. Calice à divisions finement pubescentes, assez amples, lancéolées, divariquées par paires, plus longues que la capsule. Corolle assez grande, d'un bleu tendre veiné, dépassant le calice. *Capsule* pubescente, *réticulée, beaucoup plus large que longue, bilobée, à lobes* obtus *comprimés divergents, à loges 5-8-spermes.* Style dépassant les lobes de la capsule, égalant environ la longueur de la cloison. Graines oblongues, concaves-cupuliformes, fortement rugueuses en dehors. ①. Mars-octobre.

R.R. — Fossés, champs, prairies artificielles. — Abondant le long de la route de Versailles à St-Cyr ! (*Steinheil*). — Naturalisé dans les gazons du jardin du Muséum.

§ 2. — *Plantes annuelles. Fleurs disposées en grappes terminant la tige et les rameaux. Feuilles supérieures réduites à l'état de bractées. Pédicelles fructifères dressés ou ascendants.*

4. V. TRIPHYLLOS. (L. sp. 19.) — Engl. bot. t 26.

Plante annuelle. Tiges solitaires ou peu nombreuses, de 5-20 centimètr., dressées ou ascendantes, simples ou rameuses à rameaux divergents flexueux, pubescentes-glanduleuses. *Feuilles* subsessiles, un peu épaisses, pubescentes-glanduleuses, d'un vert sombre, à face inférieure souvent rougeâtre; les inférieures opposées, ovales ou suborbiculaires un peu cordées à la base, entières ou crénelées; les *caulinaires* alternes, *palmatiséquées* à 3-5 segments oblongs ou spatulés; les supérieures quelquefois réduites au segment terminal. Pédicelles fructifères espacés, plus longs que la feuille, étalés-ascendants. Calice à divisions inégales, pubescentes-glanduleuses, oblongues dépassant un peu la capsule. Corolle d'un bleu foncé, dépassée par le calice. Capsule assez grosse, pubescente-glanduleuse, suborbiculaire, échancrée au sommet, à lobes renflés à la base, à loges 8-12-spermes. Style dépassant les lobes de la capsule. *Graines noires, concaves-cupuliformes*, finement rugueuses en dehors. Plante noircissant plus ou moins par la dessiccation. ①. Mars-mai.

A.C. — Champs sablonneux, bords des chemins pierreux, vieux murs.

5. V. PRÆCOX. (All. auct. V. t. 1. f. 1) — V. ocymifolia. Thuill fl Par. 10.

Plante annuelle. Tiges solitaires ou peu nombreuses, de 5-20 centimètr., dressées ou ascendantes, simples ou rameuses à rameaux souvent divergents, pubescentes-glanduleuses. *Feuilles* brièvement pétiolées, un peu épaisses, pubescentes, d'un vert sombre, à face inférieure souvent d'un pourpre violet; les inférieures opposées, ovales, cordées, irrégulièrement et profondément *crénelées;* les supérieures alternes, oblongues, crénelées, plus rarement entières. Pédicelles fructifères en grappes un peu lâches, plus longs ou à peine plus courts que la feuille, ascendants. Calice à divisions à peine inégales, pubescentes-glanduleuses, oblongues, égalant environ la longueur de la capsule. Corolle d'un beau bleu, dépassant le calice. *Capsule* assez grosse, légèrement pubescente-ciliée, *oblongue-suborbiculaire*, échancrée au sommet, *à lobes* renflés, à loges contenant 8-12 graines. Style dépassant les lobes de la capsule. *Graines jaunâtres, concaves-cupuliformes*, presque lisses en dehors. Plante noircissant plus ou moins par la dessiccation. ①. Mars mai.

A.R.—Champs sablonneux, vieux murs, coteaux pierreux —Grenelle (*Vigineix*). Ruel (*Maire*) Montmorency! St-Maur! Ris! Mennecy (*Des Étangs*). Étampes! *Woods*). Pithiviers! Luzarches (*De Len.*) Compiègne (*Leré*).

6 V. ACINIFOLIA. (L. sp. 19.) — Vaill. bot. Par. t. 33. f. 3.

Plante annuelle. Tiges solitaires ou nombreuses, de 4-10 centimètr., dressées ou ascendantes, simples ou rameuses, pubescentes un peu glanduleuses. *Feuilles* un peu épaisses, légèrement pubescentes, quelquefois rougeâtres; les inférieures opposées, brièvement pétiolées, ovales ou oblongues *superficiellement crénelées;* les florales alternes, oblongues ou lancéolées entières. *Pédicelles fructifères* un peu espacés, *plus longs que la feuille*, étalés-ascendants. *Calice à divisions* un peu inégales, oblongues, un peu *plus courtes que la capsule.* Corolle dépassant le calice, d'un beau bleu, à lobe inférieur plus pâle. *Capsule* petite, légèrement pubescente-glanduleuse, 2 *fois aussi large que longue, divisée jusqu'au milieu de sa hauteur en 2 lobes orbiculaires comprimes*, à loges contenant 15-20 graines. Style atteignant environ le sommet des lobes de la capsule. *Graines* très petites, d'un blanc jaunâtre, lisses, *presque planes à la face interne.* ①. Avril-mai.

A R — Champs sablonneux ou argileux un peu humides. — St-Cloud! Versailles! Soisy-sous-Étiolles (*Vigineix*). Senart! Mennecy! Env. de Melun! Pithiviers! Goincourt, Thury-en-Valois (*Questier*). Dreux (*Daënen*), etc.

7 V. VERNA. (L. sp. 19.) — Engl. bot. t. 25.

Plante annuelle. Tiges solitaires ou plus ou moins nombreuses, de 5-15 centimètr., dressées ou ascendantes, simples ou rameuses à rameaux ord. dressés, très pubescentes, glanduleuses surtout dans leur partie supérieure. *Feuilles* pubescentes; les inférieures opposées, un peu atténuées en pétiole, oblongues, entières ou dentées; les *moyennes* opposées ou alternes, *pinnatipartites* à 5-7 segments, le terminal plus grand; les supérieures alternes, lancéolées ou linéaires ord. entières. Pédicelles fructifères beaucoup plus courts que la feuille, dressés. *Calice* à divisions inégales, lancéolées ou linéaires, *dépassant la capsule.* Corolle d'un bleu pâle, dépassée par le calice. *Capsule* petite, fortement ciliée-glanduleuse, 2 *fois aussi large que longue,* fortement échancrée au sommet, à lobes comprimés, à loges contenant 3-6 graines. Style court, atteignant environ le sommet des lobes de la capsule. *Graines* petites, jaunâtres, presque lisses, *presque planes à la face interne.* ①. Avril-mai.

A.R. — Pelouses sablonneuses, coteaux arides. — St-Maur! Meudon! Versailles (*de Boncheman*). Forêt de Fontainebleau! Autheuil-en-Valois (*Questier*). Compiègne (*Leré*).

8. V. ARVENSIS. (L. sp. 18.) — Engl. bot. t. 734. — V. polyanthos. Thuill. fl. Par. 9.

Plante annuelle. Tiges solitaires ou nombreuses, de 5-30 centimètr., dressées ou étalées-ascendantes, simples ou rameuses, très pubescentes, glanduleuses surtout dans leur partie supérieure. *Feuilles* légèrement pubescentes; les inférieures opposées, subsessiles, ovales, un peu cordées ou tronquées à la base, *crénelées;* les supérieures alternes, oblongues ou lancéolées, entières, atteignant ou dépassant peu le sommet de la capsule. *Pédicelles fructifères beaucoup plus courts que la feuille*, dressés, disposés en grappes un peu lâches. Calice à divisions inégales, lancéolées, dépassant la capsule. Corolle petite, d'un bleu clair. *Capsule* petite, ciliée-glanduleuse, *suborbiculaire*, fortement échancrée au sommet, à lobes comprimés, à loges contenant 5-10 graines. Style atteignant le sommet des lobes de la capsule, ou plus court. *Graines* petites, jaunâtres, très finement rugueuses, *à peine concaves à la face interne*. ①. Mars-octobre.

C.C.C. — Champs, lieux cultivés, bords des chemins.

† 9. V. PEREGRINA. (L. sp. 20.) — Fl. Dan. t. 407.

Plante annuelle, *très glabre*. Tiges solitaires ou nombreuses, de 1-2 décimètr., dressées ou étalées-ascendantes, ord. très rameuses. *Feuilles* inférieures opposées, subsessiles ou atténuées en pétiole, oblongues-obtuses, entières, sinuées ou dentées, les *supérieures* alternes, oblongues-linéaires ou presque spatulées, ord. entières, *dépassant très longuement la capsule*. Pédicelles fructifères très courts, dressés, disposés en grappes lâches. Calice à divisions à peine inégales, oblongues-linéaires, dépassant peu la capsule. Corolle petite, dépassée par le calice. *Capsule* petite, glabre, plus large que longue, à peine échancrée au sommet, à lobes un peu renflés, *à loges contenant 30-40 graines*. Style très court, atteignant environ le sommet des lobes de la capsule. *Graines* très petites, jaunâtres, lisses, *à peine concaves à la face interne*. ①. Mai-juin.

A.R. spontanée? — Observé, depuis plus de 15 ans, aux environs de Versailles dans le voisinage des habitations et dans quelques jardins où il persiste, bien qu'on l'y arrache chaque année avec soin comme une mauvaise herbe (*de Boucheman*).

§ 3. — *Plantes vivaces, à souche horizontale ou à tiges radicantes à la base. Fleurs disposées en grappes ord. spiciformes terminant la tige et les rameaux. Feuilles supérieures réduites à l'état de bractées. Pédicelles fructifères dressés.*

10. V. SERPYLLIFOLIA. (L. sp. 15.) — Engl. bot. t. 1075.

Plante vivace. Tiges nombreuses, plus rarement solitaires, de 1-2 décimètr., couchées et radicantes à la base, puis redressées, simples ou rameuses inférieurement, très finement pubescentes. *Feuilles glabres*, un peu épaisses; les inférieures opposées, subsessiles ou brièvement pétiolées, ovales ou oblongues, entières ou sinuées-denticulées; les florales supérieures alternes, oblongues ou oblongues-linéaires, entières. *Pédicelles* fructifères plus courts que la feuille, dressés, *disposés en grappes lâches*. Calice à divisions glabres, presque égales, ovales-oblongues, ord. un peu plus courtes que la capsule. *Corolle* petite, bleuâtre-veinée, dépassant un peu le calice, *à divisions arrondies*. Capsule petite, glabre, plus large que longue, légèrement échancrée au sommet, à lobes renflés, à loges contenant 20-30 graines. Style environ de la longueur de la capsule. Graines très petites, jaunâtres, lisses, à peine concaves à la face interne. ♃. Avril-octobre.

C. — Pâturages, fossés, bords des allées des bois.

11. V. SPICATA. (L. sp. 14.) — Vaill. bot. Par. t. 33. f. 4. — Engl. bot. t. 2.

Plante vivace, à souche horizontale presque ligneuse émettant souvent des rejets stériles. Tiges plus ou moins nombreuses, de 2-5 décimètr., ascendantes, raides, simples, donnant rarement naissance dans leur partie supérieure à plusieurs rameaux florifères, pubescentes-grisâtres un peu glanduleuses. *Feuilles très pubescentes*, assez fermes, opposées ou les supérieures alternes, oblongues insensiblement atténuées à la base, obtuses ou presque aiguës, crénelées à crénelures disparaissant vers le sommet de la feuille; les supérieures oblongues-lancéolées; les florales réduites à des bractées linéaires. *Pédicelles* fructifères beaucoup plus courts que la bractée, dressés, *disposés en grappes spiciformes compactes* très multiflores. Calice à divisions velues, presque égales, ovales-lancéolées, égalant environ la longueur de la capsule. *Corolle* assez grande, d'un bleu vif, dépassant longuement le calice, à tube plus long que son diamètre transversal, *à limbe subbilabié, à divisions inférieures oblongues-lancéolées aigues.* Capsule petite, velue-glanduleuse, subglobuleuse un peu comprimée, à peine émarginée au sommet, à loges polyspermes. *Style 3-4 fois plus long que la capsule.* Graines très petites, lisses, presque planes à la face interne. ♃. Juillet-août.

A.C. — Bois sablonneux, bruyères, pâturages montueux. — Bois de Boulogne! Bois du Vésinet! Mennecy! Forêt de Fontainebleau! Moisontaine! Env. de Senlis!, etc. — Quelquefois cultivé dans les parterres.

var. *β. polystachya.* — Tiges donnant naissance dans leur partie supérieure à plusieurs rameaux florifères.

On cultive dans les jardins, d'où ils s'échappent quelquefois, les *V. spuria* L. et *longifolia* L., espèces voisines du *V. spicata*, dont elles se distinguent par leurs feuilles acuminées, dentées ou doublement dentées et souvent verticillées par 3-4.

SECT. II. — Fleurs disposées en grappes munies de bractées, terminant des pédoncules axillaires dépourvus de feuilles. Feuilles toutes conformes. Plantes vivaces, très rarement annuelles.

§ 1. — *Calice à 4 divisions.*

12. V. OFFICINALIS. (L sp. 14.) — Engl. bot. t. 765.

Souche rameuse, émettant souvent des rejets stériles. Tiges plus ou moins nombreuses, de 1-3 décimetr., raides, couchées souvent radicantes à la base, redressées au sommet, rameuses, très velues. *Feuilles très pubescentes*, assez fermes, opposées, *ovales ou oblongues* atténuées en un pétiole court, un peu aigues, crénelées ou finement dentées. *Pédicelles fructifères* plus courts que la bractée, dressés, *disposés en grappes spiciformes multiflores* un peu lâches à l'extrémité de pédoncules alternes plus rarement opposés. Calice à divisions velues, presque égales, lancéolées, beaucoup plus courtes que la capsule. Corolle dépassant le calice, d'un bleu pâle, ou d'un blanc rosé. *Capsule* assez petite, pubescente-glanduleuse fortement ciliée, *triangulaire-obcordée*, comprimée, à loges polyspermes. Style égalant environ la longueur de la capsule. Graines presque planes à la face interne, ♃ Mai-juillet.

C. — Coteaux boisés, pâturages, bords des chemins ombragés.

13. V. MONTANA. (L. sp. 17.) — Engl. bot. t. 766. — Jacq. Austr. t. 109.

Souche rameuse, grêle, longuement traçante. Tiges plus ou moins nombreuses, espacées, de 1-3 décimètr., faibles, couchées, souvent radicantes dans leur partie inférieure, simples ou rameuses à la base, velues. *Feuilles* poilues, souvent rougeâtres en dessous, opposées, *longuement pétiolées, ovales ou ovales-suborbiculaires*, tronquées ou presque cordées à la base, *fortement dentées*, à dents larges la terminale plus grande. *Pédicelles fructifères* 2-3 fois plus longs que la bractée, étalés, disposés *en grappes lâches 2-6-flores* à l'extrémité de pédoncules grêles alternes. *Calice à divisions* pubescentes-ciliées un peu glanduleuses, presque égales, oblongues-obovales, *beaucoup plus courtes que la capsule qui les déborde largement.* Corolle dépassant le calice, d'un bleu pâle, veinée de rouge ou de bleu. Capsule glabre, réticulée, fortement ciliée, grande, plus large que haute, un peu émarginée à la base et au sommet, comprimée presque plane, à loges contenant 5-8 graines. Style égalant environ la hauteur de la capsule. Graines d'un jaune pâle, à hile brunâtre, assez larges, planes sur les deux faces, lisses. Plante noircissant plus ou moins par la dessiccation. ♃. Mai-juillet.

R. — Hautes futaies, endroits frais des forêts montueuses. — Env. de Versailles; vallée de Senlisse (*de Boucheman*). Forêt de St-Germain près de la route des Loges (*Vigineix*). Forêt de la Neuville-en-Hez! Abondant à plusieurs localités de la forêt de Compiègne! (*Leré*). Forêt de Villers-Cotterets (*Weddell*, *Questier*). Dreux (*Daenen*).

14. V. SCUTELLATA. (L. sp. 16.) — Engl. bot. t 782.

Souche grêle, longuement traçante. Tiges plus ou moins nombreuses, de 1-6 décimètr., grêles, faibles, couchées-radicantes dans leur partie inférieure puis redressées, simples ou rameuses, glabres, plus rarement velues-glanduleuses. *Feuilles* glabres, plus rarement velues, souvent rougeâtres en dessous, opposées, sessiles, *lancéolées-linéaires aigues, lâchement denticulées ou entières*. Pédicelles fructifères 3-5 fois plus longs que la bractée, étalés ou presque réfléchis, disposés en grappes lâches pluriflores à l'extrémité de pédoncules grêles alternes. *Calice à divisions* glabres ou pubescentes, presque égales, oblongues, *beaucoup plus courtes que la capsule qui les déborde largement*. Corolle dépassant le calice, d'un bleu pâle, veinée de rose ou de bleu. Capsule glabre ou pubescente-glanduleuse, assez petite, plus large que haute, fortement échancrée au sommet, legèrement comprimée, à loges contenant 6-10 graines. Style égalant environ la hauteur de la cloison. Graines petites, brunâtres planes sur les deux faces, lisses. ♃. Mai-septembre.

A.C. — Fossés, bords des étangs, lieux marécageux.

var *β. pubescens* (V. parmularia. Poit. et Turp. fl. Par. t 14.) — Plante pubescente ou velue, un peu glanduleuse. — *A.R.* — Meudon! St-Léger! Fontainebleau! Env. de Senlis! Vernon!

15. V. ANAGALLIS. (L. sp. 16.) — Engl. bot. t. 781.

Plante annuelle, bisannuelle ou vivace. *Tiges* solitaires ou peu nombreuses, de 2-8 décimètr., robustes, *succulentes*, fistuleuses, *subtétragones*, dressées, ou ascendantes souvent radicantes à la base, simples ou rameuses, glabres. *Feuilles glabres*, un peu charnues, opposées, *sessiles* semi-amplexicaules ou les inférieures un peu atténuées en pétiole, *ovales-aigues ou lancéolées*, lâchement dentées ou superficiellement sinuées. Pédicelles fructifères environ une fois plus longs que la bractée, étalés, disposés en grappes lâches multiflores à l'extrémité de pédoncules assez grêles ord. opposés. *Calice à divisions* glabres, presque égales, oblongues-lancéolées, *dépassant un peu la capsule*. Corolle dépassant un peu le calice, d'un bleu pâle, souvent veinée de bleu ou de rouge. *Capsule* glabre, assez petite, suborbiculaire, *à peine émarginée au sommet*, renflée, *à loges contenant un très grand nombre de graines*. Style un peu plus court que la hauteur de la capsule. Graines très petites, jaunâtres, ovoides presque planes à la face interne. ①, plus rarement ② ou ♃. Mai-septembre.

A.C. — Fossés, lieux marécageux, ruisseaux à courant peu rapide.

16. V. BECCABUNGA. (L. sp. 16.) — Engl. bot. t. 655. (vulg. *Beccabunga*, *Cresson-de-Cheval*.)

Plante vivace. *Tiges* solitaires ou plus ou moins nombreuses, de 2-6 décimètr., robustes, *succulentes*, fistuleuses, *cylindriques*, couchées-radicantes dans leur partie inférieure puis ascendantes, simples ou rameuses, glabres. *Feuilles* glabres, charnues, opposées, *pétiolées, ovales ou oblongues obtuses*, lâchement dentées ou superficiellement sinuées. Pédicelles fructifères plus courts ou plus longs que la bractée, étalés, disposés en grappes lâches multiflores à l'extrémité de pédoncules assez grêles, ord. opposés. *Calice à divisions* glabres, presque égales, oblongues-lancéolées, *dépassant un peu la capsule.* Corolle dépassant un peu le calice, d'un beau bleu, plus rarement d'un bleu pâle. *Capsule* glabre, assez petite, suborbiculaire, *à peine émarginée au sommet*, renflée, *à loges contenant un très grand nombre de graines.* Style un peu plus court que la hauteur de la capsule. Graines très petites, jaunâtres, ovoïdes, presque planes à la face interne. ♃. Mai-septembre.

C. — Fossés, lieux marécageux, ruisseaux.

17. V. CHAMÆDRYS. (L. sp. 17.) — Engl. bot. t. 623.

Souche grêle, longuement traçante, ord. rameuse. *Tiges* solitaires ou plus ou moins nombreuses, de 2-5 décimètr., grêles, couchées-radicantes à la base puis ascendantes, simples ou peu rameuses, *munies de deux lignes de poils* opposées qui alternent d'un entre-nœud à l'autre, plus rarement pubescentes ou velues dans toute leur circonférence. Feuilles pubescentes, opposées, subsessiles, ovales aiguës ou obtuses, ou oblongues-suborbiculaires, ridées à nervures saillantes en dessous, inégalement dentées à dents larges lá dent terminale ord. plus grande. *Pédicelles fructifères* plus courts ou plus longs que la bractée, ascendants ou dressés, *disposés en grappes* lâches multiflores *à l'extrémité de pédoncules* ord. opposés *qui arrivent tous à peu près à la même hauteur. Calice à divisions* pubescentes-ciliées, inégales, lancéolées-linéaires, *dépassant la capsule et divergentes par paires.* Corolle assez grande, dépassant le calice, d'un bleu tendre veiné. Capsule pubescente-ciliée, assez petite, suborbiculaire, échancrée au sommet, comprimée, à loges contenant 2-6 graines. Style plus long que la hauteur de la capsule. Graines jaunâtres, planes sur les deux faces, presque lisses. ♃. Avril-août.

C.C. — Bois, pâturages, haies, bords des chemins. — Quelquefois cultivé dans les parterres.

var. β. *petiolata.*—Feuilles assez longuement pétiolées.—Observé à plusieurs localites aux environs de Versailles (*de Boucheman*).

§ 2. — *Calice à 5 divisions, la supérieure beaucoup plus courte.*

18. V. TEUCRIUM. (L. sp. 16.) — Poit. et Turp. fl. Par. t. 15.

Souche longuement traçante, ord. rameuse, un peu ligneuse, émettant souvent des rejets stériles. Tiges solitaires ou plus ou moins nombreuses, de 1-5 décimètr., raides, couchées à la base puis ascendantes, plus rarement dressées, simples ou un peu rameuses, pubescentes-velues. Feuilles pubescentes, opposées, subsessiles, ovales, oblongues, lancéolées ou linéaires, un peu ridées, à nervures saillantes en dessous, incisées, inégalement dentées, ou presque entières. Pédicelles fructifères ord. plus longs que la bractée, dressés, disposés en grappes multiflores compactes ou un peu lâches à l'extrémité de pédoncules ord. opposés qui arrivent tous à peu près à la même hauteur. Calice à divisions pubescentes, très inégales, linéaires, plus courtes ou plus longues que la capsule. Corolle assez grande, dépassant le calice, d'un beau bleu. Capsule glabre ou pubescente, assez petite et de grosseur variable, oblongue-suborbiculaire, échancrée au sommet, un peu comprimée, à loges polyspermes. Style plus long que la hauteur de la capsule. Graines jaunâtres, planes sur les deux faces, presque lisses. ♃. Avril-juillet.

Bois, pâturages, bords des chemins, coteaux pierreux. — Quelquefois cultivé dans les parterres.

var. α. *vulgaris*. (V. latifolia. L sp. 18. — Koch, synops. fl. Germ. ed. I 526) — Tiges ascendantes ou presque dressées. Feuilles ovales ou oblongues, un peu cordées à la base, fortement dentées ou incisées. — *A.C.* — Bois de Boulogne! St Germain! St-Maur! Forêt de Fontainebleau!, etc.

var. β. *intermedia*. — Tiges ascendantes ou presque dressées. Feuilles oblongues lancéolées ou lancéolées, ord. atténuées à la base, fortement dentées ou incisées — *A.C.*

var. γ. *prostrata*. (V. prostrata. L. sp. 22.) — Tiges ascendantes ou couchées. Feuilles linéaires-oblongues ou linéaires, presque entières, dentées ou incisées, quelquefois presque pinnatifides. — *A.R.* — Lieux très arides. — Rochers de Beauvais près Mennecy! Forêt de Fontainebleau! Malesherbes! Nemours! Provins (*Bouteiller*). Dreux! Evreux.

II. LIMOSELLA. (L. gen. n. 776.)

Calice 5-fide. *Corolle campanulée-rotacée*, à tube égalant le calice, *à limbe 5-fide à divisions* planes *presque égales*. Étamines 4, très rarement 2 par avortement, à peine exsertes; anthères à lobes confluents, s'ouvrant par une fente transversale. Capsule polysperme, uniloculaire ou subbiloculaire inférieurement, à 2 valves, à placenta central presque libre.

Plante vivace, aquatique. *Feuilles toutes radicales*, *entières*, *longuement pétiolées* Fleurs très petites, à corolle blanchâtre ou rosée, portées sur des pédicelles axillaires très longuement dépassés par les feuilles.

1. L. AQUATICA. (L. sp. 881.) — Engl. bot. t. 357. (vulg *Limoselle*.)

Plante de 3-8 centimètr., se développant sous l'eau, ne fleurissant que dans les endroits desséchés. Rhizômes filiformes, horizontaux, donnant naissance de distance en distance à des individus isolés. Racines à fibres nombreuses. Feuilles disposées en rosettes, glabres, un peu charnues, spatulées ou oblongues atténuées à la base, longuement pétiolées. Fleurs nombreuses, à pédicelles radicaux courts. Anthères d'un pourpre noirâtre. Capsule ovoïde. Graines très petites, ovoïdes, rugueuses. ♃. Juin-septembre.

A.R. — Bords des rivières et des étangs sablonneux. — Bords de la Seine à Paris! Grenelle! Charenton! Ville-d'Avray! Étangs de St-Quentin et du Trou-Salé près Versailles! Bondy! Banthelu près Magny (*Bouteille*). Dreux (*Daenen*). Env. de Compiègne. Villers-Cotterets. Mennecy! Fontainebleau! Nemours!

III. SCROPHULARIA. (Tournef. inst. t. 74.)

Calice 5-fide ou 5-partit. *Corolle à tube renflé-subglobuleux*, *à limbe bilabié;* la lèvre supérieure plus longue, bilobée; la lèvre inférieure trilobée, à lobes courts, obtus, plans, les latéraux dressés, le moyen plus grand étalé ou réfléchi. *Étamines* cachées dans la partie supérieure de la corolle, 4 *fertiles*, ou 5, la cinquième occupant la base de la lèvre supérieure et réduite à un appendice squamiforme; anthères réniformes à lobes confluents, s'ouvrant par une fente transversale. Capsule polysperme, biloculaire, à déhiscence septicide, à 2 valves entières ou bifides; placentas devenant presque libres après la déhiscence.

Plantes vivaces, plus rarement bisannuelles. *Feuilles opposées*, crénelées, dentées ou pinnatiséquées Fleurs d'un rouge brun ou d'un rouge noirâtre, plus rarement jaunes, en cymes pluriflores rapprochées en panicule terminale.

1 { Fleurs en cymes axillaires rapprochées en une panicule feuillée, tiges velues presque laineuses. . . . . *S. vernalis.*
Fleurs en panicule terminale non feuillée. . . . . 2.

2 { Feuilles pinnatiséquées à plusieurs segments. . . . . *S. canina.*
Feuilles entières ou crenelées, quelquefois auriculées à la base . 3

3 { Calice à lobes presque entièrement herbacés; feuilles aiguës. . *S. nodosa.*
Calice à lobes largement membraneux-blanchâtres aux bords; feuilles obtuses. . . . . *S. aquatica.*

1. S. NODOSA. (L. sp. 863.) — Engl. bot. t. 1544.

Plante vivace, à souche renflée-noueuse. Tiges de 5-8 décimètr., raides, robustes, lisses, glabres, à 4 angles tranchants ou un peu obtus non ailés. *Feuilles* pétiolées, glabres, *ovales-aiguës ou ovales-lancéolées,* un peu cordées à la base, doublement dentées, *les dents inférieures plus longues que les supérieures*, pétioles non ailés. *Fleurs* d'un brun rougeâtre en dehors, olivâtres en dedans, *disposées en une panicule non feuillée. Calice à lobes* ovales-suborbiculaires, *presque entièrement herbacés.* Rudiment de la cinquième étamine oblong, à peine émarginé. Capsule ovoïde-subglobuleuse, brièvement acuminée. ♃. Juin-août.

C. — Lieux frais, bois humides, fossés, bords des rivières et des ruisseaux.

2. S. AQUATICA. (L. sp. 864.) — Engl. bot. t 854. (vulg. *Scrophulaire.*)

Plante vivace. Tiges de 5-10 décimètr., raides, robustes, lisses, glabres, à 4 angles tranchants ou ailés. *Feuilles* pétiolées, glabres ou presque glabres, quelquefois auriculées, *ovales-oblongues ou oblongues-obtuses,* un peu cordées à la base, crénelées ou dentées, *les dents inférieures les plus petites;* pétioles ord. ailés. *Fleurs* d'un brun rougeâtre en dehors, olivâtres en dedans, *disposées en une panicule non feuillée. Calice à lobes* suborbiculaires, *largement membraneux-blanchâtres aux bords.* Rudiment de la cinquième étamine émarginé ou bifide. Capsule subglobuleuse-acuminée. ♃. Juin-août.

C. — Fossés aquatiques, bords des rivières et des ruisseaux, lieux marécageux.

β v. *auriculata* — Feuilles présentant au sommet du pétiole deux petits lobes en forme d'oreillettes.

3. S. CANINA. (L. sp. 865.) — Clus. hist. II. 209. f. 1.

Plante vivace, à souche terminée en racine pivotante. Tiges de 4-8 décimètr., raides, robustes, lisses, glabres, presque cylindriques ou subtétragones. *Feuilles* pétiolées, glabres, *pinnatiséquées, à plusieurs segments* espacés, inégalement dentés ou incisés, les supérieurs confluents. *Fleurs* d'un rouge noirâtre mêlé de blanc, en cymes divisées en fausses grappes et rapprochées *en une panicule non feuillée, glanduleuse.* Calice à lobes suborbiculaires, largement membraneux-blanchâtres aux bords. Rudiment de la cinquième étamine lancéolé-aigu ou nul. Capsule subglobuleuse, brusquement apiculée. ♃. Juin-juillet.

R.R.R. — Forêt de Fontainebleau, au champ de manœuvre, où il n'a pas été observé récemment. — Abondant dans toute la vallée de la Loire.

4. S. VERNALIS. (L. sp. 864.) — Engl. bot. t. 567.

Plante bisannuelle. *Tiges* de 4-8 décimètr., robustes, fistuleuses, *velues presque laineuses,* subtétragones. Feuilles pétiolées, pubescentes surtout en dessous, ovales-aiguës cordées à la base, incisées-dentées. *Fleurs d'un jaune verdâtre, en cymes axillaires* pauciflores ou pluriflores-corymbiformes *rapprochées en une panicule feuillée.* Calice à lobes ovales ou oblongs, herbacés. Capsule ovoïde-conique, acuminée. ②. Mai-juillet.

R.R. — Lieux ombragés humides, vieilles murailles, buissons. — Ville-d'Avray (*Maire*). Canly et Jonquières près Compiègne (*Leré*, *Pillot*) St-Germer! (*Delacourt*, *Graves*).

IV. GRATIOLA. (L. gen. n. 29.)

Calice 5-partit, *muni à la base de 2 bractées. Corolle tubuleuse-subbilabiée*, à lèvre supérieure émarginée ou bifide, à lèvre inférieure 3-lobée à lobes égaux. *Étamines* 4, *dont* 2 *stériles*, anthères à lobes parallèles, s'ouvrant chacun par une fente longitudinale. Capsule polysperme, biloculaire, à déhiscence septicide, à 2 valves devenant bifides; placentas devenant presque libres après la déhiscence.

Plante vivace Feuilles opposées, denticulées. Fleurs d'un blanc jaunâtre un peu rose, à tube strié, axillaires solitaires.

1. G. OFFICINALIS. (L. sp. 24.) — Bull. herb. t. 130 (vulg. *Gratiole.*)

Souche longuement traçante. Tiges de 2-5 décimètr., simples ou rameuses, glabres. Feuilles sessiles semi-amplexicaules, glabres, un peu épaisses, lancéolées, trinerviées, lâchement dentées dans leur partie supérieure. Fleurs assez longuement pédicellées, à pédicelle plus court que la feuille. Calice à divisions linéaires-lancéolées, beaucoup plus courtes que le tube de la corolle. Capsule ovoïde-acuminée. Graines très petites, oblongues, rugueuses. ♃. Juin-septembre.

A.R. — Prairies humides, lieux marécageux, bords des ruisseaux. — Ville-d'Avray. Luzarches (*De Lens*). Champotran-en-Brie (*J. Parseval*). Le Châtelet près Melun! (*Garnier*). Champagne! Blunay près Provins (*Bouteiller*).

V. DIGITALIS. (Tournef. inst. t. 73.)

Calice 5-*partit. Corolle campanulée ou tubuleuse-ventrue, à limbe* court *oblique subbilabié*, la lèvre supérieure entière ou échancrée; la lèvre inférieure 3-lobée, à lobe moyen ord. plus grand, barbu en dedans. *Étamines* 4 *fertiles*, incluses; anthères à lobes divergents, s'ouvrant chacun par une fente longitudinale. Capsule polysperme, biloculaire, à déhiscence septicide; placentas très épais.

Plantes bisannuelles ou vivaces. *Feuilles alternes*, *crénelées ou denticulées*. Fleurs jaunes ou purpurines, rarement blanches, disposées en grappes terminales ord. unilatérales.

{ Corolle d'un rose purpurin, rarement blanche; calice à divisions ovales ou oblongues. . . . . *D. purpurea*
{ Corolle d'un jaune pâle, calice à divisions lancéolées-linéaires. . *D. lutea.*

1. D. PURPUREA. (L. sp. 866.) — Bull. herb. t. 21. (vulg. *Digitale pourprée.*)

Tige de 5-10 décimètr., robuste, dressée, droite, ord. simple, très pubescente. Feuilles ovales-oblongues ou lancéolées, crénelées, fortement ridées, à nervures saillantes en dessous, à face supérieure d'un vert foncé, à face inférieure tomenteuse; les inférieures très amples, contractées en un long pétiole, disposées en touffe. Fleurs disposées en grappes spiciformes dressées. *Calice à divisions ovales ou oblongues. Corolle* très grande, glabre en dehors, *d'un rose purpurin*, rarement blanche, à gorge parsemée de points d'un rouge pourpre entourés d'une aréole blanche; lèvre supérieure très obtuse, tronquée ou légèrement émarginée; lèvre inférieure à lobes courts arrondis. *Capsule presque tomenteuse*, ovoïde-acuminée, dépassant peu le calice. ② ou ♃. Juin-août.

C. — Haies, bois montueux, bruyères, coteaux sablonneux ou pierreux. — Quelquefois cultivé dans les parterres.

2. D. LUTEA. (L. sp. 867.) — Bull. herb. t. 65. — D. parviflora. Lam. fl. Fr. II. 335.

Tiges de 5-8 décimètr., raides, dressées, droites, ord. simples, glabres, plus rarement pubescentes. Feuilles oblongues-lancéolées ou lancéolées, finement dentées, lisses, à nervures saillantes en dessous, glabres ou ciliées à la base, plus rarement pubescentes; les inférieures atténuées en pétiole, souvent détruites lors de la floraison. Fleurs disposées en grappes spiciformes dressées. *Calice à divisions lancéolées-linéaires. Corolle* glabre en dehors, *d'un jaune pâle*; lèvre supérieure émarginée; lèvre inférieure à lobe moyen beaucoup plus long que les latéraux, à lobes latéraux aigus. *Capsule glabre*, ovoïde-acuminée, dépassant le calice. ♃. Juin-juillet.

A.R. — Coteaux pierreux, rochers. — Parc de Bougival. Bois de Rougeaux (*Vigineix*). Mennecy (*Des Étangs*). Abondant à plusieurs localités de la forêt de Fontainebleau! Chailly! Valvin! Parc de Vaux-Praslin près Melun! Bois de Barbeaux (*Garnier*). Beaudemont près Magny (*Bouteille*). Portvillez! Rosny (*Daenen*). Très abondant à Vernon! Les Andelys! Les Buissons près Dreux. (*Daenen*). Compiègne (*Leré*). Chaumont (*Friom*). Bois du Parc!, Montmille! et Crillon près Beauvais.

var. *β. hirsuta* — Tiges et feuilles très pubescentes ou hérissées — *R R.* — Les Andelys! — St-Adrien près Rouen!

VI. ANTIRRHINUM. (Juss. gen. 120.)

Calice 5-partit. *Corolle à tube* large, un peu comprimé, *bossu* en dehors *à la base*, à limbe *en gueule*; la lèvre supérieure bifide, à lobes réfléchis en dehors; *la lèvre inférieure* 3-lobée, *présentant un palais saillant* bilobé poilu *qui ferme la gorge*. Étamines 4, incluses; anthères à lobes divergents s'ouvrant chacun par une fente longitudinale. Capsule polysperme, à base oblique, à 2 loges plus ou moins inégales, présentant 3 tubercules au sommet, et s'ouvrant par 3 trous qui correspondent à ces tubercules et résultent chacun de l'écartement de trois petites valves, la loge supérieure s'ouvrant par un seul trou, la loge inférieure par 2 trous.

Plantes annuelles ou vivaces. Feuilles opposées ou les supérieures alternes, entières ou superficiellement sinuées. Fleurs pourpres, plus rarement blanches, axillaires ou disposées en grappes terminales.

Calice à divisions linéaires-étroites, plus longues que la corolle. . . . . *A. Orontium.*
Calice à divisions ovales ou ovales-suborbiculaires, très longuement dépassées par la corolle . . . . *A. majus.*

1. A. ORONTIUM. (L. sp. 860.) — Engl. bot. t. 1155.

Plante annuelle. Tige de 2-4 décimètr., raide, dressée, simple ou peu rameuse, poilue, glanduleuse au sommet. Feuilles lancéolées ou linéaires-lancéolées, atténuées en un court pétiole, glabres. Fleurs axillaires, en grappe terminale feuillée. *Calice à divisions* pubescentes-glanduleuses, très inégales, *linéaires-étroites, plus longues que la corolle et que la capsule.* Corolle assez petite, purpurine souvent striée, plus rarement blanche. Capsule irrégulièrement ovoïde, velue. ①. Juin-septembre.

A.C. — Champs en friche, lieux pierreux, bords des chemins.

† 2. A. MAJUS. (L. sp. 859.)—Engl. bot. t. 129. (vulg *Mufle-de-Veau*, *Gueule-de Lion.*)

Plante vivace. Tiges de 4-8 décimètr., robustes, dressées, simples ou rameuses, pubescentes un peu glanduleuses au moins dans leur partie supérieure. Feuilles lancéolées, plus rarement oblongues-lancéolées, atténuées en un court pétiole, un peu épaisses, glabres ou légèrement pubescentes. Fleurs en grappes terminales, munies de bractées courtes. *Calice à divisions* pubescentes-glanduleuses, peu inégales, *ovales ou ovales-suborbiculaires* très courtes. *Corolle* très grande, *dépassant très longuement le calice*, rouge ou blanche, à palais jaune. Capsule irrégulièrement ovoïde, légèrement pubescente-glanduleuse, dépassant le calice. ♃. Juin-septembre.

Assez fréquemment subspontané sur les vieux murs. — Cultivé dans les parterres.

VII. LINARIA. (Juss. gen. 120.)

Calice 5-partit. *Corolle à tube* renflé *prolongé à la base en un éperon linéaire-cylindrique*, *à limbe en gueule*; la lèvre supérieure bifide, à lobes réfléchis en dehors; *la lèvre inférieure* 3-lobée, à lobe moyen ord. plus petit, *présentant* ord. *un palais saillant* bilobé plus ou moins poilu *qui ferme la gorge.* Étamines 4, incluses; anthères à lobes plus ou moins divergents s'ouvrant chacun par une fente longitudinale. Capsule polysperme, ovoïde ou subglobuleuse, à base non oblique ou à peine oblique; à 2 loges presque égales s'ouvrant chacune par 3-5 valves persistantes plus ou moins profondes, s'ouvrant plus rarement chacune par un trou qui résulte de l'écartement de petites valves ou de la chute d'un large opercule oblique; placenta persistant.

Plantes annuelles ou vivaces. Feuilles alternes, plus rarement opposées ou verticillées par 3-4, entières ou lobées. Fleurs jaunes, bleues ou purpurines, axillaires, ou disposées en grappes terminales.

1 { Feuilles pétiolées, oblongues-suborbiculaires, ovales-hastées ou réniformes-lobées . . . . 2.
{ Feuilles sessiles, la plupart linéaires ou lancéolées-linéaires. . . . 4.

2 { Feuilles réniformes-lobées, à pétiole plus long que le limbe; plante glabre. . . . . *L. Cymbalaria*
{ Feuilles oblongues-suborbiculaires ou ovales-hastées, entières ou sinuées; plante poilue. 3.

3 { Feuilles la plupart ovales-hastées; pédicelles glabres. . . *L. Elatine.*
{ Feuilles oblongues ou suborbiculaires, non hastées; pédicelles très poilus. . . . . *L. spuria.*

4 { Fleurs longuement pédicellées, disposées en grappes feuillées; corolle à gorge incomplètement fermée par le palais. . . . . . . *L. minor.*
{ Fleurs brièvement pédicellées, disposées en grappes non feuillées, corolle à gorge complètement fermée par le palais. . . . . 5.

5 { Plante vivace; grappes florifères spiciformes. . . . . 6.
{ Plante annuelle, grappes florifères courtes ou capitées. . . . . 7.

6 { Feuilles inférieures verticillées par 3-4, graines ovoïdes-trigones, à angles aigus . . . . *L. striata.*
{ Feuilles toutes éparses, très rapprochées; graines presque planes. . . . . *L. vulgaris.*

7 { Graines bordées de cils raides; feuilles des rejets stériles oblongues assez larges . . . . *L. Pelisseriana.*
{ Graines non ciliées; feuilles toutes linéaires étroites . . . . 8.

8 { Fleurs grandes, jaunes, tiges couchées-diffuses . . . . *L. supina.*
{ Fleurs très petites, bleuâtres, tiges dressées . . . . *L. arvensis.*

SECT. I. CHÆNORRHINUM. — Corolle à gorge incomplètement fermée par le palais. Capsule s'ouvrant au sommet par 2 trous qui résultent chacun de l'écartement de petites valves persistantes — Feuilles entières, presque linéaires, atténuées à la base. Fleurs longuement pédicellées, disposées en grappes terminales feuillées.

1. L. MINOR. (Desf. fl. Atl. II. 46.) — Engl. bot. t. 2014. — Antirrhinum minus. L. sp. 852.

Plante annuelle, pubescente-glanduleuse. Tige de 1-4 décimètr., dressée, très rameuse presque dès la base. Feuilles lancéolées-linéaires, obtuses, atténuées à la base; les inférieures opposées; les supérieures alternes. Fleurs solitaires, axillaires, disposées en grappes lâches, à pédicelles environ 3 fois plus longs que le calice. Calice à divisions linéaires ou linéaires-oblongues, à peine plus courtes que la corolle, dépassant un peu la capsule. Corolle petite, d'un violet pâle, à gorge jaunâtre. Capsule ovoïde, un peu oblique à la base. Graines ovoïdes-oblongues, sillonnées longitudinalement. ①. Juin-septembre.

C. — Champs en friche, lieux incultes, vieux murs, bords des chemins.

SECT. II. ELATINOIDES. — Corolle à gorge complètement fermée par le palais. Capsule s'ouvrant latéralement par 2 larges ouvertures qui résultent chacune de la chute d'un opercule oblique.—Feuilles oblongues-suborbiculaires ou ovales-hastées, entières ou superficiellement sinuées, pétiolées. Fleurs axillaires, longuement pédicellées

2. L. ELATINE. (Desf. fl. Atl. II. 37.) — Engl. bot. t. 692. — Antirrhinum Elatine. L. sp. 851.

Plante annuelle, poilue. Tiges ord. nombreuses, de 2-6 décimètr., couchées-diffuses, rameuses, flexueuses. *Feuilles* alternes, assez brièvement pétiolées, *ovales-hastées;* les inférieures souvent non hastées. *Pédicelles glabres*, presque capillaires, plus longs que la feuille. Calice à divisions linéaires-lancéolées aiguës, dépassant un peu la capsule. Corolle d'un jaune pâle, à lèvre supérieure d'un bleu violet en dedans, éperon légèrement arqué. Capsule subglobuleuse. Graines ovoïdes, tuberculeuses. ①. Juillet-octobre.

A C. — Champs en friche, lieux cultivés.

3. L. SPURIA. (Mill. dict. n. 15.) — Engl. bot. t. 691. — Antirrhinum spurium. L. sp. 851 (vulg. *Velvote*.)

Plante annuelle, poilue. Tiges ord. nombreuses, de 2-5 décimètr., couchées-diffuses, rameuses, flexueuses. *Feuilles* alternes, brièvement pétiolées, *oblongues ou suborbiculaires*, souvent un peu cordées à la base. *Pédicelles très poilus,* presque capillaires, la plupart plus longs que la feuille. Calice à divisions ovales-aiguës, dépassant un peu la capsule. Corolle jaune, à lèvre supérieure d'un violet foncé en dedans; éperon légèrement arqué. Capsule subglobuleuse. Graines ovoïdes, tuberculeuses. ①. Juillet-octobre.

C. — Champs en friche, lieux cultivés.

SECT. III. CYMBALARIA.— Corolle à gorge complètement fermée par le palais. Capsule s'ouvrant par 6-10 valves peu profondes, persistantes — Feuilles réniformes, lobées, pétiolées. Fleurs axillaires, longuement pédicellées.

4. L. CYMBALARIA. (Mill. dict. n. 17) — Engl. bot. t. 502. — Antirrhinum Cymbalaria. L. sp. 851. (vulg. *Cymbalaire*.)

Plante vivace, glabre. Tiges nombreuses, de 1-7 décimètr., couchées-pendantes, très rameuses, diffuses, à rameaux allongés. Feuilles la plupart alternes, à pétiole beaucoup plus long que le limbe, épaisses, souvent rougeâtres en dessous, suborbiculaires cordées à la base, à 5-7 lobes larges obtus mucronulés. Pédicelles filiformes, plus courts ou un peu plus longs que les feuilles. Calice à divisions lancéolées, plus courtes que la capsule. Corolle d'un rose bleuâtre, à palais jaune; éperon court arqué. Capsule subglobuleuse. Graines ovoïdes, irrégulièrement sillonnées. ♃. Mai-octobre.

C C — Vieux murs humides.

SECT. IV. LINARIASTRUM. — Corolle à gorge complètement fermée par le palais. Capsule s'ouvrant par 6-10 valves plus ou moins profondes, persistantes. — Feuilles la plupart linéaires ou presque linéaires, sessiles ou atténuées à la base. Fleurs brièvement pedicellees, disposées en grappes terminales non feuillées. Plantes annuelles ou vivaces, émettant souvent des rejets stériles

5 L. STRIATA (D.C. fl. Fr. III. 586) — L. repens. Desf. cat. hort. Par. 64.—Engl. bot. t. 1253. — Antirrhinum repens et Monspessulanum. L. sp. 854.

Plante glabre, glaucescente, *vivace*. Souche souvent terminée en racine pivotante, à rhizômes obliques. Tiges de 2-6 décimètr., dressées ou presque dressées, rameuses. Feuilles linéaires-lancéolées ou linéaires, à nervure moyenne seule très distincte; les inférieures verticillées par 3-4; les supérieures éparses, rapprochées. *Fleurs en grappes spiciformes plus ou moins lâches*. Calice à divisions lancéolées, plus courtes que la capsule. Corolle d'un blanc lilas veiné de violet, à palais jaune, à éperon court. *Capsule* assez petite, *globuleuse-subdidyme*. *Graines ovoïdes-trigones, à angles aigus* lisses, à faces ridées-tuberculeuses. ♃. Juillet-septembre.

C. — Coteaux calcaires, lieux pierreux, carrières, bords des chemins

var. *β. ochroleuca*. — Fleurs ord. plus grandes, d'un jaune pâle. — *R.* — Joinville-le-Pont près St Maur (*Thuret*). Provins (*Bouteiller*).

6. L. VULGARIS. (Mœnch, meth 524.) — Engl. bot t 658 — Antirrhinum Linaria. L. sp. 858. (vulg *Linaire*)

Plante glabre ou presque glabre, subglaucescente, *vivace*, à rhizômes obliques. *Tiges* de 2-6 décimetr.. *dressées* ou presque dressées, simples ou rameuses. *Feuilles toutes éparses, très rapprochées*, lancéolées-linéaires ou linéaires, à nervure moyenne seule très distincte. *Fleurs imbriquées en grappes spiciformes compactes*. Calice à divisions lancéolées, plus courtes que la capsule. Corolle grande, d'un jaune pâle, à palais d'un jaune safrané, à éperon très long. Capsule oblongue-subglobuleuse. *Graines presque planes*, entourées d'une aile mince, *à faces tuberculeuses-scabres* à leur partie moyenne. ♃. Juillet-septembre.

C.C. — Bords des chemins, champs sablonneux ou pierreux, berges des rivières.

7. L. SUPINA. (Desf. fl. Atl. II. 44.)—Antirrhinum supinum. L. sp. 856.—Sibthorp. fl. Græc. t. 595 — L. Thuillierii. Merat, fl. Par. ed. I. 240. — Antirrhinum bipunctatum. Thuill. fl Par. 311, *non* L.

Plante annuelle, glabre-glaucescente, un peu pubescente glanduleuse au sommet. *Tiges* ord. nombreuses, de 1-3 décimètr., *couchées-diffuses, puis redressées*, simples ou peu rameuses. Feuilles linéaires étroites, uninerviées, un peu épaisses, rapprochées par 3-5; les supérieures éparses. *Fleurs imbriquées en grappes courtes compactes*. Calice à divisions linéaires-obtuses, plus courtes que la capsule. *Corolle* grande, d'un *jaune* pâle, à palais d'un jaune orangé, à éperon très long. Capsule subglobuleuse. *Graines lisses*, d'un noir luisant, assez larges, *presque planes*, à bord mince un peu relevé. ①. Mai-septembre.

C.C — Champs sablonneux ou pierreux, vieux murs, bords des chemins, berges des rivières.

8. L. ARVENSIS. (D.C. fl. Fr. III. 588.) — Antirrhinum arvense. L. sp. 855, *excl.* var. β. — Schkuhr, handb. II. t. 172.

Plante annuelle, très grêle, glabre-glaucescente dans sa partie inférieure, *pubescente-glanduleuse dans sa partie supérieure. Tiges* solitaires ou peu nombreuses, de 1-3 décimètr., simples ou rameuses, *dressées*. Feuilles ord. espacées, linéaires-étroites, uninerviées, un peu épaisses; les inférieures verticillées par 4; les supérieures éparses. *Fleurs en grappes* pauciflores, *d'abord courtes capitées* puis devenant lâches. Calice à divisions linéaires, égalant environ la longueur de la capsule. *Corolle très petite, lilas, veinée de bleu*, à palais blanchâtre, à éperon assez long. Capsule subglobuleuse-obovale. Graines lisses, d'un noir grisâtre, très petites, presque planes, entourées d'une aile mince. ①. Juin-septembre.

R.R. — Champs, moissons, surtout des terrains sablonneux. — St-Léger! (*Maire*). Poigny! (Cte *Jaubert*, *Schœnefeld*). Sivry près Melun! Autheuil-en-Valois, Moyvillers près Compiègne (*Questier*). — ? Lagny.

9. L. PELISSERIANA. (Mill. dict. n. 11.) — Antirrhinum Pelisserianum. L. sp. 855 — Sibthorp. fl. Græc. t. 591.

Plante annuelle, grêle, *glabre-subglaucescente*. Tige de 2-5 décimètr., dressée, raide, simple, ou rameuse à rameaux dressés. *Feuilles* espacées, linéaires étroites, uninerviées, un peu épaisses, éparses; les inférieures verticillées par 4; celles *des rejets stériles oblongues assez larges*, ord. verticillées par 3. Fleurs en grappes pauciflores ou pluriflores d'abord courtes capitées puis devenant lâches spiciformes. Calice à divisions linéaires-acuminées, plus longues que la capsule. *Corolle d'un bleu violet*, à palais moins coloré, à éperon très long. *Capsule didyme. Graines* lisses, brunâtres, petites, *presque planes, entourées d'une aile découpée en cils raides*. ①. Mai-juillet.

R. — Rochers, coteaux sablonneux, pelouses arides. — Chatou (*Mandon*). Bois du Vesinet (*Kralik*). Bouray (*Lamothe*, *Vigineix*). Lardy (*Maire*) St-Martin-de-La-Roche près Étampes! (*Woods*) Forêt de Fontainebleau! (*A. de Jussieu*). Nemours (*Devilliers*). Malesherbes (*Bernard*). Forêt de Dourdan (*Maire*).

VIII. PEDICULARIS. (Tournef. inst. t. 77.)

Calice renflé-ventru, inégalement 5-denté, ou bilabié, la lèvre supérieure bidentée ou entière, l'inférieure 3-dentée. *Corolle bilabiée;* à lèvre supérieure en casque, comprimée latéralement souvent émarginée obtuse ou prolongée en bec; l'inférieure plane, 3-lobée. *Étamines* 4, cachées sous le casque; anthères à lobes un peu divergents obtus ou mucronés à la base, s'ouvrant chacun par une fente longitudinale. Capsule polysperme, comprimée perpendiculairement à la cloison, à partie supérieure ord. aplanie arquée, à 2 valves, à déhiscence loculicide. *Graines ovoïdes-trigones*, tuberculeuses, à raphé parcourant toute leur longueur.

Plantes bisannuelles ou vivaces. *Feuilles* opposées ou alternes, *pinnatipartites*, plus rarement bi-pinnatipartites, à lobes espacés, dentés ou pinnatifides. Fleurs roses, très rarement blanches, subsessiles, en grappes terminales.

Tiges nombreuses, les latérales étalées-diffuses; casque dépourvu de dent vers le milieu de sa longueur . . . . *P. sylvatica.*
Tige solitaire, simple ou rameuse dès la base, dressée ; casque présentant de chaque côté une dent vers le milieu de sa longueur. . *P. palustris.*

1. P. SYLVATICA. (L. sp. 845.) — Engl. bot. t. 400.

Plante glabre. *Tiges nombreuses,* de 1-2 décimètr., simples, la centrale dressée ou presque dressée, *les latérales étalées-diffuses* flexueuses. Feuilles alternes, rarement opposées, pinnatipartites, à lobes oblongs plus ou moins profondément incisés. Calice glabre, 5-denté; le fructifère presque vésiculeux, à dents terminées par un appendice foliacé irrégulièrement incisé-denté, la dent supérieure plus petite lancéolée entière. *Corolle* rose, à tube étroit dépassant longuement le calice ; *à casque* plus long que la lèvre inférieure, à peine arqué, *dépourvu de dent vers le milieu de sa longueur,* à bec tronqué et présentant de chaque côté une dent acuminée. ② ou ♃. Mai-juillet.

C. — Bois humides, pelouses ombragées, pâturages montueux.

2. P. PALUSTRIS. (L. sp. 845.) — Engl. bot. t. 399.

Plante presque glabre, ou pubescente au sommet. *Tige solitaire,* de 2-6 décimetr., *dressée,* simple, ou rameuse dès la base à rameaux dressés. Feuilles alternes ou opposées, pinnatipartites ou les inférieures bipinnatipartites, à lobes oblongs plus ou moins profondément incisés. Calice un peu poilu, irrégulièrement bilobé ; le fructifère presque vésiculeux, à lobes foliacés et irrégulièrement incisés au sommet. *Corolle* rose, *à* tube étroit dépassant longuement le calice; *casque* environ de la longueur de la lèvre inférieure, arqué-subfalciforme, *présentant de chaque côté vers le milieu de sa longueur une dent dirigée en bas,* à bec tronqué et présentant de chaque côté une dent acuminée. ② ou ♃. Mai-août.

A.C. — Prairies spongieuses, marais tourbeux. — Meudon! St-Germain! Mennecy! St-Léger! Malesherbes!, etc.

IX. RHINANTHUS. (L. gen. n. 740, *part.*) — Alectorolophus. Hall. Helv. 314.

Calice renflé-ventru, un peu comprimé latéralement, 4-denté par l'absence de la dent supérieure. *Corolle bilabiée ;* la lèvre supérieure en casque, comprimée latéralement, obtuse émarginée; l'inférieure plane, 3-lobée. Étamines 4, cachées sous le casque ; anthères velues, à lobes obtus s'ouvrant chacun par une fente longitudinale. *Capsule polysperme*, suborbiculaire, comprimée perpendiculairement à la cloison, presque plane, à 2 valves, à déhiscence loculicide. *Graines comprimées presque planes, entourées d'une bordure mince* blanchâtre ; hile situé au-dessous de l'extrémité de la graine.

Plantes annuelles. Feuilles opposées, dentées. Fleurs jaunes, subsessiles ou brièvement pedicellées, opposées, disposées en grappes terminales feuillées

Calice velu. . . . . *R. hirsuta.*
Calice glabre . . . . *R. glabra.*

1. R. HIRSUTA. (Lam. fl. Fr. II. 353.) — R. Crista-Galli. γ. L. sp. 840.

Tige de 4-6 décimètr., raide, dressée, simple ou rameuse au sommet, pubescente. *Feuilles* sessiles, oblongues-lancéolées ou lancéolées, fortement dentées, pubescentes-scabres, rugueuses, à bords un peu roulés en dessous, à nervures latérales aboutissant aux sinus des dents ; les *florales* ovales-acuminées, très *pubescentes, à peine scabres*, ord. décolorées. *Calice velu.*

Corolle jaune, à tube dépassant assez longuement le calice, à lobes quelquefois bleuâtres au sommet. Graines ord. 2 fois plus larges que leur bordure. (1). Mai-juin.

C.C. — Prés humides, moissons.

2. R. GLABRA. (Lam. fl. Fr. II. 352.) — R. Crista-Galli. α et β. L. sp 840.

Tige de 3-5 décimètr., raide, dressée, simple ou rameuse supérieurement, glabre. *Feuilles* sessiles, oblongues-lancéolées ou lancéolées, fortement dentées, très scabres, rugueuses, à bords un peu roulés en dessous, à nervures latérales aboutissant aux sinus des dents; les *florales* ovales-lancéolées, *tres scabres*, décolorées, plus rarement d'un vert pâle. *Calice glabre.* Corolle jaune, à tube ne dépassant pas ou dépassant à peine le calice. Graines ord. une fois plus larges que leur bordure. (1). Mai-juin.

C. — Prés humides, lieux herbeux ombragés.

var. β. *minor.* (R. minor. Ehrh. beitr. VI. 144.) — Plante plus grêle. Tige ord. simple. Feuilles ord. plus etroites; les florales d'un vert pâle.

X. MELAMPYRUM. (Tournef. inst. t. 78.)

Calice tubuleux. 4-fide par l'absence du lobe supérieur. *Corolle bilabiée* ou presque en gueule; lèvre supérieure en casque, comprimée latéralement, émarginée, à bords rejetés en dehors; lèvre inférieure plane, 3-dentée ou 3-fide, présentant 2 bosses; gorge triangulaire. Étamines 4, cachées sous le casque; anthères à lobes un peu divergents à la base, prolongés en pointe au moins chez les étamines inférieures, s'ouvrant chacun par une fente longitudinale. *Capsule à loges 1-2-spermes*, ovoïde-acuminée, comprimée parallèlement à la cloison, à 2 valves, à déhiscence loculicide. *Graines ovoïdes-oblongues subtrigones;* hile occupant l'une des extrémités de la graine.

Plantes annuelles. Feuilles opposées, les caulinaires entières, les florales incisées-pinnatifides à la base. Fleurs jaunes ou roses, subsessiles, opposées, disposées en épis terminaux feuillés.

1 { Épis quadrangulaires très compactes, feuilles florales recourbées, pliées en dessus. . . . . *M. cristatum.*
Épis presque cylindriques ou grappes unilatérales feuillées, feuilles florales planes, non recourbées . . . . 2.

2 { Calice à divisions égalant la longueur du tube de la corolle et dépassant longuement la capsule; feuilles florales d'un beau rouge . . *M. arvense.*
Calice à divisions deux fois plus courtes que le tube de la corolle et plus courtes que la capsule, feuilles florales vertes. . . . . *M. pratense.*

1. M. CRISTATUM. (L. sp. 842.) — Nees jun. gen. pl. fasc. XVI. t. 16 f. 18.

Tige de 2-3 décimètr., raide, dressée, pubescente surtout supérieurement, rameuse à rameaux étalés. *Feuilles* lancéolées-linéaires, très scabres; les *florales étroitement imbriquées sur 4 rangs*, très larges, cordées acuminées, *recourbées, pliées en dessus*, à bords déchiquetés en cils raides. Fleurs disposées en épis quadrangulaires très compactes. Calice à tube présentant 2 lignes de poils, à divisions lancéolées-acuminées n'atteignant pas le tiers de la longueur du tube de la corolle et plus courtes que la capsule. Corolle presque fermée, d'un blanc jaunâtre souvent mêlé de rouge, à palais jaune. (1). Juin-août.

A C — Clairières des bois sablonneux, coteaux incultes, buissons

2. M. ARVENSE. (L. sp. 841.) — Engl. bot. t. 53. (vulg. *Rougerole*, *Ble-de-vache*.)

Tige de 3-6 décimètr., raide, dressée, très pubescente, rameuse à rameaux presque dressés. *Feuilles* lancéolées-linéaires, rudes à bords scabres; les *florales d'un beau rouge*, très rapprochées, dressées, ovales-lancéolées ou ovales-acuminées, laciniées à divisions très longues linéaires-subulées. Fleurs disposées en épis multiflores presque cylindriques. *Calice* à tube pubescent, *à divisions* triangulaires-lancéolées et *terminées en une longue pointe sétacée* rouge, *égalant la longueur du tube de la corolle et dépassant longuement la capsule.* Corolle assez grande, ouverte, purpurine, à gorge blanchâtre, à lèvre inférieure tachée de jaune. ①. Juin-août.

C. — Moissons, champs en friche, prairies artificielles.

3. M. PRATENSE. (L. sp. 843.) — Engl. bot. t. 113.

Tige de 2-5 décimètr., raide, dressée, presque glabre, rameuse presque dès la base à rameaux divergents un peu arqués. Feuilles lancéolées ou lancéolées-linéaires, à bords scabres; les florales un peu espacées, dressées, lancéolées ou ovales-lancéolées, incisées-pinnatifides à la base. *Fleurs dirigées horizontalement*, disposées par paires, *en grappes unilatérales* feuillées *lâches*. *Calice* glabre, *à divisions* linéaires-sétacées, 2 *fois plus courtes que le tube de la corolle et plus courtes que la capsule.* Corolle fermée, jaune ou d'un blanc jaunâtre. ①. Juin-août.

C. — Bois, taillis montueux.

XI. EUPHRASIA. (L. gen. n. 741.)

Calice tubuleux ou campanulé, 4-*fide* par l'absence du lobe supérieur. *Corolle bilabiée*, à lèvre supérieure en casque tronquée ou émarginée, à lèvre inférieure trifide plane à lobes entiers ou émarginés. Étamines 4, incluses ou exsertes; anthères à lobes prolongés en pointe, s'ouvrant chacun par une fente longitudinale. Capsule polysperme, ovoïde-oblongue, comprimée perpendiculairement à la cloison, obtuse ou émarginée, à déhiscence loculicide, à 2 valves entières ou bifides. *Graines ovoïdes-fusiformes*, striées longitudinalement, parcourues dans toute leur longueur par un raphé saillant.

✱ Plantes annuelles, à tiges coudées à la base, pubescentes à poils réfléchis. Feuilles fortement nerviées, dentées ou presque entières, opposées, les supérieures éparses. Fleurs blanchâtres-striées, purpurines ou jaunes, brièvement pédicellées, disposées en épis terminaux feuillés subunilatéraux.

1 { Corolle blanche ou d'un blanc bleuâtre, striée de violet, à lèvre inférieure tachée de jaune, à lobes émarginés-bilobés. . . . *E. officinalis*
Corolle jaune ou rougeâtre, à lobes de la lèvre inférieure entiers. . . . 2

2 { Corolle d'un beau jaune, à lobes ciliés-barbus; style rejeté vers la lèvre inférieure de la corolle. . . . . *E. lutea*
Corolle rougeâtre ou d'un jaune rougeâtre, pubescente, à lobes non barbus, style placé sous la lèvre supérieure de la corolle. . . . . 3.

3 { Corolle à lèvres écartées, style longuement saillant hors de la corolle avant l'épanouissement complet. . . . . *E. Odontites.*
Corolle à lèvres conniventes; style inclus, même avant l'épanouissement. . . . . *E. Jaubertiana.*

SECT. I. EUPHRASIUM. — Lèvre inférieure de la corolle à lobes émarginés-bilobés. Lobe inférieur des anthères des 2 étamines courtes prolongé en une pointe beaucoup plus longue que celle du lobe supérieur.

1. E. OFFICINALIS. (L. sp. 841.) — Engl. bot. t. 1416. — Illustr. fl. Par. t. 18. A. (vulg. *Euphraise.*)

Tige de 5-30 centimètr., dressée, simple ou rameuse dès la base, pubescente, quelquefois un peu glanduleuse. *Feuilles* pubescentes, sessiles, *ovales*, dentées à dents courtes ou à dents profondes acuminées; les florales plus petites, presque de même forme, profondément dentées. Calice à lobes lancéolés-acuminés. *Corolle* finement pubescente, *blanche* quelquefois bleuâtre, *marquée de lignes violettes, à palais jaune;* lèvre supérieure échancrée au sommet en 2 lobes courts 2-3-dentés; *lèvre inférieure* 3-lobée, *à lobes émarginés-bilobés.* Étamines plus courtes que le casque, à connectif glabre; anthères brunâtres, chargées de poils noueux le long des lignes de déhiscence. ①. Juillet-octobre.

Prairies, pâturages, pelouses sèches, lisière des bois.

var. α. *pratensis.* — Plante très pubescente, un peu glanduleuse. Tige ord. très rameuse, à rameaux étalés. Feuilles à dents courtes obtuses ou aigues. — *C.C.*

s.v. — *grandiflora.* — Fleurs très grandes. Plante souvent très petite.

var. β. *minima.* (E. minima Schleich. ap. D.C. fl. Fr. III. 473.) — Plante très pubescente, ord. non glanduleuse. Tige simple. Feuilles même les supérieures à dents courtes. Corolle très petite, à lèvre inférieure largement tachée de jaune. — *R.* Forêt de Senart! Morfontaine!

var. γ. *nemorosa.* (E. nemorosa. Rchb. fl. Germ. excurs. 358.) — Plante légèrement pubescente, non glanduleuse. Tige élancée, simple à la base, rameuse à rameaux dressés. Feuilles à dents profondes aigues ou cuspidees. Calice presque glabre. Corolle bleuâtre, assez petite. — *C.*

s.v. — *aristata.* (E. Salisburgensis. Funk, in Hopp. taschenb. (1794.) 190.) — Feuilles à dents cuspidées-aristées peu nombreuses également espacées. — *R.* — Forêt de Fontainebleau! Malesherbes!

SECT. II. ODONTITES. (Odontites. Haller, Helv. 304.) — *Lèvre inférieure de la corolle à lobes entiers. Anthères toutes à lobes brièvement mucronés.*

2. E. LUTEA. (L. sp. 842.) — Illustr. fl. Par. t. 18. B.

Tige de 1-4 décimètr., raide, dressée, rameuse supérieurement, pubescente-rude. Feuilles scabres, sessiles, linéaires-lancéolées étroites, lâchement et superficiellement dentées, les supérieures et les florales entières. Calice pubescent, non glanduleux, campanulé, à lobes courts triangulaires. *Corolle d'un beau jaune*, très ouverte, *pubescente à poils épars, à lobes ciliés-barbus*, lèvre supérieure comprimée, tronquée-obtuse. *Étamines et style dépassant la corolle et rejetés vers la lèvre inférieure*, anthères d'un jaune orangé, à connectif glabre ou presque glabre, à lobes glabres. ①. Juillet-septembre.

R.R. — Coteaux incultes, pelouses montueuses arides. — Orrouy près Crepy (*Leré*). Verderonne! Env. de Compiègne (*Maire*). Remy près Compiègne (*Lefebure et Pillot, in Mérat fl.*). — Montagnes de Salency, de Béhericourt, de Larbroie et Mont-St-Siméon près Noyon (*Leré*, *Morelle*, *Questier*). Env. de Soissons (*Maire*).

var. β. *tenuifolia.* — Rameaux plus longs et plus dressés que dans le type. Feuilles toutes linéaires courtes, très etroites, presque entières.

3. E. ODONTITES. (L. sp. 841.) — Illustr. fl. Par. t. 18. C.

Tige de 2-6 décimètr., raide, dressée, rameuse supérieurement, pubescente-rude. Feuilles pubescentes-scabres, sessiles, lancéolées, lancéolées-linéaires ou linéaires, plus ou moins profondément dentées, même les florales. Calice pubescent, tubuleux, à lobes lancéolés. *Corolle rougeâtre, très pubescente, à lèvres écartées*, la supérieure un peu comprimée droite tronquée, l'inférieure dirigée en bas à lobes oblongs étroits. Étamines placées sous la lèvre supérieure de la corolle qu'elles dépassent un peu ; anthères jaunâtres ou brunâtres, à connectif chargé au niveau de l'insertion du filet de poils noueux-renflés, à lobes surmontés chacun d'une houppe de poils noueux et glanduleux qui agglutinent les anthères entre elles. *Style placé sous la lèvre supérieure de la corolle qu'il dépasse longuement surtout avant l'épanouissement complet de la fleur.* ①. Juin-octobre.

C. — Pâturages, lisière des bois, coteaux incultes, bords des chemins herbeux, moissons.

var. *α. latifolia.* (Odontites verna. Rchb. fl. Germ. excurs. 859.) — Rameaux allongés, dressés. Feuilles lancéolées ou lancéolées-linéaires, fortement dentées; les florales ord. plus longues que les fleurs. — Lieux herbeux humides ou ombragés

var. *β. angustifolia.* (E. serotina. Lam. fl Fr III. 350) — Rameaux assez courts, ord. étalés. Feuilles linéaires, superficiellement dentées; les florales ne dépassant pas les fleurs. — Coteaux arides, moissons des terrains secs.

4. E. JAUBERTIANA. (Boreau, ann. sc nat. VI. 254. — Fl. centr. II. 366.)—Illustr. flor. Par. t. 18. D.

Tige de 2-6 décimètr., raide, dressée, rameuse supérieurement, pubescente-rude. Feuilles pubescentes-scabres, sessiles, lancéolées-linéaires ou linéaires, lâchement et superficiellement dentées; les florales entières ou présentant seulement 1-2 dents de chaque côté, dépassant longuement les fleurs. Calice pubescent, tubuleux, à lobes lancéolés. *Corolle rougeâtre ou d'un jaune rougeâtre, très pubescente, à lèvres conniventes* (1), la supérieure un peu arquée arrondie au sommet, l'inférieure à lobes oblongs-arrondis. Étamines placées sous la lèvre supérieure de la corolle ; anthères jaunâtres à connectif muni au niveau de l'insertion du filet d'un petit nombre de poils noueux-renflés, à lobes ne présentant au sommet que quelques poils ou en étant complètement dépourvus. *Style placé sous la lèvre supérieure de la corolle qu'il ne dépasse pas, même avant l'épanouissement.* ①. Août-octobre.

R R. — Champs et pâturages des coteaux calcaires — Très abondant aux environs de Moret! — Orléans (*Dubouché*, *in Boreau fl. centr.*).

LIX. LENTIBULARIÉES.

(LENTIBULARIEÆ. C. Rich. *in* Poit. et Turp. flor. Par. 32.)

Fleurs hermaphrodites, *irrégulières*.— Calice persistant, 5-fide à divisions presque égales, ou bilabié à lèvres indivises entières ou l'inférieure émarginée. — *Corolle* hypogyne, caduque, gamopétale, très irrégulière, bilabiée ou en gueule, à lèvre supérieure bilobée ou entière, *à lèvre inférieure* plus grande 3-lobée ou entière *prolongée en éperon* et souvent renflée au niveau de la gorge en un palais plus ou moins saillant. — *Étamines* 2, insérées à la base de la corolle entre l'ovaire et l'éperon. Filets aplanis ou dilatés, presque droits ou arqués-connivents. Anthères unilobées, souvent rétrécies à leur partie moyenne et d'apparence bilobées, insérées au filet par leur dos, s'ouvrant par une fente longitudinale. — Ovaire uniloculaire, multi-ovulé, à *placenta libre*

(1) Ce caractère, disparaissant par la dessiccation, doit être observé sur la plante vivante.

globuleux. Ovules réfléchis. Style court, indivis, bilabié au sommet, à lèvres stigmatifères à leur face interne, la lèvre supérieure très courte ou presque nulle, l'inférieure aplanie lamelliforme entière ou frangée-ciliée se recourbant au-dessus des anthères. — *Fruit* capsulaire, *polysperme*, *uniloculaire*, bivalve ou indéhiscent, ou s'ouvrant circulairement au-dessus de la base. — Graines nombreuses, petites. *Périsperme nul*. Embryon à cotylédons très courts ou indistincts (*Utricularia*). Radicule dirigée vers le hile.

Plantes vivaces, herbacées, aquatiques. Feuilles toutes radicales, aériennes, disposées en rosette, entières, charnues; ou submergées, disposees le long des rameaux, multiséquées à segments filiformes ou capillaires souvent terminés par des reuflements vésiculeux; stipules nulles. Fleurs solitaires à l'extrémité de pédoncules radicaux, ou disposées en grappes pluriflores à l'extrémité de rameaux dépourvus de feuilles.

Calice 5-fide; feuilles entières, aériennes, disposées en rosette radicale. . . . . PINGUICULA. (I.)
Calice bilabié, à lèvres entières ou l'inférieure émarginée; feuilles submergees, multiséquées à segments filiformes ou capillaires, toutes ou quelques unes d'entre elles munies de vésicules remplies d'air. . . . . UTRICULARIA. (II.)

I. PINGUICULA. (Tournef. inst. t. 74.)

Calice petit, 5-*fide*, les 3 divisions supérieures dirigées en haut, les 2 inférieures un peu plus courtes dirigées en bas. *Corolle* bilabiée, à gorge largement ouverte, à palais un peu barbu, à tube court prolongé inférieurement en un éperon dirigé en arrière; à lèvre supérieure plus courte que l'inférieure, échancrée ou bifide; *à levre inférieure 3-lobée*, à lobe moyen un peu plus grand. Étamines 2, à filets aplanis ascendants presque droits; anthères unilobées, dressées sur le filet, s'ouvrant transversalement. *Capsule* ovoïde aiguë, uniloculaire, *bivalve*. Graines très nombreuses, presque cylindriques.

Plante vivace. *Feuilles toutes radicales, disposées en rosette, entières*, charnues, exsudant un enduit mucilagineux. *Pédoncules radicaux uniflores. Corolle d'un bleu rougeâtre.*

1 P. VULGARIS. (L. sp. 25) — Nees jun. gen. pl. fasc. XII. t. 20. (vulg. *Grassette.*)

Souche très courte, donnant naissance à un grand nombre de fibres. Plante de 5-15 centimètr. Feuilles en rosette radicale appliquée sur la terre, d'un vert jaunâtre, à bords un peu enroulés en dessus, ovales-oblongues atténuées à la base. Pédoncules radicaux solitaires ou peu nombreux, dressés, glabres, terminés par une fleur penchée. Calice à divisions ovales-lancéolées, un peu glanduleux ainsi que l'ovaire. Corolle d'un bleu rougeâtre, à lobes oblongs-obovales écartés, à éperon subulé presque droit plus court que le reste de la corolle. Capsule dressée sur le pédoncule. ♃. Mai-juin.

A.C. — Bruyères humides, coteaux tourbeux, tourbières. — Montmorency! Pontchartrain (*de Boucheman*). Dampierre! St-Léger! Luzarches (*De Lens*). Morfontaine! Ermenonville (*Mandon*). Compiègne! Sérans près Magny! (*Bouteille*) Gisors. Beauvais! Goincourt. Ons-en-Bray! Trie le-Château (*Graves*). Mareuil-sur-Ourcq (*Questier*). Malesherbes! Nemours! (*Devilliers*).

II. UTRICULARIA. (L. gen. n. 31.)

Calice bilabié, composé de 2 pièces entières ou presque entières presque égales ou la supérieure un peu plus longue. *Corolle* en gueule, à gorge fermée par un palais saillant bilobé, à tube presque nul, prolongée à la base en un éperon qui se dirige en avant ; à lèvre supérieure plus courte que l'inferieure, entière ou émarginée ; *à lèvre inférieure entière*, très ample, à palais très saillant. Étamines 2, embrassant l'ovaire ; à filets dilatés, arqués rapprochés à la base et au sommet ; anthères unilobées, s'ouvrant longitudinalement. Capsule globuleuse, mucronée par le style, uniloculaire, indéhiscente ou s'ouvrant circulairement au-dessus de sa base. Graines très nombreuses, suborbiculaires, convexes en dessous

Plantes vivaces, submergées-nageantes, à partie florifère aerienne dépourvue de feuilles. *Feuilles* disposees le long de tiges et de rameaux filiformes *submerges, multiséquées à segments filiformes ou capillaires, munies* toutes ou au moins quelques unes d'entre elles *de vésicules* qui terminent les segments Vesicules presentant un opercule ord. entouré de filaments rameux, se remplissant d'air au moment de la floraison pour faire surnager la plante. *Fleurs* pédicellees, *en grappes terminales*, munies de bractées membraneuses. *Corolle jaune.*

Corolle d'un beau jaune, assez grande, à lèvre inférieure à bords réfléchis, éperon égalant environ la moitié de la longueur de la corolle. . . . . *U. vulgaris.*

Corolle d'un jaune pâle, petite, à lèvre inférieure presque plane à bords étalés ; éperon réduit à une bosse, beaucoup plus court que la corolle. . . . . *U. minor.*

1. U. VULGARIS. (L. sp. 26.) — Engl. bot. t. 253. (vulg. *Utriculaire.*)

Plante de 3-7 décimètr. *Feuilles* étalées dans tous les sens, munies de vésicules nombreuses, à circonscription ovale ou oblongue, *pinnatiséquées* à segments multiséqués capillaires lâchement et très finement denticulés. Rameau florifère de 2-3 décimètr., 3-12-flore, dressé, présentant souvent quelques écailles espacées. Bractees ovales, beaucoup plus courtes que les pédicelles. Calice à lèvres ovales-obtuses, l'inférieure souvent émarginée. *Corolle* assez grande, d'un beau jaune, à palais très saillant strié de lignes orangées ; à lèvre supérieure à bords rejetés en arrière, de la longueur du palais ou le dépassant un peu ; *à lèvre inferieure à bords réfléchis, éperon conique, égalant environ la moitie de la longueur de la corolle.* Anthères un peu cohérentes. Stigmate à lèvre inférieure frangée-ciliee. Pédicelles fructifères étalés ou arqués-réfléchis. ♃. Juin-août.

C. — Mares, fossés, etangs, flaques d'eau des tourbières. — Meudon ! Trou-Sale ! St-Leger ! Forêt de Senart ! Mennecy ! Malesherbes !, etc.

L'*U. intermedia* Hayn., indique dans nos environs (*Mérat*, *fl. Par.*) n'y a pas ete observe à notre connaissance. Cette plante est très abondante dans les marais de l'Erdre près Nantes, ou nous l'avons recueillie avec M. Lloyd, on la distingue aux caractères suivants : feuilles les unes munies de vésicules, les autres en etant depourvues, distiques, palmatisequees à 2-5 segments courts multiseques linéaires-filiformes denticules-epineux, les feuilles portant les vésicules toutes rapprochees sur des rameaux distincts et reduites à 1-5 segments termines chacun par une vésicule ; corolle à lèvre superieure 2 fois plus longue que le palais, à lèvre inférieure presque plane à bords etalés horizontalement, à eperon conique aigu presque aussi long que la corolle, anthères libres.

2 U. MINOR. (L. sp. 26.) — Engl. bot. t. 254.

Plante de 2-3 décimètr. *Feuilles* étalées dans tous les sens, munies de vésicules, quelquefois réduites à 2-3 segments terminés en vésicules, plus rarement la plupart dépourvues de vésicules, à circonscription ovale-suborbiculaire, *palmatiséquées* à 2-3 segments courts multiséqués sétacés lâchement et très finement denticulés. Rameau florifère de 10-15 centimètr., 2-7-flore, dressé, présentant souvent quelques écailles très petites espacées. Bractées ovales, beaucoup plus courtes que les pédicelles. Calice à lèvres ovales. *Corolle* petite, d'un jaune pâle, à palais peu saillant strié de lignes ferrugineuses; à lèvre supérieure presque plane, de la longueur du palais; *à lèvre inférieure presque plane à bords étalés horizontalement*, dépassant longuement la lèvre supérieure; *éperon réduit à une bosse conique* très obtuse, *beaucoup plus court que la corolle.* Stigmate à lèvre inférieure aiguë ou obtuse, entière. Pédicelles fructifères étalés ou arqués-réfléchis. ♃. Juin-juillet.

A.R.—Flaques d'eau des tourbières, mares tourbeuses des bois.—Forêt de Senart! St-Léger! Morfontaine; Thiers (*Morelle*). Feigneux près Crépy (*Leré*). Malesherbes! Nemours!

LX. OROBANCHÉES.

(OROBANCHEÆ. Jussieu in ann. mus. XII. 445.)

Fleurs hermaphrodites, *irrégulières.* — Calice persistant, à 4-5 sépales soudés en un calice gamosépale 4-5-fide, ou à 4 sépales soudés par paires en 2 pièces latérales bifides ou entières. — Corolle hypogyne, marcescente se détachant du calice à la maturité de la capsule, gamopétale, à préfloraison imbriquée, à tube tubuleux ou tubuleux-campanulé plus ou moins arqué, à limbe bilabié, à lèvre supérieure indivise émarginée ou bifide souvent en forme de casque, à lèvre inférieure 3-fide, à gorge présentant ord. à la naissance de la lèvre inférieure 2 plis gibbeux obliques glabres ou velus.— *Étamines* 4, en nombre moindre que celui des pièces de la corolle, insérées sur le tube de la corolle, *inégales par paires.* Anthères bilobées, à lobes ord. mucronés, s'ouvrant par une fente longitudinale. — *Ovaire* muni à sa base d'un disque unilatéral, à 2 carpelles, à une seule loge multi-ovulée, *à 4 placentas pariétaux* distincts ou confluents deux à deux. Ovules réfléchis. Style indivis, ord. arqué au sommet. Stigmate bilobé, à lobes capités volumineux. — *Fruit capsulaire, polysperme, uniloculaire*, bivalve, à valves se séparant au sommet ou dans toute leur longueur, plus ord. restant adhérentes au sommet et à la base. — Graines très nombreuses, très petites, à testa épais quelquefois tuberculeux. Périsperme épais, charnu. Embryon très petit, radicule dirigée vers le hile.

Plantes vivaces, plus rarement annuelles, *jamais vertes*, odorantes, *parasites* sur les racines des autres plantes, présentant des fibres radicales ou en étant dépourvues. Tige épaisse, succulente, simple, rarement rameuse *Feuilles réduites à des écailles* blanchâtres ou colorées. Fleurs solitaires à l'aisselle de bractées, disposées en épis terminaux, plus rarement en grappes. Plantes devenant ord. brunâtres ou noirâtres par la dessiccation.

{ Fleurs présentant 2 bractéoles latérales. . . . . . . PHELIPÆA. (I.)
{ Fleurs ne présentant pas de bractéoles latérales. . . . OROBANCHE (II.)

I. PHELIPÆA. (A. Meyer et Ledeb. fl. Alt. II. 459.) — Desf. fl. Atl. II. 60, *addit. plur. spec.*, *non* ann. mus. X. 298.

Fleurs munies inférieurement d'une bractée et *présentant* en outre 2 *bractéoles latérales.* Calice à 4 lobes, campanulé-tubuleux presque régulier ou à tube échancré presque jusqu'à la base entre les 2 lobes supérieurs, très rarement à 5 lobes. Corolle bilabiée, la lèvre supérieure bifide ou échancrée, l'inférieure étalée 3-fide. Ovaire à 4 placentas pariétaux rapprochés par paires. Capsule s'ouvrant en 2 valves seulement au sommet.

Plantes annuelles ou vivaces, parasites sur les racines d'autres plantes. Tige simple ou rameuse. Fleurs en grappe terminale. Corolle bleuâtre ou d'un beau bleu, pubescente.

1 { Corolle tubuleuse, à lobes aigus . . . . *P. cærulea.*
{ Corolle à tube plus ou moins dilaté dans sa partie supérieure, à lobes obtus 2

2 { Tige ord. rameuse; fleurs assez petites; stigmate blanc ou un peu bleuâtre. . . . . *P. ramosa.*
{ Tige simple; fleurs grandes, stigmate d'un jaune pâle. . *P. arenaria*

1 P. CÆRULEA. — Illustr. flor. Par. t. 19. K. — Orobanche cærulea. Vill. fl. Dauph. II. 406.

Tige de 2-4 décimètr., *simple*, pubérulente, bleuâtre au moins dans sa partie supérieure. Fleurs sessiles ou brièvement pédicellées. Bractées et bractéoles à nervure moyenne d'un vert bleuâtre; bractée lancéolée, un peu plus courte que le calice; bractéoles linéaires-subulées. Calice à lobes triangulaires-subulés ou lancéolés-subulés. *Corolle* assez grande, d'un beau bleu au moins dans sa partie supérieure, marquée de veines plus foncées, tubuleuse un peu plissée, à tube insensiblement dilaté à partir du milieu de sa longueur, *à lobes aigus*. Anthères glabres vers les lignes de déhiscence. *Stigmate blanc*. — Parasite sur l'*Achillea Millefolium*. ♃. Juin-juillet.

R. — Pelouses et champs en friche des coteaux arides. — Mantes! La Roche-Guyon! Les Andelys! Clermont! Chaumont (*Friom*). Côte de Champagne (*Decaisne*).

2. P. ARENARIA. — Illustr. fl. Par. t. 19. L. — Orobanche arenaria. Borkh. in Rœm. nat. mag (1794) 6. — O. cærulea. Duby. Bot. Gall. I. 350, *non* Vill

Tige de 2-4 décimètr., *simple*, blanchâtre ou bleuâtre, pubescente surtout dans sa partie supérieure. Fleurs sessiles ou très brièvement pédicellées. Bractées et bractéoles à nervure moyenne ord. bleuâtre; bractée lancéolée dépassant un peu le calice; bractéoles linéaires-subulées. Calice à lobes lancéolés-subulés. *Corolle* grande, d'un bleu violet, veinée, à tube très dilaté dans sa partie supérieure, *à lobes très obtus*. Anthères poilues vers les lignes de déhiscence. *Stigmate d'un jaune pâle*. — Parasite sur l'*Artemisia campestris*. ♃. Juin-août.

R.R. — Bords des champs incultes sablonneux ou argileux, coteaux arides.—Lardy (*Adr. de Jussieu*). Entre Chamarande et Bonne (*Gay*). Etampes! (*Woods*) Nemours (*Devilliers*).

3. P. RAMOSA. — Illustr. fl. Par. t. 19. H. — O. ramosa. L. sp. 882.

Tige de 1-3 décimètr., *rameuse*, plus rarement simple, à écailles espacées, pubescente surtout dans sa partie supérieure, blanche ou un peu bleuâtre. Fleurs sessiles ou brièvement pédicellées. Bractées et bractéoles à nervure moyenne plus foncée; bractée ovale-lancéolée, ord. un peu plus courte que le calice; bractéoles linéaires-subulées. Calice à lobes triangulaires-subulés. *Corolle* assez petite, d'un blanc jaunâtre, ord. lavée de bleu dans sa partie supérieure, à tube renflé à la base, resserré au milieu, puis dilaté, *à lobes* arrondis *obtus*. Anthères glabres vers les lignes de déhiscence ou présentant quelques poils à ce niveau. *Stigmate blanc* ou un peu bleuâtre.—Parasite sur le *Cannabis sativa* et sur plusieurs plantes appartenant à diverses familles : *Helianthus annuus*, *Polygonum aviculare*, *Lycopersicum esculentum*, *Archangelica officinalis*, etc. ①. Juin-septembre.

A.R. — Chenevières, jardins. — Rambouillet! (*Weddell*). St-Léger! Senlis (*Morelle*). Malesherbes! (*Bernard*).

II. OROBANCHE. (L. gen. n. 779, *part.*)

Fleurs munies inférieurement d'une bractée, *ne présentant pas de bractéoles latérales.* Calice composé de 2 pièces latérales distinctes ou à peine soudées à la base, bifides à lobes plus ou moins inégaux, plus rarement entières. Corolle bilabiée, la lèvre supérieure bifide ou échancrée rarement entière, l'inférieure étalée 3-fide. Ovaire à 4 placentas pariétaux rapprochés par paires. Capsule s'ouvrant en 2 valves qui restent adhérentes au sommet et à la base.

Plantes vivaces, plus rarement annuelles, parasites sur les racines des autres plantes. Tiges simples. Fleurs en grappe terminale. Corolle jaunâtre, rougeâtre ou bleuâtre, plus ou moins pubescente.

1 { Étamines insérées à la base ou vers la base de la corolle. . . . . . . 2.
{ Étamines insérées vers le milieu de la hauteur du tube de la corolle. . . 5.

2 { Stigmate jaune. . . . . 3.
{ Stigmate d'un rouge pourpre . . . . 4.

3 { Corolle à lobes obscurément dentés; étamines à filets glabres au moins inférieurement. . . . . *O. Rapum.*
{ Corolle à lobes denticulés en cils; étamines à filets velus surtout inférieurement. . . . . *O. cruenta.*

4 { Corolle à tube campanulé; étamines à filets ne présentant que quelques poils épars . . . . *O. Epithymum.*
{ Corolle à tube très ample dans sa partie supérieure; étamines à filets très velus. . . . . *O. Galii.*

5 { Corolle à tube brusquement coudé, bractée dépassant longuement la fleur. . . . . *O. Eryngii.*
{ Corolle insensiblement arquée; bractée plus courte que la fleur ou la dépassant peu . . . . 6.

6 { Corolle à lèvre supérieure émarginée; étamines à filets glabres ou ne présentant que quelques poils épars . . . . *O. minor.*
{ Corolle à lèvre supérieure entière; étamines à filets très velus. . . . . *O. Picridis.*

SECT. I. — Stigmate jaune.

1. O. RAPUM (Thuill. fl. Par. 317.) — Illustr. fl. Par. t. 19 A. — O. major. Lam. illustr. t. 551. — D.C. fl. fr. III. 488.

Tige renflée à la base en un bulbe charnu à écailles courtes imbriquées, de 3-6 décimètr., robuste, couverte de poils crépus glanduleux. Fleurs en épi compacte. Bractées dépassant plus ou moins les fleurs. *Corolle* d'un rose jaunâtre, campanulée-arquée, *à lobes obscurément dentés. Étamines insérées à la base de la corolle, à filets glabres* au moins inférieurement; anthères blanchâtres après la dessiccation. *Stigmate* d'un *jaune* pâle. — Parasite sur le *Sarothamnus scoparius.* ♃. Mai-juin.

C. — Bois, bruyères, lieux incultes.

2. O. CRUENTA. (Bert. rar. It. pl. dec. III. 56.) — Illustr. fl. Par. t. 19. B.

Tige peu renflée à la base, de 2-5 décimètr., pubescente-glanduleuse surtout supérieurement. Fleurs en épi un peu lâche. Bractées dépassant ord. les fleurs. *Corolle* campanulée un peu arquée, jaune, un peu verdâtre à la base, panachée de rouge au sommet, à gorge d'un rouge de sang, *à lobes denticulés en cils. Étamines insérées à la base de la corolle, à filets velus* surtout inférieurement; anthères blanchâtres après la dessiccation. *Stigmate* d'un *jaune citron.* — Parasite sur le *Lotus corniculatus*, l'*Hippocrepis comosa* et l'*Onobrychis sativa.* ♃. Juin-juillet.

A.R. — Pelouses montueuses, bords des chemins, coteaux arides, lisière des bois. — Parc du Raincy! Meudon! Abondant à Mantes!, Fontenay-St-Père!, Bizy!, Vernonet! et aux Andelys!. Dreux! Forêt de Fontainebleau (*Woods*).

var. β. *citrina.* (O concolor. Duby, bot. Gall. I 350.) — Plante d'un jaune citron dans toutes ses parties. — *R.* — Mêlé avec le type à Mantes! et dans la forêt de Fontainebleau (*Woods*). — Nous avons observé toutes les transitions entre cette variété et le type.

SECT. II. — Stigmate d'un rouge pourpre, rougeâtre ou violacé.

3. O. EPITHYMUM. (D.C. fl. Fr. III. 490.) — Illustr. fl. Par. t. 19 c.

Tige de 1-3 décimètr., pubescente-glanduleuse. Bractées ord. plus courtes que les fleurs. Corolle campanulée-arquée, d'un blanc jaunâtre ou à lèvre supérieure d'un rouge ferrugineux, à lobes denticulés. *Étamines insérées vers la base de la corolle, à filets ne présentant que quelques poils épars;* anthères brunâtres après la dessiccation. *Stigmate d'un rouge pourpre.* — Parasite sur le *Thymus Serpyllum*, les *Teucrium Chamædrys* et *montanum* et le *Clinopodium vulgare.* ♃. Juin-juillet.

C. — Pelouses sèches, pâturages, coteaux arides.

4. O. GALII. (Duby, bot. Gall. I. 349.) — Illustr. fl. Par. t. 19. D.

Tige de 2-5 décimètr., pubescente-glanduleuse. Bractées ord. plus courtes que les fleurs. Corolle d'un blanc rosé ou jaunâtre, arquée, à tube très ample dans sa partie supérieure, à lobes denticulés. *Étamines insérées vers la base de la corolle, à filets très velus;* anthères d'un blanc brunâtre après la dessiccation. *Stigmate d'un rouge pourpre.* — Parasite sur les *Galium Mollugo, sylvestre, verum* et *Aparine.* ♃. Juin-juillet.

C. — Pâturages, lieux herbeux, lisière des bois.

5. O. PICRIDIS (F. W. Schultz ap Koch, Deutschl. fl. IV. 453.) — Illustr. fl Par. t. 19. G.

Tige de 2-4 décimètr., couverte de poils crépus, glanduleuse supérieurement. Bractées plus courtes que les fleurs ou les dépassant peu. *Corolle* assez petite, tubuleuse-campanulée, un peu arquée, d'un blanc jaunâtre à veines d'un bleu lilas, à lobes denticulés, *à lèvre supérieure non émarginée. Étamines insérées vers le milieu de la hauteur du tube de la corolle, à filets très velus. Stigmate violet.* — Parasite sur le *Picris hieracioides.* ①. Juin-juillet.

R R. — Coteaux pierreux, pâturages secs. — Assez abondant à Ste-Colombe près Provins! (*Bouteiller*, *Des Étangs*).

6. O. MINOR. (Sutt. trans. soc. linn. IV. 178.) — Illustr. fl. Par. t. 19. F.

Tige de 1-3 décimètr., très pubescente, un peu glanduleuse supérieurement. Bractées plus courtes que les fleurs ou les dépassant peu. *Corolle* assez petite, tubuleuse, *insensiblement arquée,* blanchâtre à veines d'un bleu lilas, à lobes denticulés, *à lèvre supérieure émarginée ou échancrée. Étamines insérées vers le milieu de la hauteur du tube de la corolle, à filets ne présentant que quelques poils épars. Stigmate purpurin ou violet.* — Parasite sur le *Trifolium pratense*, le *Coronilla minima*, le *Poterium Sanguisorba*, l'*Eryngium campestre,* l'*Helianthemum pulverulentum,* etc. ①. Juin-juillet.

R.R. — Lieux secs pierreux, coteaux arides, champs incultes. — Assez abondant aux rochers St-Jacques près les Andelys! — ? Malesherbes, Pithiviers.

7. O. ERYNGII. (Duby, bot. Gall. I. 350) — Illustr. fl. Par. t. 19. E. — O. amethystea. Thuill. fl. Par. 317.

Tige de 2-5 décimètr., pubescente-glanduleuse surtout supérieurement. Bractées dépassant longuement les fleurs. *Corolle* tubuleuse, *à tube brusquement coudé* vers son tiers inférieur, blanchâtre à veines d'un bleu lilas, à lobes fortement denticulés, *à lèvre supérieure émarginée ou échancrée. Étamines insérées vers le milieu de la hauteur du tube de la corolle, à filets glabres ou ne présentant que quelques poils épars. Stigmate purpurin ou violet.* — Parasite sur l'*Eryngium campestre.* ♃. Juin-juillet.

A.C. — Bords des chemins, coteaux arides, lieux sablonneux incultes. — St-Maur! Montmorency! Malesherbes! Pithiviers! Bonnières! Vernon! Les Andelys!, etc.

Le genre *Lathræa* L. se distingue aux caractères suivants : calice campanulé, 4-fide ne présentant pas de bractéoles latérales; corolle à lèvre supérieure entière, à lèvre inférieure 3-fide; ovaire à 4 placentas pariétaux presque confluents par paires; rhizôme très rameux, couvert d'écailles charnues imbriquées. — Le *L. Squamaria* L., indiqué à Montfermeil (*Thuill. fl.*) et à Fontainebleau (*Mérat, fl.*), a été observé dans les bois à Formerie (Oise) localité peu éloignée des limites de notre Flore (*Delacourt*); cette espèce présente les caractères suivants : tige simple; bractées obovales, très larges, fleurs pédicellées, pendantes, rejetées d'un seul côté de la tige, en grappe terminale, étamines à anthères très velues vers les lignes de déhiscence, plante d'abord blanchâtre, noircissant avec l'âge.

LXI. LABIÉES.

(LABIATÆ. Juss. gen. 110. — Benth. Lab. gen. et sp.)

Fleurs hermaphrodites, *irrégulières*, à préfloraison imbriquée. — Calice gamosépale, persistant : régulier ou presque régulier, à 5 divisions, rarement à 4 divisions par l'absence de la supérieure, très rarement à 12-20 divisions; ou bilabié, la lèvre supérieure étant composée de 3 divisions, et l'inférieure de 2 divisions, ces divisions restant libres ou étant soudées entre elles. — Corolle gamopétale, hypogyne, caduque, très rarement marcescente, composée de 5 pièces : bilabiée à lèvre supérieure composée de 2 pièces, entière, émarginée ou bifide, à lèvre inférieure composée de 3 pièces, 3-lobée, à lobe moyen ord. plus grand que les latéraux entier ou échancré, à lobes latéraux quelquefois très petits ou rudimentaires; quelquefois d'apparence unilabiée en raison de la brièveté ou de la bifidité de la lèvre supérieure; rarement campanulée ou infundibuliforme, à 4 lobes presque égaux, le supérieur entier ou émarginé. — *Étamines* insérées sur le tube de la corolle, *en nombre moindre que celui des pièces de la corolle*, *au nombre de* 4 par l'absence de l'étamine supérieure, presque égales ou *inégales par paires*, les inférieures étant les plus longues ou les plus courtes; *plus rarement réduites au nombre de* 2, par l'avortement des 2 supérieures. Filets distants divergents ou connivents, ou rapprochés et parallèles sous la lèvre supérieure de la corolle, rarement déclinés, présentant quelquefois un appendice latéral dentiforme. Anthères bilobées, à lobes parallèles ou divergents, s'ouvrant chacun par une fente distincte, ou confluents après l'émission du pollen, rarement séparés par un connectif filiforme très long et alors l'un des lobes étant rudimentaire ou nul. — Ovaire composé de 4 carpelles uni-ovulés, libres, insérés sur un disque épais charnu orbiculaire ou divisé en lobes égaux ou inégaux alternes avec les carpelles. Ovule dressé, réfléchi, rarement plié (*Scutellaria*). *Styles naissant à la base des carpelles, soudés en un style indivis*, ord. bifide supérieurement à lobes stigmatifères au sommet ou un peu au-dessous du sommet. — *Fruit composé de 4 carpelles secs, libres, monospermes*, indéhiscents (akènes).— Graine dressée. *Périsperme nul*, ou très mince charnu. Embryon droit, très rarement plié. Radicule dirigée vers le hile.

Plantes annuelles ou vivaces, herbacées, plus rarement sous-frutescentes, ord. parsemées de petites glandes globuleuses renfermant une huile essentielle aromatique. *Tiges tétragones*, à rameaux opposés. *Feuilles opposées*, entières, dentées ou incisées, rarement pinnatifides; stipules nulles. Fleurs en glomerules naissant à l'aisselle des feuilles ou des bractées, opposés, pauciflores ou multiflores, sessiles, plus rarement pédonculés, constituant ord. par leur réunion deux à deux des faux verticilles espacés ou rapprochés en épis terminaux; plus rarement fleurs axillaires solitaires ou géminées.

TRIBU I. OCYMOIDEÆ. — Corolle bilabiée. *Étamines 4, déclinées.*

TRIBU II. MENTHOIDEÆ. — *Corolle campanulée ou infundibuliforme, à lobes presque égaux.* Étamines 4, rarement 2, distantes et divergentes.

TRIBU III. SALVIEÆ. — *Corolle bilabiée. Étamines 2 fertiles; anthères à lobes séparés par un connectif filiforme très long*, à lobe inférieur rudimentaire ou nul.

TRIBU IV. THYMOIDEÆ. — *Corolle bilabiée. Étamines 4 fertiles, distantes*, droites divergentes, ou plus ou moins arquées conniventes, presque égales ou les inférieures un peu plus longues que les supérieures.

SOUS-TRIBU I. THYMOIDEÆ VERÆ. — *Étamines droites, divergentes.*

SOUS-TRIBU II. MELISSINEÆ. — *Étamines plus ou moins arquées, conniventes.*

TRIBU V. LAMIOIDEÆ. — *Corolle bilabiée. Étamines 4 fertiles, rapprochées et parallèles* sous la lèvre supérieure de la corolle, quelquefois rejetées en dehors après l'émission du pollen.

SOUS-TRIBU I. NEPETEÆ. — Calice tubuleux. *Étamines inférieures plus courtes que les supérieures.*

SOUS-TRIBU II. STACHYDEÆ. — *Calice tubuleux ou campanulé, plus rarement bilabié. Étamines inférieures plus longues que les supérieures.*

SOUS-TRIBU III. SCUTELLARINEÆ. — *Calice* bilabié, *déprimé et fermé à la maturité par le rapprochement des deux lèvres.* Étamines inférieures plus longues que les supérieures.

TRIBU VI. AJUGOIDEÆ. — *Corolle d'apparence unilabiée*: la lèvre supérieure étant très courte et peu distincte, ou étant bipartite à lobes rejetés latéralement vers la lèvre inférieure dont ils semblent faire partie. Étamines 4, rapprochées et parallèles, faisant longuement saillie hors de la corolle, les inférieures plus longues que les supérieures.

1 { Corolle d'apparence unilabiée: la lèvre supérieure étant très courte et peu distincte, ou étant bipartite à lobes rejetés vers la lèvre inférieure. . . 2.
Corolle distinctement bilabiée, plus rarement campanulée ou infundibuliforme à lobes presque égaux . . . . 3.

2 Corolle à lèvre supérieure très courte bilobée, à lèvre inférieure 5-lobée. . . . . AJUGA. (XXV.)
Corolle à lèvre supérieure bipartite à lobes rejetés vers la lèvre inférieure qui paraît à 5 lobes par le rapprochement de ses lobes latéraux et des lobes de la lèvre supérieure. . . . . TEUCRIUM. (XXVI.)

3 Corolle campanulée ou infundibuliforme, à lobes presque égaux. . . . . 4.
Corolle distinctement bilabiée. . . . . 5.

4 Étamines 4; akènes ne présentant pas de bordure . . . . MENTHA. (II.)
Étamines 2; akènes entourés d'une bordure épaisse. . . LYCOPUS. (III.)

5 Étamines 2 fertiles; anthères à lobes séparés par un connectif filiforme, le lobe inférieur nul ou rudimentaire. . . . . SALVIA. (IV.)
Étamines 4 fertiles; anthères à lobes à peine écartés par le connectif. . . 6.

6 Étamines rejetées vers la lèvre inférieure de la corolle; calice à dent supérieure prolongée en un appendice en forme d'opercule. LAVANDULA (I.)
Étamines non rejetées vers la lèvre inférieure de la corolle, calice à dent supérieure jamais prolongée en forme d'opercule. . . . . 7.

7 Étamines distantes, droites divergentes, ou plus ou moins arquées connivientes . . . . 8.
Étamines rapprochées et parallèles sous la lèvre supérieure de la corolle, quelquefois rejetées en dehors après l'émission du pollen . . . . . 14.

8 Étamines droites, divergentes . . . . 9.
Étamines plus ou moins arquées, conniventes. 11

9 Calice bilabié. . . . . THYMUS (VI.)
Calice à 5 dents presque égales ou obscurément bilabié . . . . . . 10.

10 Fleurs ord. roses, munies de larges bractées dépassant les calices, en épillets oblongs subtétragones rapprochés en corymbes terminaux . . . . ORIGANUM. (V.)
Fleurs ord. d'un beau bleu, en glomérules axillaires pluriflores rejetés d'un même côté de la tige et rapprochés en épis terminaux feuillés. . . . . HYSSOPUS. (VII.)

11 Fleurs en glomérules entourés à leur base d'un involucre formé par un grand nombre de longues bractées sétacées. . . . CLINOPODIUM (IX.)
Fleurs en glomérules dépourvus d'involucre . . . . 12.

12 Calice à 5 dents presque égales. . . . . SATUREIA. (XI.)
Calice bilabié . . . . 13.

13 Anthères à lobes séparés par un connectif ovoïde ou presque triangulaire; fleurs ord. roses ou bleuâtres . . . . CALAMINTHA. (VIII.)
Anthères à connectif étroit; fleurs blanches . . . . . . MELISSA. (X.)

14 Calice bilabié, déprimé et fermé à la maturité par le rapprochement des deux lèvres . . . . 15.
Calice tubuleux ou campanulé, plus rarement bilabié, jamais fermé par le rapprochement des deux lèvres. . . . . 16.

15 Calice à lèvre supérieure plane, tronquée brièvement 3-dentée; filets des étamines présentant une dent au sommet. . . . BRUNELLA. (XXIII.)
Calice à lèvre supérieure entière, présentant une bosse saillante, filets des étamines ne présentant pas de dent. . . . . SCUTELLARIA. (XXIV.)

16 Étamines inférieures plus courtes que les supérieures. . . . . 17.
Étamines inférieures plus longues que les supérieures. . . . . 18.

17 Anthères rapprochées par paires en forme de croix; corolle à lèvre inférieure étalée. . . . . GLECHOMA. (XIII.)
Anthères non rapprochées en forme de croix; lobe moyen de la lèvre inférieure concave en avant. . . . . NEPETA. (XII.)

18 Étamines incluses dans le tube de la corolle; calice à 10-20 dents recourbées en crochet au sommet . . . . MARRUBIUM. (XX.)
Étamines saillantes hors du tube de la corolle; calice à 5 dents. 19

19 Anthères à lobes parallèles superposés s'ouvrant chacun par une fente demi-circulaire; corolle à gorge présentant de chaque côté un pli qui se termine en une saillie conique. . . . . GALEOPSIS. (XVII.)
Anthères à lobes parallèles ou divergents, jamais superposés; corolle à gorge ne présentant pas de plis latéraux terminés en saillie conique. 20

20 Étamines inférieures se rejetant latéralement en dehors de la corolle après la fécondation. . . . . 21.
Étamines inférieures ne se rejetant pas en dehors de la corolle après la fécondation. . . . . 22.

21 Corolle à lèvre inférieure étalée; akènes obovales ou oblongs-obovales, glabres. . . . . STACHYS. (XVIII.)
Corolle à lèvre inférieure s'enroulant longitudinalement peu de temps après l'épanouissement, akènes trigones tronqués, à sommet pubescent. . . . . LEONURUS. (XXII.)

22 Corolle d'un beau jaune, à lobes de la lèvre inférieure tous aigus . . . . GALEOBDOLON. (XVI.)
Corolle rose ou purpurine, rarement blanche, à lobe moyen de la lèvre inférieure obtus, émarginé ou bifide. . . . . 23.

23 Lobes latéraux de la lèvre inférieure de la corolle occupant les parties latérales de la gorge, tronqués ou presque nuls, présentant 1-2 dents aigues; akènes trigones, tronqués. . . . . LAMIUM. (XV.)
Lèvre inférieure de la corolle 3-lobée à lobes obtus; akènes arrondis au sommet. . . . . 24.

24 Calice membraneux, irrégulièrement veiné, subbilabié, à lèvre supérieure irrégulièrement bi-trilobée ou presque entière; anthères rapprochées par paires en forme de croix. . . . . MELITTIS. (XIV.)
Calice à 5 dents presque égales; anthères non rapprochées en forme de croix. . . . . 25.

25 Calice à 5 angles, à 5 dents larges obtuses, brusquement mucronées, pliées longitudinalement; fleurs en glomérules un peu pédonculés. BALLOTA. (XXI.)
Calice à 5 dents triangulaires-aigues ou lancéolées; fleurs en glomérules sessiles. . . . . BETONICA. (XIX.)

TRIBU I. OCYMOIDEÆ. — Corolle bilabiée. Étamines 4, déclinées.

† I. LAVANDULA. (L. gen. n. 711.)

Calice ovoïde-tubuleux, à 13-15 côtes, à 5 dents, les 4 inférieures très courtes, la supérieure plus large souvent prolongée en un appendice dilaté; le fructifère *fermé par les dents conniventes ou par l'appendice de la dent supérieure.* Corolle à tube saillant hors du calice, bilabiée, à lèvre supérieure bilobée, l'inférieure 3-lobée à lobes presque égaux. *Étamines 4*, cachées dans le tube, *déclinées*, les inférieures plus longues, anthères ovales-réniformes à lobes s'ouvrant par une fente commune demi-circulaire et d'apparence unilobées après la déhiscence. Akènes lisses, oblongs, convexes au sommet.

Plante vivace, sous-frutescente. Fleurs bleues, plus rarement blanches, en glomérules pauciflores disposés en épis terminaux.

† 1 L. VERA. (D.C. fl. Fr. V 398.) — Blackw. herb. t. 294. — Spenn. *in* Nees jun fasc. XIX. t. 1. (vulg. *Lavande.*)

Plante très aromatique Tiges de 3-6 décimètr., ligneuses à la base, rameuses, rapprochées en touffe, les rameaux florifères nus au-dessous des fleurs dans une grande partie de leur longueur. Feuilles oblongues-linéaires ou linéaires, à bords roulés en dessous, les plus jeunes blanches-tomenteuses Glomérules 3-5-flores, plus rarement uniflores par avortement, disposés en épis grêles interrompus à la base. Bractées toutes fertiles, scarieuses, ovales-suborbiculaires brusquement acuminées, ord. plus courtes que les calices. Calice bleuâtre, tomenteux, à dent supérieure prolongée en un appendice en forme d'opercule. ♄. Juin-septembre.

R.R.R. spontané ? — Malesherbes rochers de Buthiers et colline de la Justice! (*A. St-Hilaire*). — Fréquemment cultivé dans les jardins.

On cultive dans les jardins, mêlé avec le précédent, le *L. Spica* D.C. qui s'en distingue surtout par ses bractées linéaires.

Le genre *Ocymum* est caractérisé par le calice à division supérieure foliacée et par les filets des étamines supérieures offrant au-dessus de leur base un appendice ou un faisceau de poils. — On cultive, pour son odeur suave pénétrante, l *O. Basilicum* L. (vulg *Basilic*), plante annuelle, très rameuse en touffe, qui varie à grandes et à petites feuilles.

TRIBU II. MENTHOIDEÆ. — Corolle campanulée ou infundibuliforme, à lobes presque égaux. Étamines 4, rarement 2, distantes et divergentes.

II. MENTHA. (L. gen. n. 713.)

Calice campanulé ou tubuleux, à 5 dents égales ou presque égales, à gorge nue plus rarement fermée par un anneau de poils. Corolle à tube inclus, infundibuliforme-campanulée, à 4 lobes le supérieur plus large émarginé plus rarement presque entier. *Étamines* 4, presque égales, distantes et divergentes; anthères à lobes parallèles, s'ouvrant chacun par une fente longitudinale. Akènes lisses.

Plantes vivaces, très aromatiques, à souche longuement traçante, à tiges souvent radicantes et émettant de longs rejets aériens. Fleurs petites, roses, plus rarement blanches, disposées en glomérules multiflores axillaires opposés, espacés, ou rapprochés en épis ou en têtes terminales.

1 { Calice fructifère à gorge fermée par un anneau de poils connivents en cône. . . . . *M. Pulegium.*
Calice fructifère à gorge nue . . . . 2.

2 { Glomérules tous espacés à l'aisselle des feuilles, ou les supérieurs rapprochés en un épi feuillé surmonté par un bouquet de feuilles . . . . . 3.
Glomérules naissant ord. à l'aisselle de bractées lancéolées ou linéaires beaucoup plus petites que les feuilles, rapprochés en une tête ou en un épi jamais surmontés par un bouquet de feuilles . . . . 4.

3 { Calice fructifère campanulé-urcéolé, à dents triangulaires presque aussi larges que longues; feuilles supérieures ord. presque de la même grandeur que les inférieures . . . . *M. arvensis.*
Calice fructifère tubuleux-campanulé, à dents lancéolées-acuminées; feuilles diminuant insensiblement de grandeur dans la partie supérieure de la plante . . . . *M. sativa.*

4 { Feuilles pétiolées . . . . 5.
Feuilles toutes sessiles . . . . 6.

5 { Glomérules peu nombreux, tous ou les supérieurs rapprochés en une tête globuleuse . . . . *M. aquatica.*
Glomérules nombreux, rapprochés en un épi cylindrique-oblong, ou les inférieurs espacés. . . . . *M. pyramidalis.*

6 { Feuilles laineuses, ovales-suborbiculaires ou ovales très obtuses, crénelées, fortement ridées à nervures très saillantes à la face inférieure; bractées ovales ou lancéolées . . . . *M. rotundifolia.*
Feuilles tomenteuses-soyeuses ou glabres, lancéolées, ovales-lancéolées ou oblongues-aiguës, dentées; bractées linéaires-subulées. . *M. sylvestris.*

SECT. I. MENTHASTRUM. — Calice à gorge nue.

1. M. ROTUNDIFOLIA. (L. sp. 805.) — Illustr. fl. Par. t. 20. f. 1. (vulg *Baume, Menthe sauvage.*)

Plante laineuse-tomenteuse, à odeur forte. Tiges de 4-6 décimètr., dressées, droites, raides, rameuses au sommet. *Feuilles laineuses, toutes sessiles, ovales-suborbiculaires ou ovales très obtuses,* un peu cordées à la base, *crénelées,* épaisses, fortement ridées en réseau. *Glomérules* nombreux, *naissant à l'ais-*

selle de bractées ovales ou lancéolées très petites, *disposés en épis cylindriques* compactes allongés souvent interrompus à la base. Calice à dents lancéolées-subulées, campanulé, subglobuleux à la maturité. Corolle blanche ou rosée. ♃. Juillet-septembre.

C.C. — Fosses, bords des chemins herbeux, lieux humides.

† 2. M. SYLVESTRIS. (Koch, synops. fl. Germ. ed. 1 550.) — L. sp. 804, *addit. var.* — Illustr. fl. Par. t. 20 f. 2.

Plante tomenteuse-soyeuse ou glabre, à odeur forte. Tiges de 4-6 décimètr., dressees, droites, raides, rameuses au sommet. *Feuilles toutes, sessiles, lancéolees, ovales-lancéolees ou oblongues*, dentees, *à dents aigues* inegales. *Glomérules* nombreux, *naissant à l'aisselle de bractées linéaires subulees* ord. plus longues que les fleurs, *disposés en épis cylindriques* allongés très compactes. Calice campanule-renflé, à dents linéaires-subulees. Corolle d'un rose pâle, rarement blanche. ♃. Juillet-septembre.

var. α. *vulgaris*. (M. sylvestris. L. sp. 804. — M. candicans. Rchb. ic. cent. X. f. 1313. Fuchs. hist. 292 ic.) — Plante tomenteuse-soyeuse. Feuilles presque blanches à la face inferieure. — Quelquefois cultivé dans les jardins. — Cette plante, indiquee à Bondy et à St-Léger (*Mérat*, *fl.*), n'a pas éte observee recemment dans nos environs, à notre connaissance; elle est assez abondante sur les bords de la Loire, Orléans (*Boreau*, *fl. centr.*)

var. β. *glabra* (M. viridis. L. sp. 804. — M. Michelii. Rchb. ic. cent. X. f. 1312. — Fuchs. hist. 290 ic.) — Plante glabre ou presque glabre. Feuilles glabres ou legèrement hérissées sur les nervures, vertes des deux côtés, à odeur aromatique très pénétrante. — Cultivé dans les jardins, et quelquefois subspontané dans le voisinage des habitations: Bois de Boulogne! Versailles! Dreux! Provins, etc.

† 3. M. PYRAMIDALIS. (Tenor! fl. Neap. II. 33 t. 55.)

Plante velue-hérissée ou glabre, à odeur forte. Tiges de 3-5 décimètr., dressées ou ascendantes, simples ou rameuses. *Feuilles pétiolées*, ovales-oblongues ou oblongues-lancéolées, dentées, à dents aigues. *Glomérules* plus ou moins nombreux, naissant à l'aisselle de bractees lancéolées ou lanceolees-linéaires, *disposes en épis oblongs-cylindriques* ord. interrompus à la base jamais surmontés par un bouquet de feuilles. Calice tubuleux-campanule, à dents lanceolees-subulees. Corolle d'un beau rose. ♃. Juillet-septembre.

var. β. *glabra*. (M. piperita. L. sp. 805. — Illustr. fl. Par. t. 20. f. 5. — vulg. *Menthe poivrée*.) — Plante glabre ou ne présentant que quelques poils sur les tiges et les nervures des feuilles. Feuilles oblongues-lanceolées. Pédicelles glabres. Plante à odeur aromatique très penetrante. — Frequemment cultivé dans les jardins, et quelquefois subspontané dans le voisinage des habitations.

La variété velue, type de cette espèce, la seule qui soit connue spontanée, n'a pas été rencontrée dans nos environs; nous l'avons trouvée en abondance à Nantes, aux bords de l'Erdre.

4. M. AQUATICA. (L. sp. 805) — Illustr. fl. Par. t. 20. f. 3-4. — Fuchs. hist. 722 ic. (vulg. *Menthe aquatique*.)

Plante velue-hérissée ou presque glabre. Tiges de 3-8 décimètr., ascendantes-flexueuses ou dressées, rameuses, plus rarement simples. *Feuilles pétiolées*, ovales-aiguës, dentées. *Glomérules* peu nombreux, naissant à l'aisselle de feuilles florales ou de bractées, *tous ou les supérieurs rapprochés en têtes globuleuses* terminales jamais surmontées par un bouquet de feuilles. Calice tubuleux-campanulé, à dents triangulaires-subulées. Corolle d'un beau rose. ♃. Juin-septembre.

Fossés, lieux humides, marécages, bords des eaux.

var. α. *hirsuta*. (M. hirsuta. Smith, trans soc. linn. V. 193.) — Tiges et feuilles velues-herissées. — *C.C.*

var. β. *glabrescens*. — Tiges et feuilles glabrescentes — *A.R.*

5. M. SATIVA. (L. sp. 805.) — Illustr. fl. Par. t. 20. f. 8-9.

Plante velue-hérissée ou presque glabre. Tiges de 3-8 décimètr., ascendantes-flexueuses ou dressées, rameuses. Feuilles pétiolées, ovales-aiguës, dentées, diminuant ord. insensiblement de grandeur dans la partie supérieure de la plante. *Glomérules* nombreux, *tous espacés à l'aisselle des feuilles*, ou les supérieurs rapprochés en un épi feuillé surmonté par un bouquet de petites feuilles (1). *Calice fructifère tubuleux-campanulé, à dents lancéolées-acuminées*. Corolle d'un beau rose. ♃. Juillet-septembre.

Bords des eaux, fossés, mares, lieux humides.

var. α. *hirsuta*. (M. gentilis. Rchb. ic. cent. X. t. 1305. — Duby, bot. Gall. I. 372. — M. procumbens. Thuill. fl. Par. 288.) — Plante velue-hérissée, peu odorante. Pédicelles hérissés. — *A.C.* — Bords de la Marne à Charenton et à St-Maur! Melun! Le Châtelet! Forêt de Fontainebleau! Morfontaine! Provins (*Bouteiller*).

var. β. *glabra*. (M. rubra. Smit, fl. Brit. II. 619. — M. arvensis δ. rubra. Benth. Lab. 179. — M. gentilis. Mérat, fl. Par. 263.) — Plante à odeur très pénétrante, glabre ou ne présentant que quelques poils épars sur les nervures des feuilles. Tige raide, rougeâtre. — Cultivé dans quelques jardins, subspontané çà et là dans le voisinage des habitations.

6. M. ARVENSIS. (L. sp. 806.) — Illustr. fl. Par. t. 20. f. 6-7.

Plante velue-hérissée, plus rarement presque glabre. Tiges de 1-6 décimètr., ascendantes-flexueuses ou dressées, rameuses, plus rarement simples. Feuilles pétiolées ou atténuées en pétiole, ovales-aiguës ou oblongues-aiguës, dentées, de grandeur très variable, les supérieures ord. presque de la même grandeur que les inférieures. *Glomérules* nombreux, *tous espacés à l'aisselle des feuilles*, ou les supérieurs rapprochés en un épi feuillé surmonté par un bouquet de petites feuilles. *Calice fructifère campanulé-urcéolé, à dents triangulaires presque aussi larges que longues*. Corolle rose. ♃. Juillet-septembre.

C.C. — Champs humides, bords des chemins, fossés.

var. β. *glabrescens*. — Plante pubescente à poils épars, ou presque glabre.

SECT. II. PULEGIUM. — Calice fructifère à gorge fermée par un anneau de poils connivents en cône.

7. M. PULEGIUM. (L. sp. 807.) — Illustr. fl. Par. t. 20. f. 10-11 (vulg. *Pouliot*.)

Plante pubescente, plus rarement hérissée. Tiges de 2-5 décimètr., ascendantes ou couchées-redressées, raides, simples ou rameuses. Feuilles brièvement pétiolées, ou subsessiles atténuées à la base, ord. petites, ovales ou oblongues, lâchement crénelées ou dentées, diminuant insensiblement de grandeur dans la partie supérieure de la plante. Glomérules nombreux, tous espacés à l'aisselle de feuilles ord. réfractées. Calice tubuleux-campanulé, à dents lancéolées-acuminées. Corolle rose, plus rarement blanche, à lobe supérieur ord. entier. ♃. Juillet-octobre.

C.C. — Bords des étangs, marécages, fossés, champs humides.

Les diverses espèces du genre *Mentha* présentent de nombreuses variations, chacune d'elles peut offrir les modifications suivantes : plante velue, pubescente, ou glabre (la plante glabre est toujours plus odorante que la plante velue), tige verte ou rougeâtre; feuilles dentées presque planes, ou fortement incisées plus ou moins crispées (cette dernière modification se rencontre surtout dans la plante cultivée), étamines renfermées dans le tube de la corolle ou le dépassant longuement.

(1) Ce bouquet de feuilles est constitué par les feuilles florales supérieures dont les glomérules avortent souvent ou ne se développent qu'incomplètement.

III. LYCOPUS. (L. gen. n. 15.)

Calice tubuleux-campanulé, à 5 dents presque égales, à gorge nue. Corolle dépassant à peine le calice, infundibuliforme-campanulée, à 4 lobes presque égaux le supérieur plus large émarginé. *Étamines réduites au nombre de 2* par l'avortement des 2 supérieures, distantes et divergentes ; anthères à lobes parallèles, s'ouvrant chacun par une fente longitudinale. *Akènes* lisses, *entourés d'une bordure épaisse*, trigones, tronqués au sommet.

Plante vivace. Fleurs petites, blanches ponctuées de rouge, disposées en glomérules multiflores opposés, espacés à l'aisselle des feuilles.

1. L. EUROPÆUS. (L. sp. 30.) — Engl. bot. t. 1105.

Souche traçante, plus rarement tronquée. Tige de 4-10 décimètr., dressée, robuste, raide, simple ou rameuse. Feuilles pétiolées, ovales-oblongues, aiguës, dentées à dents larges aiguës, souvent pinnatifides à la base. Calice à dents lancéolées-subulées presque épineuses. Plante pubescente-rude ou presque glabre, presque inodore. ♃. Juillet-septembre.

C.C. — Bords des eaux, marécages, fossés aquatiques.

TRIBU III. SALVIEÆ. — Corolle bilabiée. Étamines 2 fertiles ; anthères à lobes séparés par un connectif filiforme très long, à lobe inférieur rudimentaire ou nul.

IV. SALVIA. (L. gen. n. 39.)

Calice tubuleux ou campanulé, bilabié, à lèvre supérieure entière ou 3-dentée, l'inférieure bifide, à gorge nue. Corolle à tube inclus ou exsert, bilabiée ; à lèvre supérieure ord. en forme de casque, entière ou émarginée ; l'inférieure 3-lobée, à lobe moyen ord. plus large émarginé. *Étamines* supérieures nulles ou rudimentaires, les 2 *inférieures fertiles*, *filets très courts*, *articulés avec un connectif transversal*, la partie du connectif supérieure à l'articulation *filiforme* ord. très longue portant le lobe fertile de l'anthère, la partie du connectif inférieure à l'articulation très courte à lobe nul plus rarement rudimentaire contenant quelques grains de pollen. Akènes ovoïdes-trigones.

Plantes vivaces. Fleurs bleues, plus rarement bleuâtres, roses ou blanches, en glomérules opposés pauciflores ou pluriflores, espacés, ou rapprochés en épis terminaux.

1 { Calice à dents de la lèvre supérieure et de la lèvre inférieure triangulaires, terminées en pointe épineuse. . . . . *S. Sclarea.*
  { Calice à lèvre supérieure brièvement 3-dentée ou presque entière . 2

2 { Corolle beaucoup plus longue que le calice ; style dépassant très longuement la lèvre supérieure de la corolle, feuilles crénelées. . . *S. pratensis*
  { Corolle dépassant à peine le calice ; style ne dépassant pas la lèvre supérieure de la corolle ; feuilles lobées-crénelées ou presque pinnatifides. . . . . *S. Verbenaca.*

1. S. PRATENSIS. (L. sp. 35.) — Engl. bot. t. 153. (vulg. *Sauge des prés.*)

Plante pubescente, glanduleuse surtout au sommet, à odeur forte. Tige herbacée, de 3-8 décimètr., ascendante ou dressée, simple ou rameuse supérieurement. Feuilles ovales ou oblongues, doublement crénelées, rugueuses ridées en réseau ; les radicales ord. très amples, longuement pétiolées, cordées à la base, souvent disposées en rosette ; les caulinaires au nombre de 1-3 paires, ord. beaucoup plus petites, sessiles ou brièvement pétiolées. Glomérules 1-4-flores, peu espacés, disposés en épis interrompus. Bractées ovales-acuminées, plus courtes que les calices. *Calice* pubescent-visqueux, *à lèvre supérieure brièvement 3-dentée ou presque entière*, l'inférieure à 2 lobes ovales-acuminés. *Corolle* assez grande, bleue, bleuâtre, plus rarement rosée ou blanche, *beaucoup plus longue que le calice*; à lèvre supérieure pubescente-visqueuse, courbée en faux, très comprimée, plus longue que l'inférieure. *Style dépassant très longuement la lèvre supérieure de la corolle*. ♃. Mai-juillet.

C.C.C. — Prairies, pâturages, bords des chemins.

Le *S. sylvestris* L., indiqué à Longjumeau et à Soissons (*Mérat*, *fl. Par.*), se distingue surtout du *S. pratensis*, dont il n'est peut-être qu'une variété, par ses fleurs plus petites, par ses bractées colorées et par son calice pubescent-blanchâtre.

2. S. VERBENACA. (L. sp. 85.) — Engl. bot. t. 154.

Plante glanduleuse surtout au sommet, à odeur forte. Tiges herbacées, de 2-6 décimetr., ascendantes ou dressées, simples, plus rarement rameuses, très pubescentes. Feuilles oblongues ou ovales-obtuses, lobées-crénelées ou presque pinnatifides, glabres ou pubescentes en dessous, rugueuses ridées en réseau; les radicales longuement pétiolées, souvent un peu cordées à la base, ord. disposées en rosette; les caulinaires au nombre de 2-4 paires, plus petites que les inférieures, sessiles ou brièvement pétiolées. Glomérules 1-4-flores, disposés en épis lâches. Bractées ovales-suborbiculaires brusquement acuminées, réfléchies après la floraison. *Calice* pubescent-hérissé, *à lèvre supérieure brièvement 3-dentée ou presque entière*, l'inférieure à 2 lobes ovales-lancéolés mucronés. *Corolle* petite, bleue, *dépassant à peine le calice*; à lèvre supérieure en casque, non comprimée. *Style ne dépassant pas la lèvre supérieure de la corolle*. ♃. Mai-août.

R.R. — Pelouses arides, coteaux herbeux — Brunoy (*C. de Chambine*). Abondant sur la côte de Dreux! (*Daenen*).

Le *S. verticillata* L., naturalisé à Arcueil!, se distingue aux caractères suivants : feuilles ovales-triangulaires, cordées à la base, plus ou moins profondément crénelées-dentées, pétiolées, même les caulinaires, à pétiole ord. muni de deux oreillettes foliacées; glomérules multiflores; corolle assez petite, dépassant longuement le calice, à lèvre supérieure non comprimée; style réfléchi vers la lèvre inférieure de la corolle.

3. S. SCLAREA. (L. sp. 38.) — Poit. et Turp. fl. Par. t. 38. (vulg. *Toute-bonne*, *Orvale*, *Sclarée*.)

Plante glanduleuse au sommet, à odeur aromatique très pénétrante. Tige herbacée, de 4-8 décimètr., dressée, robuste, très rameuse, plus rarement simple, velue-laineuse. Feuilles ord. très amples, ovales ou oblongues, ord. cordées à la base, crénelées ou crénelées-dentées, épaisses, rugueuses ridées en réseau, la plupart pétiolées. Glomérules 1-3-flores, rapprochés en épis tétragones. *Bractées* très amples, ciliées, dépassant les calices, ovales-suborbiculaires brusquement acuminées, concaves *membraneuses, blanchâtres à la base, rosées au sommet*. *Calice* pubescent-hérissé, *à dents de la lèvre supérieure et de la lèvre inférieure* triangulaires *terminées en pointe épineuse*. Corolle assez grande, d'un bleu lilas, dépassant longuement le calice; à lèvre supérieure courbée en faux, comprimée, un peu plus longue que l'inférieure. Style dépassant très longuement la lèvre supérieure de la corolle. ♃. Juillet-août.

A.R. — Voisinage des vieux châteaux, villages, coteaux calcaires. — Château de Chevreuse! Montmorency! Yères (*Bruce*). Mennecy (*Weddell*). Echarcon (*Des-

Étangs!. Nemours! Malesherbes! Provins (*Bouteiller*). Charly (*Crépin*). Meulan (*Mandon*). Mantes! (*Schœnefeld*). Gouvieux près Chantilly (*Leré*). Dreux! (*Daënen*).

Le *S. officinalis* L. (vulg. *Sauge*), cultivé dans les jardins potagers, se reconnaît aux caractères suivants : plante sous-frutescente à la base, fortement aromatique ; rameaux et jeunes feuilles tomenteux-blanchâtres, feuilles obtuses, ovales-lancéolées ou lancéolées, rugueuses, très finement crénelées, glomérules 3–6 flores ; bractées ovales-lancéolées, foliacées, caduques, calice à dents de la lèvre supérieure et de la lèvre inférieure terminées en pointe épineuse, corolle assez grande, d'un rose lilas, plus rarement blanche, à tube muni d'un anneau de poils dans sa partie inférieure, à lèvre supérieure en casque, non comprimée, lobe inférieur de l'anthère contenant quelques grains de pollen, style dépassant très longuement la lèvre supérieure de la corolle.

Le *Rosmarinus officinalis* L. (vulg. *Romarin*), est cultivé comme plante aromatique, il se distingue aux caractères suivants : sous-arbrisseau à feuilles persistantes, linéaires-entières, tomenteuses-blanchâtres à la face inférieure, corolle blanche ou d'un bleu pâle, bilabiée, à lèvre supérieure bifide, étamines 2, exsertes, à filet présentant une dent vers la base, à lobes de l'anthère confluents.

Le genre *Monarda*, caractérisé par la corolle bilabiée à lèvre supérieure linéaire entière ou émarginée, et par les étamines à filet dépourvu de dent et à lobes de l'anthère confluents, fournit aux parterres plusieurs espèces ; la plus fréquemment cultivée est le *M. didyma* Willd. à fleurs d'un rouge écarlate en glomérules multiflores, à feuilles ovales dentées glabres, à tiges à angles tranchants.

TRIBU IV. THYMOIDEÆ. — Corolle bilabiée. Étamines 4, fertiles, distantes, droites divergentes, ou plus ou moins arquées conniventes, presque égales ou les inférieures un peu plus longues que les supérieures.

SOUS-TRIBU I. THYMOIDEÆ VERÆ. — *Étamines droites, divergentes.*

V. ORIGANUM. (L. gen. n. 726, *part.*)

Calice tubuleux-campanulé, à 10 ou à 13 nervures, *à 5 dents presque égales* ou les supérieures un peu plus longues, le fructifère à gorge fermée par un anneau de poils. Corolle à tube égalant ou dépassant le calice, bilabiée à lèvre supérieure droite presque plane émarginée, à lèvre inférieure étalée à 3 lobes presque égaux. Étamines 4, exsertes, distantes et divergentes, les inférieures un peu plus longues; anthères à lobes séparés par un connectif large presque triangulaire. Akènes ovoïdes-subglobuleux.

Plante vivace. *Fleurs* petites, roses, plus rarement blanches, *munies de bractées dépassant les calices* et s'accroissant après la floraison, *en épillets* compactes *oblongs subtétragones rapprochés en des corymbes terminaux* qui par leur ensemble constituent une panicule terminale feuillée.

1. O. VULGARE. (L. sp. 824.) — Engl. bot. t. 1143. (vulg. *Origan.*)

Souche traçante. Tige de 5-8 décimètr., dressée, raide, rameuse supérieurement, pubescente ou velue, souvent rougeâtre. Feuilles pubescentes ou velues surtout en dessous, pétiolées, ovales, obscurément sinuées-denticulées. Bractées ovales, ord. colorées en rouge pourpre. ♃. Juillet-septembre.

C.C. — Clairières et lisières des bois, pâturages secs, haies, buissons.

var. *β. pallescens*. — Fleurs d'un rose pâle ou blanches. Bractées non colorées. —*A.C.* — Lieux ombragés.

VI. THYMUS. (L. gen. n. 727, *part.*)

Calice tubuleux-campanulé, à 10 ou à 13 nervures, *bilabié*, à lèvre supérieure 3-dentée, à lèvre inférieure bifide, le fructifère à gorge fermée par un anneau de poils. Corolle à tube inclus ou dépassant à peine le calice, bilabiée; à lèvre supérieure droite, presque plane, entière ou émarginée; à lèvre inférieure étalée, à 3 lobes égaux ou le moyen plus grand. Étamines 4, exsertes, plus rarement incluses, distantes et divergentes, presque égales ou les inférieures plus longues; anthères à lobes séparés par un connectif large presque triangulaire. Akènes ovoïdes-subglobuleux.

Plantes vivaces, sous-frutescentes. *Fleurs* petites, roses ou purpurines, plus rarement blanches, disposées *en glomérules* pauciflores ou pluriflores *rapprochés en têtes ou en épis terminaux.*

1. T. SERPYLLUM. (L. sp. 825, *part.*) — Engl. bot. t. 1514. (vulg. *Serpolet, Thym bâtard.*)

Souche traçante, ligneuse, très rameuse. Tiges nombreuses, de 1-4 décimètr., couchées-radicantes, redressées au sommet, rameuses, plus ou moins pubescentes. Feuilles petites, glabres ou pubescentes, ord. longuement ciliées à la base, ponctuées-glanduleuses à la face inférieure, ovales ou oblongues, plus rarement linéaires-oblongues, obtuses, planes, pétiolées ou atténuées en pétiole. Glomérules pluriflores, rapprochés en têtes subglobuleuses ou oblongues, ou en épis interrompus. Calice à dents ciliées, les supérieures lancéolées, les inférieures linéaires-subulées, à gorge présentant un anneau de poils serrés qui apparaissent entre les dents sous la forme de points blancs. Plante à odeur agréable, pénétrante. ♃. Juin-octobre.

C.C.C. — Pelouses sèches, bords des chemins, bois, pâturages.

var. *β. nervosus.* — Tiges de 1–2 décimètr., tortueuses, appliquées sur la terre, très radicantes, très rameuses. Feuilles très petites, glabres, longuement ciliées dans leur partie inférieure, à face supérieure striée selon la direction des nervures, à nervures très saillantes à la face inférieure. Glomérules rapprochés en têtes subglobuleuses compactes. — *A.C.* — Sables arides. — Morfontaine! Malesherbes, etc.

Le *T. vulgaris* L. (vulg. *Thym*), cultivé en bordures dans les jardins potagers, se distingue du *T. Serpyllum* par ses tiges dressées presque ligneuses, et par ses feuilles linéaires-lancéolées à bords enroulés en dessous, présentant souvent à leur aisselle des fascicules de feuilles plus petites.

VII. HYSSOPUS. (L. gen. n. 709.)

Calice tubuleux, à 15 nervures, obscurément bilabié, *à 5 dents presque égales*, à gorge nue. Corolle à tube égalant environ le calice, bilabiée; à lèvre supérieure droite, presque plane, émarginée; à lèvre inférieure étalée, à 3 lobes, le moyen plus grand échancré ou bifide à lobes divergents. Étamines 4, longuement saillantes hors de la corolle, distantes et divergentes, les inférieures plus longues; *anthères à connectif très étroit*, à lobes divergents s'étalant horizontalement et confluents en un seul après l'émission du pollen. Akènes ovoïdes-trigones, presque lisses ou finement ponctués.

Plante vivace, sous-frutescente. *Fleurs ord. d'un beau bleu*, *en glomérules* axillaires pluriflores *rejetés d'un même côté de la tige et rapprochés en épis terminaux* unilatéraux feuillés.

1. H. OFFICINALIS. (L. sp. 796.) — Bull. herb. Fr. t. 322. (vulg. *Hyssope.*)

Plante aromatique. Souche traçante, ligneuse. Tiges de 2-5 décimètr., très rameuses à rameaux effilés redressés, finement pubescentes, ord. rapprochées en touffe. Feuilles lancéolées-linéaires ou oblongues-lancéolées, entières ou entières-sinuées, sessiles, ord. glabres, vertes sur les 2 faces, planes ou à bords un peu roulés en dessous, souvent munies à leur aisselle de fascicules de feuilles plus petites. Calice souvent bleuâtre, à dents raides, triangulaires-acuminées. Corolle d'un beau bleu, rarement rouge ou blanche. ♄. Juillet-septembre.

R. — Murailles des vieux châteaux, coteaux arides, fissures des rochers.— Sur les vieilles tours de Châteaufort près Versailles! Très abondant à la Côte des Célestins près Mantes! Vernon (*de Brébisson, fl. Norm.*) Château-sur-Epte (*Bouteille*). Bonneville près Malesherbes (*Weddell, Bernard*) Tour de César à Provins (*Bouteiller*).

SOUS-TRIBU II. MELISSINEÆ. — *Étamines plus ou moins arquées, conniventes.*

VIII. CALAMINTHA. (Mœnch. meth. 408.)

Calice tubuleux ou campanulé, à 10-13 nervures, *bilabié*, à lèvre supérieure 3-dentée, à lèvre inférieure bifide, le fructifère à gorge ord. fermée par un anneau de poils. Corolle à tube dépassant ord. le calice, bilabiée; à lèvre supérieure droite, presque plane, entière ou émarginée; à lèvre inférieure étalée, à 3 lobes presque égaux, ou inégaux le moyen plus grand souvent émarginé. Étamines 4, distantes, plus ou moins conniventes sous la lèvre supérieure de la corolle, les inférieures plus longues; *anthères à lobes séparés par un connectif ovoïde ou presque triangulaire.* Akènes ovoïdes ou subglobuleux, lisses.

Plantes vivaces ou annuelles. Fleurs roses ou bleuâtres, plus rarement blanches, disposées en *glomérules* opposés, axillaires, sessiles ou pédonculés, 2-15 flores, *munis d'un petit nombre de bractées.*

1 { Plante annuelle; fleurs à pédicelles axillaires. . . . . . . *C. Acinos.*
  { Plante vivace, fleurs à pédicelles portés sur un pédoncule commun axillaire . . . . 2.

2 { Calice tubuleux, à dents longuement ciliées, les inférieures environ deux fois plus longues que les supérieures. . . . . *C. officinalis.*
  { Calice campanulé ou campanulé-urcéolé, à dents brièvement ciliées, peu inégales ou les inférieures environ une fois plus longues que les supérieures. . . . . *C. Nepeta.*

SECT. I. ACINOS.—Fleurs pédicellées, disposées en glomérules sessiles Calice gibbeux à la base.

1. C. ACINOS. (Gaud. fl. Helv. IV. 84.) — Thymus Acinos. L. sp. 826. — Engl. bot. t. 411. — Melissa Acinos. Benth. Lab. 384.

Plante annuelle. Tiges de 1-3 décimètr., rameuses, ascendantes ou étalées-diffuses, très pubescentes ou velues. Feuilles petites, ovales ou oblongues, ord. aiguës, entières ou légèrement dentées, brièvement pétiolées ou atténuées en pétiole. Glomérules sessiles, 2-3-flores, espacés, ou en épis lâches feuillés. Calice dilaté en bosse inférieurement, à dents subulées ciliées. Corolle assez petite, d'un bleu rougeâtre. ① Juin-septembre.

C.C. — Bords des chemins, champs en friche, lieux incultes.

var. *β. canescens.* — Plante velue blanchâtre. — *A.R.*

SECT II. CALAMINTHASTRUM. — Fleurs pédicellées, disposées en glomérules pédonculés. Calice presque régulièrement tubuleux ou tubuleux-campanulé.

2. C. OFFICINALIS. (Mœnch, meth. 409.) — Melissa Calamintha. L. sp. 827. — Engl. bot. t. 1676. (vulg. *Calament de montagne.*)

Plante vivace, à souche traçante. Tiges de 3-6 décimètr., dressées ou ascendantes, simples ou rameuses, pubescentes ou velues. Feuilles assez grandes, ovales-obtuses, dentées, pétiolées, pubescentes-grisâtres surtout à la face inférieure. Pédoncules axillaires 3-12 flores. *Calice* ord. coloré, *tubuleux, à dents longuement ciliées, les inférieures environ 2 fois plus longues que les supérieures*, à gorge munie de poils peu nombreux qui ne paraissent pas entre les dents du calice. Corolle assez grande, d'un rose purpurin, à tube dépassant longuement le calice. ♃. Juillet-septembre.

C. — Haies, buissons, coteaux arides, lisière des bois, pâturages.

3 C. NEPETA. (Clairville, man. herb. 197.) — Melissa Nepeta. L. sp. 828. — Engl. bot. t. 1414.

Plante vivace, à souche traçante. Tiges de 3-6 décimètr., dressees ou ascendantes, plus ou moins rameuses, pubescentes ou velues. Feuilles assez petites, ovales-obtuses, presque entières ou superficiellement dentées, pétiolées, pubescentes-grisâtres surtout à la face inférieure. Pédoncules axillaires, 3-15-flores. *Calice* vert, plus rarement coloré, *campanulé ou campanulé-urcéolé, à dents brièvement ciliées, peu inégales ou les inférieures environ une fois plus longues que les supérieures, à gorge présentant un anneau de poils nombreux qui paraissent entre les dents du calice avant la maturité complete.* Corolle assez petite, d'un rose bleuâtre, à tube ne dépassant pas ou dépassant longuement le calice. ♃. Juillet-septembre.

R R. — Coteaux arides, lieux secs et pierreux. — Maisons-Laffitte (*Maire*). Hussy près la Ferté-sous-Jouarre (*Thuillier, Adr. de Jussieu*). — ? Compiègne (*Mérat, fl.*).

IX. CLINOPODIUM. (Tournef. inst. t. 92.)

Calice tubuleux arqué, à 13 nervures, *bilabié*, à lèvre supérieure 3-fide, a lèvre inférieure bifide, le fructifère à gorge présentant quelques poils. Corolle à tube dépassant plus ou moins le calice, bilabiée ; à lèvre supérieure droite, presque plane, émarginée à bords rejetés en dehors ; à lèvre inférieure étalée, à 3 lobes, le moyen plus grand souvent émarginé. Étamines 4, distantes, plus ou moins conniventes sous la lèvre supérieure de la corolle, les inférieures plus longues ; *anthères à lobes séparés par un connectif ovoide ou presque triangulaire.* Akènes ovoides, lisses.

Plante vivace. Fleurs d'un rose purpurin, rarement blanches, *en glomérules* axillaires, opposés, multiflores, compactes, *pourvus de bractées sétacées* qui sont beaucoup plus nombreuses que les fleurs et *qui forment un involucre à la base de chacun des faux verticilles* constitués par le rapprochement de deux glomérules.

1. C. VULGARE (L. sp. 821.) — Engl. bot. t. 1401. — Melissa Clinopodium. Benth. Lab. 392.

Plante vivace, à souche traçante. Tiges de 3-8 décimètr., dressées ou ascendantes-diffuses, simples ou rameuses, pubescentes ou velues. Feuilles ovales ou oblongues-lancéolées, superficiellement et lâchement dentées, pétiolées, pubescentes-grisâtres surtout à la face inférieure. Pédoncules axillaires très courts, ramifiés-dichotomes, rapprochés en faux verticilles espacés. Bractées raides sétacées, longuement ciliées. Calice vert ou coloré, à divisions longuement ciliées, les inférieures subulées environ 2 fois plus longues que les supérieures. ♃. Juillet-octobre.

C.C. — Lisières et clairières des bois, haies, buissons, pâturages.

† X. MELISSA. (L. gen. n. 728, *part.*)

Calice tubuleux ou tubuleux-campanulé, à 13 nervures, *bilabié*, à lèvre supérieure tri-dentée, à lèvre inférieure bifide, le fructifère à gorge présentant quelques poils. Corolle à tube dépassant plus ou moins le calice, bilabiée; à lèvre supérieure droite, presque plane ou un peu concave, émarginée; à lèvre inférieure étalée, à 3 lobes, le moyen plus grand, souvent émarginé. Etamines 4, distantes, plus ou moins connivences sous la lèvre supérieure de la corolle, les inférieures plus longues, *anthères à connectif étroit*, à lobes divergents s'étalant horizontalement et confluents en un seul après l'émission du pollen.

Plante vivace. Fleurs blanches, en glomérules axillaires opposés, pauciflores ou pluriflores.

† 1. M. OFFICINALIS. (L. sp. 827.) — Lam. illustr. t. 512. f. 1. (vulg. *Mélisse.*)

Plante plus ou moins pubescente, à odeur de citron très pénétrante. Tiges de 6-8 décimètr., dressées, plus ou moins rameuses. Feuilles ovales, grossièrement dentées, longuement pétiolées. Glomérules espacés, longuement dépassés par les feuilles. Bractées oblongues mucronées. Calice assez ample, à lèvre supérieure tronquée 3-dentée, à divisions de la lèvre inférieure lancéolées terminées en une pointe presque épineuse. Corolle à tube arqué-ascendant. ♃ Juin-septembre.

Cultivé dans les jardins. — Quelquefois subspontané dans le voisinage des habitations St-Cloud! Versailles! Melun! Côte de Champagne! Malesherbes! Env. de Crépy (*Questier*), etc.

† XI. SATUREIA. (L. gen. n. 707.)

Calice tubuleux-campanulé, à 10 nervures, *à 5 dents presque égales* ou très obscurément bilabié, le fructifère à gorge nue ou ne présentant que quelques poils. Corolle à tube égalant environ le calice, bilabiée; à lèvre supérieure droite, plane, entière ou émarginée; à lèvre inférieure étalée, à 3 lobes presque égaux, le moyen souvent émarginé. Etamines 4, distantes, plus ou moins connivences sous la lèvre supérieure de la corolle, les inférieures plus longues exsertes, *anthères à lobes séparés par un connectif ovoïde ou presque triangulaire*. Akènes ovoïdes ou oblongs, lisses ou finement granuleux.

Plantes vivaces sous-frutescentes, ou annuelles. Fleurs assez petites, blanches, roses ou rougeâtres, disposées 2-3 à l'extrémité de pédoncules axillaires.

† 1. S. MONTANA. (L. sp. 794.) — Schk. handb. t. 156.

Plante sous-frutescente, à odeur aromatique pénétrante. Tiges de 1-3 décimètr., très rameuses, rapprochées en touffe, à rameaux pubérulents. Feuilles raides, glabres-ponctuées, ciliées, lancéolées-linéaires mucronées, ou les inférieures obtuses atténuées à la base, souvent munies à leur aisselle de fascicules de feuilles plus petites. Fleurs rapprochées en grappes terminales feuillées. Calice à dents lancéolées-subulées, ciliées, très raides. Corolle blanche ou rosée, souvent ponctuée de rouge, à lèvre supérieure courte. ♄. Juillet-août.

R.R.R. — Naturalisé dans les fentes des roches à la colline de la Justice près Malesherbes! (*Dubouche*).

Le *S. hortensis* L. (vulg. *Sarriette*), est fréquemment cultivé dans les jardins; il se distingue aux caractères suivants plante annuelle, très aromatique, pubérulente, ponctuée-glanduleuse; tige raide, rameuse surtout au sommet, feuilles linéaires ou linéaires-lancéolées non-mucronées, atténuées à la base, corolle lilas ponctuée de rouge.

TRIBU V. LAMIOIDEÆ. — Corolle bilabiée. Étamines 4 fertiles, rapprochées et parallèles sous la lèvre supérieure de la corolle, quelquefois rejetées en dehors après l'émission du pollen.

SOUS-TRIBU I. NEPETEÆ. — *Calice tubuleux. Étamines inférieures plus courtes que les supérieures.*

XII. NEPETA. (L. gen. n. 710.)

Calice tubuleux, à 13-15 nervures, ord. un peu courbé, à 5 dents égales ou presque égales, à gorge nue. *Corolle* à tube très étroit ord. exsert, à gorge brusquement dilatée, bilabiée; à lèvre supérieure droite, un peu concave, émarginée ou bifide; à *lèvre inférieure* étalée, *à* 3 lobes, les latéraux très courts, le *lobe moyen* très grand, étalé, *concave en avant*, crénelé. Étamines 4, parallèles sous la lèvre supérieure, les 2 inférieures plus courtes; *anthères non rapprochées en forme de croix*, à connectif très petit, à lobes divergents s'étalant horizontalement et confluents en un seul après l'émission du pollen. Akènes ovoïdes, lisses ou finement chagrinés.

Plante vivace. Fleurs blanches ou rosées, ponctuées de rouge, en glomérules multiflores rapprochés en épis terminaux feuillés à la base.

1. N. CATARIA. (L. sp. 786.) — Engl. bot. t. 137. (vulg. *Herbe-aux-chats.*)

Plante à odeur forte désagréable, pubescente-blanchâtre presque tomenteuse. Tiges de 6-10 décimètr., ord. dressées, rameuses. Feuilles pétiolées, ovales ou ovales-triangulaires, cordées à la base, fortement dentées, tomenteuses en dessous. Glomérules compactes, un peu pédonculés, à pédoncule rameux. Calice tomenteux-blanchâtre. Akènes lisses. ♃. Juillet-septembre.

A.C. — Lieux pierreux, bords des chemins, haies, buissons, villages.

XIII. GLECHOMA. (L. gen. n. 714.)

Calice tubuleux, à 13-15 nervures, à 6 dents un peu inégales les 3 supérieures plus longues, à gorge nue. Corolle à tube dépassant ord. le calice, à gorge très dilatée, bilabiée; à lèvre supérieure droite, presque plane ou à bords rejetés en dehors, émarginée ou bifide; à lèvre inférieure étalée, à 3 lobes, le moyen beaucoup plus grand, plan, souvent émarginé. Étamines 4, rapprochées sous la lèvre supérieure de la corolle, les 2 inférieures plus courtes; *anthères* à lobes divergents, *rapprochées par paires en forme de croix.* Akènes ovoïdes, finement ponctués.

Plante vivace, à *tiges couchées-radicantes.* Fleurs bleuâtres ou roses, plus rarement blanches, en glomérules pauciflores axillaires opposés ou alternes.

1. G. HEDERACEA. (L. sp. 807.) — Vaill. bot. Par. t. 6. f. 3-6. (vulg. *Lierre-terrestre.*)

Plante à odeur pénétrante. Tiges de 2-6 décimètr., presque glabres, pubescentes ou plus ou moins velues, grêles, couchées-radicantes, redressées supérieurement, à rejets nombreux rampants. Feuilles longuement pétiolées, réniformes-suborbiculaires, grossièrement crénelées, présentant des poils fasciculés à la base du pétiole. Glomérules brièvement pédonculés, 1-4-flores. ♃. Mars-mai.

C.C. — Bois humides, lieux ombragés, haies, buissons.

var. β. *breviflora.* — Corolle plus petite de moitié que dans le type, à tube inclus ou dépassant à peine le calice. — *A.C.*

var. γ. *hirsuta.* — Tiges et feuilles velues hérissées. — *A.R.* — Luzarches (*Maire*), etc.

SOUS-TRIBU II. STACHYDEÆ. — *Calice tubuleux ou campanulé, plus rarement bilabié. Étamines inférieures plus longues que les supérieures.*

XIV. MELITTIS. (L. gen. n. 731.)

Calice campanulé *très ample, membraneux,* irrégulièrement veiné, *subbilabié; à lèvre supérieure* un peu plus longue que l'inférieure, large, *irrégulièrement bi-trilobée ou presque entière,* à lèvre inférieure bifide. Corolle à tube très ample dépassant longuement le calice, bilabiée; à lèvre supérieure droite, un peu concave, obovale-suborbiculaire, entière ou à peine émarginée; à lèvre inférieure étalée, à 3 lobes, le moyen plus grand, entier ou émarginé, souvent crenelé. Étamines 4, rapprochées et parallèles sous la lèvre supérieure de la corolle, les 2 inférieures plus longues; *anthères* à lobes divergents, *rapprochées par paires en forme de croix.* Akènes ovoïdes-subglobuleux, lisses ou finement réticulés-pubescents.

Plante vivace. *Fleurs* très grandes, blanches panachées de rouge, pédicellées, *solitaires ou géminées à l'aisselle des feuilles.*

1. M. MELISSOPHYLLUM. (L. sp. 832.) — Engl. bot. t. 577. (vulg. *Mélisse-des-bois.*)

Souche traçante. Tige de 3-6 décimètr., dressée, robuste, simple, plus rarement rameuse, velue ou pubescente, plus rarement presque glabre et offrant alors des fascicules de poils à la base des pétioles. Feuilles assez amples, pubescentes ou presque glabres, longuement pétiolées, ovales-aiguës, quelquefois cordées à la base, crénelées ou fortement dentées, les inférieures plus petites. ♃. Mai-juin.

C. — Bois montueux, taillis.

XV. LAMIUM. (L. gen. n. 716.)

Calice tubuleux-campanulé, à 5-10 nervures, à 5 dents presque égales ou les supérieures plus longues. *Corolle* droite ou ascendante, bilabiée; à tube dépassant longuement le calice, rarement inclus, présentant souvent au-dessus de sa base un anneau de poils; à lèvre supérieure obovale ou oblongue, entière, rétrécie à la base, très concave ou en casque; *à lèvre inférieure obscurément 3-lobée, les lobes latéraux occupant les parties latérales de la gorge, tronqués ou presque nuls, présentant 1-2-dents aigues, le lobe moyen* plus grand *obcordé* rétréci à la base. *Étamines* 4, rapprochées et parallèles sous la lèvre supérieure de la corolle, *non rejetées en dehors après la fécondation*, les 2 inférieures plus longues; anthères barbues, rarement glabres, rapprochées par paires, à lobes s'étalant horizontalement s'ouvrant par une fente commune et confluents en un seul après l'émission du pollen. *Akènes trigones à angles aigus, tronqués au sommet,* lisses ou finement rugueux.

Plantes annuelles ou vivaces, d'une odeur désagréable plus ou moins prononcée, à tiges ord. succulentes. Fleurs rouges, purpurines ou blanches, subsessiles, disposées en glomérules pluriflores, axillaires opposés.

1 { Corolle à tube droit; plante annuelle. . . . . 2.
{ Corolle à tube ascendant; plante vivace . . . . 4.

2 { Feuilles suborbiculaires-réniformes, les supérieures sessiles-amplexicaules. . . . . L. amplexicaule.
{ Feuilles ovales-triangulaires ou ovales-obtuses, les supérieures jamais amplexicaules . . . . 3.

3 { Corolle à tube ne présentant pas d'anneau de poils; feuilles profondément incisées. L. incisum.
{ Corolle à tube présentant intérieurement un anneau de poils vers sa base; feuilles inégalement crénelées ou dentées . . . . . L. purpureum.

4 { Corolle blanche; tube de la corolle à anneau de poils oblique . L. album.
{ Corolle purpurine; tube de la corolle à anneau de poils horizontal. . . . . L. maculatum.

SECT. I. LAMIOPSIS. — Corolle à tube droit, à gorge très dilatée. — Plantes annuelles.

1. L. AMPLEXICAULE. (L. sp. 809.) — Engl. bot. t. 770.

Tiges de 1-4 décimètr., grêles, ascendantes-diffuses, souvent flexueuses, simples ou rameuses à la base, presque glabres, à entre-nœud moyen très long. *Feuilles suborbiculaires-réniformes*, incisées-crénelées, pubescentes; les inférieures très longuement pétiolées, plus petites que les supérieures; *les supérieures* très éloignées des inférieures, *sessiles*, *amplexicaules. Calice* velu-hérissé ord. presque laineux, *à dents* presque égales, linéaires-subulées, *conniventes après la floraison. Corolle* assez petite, purpurine, *à tube* grêle dépassant ord. très longuement le calice *ne présentant pas d'anneau de poils,* à lèvre supérieure ovale très velue en dehors. ①. Mars-octobre.

C.C. — Lieux cultivés, bords des chemins, champs en friche.

s.v. — *breviflorum.* — Corolle presque avortée, à tube plus court que le calice.

2. L. INCISUM. (Willd. sp. III. 89.) — Engl. bot. t. 1933. — L. hybridum. Thuill fl. Par. 290.

Tiges de 1-3 décimètr., ascendantes-diffuses, souvent flexueuses, simples ou rameuses à la base, presque glabres, à entre-nœud moyen très long. *Feuilles ovales-triangulaires*, même les supérieures, plus ou moins cordées à la base, *profondément incisées à lobes crénelés*, finement pubescentes; les inférieures longuement pétiolées, ord. beaucoup plus petites que les supérieures; les supérieures rapprochées, brièvement pétiolées. *Calice* pubescent, à angles ord. colorés, *à dents* presque égales, lancéolées-subulées, ciliées, *étalées-divergentes après la floraison. Corolle* assez petite, purpurine; *à tube* dépassant ord. plus ou moins le calice, *ne présentant pas d'anneau de poils;* à lèvre supérieure ovale, velue en dehors; à lobe moyen de la lèvre inférieure plié-canaliculé en arrière. ①. Avril-juin, refleurit en automne.

A.C. — Lieux cultivés, vignes, terrains remués, bords des chemins, fossés. — Bois de Vincennes! Bois de Boulogne! Cachan! Sèvres! Versailles! St-Germain! Corbeil! Côte de Champagne!, etc.

3. L. PURPUREUM. (L. sp. 809.) — Engl. bot. t. 769. (vulg. *Ortie rouge.*)

Tiges de 1-4 décimètr., ascendantes-diffuses, souvent flexueuses, simples ou rameuses à la base, presque glabres, à entre-nœud moyen très long. *Feuilles ovales obtuses ou ovales-triangulaires*, même les supérieures, plus ou moins cordées à la base, *inégalement crénelées ou dentées*, un peu rugueuses, pubescentes; les inférieures longuement pétiolées, ord. beaucoup plus petites que les supérieures ; les supérieures très rapprochées, brièvement pétiolées, ord. rougeâtres. *Calice* pubescent, *à dents* presque égales, lancéolées-subulées ou linéaires-subulées, ciliées, *étalées-divergentes après la floraison. Corolle* assez petite, purpurine, très rarement blanche ; *à tube* dépassant ord. plus ou moins le calice, *présentant intérieurement un anneau de poils* vers sa base ; à lèvre supérieure ovale, velue en dehors ; à lobe moyen de la lèvre inférieure presque plan. ①. Mars-octobre.

C.C.C. — Lieux cultivés, vignes, bords des chemins, terrains remués, bois sablonneux.

SECT. II. LAMIOTYPUS. — Corolle à tube ascendant, à gorge insensiblement dilatée. — Plantes vivaces.

4. L. MACULATUM. (L. sp. 809.) — Engl. bot. t. 2550.

Tiges de 3-9 décimètr., ascendantes-diffuses ou tombantes, souvent flexueuses, simples ou rameuses, pubescentes ou velues, plus rarement presque glabres. Feuilles toutes pétiolées, ovales-acuminées, cordées à la base, inégalement dentées ou incisées-crénelées, un peu ridées, souvent marquées à la face supérieure d'une tache blanchâtre longitudinale. Glomérules 3-5-flores. Calice pubescent, à dents inégales, linéaires-subulées, ciliées, étalées-divergentes après la floraison. *Corolle* assez grande, *purpurine à* lèvre inférieure ponctuée de rouge, très rarement blanche; tube contracté à la base en un rétrécissement qui se termine au niveau d'un *anneau de poils intérieur horizontal*, puis insensiblement dilaté à partir de l'anneau de poils et coudé-ascendant vers le milieu de sa longueur ; lèvre supérieure, oblongue, arquée, pubescente-ciliée ; lèvre inférieure à lobes latéraux présentant chacun une seule dent subulée. ♃. Avril-octobre.

R.R. — Haies, décombres, lieux humides. — St-Maur (*Maire*). — ? Mignaux près Poissy (*Mérat*, *fl*) — Cette plante est très répandue dans les départements du centre et de l'ouest de la France.

5. L. ALBUM. (L. sp. 809.) — Engl. bot. t. 768. (vulg. *Ortie blanche.*)

Tiges de 3-6 décimètr., couchées à la base, puis redressées, simples ou rameuses inférieurement, plus ou moins pubescentes. Feuilles toutes pétiolées ou les supérieures subsessiles, ovales longuement acuminées, cordées à la base, inégalement dentées ou incisées-dentées, un peu ridées. Glomérules 4-10-flores. Calice pubescent, à dents peu inégales, subulées, longuement ciliées, étalées-divergentes après la floraison. *Corolle* assez grande, *blanche, à* lèvres un peu jaunâtres en dedans ; tube contracté à la base en un rétrécissement qui se termine au niveau d'un *anneau de poils* intérieur *oblique*, brusquement dilaté en dehors au-dessus du rétrécissement de manière à intercepter une échancrure étroite au niveau de l'anneau, puis ascendant et presque droit à partir de ce niveau ; lèvre supérieure oblongue-allongée, courbée en faux, velue-laineuse en dehors ; lèvre inférieure à lobes latéraux présentant chacun 2 dents dont la supérieure subulée. Anthères noires. ♃. Avril-octobre.

C.C.C. — Villages, lieux cultivés, bords des chemins, lieux herbeux.

XVI. GALEOBDOLON. (Huds. fl. Angl. 258.)

Calice tubuleux-campanulé, à 5-10 nervures, à 5 dents un peu inégales les supérieures plus longues. *Corolle* ascendante, bilabiée ; à tube ord. inclus, présentant un anneau de poils au-dessus de sa base ; à lèvre supérieure oblongue-obovale, entière, rétrécie à la base, courbée en casque ; *à lèvre inférieure* étalée, 3-*lobée, à lobes lancéolés,* les 2 latéraux plus petits. *Étamines* 4, rapprochées et parallèles sous la lèvre supérieure de la corolle, *non rejetées en dehors après la fécondation*, les 2 inférieures plus longues ; anthères glabres, rapprochées par paires, à lobes s'étalant horizontalement s'ouvrant par une fente commune et confluents en un seul après l'émission du pollen. *Akènes trigones à angles aigus, tronqués au sommet,* lisses.

Plante vivace. *Fleurs jaunes*, subsessiles, disposées en glomérules 3-5-flores, axillaires opposés.

1. G. LUTEUM. (Huds. *loc. cit.*) — Engl. bot. t. 787. — Galeopsis Galeobdolon L. sp. 810. — Lamium Galeobdolon. Crantz, Austr. 262.

Souche longuement traçante, émettant de longues fibres radicales. Tiges de 4-6 décimètr., couchées à la base, puis redressées, simples, rarement rameuses inférieurement, pubescentes ou presque glabres, souvent accompagnées de rejets stériles radicants. Feuilles pétiolées, ovales-aiguës, ovales-acuminées, ou les supérieures lancéolées, cordées ou atténuées à la base, inégalement incisées-dentées, un peu ridées. Calice pubérulent, à dents triangulaires terminées en pointe épineuse, le fructifère assez ample à dents très divergentes. Corolle assez grande, d'un beau jaune ; tube présentant intérieurement un anneau de poils oblique ; lèvre supérieure oblongue-allongée, courbée en faux, longuement rétrécie à la base, velue-laineuse au sommet ; lèvre inférieure à lobes aigus. ♃. Avril-juin.

A.C. — Bois, taillis, haies, buissons. — Bois de Meudon ! Versailles ! Chevreuse ! Forêt de Montmorency ! Magny !, etc.

XVII. GALEOPSIS. (L. gen. n. 717, *part.*)

Calice tubuleux-campanulé, à 5-10 nervures, à 5 dents spinescentes presque égales ou les supérieures plus longues. *Corolle* bilabiée ; à tube droit, inclus ou dépassant plus ou moins le calice ; à lèvre supérieure ovale, entière ou émarginée, courbée en casque ; à lèvre inférieure étalée, 3-lobée, à lobe moyen plus grand entier ou bifide, à lobes latéraux ovales ; *à gorge* dilatée, *présentant de chaque côté un pli qui se termine en une saillie conique.* Étamines 4, rapprochées et parallèles sous la lèvre supérieure de la corolle, non rejetées en dehors après la fécondation, les 2 inférieures plus longues ; *anthères* rapprochées par paires, *à lobes parallèles, superposés* par la torsion du filet, *s'ouvrant chacun par une fente demi-circulaire* en 2 valves inégales, l'inférieure plus courte ciliée. Akènes obovales comprimés, trigones à la base, obscurément rugueux ou presque lisses.

Plantes annuelles. Fleurs rouges, roses ou blanches, plus rarement d'un jaune pâle, subsessiles, disposées en glomérules axillaires opposés, pauciflores ou pluriflores.

1 { Tige renflée-succulente sous les nœuds, hérissée de poils presque piquants. *G. Tetrahit.*
Tige non renflée sous les nœuds, pubescente. . . . . 2.

2 { Corolle d'un rose purpurin ; feuilles pubescentes . . . . *G. Ladanum*
Corolle d'un jaune pâle ; feuilles pubescentes-tomenteuses au moins en dessous. . . . . *G. ochroleuca.*

1. G TETRAHIT. (L. sp. 810.) — Engl. bot. t. 207.

Tige de 3-9 décimètr., dressée, raide, rameuse, *renflée-succulente sous les nœuds* avant la dessiccation, *hérissée de poils raides presque piquants.* Feuilles presque glabres, longuement pétiolées, ovales-acuminées ou ovales-lancéolées, fortement dentées, un peu plissées selon les nervures. *Calice* pubescent ou hispide, *à dents subulées épineuses.* Corolle rose ou blanche, à lèvre inférieure tachée de jaune et de rouge ; à tube inclus ou dépassant le calice ; à lobe moyen de la lèvre inférieure plan, presque carré, obtus ou un peu échancré. ①. Juillet-août.

C.C. — Lieux frais, lisière des bois, fossés, haies, buissons.

2. G. LADANUM. (L. sp. 810.) — Engl. bot. t. 884.

Tige de 2-5 décimètr., dressée, raide, ord. très rameuse, à rameaux souvent étalés, *non renflée au-dessous des nœuds*, finement *pubescente* un peu rude, ou pubescente-grisâtre. *Feuilles pubescentes*, oblongues-lancéolées ou linéaires, atténuées en pétiole, dentées ou presque entières, à nervures saillantes en dessous. Calice pubescent-soyeux, à dents lancéolées-subulées piquantes. *Corolle d'un rose purpurin*, rarement blanche, à lèvre inférieure ord. marquée d'une tache jaunâtre ; à tube dépassant longuement le calice, plus rarement inclus ; à lobe moyen de la lèvre inférieure obtus. ①. Juillet-octobre.

Lieux incultes pierreux, champs en friche, moissons des terrains maigres.

var. α. *angustifolia.* — Feuilles oblongues-lancéolées ou linéaires. — *C.C.*

var. β. *latifolia.* — Feuilles ovales. — *R.R.*

α. β. s.v. *parviflora.* — Fleurs petites, à tube inclus.

3. G OCHROLEUCA. (Lam. dict. II. 600.) — Rchb. ic. pl. crit. I. 98. — G. villosa Huds. Angl. 256. — Engl. bot. t. 2353. — G. grandiflora. Roth. germ II. 24. — G. dubia. Leers, herb. 155.

Tige de 3-6 décimètr., dressée, raide, ord. très rameuse, à rameaux souvent étalés, non renflée au-dessous des nœuds, mollement *pubescente*-grisâtre. *Feuilles pubescentes presque tomenteuses* au moins en dessous, pétiolées, ovales-aiguës ou ovales-lancéolées, dentées, à nervures saillantes à la face inférieure. Calice pubescent-soyeux, à dents triangulaires-lancéolées piquantes. *Corolle d'un jaune pâle*, quelquefois un peu rosée, plus grande de moitié que dans l'espèce précédente, à tube dépassant très longuement le calice, à lobe moyen de la lèvre inférieure obtus. ①. Juillet-septembre.

R. — Lieux incultes pierreux, champs en friche, moissons des terrains maigres — Marcoussis. Dreux (*Daenen*).

XVIII. STACHYS. (L. gen. n. 719.)

Calice tubuleux-campanulé, à 5-10 nervures, à 5 dents spinescentes presque égales ou les supérieures un peu plus longues. Corolle bilabiée ; à tube inclus ou exsert, présentant intérieurement au-dessus de sa base un anneau de poils ; à lèvre supérieure ord. droite, concave, entière ou à peine émarginée ; à lèvre inférieure étalée, 3-lobée, à lobes obtus, le moyen plus grand, entier ou émarginé. *Étamines* 4, d'abord rapprochées et parallèles sous la lèvre supérieure de la corolle, les 2 *inférieures* plus longues *se rejetant latéralement en dehors de la corolle après la fécondation*, anthères à lobes s'étalant horizontalement s'ouvrant par une fente commune et confluents en un seul après l'émission du pollen. *Akènes obovales ou oblongs-obovales, glabres.*

Plantes annuelles ou vivaces. Fleurs purpurines, roses ou d'un blanc jaunâtre, subsessiles, disposées en glomérules pauciflores ou multiflores opposés, axillaires ou disposés en épis terminaux.

1 { Fleurs d'un blanc jaunâtre. 2
  { Fleurs purpurines ou roses. . . . . 3.

2 { Plante annuelle; feuilles glabres; corolle à tube dépassant le calice . . . . *S. annua.*
  { Plante vivace, feuilles pubescentes ou velues; corolle à tube ne dépassant pas le calice . . . . *S. recta.*

3 { Bractéoles égalant la longueur des calices ou au moins la moitié de leur longueur; calice muni à la gorge d'un anneau de poils. 4
  { Bractéoles très petites ou presque nulles, calice à gorge ne présentant pas d'anneau de poils . . . . 5.

4 { Calice couvert ainsi que les bractéoles de longs poils soyeux, à dents ovales-aigues . . . . *S. Germanica.*
  { Calice velu-glanduleux, à dents ovales obtuses-mucronées . . *S. alpina.*

5 { Plante annuelle; feuilles obtuses, les florales supérieures terminées en une pointe épineuse. . . . . *S. arvensis.*
  { Plante vivace; feuilles aigues ou acuminées, les florales jamais terminées en une pointe épineuse . . . . 6.

6 { Feuilles ovales-acuminées, longuement pétiolées. . . . . *S. sylvatica.*
  { Feuilles lancéolées ou oblongues-lancéolées, subsessiles ou très brièvement pétiolées. . . . . *S. palustris.*

SECT. I. ERIOSTACHYS.—Glomérules multiflores ou pluriflores. Bractéoles égalant la longueur des calices ou au moins la moitié de leur longueur. Calice muni à la gorge d'un anneau de poils. Corolle purpurine ou rosée. — Plantes vivaces ou bisannuelles, pubescentes-laineuses ou tomenteuses-soyeuses.

1. S. GERMANICA. (L. sp. 812.) — Engl. bot. t. 829.

Plante laineuse-blanchâtre, ou tomenteuse-soyeuse. Souche pivotante, ou presque horizontale. Tige de 4-8 décimètr., dressée ou ascendante-redressée, robuste, simple ou rameuse. Feuilles épaisses, un peu ridées, ovales-lancéolées ou les supérieures lancéolées, crénelées; les inférieures pétiolées, un peu cordées à la base; les supérieures sessiles. Glomérules multiflores, très compactes, rapprochés en épis feuillés ou les inférieurs espacés. *Calice couvert ainsi que les bractées de longs poils soyeux, à dents ovales-aigues* mucronées-piquantes, à gorge munie d'un anneau de poils très nombreux. Corolle d'un rose purpurin; à tube inclus, présentant intérieurement un anneau de poils horizontal; à lèvre supérieure chargée en dehors de longs poils laineux. ② ou ♃. Juillet-août.

A.C. — Bords des chemins, lieux incultes, champs pierreux en friche.

Le *S. lanata* Jacq., naturalisé aux environs du château de Malesherbes où il croît maintenant en abondance, se distingue du *S. Germanica* par sa souche rameuse traçante émettant des fascicules de feuilles stériles, par ses feuilles et ses tiges tomenteuses-soyeuses d'un blanc argenté, et par son calice à dents à peine piquantes.

2. S. ALPINA. (L. sp. 812.) — Lapeyr. fl. Pyr. I. t. 8.

Plante vivace, pubescente-laineuse jamais blanchâtre. Tige de 5-9 décimètr., dressée, simple ou rameuse, un peu glanduleuse au sommet. Feuilles assez amples, ovales-oblongues ou les supérieures oblongues-lancéolées, crénelées; les inférieures pétiolées, un peu cordées à la base; les supérieures sessiles. Glomérules pluriflores ou multiflores, espacés ou les supérieurs rapprochés en un épi feuillé. *Calice* verdâtre ou rougeâtre, *velu-glanduleux, à dents ovales obtuses-mucronées* un peu piquantes, à gorge velue, *le fructifère très ample.* Corolle d'un rose brunâtre; à lèvre inférieure plane ou concave en avant, tachée de blanc ; à tube dépassant un peu le calice, présentant intérieurement un anneau de poils oblique ; à lèvre supérieure velue en dehors. ♃. Juin-août.

R. — Bois montueux, taillis, buissons ombragés. — Forêt de Montmorency! Parc de Grumenil près Vernon (*Bouteille*). Vernonet! Dreux (*Daenen*). Evreux (*de Brébisson, fl. Norm.*). Beausseré près Gisors! (*Friom*). Chaumont! Env. de Gournay (*Mandon*). Abondant aux env. de Beauvais. Montmille! Bois du parc, Goincourt, etc. St-Vast; St-Nicolas-de-Courson (*Leré*). Betz; Autheuil-en-Valois (*Questier*).

SECT. II. STACHYOTYPUS.—Glomérules 1-6-flores. Bractéoles très petites ou presque nulles. Calice à gorge ne présentant pas d'anneau de poils. Corolle purpurine ou d'un blanc jaunâtre. — Plantes vivaces ou annuelles, pubescentes ou laineuses.

§ 1. — *Corolle purpurine.*

3. S. SYLVATICA. (L. sp. 811.) — Engl. bot. t. 416.

Plante vivace, exhalant une odeur désagréable. Souche longuement traçante. Tige de 5-10 décimètr., dressée, simple, plus rarement rameuse, hérissée de longs poils, glanduleuse au sommet. *Feuilles* molles, assez amples, *ovales-acuminées*, fortement dentées, *longuement pétiolées*, les inférieures cordées à la base. Glomérules 3-4-flores, rapprochés en un épi terminal. Calice velu-glanduleux, à dents lancéolées-subulées un peu piquantes. Corolle dépassant longuement le calice, d'un pourpre obscur, tachée de blanc à la gorge. ♃. Juin-août.

C.C. — Bois, lieux couverts, buissons, haies ombragées.

4. S. PALUSTRIS. (L. sp. 811.) — Engl. bot. t. 1675.

Plante vivace. Tige de 6-10 décimètr., dressée, simple, plus rarement un peu rameuse, hérissée de poils raides réfléchis ou étalés, rude sur les angles, non glanduleuse. *Feuilles* pubescentes-tomenteuses en dessous, *lancéolées ou oblongues-lancéolées*, ord. très longues, cordées à la base, crénelées ou dentées, *subsessiles ou très brièvement pétiolées*, les supérieures amplexicaules. Glomérules 3-6-flores, rapprochés en un épi terminal. Calice velu, à dents linéaires-subulées piquantes. Corolle dépassant longuement le calice, purpurine ou rose, tachée de blanc à la gorge. ♃. Juin-septembre.

C. — Berges des rivières, fossés, marais, bords des étangs.

5. S. ARVENSIS. (L. sp. 814) — Engl. bot. t. 1154.

Plante annuelle. Tige de 1-5 décimètr., faible, ord. rameuse dès la base, à rameaux étalés-ascendants ou diffus, hérissée, un peu rude, non glanduleuse. *Feuilles ovales ou ovales-oblongues, obtuses*, un peu cordées à la base, crénelées, pétiolées ou les supérieures subsessiles; les *florales supérieures terminées en une pointe épineuse.* Glomérules 1-3-flores, espacés à l'aisselle des feuilles, ou les supérieurs disposés en un épi lâche feuillé. Calice hérissé, à dents lancéolées surmontées d'une pointe épineuse très courte. *Corolle dépassant peu le calice*, rougeâtre ponctuée de pourpre. ①. Juillet-octobre.

C.C. — Champs en friche, moissons, lieux mondés l'hiver.

§ 2. — *Corolle d'un blanc jaunâtre.*

6. S. ANNUA. (L. sp. 813.) — Engl. bot. t 2669.

Plante annuelle, à racine pivotante. *Tige* de 1-4 décimètr., rameuse souvent dès la base, *dressée,* rude-pubérulente. *Feuilles glabres,* oblongues ou ovales-oblongues, obtuses, crénelées ou dentées, *atténuées à la base*, pétiolées ; *les supérieures* souvent entières, lancéolées, *terminées en une pointe épineuse courte,* subsessiles. Glomérules 1-3-flores, disposés en épis feuillés. *Calice* velu, *à dents lancéolées-linéaires* terminées en une épine ciliée. *Corolle* blanchâtre , à lèvre inférieure jaune, *à tube dépassant le calice* et à anneau de poils presque horizontal. ①. Juin-septembre.

C. — Champs des terrains maigres, coteaux calcaires.

7. S. RECTA. (L. mant. 82.)—Jacq. Austr. t. 339.—S. Sideritis. Vill. Dauph. II. 375. — S. bufonia. Thuill. fl. Par. t. 295.

Plante vivace, à souche presque ligneuse souvent tortueuse. *Tiges* plus ou moins nombreuses, de 1-5 décimètr., simples ou rameuses à la base, *étalées-diffuses ou ascendantes,* velues. *Feuilles* rudes, *pubescentes ou velues,* oblongues-lancéolées ou lancéolées, lâchement dentées ou crénelées, *atténuées à la base*, brièvement pétiolées ou sessiles ; *les supérieures* ovales-lancéolées, souvent entières, *terminées en une longue pointe épineuse.* Glomérules 2-4-flores, un peu espacés ou les supérieurs rapprochés en épis feuillés. *Calice* hérissé, *à dents triangulaires* terminées en une pointe épineuse glabre. *Corolle* d'un blanc jaunâtre, à lèvre inférieure tachée de brun, *à tube plus court que le calice ou le dépassant à peine* et à anneau de poils oblique. ♃. Juin-septembre.

C. — Lisière des bois, bords des champs sablonneux ou pierreux.

XIX. BETONICA. (L. gen. n. 718.)

Calice tubuleux-campanulé, à 5-10 nervures, à 5 dents presque égales. *Corolle* bilabiée ; à tube courbé dépassant le calice, ne présentant pas d'anneau de poils ; à lèvre supérieure entière ou émarginée, d'abord presque droite un peu concave, puis redressée; *à lèvre inférieure* étalée, *3-lobée, à lobes obtus,* le moyen plus grand, ord. émarginé. *Étamines* 4, rapprochées et parallèles sous la lèvre supérieure, *non rejetées en dehors après la fécondation,* les 2 inférieures plus longues ; *anthères* rapprochées par paires , *à lobes* s'étalant horizontalement *s'ouvrant par une fente commune et confluents en un seul après l'émission du pollen. Akènes oblongs-obovales*, souvent un peu comprimés-ailés au bord, glabres.

Plante vivace. Fleurs purpurines, subsessiles, disposées en glomérules pluriflores opposés, rapprochés en épi terminal.

1. B. OFFICINALIS. (L. sp. 810.) — Engl. bot. t. 1142. (vulg. *Bétoine.*)

Tige de 3-6 décimètr., dressée, raide, simple, pubescente ou velue, ne portant qu'une ou deux paires de feuilles dans ses deux tiers supérieurs. Feuilles la plupart radicales très longuement pétiolées, ovales, oblongues, ou oblongues-lancéolées obtuses, cordées à la base, profondément crénelées, glabres ou velues ; les supérieures plus étroites, brièvement pétiolées ou subsessiles. Glomérules disposés en un épi oblong interrompu à la base. Calice glabrescent ou un peu velu, à dents triangulaires ou lancéolées terminées en pointe épineuse. Corolle purpurine, à tube dépassant longuement le calice. ♃. Juin-septembre.

C. — Lisières et clairières des bois, taillis, pâturages.

s. v. — *glabrescens*. — Plante glabrescente ou presque glabre.

XX. MARRUBIUM. (L. gen. n. 721.)

Calice tubuleux-cylindrique, à 5-20 nervures, présentant un anneau de poils à la gorge, *à* 10-20 *dents*, égales ou inégales, droites ou *recourbées en crochet au sommet*, très rarement à 5 dents. Corolle bilabiée; à tube ord. inclus, ord. muni d'un anneau de poils au niveau de l'insertion des étamines; à lèvre supérieure dressée, droite, presque plane, bifide, plus rarement entière; à lèvre inférieure étalée, 3-lobée à lobes obtus, le moyen plus grand souvent émarginé, les latéraux quelquefois nuls par avortement. *Étamines* 4, parallèles, *incluses dans le tube de la corolle*, les 2 inférieures un peu plus longues; anthères à lobes s'étalant horizontalement s'ouvrant par une fente commune et confluents en un seul après l'émission du pollen. Akènes cunéiformes-obovales subtrigones, lisses et glabres.

Plantes vivaces, à odeur pénétrante. Fleurs petites, blanches, disposées en glomérules axillaires opposés, multiflores très compactes.

{ Feuilles ovales-suborbiculaires, inégalement crénelées, ord. un peu cordées à la base. . . . . *M. vulgare.*
{ Feuilles cunéiformes, insensiblement atténuées à la base, incisées-palmées au sommet . . . . *M. Vaillantii.*

1. M. VULGARE. (L. sp. 816.)— Bull. herb. t. 165.— Illustr. fl. Par. t. 21. B. (vulg. *Marrube*)

Tige de 4-8 décimètr., rameuse dès la base, blanche-tomenteuse, à rameaux ord. simples dressés ou ascendants. *Feuilles* ridées en réseau, blanches-tomenteuses en dessous, *pétiolées*, *ovales-suborbiculaires*, *inégalement crénelées*, ord. *un peu cordées à la base*, à limbe un peu décurrent sur le pétiole; les supérieures dépassant longuement les glomérules. Glomérules munis de bractées subulées environ de la longueur des calices. Calice velu-laineux, à 10-12 dents subulées, glabres et recourbées en crochet supérieurement. Corolle à lèvre supérieure bifide, à lobes rapprochés parallèles. ♃. Juin-octobre.

C.C.C. — Décombres, bords des routes, villages, lieux incultes.

2. M. VAILLANTII (Coss. et Germ. ann. sc. nat. XX. (1843) 293. t. 14.) — Illustr. fl. Par. t. 21 A.

Tige de 4-8 décimètr., rameuse dès la base, blanche-tomenteuse, à rameaux ord. simples dressés ou ascendants. *Feuilles* ridées en réseau à la face inférieure, blanches-tomenteuses en dessous, *cunéiformes*, *insensiblement atténuées en pétiole*, *incisées-palmées au sommet*, à lobes inégaux entiers ou dentés; les supérieures dépassant longuement les glomérules. Glomérules munis de bractées subulées environ de la longueur des calices. Calice velu-laineux, à 15-20 dents subulées, glabres et recourbées en crochet supérieurement. Corolle à lèvre supérieure profondément bifide, à lobes plus ou moins divergents. ♃. Juillet-septembre.

R.R.R. — Bords des routes, lieux incultes. — Etrechy près Etampes ! (1843.) — Nous n'avons trouvé à la localité citée que trois touffes de cette plante remarquable, parmi un grand nombre d'individus du *M. vulgare*. Il en existe un échantillon dans l'herbier de Vaillant, conservé au Muséum, sous le nom de *Marrubium folio palmato vel digitato*, mais sans indication de localité.

XXI. BALLOTA. (Tournef. inst. t. 85.)

Calice campanulé-infundibuliforme, à 5 angles, à 10 nervures, *à 5 dents* presque égales *larges pliées longitudinalement. Corolle* bilabiée ; à tube inclus ou dépassant à peine le calice, muni intérieurement d'un anneau de poils au-dessus de sa base ; à lèvre supérieure droite, un peu concave, entière ou émarginée ; *à lèvre inférieure* un peu étalée, 3-lobée *à lobes obtus*, le moyen plus grand émarginé. Étamines 4, rapprochées et parallèles sous la lèvre supérieure de la corolle, saillantes hors du tube, les 2 inférieures plus longues ; *anthères à lobes* très divergents, *non confluents après l'émission du pollen. Akènes oblongs*, glabres.

Plante vivace. *Fleurs* purpurines, plus rarement blanches, disposées *en glomérules* pluriflores ou multiflores, *axillaires* opposés, *brièvement pédonculés.*

1. B. FŒTIDA. (Lam. fl. Fr. II. 381.) — B. nigra. L. sp. 814 — Engl. bot. t. 46. (vulg. *Ballote*)

Plante d'un vert sombre, pubescente, d'une odeur désagréable. Tiges de 5-8 décimètr., dressées ou ascendantes, rameuses. Feuilles pétiolées, ridées, ovales ou ovales-suborbiculaires, un peu cordées à la base, inégalement crénelées. Calice pubescent, à nervures très marquées, à limbe très ample à 5 plis, à dents courtes ovales-obtuses brusquement mucronées. ♃. Juin-septembre.

C.C.C. — Bords des chemins, villages, pied des murs, haies, décombres.

XXII. LEONURUS. (L. gen. n. 722.)

Calice campanulé, à 5 angles, à 5 nervures, à 5 dents inégales les 2 inférieures un peu plus longues étalées. *Corolle* bilabiée ; à tube courbé, inclus ou dépassant peu le calice, muni intérieurement d'un anneau de poils au-dessus de sa base ; à lèvre supérieure droite, oblongue, presque plane ou un peu en casque, presque entière ; *à lèvre inférieure* étalée, 3-lobée *à lobes* obtus, les latéraux oblongs, le moyen un peu plus grand entier ou émarginé, *s'enroulant longitudinalement* peu de temps *après l'épanouissement. Étamines* 4, rapprochées et parallèles sous la lèvre supérieure de la corolle, saillantes hors du tube, les 2 *inférieures* plus longues *se rejetant latéralement en dehors de la corolle après la fécondation ;* anthères à lobes s'ouvrant chacun par une fente longitudinale, restant parallèles après l'émission du pollen. *Akènes oblongs-trigones à angles aigus, tronqués*, à sommet pubescent.

Plante vivace. Fleurs roses ponctuées de pourpre, sessiles, disposées en glomérules pluriflores compactes, axillaires opposés.

1. L. CARDIACA. (L. sp. 817.) — Bull. herb. t. 273. (vulg. *Agripaume*.)

Tige de 8-12 décimètr., robuste, dressée, rameuse, pubescente ou presque glabre. Feuilles pétiolées, d'un vert foncé en dessus, d'un vert pâle et pubescentes en dessous ; les inférieures très amples, profondément 3-lobées, à lobes oblongs-lancéolés inégalement incisés-dentés ; les supérieures lancéolées atténuées en pétiole, 3-dentées au sommet. Glomérules très nombreux ; en épis lâches, terminaux, feuillés, très longs. Calice à dents triangulaires terminées en une longue pointe épineuse; le fructifère à dents divergentes, les 2 inférieures réfléchies. Lèvre supérieure de la corolle en casque, velue-laineuse en dehors. ♃. Juin-septembre.

A C. — Bords des chemins, haies, buissons, villages. — Bois de Boulogne! Vincennes! Env. de Versailles! St-Leger! Étampes! Etrechy! Nemours!, etc.

SOUS-TRIBU III. — SCUTELLARINEÆ. — *Calice bilabié, déprimé et fermé à la maturité par le rapprochement des 2 lèvres. Étamines inférieures plus longues que les supérieures.*

XXIII. BRUNELLA. (Tournef. inst. t. 84.)

Calice tubuleux-campanulé, bilabié, à 10 nervures, réticulé-veiné, *à lèvre supérieure* plane large *tronquée brièvement 3-dentée*, à lèvre inférieure bifide à lobes lancéolés, le fructifère comprimé et fermé par le rapprochement des deux lèvres. Corolle bilabiée ; à tube presque inclus ou dépassant le calice, présentant au-dessus de sa base un anneau de poils ; à lèvre supérieure dressée-arquée, en casque, entière; à lèvre inférieure 3-lobée, les lobes latéraux oblongs réfléchis, le lobe moyen arrondi, concave, crénelé ou denticulé. Étamines 4, rapprochées et parallèles sous la lèvre supérieure de la corolle, les 2 inférieures plus longues ; *filets bifides au sommet, surtout ceux des étamines supérieures*, à branches de la bifurcation souvent dentiformes, la branche inférieure portant l'anthère ; anthères rapprochées par paires, à lobes distincts, puis divariqués et s'ouvrant par une fente commune. Akènes oblongs, obscurément trigones, lisses et glabres. Embryon droit.

Plantes vivaces. Fleurs bleues, roses ou blanches, en glomérules opposés 2-4-flores, rapproches en épis terminaux compactes, munis de bractees très amples suborbiculaires-acuminees souvent colorées.

Lèvre supérieure du calice à dents très courtes, la dent moyenne atteignant la même hauteur que les latérales ou les dépassant un peu; épi offrant ord. une paire de feuilles à sa base. . . . . *B. vulgaris.*
Lèvre supérieure du calice à dents latérales ovales-lancéolées acuminées dépassant la dent moyenne; épi ne présentant pas de feuilles à sa base . . . . *B. grandiflora.*

1. B. VULGARIS. (L. sp. 837, excl. var. *β*.) — Engl. bot. t. 961. (vulg. *Brunelle.*)

Tiges solitaires ou peu nombreuses, de 1-4 décimètr., couchées souvent radicantes à la base, puis ascendantes, simples, plus rarement rameuses, pubescentes un peu rudes. Feuilles pétiolées, ovales ou oblongues, entières, sinuées, dentées, pinnatifides ou pinnatipartites à lobes linéaires ou oblongs. Épi offrant ord. une paire de feuilles à sa base. *Calice* ord. coloré, glabre ou un peu hérissé ; *à lèvre supérieure à dents très courtes*, souvent tronquées, brièvement mucronées, *la moyenne atteignant la même hauteur que les latérales ou les dépassant un peu* ; à lèvre inférieure à dents lancéolées ou linéaires-subulées. Corolle petite, d'un bleu violet ou d'un blanc jaunâtre, plus rarement rose. *Étamines les plus longues à filet présentant* au sommet *un appendice dentiforme* droit ou arqué. ♃. Juillet-août.

Prairies, pâturages, pelouses, bords des chemins, lisière des bois.

var. *α. vulgaris.*— Feuilles entières, sinuées ou dentées. Corolle d'un bleu violet, plus rarement rose. Appendice des filets des étamines droit ou presque droit. — *C.C.*

s.v. *b. pinnatifida.* — Feuilles pinnatifides ou pinnatipartites. — *C.*

var. *β. alba.* (P. alba. Pallas *ap.* M. Bieberst. fl. Taur. Cauc. II. 67.) — Feuilles pinnatifides ou pinnatipartites. Corolle d'un blanc jaunâtre. Appendice des filets des étamines ord. arqué. — *A.C.* — Pelouses sèches, coteaux arides.

s.v. *b. integrifolia.* — Feuilles entières, sinuées ou dentées. — *R.*

2. B. GRANDIFLORA. (Jacq. fl. Austr. t. 377.)

Tiges solitaires ou peu nombreuses, de 1-4 décimètr., couchées souvent radicantes à la base, puis ascendantes, simples, plus rarement rameuses, pubescentes rudes. Feuilles pétiolées, ovales ou oblongues, entières, sinuées, dentées, pinnatifides ou pinnatipartites à lobes linéaires ou oblongs. Épi ne présentant pas de feuilles à sa base. *Calice* ord. coloré, glabre ou un peu hérissé; *à lèvre supérieure à dents latérales ovales-lancéolées acuminées dépassant la dent moyenne*; lèvre inférieure à dents lancéolées-subulées. Corolle une fois plus grande que dans l'espèce précédente, d'un bleu violet, rarement rosée ou blanche. *Étamines les plus longues à filet ne présentant au sommet qu'un appendice obtus très court.* ♃. Juillet-septembre.

A.C. — Clairières des bois montueux, pelouses sèches, coteaux calcaires. — St-Germain! St-Nom; Thieverval; Maule, La Plaigue, Pontoise (*de Boucheman*). Abondant sur les coteaux des bords de la Seine, de Mantes aux Andelys! Port-Villez! Vernon!, etc. Dreux (*Daenen*) Senlis (*Morelle*). Chantilly! Compiègne! Mennecy! La Ferté-Aleps! Étampes! Pithiviers! Malesherbes! Nemours!

var. *β. pinnatifida.* — Feuilles pinnatifides ou pinnatipartites. — *R.* — Étampes!

XXIV. SCUTELLARIA. (L. gen. n. 734.)

Calice campanulé, bilabié, *fendu jusqu'à la base à la maturité*, à nervures peu saillantes, *à* lèvres entières presque égales; *lèvre supérieure présentant une bosse saillante*, fermant le calice après la chute de la corolle en s'appliquant sur la lèvre inférieure, puis enfin caduque; lèvre inférieure persistante. Corolle bilabiée; à tube dépassant longuement le calice, droit ou courbé-ascendant; à lèvre supérieure presque droite, en casque, entière ou émarginée; à lèvre inférieure étalée, convexe, 3-lobée à lobe moyen émarginé, à lobes latéraux libres ou soudés avec ce lobe moyen ou avec la lèvre supérieure. Étamines 4, rapprochées et parallèles sous la lèvre supérieure de la corolle, les 2 inférieures plus longues; anthères rapprochées par paires, ciliées, celles des étamines inférieures d'apparence uniloblées, celles des étamines supérieures bilobées à lobes divariqués après l'émission du pollen et s'ouvrant par une fente commune. Akènes oblongs ou ovoïdes-subglobuleux, lisses ou tuberculeux, glabres ou pubescents à poils apprimés. Embryon plié, à radicule dorsale.

Plantes vivaces, à souche traçante. Fleurs bleues, roses ou purpurines-violacées, solitaires à l'aisselle des feuilles ou des bractées, pédicellées, ord. rejetées d'un même côté, quelquefois disposées en épis terminaux.

1 { Fleurs naissant à l'aisselle des feuilles . . . . 2.
{ Fleurs en épis terminaux munis de bractées courtes. . . . *S. Columnæ.*

2 { Calice glabre ou presque glabre, feuilles crénelées ou dentées. . . . . *S. galericulata.*
{ Calice hérissé, feuilles entières ou présentant 1-2 dents à la base . . . . *S. minor.*

1. S. GALERICULATA. (L. sp. 835.) — Engl. bot. t. 523. (vulg. *Toque.*)

Tige de 2-5 décimètr., dressée ou ascendante, rameuse, rarement simple, pubescente ou presque glabre. *Feuilles* brièvement pétiolées, oblongues-lancéolées, cordées à la base, ord. un peu obtuses, lâchement *crénelées ou dentées*. *Fleurs*, même les supérieures, *axillaires*, opposées, rejetées d'un même côté. *Calice glabre ou presque glabre*. Corolle bleue ou violacée, à tube courbé ascendant à la base. ♃. Juin-septembre.

C. — Bord des eaux, étangs, ruisseaux, berges des rivières.

2. S. MINOR. (L. sp. 835.) — Engl. bot. t. 524.

Tige de 1-2 décimètr., grêle, dressée, rameuse souvent dès la base à rameaux ascendants, rarement simple, pubescente. *Feuilles* très brièvement pétiolées ou presque sessiles, oblongues-lancéolées, cordées à la base ou presque hastées, ord. un peu obtuses, *entières* ou présentant 1-2 dents à la base. *Fleurs*, même les supérieures, *axillaires*, opposées, rejetées d'un même côté. *Calice hérissé*. Corolle petite, rose ou d'un rose bleuâtre, à tube un peu ventru à la base. ♃. Juillet-septembre.

A.R. — Lieux marécageux, bords des étangs, tourbières peu profondes, bois humides. — Forêt de Marly (*Weddell*) Meudon (*Vigineix*). Versailles Bois de Satory (*P et Ch. Sagot*). St-Leger! Morfontaine! (*Mandon*). Pays de Bray (*Graves*). Env. de Melun! Forêt d'Armainvilliers (*G. Thuret*).

† 3. S. COLUMNÆ. (All. Ped. n. 145. t. 84. f. 2)

Tiges solitaires ou nombreuses, de 3-5 décimètr., dressées, simples ou rameuses supérieurement, pubescentes, velues au sommet. Feuilles longuement pétiolées, ovales-oblongues ou oblongues-lancéolées, un peu obtuses, profondément crénelées, les inférieures un peu cordées à la base. *Fleurs en épis terminaux*, *munies de bractées courtes*, ord. rejetées d'un même côte. Calice velu-hérissé. Corolle grande, purpurine-violacée, à lèvre inférieure ord. tachée de blanc, à tube brusquement redressé presque parallèle à l'axe de l'épi. ♃. Juin-juillet.

Naturalisé dans plusieurs bois. — Bois de Boulogne; Meudon! (*J. Parseval*). Assez abondant à plusieurs endroits dans le bois de Vincennes! Bois You et forêt de Dreux!

TRIBU VI. AJUGOIDEÆ. — Corolle d'apparence unilabiée : la lèvre supérieure étant tres courte et peu distincte, ou étant bipartite à lobes rejetés latéralement vers la lèvre inférieure dont ils semblent faire partie. Étamines 4, rapprochées et parallèles, faisant longuement saillie hors de la corolle, les inférieures plus longues que les supérieures.

XXV. AJUGA. (L. gen. n. 705.)

Calice ovoïde-campanulé, à 5 dents presque égales. *Corolle marcescente*, d'apparence unilabiée; *à tube* ord. longuement exsert, ord. *muni intérieurement d'un anneau de poils*; *à lèvre supérieure tres courte*, plane, *bilobée*; à lèvre inférieure beaucoup plus grande, étalée, 3-lobée, à lobes latéraux oblongs, le moyen plus grand émarginé ou bifide. Étamines 4, rapprochées et parallèles sous la lèvre supérieure de la corolle qu'elles dépassent ord. longuement, les 2 inférieures plus longues; anthères à lobes divergents ou divariqués confluents s'ouvrant par une fente commune. Style persistant. Akènes oblongs ou obovales-subglobuleux, réticulés-rugueux, glabres.

Plantes vivaces, plus rarement annuelles. Fleurs bleues, roses ou blanches, plus rarement jaunes, en glomerules axillaires disposes en épis terminaux, ou solitaires axillaires.

1 { Fleurs jaunes, feuilles la plupart tripartites, à divisions linéaires . . . . *A. Chamæpitys.*
Fleurs bleues, plus rarement roses ou blanches, feuilles entières, sinuées ou crénelées . . . . 2.

2 { Plante émettant des rejets stériles couchés, souvent radicants; tige pubescente ou velue sur deux faces opposées. . . . . *A. reptans.*
Plante n'émettant pas de rejets stériles, tiges velues sur les 4 faces. . . . . *A. Genevensis.*

1. A. REPTANS. (L. sp. 785.) — Engl. bot. t. 489. (vulg. *Bugle.*)

Plante vivace, émettant de longs rejets stériles couchés, souvent radicants. *Tige* florifère solitaire, de 2-3 décimètr., dressée, simple, *pubescente ou velue sur deux faces opposées*, les faces pubescentes alternant d'un entre-nœud à l'autre. Feuilles presque glabres ou finement pubescentes, oblongues, obovales ou spatulées, sinuées ou obscurément crénelées; les radicales atténuées en un long pétiole, ord. disposées en rosette; les caulinaires subsessiles; les florales vertes ou colorées, entières ou superficiellement sinuées. Fleurs bleues, plus rarement roses ou blanches, en glomérules pluriflores disposés en un épi terminal feuillé. ♃. Mai-juin.

C C. — Bois, lieux ombrages, taillis, pâturages humides.

2 A. GENEVENSIS (L. sp. 785) — Engl. bot. t. 477

Plante vivace, n'émettant pas de rejets stériles. Tiges florifères peu nombreuses, plus rarement solitaires, de 1 4 décimètr., dressées, simples, *velues ou pubescentes-laineuses sur les 4 faces.* Feuilles velues ou pubescentes, oblongues, obovales ou spatulées, sinuées, ou crénelées à crénelures profondes et inégales; les radicales atténuees en pétiole, ord. disposées en rosette, souvent détruites lors de la floraison; les caulinaires sessiles ou amplexicaules; les florales vertes ou colorées, profondément crénelées ou trilobées, rarement entières ou superficiellement sinuées. Fleurs bleues, plus rarement roses ou blanches, en glomérules pluriflores rapprochés en un épi terminal feuillé ord. compacte. ♃. Mai-juin.

C.C. — Clairières et lisières des bois, bords des chemins herbeux, pâturages.

var. *β. longibracteata.* (A. pyramidalis. Duby, bot. Gall. I. 361.) — Feuilles très développées. Tige dépassant peu la rosette des feuilles radicales. — *R.* — Forêt de Chantilly!

3. A. CHAMÆPITYS. (Schreb. unilab. 24) — Engl bot t 77 — Teucrium Chamæpitys. L. sp. 787. (vulg. *Yvette.*)

Plante annuelle, de 1-2 décimetr., velue-glanduleuse, un peu visqueuse, odorante, à racine pivotante. Tige divisée dès la base en un grand nombre de rameaux ord. simples ascendants disposés en touffe. *Feuilles tripartites, à divisions linéaires;* les inférieures oblongues atténuees en pétiole, entières ou 3-lobées. *Fleurs jaunes, solitaires axillaires,* très longuement dépassées par les feuilles. ①. Mai-août.

C. — Moissons des terrains maigres, champs en friche.

XXVI. TEUCRIUM. (L. gen. n. 706, *part.*)

Calice tubuleux ou campanulé, quelquefois renflé vers la base, à 5 dents presque égales, ou la supérieure plus grande quelquefois presque foliacée. *Corolle caduque,* d'apparence unilabiée; *à tube* court inclus ou presque inclus, *ne présentant pas d'anneau de poils; à lèvre supérieure bipartite, à lobes rejetés latéralement vers la lèvre inférieure; à lèvre inférieure* étalée,

3-lobée, *à lobes latéraux* oblongs ou lancéolés *de même forme que ceux de la lèvre supérieure dont ils sont rapprochés*, à lobe moyen beaucoup plus grand, concave, entier ou émarginé. Étamines 4, rapprochées, parallèles et faisant saillie hors de la corolle par la fente de la lèvre supérieure, les 2 inférieures plus longues; filets présentant quelquefois au niveau de l'anthère une dent très courte; anthères à lobes divariqués confluents s'ouvrant par une fente commune. Akènes obovales-subglobuleux, plus ou moins réticulés-rugueux, rarement lisses, glabres.

Plantes vivaces herbacées ou sous-frutescentes, plus rarement annuelles. Fleurs purpurines, roses, blanches ou jaunâtres, axillaires, solitaires, géminées ou ternées; rapprochées en têtes terminales; ou munies de bractées, disposées en grappes spiciformes unilatérales.

1 { Fleurs munies de bractées courtes, disposées en grappes terminales spiciformes effilées, calice d'apparence bilabié par le développement de la dent supérieure. . . . . *T. Scorodonia.*
Fleurs axillaires solitaires ou géminées, ou rapprochées en têtes terminales; calice à dents presque égales. . . . . 2.

2 { Plante annuelle; feuilles pinnatipartites . . . . *T. Botrys.*
Plante vivace; feuilles entières ou plus ou moins profondément dentées ou crénelées. . . . . 3.

3 { Feuilles très entières; fleurs d'un blanc jaunâtre en têtes terminales . . . . *T. montanum.*
Feuilles dentées ou crénelées; fleurs roses ou purpurines, très rarement blanches, solitaires ou géminées à l'aisselle des feuilles. . . . . . . 4.

4 { Plante herbacée; feuilles sessiles. . . . . *T. Scordium.*
Plante sous-frutescente, feuilles un peu pétiolées . . . *T. Chamædrys.*

SECT. I. SCORODONIA.—Calice d'apparence bilabié par le grand développement de la dent supérieure qui s'éloigne des autres dents et simule une lèvre supérieure. Fleurs munies de bractées courtes, disposées en grappes spiciformes terminales effilées.

1. T SCORODONIA. (L. sp. 789.) — Engl. bot. t. 1543. (vulg. *Sauge-des-bois.*)

Plante vivace, à souche émettant ord. un grand nombre de tiges rapprochées. Tiges de 3-6 décimètr., herbacées, raides, dressées, simples ou donnant naissance supérieurement à plusieurs rameaux florifères, pubescentes ou velues. Feuilles ridées en réseau surtout en dessous, pubescentes, blanchâtres à la face inférieure, pétiolées, ovales ou oblongues cordées à la base, crénelées-dentées. Fleurs jaunâtres, solitaires à l'aisselle de bractées beaucoup plus courtes que le calice, opposées ou presque alternes, rejetées d'un même côté, disposées en grappes spiciformes terminales effilées solitaires ou plus ou moins nombreuses rapprochées en panicule. Bractées suborbiculaires-acuminées ou oblongues, atténuées à la base. Calice à dent supérieure ovale brièvement mucronée, à dents inférieures triangulaires terminées en une pointe subulée, le fructifère veiné-réticulé. Akènes lisses. ♃. Juillet-septembre.

C.C.C. — Lisières et clairières des bois, pâturages, coteaux herbeux.

SECT. II. CHAMÆDRYS. — Calice tubuleux-campanulé, à 5 dents presque égales. Fleurs axillaires solitaires ou géminées, ou rapprochées en têtes terminales.

2. T. BOTRYS. (L. sp. 786.) — Lob. ic. 585. f. 2.

Plante annuelle, pubescente-hérissée un peu visqueuse, à odeur forte peu agréable, à racine pivotante. Tige de 1-3 décimètr., rameuse dès la base, plus rarement simple, dressée. *Feuilles* pétiolées, *pinnatipartites*, à lobes oblongs-linéaires incisés-dentés ou les supérieurs entiers. Fleurs purpurines, assez longuement pédicellées, disposées en fascicules axillaires 2-3-flores. Calice tubuleux très ample, gibbeux à la base, à dents triangulaires-acuminées. Akènes réticulés-rugueux. ①. Juillet-septembre.

A.C. — Coteaux calcaires, bords des chemins, champs sablonneux.

3. T. SCORDIUM. (L. sp. 790.) — Engl. bot. t. 828. (vulg. *Scordium*.)

Plante vivace, pubescente-grisâtre, à odeur peu agréable. Souche longuement traçante, émettant ord. un grand nombre de rejets. *Tiges* de 1-6 décimètr., *herbacées*, couchées-radicantes à la base, puis ascendantes ou dressées, ord. plus ou moins rameuses, souvent velues-laineuses. *Feuilles sessiles*, oblongues, fortement *dentées* à dents triangulaires aiguës ou obtuses. Fleurs purpurines ou violacées, brièvement pédicellées, solitaires ou géminées à l'aisselle des feuilles. Calice petit, presque campanulé, à dents triangulaires ou lancéolées-linéaires. Akènes réticulés-rugueux. ♃. Juin-octobre.

A C. — Lieux marécageux, bords des étangs et des marais, fossés, prairies humides. — Env de Versailles! (*de Boucheman*). St-Gratien! Forêt de Senart! Mennecy! Env. de Melun! Rentilly près Lagny (*G. Thuret*), etc.

4. T. CHAMÆDRYS. (L. sp. 790.) — Engl. bot. t. 680. (vulg. *Petit-Chêne*.)

Plante vivace, *sous-frutescente*. Souche ligneuse, très rameuse, longuement traçante. Tiges de 1-3 décimètr., couchées, puis redressées, disposées en touffe, simples ou rameuses à la base, pubescentes ou velues. *Feuilles* un peu coriaces, oblongues ou ovales-obtuses, cunéiformes à la base et *atténuées en un court pétiole, fortement crénelées* dans leurs deux tiers supérieurs, ord. luisantes en dessus, d'un vert pâle en dessous. *Fleurs roses ou purpurines*, très rarement blanches, assez longuement pédicellées, *solitaires ou géminées à l'aisselle des feuilles, rapprochées en grappes terminales feuillées*. Calice campanulé assez ample, à dents lancéolées-acuminées. Akènes presque lisses. ♃. Juillet-septembre.

C. — Lieux pierreux, buissons, coteaux arides, lisière des bois.

5. T. MONTANUM. (L. sp. 791.) — T. supinum. Jacq. fl. Austr. t. 417.

Plante vivace, *sous-frutescente*. Souche ligneuse, ord. terminée en racine pivotante, donnant naissance à un grand nombre de tiges. Tiges de 1-3 décimètr., couchées appliquées sur la terre, un peu redressées au sommet, disposées en touffe, rameuses, pubescentes. *Feuilles* un peu coriaces, linéaires-oblongues ou oblongues-lancéolées atténuées à la base, *très entières*, à bords ord. roulés en dessous, vertes en dessus, blanches-tomenteuses en dessous. *Fleurs d'un blanc jaunâtre*, brièvement pédicellées; *rapprochées en têtes* déprimées ord. *multiflores, à l'extrémité des tiges et des rameaux*. Calice tubuleux-campanulé, à dents lancéolées-acuminées. Akènes réticulés. ♃. Juin-août.

A.R. — Coteaux arides calcaires ou sablonneux. — St-Germain! Abondant sur les coteaux des bords de la Seine depuis Mantes jusqu'aux Andelys: Mantes!, La Roche-Guyon!, Ammenucourt!, Les Andelys! Assez commun de Thieverval à Mantes (*de Boucheman*). Magny! (*Bouteille*). Dreux! Verderonne! Mont-César près Bresle! Canneville près Chantilly! Vaumaise près Crépy; Mareuil-sur-Ourcq (*Questier*). Forêt de Compiègne. La Ferté-Aleps! Étampes! Pithiviers! Forêt de Fontainebleau!, etc.

LXII. VERBÉNACÉES.

(VERBENACEÆ. Juss. in ann. mus. VII, 63.)

Fleurs hermaphrodites, plus ou moins *irrégulières*.—Calice gamosépale, à 4-5 divisions égales ou inégales, persistant. — Corolle hypogyne, gamopétale, caduque, tubuleuse, à limbe ord. un peu bilabié à 5 lobes. — *Etamines* insérées sur le tube de la corolle, *en nombre moindre que celui des lobes de la corolle, au nombre de* 4 par l'absence de l'étamine supérieure, inégales par paires, toutes fertiles ou les 2 supérieures dépourvues d'anthère. Anthères bilobées, à lobes parallèles ou divariqués, s'ouvrant chacun par une fente longitudinale. — Ovaire composé de 4 carpelles uni-ovulés, soudés en un ovaire 4-loculaire, insérés sur un disque charnu. Ovule dressé, ord. réfléchi. *Styles soudés en un style terminal indivis*, entier, ou un peu bifide au sommet à lobes stigmatifères.—*Fruit composé de 4 carpelles soudés* en un fruit sec ou plus ou moins drupacé 4-loculaire à loges monospermes, les carpelles se détachant isolément à la maturité ou restant adhérents entre eux. — Graine dressée. *Périsperme nul.* Embryon droit. Radicule dirigée vers le hile.

Plantes herbacées ou arbrisseaux. *Tiges tétragones*, à rameaux opposés ou verticilles. *Feuilles opposées*, plus rarement verticillées ou alternes, incisées ou pinnatifides, plus rarement composées-digitées ou imparipinnées; stipules nulles. Fleurs disposées en épis terminaux, quelquefois rapprochés en panicules.

I. VERBENA. (Tournef. inst. t. 94.)

Calice tubuleux, 4-5-denté, à 4-5 angles, se fendant à la maturité selon les lignes de soudure des sépales. Corolle à tube ord. arqué; à limbe 5-fide, subbilabié, presque plan. Étamines 4, renfermées dans le tube de la corolle, toutes fertiles ou les supérieures dépourvues d'anthère. Fruit capsulaire, à 4 loges monospermes qui se séparent à la maturité.

Plante annuelle ou vivace, herbacée. Feuilles opposées. Fleurs solitaires à l'aisselle des bractées, alternes, subsessiles, disposées en epis terminaux effilés.

1. V. OFFICINALIS. (L. sp. 29.) — Engl. bot. t. 767. (vulg. *Verveine.*)

Tiges de 5-8 décimètr., solitaires ou peu nombreuses, raides, dressées ou ascendantes, rameuses à rameaux dressés effilés, glabres, à angles scabres. Feuilles pubescentes-scabres, à poils apprimés, oblongues ou ovales, atténuées en pétiole, profondément incisées ou pinnatifides à lobes dentés ou crénelés. Fleurs petites, d'un lilas bleuâtre, solitaires à l'aisselle de bractées plus courtes que le calice, disposées en épis lâches effilés. Fruit à loges réticulées. ① ou ♃. Juin-octobre.

C.C. — Bords des chemins, fossés, villages, lieux incultes.

On cultive dans les parterres plusieurs espèces du genre *Verbena.* — Le *Lippia citriodora* Kunth (vulg *Verveine-Citronnelle*), arbrisseau à feuilles ternées lancéolées dentées à odeur de citron très pénétrante est fréquemment cultivé.

LXIII. GLOBULARIÉES.

(GLOBULARIEÆ. D.C. fl. Fr. III. 427.)

Fleurs hermaphrodites, *irrégulières*. — Calice gamosépale, tubuleux, à 5 divisions égales ou plus ou moins inégales, persistant. — Corolle hypogyne, gamopétale, à tube cylindrique, à limbe bilabié; la lèvre supérieure bipartite, plus rarement bifide ou indivise, très rarement presque nulle; la lèvre inférieure beaucoup plus grande que la supérieure, tripartite, trifide ou tridentée. — *Étamines réduites au nombre de* 4 par l'absence de l'étamine supérieure, insérées au sommet du tube de la corolle, longuement exsertes; filets des étamines supérieures un peu plus courts. Anthères bilobées, à lobes confluents lors de la déhiscence, s'ouvrant par une fente commune. — *Ovaire* à un seul carpelle, *uniloculaire*, *uni-ovulé*. Ovule suspendu à l'extrémité d'un funicule allongé. Style terminal, filiforme. — Stigmate entier ou un peu bifide. — *Fruit sec, monosperme, indéhiscent* (akène), mucroné par la base persistante du style, renfermé dans le calice. — Graine suspendue. Embryon droit, placé dans un périsperme charnu. Radicule dirigée vers le hile.

Plantes vivaces, herbacées ou frutescentes, noircissant plus ou moins par la dessiccation. Feuilles marcescentes, entières, souvent obcordées, alternes, les inférieures souvent rapprochées en rosette; stipules nulles. *Fleurs sessiles sur un réceptacle commun chargé de paillettes*, et disposées en un capitule compacte subglobuleux entouré à sa base d'un involucre de plusieurs folioles plus courtes que les fleurs. Capitules terminaux ord. solitaires, plus rarement axillaires.

I. GLOBULARIA. (L. gen. n. 112.)

Calice à 5 divisions. Corolle bilabiée ; la lèvre supérieure ord. bipartite ; la lèvre inférieure ord. tripartite, plus longue que la supérieure. Étamines 4, saillantes hors du tube. Fruit sec, monosperme, indéhiscent.—Fleurs disposées en capitules subglobuleux ; réceptacle chargé de paillettes.

Plante vivace, herbacée, glabre. Feuilles coriaces, les inférieures rapprochées en rosette, les caulinaires éparses. Fleurs bleues, très rarement blanches.

1. G. VULGARIS. (L. sp. 139.) — Spenn. in Nees jun. gen. pl. fasc. XXI. t. 5.

Souche cespiteuse, presque ligneuse, ord. terminée en racine pivotante. Tiges solitaires ou peu nombreuses, de 1-4 décimètr., dressées, simples, feuillées, terminées par un capitule. Feuilles radicales nombreuses, rapprochées en rosettes, oblongues ou obovales atténuées en un long pétiole, mucronées, entières ou émarginées, entourées d'une bordure transparente étroite; les caulinaires beaucoup plus petites que les radicales, lancéolées ou oblongues acuminées. Calice hérissé, à divisions lancéolées-linéaires ciliées, les 2 inférieures un peu plus longues que les supérieures, à gorge présentant des faisceaux de poils. Lèvres de la corolle à divisions linéaires, la lèvre inférieure beaucoup plus longue que la supérieure. ♃. Mai-juin.

A.R. — Pelouses sèches, coteaux calcaires, clairières des bois montueux. — Forêt de St-Germain, au Val! Mennecy; Balancourt (*Des Étangs*). La Ferté-Aleps! Étampes!—Le Châtelet près Melun (*Garnier*). Forêt de Fontainebleau! Malesherbes! Nemours! Magny! (*Bouteille*). Anet (*Daenen*). Mantes! La Roche-Guyon! Vernon! Les Andelys! Chaumont! Verderonne! Forêt de Compiègne (*Leré*). Mareuil-sur-Ourcq (*Questier*)., etc.

TABLE DES FAMILLES

CONTENUES DANS LA PREMIÈRE PARTIE (1).

(1) Les noms des familles admis dans l'ouvrage sont en romain; les synonymes sont en italique; les noms des familles mentionnées seulement en note sont en caractères plus petits.

ERRATA ET ADDENDA

DE LA PREMIÈRE PARTIE.

Page 7	ligne 41	*le plus grand diamètre du fruit*, lisez *leur plus grand diamètre.*
31	43	après Engl. Bot. t. 1535, *ajoutez* (vulg. *Spargoute.*)
43	5	*Étamines*, lisez — *Étamines.*
46	26	*Trapæolum*, lisez *Tropæolum.*
48 et 49		Illustr. fl. Par. t. 7, *lisez* Illustr. fl. Par. t. 6.
49	24	*pinnatilobées*, lisez *palmatilobées.*
54	3	*pétales*, lisez *sépales.*
64	5	après Engl. Bot. t. 295, *ajoutez* (vulg. *Millepertuis.*)
67	26	2. longifolia, *lisez* 2. D. longifolia.
72	37	cloisons incomplètes s'ouvrant, *lisez* cloisons incomplètes, s'ouvrant.
73	12	*oblongué*, lisez *oblongue.*
73	32	apres 4481, *ajoutez* (vulg. *Pavot.*)
76	38	pétales très connivents, *lisez* non connivents.
96	31	divison, *lisez* division.
104	1	somment, *lisez* sommet.
105	5	comprimées, *lisez* naviculaires-comprimées.
108	28	Fleurs blanches, lisez *Fleurs blanches.*
123	22	Illustr. fl. Par. t. 14, *lisez* Illustr. fl. Par. t. 11. — Cette correction doit être exécutée pour toutes les espèces de la famille des *Papilionacées* citées sous le numéro 14.
126	31	Vallr. sched., *lisez* Wallr. sched.
176	7	*P. tormentilla*, lisez *P. Tormentilla.*
186	36	membraneux, *lisez* membraneux ou parcheminé.
187	21	R. sp., *lisez* L. sp.
188	12	4-denté, caduc, *lisez* 4-denté caduc.
195	17	*adhérent*, lisez *soudé avec le calice.*
216	36	filiformes, *lisez* capillaires.
229	16	convergents vers le point opposé au hile, *lisez* convergents par leur extrémité cotylédonaire.
244	4	gamopétale *scarieuse*, *lisez* gamopétale, *scarieuse.*
251	36	après graines peltées, *ajoutez* dépourvues d'aigrette.
253	31	soudés inférieurement, *lisez* plus ou moins soudés.
253	43	stigmates 3, *lisez* stigmates 2.
257	46	C. pusilla. —, *lisez* C. pusilla. (Griseb. Gent. 156.)
259	12	à 2-3-4 loges, *lisez* uniloculaire, ou à 2-3-4 loges.
278	12	septifrage s'ouvrant, *lisez* septifrage, s'ouvrant.
282	22	après grappes nues, *ajoutez*, quelquefois en panicules.